建设工程问答实录丛书

混凝土结构设计问答实录

第2版

姜学诗 编著

机械工业出版社

本书第2版根据最新的结构设计规范编写。全书以“问答”的方式记录了混凝土结构设计中常遇到的、易于出错的、概念不清的、难于把握的170个实际问题，如实客观地进行设问和解答。具体内容包括：荷载与地震作用，建筑结构设计计算的基本原则和规定，结构材料及非结构构件，结构布置和结构体系，地基与基础，框架结构，剪力墙结构，框架-剪力墙结构，筒体结构，混合结构，带转换层的高层建筑结构，板柱-剪力墙结构，异形柱结构。本书简明易懂，查阅方便，针对性强，供初、中级工程设计人员学习参考。

图书在版编目（CIP）数据

混凝土结构设计问答实录/姜学诗编著．—2版．—北京：机械工业出版社，2016.3

（建设工程问答实录丛书）

ISBN 978-7-111-53224-8

Ⅰ.①混… Ⅱ.①姜… Ⅲ.①混凝土结构—结构设计—问题解答 Ⅳ.①TU370.4-44

中国版本图书馆CIP数据核字（2016）第051607号

机械工业出版社（北京市百万庄大街22号 邮政编码100037）
责任编辑：汤 攀 版式设计：赵颖喆
封面设计：张 静 责任校对：刘志文
责任印制：乔 宇
北京铭成印刷有限公司印刷
2016年8月第2版第1次印刷
169mm×239mm·27.25印张·527千字
标准书号：ISBN 978-7-111-53224-8
定价：65.00元

凡购本书，如有缺页、倒页、脱页，由本社发行部调换

电话服务	网络服务
服务咨询热线：010－88361066	机 工 官 网：www.cmpbook.com
读者购书热线：010－68326294	机 工 官 博：weibo.com/cmp1952
010－88379203	金 书 网：www.golden-book.com
封面无防伪标均为盗版	教育服务网：www.cmpedu.com

前　言

2010年以来，国家标准《建筑抗震设计规范》（GB 50011—2010）、《混凝土结构设计规范》（GB 50010—2010）、《高层建筑混凝土结构技术规程》（JGJ 3—2010）、《建筑地基基础设计规范》（GB 50007—2011）、《砌体结构设计规范》（GB 50003—2011）、《建筑结构荷载规范》（GB 50009—2012）等已先后出版发行实施。为了配合上述国家标准的实施，本书除第十三章异形柱结构，因《混凝土异形柱结构技术规程》JGJ 149尚未修订而未修编外，其余各章均进行了全面修编，以便符合上述国家标准的各项设计规定和要求。

本书在全面修编时，仍保留了第1版的架构形式，目的是使结构工程师在学习、理解和应用新的国家标准时，便于和原有版本的国家标准进行比较，有利于加深对新的国家标准的理解和掌握。

本书在修编时，作为附录增加了《实施工程建设强制性标准监督规定》和《房屋建筑和市政基础设施工程施工图设计文件审查管理办法》两个文件，同时删去了《中华人民共和国工程建设标准强制性条文（房屋建筑部分）涉及的部分结构专业工程建设标准名称及条号和重点检查内容》这个文件。

房屋建筑部分中属于结构专业的结构设计强制性条文，可在结构专业的相关国家标准中找到，也可参阅住房和城乡建设部强制性条文协调委员会编写的2013年版的《工程建设标准强制性条文：房屋建筑部分》。

同第1版一样，本书在修编过程中，除了参考国家标准外，也参考了有关资料和文献，在此向这些文献的编者和作者一并致谢。限于知识和经验，书中难免有错、漏和不当之处，敬请指正。

编　者

目　　录

前　言

第一章　荷载与地震作用

第二章　建筑结构设计计算的基本原则和规定

第三章　结构材料及非结构构件

第四章 结构布置和结构体系

第五章 地基与基础

第六章 框架结构

第七章 剪力墙结构

第八章 框架-剪力墙结构

第九章 筒体结构

第十章 混合结构

第十一章 带转换层的高层建筑结构

第十二章 板柱-剪力墙结构

第十三章 异形柱结构

附录

第一章

荷载与地震作用

建筑结构设计，要做到安全适用、技术先进、经济合理和确保质量，除了应根据建筑功能的要求、工程特点、场地条件、材料供应情况和施工技术条件等因素，选择合适的结构设计方案，建立符合结构实际工作状况的计算模型和设计简图，并按现行国家标准的规定正确进行结构计算外，重要的前提条件是正确采用作用在建筑结构上的荷载和作用。

1. 作用在建筑结构上的荷载如何分类？荷载效应如何进行组合？

（1）作用在建筑结构上的荷载可分为永久荷载、可变荷载和偶然荷载三大类。永久荷载包括结构自重、土压力、预应力等，可变荷载包括楼面活荷载、屋面活荷载和积灰荷载、吊车荷载、风荷载、雪荷载、温度作用等；偶然荷载包括爆炸力、撞击力等。

土压力和预应力作为永久荷载是因为它们都是随时间单调变化而能趋于限值的荷载，其标准值都是依其可能出现的最大值来确定。

在建筑结构设计中，有时也会遇到有水压力作用的情况，按《建筑结构荷载规范》GB 50009—2012（以下简称为《荷载规范》）的规定，水位不变的水压力按永久荷载考虑，而水位变化的水压力按可变荷载考虑。

偶然荷载，如撞击力、爆炸力等，由各部门以其专业本身特点，按经验采用。偶然荷载的标准值也可按《荷载规范》第10章规定的方法确定采用。

引起温度作用的因素很多。《荷载规范》第9章的温度作用仅涉及气温变化和太阳辐射等由气候因素产生的温度作用。

关于地下水压力，在设计地下防水结构时，如地下室外墙，应根据岩土工程勘察报告提供的数据，并结合工程所在场地历年最高水位确定。当岩土工程勘察报告未明确提出设防水位时，宜采取以下措施：

1）对重要工程应进行水文试验，并经专家论证后确定。

2）对于一般工程，设防水位应取建筑物设计使用年限内可能发生的最高水位。

关于土压力，在设计地下结构时，如地下室外墙，地下水位以下的土的重度可近似取 $11kN/m^3$；地下室外墙承受的土压力宜取静止土压力，静止土压力系数

K_0，对一般固结土可取 $K_0 = 1 - \sin\varphi$（φ 为土的有效内摩擦角），通常情况下，可取 $K_0 = 0.5$；当地下室施工采用护坡桩时，地下室外墙土压力计算中可以考虑基坑支护与地下室外墙的共同作用，宜将静止土压力系数乘以折减系数 0.66 近似计算，即取 $K_0 = 0.66 \times 0.5 = 0.33$。

在地震区，地震作用（包括地震力和地震加速度等）由《建筑抗震设计规范》GB 50011—2010（以下简称《抗震规范》）具体规定。

各类建筑结构承受的地震作用是由地震动引起的结构动态作用，包括水平地震作用和竖向地震作用。地震作用的大小应根据抗震设防烈度、场地类别、设计地震分组和结构自振周期以及阻尼比确定。

计算地震作用时，建筑结构的重力荷载代表值应取永久荷载标准值（结构和构配件自重标准值）和各可变荷载组合值之和。

（2）建筑结构设计时，应根据使用过程中在结构上可能同时出现的荷载，按承载能力极限状态和正常使用极限状态分别进行荷载（效应）组合，并应取各自的最不利效应组合进行设计。

（3）抗震设计时，结构构件承载力验算应取地震作用效应和其他荷载效应的基本组合；进行建筑结构的抗震变形验算时，应取地震作用效应和其他荷载效应的标准组合（作用分项系数均取等于 1.0）。

（4）除非另有说明，本书所涉及的软件或程序均指中国建筑科学研究院 PKPMCAD工程部的《多层及高层建筑结构空间有限元分析与设计软件（墙元模型）SATWE》。

2. 作用在建筑结构楼(屋)面上的均布活荷载标准值应当如何确定?

根据《荷载规范》的规定，作用在建筑物楼（屋）面上的均布活荷载标准值应按下列规定采用。

（1）民用建筑楼面上的均布活荷载标准值和屋面水平投影面上的均布活荷载标准值应分别按表 1-1 和表 1-2 的规定采用。

表 1-1　民用建筑楼面均布活荷载标准值及其组合值、频遇值和准永久值系数

项次	类　别	标准值 /(kN/m^2)	组合值系数 ψ_c	频遇值系数 ψ_f	准永久值系数 ψ_q
1	（1）住宅、宿舍、旅馆、办公楼、医院病房、托儿所、幼儿园	2.0	0.7	0.5	0.4
	（2）实验室、阅览室、会议室、医院门诊室	2.0	0.7	0.6	0.5
2	教室、食堂、餐厅、一般资料档案室	2.5	0.7	0.6	0.5
3	（1）礼堂、剧场、影院、有固定座位的看台	3.0	0.7	0.5	0.3

（续）

项次	类　　别			标准值 /（kN/m²）	组合值系数 ψ_c	频遇值系数 ψ_f	准永久值系数 ψ_q
3	（2）公共洗衣房			3.0	0.7	0.6	0.5
4	（1）商店、展览厅、车站、港口、机场大厅及其旅客等候室			3.5	0.7	0.6	0.5
	（2）无固定座位的看台			3.5	0.7	0.5	0.3
5	（1）健身房、演出舞台			4.0	0.7	0.6	0.5
	（2）运动场、舞厅			4.0	0.7	0.6	0.3
6	（1）书库、档案库、储藏室			5.0	0.9	0.9	0.8
	（2）密集柜书库			12.0	0.9	0.9	0.8
7	通风机房、电梯机房			7.0	0.9	0.9	0.8
8	汽车通道及客车停车库	（1）单向板楼盖（板跨不小于2m）和双向板楼盖（板跨不小于3m×3m）	客车	4.0	0.7	0.7	0.6
			消防车	35.0	0.7	0.5	0.0
		（2）双向板楼盖（板跨不小于6m×6m）和无梁楼盖（柱网不小于6m×6m）	客车	2.5	0.7	0.7	0.6
			消防车	20.0	0.7	0.5	0.0
9	厨房	（1）餐厅		4.0	0.7	0.7	0.7
		（2）其他		2.0	0.7	0.6	0.5
10	浴室、卫生间、盥洗室			2.5	0.7	0.6	0.5
11	走廊、门厅	（1）宿舍、旅馆、医院病房、托儿所、幼儿园、住宅		2.0	0.7	0.5	0.4
		（2）办公楼、餐厅、医院门诊部		2.5	0.7	0.6	0.5
		（3）教学楼及其他可能出现人员密集的情况		3.5	0.7	0.5	0.3
12	楼梯	（1）多层住宅		2.0	0.7	0.5	0.4
		（2）其他		3.5	0.7	0.5	0.3

（续）

项次	类　别		标准值/(kN/m²)	组合值系数 ψ_c	频遇值系数 ψ_f	准永久值系数 ψ_q
13	阳台	（1）可能出现人员密集的情况	3.5	0.7	0.6	0.5
		（2）其他	2.5	0.7	0.6	0.5

注：1. 本表所给各项活荷载适用于一般使用条件，当使用荷载较大、情况特殊或有专门要求时，应按实际情况采用。

2. 第6项书库活荷载当书架高度大于2m时，书库活荷载尚应按每米书架高度不小于2.5kN/m²确定。

3. 第8项中的客车活荷载仅适用于停放载人少于9人的客车；消防车活荷载适用于满载总重为300kN的大型车辆；当不符合本表的要求时，应将车轮的局部荷载按结构效应的等效原则，换算为等效均布荷载。

4. 第8项消防车活荷载，当双向板楼盖板跨介于3m×3m～6m×6m之间时，应按跨度线性插值确定。

5. 第12项楼梯活荷载，对预制楼梯踏步平板，尚应按1.5kN集中荷载验算。

6. 本表各项荷载不包括隔墙自重和二次装修荷载；对固定隔墙的自重应按永久荷载考虑，当隔墙位置可灵活自由布置时，非固定隔墙的自重应取不小于1/3的每延米长墙重（kN/m）作为楼面活荷载的附加值（kN/m²）计入，附加值不应小于1.0kN/m²。

表1-2　屋面均布活荷载

项次	类　别	标准值/(kN/m²)	组合值系数 ψ_c	频遇值系数 ψ_f	准永久值系数 ψ_q
1	不上人的屋面	0.5	0.7	0.5	0
2	上人的屋面	2.0	0.7	0.5	0.4
3	屋顶花园	3.0	0.7	0.6	0.5
4	屋顶运动场地	3.0	0.7	0.6	0.4

注：1. 不上人的屋面，当施工或维修荷载较大时，应按实际情况采用；对不同类型的结构应按有关设计规范的规定采用，但不得低于0.3kN/m²。

2. 当上人的屋面兼作其他用途时，应按相应楼面活荷载采用。

3. 对于因屋面排水不畅、堵塞等引起的积水荷载，应采取构造措施加以防止；必要时，应按积水的可能深度确定屋面活荷载。

4. 屋顶花园活荷载不应包括花圃土石等材料自重。

（2）工业建筑楼面在生产使用或安装检修时，由设备、管道、运输工具及可能拆移的隔墙产生的局部荷载，均应按实际情况考虑，可采用等效均布活荷载代替。对设备位置固定的情况，可直接按固定位置对结构进行计算，但应考虑因设备安装和维修过程中的位置变化可能出现的最不利效应。工业建筑楼面堆放原料或成品较多、较重的区域，应按实际情况考虑；一般的堆放情况可按均布活荷载或等效均布活荷载考虑。

1）工业建筑楼面等效均布活荷载，包括计算次梁、主梁和基础时的楼面活荷载，可分别按《荷载规范》附录 C 的规定确定。

2）一般的金工车间、仪器仪表生产车间、半导体器件车间、棉纺织造车间、轮胎厂准备车间和粮食加工车间等的楼面等效均布活荷载，当缺乏资料时，可按照《荷载规范》附录 D 采用。

3）工业建筑楼面（包括工作平台）上无设备区域的操作荷载，包括操作人员、一般工具、零星原材料和成品的自重，可按均布活荷载考虑，根据堆料情况采用 2.0～4.0kN/m^2 考虑。在设备占有区域内可不考虑操作荷载和堆料荷载。生产车间的楼梯活荷载，可按实际情况采用，但不宜低于 3.5kN/m^2。生产车间的参观走廊活荷载可采用 3.5kN/m^2。工业建筑楼面活荷载的组合值系数、频遇值系数和准永久值系数，除《荷载规范》附录 D 中给出的以外，应按实际情况采用；但在任何情况下，组合值系数和频遇值系数不应小于 0.7，准永久值系数不应小于 0.6。

4）自动扶梯荷载参数可按《建筑结构荷载设计手册》（第二版）附录一的规定采用。

5）基本雪压和基本风压可按《荷载规范》附录 E 中的表 E.5 给出的 50 年重现期的雪压和风压采用，但基本风压不得小于 0.3kN/m^2。

对雪荷载敏感的结构，应采用 100 年重现期的雪压；对于高层建筑、高耸结构以及对风荷载比较敏感的结构，基本风压的取值应适当提高，并应符合有关结构设计规范的规定。

6）屋面直升飞机停机坪局部荷载标准或等效均布活荷载标准值、屋面积灰荷载标准值、施工和检修荷载及栏杆水平荷载标准值、搬运和装卸重物以及车辆起动和制动的动力系数、直升飞机起降的动力系数等，应按《荷载规范》第 5 章有关条文的规定采用。

7）吊车荷载、吊车荷载的组合值系数、频遇值系数、准永久值系数及吊车荷载的动力系数，应按《荷载规范》第 6 章的有关条文的规定采用。

屋面直升机停机坪荷载的组合值系数应取 0.7，频遇值系数应取 0.6，准永久值系数应取 0。

不上人的屋面均布活荷载，可不与雪荷载和风荷载同时组合。

3. 由于建筑功能不同，不能根据《荷载规范》确定作用在建筑物楼面上的均布活荷载标准值时应当如何办？

由于建筑功能不同，不能根据《荷载规范》确定作用在建筑物楼面上的均布活荷载标准值时，除专业性强的工业建筑楼面设备荷载和安装、检修等效均布活荷载标准值，一般由工艺工程师或（和）设备工程师提供外，其他建筑物的楼面均布活荷载标准值，原则上应参考相关行业标准（规范）确定。

（1）专业性强的工业建筑楼面设备荷载（含设备动力系数）和安装、检修等效均布活荷载标准值，通常由该行业的工艺工程师或（和）设备工程师提供。工艺工程师或（和）设备工程师应当以书面文件的形式提供设备荷载和安装、检修荷载。在荷载文件上除应有荷载提供者签字外，尚应有具有相应资质的校审人员签字，并作为设计文件的一部分归档保存。

（2）医院建筑中布置有医疗设备的楼（地）面均布活荷载标准值，可按表1-3的规定采用。

表1-3　有医疗设备的楼（地）面均布活荷载标准值

项次	类　别	标准值/（kN/m²）	准永久值系数 ψ_q	组合值系数 ψ_c
1	X光室： （1）30mA移动式X光机 （2）200mA诊断X光机 （3）200kW治疗机 （4）X光存片室	 2.5 4.0 3.0 5.0	 0.5 0.5 0.5 0.8	0.7
2	口腔科： （1）201型治疗台及电动脚踏升降椅 （2）205型、206型治疗台及3704型椅 （3）2616型治疗台及3704型椅	 3.0 4.0 5.0	 0.5 0.5 0.8	 0.7 0.7 0.7
3	消毒室： 1602型消毒柜	6.0	0.8	0.7
4	手术室： 3000型、3008型万能手术床及3001型骨科手术台	3.0	0.5	0.7
5	产房： 设3009型产床	2.5	0.5	0.7
6	血库： 设D-101型冰箱	5.0	0.8	0.7
7	药库	5.0	0.8	0.7
8	生化实验室	5.0	0.7	0.7
9	CT检查室	6.0	0.8	0.7
10	核磁共振检查室	6.0	0.8	0.7

注：当医疗设备型号与表中不符时，应按实际情况采用。

（3）某些有专门用途的房屋楼面均布活荷载标准值，可按表1-4的规定采用。

（4）商业仓库库房楼（地）面均布活荷载标准值，可按表1-5的规定采用。

（5）物资仓库楼（地）面等效均布活荷载标准值，可按表 1-6 的规定采用。

（6）根据中华人民共和国行业标准《电信专用房屋设计规范》YD 5003—1994，电信建筑楼面等效均布活荷载标准值，可按表 1-7 的规定采用。

表 1-4 某些有专门用途的房屋楼面均布活荷载标准值

序号	楼面用途		均布活荷载标准值/(kN/m^2)	准永久值系数 ψ_q	组合值系数 ψ_c
1	阶梯教室		3	0.6	0.7
2	微机电子计算机房		3	0.5	0.7
3	大中型电子计算机房		≥5，或按实际	0.7	0.7
4	银行金库及票据仓库		10	0.9	0.9
5	制冷机房		8	0.9	0.7
6	水泵房		≥5，或按实际	0.9	0.7
7	变配电房		10	0.9	0.7
8	发电机房		10	0.9	0.7
9	设浴缸、坐厕的卫生间		4	0.5	0.7
10	有分隔的蹲厕公共卫生间（包括填料、隔墙）		8，或按实际	0.6	0.7
11	管道转换层		4	0.6	0.7
12	电梯井道下有人到达房间的顶板		≥5	0.5	0.7
13	通风机平台	≤5 号通风机	6	0.85	0.7
		8 号通风机	8		

表 1-5 商业仓库库房楼（地）面均布活荷载标准值

项次	类别	标准值/(kN/m^2)	准永久值系数 ψ_q	组合值系数 ψ_c	备注
1	储存容重较大商品的楼面	20	0.8	0.9	考虑起重量 1t 以内的叉车作业
2	储存容重较轻商品的楼面	15	0.8		
3	储存轻泡商品的楼面	8～10	0.8		—
4	综合商品仓库的楼面	15	0.8		考虑起重量 1t 以内的叉车作业
5	各类库房的底层地面	20～30	0.8		
6	单层五金原材料库的库房地面	60～80	0.8		考虑载货汽车入库
7	单层包装糖库的库房地面	40～45	0.8		
8	穿堂、走道、收发整理间楼面	10	0.5	0.7	—
		15	0.5		考虑起重量 1t 以内的叉车作业

（续）

项次	类　别	标准值/（kN/m^2）	准永久值系数 ψ_q	组合值系数 ψ_c	备　注
9	楼梯	3.5	0.5	0.7	—

注：1. 商业仓库库房楼（地）面均布活荷载，摘自中华人民共和国商业部标准《商业仓库设计规范》SBJ 01—1988。

2. 库房楼（地）面的荷载应根据储存商品的重度及堆码高度等因素确定。

3. 储存商品的商品包装重度可按以下分类：

（1）笨重商品（大于 $10kN/m^3$）：如五金原材料、工具、圆钉、铁丝等。

（2）重度较大商品（$5\sim10kN/m^3$）：如小五金、纸张、包装食糖、肥皂、食品罐头、电线、电工器材等。

（3）重度较轻商品（$2\sim5kN/m^3$）：如针棉织品、纺织品、文化用品、搪瓷玻璃制品、塑料制品等。

（4）轻泡商品（小于 $2kN/m^3$）：如胶鞋、铝制品、灯泡、电视机、洗衣机、电冰箱等。

（5）综合仓库储存商品的包装重度一般可采用 $4\sim5kN/m^3$。

表 1-6　物资仓库楼（地）面等效均布活荷载标准值

库房 名称	库房 物资类别	楼面 地面	等效均布活荷载/（kN/m^2）	准永久值系数 ψ_q	组合值系数 ψ_c	备　注
金属库	—	地　面	120.0	—	0.9	—
机电产品库	一、二类机电产品	地　面	35.0	—		—
	三类机电产品	楼　面	9.0/5.0	0.85		堆码/货架
	车　库	楼/地面	4.0	0.80		—
化工、轻工物资库	一、二类化工轻工物资	地　面	35.0	—		—
	三类化工轻工物资	楼/地面	18.0/30.0	0.85		—
建筑材料库	—	楼/地面	20.0/30.0	0.85		—
楼梯	—	—	4.0	0.50	0.7	—

注：1. 物资仓库楼（地）面等效均布活荷载摘自中华人民共和国行业标准《物资仓库设计规范》SBJ 09—1995。

2. 设计仓库的楼面梁、柱、墙及基础时，楼面等效均布活荷载标准值不折减。

表 1-7　电信建筑楼面等效均布活荷载标准值

序号	房间名称		标准值/（kN/m^2） 板 板跨≥1.9m	板 板跨≥2.5m	板 板跨≥3.0m	次梁 次梁间距≥1.9m	次梁 次梁间距≥2.5m	次梁 次梁间距≥3.0m	主梁	准永久值系数 ψ_q	组合值系数 ψ_c
1	电力室	有不间断电源开间	16.00	15.00	13.00	11.00	9.00	8.00	6.00	0.8	0.7

（续）

序号	房间名称		标准值/（kN/m²）							准永久值系数 ψ_q	组合值系数 ψ_c
			板			次梁			主梁		
			板跨≥1.9m	板跨≥2.5m	板跨≥3.0m	次梁间距≥1.9m	次梁间距≥2.5m	次梁间距≥3.0m			
1	电力室	无不间断电源开间（单机重量大于10kN时）	13.00	11.00	9.00	8.00	7.00	7.00	6.00	0.8	0.7
		无不间断电源开间（单机重量小于10kN时）	9.00	7.00	6.00	5.00	4.00	4.00	4.00		
2	蓄电池室	一般电池（48V电池组单层双列摆放GFD－3000）	13.00	12.00	11.00	11.00	10.00	9.00	7.00		
		阀控式密闭电池（48V电池组四层单列摆放GM－3045）	10.00	8.00	8.00	8.00	8.00	8.00	7.00		
		阀控式密闭电池（48V电池组四层双列摆放GM－3045）	16.00	14.00	13.00	13.00	13.00	13.00	10.00		
3	高压配电室		7.00	7.00	6.00	5.00	5.00	5.00	4.00		
4	低压配电室		8.00	7.00	6.00	6.00	6.00	6.00	4.00		
5	载波机室		10.00	8.00	7.00	7.00	7.00	7.00	6.00		
6	数字传输设备室	单面排列	10.00	9.00	8.00	8.00	7.00	7.00	6.00		
		背靠背排列	13.00	12.00	10.00	9.00	9.00	9.00	7.00		
7	数字微波室		10.00	8.00	7.00	7.00	7.00	7.00	6.00		
8	模拟微波机房		4.00	4.00	4.00	4.00	4.00	4.00	4.00		
9	自动转报室		4.00	3.00	3.00	3.00	3.00	3.00	3.00		
10	载波电报机室		5.00	4.00	4.00	4.00	4.00	4.00	3.00		
11	模拟半自动交换台室，人工有绳台室，电传报房		3.00	3.00	3.00	3.00	3.00	3.00	3.00		
12	程控机房	程控交换机室 机架高度2.4m以下	6.00								
		计算机室，话务员座席室，半自动业务监控室	4.50								
13	测量室	303总配线架室	7.00	6.00	5.00	5.00	4.00	4.00	4.00		
		202总配线架室	5.00	4.50	4.50	4.00	4.00	4.00	4.00		
		6000回线总配线架室	9.00	8.00	7.00	6.00	5.00	4.00	4.00		
		4000回线总配线架室	7.00	6.00	5.00	5.00	4.00	4.00	4.00		

（续）

序号	房间名称		标准值/（kN/m^2）							准永久值系数 ψ_q	组合值系数 ψ_c
			板			次梁			主梁		
			板跨≥1.9m	板跨≥2.5m	板跨≥3.0m	次梁间距≥1.9m	次梁间距≥2.5m	次梁间距≥3.0m			
14	地球站机房	GCE 室	13.00	13.00	13.00	10.00	10.00	10.00	6.00	0.8	0.7
		HPA 室（高功放室）	13.00	12.00	10.00	6.00	6.000	6.00	6.00		
15	移动通信机房	有阀控式密闭电池时	10.00	8.00	8.00	8.00	8.00	8.00	6.00		
		无阀控式密闭电池时	5.00	4.00	4.00	4.00	4.00	4.00	4.00		
16	楼梯		3.50							0.40	0.7

注：1. 表列荷载适用于按单向板配筋的现浇板及板跨方向与机架排列方向（荷载作用面的长边）相垂直的预制板等楼面结构，按双向板配筋的现浇板亦可参照使用。

2. 表列荷载不包括隔墙、吊顶荷载。

3. 由于不间断电源设备的重量较重，设计时也可按照电源设备的重量、底面尺寸、排列方式等对设备作用处的楼面进行结构处理。

4. 搬运单件重量较重的机器时，应验算沿途的楼板结构强度。

5. 设计墙、柱、基础时，表列楼面活荷载可采用与设计主梁相同的荷载。

（7）一般民用建筑的非人防地下室顶板（标高 ±0.000 处）的均布活荷载，考虑施工时堆放材料或作为临时施工场地，不宜小于 5kN/m^2。

（8）在计算地下室外墙时，一般民用建筑的室外地面均布活荷载不宜小于 5kN/m^2（包括可能停放消防车的室外地面）；如室外地面为通行车道，则应考虑行车荷载；如室外地面有特殊较重荷载，应按实际情况确定。

（9）国内重大工程、中外合资工程或国外工程，应充分考虑楼面使用功能可能改变，宜适当增大活荷载，并在施工图上注明。

（10）防水层做法简单或自防水屋面，应考虑屋面翻修时可能增加的荷载。

（11）屋面天沟应考虑充满水时的荷载，当天沟深度超过 500mm 时，宜在天沟侧板适当位置增设溢水孔，此时水重可计至溢水孔底面；此外，天沟设计时尚应考虑找坡层的重量的影响。

（12）高低层相邻的屋面，在设计低层屋面构件时，应适当考虑施工时的临时荷载，该荷载不应小于 4kN/m^2，并在施工图上注明。

（13）多层砌体房屋的预制楼板，应考虑施工堆料的临时荷载，一般可取 3kN/m^2，且不与使用活荷载及建筑装修荷载同时考虑。

（14）《荷载规范》表 5.1.1 中第 8 项的消防车荷载，系指消防车直接行驶在楼板上时，其轮压折算成的等效均布活荷载标准值；当地下一层顶板之上有覆土或其他覆盖物时，其上行驶的消防车轮压应考虑覆土厚度的影响，不应直接采用 35kN/m² 或 20kN/m²。

（15）停放载人少于9人的客车的停车库，其楼板上的等效均布活荷载标准值，应按《荷载规范》表5.1.1的规定采用；停放面包车、卡车、大轿车或其他较重车辆的车库，其楼面上的等效均布活荷载标准值应按车辆的实际轮压重量考虑（如车辆入库时有满载可能时，应按满载重量考虑），并按最不利的轮压荷载组合且另加 2kN/m² 的均布活荷载进行计算；不宜简单地以加大均布活荷载标准值的方法进行计算。

4. 设计建筑结构楼面梁、墙、柱及基础时，楼面均布活荷载标准值应当如何折减？

作用在楼面上的活荷载，不可能以标准值的大小同时布满在所有的楼面上，因此，在设计梁、墙、柱和基础时，还要考虑实际荷载沿楼面分布的变异情况，亦即在设计梁、墙、柱和基础时，楼面均布活荷载标准值应乘以折减系数后采用。《荷载规范》第5.1.2条规定，设计楼面梁、墙、柱及基础时，其表5.1.1中的楼面活荷载标准值在下列情况下应乘以规定的折减系数。

（1）设计楼面梁时的折减系数：

1）第1（1）项当楼面梁从属面积超过 25m² 时，应取0.9。

2）第1（2）~7项当楼面梁从属面积超过 50m² 时，应取0.9。

3）第8项对单向板楼盖的次梁和槽形板的纵肋应取0.8；对单向板楼盖的主梁应取0.6；对双向板楼盖的梁应取0.8。

4）第9~13项应采用与所属房屋类别相同的折减系数。

（2）设计墙、柱和基础时的折减系数：

1）第1（1）项应按表1-8规定采用。

2）第1（2）~7项应采用与其楼面梁相同的折减系数。

3）第8项的客车，对单向板楼盖应取0.5；对双向板楼盖和无梁楼盖应取0.8。

4）第9~13项应采用与所属房屋类别相同的折减系数。

注：楼面梁的从属面积应按梁两侧各延伸二分之一梁间距的范围内的实际面积确定。

表1-8　活荷载按楼层的折减系数

墙、柱、基础计算截面以上的层数	1	2~3	4~5	6~8	9~20	>20
计算截面以上各楼层活荷载总和的折减系数	1.00 (0.90)	0.85	0.70	0.65	0.60	0.55

注：当楼面梁的从属面积超过 25m² 时，应采用括号内的系数。

5）设计墙柱时，《荷载规范》表5.1.1中第8项的消防车活荷载可按实际情况考虑；设计基础时可不考虑消防车荷载。常用板跨的消防车活荷载按覆土厚度的折减系数可按《荷载规范》附录B采用。

6）楼面结构上的局部荷载可按《荷载规范》附录C的规定，换算为等效均布活荷载。

（3）应当注意的几点：

1）SATWE软件总体输入信息“活荷载信息”项内，程序隐含的墙、柱和基础的活荷载折减系数，仅限适用于《荷载规范》表5.1.1中第1（1）项的房屋建筑；当为其他房屋类别时，应按《荷载规范》第5.1.1条第2款2）、3）、4）的规定，相应修改活荷载折减系数，也可以偏安全地选择不折减，或仅对传给基础的均布活荷载标准值进行折减。

2）设计楼面梁时，活荷载是否折减，如何折减，由结构工程师在PMCAD建模时在输入楼面活荷载后通过点取不同的选项来完成，程序未自动考虑梁的楼面活荷载折减。

3）在结构整体计算时，程序默认对传给梁的楼面均布活荷载标准值不再予以折减；但如果在PMCAD建模时，对楼面梁的活荷载设置了折减选项，在结构整体计算时，再对柱、墙和基础进行楼面活荷载折减，会导致重复折减，使柱、墙和基础的设计偏于不安全，这是结构工程师应当特别注意的。

4）设计工业建筑的柱、墙和基础时，楼面等效均布活荷载标准值，一概不考虑按楼层层数的折减。

5）考虑到民用建筑房屋类别的多样性，不仅同一幢建筑物内各楼层的房屋使用要求有可能不同，因而楼面均布活荷载标准值不同，均布活荷载分布的变异情况也不相同；而且同一幢建筑物的同一楼层内，各个房间可能也会有不同的使用功能，也会导致不同要求的楼面均布活荷载折减系数；再者，如果建筑物沿竖向不规则，比如有裙房等等，根据《荷载规范》规定的按楼层层数进行折减，处理不当的话，会导致传到裙房的柱、墙和基础上的荷载偏小，不安全。可见，楼面均布活荷载标准值全楼采用一个统一的折减系数进行折减，突显《荷载规范》和程序运行均可能存在不足之处。所以，结构工程师在建模和结构整体计算时，要慎重选用和处理楼面均布活荷载折减系数。

5. 结构整体计算时，楼面隔墙荷载应当如何正确输入？

（1）砌置于楼面梁上的隔墙自重或填充墙自重（砌体或板材自重加装修荷重，以下同）按永久荷载考虑，并按均布线荷载（kN/m）输入。

（2）砌置于楼板上的固定隔墙自重应按永久荷载考虑，并等效为楼面均布荷载（kN/m^2），同楼板自重和装修荷载等一同输入。

（3）砌置于楼板上的位置可灵活自由布置的隔墙自重，可取不小于每延米长墙重（kN/m）的1/3作为楼面活荷载的附加值（kN/m^2）计入，且附加值不宜小于1.0kN/m^2；当楼面活荷载标准值大于4.0kN/m^2时，活荷载的附加值可取不小于0.5kN/m^2。

（4）砌置于楼面上的隔墙宜采用轻质隔墙，其自重不宜超过3kN/m。

6. 结构整体计算时，楼梯间的均布荷载应当如何正确输入？

（1）将楼梯间的均布永久荷载和均布活荷载按面荷载输入，这时楼梯间楼板的厚度可修改为“0”，零厚度楼板可以分布并传递均布荷载。根据板式楼梯的支承条件，指定楼梯间均布荷载的传递方式为“对边方式”，使楼梯间的均布荷载传递到板式楼梯的支承梁。

楼梯间的荷载按这种方式输入，使楼面的总荷载不会丢失，但可能使某些楼面梁的荷载不真实，还可能使某些层间楼梯平台梁荷载不足，需要补充计算。

（2）将楼梯间的均布永久荷载和均布活荷载，根据楼梯的实际支承条件，换算为均布线荷载或集中力，作用于梁上或墙上。楼梯间的荷载按这种方式输入，除某些层间楼梯平台梁因荷载不足需要补充计算外，能较好地反映楼梯和相关构件的真实受力情况，是楼梯间的均布荷载输入的首选方式。楼梯间的均布荷载按这种方式输入时，楼梯间的楼板可按开洞处理。

7. 结构整体计算输入风荷载时应当注意什么问题？

（1）基本风压应按《荷载规范》附录E中附表E.5给出的50年重现期的风压采用，但不得小于0.3kN/m^2。

（2）对于高层建筑、高耸结构以及对风荷载比较敏感的结构，基本风压的取值应适当提高，并应符合有关的结构设计规范的规定。

（3）《高层建筑混凝土结构技术规程》JGJ 3—2010（以下简称《高层建筑规程》）第4.2.2条及其条文说明规定，对风荷载比较敏感的高层建筑，例如房屋高度大于60m的高层建筑，承载力设计时其基本风压应按50年重现期的基本风压的1.1倍采用。

（4）SATWE软件总体信息输入中的风荷载信息项内，“结构基本周期（秒）”这个参数宜按结构整体电算后在“周期、地震力与振型”输出文件（WZQ.OUT）中输出的计算周期值进行修改。因为，程序给出的隐含周期值是按《高层建筑规程》建议的简化公式计算的，与真实的“结构基本周期”通常有较大的差别。结构基本自振周期是用来计算脉动增大系数的，脉动增大系数又影响风振系数，从而影响风荷载标准值。在高风压地区，尤其应重视这个参数的修改。

（5）对于重要且体型复杂的房屋和构筑物，SATWE 软件总体信息输入中的风荷载信息项内，风荷载体型系数应按风洞试验结果确定。

（6）在抗震设防地区，无论是高层建筑还是多层建筑亦或是单层建筑，在结构整体计算时，均应输入风荷载。

8. 建筑物的抗震设防类别应当如何正确划分？

抗震设防烈度为 6 度及 6 度以上地区的建筑，必须进行抗震设计。《抗震规范》适用于抗震设防烈度为 6、7、8 和 9 度地区建筑工程的抗震设计及隔震、消能减震设计。一般情况下，抗震设防烈度可采用中国地震动参数区划图的地震基本烈度或《抗震规范》设计基本地震加速度值对应的烈度值。

（1）在抗震设防地区，应根据建筑物使用功能的重要性及其破坏造成的影响大小将其分为特殊设防类（简称甲类）、重点设防类（简称乙类）、标准设防类（简称丙类）和适度设防类（简称丁类）四个抗震设防类别。

（2）特殊设防类建筑指使用上有特殊设施，涉及国家公共安全的重大建筑工程和地震时可能发生严重次生灾害等特别重大灾害后果，需要进行特殊设防的建筑，简称甲类建筑，如三级医院中承担特别重要医疗任务的住院、医技、门诊用房，承担研究、中试和存放剧毒的高危险传染病病毒任务的建筑，国家和区域的电力调度中心建筑，国家卫星通信地球站建筑等，均应划为特殊设防类建筑。

（3）重点设防类建筑指地震时使用功能不能中断或需尽快恢复的生命线相关建筑，以及地震时可能导致大量人员伤亡等重大灾害后果，需要提高设防标准的建筑，简称乙类建筑。如应急避难场所建筑，防灾应急指挥中心建筑，大型多层商业建筑，大型影剧院建筑，特大型和大型体育场馆建筑，省、自治区、直辖市的电力调度中心建筑，国际或国内主要干线机场中的航站楼，国家级、省级广播中心、电视中心建筑，某些大型的工业建筑等等，均应划为重点设防类建筑。

（4）标准设防类建筑指大量的除（2）、（3）、（5）款以外按标准要求进行设防的建筑，简称丙类建筑，如普通的住宅建筑、办公楼建筑等等，均宜划为标准设防类建筑。

（5）适度设防类建筑指使用上人员稀少且震损不致产生次生灾害，允许在一定条件下适度降低要求的建筑，简称丁类建筑。

（6）在抗震设防地区，各类建筑物的抗震设防类别的划分，详见《建筑工程抗震设防分类标准》GB 50223—2008。

9. 不同抗震设防类别的建筑抗震设防标准有何区别?

（1）甲类建筑，地震作用应按照批准的地震安全性评价结果确定，且应高于本地区抗震设防烈度的要求；抗震措施，当抗震设防烈度为6～8度时，应符合本地区抗震设防烈度提高一度的要求，当为9度时，应符合比9度抗震设防更高的要求。

（2）乙类建筑，地震作用应符合本地区抗震设防烈度的要求；抗震措施，一般情况下，当抗震设防烈度为6～8度时，应符合本地区抗震设防烈度提高一度的要求，当为9度时，应符合比9度抗震设防更高的要求；地基基础的抗震措施，应符合有关规定。

（3）丙类建筑，地震作用和抗震措施均应符合本地区抗震设防烈度的要求。

（4）丁类建筑，一般情况下，地震作用仍应符合本地区抗震设防烈度的要求；抗震措施应允许比本地区抗震设防烈度的要求适当降低，但抗震设防烈度为6度时不应降低。

（5）抗震设防烈度为6度时，除《抗震规范》和《高层建筑规程》有具体规定外，对乙、丙、丁类建筑可不进行地震作用计算。

（6）对于划为重点设防类（乙类）而规模很小的工业建筑，当改用抗震性能较好的材料且符合抗震设计规范对结构体系的要求时，允许按标准设防类（丙类）设防。

10. 建筑结构抗震设计的三水准设防目标是什么?

（1）根据《抗震规范》的规定，抗震设计的建筑物，其抗震设防目标是：当遭受低于本地区抗震设防烈度（抗震设防烈度通常采用地震基本烈度）的多遇地震（约比设防烈度地震低1.5度）影响时，一般不受损坏或不需修理可继续使用；当遭受相当于本地区抗震设防烈度的地震影响时，可能破坏，经一般修理或不需修理仍可继续使用；当遭受高于本地区抗震设防烈度预估的罕遇地震（约比设防烈度地震高1度）影响时，不致倒塌或发生危及生命的严重破坏。这就是我们通常所说的“多遇地震不坏、设防地震可修、罕遇地震不倒”的抗震设计“三水准”抗震设防目标。

（2）抗震设计的三水准设防目标就地震烈度发生（或地震作用水平）的超越概率而言，在50年的设计基准期内，多遇地震重现期50年的超越概率为63%；设防烈度地震重现期475年的超越概率为10%；罕遇地震重现期1600～2400年的超越概率为2%～3%。

（3）抗震设计的三水准设防目标就建筑物的性能要求而言，“多遇地震不坏”是要求建筑结构满足多遇地震作用下的承载能力极限状态验算满足要求且建筑物的楼层内最大的弹性层间位移角不超过《抗震规范》规定的弹性层间位移角限值；“设防地震可修”是要求建筑结构具有相当大的延性变形能力，不发生不可修复的脆性破坏；“罕遇地震不倒”是要求建筑结构具有足够的延性变形能力，其薄弱层（部位）弹塑性层间位移角不超过《抗震规范》规定的弹塑性层间位移角限值。

（4）为了实现抗震设计的上述三水准的设防目标，《抗震规范》要求对建筑结构进行二阶段设计。

第一阶段，对绝大多数建筑结构进行多遇地震作用下的结构整体计算、构件承载力验算和结构弹性变形验算，并对所有的各类建筑结构采取相应的抗震措施（包括内力调整和抗震构造措施等内容）。

第二阶段，对《抗震规范》规定的建筑结构进行罕遇地震作用下的弹塑性变形验算。

11. 建筑结构地震作用计算有哪些原则规定？

各类建筑结构应按下列规定计算地震作用：

（1）一般情况下，应在建筑结构的两个主轴方向分别计算水平地震作用并进行抗震验算，各方向的水平地震作用应由该方向的抗侧力构件承担；有斜交抗侧力构件的结构，当相交角度大于15°时，应分别计算各抗侧力构件方向的水平地震作用。

（2）质量和刚度分布明显不对称的结构，应计入双向水平地震作用下的扭转影响；其他情况，应允许采用调整地震作用效应的办法计入扭转影响。

（3）8度、9度抗震设计时，多高层建筑中的大跨度结构和长悬臂结构，应计算竖向地震作用；7度（0.15g）抗震设计时，高层建筑中的大跨度结构和长悬臂结构，也应考虑竖向地震作用的影响。

（4）9度抗震设计时的高层建筑，应计算竖向地震作用。

（5）高层建筑结构在计算单向水平地震作用时应考虑偶然偏心的影响；多层建筑结构在计算扭转位移比时，也应考虑偶然偏心的影响。

（6）8度、9度抗震设计时采用隔震设计的建筑结构，应按《抗震规范》的有关规定计算竖向地震作用。

12. 建筑结构地震作用计算可采用哪几种方法？

多高层建筑结构地震作用计算时可采用下列方法：

（1）多高层建筑结构宜采用考虑扭转耦联振动影响的振型分解反应谱法。

（2）高度不超过40m、以剪切变形为主且质量和刚度沿高度分布比较均匀的建筑结构，以及近似于单质点体系的结构，也可采用底部剪力法等简化方法。

（3）7～9度抗震设防的多高层建筑结构，在下列情况下应采用弹性时程分析法进行多遇地震作用下的补充计算：

所谓“补充计算”，主要是指针对计算结果的结构底部剪力、楼层剪力和层间位移进行比较的计算，当弹性时程分析法的结果大于振型分解反应谱法的结果时，相关部位的构件内力和配筋应相应调整。

1）甲类多高层建筑结构。

2）表1-9所列乙、丙类高层建筑结构。

表1-9　采用时程分析的房屋高度范围

设防烈度、场地类别	房屋高度范围
8度Ⅰ、Ⅱ类场地和7度	>100m
8度Ⅲ、Ⅳ类场地	>80m
9度	>60m

3）不满足《高层建筑规程》第3.5.2～第3.5.6条规定的高层建筑结构。

4）《高层建筑规程》第10章规定的复杂高层建筑结构。

5）特别不规则的多高层建筑结构。

（4）计算罕遇地震作用下结构的弹塑性变形，应按《抗震规范》第5.5节的规定，区别不同结构，分别采用简化的弹塑性分析方法、静力弹塑性分析方法或弹塑性时程分析法等。

（5）建筑结构的隔震和消能减震设计，应采用《抗震规范》第12章规定的计算方法。

13. 抗震设计计算建筑结构的重力荷载代表值时，如何合理选择组合值系数？

计算地震作用时，建筑结构的重力荷载代表值应取永久荷载（结构和构配件自重）标准值和可变荷载组合值之和。各可变荷载组合值系数应按表1-10采用。

表1-10　组合值系数

可变荷载种类	组合值系数
雪荷载	0.5
屋面积灰荷载	0.5
屋面活荷载	不计入
按实际情况计算的楼面活荷载	1.0

（续）

可变荷载种类		组合值系数
按等效均布荷载计算的楼面活荷载	藏书库、档案库	0.8
	其他民用建筑	0.5
起重机悬吊物重力	硬钩起重机	0.3
	软钩起重机	不计入

注：硬钩起重机的吊重较大时，组合值系数应按实际情况采用。

在这里，结构工程师应当注意的是，SATWE 软件在总信息输入中的“荷载组合信息”项内，把计算建筑物重力荷载代表值时的可变荷载组合值系数取隐含值0.5。当建筑物并非表1-10所指的“其他民用建筑”时，应对这个系数按表1-10进行修改。当建筑物为工业建筑时，计算建筑物重力荷载代表值的可变荷载组合值系数的取值范围随工业建筑的功能不同在0.7～1.0的范围内变化，可参考《荷载规范》附录D及相关的行业标准进行修改。

14. 建筑结构在进行多遇地震作用下的弹性时程分析时有哪些规定?

时程分析法又称为直接动力分析法，可分为弹性时程分析法和弹塑性时程分析法。时程分析法主要用于结构变形验算，判断结构的薄弱层和薄弱部位。采用弹塑性时程分析法还能发现结构的塑性铰位置及其发生的时刻。

（1）采用弹性时程分析法时，应按建筑场地类别和设计地震分组选用不少于二组的实际地震记录和一组人工模拟的加速度时程曲线（必要时也可以选用五组实际地震记录和二组人工模拟的加速度时程曲线），其平均地震影响系数曲线应与振型分解反应谱法所采用的地震影响系数曲线在统计意义上相符。时程分析所用的地震加速度时程曲线的最大值可按《抗震规范》的表5.1.2-2或下面的表1-11采用。计算输入的加速度曲线的最大值，必要时可比上述最大值适当加大。弹性时程分析时，每条加速度时程曲线计算所得的结构底部剪力不应小于振型分解反应谱法计算结果的65%，多条加速度时程曲线计算所得的结构底部剪力的平均值不应小于振型分解反应谱法计算结果的80%。

表1-11　时程分析所用地震加速度时程曲线的最大值

（单位：cm/s^2）

地震影响	6度	7度	8度	9度
多遇地震	18	35（55）	70（110）	140
设防烈度地震	50	100（150）	200（300）	400
罕遇地震	125	220（310）	400（510）	620

注：括号内数值分别用于设计基本地震加速度为0.15g和0.30g的地区。

所谓地震影响系数曲线在“统计意义上相符”指的是，要有一定数量的地震波和相应的反应谱特征。对计算结果的评估是以结构底部剪力和最大层间位移（或顶点位移）与振型分解反应谱法的计算结果进行比较，控制在一定的误差范围之内。输入多条地震加速度记录的平均地震影响系数曲线与振型分解反应谱法所用的地震影响系数曲线相比，在各周期点上相差不大于20%。如果做到在统计意义上相符，多条地震波输入的计算结果的平均底部剪力一般不会小于振型分解反应谱法计算结果的80%；每条地震波输入的计算结果的底部剪力不会小于振型分解反应谱法计算结果的65%。

所谓“实际地震记录”并非一定是当地的强震记录，而是在地震加速度数据库内，按上述原则选取的地震加速度记录。

（2）当取三组时程曲线进行计算时，结构地震作用效应宜取时程法计算结果的包络值与振型分解反应谱法计算结果的较大值；当取七组及七组以上时程曲线进行计算时，结构地震作用效应可取时程法计算结果的平均值与振型分解反应谱法计算结果的较大值。

（3）从工程应用角度考虑，正确选择输入的实际地震加速度时程曲线，除了应满足地震动三要素的要求，即有效加速度峰值、频谱特性和持续时间的要求外，还与结构的动力特性（主要是结构的基本自振周期）有关。有效加速度峰值可采用表1-11中地震加速度时程曲线的最大值；频谱特性可用地震影响系数曲线表征，依据所处的场地类别和设计地震分组确定；地震加速度时程曲线的持续时间一般不宜小于结构基本自振周期的5～10倍，也不宜少于12s，时间间距可取0.01s或0.02s。对于以弯曲变形为主的超高层建筑和高耸塔桅结构，持续时间应要求更长一些，以充分反映结构的积累地震效应。

使结构的基本自振周期与地震影响系数曲线的卓越周期相关，是要考虑结构与地震作用共振的最不利情况。因此，不能不加选择地对任意的实际地震加速度记录作简单的数值调整，使其满足不同烈度下的峰值加速度要求，就作为时程分析法的输入。正确的做法是，在地震加速度记录数据库内，根据上述地震动频谱特性和持续时间的要求，以及结构的基本自振周期，选择合适的地震加速度记录，并调整加速度值，使其峰值加速度满足表1-11的要求。

人工模拟加速度时程曲线采用人工合成的方法，以得到符合目标反应谱的加速度值，即按设防烈度、场地类别、设计地震分组所确定的地震影响系数曲线的加速度值。最为一般而有效的方法是，运用带随机相角的有限项三角级数合成，并用一种时间包络函数描述人工合成加速度时间过程的衰减模式。所得到的人工合成加速度时程的反应谱与目标反应谱，在指定的一些周期点上的误差被控制在要求的范围内（如10%）。

进行结构弹性时程分析时，多条加速度时程曲线计算结果的平均底部剪力值不应小于振型分解反应谱法计算结果的80%，每条加速度时程曲线计算结果的底部剪力不应小于振型分解反应谱法结果的65%。这是判别所选地震波正确与否的定量准则。

（4）当按时程分析法计算的结构底部剪力不大于振型分解反应谱法的计算结果时，取振型分解反应谱法的计算结果作为结构设计的依据。

当按时程分析法计算的结构底部剪力大于振型分解反应谱法的计算结果时，应将振型分解反应谱法的计算结果乘以相应的增大系数，使两种方法算得的结构底部剪力大致相当，然后取振型分解反应谱法的计算结果作为结构设计的依据。

（5）地震加速度时程输入，当为双向（两个水平方向）输入时，其最大峰值加速度和最大地震影响系数应按1（水平1）∶0.85（水平2）的比例调整；当为三向（两个水平方向和一个竖向）输入时，其最大峰值加速度和最大地震影响系数应按1（水平1）∶0.85（水平2）∶0.65（竖向）的比例调整。

（6）进行结构弹性时程分析时，宜按地震加速度记录的反应谱特征周期 T_g 和结构第一自振周期 T_1 双指标来控制输入地震波的选择。对计算结果的统计分析表明，这样选择的地震波会使计算所得的结构底部总剪力和结构最大层间位移的离散性最小，因而较为合理。

（7）对于层间变形较大的楼层，宜调整结构构件的断面尺寸或加强构件的配筋（纵向受力钢筋和箍筋）。

对于抗震设计的复杂建筑结构及超限高层建筑结构，必要时应要求其重要部位或重要构件按“中震不屈服”或“中震弹性”进行设计，其对应的中震（设防烈度地震）加速度最大值见表1-11，其对应的地震影响系数最大值见表1-12。

15. 建筑结构的地震影响系数和特征周期如何确定？

建筑结构的地震影响系数应根据设防烈度、场地类别、设计地震分组和结构自振周期以及阻尼比确定，见图1-1。其水平地震影响系数的最大值 α_{max} 应按表1-12采用；设计特征周期 T_g 应根据场地类别和设计地震分组确定，如表1-13所示。

表1-12　水平地震影响系数最大值 α_{max}

地震影响	6度	7度	8度	9度
多遇地震	0.04	0.08（0.12）	0.16（0.24）	0.32
设防烈度地震	0.12	0.23（0.34）	0.45（0.68）	0.90
罕遇地震	0.28	0.50（0.72）	0.90（1.20）	1.40

注：1. 括号中数值分别用于设计基本地震加速度为0.15g和0.30g的地区。

2. 周期大于6.0s的建筑结构所采用的地震影响系数应专门研究。

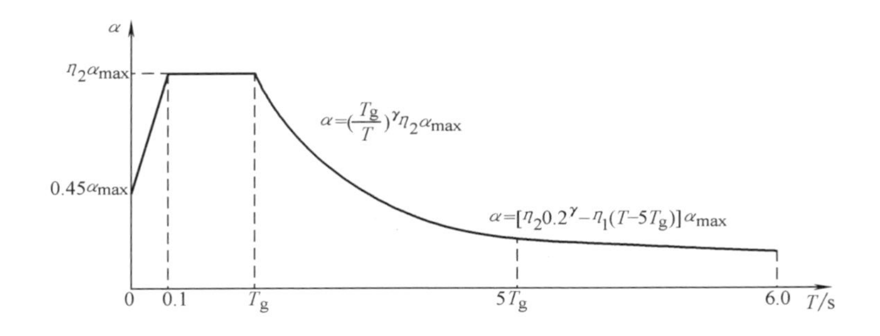

图 1-1　地震影响系数曲线

α—地震影响系数　α_{max}—地震影响系数最大值　η_1—直线下降段的下降斜率调整系数

γ—衰减指数　T_g—特征周期　η_2—阻尼调整系数　T—结构自振周期

表 1-13　特征周期值　　（单位：s）

设计地震分组	场地类别				
	I_0	I	Ⅱ	Ⅲ	Ⅳ
第一组	0.20	0.25	0.35	0.45	0.65
第二组	0.25	0.30	0.40	0.55	0.75
第三组	0.30	0.35	0.45	0.65	0.90

注：计算 8、9 度罕遇地震作用时，特征周期应增加 0.05s。

一般情况下，抗震设防烈度可采用中国地震动参数区划图的地震基本烈度，也可采用与《抗震规范》附录 A 设计基本地震加速度值对应的烈度值。

根据《抗震规范》第 4.1.6 条的规定，建筑的场地类别，应根据土层的等效剪切波速和场地覆盖层厚度划分为四类，如表 1-14 所示。

表 1-14　各类建筑场地的覆盖层厚度　　（单位：m）

岩石的剪切波速或土的等效剪切波速/（m/s）	场地类别				
	I_0	I_1	Ⅱ	Ⅲ	Ⅳ
$v_s>800$	0				
$800\geq v_s>500$		0			
$500\geq v_{se}>250$		<5	≥5		
$250\geq v_{se}>150$		<3	3～50	>50	
$v_{se}\leq 150$		<3	3～15	15～80	>80

注：表中 v_s 系岩石的剪切波速。

场地土的类型划分与土层剪切波速范围的关系，如表 1-15 所示。

表 1-15　土的类型划分与土层剪切波速范围

土的类型	岩土名称和性状	土层剪切波速范围/（m/s）
岩石	坚硬、较硬且完整的岩石	$v_s>800$
坚硬土或软质岩石	破碎和较破碎的岩石或软和较软的岩石，密实的碎石土	$800\geqslant v_s>500$
中硬土	中密、稍密的碎石土，密实、中密的砾、粗、中砂，$f_{ak}>150$ 的黏性土和粉土，坚硬黄土	$500\geqslant v_s>250$
中软土	稍密的砾、粗、中砂，除松散外的细、粉砂，$f_{ak}\leqslant150$ 的黏性土和粉土，$f_{ak}>130$ 的填土，可塑新黄土	$250\geqslant v_s>150$
软弱土	淤泥和淤泥质土，松散的砂，新近沉积的黏性土和粉土，$f_{ak}\leqslant130$ 的填土，流塑黄土	$v_s\leqslant150$

注：f_{ak} 为由载荷试验等方法得到的地基承载力特征值（kPa）；v_s 为岩土剪切波速。

由图 1-1 的地震影响系数曲线可知，一旦场地类别、设计地震分组、结构自振周期和结构阻尼比确定，结构的水平地震影响系数 α 主要取决于该场地地面运动最大峰值加速度 a_{max}，且水平地震影响系数最大值 $\alpha_{max}\propto a_{max}$。《抗震规范》给出了多遇地震、设防烈度地震和罕遇地震作用下各抗震设防烈度对应的场地地面运动最大峰值加速度，如表 1-16 所示。

表 1-16　地面运动最大峰值加速度 a_{max}

抗震设防烈度	6 度	7 度		8 度		9 度
多遇地震（小震）	0.018g	0.035g	0.055g	0.07g	0.11g	0.14g
设防烈度地震（中震）	0.05g	0.1g	0.15g	0.2g	0.3g	0.4g
罕遇地震（大震）	0.125g	0.22g	0.31g	0.4g	0.51g	0.62g

注：表中 g 为重力加速度 9.8m/s^2。

当建筑结构的阻尼比不等于 0.05 时，图 1-1 的地震影响系数曲线的阻尼调整系数和形状参数应按《抗震规范》第 5.1.5 条第 2 款的要求确定。

不同的建筑结构类型有不同的阻尼比，对于普通钢筋混凝土结构和砌体结构，抗震设计时通常取结构阻尼比为 5%，钢结构和预应力钢筋混凝土结构的阻尼比要小些，一般取 3%～5%；采用隔震和消能减震技术的结构，其结构阻尼比则高于 5%，有的可达到 10% 以上；其他构筑物如桥梁、工业设备、大型管线也具有不同的阻尼比。

考虑到不同结构类型建筑抗震设计的需要，《抗震规范》提供了不同阻尼比（阻尼比为1%～20%）的地震影响系数曲线相对于标准地震影响系数曲线（阻尼比为5%）的修正方法。

抗震设计时，常用的各类结构的结构阻尼比ζ如表1-17所示。

表1-17　结构阻尼比ζ

结构类型 / 设防水准	多层和高层钢结构房屋		钢-混凝土混合结构房屋	多层和高层钢筋混凝土结构房屋	单层钢筋混凝土柱厂房	单层钢结构厂房	门式刚架轻型房屋钢结构
	≤50m	>50m且<200m					
多遇地震作用（小震作用）	0.04	0.03	0.04	0.05	0.05	0.045～0.05	0.05
罕遇地震作用（大震作用）	0.05		0.05	适当增大	—	—	—

注：预应力混凝土框架结构的阻尼比应取0.03，地震影响系数曲线的阻尼调整系数应按1.18采用，形状参数应符合《预应力混凝土结构抗震设计规程》JGJ 140—2004第3.1.2条的要求。

地震影响系数随阻尼比减小而增大，其增大幅度随周期的增大而减小。对应于不同阻尼比的结构，计算地震影响系数曲线的阻尼调整系数和形状参数如表1-18所示。

表1-18　不同阻尼比的结构地震影响系数曲线的阻尼调整系数和形状参数

结构阻尼比ζ	γ	η_1	η_2
0.01	1.01	0.029	1.42
0.02	0.97	0.026	1.27
0.03	0.94	0.024	1.16
0.04	0.92	0.022	1.07
0.05	0.90	0.020	1.00
0.10	0.84	0.013	0.79
0.20	0.80	0.006	0.63

16. 建筑结构的自振周期、基本周期、设计特征周期、场地卓越周期和场地脉动周期之间有何关系？

（1）结构自振周期，是指结构按照某一振型完成一次自由振动所需要的时间，是结构的固有动力特性。

（2）结构的基本周期，是指结构按照基本振型（第一振型）完成一次自由振动所需要的时间，通常需要考虑结构在两个主轴方向和扭转方向的基本周期。

（3）设计特征周期，是抗震设计时所用的地震影响系数曲线的下降段起始点所对应的周期值，与地震震级、震中距和场地类别等因素有关。在《抗震规范》中，设计特征周期 T_g 与场地类别的关系是：场地类别越高（场地越软），T_g 越大；地震震级越大、震中距越远，T_g 越大。设计特征周期 T_g 越大，地震影响系数 α 的平台越宽，对于高层建筑或大跨度结构，基本周期越大，计算的地震作用就越大。

（4）场地卓越周期，是根据场地覆盖层厚度 H 和土层平均剪切波速 v_s，按日本金井清教授所提出的经验公式 $T_s = 4H/v_s$ 计算出的周期，表示场地土最主要的振动特性。由该公式可以看出，场地覆盖层厚度 H 越大，土层平均剪切波速 v_s 越小（场地越软），场地卓越周期值就越大。可见，场地卓越周期 T_s 只反映场地的固有特性，不等同于设计特征周期 T_g。

（5）场地脉动周期 T_m，是应用微震仪对场地的脉动（又称为“常时微动”）进行观测所得到的振动周期。测试应在环境十分安静的条件下进行，场地的振动类似人体的脉搏，所以称为“脉动”。场地的脉动周期反映了微震动情况下场地的动力特征，与强地震作用下场地的动力特性既有关联，又不完全相同。

结构的地震反应与其动力特性有密切的关系，自振周期是结构的最主要的动力特性参数，与结构的质量和刚度相关。当结构的自振周期特别是基本周期小于或等于设计特征周期 T_g 时，地震影响系数取值为 α_{max}，按《抗震规范》计算出的结构地震作用最大。

震害经验表明，当结构的自振周期与场地的卓越周期 T_s 接近时，地震时可能发生共振，导致建筑物的震害加重。研究表明，在大地震时，由于土层发生大的变形或液化，土的应力-应变关系为非线性，导致土层剪切波速 v_s 发生变化。因此，在同一地点，地震时场地的卓越周期 T_s 将因震级大小、震源机制、震中距离的变化而改变。如果仅从数值上比较，场地脉动周期 T_m 最短，卓越周期 T_s 其次，设计特征周期 T_g 最长。

《抗震规范》对结构的基本周期 T_1 与场地的卓越周期 T_s 或脉动周期 T_m 之间的关系不做具体要求，即不要求结构的自振周期避开场地的卓越周期或脉动周期。事实上，多自由度结构体系具有多个自振周期，不可能完全避开场地卓越周期。

17. 建筑结构整体计算时，如何合理选取计算振型数？

采用振型分解反应谱法进行结构地震作用计算时，计算振型数的选取直接影响到程序的计算效率和计算结果的精确度。为了确保不丧失高振型的影响，《抗震规范》要求结构工程师在进行结构计算时，应当输入必要数量的计算振型数，以保证结构抗震设计的安全。

（1）抗震设计时，结构宜采用考虑扭转耦联的振型分解反应谱法计算，振型数不应少于9。由于 SATWE 计算程序按三个振型一组输出，振型数宜为3的倍数。对于多塔结构，振型数不应少于塔楼数的9倍。

振型数不能取得太少，也不能取得过多。振型数取得太少，不能正确反映计算模型应当考虑的地震作用振型数量，使地震作用偏小，不安全；振型数取得过多，不仅降低计算效率，还可能使计算结果发生畸变。根据《抗震规范》第5.2.2条条文说明，振型个数一般可以取振型参与质量达到总质量90%时所需要的振型数。

振型数取值是否合理，可以查看SATWE程序的“周期、地震力与振型”输出文件（文件名为WZQ.OUT）。如果输出的文件中x方向和y方向的有效质量系数（振型参与质量系数）均不小于90%，则说明振型数取值得当；如果输出的文件中x方向和y方向的有效质量系数均小于90%，或者其中一个方向的有效质量系数小于90%，则说明振型数取得不够，应逐步加大振型数，直到两个方向的有效质量系数均不小于90%为止。

（2）当结构层数较多，或结构层刚度突变较大时，振型数应取得多些，比如有弹性节点、有小塔楼、带转换层等，但所取振型数不得大于结构的自由度数。

（3）当结构计算对全楼强制采用刚性楼板假定时，振型数至少应取3，但不得大于结构层数的3倍。因为每一块刚性楼板具有两个独立的水平平动自由度和一个独立的转动自由度。即每一块刚性楼板只有三个独立的自由度数。

18. 抗震设计时，建筑结构的地震作用计算，在什么情况下应考虑偶然偏心的影响？在什么情况下应计算双向水平地震作用下的扭转影响？

（1）《高层建筑规程》第4.3.3条明确规定，高层建筑结构无论平面是否规则在计算单向水平地震作用时均应考虑偶然偏心的影响。每层质心沿垂直于地震作用方向的偏移值（质量偶然偏心）可取$0.05L_i$（L_i为第i层垂直于地震作用方向的建筑物总长度）。实际计算时，将每层质心沿主轴的同一方向（正向或负向）偏移$0.05L_i$。

因为，即便是平面规则（包括对称）的建筑结构，国外的多数抗震设计规范同我国的《高层建筑规程》一样，也考虑由于施工、使用及地震地面运动的扭转分量等因素所引起的偶然偏心的影响，即对于平面规则的结构也规定了应考虑偶然偏心；对于平面布置不规则的结构，除其自身已有的偏心外，还要加上偶然偏心。

高层建筑结构采用底部剪力法计算结构的地震作用时，也应考虑质量偶然偏心的影响。

高层建筑结构在计算单向水平地震作用时，考虑偶然偏心的影响，有助于提高结构的抗震能力。

（2）对于《抗震规范》中的建筑结构，《抗震规范》没有明确规定在计算单向水平地震作用时，应考虑偶然偏心的影响。但《抗震规范》在第5.2.3条就规则结构如何估计在水平地震作用下的扭转影响，作出了如下规定：

规则结构不进行扭转耦联计算时，平行于地震作用方向的两个边榀构件，其地震作用效应应乘以增大系数。一般情况下，短边可按1.15采用，长边可按1.05采用；当扭转刚度较小时，周边各构件宜按不小于1.3采用。角部构件宜同时乘以两个方向各自的增大系数。

所谓结构的“扭转刚度较小”，一般是指核心筒-外稀柱框架结构或类似的结构，当第一振型为以扭转为主的振型T_θ时，或T_θ不为第一振型，但满足$T_\theta > 0.75T_{x1}$或$T_\theta > 0.75T_{y1}$时；对于较高的高层建筑，当满足$0.75T_\theta > T_{x2}$或$0.75T_\theta > T_{y2}$时，均属于扭转刚度较小的结构，应考虑地震作用的扭转效应。但如果考虑扭转影响的地震作用效应（例如，将地震作用效应乘以增大系数1.3）小于考虑偶然偏心引起的地震作用效应时，应采用后者，以保证抗震设计的安全，但二者不应叠加计算（通常取二者的最不利计算结果来进行构件设计）。

由于SATWE软件在进行结构地震作用计算时，会自动按扭转耦联计算，所以，当采用SATWE软件进行结构计算时，对于平面规则的建筑结构，根据《抗震规范》第5.2.3条的规定，实际上可以不必将地震作用效应乘以增大系数来考虑扭转影响。

显然，关于水平地震作用的扭转影响，《抗震规范》仅对规则结构如何考虑，做出了明确规定；对实际工程中大量存在的不规则结构，如何考虑水平地震作用的扭转影响，并没有做出明确的规定。

目前，SATWE软件还不具备将边榀框架乘以增大系数来考虑水平地震作用扭转影响的功能，所以，这种增大系数法在实际工程中应用起来也很不方便。

同高层建筑一样，多层建筑结构也同样存在由于施工、使用等原因所产生的偶然偏心引起的地震扭转效应及地震地面运动扭转分量的影响。所以对于多层建筑结构，也宜考虑单向水平地震作用下偶然偏心的影响。

（3）建筑结构的平面扭转不规则，其不规则程度如何判定，《抗震规范》和《高层建筑规程》都没有明确的规定。根据《抗震规范》的主要编制人员在《建筑抗震设计规范疑问解答》一书中的建议，以及《高层建筑规程》主要编制人员的讨论意见，可以认为：

1）多、高层建筑结构，在计算扭转位移比[㊀]时，均应考虑偶然偏心的影响，

㊀ 建筑结构在刚性楼板假定条件下，多遇地震（小震）作用产生的楼层最大弹性水平位移（或层间位移）值与该楼层两端弹性水平位移（或层间位移）平均值的比值，称为“扭转位移比”，简称“位移比”。

当扭转位移比大于1.2时，可判定为平面扭转不规则的结构。

2）多层建筑结构，不考虑水平地震作用偶然偏心影响时的扭转位移比大于1.4不大于1.5时，可判定为特别不规则的结构。

平面扭转不规则的多层建筑结构，宜计入双向水平地震作用下的扭转影响。

多层建筑结构，不考虑水平地震作用偶然偏心影响时的扭转位移比大于1.5时，一般判定为严重不规则的结构。

3）A级高度的高层建筑结构，考虑水平地震作用偶然偏心影响时，扭转位移比大于1.4不大于1.5，B级高度的高层建筑结构、混合结构的高层建筑结构和《高层建筑规程》第10章所指的复杂高层建筑结构，考虑水平地震作用偶然偏心影响时，扭转位移比大于1.3不大于1.4时，可判定这些高层建筑结构为特别不规则的结构。

平面扭转不规则的高层建筑结构，应同时计算偶然偏心和双向水平地震作用下的扭转影响。因为，对比计算分析表明，两者的地震作用效应谁更为不利，会随具体工程不同而不同，同一工程的不同部位或不同的构件，一般也不会完全相同。安全而可靠的办法是取二者的不利结果来进行结构构件的设计。

SAWTE软件具有同时计算偶然偏心和双向水平地震作用效应的功能。程序在按《抗震规范》的公式（5.2.3-7）或公式（5.2.3-8）计算双向水平地震作用的扭转效应时，仅取不考虑偶然偏心的单向水平地震作用效应来计算。程序会自动比较考虑偶然偏心和双向水平地震作用的计算结果，并取二者的最不利的计算结果来进行结构构件设计。

4）A级高度的高层建筑结构，考虑水平地震作用偶然偏心影响时，扭转位移比大于1.5，B级高度的高层建筑结构、混合结构的高层建筑结构和《高层建筑规程》第10章所指的复杂高层建筑结构，考虑水平地震作用偶然偏心影响时，扭转位移比大于1.4，一般可判定为严重不规则的结构。

5）建筑设计应符合抗震概念设计的要求，不规则的建筑方案应按规定采取加强措施；特别不规则的建筑方案应进行专门研究和论证，采取特别的加强措施；不应采用严重不规则的建筑方案。

19. 抗震设计时，计算地震影响系数所采用的结构自振周期为什么要折减？折减系数如何取值？

SATWE软件在计算多高层建筑结构的内力和位移时，只考虑了主体结构构件梁、柱、剪力墙或筒体等的刚度，没有考虑非承重结构的刚度，因而计算出的结构自振周期较实际的长，按这一周期计算的地震作用偏小，使结构设计偏于不安全。为此，《抗震规范》和《高层建筑规程》都规定，应考虑非承重墙体刚度的影响，对计算的结构自振周期进行折减。

大量的工程实测周期表明，实际建筑物的自振周期短于计算的周期，尤其是有实心砖填充墙的框架结构，由于实心砖填充墙的刚度大于框架柱的刚度，其影响更为明显，实测周期约为计算周期的0.5～0.6倍。剪力墙结构中，由于砖墙数量少，其刚度又远小于钢筋混凝土剪力墙的刚度，实测周期与计算周期比较接近，所以其作用可以少考虑。

基于这种原因，《高层建筑规程》第4.3.17条对框架结构、剪力墙结构、框架-剪力墙结构和框架-核心筒结构的计算自振周期提出了如下的折减系数，以考虑填充砖墙刚度的影响。当非承重墙体为砌体墙时，周期折减系数ψ_T可按下列规定取值：

1）框架结构　0.6～0.7。

2）框架-剪力墙结构　0.7～0.8。

3）剪力墙结构　0.8～1.0。

4）框架-核心筒结构　0.8～0.9。

对于其他结构体系或采用其他非承重墙体材料时，可根据工程情况确定周期折减系数。

《建筑抗震设计手册》（第二版）建议，当采用多孔砖和小型砌块填充墙时，结构计算自振周期折减系数ψ_T可按表1-19采用；当为轻质墙体或外墙挂板时，结构计算自振周期折减系数ψ_T可取0.8～0.9。

表1-19　ψ_T取值

ψ_c		0.8～1.0	0.6～0.7	0.4～0.5	0.2～0.3
ψ_T	无门窗洞	0.5（0.55）	0.55（0.60）	0.60（0.65）	0.70（0.75）
	有门窗洞	0.65（0.70）	0.70（0.75）	0.75（0.80）	0.85（0.90）

注：1. ψ_c为有砌体填充墙框架榀数与框架总榀数之比。

2. 无括号的数值用于一片填充墙长6m左右时，括号内数值用于一片填充墙长为5m左右时。

20. 建筑结构抗震验算时，为什么要规定结构任一楼层的最小地震剪力系数值？

（1）《抗震规范》第5.2.5条和《高层建筑规程》第4.3.12条均规定，抗震设计验算时，结构任一楼层的水平地震剪力应符合下式要求：

$$V_{\mathrm{ek}i} \geqslant \lambda \sum_{j=i}^{n} G_j \tag{1-1}$$

式中　$V_{\mathrm{ek}i}$——第i层对应于水平地震作用标准值的楼层剪力；

λ——水平地震剪力系数，不应小于表1-20规定的楼层最小地震剪力系数值，对于竖向不规则结构的薄弱层，尚应乘以1.15的增大系数；

G_j——第 j 层的重力荷载代表值；

n——结构计算总层数。

表 1-20 楼层最小地震剪力系数值 λ_{min}

类 别	6 度	7 度	8 度	9 度
扭转效应明显或基本周期小于 3.5s 的结构	0.008	0.016（0.024）	0.032（0.048）	0.064
基本周期大于 5.0s 的结构	0.006	0.012（0.018）	0.024（0.036）	0.048

注：1. 基本周期介于 3.5s 和 5s 之间的结构，按插入法取值；

2. 括号内数值分别用于设计基本地震加速度为 0.15g 和 0.30g 的地区。

（2）采用振型分解反应谱法对建筑结构进行地震作用计算时，由于地震影响系数曲线在长周期段下降较快，对于基本周期大于 3.5s 的结构，由此计算所得的水平地震作用下的结构效应可能偏小。而对于长周期结构，地震动态作用中的地面运动速度和位移可能对结构的破坏具有更大影响，但《抗震规范》所采用的振型分解反应谱法尚无法对此做出估计。出于结构抗震安全的考虑，抗震验算时，《抗震规范》对结构任一楼层的水平地震剪力最小值提出了限制要求，规定了不同抗震设防烈度下的楼层最小地震剪力系数（即剪重比），当不满足时，结构水平地震作用效应应据此进行相应调整，必要时应改变结构布置。

（3）表 1-20 中结构的“扭转效应明显”与否，一般可以由考虑耦联的振型分解反应谱法的分析结果来判断。例如，如果在结构计算出的前三个振型中，两个水平方向的振型参与系数为同一量级，即可认为结构存在明显的扭转效应。

扭转效应明显的结构和基本周期小于 3.5s 的结构，楼层的最小地震剪力系数 $\lambda=0.2\alpha_{max}$，可保证结构有足够的抗震安全度。基本周期大于 3.5s 的长周期结构，λ 值小于 $0.2\alpha_{max}$。

对于竖向不规则结构的薄弱层，其水平地震剪力尚应乘以 1.25 的增大系数。薄弱层的地震剪力放大 1.25 倍后，其地震剪力系数仍需满足表 1-20 中楼层最小地震剪力系数值 λ_{min} 的 1.15 倍。

由于楼层最小地震剪力系数是《抗震规范》的最低要求，也没有考虑结构阻尼比的不同，各类结构（包括钢结构、隔震和消能减震的结构）均应遵守 。

（4）当结构某楼层的地震剪力小得过多，地震剪力调整系数过大（详见 SATWE 软件以文件名 WZQ. OUT 文本格式输出的文件“各楼层地震剪力系数调整情况”[按抗震规范第 5.2.5 条验算]），例如，调整系数大于 1.2 时，说明该楼层结构刚度过小，应先调整结构布置和相关构件的截面尺寸，提高结构刚度，满足结构稳定和承载力要求，不宜简单地采用某层地震剪力不足，就过大地增大该层地震剪力调整系数的做法。

（5）当底部总剪力相差较多时，结构的选型和总体布置更需要重新调整，不能仅采用乘以增大系数方法处理；只要底部总剪力不满足要求，则结构各楼层的剪力均需要调整，不能仅调整不满足的楼层；满足最小地震剪力是结构后续抗震计算的前提，只有调整到符合最小剪力要求才能进行相应的地震倾覆力矩、构件内力、位移等的计算分析，即意味着，当各层的地震剪力需要调整时，原先计算的倾覆力矩、内力和位移均需要相应调整；采用时程分析法时，其计算的总剪力也需符合最小地震剪力的要求。

（6）应当注意的是，当高层建筑结构的楼层地震剪力系数小于0.02时，结构的刚度虽然能满足按弹性方法计算的楼层水平位移限值的要求，但往往不能满足《高层建筑规程》第5.4.4条规定的稳定要求。因此，对楼层地震剪力系数小于0.02的高层建筑结构，应注意按规程的要求验算稳定性。SATWE软件具有自动验算框架结构、剪力墙结构、框架-剪力墙结构、框架-核心筒结构等结构稳定性的功能。

结构工程师应注意查看程序以文本格式输出的文件“结构整体稳定验算结果”（文件名为WMASS.OUT）。

当结构整体稳定验算的结果显示结构通不过整体稳定验算时，则应调整并加强结构的侧向刚度，使结构的刚重比（结构的侧向刚度与重力荷载之比）满足《高层建筑规程》公式（5.4.4-1）或公式（5.4.4-2）的规定。

同时，根据计算结果输出的结构在x方向和y方向的刚重比数值，结构工程师还可以判断该高层建筑结构是否有必要考虑重力二阶效应的不利影响。如果有必要考虑该高层建筑结构的重力二阶效应，可根据《高层建筑规程》第5.4.3条的规定，采用弹性方法进行计算，也可采用对未考虑重力二阶效应的计算结果乘以增大系数的方法近似考虑。

21. 突出建筑物屋面的塔楼，其水平地震作用如何计算？

塔楼设置在屋面上，受到的是经过主体结构放大后的地震加速度，因而受到强化的激励，水平地震作用远远大于设置在地面上时的水平地震作用。屋面上的塔楼在地震发生时会产生显著的鞭梢效应。震害调查表明，地震时屋顶塔楼震害严重。

（1）突出屋面的小塔楼的地震作用计算。

突出屋面的小塔楼一般是指突出屋面的楼梯间、电梯间、水箱间，其高度小，体量也不大，通常为1～2层。

1）采用底部剪力法计算时，可把塔楼作为一个质点计算它的水平地震作用。小塔楼的实际地震作用标准值可按下式计算：

$$F_n = \beta_n \delta_n \alpha_1 G_E \tag{1-2}$$

式中　F_n——小塔楼的实际地震作用标准值，用于设计小塔楼自身及与小塔楼直接连接的主体结构构件；

β_n——小塔楼地震作用放大系数，见表1-21；

δ_n——小塔楼顶部附加地震作用系数，见表1-22；

α_1——相应于结构基本自振周期 T_1 的水平地震影响系数；

G_E——计算地震作用时，结构总重力荷载代表值，应取各质点重力荷载代表值之和。

作用在主体结构屋顶上的水平地震作标准值 $F_{nw}=\delta_n\alpha_1 G_E$。

表1-21 小塔楼地震作用放大系数 β_n

T_1/s	G_n/G \ K_n/K	0.001	0.010	0.050	0.100
0.25	0.01	2.0	1.6	1.5	1.5
	0.05	1.9	1.8	1.6	1.6
	0.10	1.9	1.8	1.6	1.5
0.50	0.01	2.6	1.9	1.7	1.7
	0.05	2.1	2.4	1.8	1.8
	0.10	2.2	2.4	2.0	1.8
0.75	0.01	3.6	2.3	2.2	2.2
	0.05	2.7	3.4	2.5	2.3
	0.10	2.2	3.3	2.5	2.3
1.00	0.01	4.8	2.9	2.7	2.7
	0.05	3.6	4.3	2.9	2.7
	0.10	2.4	4.1	3.2	3.0
1.50	0.01	6.6	3.9	3.5	3.5
	0.05	3.7	5.8	3.8	3.6
	0.10	2.4	5.6	4.2	3.7

表1-22 顶部附加地震作用系数 δ_n

T_g/s	$T_1>1.4T_g$	$T_1\leqslant 1.4T_g$
≤0.35	$0.08T_1+0.07$	不 考 虑
大于0.35但不大于0.55	$0.08T_1+0.01$	
>0.55	$0.08T_1-0.02$	

注：T_g 为场地特征周期；T_1 为结构基本自振周期。

2）小塔楼与主体结构连在一起，采用考虑扭转耦联的振型分解反应谱法进行整体计算，取足够多的计算振型数，使结构的有效质量参与系数不小于90%时，求得的小塔楼的水平地震作用不再放大。

（2）突出屋面的高塔楼的地震作用计算。

广播、通信、电力调度等建筑物，由于天线高度以及其他功能的要求，常在主体建筑物的顶部再建一个细高的塔，塔高常超过主体建筑物高度的1/4以上，甚至超过建筑物的高度，塔楼的层数较多，刚度较小。塔楼的高振型影响很大，其地震作用比按底部剪力法的计算结果大很多，远远不止3倍，有些工程甚至大8~10倍。因此，一般情况下，塔楼与下部主体建筑物应采用振型分解反应谱法或时程分析法进行分析计算，求出其水平地震作用。塔楼与下部主体建筑物连在一起，进行整体分析计算时，计算振型数应取得足够多，使结构的有效质量系数（即振型参与质量系数）不小于90%。

在初步设计阶段，为迅速估计高塔楼的地震作用，可以先将塔楼作为一个单独建筑物放在地上，按底部剪力法计算其塔底及塔顶的地震剪力 V_{t1}^0、V_{t2}^0，然后分别乘以放大系数 β_1、β_2，即可得到设计用的水平地震剪力标准值：

$$V_{t1} = \beta_1 V_{t1}^0 \tag{1-3}$$

$$V_{t2} = \beta_2 V_{t2}^0 \tag{1-4}$$

式中 β_1、β_2——塔楼水平地震剪力放大系数，按表1-23采用。

表1-23中的 H_t 和 H_b 分别为塔楼和主体建筑物的高度；S_t 和 S_b 按下列公式计算：

$$S_t = T_t / H_t \tag{1-5}$$

$$S_b = T_b / H_b \tag{1-6}$$

式中 T_t、T_b——分别为塔楼和主体结构的基本自振周期。

求得塔楼底部地震剪力 V_{t1} 后，可将 V_{t1} 作用于主体结构顶部，将主体结构作为单独建筑物处理。主体结构的楼层地震剪力不再乘放大系数。

（3）突出建筑物屋面的塔楼，除了应按照规范的要求进行必要的地震作用计算和结构构件截面抗震验算外，还应根据计算结果加强抗震构造措施。

表1-23　高塔楼水平地震剪力放大系数 β

β / S_t/S_b / H_t/H_b	塔底 β_1				塔顶 β_2			
	0.5	0.75	1.00	1.25	0.5	0.75	1.00	1.25
0.25	1.5	1.5	2.0	2.5	2.0	2.0	2.5	3.0
0.50	1.5	1.5	2.0	2.5	2.0	2.5	3.0	4.0
0.75	2.0	2.5	3.0	3.5	2.5	3.5	5.0	6.0
1.00	2.0	2.5	3.0	3.5	3.0	4.5	5.5	6.0

22. 6 度地震区的建筑结构是否都不需要进行地震作用计算和截面抗震验算?

（1）《抗震规范》第 3.1.2 条规定，抗震设防烈度为 6 度时，除本规范有具体规定外，对乙、丙、丁类建筑可不进行地震作用计算。

《抗震规范》第 5.1.6 条指出，6 度时的建筑（不规则建筑及建造于Ⅳ类场地上较高的高层建筑除外），……应符合有关的抗震措施要求，但应允许不进行截面抗震验算。

（2）《抗震规范》第 5.1.6 条所说的位于Ⅳ类场地上“较高的高层建筑”，通常是指高于 40m 的钢筋混凝土框架结构、高于 60m 的其他钢筋混凝土民用房屋和类似的工业厂房，以及高层钢结构房屋。由于Ⅳ类场地的反应谱特征周期 T_g 较长，结构的自振周期也较长，“较高的高层建筑”在 6 度地震区Ⅳ类场地上的地震作用值可能与 7 度地震区Ⅱ类场地上的地震作用值相当或者更大，所以仍需进行截面抗震验算。

（3）对于 6 度地震区抗震等级为三级及三级以上的钢筋混凝土房屋结构，截面抗震验算还涉及到构件内力调整问题。例如，6 度地震区丙类钢筋混凝土房屋的抗震等级：部分框支剪力墙结构的框支层框架为二级、加强部位剪力墙为三级（房屋高度小于等于 80m）或二级（房屋高度大于 80m）；其他类型的结构中也有框架为三级、筒体和剪力墙为二级或三级者。所以按照《抗震规范》规定的“应符合有关的抗震措施要求”，也要求对这些结构的构件进行内力调整计算。

（4）不规则的建筑结构，按照《抗震规范》第 3.4.4 条的要求，应进行水平地震作用计算和内力调整，并对薄弱层（部位）采取有效的抗震构造措施。

例如，对竖向不规则的结构，薄弱层（部位）的地震剪力应乘以不小于 1.15 的增大系数，对转换层的转换构件的地震内力应乘以 1.25 ~2.0 的增大系数。

（5）所有以上这些问题，都要求我们对 6 度地震区的相关结构进行地震作用计算和截面抗震验算。

鉴于建筑结构的计算分析软件应用已十分普遍，编者建议结构工程师对 6 度地震区的所有建筑结构均进行抗震设计计算，使结构设计更合理、更安全。

23. 在什么情况下结构应进行竖向地震作用计算?

（1）根据《抗震规范》和《高层建筑规程》的规定，下列结构或构件应进行竖向地震作用计算：

1）抗震设防烈度为 9 度时的高层建筑结构；抗震设防烈度为 7 度（0.15g）时高层建筑中的大跨度、长悬臂结构。

2）抗震设防烈度为 8 度、9 度时的大跨度结构和长悬臂结构。

3）抗震设计时，带转换层的建筑结构转换层的转换结构构件。

4）7 度（0.15g）和 8 度抗震设计时，连体结构的连接体。

5）7 度（0.15g）、8 度和 9 度抗震设计时的悬挑结构。

6）8 度、9 度时采用隔震设计的建筑结构，应按有关规定计算竖向地震作用。

根据《抗震规范》第 5.1.1 条的条文说明，所谓大跨度结构和长悬臂结构是指：9 度和 9 度以上时，跨度大于 18m 的屋架、1.5m 以上的悬挑阳台和走廊等结构或构件；8 度时，跨度大于 24m 的屋架、2m 以上的悬挑阳台和走廊等结构或构件。

（2）跨度大于 24m 屋架的竖向地震作用标准值计算，按《抗震规范》第 5.3.2 条的规定，宜采用竖向地震作用系数法：

$$F_{\mathrm{Evk}} = \lambda_{\mathrm{Ev}} G_{\mathrm{E}} \tag{1-7}$$

式中 λ_{Ev}——竖向地震作用系数，按表 1-24 采用；

G_{E}——构件的重力荷载代表值。

表 1-24 竖向地震作用系数 λ_{Ev}

结构类型	烈度	场地类别		
		Ⅰ	Ⅱ	Ⅲ、Ⅳ
钢筋混凝土屋架	8	0.10（0.15）	0.13（0.19）	0.13（0.19）
	9	0.20	0.25	0.25

注：括号中数值用于设计基本地震加速度为 0.30g 的地区。

大跨度空间结构的竖向地震作用，尚可按竖向振型分解反应谱方法计算。

（3）长悬臂构件和不属于《抗震规范》第 5.3.2 条的其他大跨度结构的竖向地震作用标准值，可按静力法计算，8 度（0.20g）时取 10% 的重力荷载代表值，8 度（0.30g）时取 15% 的重力荷载代表值，9 度时取 20% 的重力荷载代表值。

（4）高层建筑结构的竖向地震作用标准值应按下列公式确定（图 1-2），楼层的竖向地震作用效应可按各构件承受的重力荷载代表值的比例分配，并宜乘以增大系数 1.5。

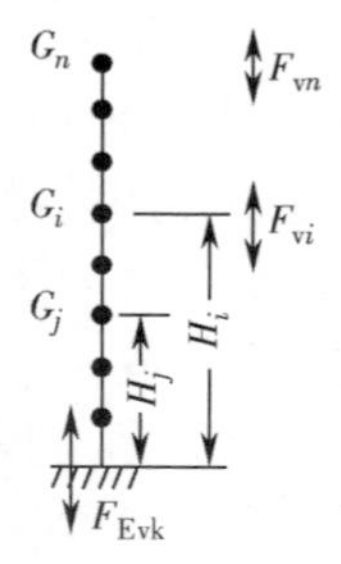

图 1-2 结构竖向地震作用计算简图

$$F_{\mathrm{Evk}} = \alpha_{\mathrm{vmax}} G_{\mathrm{eq}} \tag{1-8}$$

$$F_{\mathrm{v}i} = \frac{G_i H_i}{\sum G_j H_j} F_{\mathrm{Evk}} \tag{1-9}$$

式中 F_{Evk}——结构总竖向地震作用标准值；

$F_{\mathrm{v}i}$——质点 i 的竖向地震作用标准值；

α_{vmax}——竖向地震影响系数的最大值，可取水平地震影响系数最大值的65%；

G_{eq}——结构等效总重力荷载，可取其重力荷载代表值的75%。

（5）长悬臂结构、大跨度结构、转换层的转换结构构件、连体结构的连接体等结构构件及9度地震区的高层建筑结构，考虑竖向地震作用效应的截面抗震验算，一般应取下列情况的不利状态：

1）仅计算竖向地震作用时，各类结构构件承载力抗震调整系数均宜采用1.0；地震作用分项系数应采用1.3。

2）同时计算水平地震作用和竖向地震作用或仅计算水平地震作用时，水平和竖向地震作用的分项系数，应按《抗震规范》表5.4.1的规定采用；承载力抗震调整系数应按《抗震规范》表5.4.2采用。

24. 在什么情况下建筑结构应进行罕遇地震作用下薄弱层的弹塑性变形验算？

（1）根据《抗震规范》第5.5.2条的规定，下列结构应进行弹塑性变形验算：

1）8度Ⅲ、Ⅳ类场地和9度时，高大的单层钢筋混凝土柱厂房的横向排架。

2）7~9度时楼层屈服强度系数[㊀]小于0.5的钢筋混凝土框架结构和框排架结构。

3）甲类建筑和9度时乙类建筑中的钢筋混凝土结构和钢结构。

4）采用隔震和消能减震设计的结构。

5）高度大于150m的结构。

（2）下列结构宜进行弹塑性变形验算：

1）《抗震规范》表5.1.2-1所列高度范围且属于该规范表3.4.3-2所列竖向不规则类型的高层建筑结构。

2）7度Ⅲ、Ⅳ类场地和8度时乙类建筑中的钢筋混凝土结构和钢结构。

3）板柱-抗震墙结构和底部框架砌体房屋。

4）高度不大于150m的其他高层钢结构。

5）不规则的地下建筑结构及地下空间综合体。

（3）结构在罕遇地震作用下薄弱层（部位）弹塑性变形验算，可采用下列方法：

1）不超过12层且层刚度无突变的钢筋混凝土框架和框排架结构、单层钢

㊀ 楼层屈服强度系数为按构件实际配筋和材料强度标准值计算的楼层受剪承载力和按罕遇地震作用标准值计算的楼层弹性地震剪力的比值；对排架柱，指按实际配筋面积、材料强度标准值和轴向力计算的正截面受弯承载力与按罕遇地震作用标准值计算的弹性地震弯矩的比值。

筋混凝土柱厂房可采用《抗震规范》第5.5.4条的简化计算法。

结构整体计算时，SATWE软件会自动按《抗震规范》第5.5.4条的简化计算法，对符合本条要求的结构进行罕遇地震作用下薄弱层（部位）的弹塑性变形验算，结构工程师可通过输出的名称为SAT-K.OUT的文本文件查验结构的薄弱层验算结果。

2）除1）以外的建筑结构，可采用静力弹塑性分析方法或弹塑性时程分析方法等。

3）对满足《高层建筑规程》第5.4.4条的规定但不满足第5.4.1条规定的高层建筑结构，计算弹塑性变形时，应考虑重力二阶效应的不利影响；作为近似计算，可对应考虑而未考虑重力二阶效应计算的弹塑性变形乘以增大系数1.2。

4）规则结构可采用弯剪层模型或平面杆系模型进行计算，属于《抗震规范》第3.4节规定的不规则结构应采用空间结构模型进行计算。

（4）高层建筑结构，特别是不规则的或复杂的高层建筑结构，在罕遇地震作用下，当要求采用较为精确的弹塑性分析方法计算结构的弹塑性变形时，国内软件，可采用中国建筑科学研究院PKPM工程部推出的EPDA&EPSA软件，其基本功能和上机操作方法详见EPDA&EPSA用户手册。国外软件，可采用ANSYS、MIDAS、ETABS、SAP2000、ABAQUS等软件来计算结构在罕遇地震作用下的弹塑性变形。

25. 如何应用静力弹塑性分析方法（push-over法）来计算结构在罕遇地震作用下的弹塑性变形？

（1）结构弹塑性变形分析方法有动力非线性分析方法（动力弹塑性时程分析方法）和静力非线性分析方法（静力弹塑性分析方法）两大类。

动力非线性分析能比较准确而完整地得出结构在罕遇地震下的反应全过程，但计算过程中需要反复迭代，数据量大，分析工作繁琐，且计算结果受到所选用地震波以及构件恢复力和屈服模型的影响较大，一般只在设计重要结构或高层建筑结构时采用。

静力弹塑性分析方法（push-over法）是对结构在罕遇地震作用下进行弹塑性变形分析的一种简化方法，从本质上说它是一种静力分析方法。具体地说，就是在结构计算模型上施加按某种规则分布的水平侧向力，单调加载并逐级加大；一旦有构件开裂（或屈服）即修改其刚度（或使其退出工作），进而修改结构总刚度矩阵，进行下一步计算，依次循环直到结构达到预定的状态（成为机构、位移超限或达到目标位移），从而判断结构是否满足相应的抗震能力要求。

（2）静力弹塑性分析方法（push-over法）基于以下两个假定：

1）多自由度体系结构的反应与该结构的等效单自由度体系的反应是相关

的，这表明结构的反应主要由第一振型控制。

2）在侧向加载的每一个步骤内，结构沿高度的变形形状保持不变。

静力弹塑性分析方法主要有目标位移法和能力谱法两种方法。前者用一组修正系数来修正结构在“有效刚度”时的位移值，以估计结构的非弹性位移；后者则是先建立5%阻尼的线性弹性反应谱，再用能量耗散效应降低反应谱值，并以此来估计结构的非弹性位移。

这两种方法的共同特点是，都要首先建立荷载-位移曲线。不同之点是，在评价结构的抗震能力是否满足要求上，各取不同的标准。

这两种方法都是以弹性反应谱为基础，将结构转化成等效单自由度体系，因此结构的反应主要由第一振型控制（当多振型组合的任意楼层的地震剪力不大于第一振型下对应楼层剪力的1.3倍时，可以认为是第一振型控制），此时，结构的基本周期一般不超过1.0s。对于高层建筑结构，结构基本周期超过1.0s，采用静力弹塑性分析方法计算时，应考虑高振型的影响。

（3）静力弹塑性分析方法（push-over法）的基本工作分为两个部分，首先是建立结构荷载-位移曲线，然后是评估结构的抗震能力，其基本工作步骤为：

第一步：准备结构数据，包括建立结构模型、构件的物理参数和恢复力模型等。

第二步：计算结构在竖向荷载作用下的内力。

第三步：在结构每层的质心处，沿高度施加按某种规则分布的水平力（如倒三角形分布、矩形分布、第一振型或所谓自适应振型分布等）。确定其大小的原则是，施加水平力所产生的结构内力与前一步计算的内力叠加后，恰好使一个或一批构件开裂或屈服。在加载过程中随结构动力特征的改变而不断调整的自适应加载模式是比较合理的，比较简单而且实用的加载模式是结构第一振型。

第四步：对于开裂或屈服的杆件，对其刚度进行修改，同时修改总刚度矩阵后，再增加一级荷载，又使得一个或一批构件开裂或屈服。

不断重复第三步、第四步，直到结构达到某一目标位移（当多自由度结构体系可以等效为单自由度体系时）或结构发生破坏（采用性能设计方法时，根据结构性能谱与需求谱相交确定结构性能点）。

对于结构振动以第一振型为主、基本周期在2s以内的结构，静力弹塑性分析方法能够很好地估计结构的整体和局部弹塑性变形，同时也能揭示弹性设计中存在的隐患（包括层屈服机制、过大变形以及强度、刚度突变等）。

（4）静力弹塑性分析方法的特点：

1）由于在计算时考虑了构件的塑性，可以估计结构的非线性变形和出现塑性较的部位。

2）与弹塑性时程分析法比较，其输入数据简单，工作量较小，计算时间短。

（5）在实际计算过程中必须注意以下几个问题：

1）计算模型必须包括对结构重量、强度、刚度及稳定性有较大影响的所有结构部件。

2）在对结构进行横向力增量加载之前，必须把所有重力荷载（恒荷载和参与组合的活荷载）施加在相应位置。

3）结构的整体非线性性能及刚度是根据增量静力分析所求得的基底剪力-顶点位移的关系曲线确定的。

4）在某些情况下，静力弹塑性分析不能准确反映可能出现的破坏模式，因此，一般必须采用两种横向力分布模式（比如倒三角形分布和均匀分布）。

5）考虑到通过反应谱求得的目标位移只是代表设计地震下的平均位移，而实际的位移反应离散性很大，因此，建议把增量非线性分析一直进行到 1.5 倍的目标位移，以了解结构在超过设计值的极端荷载条件下的性能。

对于长周期结构和高柔的超高层建筑，静力弹塑性分析方法与动力弹塑性时程分析方法的计算结果可能差别很大，不宜采用。

（6）采用“能力谱法”的静力弹塑性分析示意图如图 1-3 所示；其理想的荷载-位移曲线如图 1-4 所示。

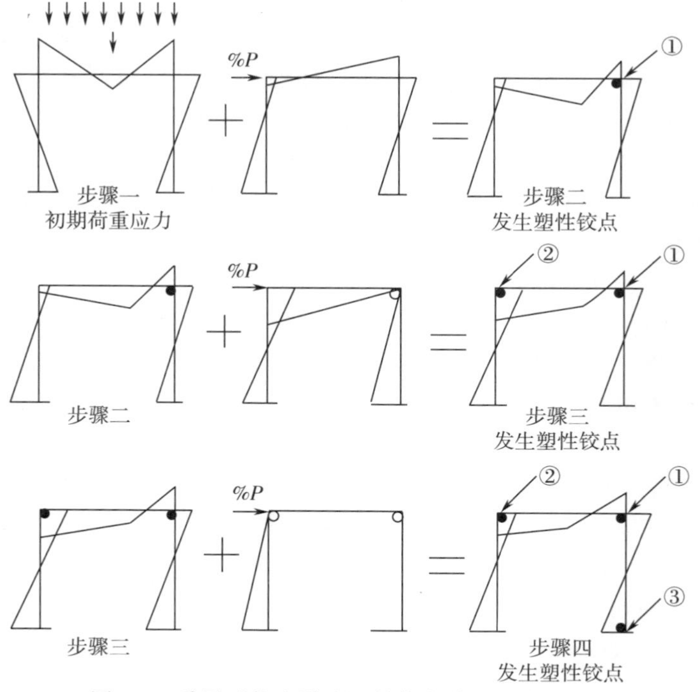

图 1-3 采用“能力谱法”的静力弹塑性分析示意

注：①、②、③—发生塑性铰点的位置及先后次序

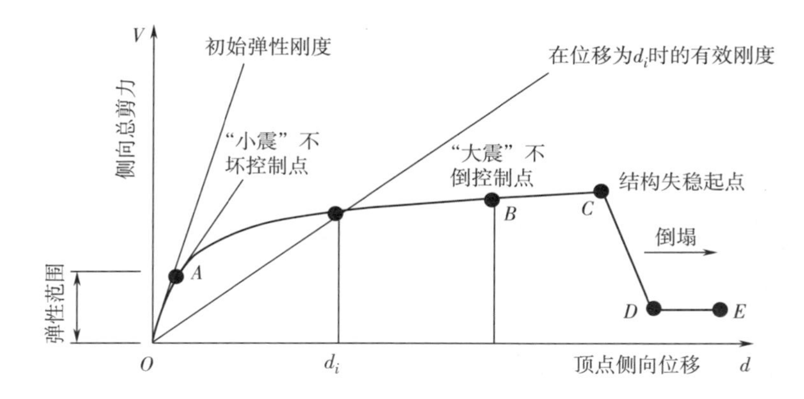

图 1-4　理想的荷载-位移曲线

结构产生非线性变形后，将引起结构阻尼的增加，对初始的弹性需求谱（阻尼比为5%）要进行折减，折减量与结构类型有关，一般最大可折减到阻尼比达 20%。能力谱与折减后的需求谱放在同一个 ADRS 图上，如图 1-5 所示。如果能力谱与折减后的需求谱不相交，说明结构不能满足抗震要求；如果两组曲线有一个交点，此点称为"性能点"（Performance Point），或"目标位移点"，可以认为结构满足抗震要求，并可从图上查到结构最大弹塑性位移反应值 d_p。

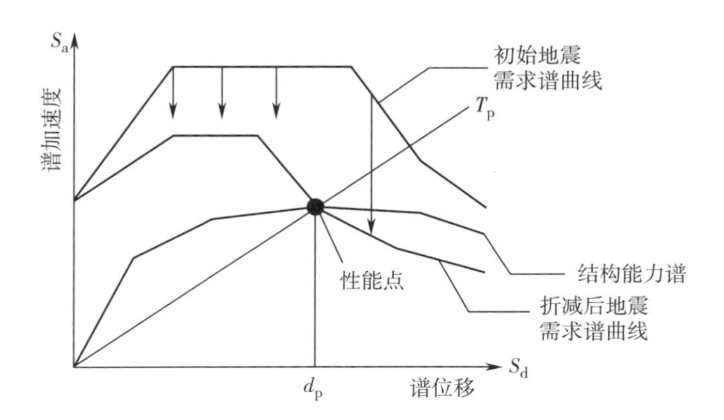

图 1-5　结构能力谱与需求谱合并

采用静力弹塑性分析方法（push-over 法）的算例可参见中国建筑工业出版社 2006 年 4 月出版的《建筑抗震设计规范算例》一书。

第二章

建筑结构设计计算的基本原则和规定

结构计算是结构设计的基础，计算结果是结构设计的依据。结构工程师应根据现行国家标准的规定，认真进行结构设计计算。结构设计计算书是结构施工图设计的重要文件之一，应在设计人员和校、审人员签字后归档保存。

26. 建筑结构设计有哪些基本原则规定？

建筑结构设计时应遵守以下基本原则：

（1）建筑结构设计应遵守现行的国家标准、规范和规程的要求。

（2）建筑结构设计应贯彻执行国家的技术经济政策，做到安全适用、经济合理、技术先进和确保质量。

（3）建筑结构设计前，必须就建筑物对安全性、适用性、耐久性、舒适性和经济性的要求，以及施工技术条件、材料供应情况、建设周期、工程场地和工程地质条件等情况进行综合分析和研究，做到设计要求和设计条件清楚，使设计更符合实际情况。

（4）在确保结构安全和工程质量的前提下，结构设计应积极采用和推广成熟的新结构、新技术、新材料和新工艺，所选结构设计方案应有利于加快建设速度。

当采用的新结构、新材料、新技术和新工艺超出现行国家规范的适用范围和规定时，应按国务院《建设工程勘察设计管理条例》第29条的要求，由省级以上有关部门组织的建筑工程技术专家委员会进行审定。

（5）在结构设计过程中，结构专业应与建筑专业、设备专业等专业以及施工单位（必要时）密切配合。

结构设计应重视结构选型、结构计算和结构构造，根据建筑功能的要求选用安全适用、经济合理且便于施工的方案。

1）结构选型是结构设计的首要环节，必须慎重对待。在地震区和高风压地区应力求选用承载能力高，抗地震作用和抗风力作用性能好的结构体系和结构布置方案，应使所选用的结构体系受力明确、传力直接和简捷。

2）结构计算是结构设计的基础，计算结果是结构设计的依据，必须认真对待。计算时选择合适的计算模型、计算简图、计算方法及计算程序，正确输入设计荷载和设计参数，是获得正确计算结果的关键；采用计算机计算时，对计算机的计算结果，应经分析判断，确认其合理有效后方可用于工程设计。

结构整体计算时应考虑楼梯构件的影响。

3）结构构造是结构设计的保证，构造设计必须从概念设计入手，加强连接，保证结构有良好的整体性和整体稳定性、足够的承载能力和适当的刚度。对有抗震设防要求的结构，尚应保证结构和结构构件有足够的弹塑性和延性性能，对结构的关键部位和薄弱部位，以及施工操作有一定困难的部位或将来使用上可能有变化的部位，应采取加强措施，并在设计中留有适当的裕度，以保证结构的安全。

（6）结构设计中选用构、配件标准图和通用图时，应按顺序采用国家标准图、地区标准图和省标准图，并应结合工程具体情况合理选用，必要时应对构、配件的设计、计算和构造进行复核、修改和补充，以保证结构的安全和设计质量。

（7）地基基础应根据建筑场地经详细勘察以后提供的岩土工程勘察报告资料进行设计。

1）所有的建筑物的地基计算均应满足承载力计算的有关规定。

2）设计等级为甲级、乙级的建筑物，均应按地基变形设计。

3）设计等级为丙级的建筑物，是否要进行地基变形验算，应根据《建筑地基基础设计规范》GB 50007—2011（以下简称《地基基础规范》）第3.0.2条第3款的要求确定。

（8）建筑结构设计应符合国家现行防火规范有关条文的要求，应根据建筑的耐火等级、构件的燃烧性能和耐火极限，正确地选择结构与构件的防火与抗火措施，如相应的保护层厚度等。

（9）人民防空地下室分甲类和乙类，其分类及抗力级别应由当地的人防主管部门根据国家的有关规定，结合该地区的具体情况确定。

人民防空地下室的设计应符合战时及平时的功能要求。

27. 钢筋混凝土结构采用极限状态设计法设计时有哪些规定？

钢筋混凝土结构采用以概率理论为基础的极限状态设计法，以可靠度指标度量结构构件的可靠度，采用分项系数的设计表达式进行设计。

（1）整个结构或结构的一部分超过某一特定状态就不能满足设计规定的某一功能要求，此特定状态称为该功能的极限状态。极限状态分为以下两类。

1）承载能力极限状态　结构或结构构件达到最大承载力、出现疲劳破坏或不适于继续承载的变形或因结构局部破坏而引发的连续倒塌。

2）正常使用极限状态　结构或结构构件达到正常使用的某项规定限值或耐久性能的某项规定状态。

（2）结构构件应根据承载能力极限状态及正常使用极限状态的要求，分别按下列规定进行计算和验算：

1）承载力及稳定　所有结构构件均应进行承载力（包括失稳）计算；在必要时尚应进行结构的倾覆、滑移及漂浮验算。

有抗震设计要求的结构尚应进行结构构件抗震的承载力验算。

2）疲劳　直接承受吊车荷载的构件应进行疲劳验算；但直接承受安装或检修用吊车荷载的构件，根据使用情况和设计经验可不作疲劳验算。

3）对于可能遭受偶然作用，且倒塌可能引起严重后果的重要结构，宜进行防连续倒塌设计。

4）变形　对使用上需要控制变形值的结构构件，应进行变形验算。

5）抗裂及裂缝宽度　对使用上要求不出现裂缝的构件，应进行混凝土拉应力验算；对使用上允许出现裂缝的构件，应进行裂缝宽度验算。

6）对舒适度有要求的楼盖结构，应进行竖向自振频率验算。

（3）结构及结构构件的承载力（包括失稳）计算和倾覆、滑移及漂浮验算，均应采用荷载设计值；疲劳、变形、抗裂及裂缝宽度验算，均应采用相应的荷载代表值；直接承受吊车荷载的结构构件，在计算承载力及验算疲劳、抗裂时，应考虑吊车荷载的动力系数。

预制构件尚应按制作、运输及安装时相应的荷载值进行施工阶段的验算。预制构件吊装的验算，应将构件自重乘以动力系数，动力系数可取 1.5，但可根据构件吊装时的受力情况适当增减。

对现浇结构，必要时应进行施工阶段的验算。

当结构构件进行抗震设计时，地震作用及其他荷载值均应按《抗震规范》的规定确定。

（4）钢筋混凝土及预应力钢筋混凝土结构构件受力钢筋的配筋率应符合《混凝土结构设计规范》GB 50010—2010（以下简称《混凝土规范》）第 8 章、第 10 章有关最小配筋率的规定。

（5）结构应具有整体稳定性，结构的局部破坏不应导致结构大范围倒塌。

（6）在设计使用年限内，结构和结构构件在正常维护条件下应能保持其使用功能，而不需要进行大修加固。设计使用年限应按现行国家标准《工程结构可靠性设计统一标准》GB 50153—2008（以下简称《结构可靠性标准》）确定。若建设单位提出更高的要求，也可按建设单位的要求确定。

（7）未经技术鉴定或设计许可，不得改变结构的用途和使用环境。

28. 结构的设计使用年限和安全等级如何确定？

（1）根据现行国家标准《结构可靠性标准》表 A. 1. 3 的规定，结构设计使用年限应按表 2-1 采用。

表 2-1　房屋建筑结构的设计使用年限分类

类　别	设计使用年限/年	示　　例
1	5	临时性建筑结构
2	25	易于替换的结构构件
3	50	普通房屋和构筑物
4	100	标志性建筑和特别重要的建筑结构

（2）结构在规定的设计使用年限内应具有足够的可靠度。结构的可靠度可采用以概率理论为基础的极限状态设计方法分析确定。

（3）结构在规定的设计使用年限内应满足下列功能要求：

1）能承受在施工和使用期间可能出现的各种作用。

2）保持良好的使用性能。

3）具有足够的耐久性能。

4）当发生火灾时，在规定的时间内可保持足够的承载力。

5）当发生爆炸、撞击、人为错误等偶然事件时，结构能保持必需的整体稳固性，不出现与起因不相称的破坏后果，防止出现结构的连续倒塌。

注：1. 对重要的结构，应采取必要的措施，防止出现结构的连续倒塌；对一般的结构，宜采取适当的措施，防止出现结构的连续倒塌。

2. 对港口工程结构，"撞击"指非正常撞击。

（4）建筑结构设计时，应根据结构破坏可能产生的后果（危及人的生命、造成的经济损失、产生的社会影响等）的严重性，采用不同的安全等级。建筑结构的安全等级的划分，根据《结构可靠性标准》的规定，应符合表 2-2 的要求。

（5）建筑物中各类结构构件的安全等级，宜与整个结构的安全等级相同。对其中部分结构构件的安全等级，可以根据其重要程度适当调整，但不得低于三级。

表 2-2　房屋建筑结构的安全等级

安全等级	破 坏 后 果	示　　例
一级	很严重：对人的生命、经济、社会或环境影响很大	大型的公共建筑等
二级	严重：对人的生命、经济、社会或环境影响较大	普通的住宅和办公楼等
三级	不严重：对人的生命、经济、社会或环境影响较小	小型的或临时性储存建筑等

注：1. 对特殊的建筑物，其安全等级应根据具体情况另行确定。

2. 地基基础设计安全等级及按抗震要求设计时建筑结构的安全等级，尚应符合国家现行有关规范的规定。

3. 房屋建筑结构抗震设计中的甲类建筑和乙类建筑，其安全等级宜规定为一级；丙类建筑，其安全等级宜规定为二级；丁类建筑，其安全等级宜规定为三级。

29. 设计基准期、设计使用年限和建筑寿命有何不同?

现行的国家标准《结构可靠性标准》第 A. 1. 2 条规定，我国房屋建筑结构的设计基准期为 50 年，设计使用年限分别采用 5 年（临时性建筑结构）、25 年（易于替换的建筑结构构件）、50 年（普通房屋和构筑物）、100 年（标志性建筑和特别重要的建筑结构）。

（1）所谓设计基准期，是为了确定可变作用及与时间有关的材料性能取值而选用的时间参数，它不等同于建筑结构的设计使用年限，也不等同于建筑物的使用寿命。建筑结构设计所采用的荷载统计参数和材料性能参数，都是按照设计基准期为 50 年确定的，如设计时需要采用其他的设计基准期，则必须另行确定在该基准期内结构材料性能和最大荷载的概率分布及相应的统计参数。设计基准期是一个基准参数，它的确定不仅涉及到可变作用（荷载），还涉及到材料的性能，是在对大量实测数据进行统计分析的基础上提出来的，一般情况下不能随便更改。例如，我国《抗震规范》所采用的设计地震动参数（包括反应谱和地震时地面运动最大加速度等）的设计基准期为 50 年，如果要求采用设计基准期为 100 年的设计地震动参数，则不但要对地震动的概率分布进行专门研究，还要相应地对建筑材料乃至设备的性能参数进行专门的统计分析研究。

（2）所谓设计使用年限，是指设计规定的结构或结构构件不需要进行大修即可按其预定目标使用的年限，即房屋建筑在正常设计、正常施工、正常使用和一般维护条件下所应达到的使用年限，又称为服役期、服务期等。结构在规定的设计使用年限内应具有足够的可靠性，满足安全性、适用性和耐久性的功能要求。结构可靠度是对结构可靠性的定量描述，即结构在规定的时间内，在规定的条件下，完成预定功能的概率。

当房屋建筑达到设计使用年限后，经过鉴定和维修，仍可继续使用。因此，设计使用年限不等同于建筑寿命。同一幢房屋建筑中，不同部分的设计使用年限可以不同，例如，外保温墙体、给排水管道、室内外装修、电气管线、结构和地基基础，可以有不同的设计使用年限。

（3）所谓建筑寿命，是指建筑物从建造到投入使用的总时间，即从建造开始直到建筑物毁坏或丧失使用功能的全部时间。

30. 结构设计使用年限超过 50 年的丙类建筑应如何设计?

钢筋混凝土结构的设计使用年限分为 5 年、50 年和 100 年三类，不同的设计使用年限有不同的重要性系数。安全等级为一级或设计使用年限为 100 年及以上的结构构件，重要性系数不应小于 1.1；安全等级为二级或设计使用年限为 50 年的结构构件，重要性系数不应小于 1.0；安全等级为三级或设计使用年限为 5

年及以下的结构构件，重要性系数为0.9。

结构设计使用年限超过50年的建筑，其设计使用年限通常取100年。设计使用年限为100年的丙类建筑，与设计使用年限为50年的丙类建筑物相比，在设计时主要应注意以下几个方面的不同：

（1）结构重要性系数不同。

（2）作用在结构上的可变荷载不同；抗震设计时地震作用也不相同。

（3）结构材料的性能参数取值不同。

（4）结构构件耐久性要求不同。

因为我国现行的国家标准的设计基准期为50年，建筑结构设计时所考虑的荷载、作用（含地震作用）、材料强度等的设计参数均是按此基准期确定的。这就是说，对于设计使用年限为100年的丙类建筑，结构设计时，应另行确定在其设计基准期内的活荷载、地震等荷载和作用的取值以及材料的性能参数，确定结构的可靠度指标以及确定包括钢筋保护层厚度等在内的构件的有关参数的取值。

就地震作用而言，不同设计使用年限的抗震设防烈度可参考表2-3。

表2-3　不同设计使用年限的抗震设防烈度

使用年限		1	5	10	15	20	50	100	150	200
烈度	7	4.33	5.42	5.88	6.10	6.37	7.00	7.49	7.78	8.01
	8	5.33	6.42	6.88	7.10	7.37	8.00	8.49	8.78	9.01
	9	5.72	7.41	7.95	8.29	8.48	9.00	9.29	9.43	9.51

设计使用年限为100年时，7、8、9度抗震设防烈度所采用的多遇地震（小震）、设防烈度地震（中震）和罕遇地震（大震）对应的地震加速度峰值可参见表2-4。

表2-4　设计使用年限100年的地震加速度峰值

（单位：cm/s^2）

设防烈度	7度	8度	9度
多遇地震	49	98	189
设防烈度地震	140	280	540
罕遇地震	308	560	837

作用在结构上的可变荷载和取值，抗震设计时的抗震措施，应经专门研究。对于重大的工程项目，必要时应报请建设行政主管部门组织的建筑工程技术专家委员会审定。

混凝土结构的耐久性设计应符合《混凝土规范》第3.5节的规定。

31. 如何正确理解结构的安全性、适用性和耐久性？

建筑结构和结构构件在设计使用年限内应具有足够的安全性、适用性和耐久性。

（1）结构的安全性，是指结构在正常设计、正常施工和正常使用条件下，能够承受可能出现的各种作用，如各种荷载、风、地震作用以及非荷载效应（温度效应、结构材料的收缩和徐变、外加变形、约束变形、环境侵蚀和腐蚀等），即具有足够的承载力。

另外，在偶然荷载作用下，或偶然事件（地震、火灾、爆炸等）发生时和发生后，结构能保持必要的整体稳定性，即结构可发生局部损坏或失效但不应导致结构连续倒塌。

（2）结构的适用性，是指结构在正常使用条件下具有良好的工作性能，能满足预定的使用功能要求，其变形、挠度、裂缝及振动等不超过《混凝土规范》和《高层建筑规程》规定的相应限值。

（3）结构的耐久性，是指结构在正常使用和正常维护的条件下，应具有足够的耐久性，即在规定的工作环境和预定的设计使用年限内，结构材料性能的恶化不应导致结构出现不可接受的失效概率；钢筋混凝土构件不能因为保护层过薄或裂缝过宽而导致钢筋锈蚀，混凝土也不能因为严重碳化、风化、腐蚀而影响耐久性。

32. 混凝土结构的耐久性设计应当注意哪些问题？

耐久性是混凝土结构设计时应当满足的最基本的性能要求之一，是建筑结构在设计使用年限内正常而安全地工作的重要保证。

结构设计时，仅保证混凝土的强度等级是不够的，仅防止混凝土的碱集料反应也是不够的。因为，混凝土结构的耐久性涉及到钢筋的耐久性和混凝土的耐久性两大类问题。

就混凝土而言，其耐久性不仅与碱集料反应有关，还与混凝土的碳化、混凝土的冻融破坏、温湿度变化的影响、化学物质的侵蚀、机械和生物作用等因素有关。

而钢筋的耐久性问题，主要是钢筋的锈蚀。使混凝土中钢筋锈蚀的首要条件是混凝土碳化深度达到钢筋表面，从而消除钢筋表面的钝化膜——脱钝，使钢筋的锈蚀才成为可能；其次是水和氧，这是钢筋锈蚀化学反应所必需的物质。当然，侵蚀性的酸性介质也是必需的，污染引起酸雨及其他有害物质溶于水而通过孔道、缝隙进入混凝土内，到达钢筋表面使钢筋锈蚀。氯离子有很强的活性，极易破坏钢筋表面的钝化膜而引发钢筋的锈蚀。钢筋的应力腐蚀、疲劳断裂、严寒地区钢筋的冷脆等对钢筋的耐久性也造成影响。

对处于室内正常环境条件下的混凝土构件，在上述诸因素中，混凝土自身的缺陷（裂缝、疏松层、气泡、孔穴等）、碳化及钢筋锈蚀可能是影响混凝土结构构件耐久性的最主要的因素。

此外，由于受力构件在外荷载作用下产生的裂缝易造成钢筋锈蚀，也是影响混凝土结构耐久性的主要因素。例如，室外雨篷在根部弯矩最大处常常开裂（图 2-1），积水和有害物质侵蚀及冻融、暴晒等反复作用，受力钢筋会严重锈蚀而削弱，甚至导致受力钢筋拉断、雨篷折断塌落。

所以，室外露天环境下的混凝土构件，除满足承载力要求外，宜具有较大的刚度，并从严控制构件最大裂缝宽度限值，以保证构件具有足够的耐久性。

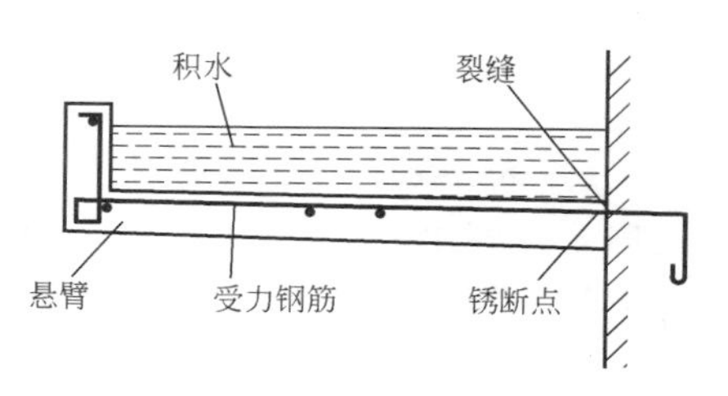

图 2-1　雨篷耐久性破坏示意图

混凝土结构的耐久性应根据结构所处环境类别和设计使用年限进行设计。

因此，混凝土结构耐久性设计时，应注意以下问题：

（1）正确确定混凝土构件所处的环境类别。根据《混凝土规范》第 3.5.2 条的规定，混凝土结构的环境类别划分详见表 2-5。

表 2-5　混凝土结构的环境类别

环境类别	条　　件
一	室内干燥环境 无侵蚀性静水浸没环境
二 a	室内潮湿环境 非严寒和非寒冷地区的露天环境 非严寒和非寒冷地区与无侵蚀性的水或土壤直接接触的环境 严寒和寒冷地区的冰冻线以下与无侵蚀性的水或土壤直接接触的环境
二 b	干湿交替环境 水位频繁变动环境 严寒和寒冷地区的露天环境 严寒和寒冷地区冰冻线以上与无侵蚀性的水或土壤直接接触的环境
三 a	严寒和寒冷地区冬季水位变动区环境 受除冰盐影响环境 海风环境
三 b	盐渍土环境 受除冰盐作用环境 海岸环境

（续）

环境类别	条　件
四	海水环境
五	受人为或自然的侵蚀性物质影响的环境

注：1. 室内潮湿环境是指构件表面经常处于结露或湿润状态的环境。
2. 严寒和寒冷地区的划分应符合现行国家标准《民用建筑热工设计规范》GB 50176 的有关规定。
3. 海岸环境和海风环境宜根据当地情况，考虑主导风向及结构所处迎风、背风部位等因素的影响，由调查研究和工程经验确定。
4. 受除冰盐影响环境是指受到除冰盐盐雾影响的环境；受除冰盐作用环境是指被除冰盐溶液溅射的环境以及使用除冰盐地区的洗车房、停车楼等建筑。
5. 暴露的环境是指混凝土结构表面所处的环境。

1）表2-5中的室内潮湿环境，通常是指室内游泳池、大型浴室、餐饮业的厨房、企事业单位食堂的厨房等环境，对处于这类环境条件下的混凝土构件，其环境类别应确定为二a类。

非严寒和非寒冷地区建筑物室外的雨篷等构件处于露天环境下，其环境类别属于二a类；建筑物的各类基础及地下室当与无侵蚀性的水或土壤直接接触时，其环境类别也为二a类。

2）表2-5中的严寒地区和寒冷地区，根据《民用建筑热工设计规范》GB50176的规定，其划分见表2-6。

表2-6　严寒、寒冷地区划分

分区名称	最冷月平均温度/℃	日平均温度不高于5℃的天数/d
严寒地区	≤－10	≥145
寒冷地区	0～－10	90～145

3）表2-5中的二a类和二b类环境，主要区别在于有无冰冻。例如，在严寒和寒冷地区与无侵蚀性的水或土壤直接接触的建筑物各类基础及地下室，在冰冻线及冰冻线以上的部分，其环境类别应为二b类；在冰冻线以下的部分，其环境类别可为二a类。但在实际工程设计中，为了偏于安全的简化，在严寒和寒冷地区的建筑物各类基础及地下室，其环境类别不分冰冻线以上或以下，统一定为二b类（包括地下室室外部分覆土的顶板）。

严寒和寒冷地区建筑物的室外雨篷等构件处于露天环境下，其环境类别应划分为二b类。

4）表2-5的三类环境中，使用除冰盐环境是指严寒和寒冷地区依靠喷洒盐水除冰化雪的立交桥及类似环境；滨海室外环境是指在海浪溅区之外，但其前面没有建筑物遮挡的混凝土结构所处的遭受海风盐雾侵蚀的环境；严寒和寒冷地区冬季水位变动的环境，反复冻融会对混凝土造成严重损伤。

5）表2-5中的四类环境为海水环境，其详细定义和耐久性要求，由《港口工程技术规范》JTJ 228和JTJ 229确定。

6）表2-5中第五类环境为化学腐蚀环境，可参考《工业建筑防腐蚀设计规范》GB 50046进行混凝土结构耐久性设计。

（2）对一、二、三类环境中，设计使用年限为50年的结构的混凝土质量应提出最基本的要求。

根据《混凝土规范》第3.5.3条的规定，在一类、二类和三类环境中，设计使用年限为50年的结构混凝土应符合表2-7的规定。

表2-7　结构混凝土材料的耐久性基本要求

环境类别	最大水胶比	最低强度等级	最大氯离子含量（%）	最大碱含量/（kg/m^3）
一	0.60	C20	0.30	不限制
二a	0.55	C25	0.20	3.0
二b	0.50（0.55）	C30（C25）	0.15	
三a	0.45（0.50）	C35（C30）	0.15	
三b	0.40	C40	0.10	

注：1. 氯离子含量系指其占胶凝材料总量的百分比。

2. 预应力构件混凝土中的最大氯离子含量为0.06%；其最低混凝土强度等级宜按表中的规定提高两个等级。

3. 素混凝土构件的水胶比及最低强度等级的要求可适当放松。

4. 有可靠工程经验时，二类环境中的最低混凝土强度等级可降低一个等级。

5. 处于严寒地区和寒冷地区二b、三a类环境中的混凝土应使用引气剂，并可采用括号中的有关参数。

6. 当使用非碱活性骨料时，对混凝土中的碱含量可不作限制。

现对表中的内容作如下说明：

1）控制混凝土水胶比是为了减小混凝土的渗透性；水泥用量的最低限值是为了保证混凝土的密实性。

2）对混凝土最低强度等级的要求是因为混凝土强度等级与其密实性有关，强度等级越高，密实性越好，耐久性也越好。

3）控制最大氯离子含量，是因为氯离子有很强的活性，极易引发钢筋锈蚀。

4）对碱含量的限制仅限于二a、二b及三类环境，主要是考虑水的作用。对于正常室内的一类环境，不存在水的影响故不作限制。

（3）一类环境中，设计使用年限为100年的混凝土结构，其耐久性有更严格的要求，应符合下列要求：

1）钢筋混凝土结构的最低混凝土强度等级为C30；预应力混凝土结构的最低混凝土强度等级为C40。

2）混凝土中的最大氯离子含量为0.06%，且不得掺入任何含氯化物的外加剂。

3）宜使用非碱活性集料；当使用碱活性集料时，混凝土中的最大碱含量为3.0kg/m³。

4）混凝土保护层厚度应按《混凝土规范》表8.2.1的规定采用；当采取有效的表面防护措施时，混凝土保护层厚度可适当减少。

（4）二类和三类环境中，设计使用年限为100年的混凝土结构，应采取专门有效的措施。

（5）除对结构混凝土材料的耐久性提出要求外（见表2-7），混凝土结构及构件尚应采取相应的耐久性技术措施，详见《混凝土规范》第3.5.4条。

（6）混凝土结构在设计使用年限内在维护方面应遵守的规定详见《混凝土规范》第3.5.8条。

（7）环境类别为一、二、三类，不同混凝土强度等级，设计使用年限为50年的钢筋混凝土梁、柱、墙、板和壳的最外层钢筋的混凝土保护层最小厚度，见表2-8。设计使用年限为100年的混凝土结构，最外层钢筋的保护层厚度不应小于表2-8中数值的1.4倍。

表2-8 纵向受力钢筋的混凝土保护层最小厚度 （单位：mm）

环境类别	板、墙、壳	梁、柱、杆
一	15	20
二a	20	25
二b	25	35
三a	30	40
三b	40	50

注：1. 混凝土强度等级不大于C25时，表中保护层厚度数值应增加5mm。
2. 钢筋混凝土基础宜设置混凝土垫层，基础中钢筋的混凝土保护层厚度应从垫层顶面算起，且不应小于40mm。
3. 构件中受力钢筋的保护层厚度不应小于钢筋的公称直径 d。

（8）当有充分依据并采取下列措施时，可适当减小混凝土保护层的厚度。

1）构件表面有可靠的防护层。

2）采用工厂化生产的预制构件。

3）在混凝土中掺加阻锈剂或采用阴极保护处理等防锈措施。

4）当对地下室墙体采取可靠的建筑防水做法或防护措施时，与土层接触一侧钢筋的保护层厚度可适当减少，但不应小于25mm。

33. 结构分析的基本原则是什么？结构分析的方法有几种？

（1）结构分析应遵守下列基本原则：

1）在所有的情况下，均应按现行国家有关标准规定的作用（荷载）对结构的整体进行作用（荷载）效应分析；必要时，尚应对结构中受力状况特殊的部分进行更详细的结构分析。

对结构按承载能力极限状态和正常使用极限状态进行设计计算时，应采用相应的荷载组合。

2）当结构在施工和使用期间的不同阶段有多种受力状况时，应分别进行结构分析，并确定其最不利的作用（荷载）效应组合。

结构可能遭遇火灾、飓风、爆炸、撞击等偶然作用时，尚应按国家现行有关标准的要求进行相应的结构分析。

3）结构分析所需的各种几何尺寸、所采用的计算简图、计算参数、边界条件、作用（荷载）的取值与组合、材料性能的计算指标、初始应力和变形状况等，应符合结构的实际工作状况，并应具有相应的构造保证措施。例如，固定端和刚性节点的承受弯矩的能力和对变形的限制；塑性铰的充分转动能力；适筋截面的配筋率或受压区相对高度的限值等。

结构分析中所采用的各种简化假定，应有理论或试验的依据，或经工程实践验证。计算结果的准确程度应符合工程设计要求。

4）所有的结构分析方法的建立都是基于三类基本方程，即力学平衡方程、变形协调（几何）条件和本构（物理）关系。因此，结构分析应符合下列要求：

① 结构分析应满足力学平衡条件。无论是结构的整体还是结构的任一部分，在任何情况下都必须满足力学平衡条件，这是进行结构分析最基本的条件。

② 应在不同程度上符合变形协调（几何）条件，包括节点和边界的约束条件。结构是连续体，在荷载作用下会发生变形和位移，但仍为连续体，即结构各部分之间的变形是协调的（包括边界、支座和节点处的变形协调），这就是所谓的“满足变形协调条件”。但有时因为对结构计算简图作了某些简化，分析计算时作了某些假定，会造成结构难以严格满足各部分之间的变形协调，特别是难以严格满足边界约束条件。但整个结构只要在总体上满足变形协调条件，结构的分析结果与实际情况将不致于有较大的误差。

③ 应采用合理的材料或构件单元的本构（物理）关系。

构成结构的材料或单元在承载受力以后将产生应力，同时发生应变。应力和应变之间存在确定的对应关系，即本构关系，描述这种关系的数字模型称为本构模型。

钢筋混凝土结构由钢筋和混凝土两种材料构成，其性质完全不同，本构关系相当复杂，其本构关系模型最好通过试验量测确定，也可以采用成熟的通用模式或采用某种模式而通过试验确定它的控制参数来加以标定。

（2）结构分析时，宜根据结构类型、构件布置、材料性能和受力特点，选择合理的分析方法，目前常用的分析方法有以下五类：

1）线弹性分析方法　线弹性分析方法假定结构材料和构件均为匀质的线弹性体，弹性模量和刚度均为常数值。

线弹性分析法是最基本和最成熟的结构分析方法，也是其他类分析方法的基础和特例。线弹性分析法可应用于一切形式的二、三维结构和由一维构件组成的杆系结构体系。一些体形和受力复杂的特殊结构，当没有简捷可靠的专门分析方法时也常采用线弹性分析法。至今，国内外已建成的混凝土结构中，大部分都按此类方法进行分析并设计。

线弹性分析法当然是以结构的弹性阶段的受力特点为依据建立的，但也可应用于对混凝土结构其他各受力阶段的分析。超静定结构的试验表明：在受拉钢筋屈服、所在截面及其附近区段形成塑性铰之前，由于混凝土受拉开裂和受压塑性变形等原因使构件（截面）刚度减小，各部分相对刚度发生变化而引起的结构内力重分布的幅度不大，实际内力分布与线弹性法计算值的差别约在工程的允许范围以内。因而在验算混凝土结构的正常使用极限状态时，仍可采用线弹性分析的结果。

按承载能力极限状态设计超静定结构时，采用线弹性分析所得的构件（截面）内力，以及按此内力用设计规范的截面极限状态法计算配筋，逻辑上似有矛盾。但是，从理论上分析，试验也有验证，虽然混凝土结构在使用阶段和塑性内力重分布阶段的内力都与线弹性法的计算值有出入，而在实现内力充分重分布、形成破坏机构时，其最终的内力分布取决于各截面的极限弯矩值，仍与线弹性分析一致。故线弹性分析法也适用于结构承载能力极限状态的验算，同样可保证结构的安全，且实用上简易可行。结构工程的无数实例，足以证实其可靠性。当然，其条件是构件（截面）有足够的塑性转动能力，能保证结构的内力充分重分布，还需符合正常使用极限状态的要求。混凝土结构在使用阶段因为混凝土开裂、刚度减小而变形增大，内力重分布又影响其他部分的混凝土开裂，必要时应作验算。

2）考虑塑性内力重分布的分析方法　超静定结构在达到承载能力极限状态之前，总要发生程度不等的塑性内力重分布，最终的内力分布主要取决于各构件（截面）的配筋和极限弯矩值。主动地利用混凝土结构的这一特点，确定其设计内力值，具有简化计算、节约钢材、调整布筋、方便施工等优点。

考虑塑性内力重分布的结构分析方法有多种，比较简便且应用最多的是弯矩调幅法：首先用线弹性法分析各种荷载状况下的结构内力，获得各控制截面的最不利弯矩后，对构件的支座截面弯矩进行调幅处理，并确定相应的跨中弯矩。这一分析方法已在我国应用多年，取得了较好的技术经济效益，且有专门的设计规程（如《钢筋混凝土连续梁和框架考虑内力重分布设计规程》CECS 51 等）可供设计时采用。弯矩调幅法最适宜应用于连续梁、连续单向板和框架等结构。其他类结构，例如框架-剪力墙、双向板等也可用同样的原理进行内力调幅处理。

此类方法是针对结构的承载能力极限状态所建立。为保证结构在极限状态时实现设计内力值，各构件（截面）必须具有足够的塑性转动能力，构件的选材和配筋率等应满足一定要求。

此外，结构在使用阶段的内力分布显然不同于设计值，一些控制截面附近将提早出现裂缝。一般情况下，对弯矩调幅值加以限制，就可满足结构的正常使用性能，必要时才进行专门的验算，所需结构内力可按线弹性法分析。

有些结构不允许出现裂缝，或直接承受动荷载作用，或处于严重的侵蚀环境等情况下，为保证其安全性，不宜采用此类分析方法。

3）塑性极限分析方法　此类方法假设结构的材料或构件为刚塑性或弹塑性体，应用塑性理论中的上限解、下限解和解答唯一性等基本定理，验算结构的极限承载力，或求解结构承载能力极限状态时的内力，但不能用于结构使用阶段的分析。此类方法在欧美称为塑性分析法，在俄罗斯则称为极限平衡法。

塑性极限分析法最常应用于双向板的设计。我国多使用塑性铰线法（上限解），欧美还使用条带法（下限解）。此法还可应用于连续梁和框架等结构的分析和设计。我国按塑性极限分析设计双向板已有数十年的工程经验，证明结构安全可靠，且计算和构造均简便易行，但也需注意满足结构在使用阶段的性能要求。

4）弹塑性分析方法　以钢筋混凝土的材料、构件（截面）或各种计算单元的实际力学性能为依据，导出相应的非线性本构关系，并建立变形协调条件和力学平衡方程后，可准确地分析结构从开始受力直至承载力极限状态，甚至其后的承载力下降段的各种作用效应的变化全过程。必要时还可考虑结构的几何非线性的作用效应和随时间、环境条件变化的各种作用效应。

显然，非线性分析能应用于一切类型和形式的结构体系，又适用于结构受力全过程的各个阶段。有些体形复杂和受力特殊的结构体系，其他类分析方法难以准确求解，只有非线性分析可给出满意的结果。混凝土结构的非线性分析采用了日趋成熟而多样的有限元方法，充分地利用高速发展的计算机技术，成为一种强力的计算手段，可快速、准确地给出结构的全方位的作用效应，在实际的工程设计中起了重要作用，已经成为先进分析方法的发展方向，且不同程度地纳入国外的一些主要设计规范。

但是，非线性分析法比较复杂，计算工作量很大，所需的钢筋混凝土各种非线性本构关系尚不够完善，至今使用范围仍有限，目前主要应用于重要的大型结构工程，如水坝、核电站结构等以及在特殊作用如地震、核爆炸、温度等情况下的结构分析。

5）试验分析方法　各种结构，特别是体形和受力复杂的结构，可用钢筋混凝土、弹性材料或其他材料制作成结构的整体或其一部分的模型，进行荷载或其他作用的试验，测定其内（应）力分布、变形和裂缝的发展，确定其破坏形态和极限承载能力等。以此为依据，可判断结构的安全性和使用阶段的性能，验证或修正计算方法，测定计算所需的参数值，修改初步设计，改进构造措施等，完成结构分析所需解决的问题。试验方法对验算结构的正常使用极限状态和承载能力极限状态均可适用。

上述的五类结构分析方法中，又各有多种具体的计算方法，有解析解或数值解、精确解或近似解。在结构设计时，应根据建筑物的重要性和使用要求、结构体系的特点、荷载（作用）状况、要求的计算精度等加以选择，有时还取决于手头的分析手段，如计算程序、手册、图表等。

（3）结构分析所采用的计算软件应经考核和验证，其技术条件应符合《混凝土规范》和国家现行有关标准的要求。

应对分析结果进行判断和校核，在确认其合理、有效后方可应用于工程设计。

34. 多高层建筑最大适用高度如何确定?

（1）根据《抗震规范》第6.1.1条和《高层建筑规程》第3.3.1条的规定，抗震设防类别为丙类和乙类钢筋混凝土多高层建筑的最大适用高度应符合表2-9的规定；根据《高层建筑规程》第3.3.1条规定，抗震设防类别为丙类和乙类B级高度的钢筋混凝土高层建筑最大适用高度应符合表2-10的规定。

表2-9　钢筋混凝土多高层建筑的最大适用高度　（单位：m）

结构体系		非抗震设计	抗震设防烈度				
			6度	7度	8度（0.2g）	8度（0.3g）	9度
框架		70	60	50	40	35	24
框架-剪力墙		150	130	120	100	80	50
剪力墙	全部落地剪力墙	150	140	120	100	80	60
	部分框支剪力墙	130	120	100	80	50	不应采用
筒体	框架-核心筒	160	150	130	100	90	70
	筒中筒	200	180	150	120	100	80
板柱-剪力墙		110	80	70	55	40	不应采用

注：1. 房屋高度指室外地面至主要屋面板板顶的高度，不包括局部突出屋面的电梯机房、水箱间、构架等高度。
2. 框架-核心筒结构指周边稀柱框架与核心筒组成的结构。
3. 表中框架结构不含异形柱框架结构。
4. 部分框支剪力墙结构指地面以上有部分框支剪力墙的剪力墙结构，不包括仅个别框支墙的情况。
5. 板柱-剪力墙结构指板柱、框架和剪力墙组成抗侧力体系的结构。
6. 甲类建筑，6、7、8度时宜按本地区抗震设防烈度提高一度后符合本表的要求，9度时应专门研究。
7. 框架结构、板柱-剪力墙结构以及9度抗震设防的表列其他结构，当房屋高度超过本表数值时，结构设计应有可靠依据，并采取有效的加强措施。

（2）根据《混凝土异形柱结构技术规程》JGJ 149—2006（以下简称《异形柱规程》）第3.1.2条的规定，钢筋混凝土异形柱结构适用的房屋最大高度应符合表2-11的要求。

表2-10 B级高度钢筋混凝土高层建筑的最大适用高度 （单位：m）

结构体系		非抗震设计	抗震设防烈度			
			6度	7度	8度（0.2g）	8度（0.3g）
框架-剪力墙		170	160	140	120	100
剪力墙	全部落地剪力墙	180	170	150	130	110
	部分框支剪力墙	150	140	120	100	80
筒体	框架-核心筒	220	210	180	140	120
	筒中筒	300	280	230	170	150

注：1. 房屋高度指室外地面至主要屋面板板顶的高度，不包括局部突出屋面的电梯机房、水箱间、构架等高度。
2. 框架-核心筒结构指周边稀柱框架与核心筒组成的结构。
3. 部分框支剪力墙结构指地面以上有部分框支剪力墙的剪力墙结构。
4. 甲类建筑，6、7度时宜按本地区设防烈度提高一度后符合本表的要求，8度时应专门研究。
5. 当房屋高度超过表中数值时，结构设计应有可靠依据，并采取有效措施。

表2-11 钢筋混凝土异形柱结构适用的房屋最大高度 （单位：m）

结构体系	非抗震设计	抗震设防烈度			
		6度	7度		8度
		0.05g	0.10g	0.15g	0.20g
框架结构	24	24	21	18	12
框架-剪力墙结构	45	45	40	35	28

注：1. 房屋高度指室外地面至主要屋面板板顶的高度（不包括局部突出屋顶部分）。
2. 框架-剪力墙结构在基本振型地震作用下，当框架部分承受的地震倾覆力矩大于结构总地震倾覆力矩的50%时，其适用的房屋最大高度可比框架结构适当增加。
3. 平面和竖向均不规则的异形柱结构或Ⅳ类场地上的异形柱结构，适用的房屋最大高度应适当降低。
4. 底部抽柱带转换层的异形柱结构，适用的房屋最大高度应符合《异形柱规程》附录A的规定。
5. 房屋高度超过表内规定的数值时，结构设计应有可靠依据，并采取有效的加强措施。

（3）根据《高层建筑规程》第7.1.8条的规定，抗震设计时，高层建筑结构不应全部采用短肢剪力墙；B级高度的高层建筑以及抗震设防烈度为9度的A级高度的高层建筑，不宜布置短肢剪力墙，不应采用具有较多短肢剪力墙的剪力墙结构。抗震设防烈度为8度或8度以下的A级高度的高层建筑，当采用具有较多短肢剪力墙的剪力墙结构时，其房屋适用的最大高度应比《高层建筑规程》表3.3.1-1规定的剪力墙结构的最大适用高度适当降低，7度、8度（0.2g）和8度（0.3g）时分别不应大于100m、80m和60m。

所谓短肢剪力墙是指截面厚度不大于300mm、各肢截面高度与厚度之比的最大值大于4但不大于8的剪力墙。

所谓具有较多短肢剪力墙的剪力墙结构是指，在规定的水平地震作用下，短肢剪力墙承担的底部倾覆力矩不小于结构底部总地震倾覆力矩的30%且不大于结构底部总地震倾覆力矩的50%的剪力墙结构。

（4）根据《高层建筑规程》第11.1.2条的规定，混合结构高层建筑适用的最大高度应符合表2-12的要求。

表2-12　混合结构高层建筑适用的最大高度　（单位：m）

结构体系		非抗震设计	抗震设防烈度				
			6度	7度	8度		9度
					0.2g	0.3g	
框架-核心筒	钢框架-钢筋混凝土核心筒	210	200	160	120	100	70
	型钢（钢管）混凝土框架-钢筋混凝土核心筒	240	220	190	150	130	70
筒中筒	钢外筒-钢筋混凝土核心筒	280	260	210	160	140	80
	型钢（钢管）混凝土外筒-钢筋混凝土核心筒	300	280	230	170	150	90

注：平面和竖向均不规则的结构，最大适用高度应适当降低。

（5）《抗震规范》第6.1.1条及《高层建筑规程》第3.3.1条、11.1.2条均指出，平面和竖向均不规则的建筑结构，适用的最大高度数值应适当降低。所谓“适当降低”，一般可降低10%左右。

表2-11中的附注4指出，底部抽柱带转换层的异形柱结构，适用的房屋最大高度应符合《异形柱规程》附录A的规定。《异形柱规程》附录A要求，“底部抽柱带转换层的异形柱结构适用的房屋最大高度应按表2-11规定的限值降低不少于10%，且框架结构不应超过6层；框架-剪力墙结构非抗震设计不应超过12层，抗震设计不应超过10层。

35. 多高层建筑适用的最大高宽比如何确定?

（1）根据《高层建筑规程》第3.3.2条的规定，钢筋混凝土高层建筑结构的高宽比不宜超过表2-13的数值。

表2-13　钢筋混凝土高层建筑结构适用的最大高宽比

结 构 体 系	非抗震设计	抗震设防烈度		
		6度、7度	8度	9度
框架	5	4	3	—

（续）

结构体系	非抗震设计	抗震设防烈度		
		6度、7度	8度	9度
板柱-剪力墙	6	5	4	—
框架-剪力墙、剪力墙	7	6	5	4
框架-核心筒	8	7	6	4
筒中筒	8	8	7	5

（2）根据《异形柱规程》第3.1.3条的规定，钢筋混凝土异形柱结构适用的最大高宽比不宜超过表2-14的限值。

表2-14 钢筋混凝土异形柱结构适用的最大高宽比

结构体系	非抗震设计	抗震设计			
		6度	7度		8度
		0.05g	0.10g	0.15g	0.20g
框架结构	4.5	4	3.5	3	2.5
框架-剪力墙结构	5	5	4.5	4	3.5

（3）根据《高层建筑规程》第11.1.3条的规定，混合结构高层建筑的高宽比不宜大于表2-15的数值。

表2-15 混合结构高层建筑适用的最大高宽比限值

结构体系	非抗震设计	抗震设防烈度		
		6度、7度	8度	9度
框架-核心筒	8	7	6	4
筒中筒	8	8	7	5

（4）高层建筑结构的高宽比规定，是对结构整体刚度、抗倾覆能力、整体稳定性、承载力和经济合理性的宏观控制指标，是工程经验的总结，不是结构设计的限制指标，但宜遵守，以确保结构安全。

（5）高层建筑结构的高宽比不作为超限高层建筑结构的一项限制指标，允许有所突破，而且可以按有效数字取整控制，不计入小数点后的数值。如果所设计的高层建筑结构高宽比超过了《高层建筑规程》规定的限值，则规程中的有些内容不一定完全适用，应由结构工程师考虑采取一定的加强措施，如从严控制结构楼层层间位移角等，且必要时应进行整体稳定和整体倾覆验算。对于重大工程，当高宽比超限过多时，应按照规定的审批程序报请有关部门组织专家审查。

（6）在复杂体型的高层建筑结构中，如何计算高宽比是比较难以确定的问题。一般情况下，结构平面的宽度可按所考虑方向的最小投影宽度来计算，但对突出建筑物平面很小的局部结构（如楼梯间、电梯间等），一般不应包括在计算宽度内；对于不宜采用最小投影宽度计算高宽比的高层建筑结构，应由结构工程师根据实际情况确定合理的计算方法；对带有裙房的高层建筑结构，当裙房的面积和刚度相对于其上塔楼的面积和刚度较大时，计算高宽比的建筑结构的高度和宽度可按裙房以上塔楼部分考虑（图2-2）。

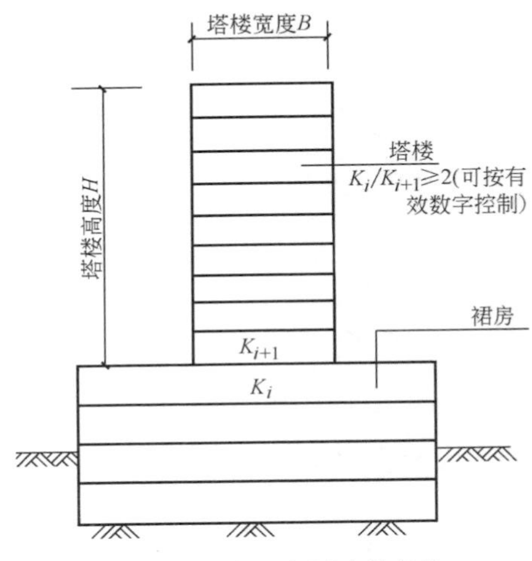

图2-2　带裙房的高层建筑结构

（7）SATWE软件根据2005年版《广东省高规》第2.3.3条和第3.2.2条的要求，采用结构平面的等效宽度代替结构平面的投影宽度来计算高层建筑结构的高宽比。

根据《广东省高规》的要求，程序计算出各楼层平面两个方向的回转半径、等效宽度、等效长度和最小等效宽度，并在文件名为WMASS.OUT的文本文件中输出。

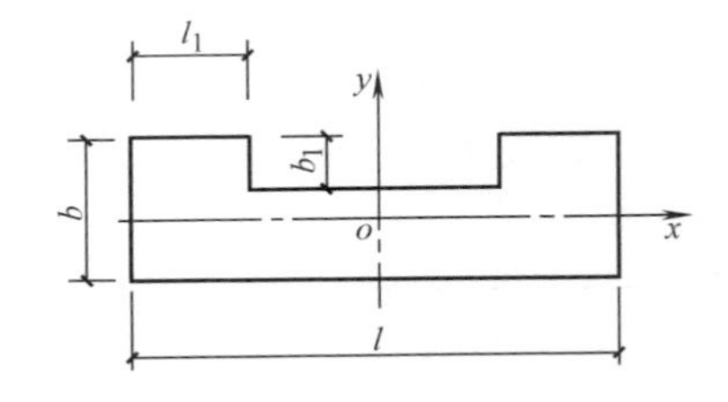

图2-3　结构平面示意

高层建筑结构各层的等效宽度可按以下步骤计算（图2-3）：

1）计算结构楼层平面对通过形心主坐标轴x、y的惯性矩、惯性积和最小惯性矩：

$$I_{\min} = \frac{I_x + I_y}{2} - \frac{1}{2}\sqrt{(I_x - I_y)^2 + 4I_{xy}^2} \tag{2-1}$$

2）计算结构楼层平面对x轴和y轴的回转半径及最小回转半径：

$$\left.\begin{aligned} i_x &= \sqrt{I_x/A} \\ i_y &= \sqrt{I_y/A} \\ i_{\min} &= \sqrt{I_{\min}/A} \end{aligned}\right\} \tag{2-2}$$

3）计算结构平面的等效宽度、等效长度和最小等效宽度：

$$\left.\begin{aligned} B &= 2\sqrt{3}\,i_x \\ L &= 2\sqrt{3}\,i_y \\ B_{\min} &= 2\sqrt{3}\,i_{\min} \end{aligned}\right\} \tag{2-3}$$

式中　I_x、I_y、$I_{\min}$——分别为楼层平面对通过形心主轴 x、y 的惯性矩和最小惯性矩；

I_{xy}——楼层平面对通过形心主轴 x、y 的惯性积；

i_x、i_y、$i_{\min}$——分别为楼层平面对 x 轴、y 轴的回转半径和最小回转半径；

A——楼层平面面积；

L、B、$B_{\min}$——分别为楼层平面等效长度、等效宽度和最小等效宽度。

36. 为什么要控制多高层建筑结构的最大弹性水平位移?

多高层建筑结构应具有足够的刚度，避免产生过大的弹性水平位移。为此，应对其弹性水平位移加以控制，即对《抗震规范》第 5.5.1 条、《高层建筑规程》第 3.7.3 条所指各类建筑结构在 50 年一遇的风荷载标准值作用下或多遇地震标准值作用下的弹性层间位移角加以控制。这种控制实际上是对结构构件截面大小、刚度大小的一个相对指标的控制。

在正常使用条件下，限制多高层建筑结构弹性层间位移的主要目的有三个：

第一，避免结构因产生过大的弹性水平位移而影响结构的承载力、稳定性和使用要求（包括舒适度要求）。

第二，保证主体结构基本上处于弹性状态，对钢筋混凝土结构来讲，要避免混凝土墙或柱出现裂缝，同时将混凝土梁等楼面构件的裂缝数量、裂缝宽度和裂缝延伸长度限制在规范允许的范围之内。

第三，保证填充墙、隔墙和幕墙等非结构构件的完好，避免产生明显损伤。

关于建筑结构弹性层间位移控制参数，通常有三种：① 层间弹性位移与层高之比（简称弹性层间位移角）；② 有害弹性层间位移角；③ 区格的广义剪切变形（简称剪切变形）。其中弹性层间位移角计算较简便，应用最广泛，最为结构工程师所熟悉。因此，《抗震规范》和《高层建筑规程》均采用它来控制建筑结构的侧向刚度。

弹性层间位移角 $\Delta u/h$ 作为建筑结构侧向位移控制指标，并不扣除结构整体弯曲转角产生的侧向位移，而且抗震设计时，水平地震作用下的最大弹性层间位移，应在刚性楼板假定条件下，不考虑单向地震作用偶然偏心的影响，采用考虑扭转耦联的振型分解反应谱法进行计算。

（1）高度不超过 150m 的多高层钢筋混凝土建筑结构，其楼层最大弹性层间位移与层高之比宜按表 2-16 采用。

表 2-16　最大弹性层间位移与层高之比的限值

结构类型	$\Delta u/h$ 限值
钢筋混凝土框架	1/550

（续）

结构类型	$\Delta u/h$ 限值
钢筋混凝土框架-剪力墙、板柱-剪力墙、框架-核心筒	1/800
钢筋混凝土剪力墙、筒中筒	1/1000
除框架结构外的转换层	1/1000

注：除框架结构外的转换层，包括框架-剪力墙结构和筒体结构的托柱转换层或托墙转换层以及部分框支剪力墙结构的框支层。

（2）高度超过150m的高层建筑结构，弯曲变形产生的侧向位移增长较快，所以高度等于或大于250m的高层建筑结构，最大弹性层间位移与层高之比根据《高层建筑规程》第3.7.3条的规定可按1/500控制。高度在150~250m之间的高层建筑结构，其楼层层间最大弹性位移与层高之比 $\Delta u/h$ 的限值可按表2-16中的限值与1/500的限值线性插入取用。

（3）根据《高层建筑规程》第11.1.5条的规定，混合结构在风荷载及多遇水平地震作用下，按弹性方法计算的最大层间位移与层高之比值 $\Delta u/h$ 不宜超过表2-17的规定。

表2-17　钢-混凝土混合结构 $\Delta u/h$ 的限值

结构体系	$H\leqslant150$m	$H\geqslant250$m	150m < H < 250m
框架-核心筒	1/800	1/500	1/800 ~ 1/500 线性插入取值
筒中筒	1/1000		1/1000 ~ 1/500 线性插入取值

注：H 指房屋高度。

（4）根据《异形柱规程》第4.4.1条的规定，在风荷载、多遇地震作用下，钢筋混凝土异形柱结构按弹性方法计算的楼层最大层间位移角限值应按表2-18采用。

表2-18　钢筋混凝土异形柱结构弹性层间位移角限值

结构体系	[θ_e]
框架结构	1/600（1/700）
框架-剪力墙结构	1/850（1/950）

注：表中括号内的数字用于底部抽柱带转换层的异形柱结构。

（5）根据《高层建筑规程》第3.7.6条的规定，高度不小于150m的高层建筑结构应具有良好的使用条件，满足舒适度的要求，按照《荷载规范》规定的10年一遇的风荷载取值计算的顺风向与横风向结构顶点振动最大加速度 a_{max} 不应超过表 2-19 的限值。

表 2-19　结构顶点风振加速度限值 a_{lim}

使用功能	a_{lim}/（m/s²）
住宅、公寓	0.15
办公、旅馆	0.25

因为高层建筑结构在风荷载作用下将产生振动，建筑物越高，振动越大，过大的振动加速度将使在高层建筑内居住的人员感觉不舒适，甚至不能忍受，故《高层建筑规程》对高度超过 150m 的高层建筑结构顶点的最大风振加速度加以限制。高层建筑结构的风振加速度与人们感觉的不舒适程度的关系如表 2-20 所示。

表 2-20　舒适度与风振加速度的关系

不舒适的程度	建筑物的加速度	不舒适的程度	建筑物的加速度
无感觉	<0.005g	十分扰人	0.05g～0.15g
有感	0.005g～0.015g	不能忍受	>0.15g
扰人	0.015g～0.05g		

高层建筑结构顺风向和横风向顶点最大加速度应按现行国家标准《建筑结构荷载规范》GB50009 的有关规定计算，必要时，也可通过专门的风洞试验结果判断。

一般说来，高层建筑顺风向的总侧移比横风向侧移大，顺风向的峰值加速度比横风向的峰值加速度大。

（6）楼盖结构应具有适宜的舒适度。楼盖结构的竖向振动频率不宜小于 3Hz，竖向振动加速度峰值不应超过表 2-21 的限值。楼盖结构竖向振动加速度可按《高层建筑规程》附录 A 计算。

表 2-21　楼盖竖向振动加速度限值

人员活动环境	峰值加速度限值/（m/s²）	
	竖向自振频率不大于 2Hz	竖向自振频率不小于 4Hz
住宅、办公	0.07	0.05
商场及室内连廊	0.22	0.15

注：楼盖结构竖向自振频率为 2Hz～4Hz 时，峰值加速度限值可按线性插值选取。

37. 为什么要进行结构薄弱层的弹塑性变形验算？

（1）震害经验表明，如果建筑物中存在薄弱层或薄弱部位，在罕遇地震

(大震) 作用下，薄弱层或薄弱部位将会产生较大的弹塑性变形。大的弹塑性变形会引起结构构件严重破坏甚至导致结构倒塌。结构构件的破坏或结构的倒塌，会对人们的生命、生产和生活带来严重的影响。所以《抗震规范》对建筑结构的抗震设计提出了三个水准的设防目标要求，即“小震不坏、中震可修、大震不倒”，并采用两阶段的设计方法来实现。

“三水准设防目标”中的第三水准，要求建筑结构“当遭受高于本地区设防烈度的预估的罕遇地震影响时，不致倒塌或发生危及生命的严重破坏”。但是，要确切地找出结构的薄弱层（部位）以及确定薄弱层（部位）的弹塑性变形，目前还有许多困难。研究和震害表明，即便是规则的结构（体形简单，刚度和承载力分布均匀），也是某些部位率先屈服并发展塑性变形，而非各部位同时进入屈服状态；对于体形复杂，刚度和承载力分布不均匀的不规则结构，弹塑性反应过程更为复杂。因此，要求对每一栋建筑物都进行弹塑性分析是不现实的，也没有必要。《抗震规范》和《高层建筑规程》仅对有特殊要求的建筑、地震时易倒塌的结构以及有明显薄弱层的不规则结构提出了两阶段设计要求，即除了第一阶段的弹性承载力设计和弹性层间位移计算外，还要求结构工程师根据《抗震规范》的规定对建筑结构进行罕遇地震作用下的薄弱层（部位）的弹塑性变形验算，并采取相应的抗震构造措施，实现第三水准的抗震设防要求。

（2）根据《抗震规范》第5.5.5条和《高层建筑规程》第3.7.5条的规定，钢筋混凝土建筑结构的弹塑性层间位移角 θ_p 的限值应按表2-22采用。

表2-22 弹塑性位移层间位移角限值

结构类别	$[\theta_p]$
钢筋混凝土框架结构	1/50
钢筋混凝土框架-剪力墙结构、框架-核心筒结构、板柱-剪力墙结构	1/100
钢筋混凝土剪力墙结构和筒中筒结构	1/120
除框架结构外的转换层	1/120
单层钢筋混凝土柱排架	1/30

（3）根据《异形柱规程》第4.4.3条的规定，在罕遇地震作用下，钢筋混凝土异形柱结构的弹塑性层间位移角 θ_p 的限值应按表2-23采用。

表2-23 钢筋混凝土异形柱结构弹塑性层间位移角限值

结构体系	$[\theta_p]$
框架结构	1/60 (1/70)
框架-剪力墙结构	1/110 (1/120)

注：表中括号内的数字用于底部抽柱带转换层的异形柱结构。

（4）根据《抗震规范》第5.5.3条的规定，除了不超过12层且层刚度无突变的钢筋混凝土框架和框排结构、单层钢筋混凝土柱排架可采用《抗震规范》第5.5.4条的简化方法计算结构薄弱层的弹塑性变形外，其余的建筑结构，可采用静力弹塑性分析方法或动力弹塑性时程分析法等方法计算结构薄弱层的弹塑性变形。

采用静力弹塑性分析方法计算时，由于在计算时考虑了构件的塑性，可以估计结构非线性变形和出现塑性铰的部位；动力弹塑性时程分析法，不仅能判断结构的薄弱层和薄弱部位，还能找到结构的塑性铰位置及其发生时刻，能比较准确而完整地得出结构在罕遇地震作用下反应的全过程，但计算过程中需要反复迭代，数据量大，分析工作繁琐，且计算结果受到所选用地震波以及构件恢复力和屈服模型的影响较大，一般只在设计重要的结构或复杂的高层建筑结构时采用。

一般的多高层建筑结构，当不宜采用简化的方法计算结构薄弱层（部位）的弹塑性变形时，必要时可采用静力弹塑性分析方法，即通常所说的“推覆法”（push—over）来计算。

38. 结构的抗震等级如何确定?

抗震设计的多高层钢筋混凝土结构，根据设防烈度、结构类型和房屋高度划分为不同的抗震等级，并应符合相应的计算和构造措施要求。抗震等级的高低体现了对结构抗震性能要求的严格程度。抗震设计时有特殊要求的结构，其抗震等级必要时甚至可提升至特一级，其计算和构造措施比一级更为严格。

抗震等级是根据国内外多高层建筑震害资料、有关科研成果和工程设计经验，经综合分析、研究后而划分的。

在结构受力性质与变形方面，框架-核心筒结构和框架-剪力墙结构基本上是一致的，尽管框架-核心筒结构由于剪力墙组成筒体而大大提高了抗侧向力的能力，但周边稀柱框架较弱，设计上的处理与框架-剪力墙结构仍是基本相同的，对其抗震等级的要求不应降低，个别情况要求更严。

框架-剪力墙结构中，由于剪力墙部分的刚度远大于框架部分的刚度，因此对框架部分的抗震能力的要求比纯框架结构可以适当降低。当剪力墙部分的刚度相对较小（仅布置少量剪力墙）时，则框架部分的设计应按纯框架结构考虑，不应降低要求。

（1）各种抗震设防类别的多高层钢筋混凝土建筑结构，根据《建筑工程抗震设防分类标准》GB 50223—2008 第 3.0.3 条的规定，其抗震设防标准应符合下列要求：

1）标准设防类，应按本地区抗震设防烈度确定其抗震措施和地震作用，达到在遭遇高于当地抗震设防烈度的预估罕遇地震影响时不致倒塌或发生危及生命安全的严重破坏的抗震设防目标。

2）重点设防类，应按高于本地区抗震设防烈度一度的要求加强其抗震措施；但抗震设防烈度为 9 度时应按比 9 度更高的要求采取抗震措施；地基基础的抗震措施，应符合有关规定。同时，应按本地区抗震设防烈度确定其地震作用。

3）特殊设防类，应按高于本地区抗震设防烈度提高一度的要求加强其抗震措施；但抗震设防烈度为 9 度时应按比 9 度更高的要求采取抗震措施。同时，应按批准的地震安全性评价的结果且高于本地区抗震设防烈度的要求确定其地震作用。

4）适度设防类，允许比本地区抗震设防烈度的要求适当降低其抗震措施，但抗震设防烈度为 6 度时不应降低。一般情况下，仍应按本地区抗震设防烈度确定其地震作用。

注：对于划为重点设防类而规模很小的工业建筑，当改用抗震性能较好的材料且符合抗震设计规范对结构体系的要求时，允许按标准设防类设防。

5）建筑场地为Ⅰ类时，对甲、乙类的建筑应允许仍按本地区抗震设防烈度的要求采取抗震构造措施；对丙类建筑，应允许按本地区抗震设防烈度降低一度的要求采取抗震构造措施，但抗震设防烈度为 6 度时仍应按本地区抗震设防烈度的要求采取抗震构造措施。

6）建筑场地为Ⅲ类、Ⅳ类时，对设计基本地震加速度为 0.15g 和 0.30g 的地区，除《抗震规范》另有规定外，宜分别按抗震设防烈度 8 度（0.20g）和 9 度（0.40g）时各抗震设防类别建筑的要求，采取抗震构造措施。

在同一类别的建筑场地上，相同高度和相同结构类型且建筑抗震设防类别相同的钢筋混凝土结构，其抗震等级取决于抗震设防烈度。一般说来，除Ⅱ类场地上的丙类建筑在确定其抗震等级时，采用所在地区的抗震设防烈度外，其余的建筑物在多数情况下，应采用根据建筑抗震设防类别和场地类别调整后的抗震设防烈度确定结构的抗震等级或抗震构造措施。

多高层钢筋混凝土结构，按建筑抗震设防类别和场地类别调整后用以确定结构抗震等级的抗震设防烈度，见表 2-24。按建筑抗震设防类别调整后的计算用设计基本地震加速度见表 2-25。

表 2-24 确定混凝土结构抗震等级用的调整后的抗震设防烈度

建筑抗震设防类别	调整前抗震设防烈度（本地区抗震设防烈度）		调整后抗震设防烈度					
			Ⅰ类场地		Ⅱ类场地		Ⅲ、Ⅳ类场地	
			抗震措施	抗震构造措施	抗震措施	抗震构造措施	抗震措施	抗震构造措施
甲类建筑 乙类建筑	6 度	0. 05g	7	6	7	7	7	7
	7 度	0. 10g	8	7	8	8	8	8
		0. 15g	8	7	8	8	8	8^+
	8 度	0. 20g	9	8	9	9	9	9
		0. 30g	9	8	9	9	9	9^+
	9 度	0. 40g	9^+	9	9^+	9^+	9^+	9^+
丙类建筑	6 度	0. 05g	6	6	6	6	6	6
	7 度	0. 10g	7	6	7	7	7	7
		0. 15g	7	6	7	7	7	8
	8 度	0. 20g	8	7	8	8	8	8
		0. 30g	8	7	8	8	8	9
	9 度	0. 40g	9	8	9	9	9	9
丁类建筑	6 度	0. 05g	6	6	6	6	6	6
	7 度	0. 10g	7^-	6	7^-	7^-	7^-	7^-
		0. 15g	7^-	6	7^-	7^-	7^-	7
	8 度	0. 20g	8^-	7	8^-	8^-	8^-	8^-
		0. 30g	8^-	7	8^-	8^-	8^-	8
	9 度	0. 40g	9^-	8	9^-	9^-	9^-	9^-

注：1. 对较小的乙类建筑，如工矿企业的变电所、空压站、水泵房及城市供水水源的泵房等，当其结构改用抗震性能较好的结构类型，如钢筋混凝土结构或钢结构时，则可仍按本地区设防烈度的规定采取抗震措施，不需提高。

2. 8^+、9^+表示适当提高而不是提高一度，9 度时需要专门研究。

3. 7^-、8^-、9^-表示可以比本地区设防烈度的要求适当降低。例如对于现浇钢筋混凝土房屋可将部分构造措施按降低一个等级考虑。

表 2-25 根据建筑抗震设防类别调整后的计算用设计基本地震加速度

建筑抗震设防类别	计算用设计基本地震加速度					
	6 度	7 度		8 度		9 度
	0.05g	0.10g	0.15g	0.20g	0.30g	0.40g
乙类、丙类、丁类	0.05g	0.10g	0.15g	0.20g	0.30g	0.40g
甲类	高于本地区设计基本地震加速度，具体数值按批准的地震安全性评价结果确定					

(2) 根据《抗震规范》第 6.1.2 条和《高层建筑规程》第 3.9.3 条及 3.9.4 条的规定，各种类型的多高层钢筋混凝土建筑结构的抗震等级应按表 2-26 确定，各种类型的 B 级高度高层钢筋混凝土结构的抗震等级应按表2-27确定。

表 2-26 多高层钢筋混凝土建筑结构抗震等级

结构类型		设防烈度									
		6 度		7 度			8 度			9 度	
框架结构	高度/m	≤24	>24	≤24	>24		≤24	>24		≤24	
	框架	四	三	三	二		二	一		一	
	大跨度框架	三		二			一			一	
框架-抗震墙结构	高度/m	≤60	>60	≤24	25~60	>60	≤24	25~60	>60	≤24	25~60
	框架	四	三	四	三	二	三	二	一	二	一
	抗震墙	三		三	二		二	一		一	
抗震墙结构	高度/m	≤80	>80	≤24	25~80	>80	≤24	25~80	>80	≤24	25~80
	剪力墙	四	三	四	三	二	三	二	一	二	一
部分框支抗震墙结构	高度/m	≤80	>80	≤24	25~80	>80	≤24	25~80			
	抗震墙 一般部位	四	三	四	三	二	三	二			
	抗震墙 加强部位	三	二	三	二	一	二	一			
	框支层框架	二		二		一	一				
框架-核心筒结构	框架	三		二			一			一	
	核心筒	二		二			一			一	
筒中筒结构	外筒	三		二			一			一	
	内筒	三		二			一			一	

（续）

结构类型		设防烈度						
		6度		7度		8度		9度
板柱-抗震墙结构	高度/m	≤35	>35	≤35	>35	≤35	>35	
	框架、板柱的柱	三	二	二	二	一	一	
	抗震墙	二	二	二	一	二	一	

注：1. 建筑场地为Ⅰ类时，除6度外应允许按表内降低一度所对应的抗震等级采取抗震构造措施，但相应的计算要求不应降低。

2. 接近或等于高度分界时，应结合房屋不规则程度及场地、地基条件适当确定抗震等级。

3. 底部带转换层的筒体结构，其转换框架的抗震等级应按表中部分框支剪力墙结构的规定采用。

4. 当框架-核心筒结构的高度不超过60m时，其抗震等级应允许按框架-剪力墙结构采用。

5. 大跨度框架指跨度不小于18m的框架。

表2-27 B级高度的高层钢筋混凝土建筑结构抗震等级

结构类型		烈度		
		6度	7度	8度
框架-剪力墙	框架	二	一	一
	剪力墙	二	一	特一
剪力墙	剪力墙	二	一	一
部分框支剪力墙	非底部加强部位剪力墙	二	一	一
	底部加强部位剪力墙	一	一	特一
	框支框架	一	特一	特一
框架-核心筒	框架	二	一	一
	筒体	二	一	特一
筒中筒	外筒	二	一	特一
	内筒	二	一	特一

注：底部带转换层的筒体结构，其转换框架和底部加强部位筒体的抗震等级应按表中部分框支剪力墙结构的规定采用。

抗震设计时，各类建筑结构的抗震措施应根据其抗震等级确定，正确确定各类建筑结构的抗震等级十分重要，结构工程师应给予足够的重视。

所谓“抗震措施”，按照《抗震规范》的解释，是指抗震设计时，“除地震作用计算和抗力计算以外的抗震设计内容，包括抗震构造措施”。从工程应用的角度来理解“抗震措施”，它主要包括结构构件组合内力设计值的调整计算和抗震构造措施（如构件截面尺寸控制、构件配筋和配筋率控制、构件轴压比控制、构件箍筋加密区规定等等）两大部分内容，且由结构抗震等级确定。

（3）根据《抗震规范》第6.1.3条的规定，抗震设计的各类建筑结构，当地下室顶板作为上部结构的嵌固部位时，地下一层的抗震等级应与上部结构相同，地下一层以下的抗震构造措施的抗震等级可逐层降低一级，但不应低于四级。地下室中无上部结构的部分，抗震构造措施的抗震等级可根据具体情况采用三级或四级。

当甲乙类建筑按规定提高一度确定其抗震等级而房屋高度超过《抗震规范》表6.1.1（即本书表2-9）相应规定的上限时，应采取比一级更有效的抗震构造措施（大体相当于《高层建筑规程》特一级的构造要求）。

（4）框架-剪力墙结构，在基本振型地震作用下，若框架部分承受的地震倾覆力矩大于结构总地震倾覆力矩的50%，其框架部分的抗震等级应按框架结构确定，剪力墙的抗震等级可与其框架的抗震等级相同。结构底层框架部分承受的地震倾覆力矩与结构总地震倾覆力矩的比值不同时，其相应的设计方法可参见《高层建筑规程》第8.1.3条。

（5）裙房与主楼相连，除应按裙房本身确定抗震等级外，相关范围的抗震等级不应低于主楼的抗震等级，主楼结构在裙房顶板对应的相邻上下各一层应适当加强抗震构造措施。裙房与主楼分离时，应按裙房本身确定抗震等级。

（6）根据《高层建筑规程》第11.1.4条的规定，丙类混合结构高层建筑抗震设计时，其抗震等级应按表2-28确定，并应符合相应的计算和构造要求。

表2-28 混合结构抗震等级

结构类型		抗震设防烈度						
		6度		7度		8度		9度
房屋高度/m		≤150	>150	≤130	>130	≤100	>100	≤70
钢框架-钢筋混凝土核心筒	钢筋混凝土核心筒	二	一	一	特一	一	特一	特一
型钢（钢管）混凝土框架-钢筋混凝土核心筒	钢筋混凝土核心筒	二	二	二	一	一	特一	特一
	型钢（钢管）混凝土框架	三	二	二	一	一	一	一
房屋高度/m		≤180	>180	≤150	>150	≤120	>120	≤90
钢外筒-钢筋混凝土核心筒	钢筋混凝土核心筒	二	一	一	特一	一	特一	特一
型钢（钢管）混凝土外筒-钢筋混凝土核心筒	钢筋混凝土核心筒	二	二	二	一	一	特一	特一
	型钢（钢管）混凝土外筒	三	二	二	一	一	一	一

注：钢结构构件抗震等级，抗震设防烈度为6、7、8、9度时应分别取四、三、二、一级。

（7）根据《异形柱规程》第3.3.1条的规定，异形柱结构的抗震等级应根据表 2-29 确定，并应符合相应的计算和构造措施要求。

表 2-29　钢筋混凝土异形柱结构的抗震等级

结构体系		抗震设防烈度						
		6 度		7 度				8 度
		0.05g		0.10g		0.15g		0.20g
框架结构	高度/m	≤21	>21	≤21	>21	≤18	>18	≤12
	框架	四	三	三	二	三（二）	二（二）	二
框架-剪力墙结构	高度/m	≤30	>30	≤30	>30	≤30	>30	≤28
	框架	四	三	三	二	三（二）	二（二）	二
	剪力墙	三	三	二	二	二（二）	二（一）	一

注：1. 房屋高度指室外地面到主要屋面板板顶的高度（不包括局部突出屋顶部分）。
2. 建筑场地为Ⅰ类时，除 6 度外，应允许按本地区抗震设防烈度降低一度所对应的抗震等级采取抗震构造措施，但相应的计算要求不应降低。
3. 对 7 度（0.15g）时建于Ⅲ、Ⅳ类场地的异形柱框架结构和异形柱框架-剪力墙结构，应按表中括号内所示的抗震等级采取抗震构造措施。
4. 接近或等于高度分界线时，应结合房屋不规则程度及场地、地基条件确定抗震等级。

（8）转换层位置在地面以上 3 层及 3 层以上时，框支柱及底部加强部位剪力墙抗震等级的提高，错层结构错层处的框架柱和剪力墙抗震等级的提高，连体结构的连接体及与连接体相连的结构构件在连接体高度范围内及其上、下层抗震等级的提高，带加强层的结构加强层及其相邻层的框架柱和核心筒剪力墙抗震等级的提高，详见《高层建筑规程》第 10 章复杂高层建筑结构设计。

单层钢筋混凝土铰接排架厂房结构的抗震等级，详见《混凝土规范》第 11 章表 11.1.3。

（9）当 8 度地震区乙类建筑的房屋高度不超过《抗震规范》表 6.1.1 的最大适用高度，但超过了《抗震规范》表 6.1.2 中抗震设防烈度 9 度时的上界，如高度大于 25m 的框架结构、高度大于 50m 的框架-剪力墙结构、高度大于 60m 的剪力墙结构、高度大于 70m 的框架-核心筒结构和高度大于 80m 的筒中筒结构，应经专门研究后采取“比一级抗震等级更为有效的抗震构造措施”。所谓“比一级更为有效的抗震构造措施”，可参照《高层建筑规程》中“特一级”的要求采取抗震构造措施，而有关抗震设计的内力调整系数一般可不提高。

39. 特一级的钢筋混凝土结构构件在设计时有哪些要求?

（1）高层建筑结构中，抗震等级为特一级的钢筋混凝土结构构件，除应符合一级抗震等级构件所有的设计要求外，尚应符合下列规定。

1）特一级框架柱应符合下列要求：

① 宜采用型钢混凝土柱或钢管混凝土柱。

② 柱端弯矩增大系数 η_c、柱端剪力增大系数 η_{vc}应增大 20%。

③ 钢筋混凝土柱柱端加密区最小配箍特征值 λ_v 应按《高层建筑规程》表 6.4.7 的数值增大 0.02 采用；全部纵向钢筋最小构造配筋百分率，中、边柱取 1.4%，角柱取 1.6%。

2）特一级框架梁应符合下列要求：

① 梁端剪力增大系数 η_{vb}应增大 20%。

② 梁端加密区箍筋构造最小配箍率应增大 10%。

3）特一级框支柱应符合下列要求：

① 宜采用型钢混凝土柱或钢管混凝土柱。

② 底层柱下端及与转换层相连的柱上端的弯矩增大系数取 1.8，其余层柱端弯矩增大系数 η_c 应增大 20%；柱端剪力增大系数 η_{vc}应增大 20%；地震作用产生的柱轴力增大系数取 1.8，但计算轴压比时可不计该项增大。

③ 钢筋混凝土柱柱端加密区最小配箍特征值 λ_v 应按《高层建筑规程》表 6.4.7 的数值增大 0.03 采用，且箍筋体积配箍率不应小于 1.6%；全部纵向钢筋最小构造配筋百分率取 1.6%。

4）特一级筒体、剪力墙应符合下列规定：

① 底部加强部位的弯矩设计值应乘以 1.1 的增大系数，其他部位的弯矩设计值应乘以 1.3 的增大系数；底部加强部位的剪力设计值，应按考虑地震作用组合的剪力计算值的 1.9 倍采用；其他部位的剪力设计值，应按考虑地震作用组合的剪力计算值的 1.4 倍采用。

② 一般部位的水平和竖向分布钢筋的最小配筋率应取为 0.35%，底部加强部位的水平和竖向分布钢筋的最小配筋率应取为 0.4%。

③ 约束边缘构件纵向钢筋最小构造配筋率应取为 1.4%，配箍特征值宜增大 20%；构造边缘构件纵向钢筋的配筋率不应小于 1.2%。

④ 框支剪力墙结构的落地剪力墙底部加强部位边缘构件宜配置型钢，型钢宜向上、向下各延伸一层。

⑤ 剪力墙和筒体的连梁的设计要求同一级抗震等级的连梁。

（2）当房屋高度大、层数多、柱距大时，由于单柱轴向力很大，受轴压比限制而使柱截面过大时，不仅加大自重和材料消耗，而且影响建筑功能。减小柱截面尺寸通常可采用高强度混凝土柱、钢管混凝土柱和型钢混凝土柱这三条途径。

采用 C60 ~ C80 高强度混凝土可以减小柱截面面积 30% 左右（与 C40 混凝土相比），C60 混凝土已广泛应用，取得了良好的效益。

型钢混凝土柱截面含钢率为 5% ~ 10% 时，可使柱截面面积减小 30% ~ 40%。由于型钢骨架要求施工单位具有钢结构制作和安装能力，因此目前较多地用于高层建筑结构的下部楼层柱、转换层以下的框支柱；也有个别工程全部采用型钢混凝土梁和柱。

钢管混凝土柱可使柱混凝土处于有效侧向约束之下，形成三向应力状态，因而延性很大，承载力提高很多，钢管的直径与壁厚之比通常采用70～100。钢管混凝土柱如采用高强混凝土浇注，可使柱截面面积减小至原截面面积的50%左右。

40. 抗震设计的建筑结构，当需要设置防震缝时，防震缝的设置应符合哪些规定？

各类钢筋混凝土建筑结构，当建筑平面尺寸过长，为了防止结构因温度变化和混凝土收缩而产生裂缝，常按《混凝土规范》第8.1.1条的规定隔一定距离设置结构伸缩缝；当建筑物的相邻部分层数相差过多，或基础差异沉降过大，有可能产生结构难以承受的内力和变形时，通常设置沉降缝将两部分分开；当结构平面尺寸过长，或外伸尺寸过大，或结构各部分的层数、质量、刚度差异过大，或有错层时，可设防震缝将各部分分开，使结构形成多个较规则的抗侧力结构单元。

体型复杂、平立面特别不规则的建筑结构，通过设置防震缝，可以改善结构的抗震性能，减小应力集中和变形集中现象，降低震害。但设置防震缝（包括设置伸缩缝、沉降缝）又会产生许多问题。例如，由于缝两侧均需布置剪力墙或框架而使结构复杂和建筑使用不便；防震缝过宽使建筑立面处理困难；沉降缝使地下室容易渗漏，防水困难等；而更为突出的是，地震时防震缝两侧结构进入塑性状态，位移急剧增大而使结构发生碰撞，产生地震震害。

所以，各类钢筋混凝土结构，特别是高层建筑结构，宜通过调整平面尺寸和结构布置，避免结构不规则，并采取必要的构造措施和施工措施，能不设缝就不设缝，能少设缝就少设缝。当建筑物平面形状复杂而又无法调整其平面形状和结构布置使之成为较规则的结构单元时，宜设置防震缝。

防震缝应具有足够的宽度以防止震害；当建筑物同时还设有伸缩缝或沉降缝时，应使伸缩缝和沉降缝的宽度符合防震缝的宽度要求。

当建筑结构需要设置防震缝时，防震缝的设置应符合下列规定。

（1）防震缝的最小宽度应符合下列要求：

1）框架结构房屋，高度不超过15m时，不应小于100mm，超过15m时，6度、7度、8度和9度相应每增加高度5m、4m、3m和2m，宜加宽20mm。

2）框架-剪力墙结构房屋防震缝的宽度可采用1）项规定数值的70%；剪力墙结构房屋防震缝的宽度可采用1）项规定数值的50%；且均不小于100mm。

（2）防震缝两侧结构类型不同时，防震缝的宽度应按不利的结构类型确定；防震缝两侧房屋高度不同时，防震缝的宽度应按较低房屋的高度确定。

（3）当相邻建筑的基础存在较大沉降差时，宜增大防震缝的宽度。

(4) 防震缝宜沿房屋全高设置；地下室、基础可不设防震缝，但在与上部防震缝对应处的构件应加强构造和连接。

(5) 结构单元之间或高层建筑主楼与裙房之间如无可靠措施，不应采用牛腿托梁的做法设置防震缝。

(6) 8 度和 9 度地震区，框架结构房屋防震缝两侧结构高度、刚度或层高相差较大时，可在缝两侧房屋的尽端沿全高设置垂直于防震缝的抗撞墙，每一侧抗撞墙的数量不应少于二道，宜分别对称布置，墙肢长度可不大于一个柱距。框架和抗撞墙的内力应按设置和不设置抗撞墙两种情况分别进行计算，并按不利情况取值。防震缝两侧抗撞墙的端柱和框架的边柱，箍筋应沿房屋全高加密。抗撞墙示意图见图 2-4。

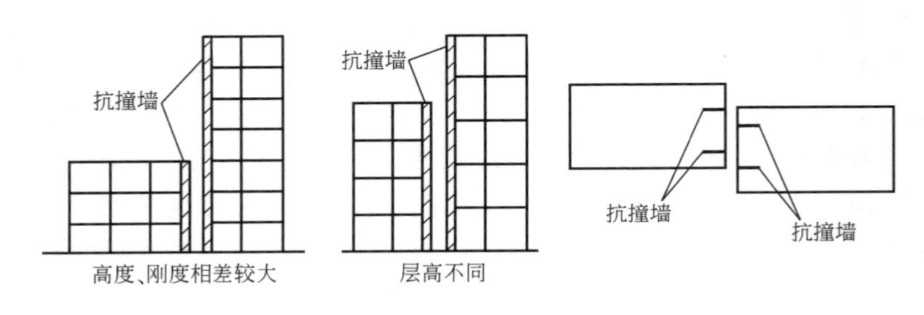

图 2-4 抗撞墙示意图

41. 高层建筑结构的重力二阶效应和整体稳定性应当如何考虑？

(1) 所谓重力二阶效应，一般包括两部分内容：一是指重力荷载在产生了纵向挠曲变形的受压构件中引起附加重力效应（附加弯矩），通常称为 $P\text{-}\delta$ 效应（图 2-5）。$P\text{-}\delta$ 效应引起的内力与构件挠曲变形形态有关，一般是中间大，两端小，端部为零。二是指整体结构在水平风荷载或水平地震作用下产生侧向位移后，重力荷载由于该侧移而引起的附加效应，通常称为 $P\text{-}\Delta$ 效应。分析表明，对一般高层钢筋混凝土建筑结构而言，由于构件长细比不大，$P\text{-}\delta$ 效应的影响相对很小，一般可忽略不计，而由于结构整体侧移后重力荷载引起的 $P\text{-}\Delta$ 效应的影响相对较为明显，可使结构的位移和内力增加，当位移足够大时甚至会导致结构失稳而倒塌。因此，高层建筑混凝土结构的稳定设计，主要是控制和验算结构在风荷载或地震作用下重力荷载引起的 $P\text{-}\Delta$ 效应对结构性能降低的影响，以及由此可能导致结构的失稳而倒塌。

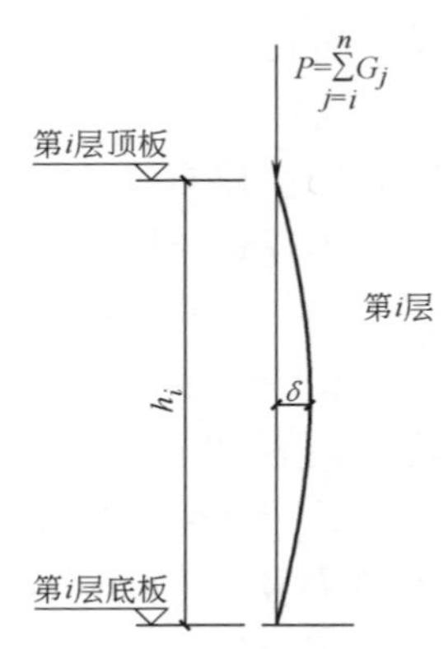

图 2-5 $P\text{-}\delta$ 重力二阶效应示意图

高层建筑结构只要有水平侧移，就会引起重力荷载作用下的侧移二阶效应（P-Δ 效应），其大小与结构侧移和重力荷载自身大小直接相关，而结构侧移又与结构侧向刚度和水平作用大小密切相关。控制结构有足够的侧向刚度，宏观上有两个容易判断的指标：一是结构侧移应满足《高层建筑规程》的位移限制条件；二是结构的楼层剪力与该层及其以上各层重力荷载代表值的比值（即楼层剪重比）应满足最小值规定。一般情况下，满足了这些规定，可基本保证结构的整体稳定性，且重力二阶效应的影响较小。对于非抗震设计的结构，虽然《荷载规范》规定基本风压的取值不得小于 0.3kN/m^2，可保证水平风荷载产生的楼层剪力不至于过小，但对楼层剪重比没有最小值规定。因此，对非抗震设计的高层建筑结构，当水平荷载较小时，虽然侧移满足楼层位移限制条件，但侧向刚度可能依然偏小，可能不满足结构整体稳定要求或重力二阶效应不能忽略。

由此可见，结构的侧向刚度和重力荷载是影响结构稳定和重力 P-Δ 效应的主要因素，侧向刚度与重力荷载的比值称之为结构的刚重比。刚重比的最低要求就是结构稳定要求，称之为刚重比下限条件，当刚重比小于此下限条件时，重力 P-Δ 效应急剧增加，可能导致结构整体失稳；当结构刚度增大，刚重比达到一定量值时，结构侧移变小，重力 P-Δ 效应的影响不明显，计算上可以忽略不计，此时的刚重比称之为上限条件；在刚重比的下限条件和上限条件之间，重力 P-Δ 效应应予以考虑。

（2）《抗震规范》第 3.6.3 条规定，“当结构在地震作用下的重力附加弯矩大于初始弯矩的 10% 时，应计入重力二阶效应的影响”。

所谓重力附加弯矩是指任一楼层以上全部重力荷载与该楼层地震平均层间位移的乘积；初始弯矩是指该楼层地震剪力与该楼层层高的乘积。

重力二阶效应示意图如图 2-6 所示。初始弯矩 $M_0 = V_i h_i$，重力二阶弯矩 $M_a = \Delta u_i \sum_{j=i}^{n} G_j$。由于重力二阶弯矩 M_a 的作用，使结构侧向位移增加，侧向位移增加又使重力二阶弯矩进一步增大，如此反复，对某些结构可能产生累积性的变形增大而导致结构失稳而倒塌。

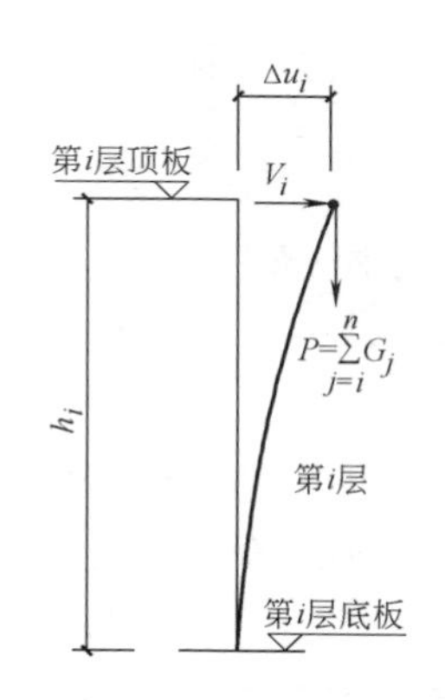

图 2-6　P-Δ 重力二阶效应示意图

当重力二阶弯矩与初始弯矩之比值 θ_i 符合下式条件时，应考虑结构的几何非线性，即考虑重力二阶效应的影响。

$$\theta_i = \frac{M_a}{M_0} = \frac{\Delta u_i \sum_{j=i}^{n} G_j}{V_i h_i} > 0.1 \tag{2-4}$$

式中　θ_i——稳定系数；

G_j——第 j 层的重力荷载设计值；

Δu_i——第 i 层楼层质心处的弹性或弹塑性层间位移；

V_i——第 i 层楼层地震剪力设计值；

h_i——第 i 层的楼层高度。

式（2-4）规定的是结构考虑重力二阶效应影响的下限，其上限受楼层弹性层间位移角限值控制。弹性分析时，对于钢筋混凝土结构，特别是钢筋混凝土剪力墙结构，因楼层弹性层间位移角限值较严，稳定系数一般不大于0.1，多数情况下可不考虑弹性阶段重力二阶效应的影响；框架结构的弹性层间位移角限值较大，计算侧移时需考虑刚度折减。

进行弹性分析时，作为简化方法，可将结构初始内力乘以考虑重力二阶效应影响的增大系数，增大系数 F_i 可近似表示为：

$$F_i = 1/(1-\theta_i) \tag{2-5}$$

（3）《高层建筑规程》第5.4.1条规定，在水平力作用下，当高层建筑结构满足下列规定时，弹性计算分析时可不考虑重力二阶效应的不利影响。

1）剪力墙结构、框架-剪力墙结构、板柱-剪力墙结构、筒体结构

$$EJ_{\mathrm{d}} \geqslant 2.7H^2 \sum_{i=1}^{n} G_i \tag{2-6}$$

2）框架结构

$$D_i \geqslant 20 \sum_{j=i}^{n} G_j/h_i \quad (i = 1,2,\cdots,n) \tag{2-7}$$

式中　EJ_{d}——结构一个主轴方向的弹性等效侧向刚度，可按倒三角形分布荷载作用下结构顶点位移相等的原则，将结构的侧向刚度折算为竖向悬臂受弯构件的等效侧向刚度；

H——房屋高度；

G_i、G_j——分别为第 i 层、j 层楼层重力荷载设计值，取1.2倍的永久荷载值与1.4倍的楼面可变荷载标准值的组合值；

h_i——第 i 层楼层层高；

D_i——第 i 层楼层的弹性等效侧向刚度，可取该层剪力与层间位移的比值；

n——结构计算总层数。

3）高层建筑混凝土结构如果不满足式（2-6）或式（2-7）的要求，则宜优先调整结构的刚重比，使其满足式（2-6）或式（2-7）的要求，以避免重力二阶效应的计算。当无法调整时，则必须考虑重力二阶效应（P-Δ 效应）对水平力作用下结构构件内力和位移的不利影响。

SATWE 软件会自动对结构的刚重比进行计算和判断。结构工程师可查阅程序以文件名为 WMASS. OUT 输出的文本格式文件。该文件会明确告诉结构工程师，所计算的结构是否能够通过整体稳定验算，是否可以不考虑重力二阶效应的影响。

（4）高层建筑结构重力二阶效应，可采用有限元方法进行计算，也可采用对未考虑重力二阶效应的计算结果乘以增大系数的方法近似考虑。近似考虑时，结构位移增大系数 F_1、F_{1i} 以及结构构件弯矩和剪力增大系数 F_2、F_{2i} 可分别按下列规定近似计算，位移计算结果仍应满足《高层建筑规程》第 3.7.3 条关于楼层层间位移角限值的规定。

1）对剪力墙结构、框架-剪力墙结构、筒体结构，可按下列公式计算。

$$F_1 = \frac{1}{1 - 0.14H^2 \sum_{i=1}^{n} G_i/(EJ_d)} \tag{2-8}$$

$$F_2 = \frac{1}{1 - 0.28H^2 \sum_{i=1}^{n} G_i/(EJ_d)} \tag{2-9}$$

2）对框架结构，可按下列公式计算。

$$F_{1i} = \frac{1}{1 - \sum_{j=i}^{n} G_j/(D_i h_i)} (i = 1,2,\cdots,n) \tag{2-10}$$

$$F_{2i} = \frac{1}{1 - 2\sum_{j=i}^{n} G_j/(D_i h_i)} (i = 1,2,\cdots,n) \tag{2-11}$$

（5）根据《高层建筑规程》第 5.4.4 条的规定，高层建筑结构的稳定应符合下列要求：

1）剪力墙结构、框架-剪力墙结构、筒体结构应符合下式要求。

$$EJ_d \geqslant 1.4H^2 \sum_{i=1}^{n} G_i \tag{2-12}$$

2）框架结构应符合下式要求。

$$D_i \geqslant 10 \sum_{j=i}^{n} G_j/h_i (i = 1,2,\cdots,n) \tag{2-13}$$

高层建筑混凝土结构仅在竖向重力荷载作用下发生整体失稳的可能性很小。高层建筑结构的稳定性设计计算主要是控制结构在风荷载或水平地震作用下，重力荷载产生的二阶效应（重力 P-Δ 效应）不致过大，以免引起结构的失稳而倒塌。如果结构的刚重比满足式（2-12）或式（2-13）的要求，则重力 P-Δ效应可控制在 20% 之内，结构的稳定具有适宜的安全储备。若结构的刚重比进一步减小，则重力 P-Δ 效应将会呈非线性关系急剧增长，直至引起结构的整体失稳。

在水平力作用下，高层建筑结构的稳定应满足《高层建筑规程》第5.4.4条的规定，即式（2-12）或式（2-13）的要求，不应再放松要求。如不满足上述规定，则应调整并增大结构的侧向刚度。

当结构的设计水平力较小，如计算出的楼层剪重比过小（如小于0.02），结构刚度虽能满足楼层弹性层间位移角限值的要求，但有可能不能满足结构整体稳定要求。

（6）《高层建筑规程》第5.4.1条中的结构弹性等效侧向刚度EJ_d可近似按下式计算：

$$EJ_d = \frac{11qH^4}{120u} \tag{2-14}$$

式中 q——水平作用的倒三角形分布荷载的最大值；

u——在最大值为q的倒三角形分布荷载作用下，结构顶点质心的弹性水平位移；

H——房屋高度。

42. 高层建筑结构的整体倾覆如何验算？

当高层、超高层建筑结构高宽比较大，水平风荷载或水平地震作用较大，地基刚度较弱时，结构整体倾覆验算十分重要，直接关系到整体结构安全度的控制。

关于结构整体倾覆，《抗震规范》第4.2.4条规定，在地震作用效应标准组合（各作用分项系数取1.0）条件下，对高宽比大于4的高层建筑结构，基础底面不宜出现拉应力（基础底面零应力区面积为0）；其他建筑，基础底面与地基土之间，零应力区面积不应大于基础底面面积的15%。

《高层建筑规程》第12.1.7条规定，对高宽比大于4的高层建筑结构，基础底面不宜出现零应力区；高宽比不大于4的高层建筑结构，基础底面与地基土之间零应力区面积不应超过基础底面面积的15%。

（1）倾覆力矩与抗倾覆力矩的计算（图2-4）。

假定倾覆力矩计算作用面为基础底面，倾覆力矩计算的作用力为水平地震作用或水平风荷载标准值，则倾覆力矩可近似表示为：

$$M_{ov} = V_0(2H/3 + C) \tag{2-15}$$

式中 M_{ov}——倾覆力矩标准值；

H——建筑物地面以上高度，即房屋高度；

C——地下室埋深；

V_0——总水平力标准值。

抗倾覆力矩计算点假设为基础外边缘点，抗倾覆力矩计算作用力为重力荷载代表值，则抗倾覆力矩可表示为：

$$M_R = GB/2 \tag{2-16}$$

式中　M_R——抗倾覆力矩标准值；

G——上部及地下室基础总重力荷载代表值（永久荷载标准值 +0.5×活荷载标准值）；

B——基础地下室底面宽度（图 2-4）。

（2）整体抗倾覆的控制——基础底面零应力区控制。

假设总重力荷载合力中心与基础底面形心重合，基础底面反力呈线性分布（图 2-8）。

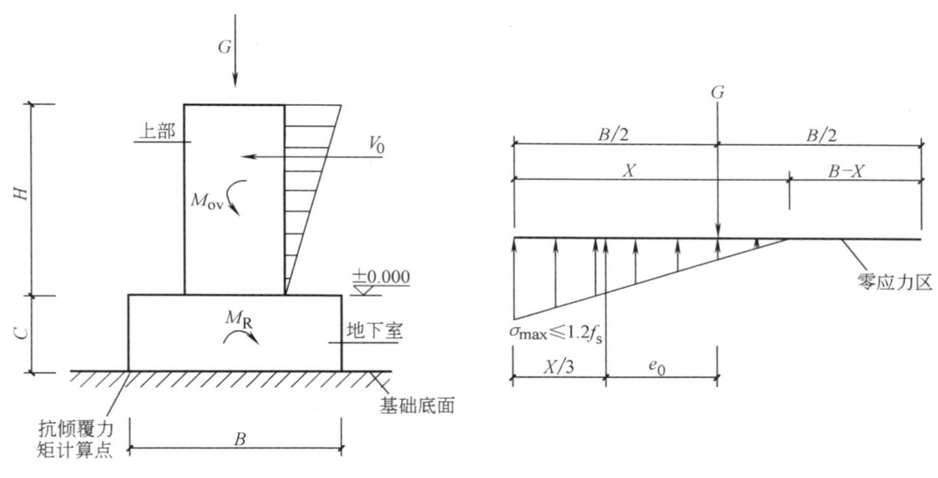

图 2-7　结构整体倾覆计算示意图　　图 2-8　基础底面反力示意图

水平地震作用或风荷载与竖向荷载共同作用下基底反力的合力点到基础中心的距离为 e_0，零应力区长度为 $B-X$，零应力区所占基底面积比例为 $(B-X)/B$，则

$$e_0 = M_{ov}/G$$

$$e_0 = B/2 - X/3$$

$$\frac{M_R}{M_{ov}} = \frac{GB/2}{Ge_0} = \frac{B/2}{B/2 - X/3} = \frac{1}{1 - 2X/3B} \tag{2-17}$$

由此得到

$$X = 3B(1 - M_{ov}/M_R)/2$$

$$(B - X)/B = (3M_{ov}/M_R - 1)/2 \tag{2-18}$$

根据式（2-17）或式（2-18），可得基础底面零应力区比例与抗倾覆安全度的近似关系，如表 2-30 所列。

表 2-30 基础底面零应力区与结构整体倾覆

抗倾覆安全度 (M_R/M_{ov})	3.0	2.3	1.5	1.3	1.0
$(B-X)/B$ 零应力区比例	0（全截面受压）	15%	50%	65.4%	100%
备注	（$H/B>4$ 的高层建筑）《高层建筑规程》规定值	（$H/B\leq4$ 的高层建筑）《高层建筑规程》规定值	JZ 102—1979 规定值	JGJ 3—1991 规定值	基趾点临界平衡

注：1. JZ 102-1979 系《钢筋混凝土高层建筑结构设计与施工规定》的代号。
2. JGJ 3-1991 系《钢筋混凝土高层建筑结构设计与施工规程》的代号。

（3）由此可见：

1）《高层建筑规程》与《抗震规范》对高层建筑尤其是高宽比大于 4 的高层建筑的整体抗倾覆提出了更严格的要求。

2）以上计算的假定是基础及地基均具有足够刚度，基底反力呈线性分布；重力荷载合力中心与基底形心基本重合（一般要求偏心距不大于 $B/60$）。如为基岩，地基足够刚，M_R/M_{ov}要求可适当放松；如为中软土地基，M_R/M_{ov}要求还应适当从严。

3）地震时，地基稳定状态受到影响，故抗震设计时，尤其是抗震设防烈度为 8 度及以上地区，M_R/M_{ov}要求还宜适当从严；抗风时，可计及地下室周边被动土压力作用，但 M_R/M_{ov}要求仍应满足规程规定，不宜放松。

4）当扩大的地下室基础的刚度有限时，抗倾覆力矩计算的基础底面宽度宜适当减小，或可取塔楼基础的外包宽度计算，以策安全。

43. 结构整体计算时，如何合理假定楼板的刚度？

（1）根据《抗震规范》的规定，在用 SATWE 软件计算建筑结构的位移比、周期比和层刚度比时，应选择对全楼强制采用刚性楼板假定。

采用刚性楼板假定，即假定楼板在平面内无限刚，在平面外刚度为零。由于采用了楼板在平面内无限刚的假定，每块刚性楼板有三个公共自由度（u、v、θ_z），在刚性楼板内部每个节点的独立自由度只剩下 3 个（θ_x、θ_y、ω）。这就极大地减少了结构的整体自由度数，结构计算工作量大大减少，从而提高了工作效率。这一优点正是刚性楼板假定能够被广泛接受的重要原因。

在采用刚性楼板假定时，由于忽略了楼板平面外的刚度，使结构总刚度偏小。为此，《高层建筑规程》建议用楼面梁刚度增大系数来近似考虑楼板的平面外刚度的影响。《高层建筑规程》第 5.2.2 条规定，在结构内力和位移计算时，现浇楼板和装配整体式楼板中梁的刚度可考虑翼缘的作用而予以增大。楼面梁刚度增大系数可根据翼缘情况取 1.3 ~ 2.0。对于无现浇面层的装配式结构，可不考虑楼板的作用。

对于楼板平面形状比较规则的普通建筑结构，除位移比、周期比及层刚度比应采用刚性楼板假定进行计算外，结构的内力分析仍可采用刚性楼板假定。

在采用刚性楼板假定进行结构整体计算时，应采取必要的措施，如采用现浇钢筋混凝土楼板，局部削弱的楼板宜局部加厚并加大楼板配筋，楼板上较大的洞口边宜设置边梁等，以保证楼板在平面内有必要的整体刚度。

对于《抗震规范》和《高层建筑规程》所列举的平面不规则结构，在结构整体计算时，应按《抗震规范》第 3.4.4 条、第 3.4.5 条、《高层建筑规程》第 5.1.5 条的要求，采用符合楼板平面内实际刚度变化的计算模型，当平面不对称时，尚应计及扭转的影响。

为此，SATWE 软件除刚性楼板假定外，还推出了名为弹性楼板 3、弹性楼板 6 和弹性膜的楼板计算假定，可供结构工程师根据工程实际情况灵活选用。对于同一项工程，可整体采用一种楼板假定，也可采用几种不同的楼板假定。

（2）弹性楼板 6 是针对板柱结构和板柱-剪力墙结构提出的。弹性楼板 6 是假定楼板在平面内和平面外的刚度均为真实刚度，并采用壳单元来计算。采用弹性楼板 6 假定虽然最符合楼板的真实情况，但由于部分楼面的竖向荷载会通过楼板的面外刚度直接传给结构的竖向构件而使梁弯矩减小，相应地也会使梁的配筋减小，不安全。所以不建议板柱结构以外的结构楼板采用弹性楼板 6 这种假定。

采用弹性楼板 6 来计算柱网比较规则的板柱结构或板柱-剪力墙结构时，在 PMCAD 交互式建模中，在假定的等代梁位置上应布置 100mm × 100mm 的混凝土虚梁，并在“特殊构件补充定义”菜单中将楼板定义成“弹性楼板 6”。布置虚梁的目的，一是为了在 PMCAD 前处理过程中程序能够自动读到楼板的外边界信息，二是为了辅助弹性楼板单元的划分。在结构计算中，混凝土虚梁无自重、无刚度。

（3）弹性楼板 3 是针对厚板转换层结构的转换厚板提出的。弹性楼板 3 是假定楼板在平面内无限刚而在平面外的刚度是真实刚度。程序采用中厚板弯曲单元来计算楼板平面外的刚度。除了厚板转换层结构的转换厚板外，当板柱结构楼板的面内刚度足够大时，也可以采用弹性楼板3来计算。

采用SATWE软件进行厚板转换层结构计算时，在PMCAD的交互式建模中，与板柱结构的输入要求一样，也要布置100mm×100mm的虚梁，并在“特殊构件补充定义”菜单中把楼板定义为“弹性楼板3”。

（4）对于楼板形状复杂的建筑结构，如有效宽度较窄的环形楼板结构、楼板局部开大洞的结构、楼板平面狭长或楼板有较大凹入的结构、楼板平面弱连接的结构等等，楼板平面内的刚度有较大削弱且不均匀。对于这些形状复杂的楼板，由于楼板平面内刚度有较大削弱且不均匀，楼板平面内的变形会使楼层内抗侧力刚度较小的构件的位移和内力增大，采用刚性楼板假定就不能保证这些构件计算结果的可靠性。所以，在对这类结构进行分析计算时，既不能简单地采用刚性楼板假定，也不能随意采用弹性楼板6和弹性楼板3。为了真实地反映楼板平面内的刚度，同时又不影响梁的配筋，应当采用“弹性膜”假定。

采用弹性膜假定，即假定楼板在平面内的刚度为真实的刚度，而楼板平面外的刚度为零。楼板在平面内的刚度采用平面应力膜单元来计算。

弹性楼板6、弹性楼板3和弹性膜均称为弹性楼板，在进行结构整体计算需要定义弹性楼板时，一定不要选错了弹性楼板的计算模型。

在采用弹性楼板假定进行结构整体计算时，应当注意以下四点：

1）在PMCAD交互式建模时，一定要真实输入楼板厚度；对于没有楼板的房间，可以定义板厚为零或全房间开洞，而且应采用总刚分析。没有楼板的房间，定义板厚为零或全房间开洞，对楼板平面内刚度的计算没有本质区别；但对楼面导荷计算则有不同，板厚为零时，房间内可以布置均布面荷载，而全房间开洞则认为房间内没有均布面荷载。

2）弹性楼板可以定义在整层楼板上，也可以仅仅定义在需要的局部区域上，例如将某一个或两个房间的楼板定义为弹性楼板等；通过定义局部区域为弹性楼板可把整层楼板分隔成几块刚性楼板。后一种定义方式比前者分析效率高。

3）在选用PKPM系列分析软件时，一定要选用具有总刚计算功能的分析软件；仅有侧刚计算功能的软件，是在刚性楼板假定基础上开发出的软件，不能识别弹性楼板。

4）在采用弹性楼板假定并用总刚分析方法进行结构整体计算时，应补充计算结构在刚性楼板假定下的位移比、周期比（扭转为主的第一自振周期与平动为主的第一自振周期之比）和楼层侧向刚度比。因为控制结构平面规则性、扭转特性和竖向刚度比的这些参数，规范要求在刚性楼板假定下进行计算，以避免结构局部振动的影响。

44. 如何合理采用剪切刚度、剪弯刚度和层剪力与层位移之比的方法来计算结构的楼层侧向刚度?

（1）根据《抗震规范》和《高层建筑规程》的建议，建筑结构的楼层侧向刚度有三种计算方法：

1）《高层建筑规程》附录 E. 0. 1 条建议的“等效剪切刚度法”（简称剪切刚度法），$K_i = G_i A_i / h_i$。

2）《高层建筑规程》附录 E. 0. 3 条建议的“等效侧向刚度法”（简称剪弯刚度法），$K_i = \Delta_i / h_i$。

3）《抗震规范》第 3. 4. 3 条和第 3. 4. 4 条条文说明及《高层建筑规程》第 E. 0. 2 条建议的地震作用下的“层剪力与层间位移之比”的方法，$K_i = V_i / \Delta_i$。

SATWE 软件可以实现上述三种楼层侧向刚度计算方法，且隐含第三种计算方法，即层剪力与层间位移之比的方法。

（2）建筑结构楼层侧向刚度及侧向刚度比的计算，是抗震设计时判断结构沿竖向是否发生刚度突变、是否存在软弱层的重要依据。

根据《抗震规范》第 3. 4. 3 条的规定，楼层的侧向刚度小于相邻上一层的 70%，或小于其上相邻三个楼层侧向刚度平均值的 80% 时，则结构属于竖向不规则结构。竖向不规则的建筑结构，应采用空间结构计算模型，其软弱层的地震剪力应乘以不小于 1. 15 的增大系数。

程序计算建筑结构的楼层侧向刚度比时，分别沿结构的 x 轴和 y 轴方向进行，一旦发现任一方向为侧向刚度不规则，则该层为软弱层，沿 x 轴方向和 y 轴方向的地震剪力均应乘以不小于 1. 15 的增大系数。

建筑结构楼层侧向刚度的三种计算方法与结构高度、楼层高度、结构类型和结构规则性有关，有时候计算结果相差较大，应综合分析。一般情况下采用《抗震规范》建议的方法，即上述的第 3 种计算方法可以得到较为合理的结果。除部分框支剪力墙结构要采用上述的“剪切刚度法”或“剪弯刚度法”作补充计算外，一般的建筑结构，通常情况下都采用“层剪力与层间位移之比”的方法来计算楼层侧向刚度及侧向刚度比。采用“层剪力与层间位移之比”的方法计算结构楼层侧向刚度比时，一般要采用“刚性楼板假定”。对于有弹性楼板或板厚为零的建筑结构，应计算两次。在刚性楼板假定条件下计算楼层刚度比并找出软弱层；在弹性楼板假定条件下完成其余计算，并检查原来找出的软弱层是否得到确认。

(3) 当部分框支剪力墙结构的转换层设置在地面以上第1、2层时，根据《高层建筑规程》的规定，可近似采用转换层上、下层结构等效剪切刚度比 γ_{e1} 来表示转换层上、下层结构刚度的变化，γ_{e1} 宜接近1，非抗震设计时 γ_{e1} 不应小于0.4，抗震设计时 γ_{e1} 不应小于0.5。γ_{e1} 的计算详见本书第11章第148问。

(4) 判断结构的地下室顶板是否可以作为上部结构嵌固部位时，地下一层的楼层侧向刚度与地上一层的楼层侧向刚度，在方案设计阶段，通常也采用剪切刚度法进行计算。当地下一层的侧向刚度与地上一层的侧向刚度之比不小于2（可按有效数字控制）时，在满足其他构造要求条件下，地下室顶板可作为上部结构的嵌固部位。

(5) 当部分框支剪力墙结构的转换层设置在地面以上第3层及第3层以上时，其转换层下部结构与转换层上部结构的等效剪弯刚度比 γ_{e2} 宜接近1，非抗震设计时 γ_{e2} 不应小于0.5，抗震设计时不应小于0.8。γ_{e2} 的计算详见本书第11章第148问。

45. 带地下室的多高层建筑结构，为什么应将上部结构与地下室作为一个整体进行分析与计算？地下室顶板作为上部结构嵌固部位应符合哪些规定？

(1) 大多数多高层建筑都设有地下室。地下室可能是一层、二层或三层，其实际层数应由建筑的使用功能确定。有的地下室或地下室的一部分，根据需要还要按《人民防空地下室设计规范》GB 50038—2005 的要求设计成防空地下室。

带地下室的多高层建筑在进行结构计算时，上部结构和地下室应作为一个整体进行分析和计算，地下部分有几层地下室在程序的“地下室层数”参数项中应真实填写。这样做的优点是：

1) 可以真实反映上部结构和地下室是一个整体，两者相互作用共同工作，荷载作用和传递途径清楚；计算地基和基础的竖向荷载可以一次形成，方便地基和基础的设计和计算。

2) 地下室不受风荷载作用，计算上部结构风荷载时，程序会自动扣除地下室的高度，使上部结构的风荷载计算符合实际情况。

3) 抗震设计时，剪力墙底部加强部位的高度程序会自动从地下室顶板算起，但程序输出的“剪力墙底部加强区层号”和“剪力墙底部加强区高度”包括了全部地下室的层数和高度；抗震等级为一、二、三、四级的结构，程序会自动将框架柱或剪力墙内力设计值的调整系数乘在地下室以上首层柱底或墙底截面处。

4）当地下室顶板符合作为上部结构嵌固部位的条件时，地下室顶板能将上部结构的地震剪力传递到全部地下室结构；地下室结构能承受上部结构屈服超强及地下室本身的地震作用。

（2）上部结构的嵌固部位的相关规定。

多高层建筑结构不设置地下室时，上部结构通常嵌固在基础顶面；多高层建筑当设置地下室时，上部结构是嵌固在地下室的地下一层顶板部位还是嵌固在地下室的地下二层顶板部位，亦或是嵌固在筏板基础顶面或箱形基础顶面，应由地下室结构的楼层侧向刚度与相邻上部结构楼层侧向刚度之比等条件来确定。

1）地下室顶板作为上部结构嵌固部位时，应符合下列要求：

① 地下室顶板应避免开设大洞口；地下室在地上结构相关范围的顶板应采用现浇梁板结构，相关范围以外的地下室顶板宜采用现浇梁板结构；其楼板厚度不宜小于180mm，混凝土强度等级不宜小于C30，应采用双层双向配筋，且每层每个方向的配筋率不宜小于0.25%。

② 结构地上一层的侧向刚度，不宜大于相关范围地下一层侧向刚度的0.5倍；地下室周边宜有与其顶板相连的抗震墙。

③ 地下室顶板对应于地上框架柱的梁柱节点除应满足抗震计算要求外，尚应符合下列规定之一：

a）地下一层柱截面每侧纵向钢筋不应小于地上一层柱对应纵向钢筋的1.1倍，且地下一层柱上端和节点左右梁端实配的抗震受弯承载力之和应大于地上一层柱下端实配的抗震受弯承载力的1.3倍。

b）地下一层梁刚度较大时，柱截面每侧的纵向钢筋面积应大于地上一层对应柱每侧纵向钢筋面积的1.1倍；同时梁端顶面和底面的纵向钢筋面积均应比计算增大10%以上。

④ 地下一层抗震墙墙肢端部边缘构件纵向钢筋的截面面积，不应少于地上一层对应墙肢端部边缘构件纵向钢筋的截面面积。

2）当地下室顶板满足作为上部结构嵌固部位的条件时，地下室结构将具有足够的整体刚度和足够的承载力；在地震作用下，当上部结构进入弹塑性工作阶段，地上一层柱底或墙底出现塑性铰时，地下室结构仍可保持弹性工作状态。

地下室顶板与室外地面的高差应小于地下室层高的1/3，也不宜大于1.0m。

地下室的埋深应满足《地基基础规范》的规定，地下室外墙外侧基坑回填土质量应良好，并符合《高层建筑规程》第12.2.6条的要求，压实系数应符合《地基基础规范》的要求。

3）计算地下室楼层的侧向刚度时，可取相关范围内的竖向构件参与计算。所谓“相关范围”，在这里是指从上部结构（主楼、有裙房时含裙房）周边外延不大于20m的范围。不能取地下室内所有竖向构件，特别是较远处的地下室外墙参与计算。

① 楼层侧向刚度比计算时，可采用下列剪切刚度比公式计算

$$\gamma = \left(\frac{G_0 A_0 h_1}{G_1 A_1 h_0}\right) \tag{2-19}$$

$$[A_0、A_1] = A_w + 0.12A_c \tag{2-20}$$

式中 G_0、G_1——地下室及地上一层混凝土的剪变模量；

A_0、A_1——地下室及地上一层的折算受剪面积，可按式（2-20）计算；

A_w——在计算方向上，地下室或地上一层剪力墙的全部有效面积（不计入翼缘面积）；

A_c——地下室或地上一层全部柱截面面积，当柱截面宽度小于300mm且长宽比不小于4时，可按剪力墙考虑；

h_0、h_1——地下室及地上一层的层高。

② 当楼层侧向刚度按SATWE软件隐含的“层剪力与层间位移之比”的方法计算时，程序的地下室信息中“土的水平抗力系数的比例系数”这个参数应取等于零。

③ 当通过上述计算确认地下室顶板可作为上部结构嵌固部位后，在进行结构整体分析及配筋计算时，“土的水平抗力系数的比例系数”这个参数可取SATWE软件的隐含值，以便近似考虑地下室外墙外侧回填土对地下室结构的约束作用，这对上部结构是偏于安全的。

4）结构设计时，应尽量创造条件，使地下室顶板满足作为上部结构嵌固部位的要求（例如，增大地下室结构楼层侧向刚度，或减小上部结构楼层侧向刚度）。当地下室顶板无法满足上部结构嵌固部位要求时，一般来说，地下二层顶板（地下一层底板）通常可满足上部结构嵌固部位的要求，其条件是：

① 地下一层楼层的侧向刚度应大于地上一层楼层的侧向刚度；地下二层的楼层侧向刚度应大于地下一层楼层的侧向刚度；地下二层楼层的侧向刚度不应小于地上一层楼层侧向刚度的2倍（可按有效数字控制）。

② 地下二层的抗震等级宜与地下一层相同（地下一层的抗震等级与上部结构相同）。

③ 地下二层顶板的开洞限制、板厚、板的混凝土强度等级、板的配筋、柱的配筋、梁的配筋及剪力墙的配筋等，其要求宜与作为上部结构嵌固部位的地下室顶板相同。

震害调查表明，地表附近的结构部位震害较严重，地下室较轻。因此，当地下室顶板不能满足上部结构嵌固要求，而地下二层顶板可满足上部结构嵌固部位要求时，剪力墙底部加强部位的高度仍宜从地下室顶板算起，并且向下延伸至地下二层；考虑到地下室顶板对上部结构实际存在的嵌固作用，除板厚可略小（例如取板厚≥160mm）外，板的其他设计要求，宜与作为嵌固部位的地下室顶板相同。

若上部结构嵌固在地下二层顶板部位，在进行结构整体分析和配筋计算时，仍宜取土的水平抗力系数的比例系数为 SATWE 软件的隐含值。

为了确保安全，结构设计时，宜取上部结构嵌固在地下二层顶板和上部结构嵌固在地下一层顶板（地下室顶板）的计算结果的较大值。

46. 在执行国家标准时，当国家标准之间或国家标准与行业标准之间对同一问题的规定不一致时，应如何处理？

根据国家的标准化法，工程建设的标准分为国家标准、行业标准、地方标准，以及推荐性工程建设标准。国家标准的代号是 GB 或 GB/T；行业标准按行业划分，JGJ 代表建筑工程，YB 代表冶金行业，JBJ 代表机械行业，FJJ 代表纺织行业，CJJ 代表城镇建设工程，DL 代表电力行业，YS 代表岩土工程，Q 代表轻工行业，等等；地方标准按省级划分，如 DBJ 01 代表北京市，DBJ 08 代表上海市，DBJ 15 代表广东省等；CECS 代表推荐性工程建设标准。

（1）当国家标准与行业标准对同一问题的规定不一致时，分下列几种情况分别处理：

1）当国家标准规定的严格程度为“应”或“必须”时，考虑到国家标准是最低的要求，至少应按国家标准的要求执行。

2）当国家标准规定的严格程度为“宜”或“可”时，允许按行业标准略低于国家标准的要求执行。

3）若行业标准的要求高于国家标准，则应按行业标准的要求执行。

4）若行业标准的要求高于国家标准但其版本早于国家标准，考虑到国家标准对该行业标准的规定有所调整，仍可按国家标准执行；此时，设计单位可向行业标准的主编单位（管理单位）报备案并征得认可。

（2）当不同的国家标准之间对同一问题的规定不一致时，应向国家主管部门反映，进行协调；一般应按新颁布的国家标准执行。

（3）推荐性工程建设标准与国家标准或行业标准对同一问题的规定不一致时，一般应按国家标准或行业标准执行。

（4）按省级划分的地方标准与国家标准或行业标准对同一问题的规定不一致时，一般应按国家标准或行业标准执行。

第三章

结构材料及非结构构件

钢筋混凝土是由钢筋和混凝土这两种性能完全不同的材料所组成的。混凝土的抗压能力较强而抗拉能力很弱，钢筋的抗拉和抗压能力都很强。这两种材料之所以能有效地结合在一起共同工作，主要是由于混凝土硬化后钢筋和混凝土之间会产生良好的黏结锚固作用；其次是钢筋和混凝土的温度线膨胀系数很接近，当温度变化时，不致产生较大的温度应力而破坏两者之间的黏结锚固作用。结构设计时，合理选用钢筋和混凝土的强度等级，重视钢筋的连接和锚固十分重要。

47. 结构设计时，对混凝土的强度等级有哪些要求？

混凝土结构设计时，结构工程师应根据构件的重要性、受力特征（受弯、受压、抗震与非抗震、预应力与非预应力等）、设计使用年限、耐久性要求等因素，合理选用混凝土的强度等级。

在通常情况下，混凝土的强度等级越高，其密实性越好，抗渗及抗碳化和抗有害介质入侵的能力也越强，因而构件的承载能力和耐久性能也越好。

（1）就保证混凝土结构的耐久性而言，对于设计使用年限为50年的结构混凝土，根据《混凝土规范》第3.5.3条的规定，其最低混凝土等级详见本书第二章第32问表2-7。

对处于一类环境中设计使用年限为100年的混凝土结构，其最低混凝土强度等级及有关要求，详见本书第二章第32问。

二、三类环境中，设计使用年限为100年的混凝土结构，应采取专门有效措施。

（2）就保证混凝土结构的受力而言，《混凝土规范》第4.1.2条规定，钢筋混凝土结构混凝土的最低强度等级不应低于C20；采用强度等级400MPa及以上的钢筋时，混凝土强度等级不应低于C25；预应力混凝土结构，混凝土的强度等级不宜低于C40且不应低于C30。承受重复荷载的混凝土构件，混凝土强度等级不应低于C30。

在钢筋混凝土结构中，结构工程师已不再采用C15等级的低强度混凝土，主要原因是水泥强度等级提高以后，低强度等级的混凝土配制比较困难，质量难以保证，成本也相对较高，不经济。C15等级的混凝土仅用作基础垫层（基础垫层通常采用C10等级的混凝土，采用防水混凝土的结构底板的垫层，其混凝土强度等级不应低于C15）和结构的填充材料，也可用作荷载较小的多层民用建筑和轻型厂房墙下无筋条形基础。

（3）根据《抗震规范》第3.9.2条的规定，抗震设计时，混凝土的强度等级，对框支梁、框支柱及抗震等级为一级的框架梁、柱和节点核心区，不应低于C30；砌体结构房屋的构造柱、芯柱、圈梁及其他各类构件不应低于C20。由于高强混凝土具有脆性性质，且随着混凝土强度等级的提高而增加，在抗震设计时应考虑这个因素，故《抗震规范》又规定，剪力墙（抗震墙）混凝土强度等级不宜超过C60，其他构件抗震设防烈度为9度时，混凝土强度等级不宜超过C60，8度时不宜超过C70。

（4）在混凝土结构中，混凝土材料的用量主要取决于其设计强度。强度等级高的混凝土设计强度高，可以减少混凝土用量，但其价格也相对较高，故真正决定混凝土用量（经济性）的是其强度价格比，亦即每元钱可以购买到的单位体积（m^3）的强度设计值（N/mm^2）。表3-1中列出了1998年北京市建筑市场商品混凝土的价格及强度设计值，以及由此而计算出的混凝土强度价格比。近年来，建筑材料市场上商品混凝土的价格随时都会变化，但就混凝土的强度价格比而言，表3-1仍具有参考价值。

表3-1　混凝土的强度价格比

强度等级	轴心抗压强度标准值/MPa	轴心抗压强度设计值/MPa	价格/（元/m^3）	强度价格比/（m^3·MPa/元）
C15	10.0	7.2	250	0.0288
C20	13.4	9.6	270	0.0356
C25	16.7	11.9	300	0.0397
C30	20.1	14.3	325	0.0440
C40	26.8	19.1	380	0.0546
C50	32.4	23.1	380	0.0608

由表可以看出，随着混凝土强度等级的提高，强度价格比迅速增加，高低相差达到2倍左右。因此，在结构设计中，对柱、墙等以受压为主的构件及预应力混凝土构件，采用较高的混凝土强度等级不仅可以减小构件截面尺寸，增加承载力，还容易满足构件轴压比限值要求，具有较好的经济效益。

因此建议，在结构设计时，结构工程师宜适当提高混凝土的强度等级，例如，受弯构件宜采用C25～C35等级的混凝土；受压为主的构件宜采用C30～C40等级的混凝土；预应力构件宜采用C30～C50等级的混凝土；高层建筑底层柱宜采用不低于C40等级的混凝土等等。

（5）为了避免由于轴压比的限制而使柱截面尺寸过大，应尽可能提高柱子的混凝土强度等级，例如将柱子混凝土强度等级提高到C50或C50以上。

在柱子采用较高强度等级的混凝土后，如果梁（板）的混凝土强度等级与柱子的混凝土强度等级相差不超过一级，例如柱混凝土强度等级为C50，梁（板）混凝土强度等级为C45（通常以混凝土强度$5N/mm^2$为一级），梁柱节点区的混凝土可随梁（板）混凝土的等级一次浇捣完成；如果梁（板）的混凝土强度等级与柱子的混凝土强度等级相差二级及以上时，则应先浇捣梁柱节点区的高等级混凝土（在梁上留坡槎，见图3-1），然后再浇捣梁（板）的较低等级的混凝土。

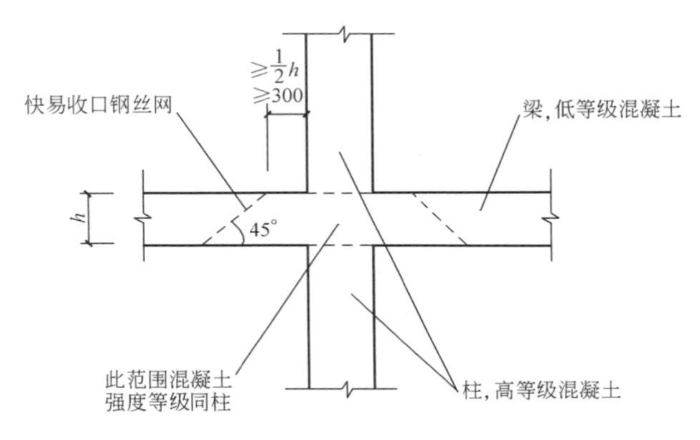

图3-1　梁柱节点核心区留槎示意图

当柱子混凝土强度等级高于梁（板）混凝土强度等级二级以上时，采用先浇捣梁柱节点核心区高等级混凝土，后浇捣梁（板）的较低等级混凝土的施工做法，由于存在如下的问题而变得复杂：

1）目前商品混凝土已普遍使用，其坍落度大，在节点核心区只浇注高等级混凝土，支模非常困难，节点核心区先浇注的混凝土会流淌较远，造成梁上很不容易处理的施工缝，而该处正好是梁端内力较大可能形成塑性铰的部位；

2）节点核心区所用的少量高等级混凝土，理应随搅拌随浇注，但实际情况是，工地上常一次搅拌较多量的混凝土，再逐个节点核心区浇注，在浇注到最后几个节点核心区时，混凝土的初凝时间可能已超过。

为此，《北京市建筑设计技术细则》（结构专业）建议，在施工前对梁柱节点核心区的承载力，包括抗剪和抗压（轴压及偏压），按折算的混凝土强度f_{ce}'验算，满足承载力要求即可，不必验算节点核心区的轴压比。

当梁柱节点核心区的承载力按折算的混凝土强度f_{ce}'验算通过后，只要梁（板）混凝土强度等级不低于柱混凝土强度等级的1/2，例如柱混凝土强度等级为C60，而梁（板）混凝土强度等级不低于C30，或柱混凝土强度等级为C50，而梁（板）混凝土强度等级不低于C25，梁柱节点核心区的混凝土均可随梁（板）混凝土强度等级同时浇注。

当梁柱节点核心区的承载力按折算的混凝土强度f'_{ce}验算通不过时，可在节点核心区周围做水平加腋，并配置适量的构造钢筋，以加强对梁柱节点核心区的约束和提高节点核心区的承载力。梁柱节点核心区水平加腋做法如图 3-2 所示。

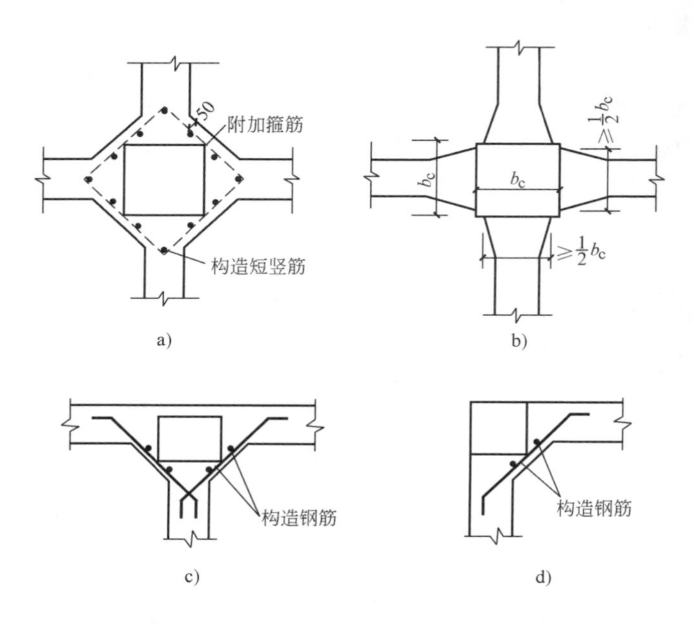

图 3-2　梁柱节点核心区水平加腋示意图

上述建议仅适用于柱混凝土强度等级不超过 C60 的情况。工程应用时，详细的验算方法和应当注意的问题可参见《建筑结构》2001 年第 5 期程懋堃教授级高工的论文《高强混凝土柱的梁柱节点处理方法》。

48. 结构设计时，对钢筋的性能有哪些要求?

钢筋混凝土是由钢筋和混凝土这两种物理、力学性能完全不同的材料组成的结构材料。混凝土的抗压能力较强而抗拉能力则很弱；钢筋的抗拉和抗压能力都很强。为了充分利用材料的性能，把混凝土和钢筋这两种材料结合在一起共同工作，使混凝土主要承受压力，钢筋主要承受拉力，以满足工程结构的使用要求。

钢筋和混凝土这两种性质完全不同的材料之所以能有效地结合在一起而共同工作，主要是由于混凝土硬化后钢筋与混凝土之间产生了良好的黏结力，使两者可靠地结合在一起，从而保证在外荷载作用下，钢筋与相邻混凝土能够共同变形。其次，钢筋与混凝土这两种材料的温度线膨胀系数的数值颇为接近（钢筋为 $1.2\times10^{-5}/℃$，混凝土为 $1.0\times10^{-5}/℃$），当温度变化时，不致产生较大的温度应力而破坏两者之间的黏结作用。

（1）钢筋混凝土结构对钢筋的性能有下列要求。

1）强度　所谓强度指的是钢筋的屈服强度和抗拉强度。钢筋强度是决定混凝土结构承载能力的主要因素，钢筋强度高的构件一般比较安全。采用高强度钢筋可以节约钢材，取得较好的经济效果。钢筋的屈强比（屈服强度与抗拉强度的比值）能表示结构的可靠性潜力，屈强比小则结构可靠性高。

采用高强度钢筋是世界各国及我国今后混凝土结构用钢筋的发展方向。但实际结构中钢筋的强度并非越高越好。由于钢筋的弹性模量并不因其强度提高而增大，因此高强度钢筋若充分发挥其强度，则高应力伴随相应的大变形会引起钢筋混凝土结构构件的过大伸长变形和较大的裂缝。故对普通钢筋混凝土结构而言，在我国安全度水平的条件下，钢筋的设计强度限值为400N/mm^2 左右，过高的强度没有意义。预应力混凝土结构可解决这个矛盾，但又带来钢筋与混凝土的锚固与协调受力的问题，过高的强度仍难以充分发挥，故预应力钢筋的强度一般限值为2000N/mm^2 左右。

2）延性　延性是钢筋变形和耗能的能力，与破坏形态有关，具有不亚于强度的同样的重要性。目前我国用断口伸长率（δ_5、δ_{10}、δ_{100}）表示延性，具有很大的局限性：

① 断口伸长率（δ_5、δ_{10}、δ_{100}）只能反映钢筋拉断以后颈缩区域的相对变形，不能反映钢筋拉断以前的平均总变形；

② 标距不统一，无法客观比较各种钢筋延性的优劣；

③ 量测手持误差大，对细直径钢筋的试验量测结果影响尤其大；

④ 钢筋（特别是高强钢丝、钢绞线）拉断时容易损坏试验机。

在先进的国际标准中，钢筋不仅按强度分级，而且还按延性分等定级。分级的主要依据之一是钢筋在最大拉应力下的总伸长率（均匀伸长率 δ_{gt}）以及强屈比（图3-3）。

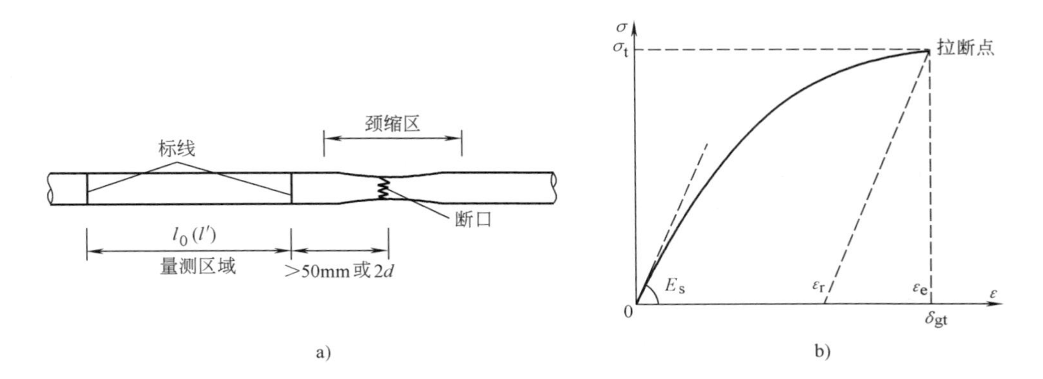

图3-3　钢筋的伸长率

a）试件　b）拉伸曲线及伸长率

均匀伸长率δ_{gt}是钢筋延性的真实反映，它对钢筋混凝土构件的延性影响极大。受力钢筋的均匀伸长率不应小于2% ~2.5%；而考虑塑性内力重分布设计的高延性钢筋，均匀伸长率不应小于5% ~6%；抗震设计用的钢筋在最大拉力作用下的总伸长率实测值不应小于9%。考虑钢筋延性对破坏形态的影响，国外将热轧钢筋配筋的钢筋混凝土结构构件称为“钝性构件”；将高强钢丝、钢绞线配筋的预应力混凝土构件称为“韧性构件”；将冷加工钢筋配筋的预应力构件称为“脆性构件”。由于冷加工钢筋低强、性脆，作为预应力配筋容易引起构件脆断，国外早已在预应力结构中淘汰了冷加工钢筋。

我国的高强钢丝、钢绞线的延性较高，热轧钢筋的延性极好，均匀伸长率δ_{gt}在10% ~20%左右。但冷加工钢筋由于加工后面缩率大，总的强度提高有限而均匀伸长率却大幅度下降，呈明显的脆性。这是《混凝土规范》未将各类冷加工钢筋（冷拉、冷拔、冷轧、冷扭）列入其中的主要原因。但这并不意味着禁止使用这类钢筋。这类钢筋都有相应的技术规程，应根据规程的要求在规定的范围内慎重使用。

3）冷弯性能　钢筋弯钩、弯折加工时应避免出现裂缝甚至断裂。热轧钢筋的冷弯性能很好；性脆的冷加工钢筋冷弯性能较差；钢丝、钢绞线不能弯折，只能以直条或平缓的曲线形式应用。余热处理的RRB400级钢筋冷弯性能也较差。钢筋产品标准及《混凝土结构施工质量验收规范》对钢筋的冷弯性能都提出了要求，钢筋在使用前应通过相应的冷弯检验。

4）可焊性和热稳定性　钢筋混凝土结构工程中，焊接是钢筋连接的重要方法之一。钢筋的可焊性取决于钢材中碳及各种合金元素的含量。碳当量较高时可焊性较低，碳当量超过0.55%时则难以焊接。

碳当量按式（3-1）计算，式中C代表碳，Mn代表锰，Cr代表铬，Mo代表钼，V代表钒，Cu代表铜，Ni代表镍。

$$C_{eq} = C + \frac{Mn}{6} + \frac{Cr + Mo + V}{5} + \frac{Cu + Ni}{15} \tag{3-1}$$

我国的热轧钢筋具有可焊性，而高强钢丝、钢绞线不可焊接。通过热处理、冷加工强化后的钢筋，焊接后强度会降低。RRB400级余热处理钢筋及冷加工钢筋，在一定碳当量范围内具有可焊性，但焊接会引起热影响区钢材强度降低，应采取必要的措施。点焊的影响相对较小，故小直径钢筋常以点焊网片的形式应用于工程中。

在火灾、焊接、高温条件下，冷加工强化的钢筋及余热处理的钢筋将失去增长的强度，热稳定性较差，热轧钢筋的热稳定性则要好得多。

5）疲劳性能　对承受反复荷载的钢筋混凝土构件，钢筋的疲劳强度十分重要。一般来说，表面平滑的钢筋疲劳性能好；表面形状起伏较大的钢筋容易在形状突变处应力集中而诱发疲劳破坏；硬脆的钢筋疲劳性能也受影响。

热轧的月牙肋钢筋表面起伏不大，抗疲劳性能优于等高肋钢筋；而靠淬水以后余热处理的RRB400级钢筋，因表面层硬化延性较差，抗疲劳性能稍差，应用时应进行必要的试验验证。

6）锚固性能 黏结锚固是钢筋混凝土结构中钢筋与混凝土共同受力的基础。锚固性能包括锚固刚度（控制相对滑移的能力）、锚固强度（锚固应力最大值）及锚固延性（大滑移时维持锚固的能力）。锚固性能与钢筋的外形有关，取决于相对肋高、肋间距、肋面积比及混凝土咬合齿的形态。各类钢筋的锚固性能如图3-4a所示。

光面钢筋及钢丝表面光滑，主要靠摩擦力黏结锚固时，锚固性能很差。刻痕钢丝靠凹痕中的砂浆咬合，极易破坏切断，锚固性能也较差。

等高肋钢筋锚固强度及锚固刚度虽高，但肋间混凝土咬合齿易被挤碎、切断，锚固延性较差。热轧带肋的月牙肋钢筋锚固性能稍低于等高肋，由于肋间混凝土咬合齿宽厚，不易破碎，故锚固延性好；但因其横肋呈轴对称分布，锚固挤压引起的劈裂带有方向性，对锚固不利（图3-4b）。

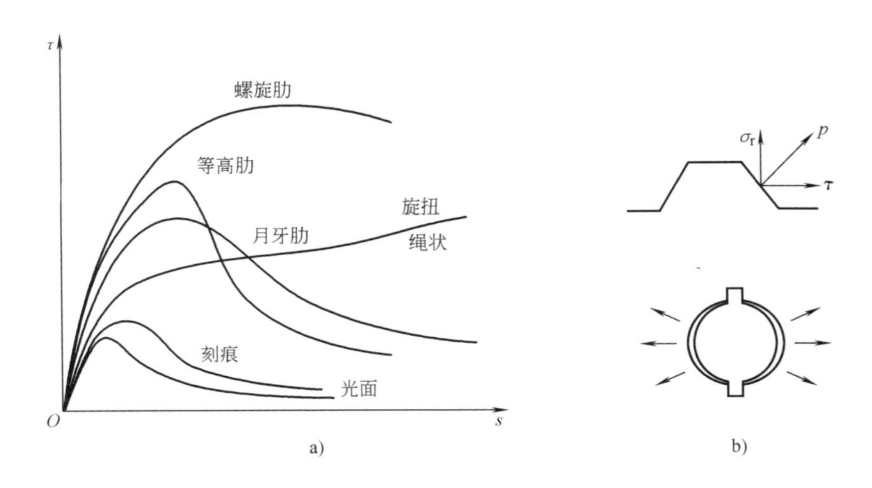

图3-4 钢筋的锚固性能

a）各类钢筋的锚固应力——滑移曲线 b）带肋钢筋劈裂的方向性

旋扭状的钢筋（如绳状钢绞线）咬合齿虽不高不陡，但为连续螺旋状，咬合均匀而充分，锚固强度、锚固刚度中等而锚固延性很好，即使在大滑移的情况下也能维持足够的锚固性能。

螺旋肋钢筋的外形介于带肋钢筋与旋扭状钢筋之间，兼有两者的长处。它不仅锚固强度高、滑移小，而且没有明显的下降段，在大滑移情况下仍能保持锚固，具有很好的锚固延性。

钢筋混凝土结构中受拉钢筋的基本锚固长度应按下列公式计算：

$$l_{ab} = \alpha \frac{f_y}{f_t} d \tag{3-2}$$

式中 l_{ab}——受拉钢筋的基本锚固长度；

f_y——普通钢筋的抗拉强度设计值，按《混凝土规范》表 4.2.3-1 采用；

f_t——混凝土轴心抗拉强度设计值，按《混凝土规范》表 4.1.4-2 采用；当混凝土强度等级高于 C60 时，按 C60 取值；

d——钢筋的公称直径；

α——钢筋的外形系数，光面钢筋（HPB300 级钢筋），$\alpha=0.16$；带肋钢筋（HRB335 级、HRB400 级和 HRB500 级钢筋），$\alpha=0.14$。

不同钢筋类型、不同混凝土强度等级的受拉钢筋的锚固长度 l_{ab}，按表 3-2 采用。

表 3-2 纵向受拉钢筋的基本锚固长度 l_{ab}

混凝土强度等级		C20	C25	C30	C35	C40	C45	C50	C55	≥C60
钢筋级别	HPB300（Φ）	39d	34d	30d	28d	25d	24d	23d	22d	21d
	HRB335（Φ）	38d	33d	29d	27d	25d	23d	22d	21d	21d
	HRB400（Φ）	–	40d	35d	32d	29d	28d	27d	26d	25d
	HRB500（Φ）	–	48d	43d	39d	36d	34d	32d	31d	30d

受拉钢筋的锚固长度由受拉钢筋的基本锚固长度 l_{ab} 与锚固长度修正系数 ξ_a 相乘而得，即：

$$l_a = \xi_a l_{ab}$$

受拉钢筋的锚固长度修正系数 ξ_a 按表 3-3 采用。

表 3-3 锚固长度修正系数 ξ_a

钢筋的锚固条件		ξ_a
1. 带肋钢筋的公称直径大于 25mm 时		1.10
2. 环氧树脂涂层带肋钢筋		1.25
3. 施工过程中易受扰动的钢筋		1.10
4.	锚固区保护层厚度为 3d 时	0.80
	锚固区保护层厚度为 5d 时	0.70
	锚固区保护层厚度介于 3d 和 5d 之间时	按 0.8 和 0.7 内插取值

注：1. 任何情况下，受拉钢筋的锚固长度 l_a 不应小于 200mm。

2. 一般情况下（即不存在表中的钢筋锚固条件时）$\xi_a=1.0$。

3. 当表中钢筋的锚固条件多于一项时可按连乘计算，但 ξ_a 不应小于 0.6。

抗震设计时，纵向受拉钢筋的锚固长度 l_{aE}，由受拉钢筋的锚固长度 l_a 与受拉钢筋的抗震锚固长度修正系数 ξ_{aE} 相乘而得，即：

$$l_{aE} = \xi_{aE} l_a$$

受拉钢筋的抗震锚固长度修正系数 ξ_{aE} 按表 3-4 采用。

表 3-4 受拉钢筋的抗震锚固长度修正系数 ξ_{aE}

抗震等级	一、二级	三级	四级
ξ_{aE}	1.15	1.05	1.0

抗震设计时，纵向受拉钢筋的基本锚固长度 l_{abE} 由受拉钢筋的基本锚固长度 l_{ab} 与受拉钢筋的抗震锚固长度修正系数 ξ_{aE} 相乘而得，即：

$$l_{abE} = \xi_{aE} l_{ab}$$

纵向受拉钢筋的抗震基本锚固长度 l_{abE} 按表 3-5 采用。

表 3-5 纵向受拉钢筋的抗震基本锚固长度 l_{abE}

混凝土强度等级		C20	C25	C30	C35	C40	C45	C50	C55	≥C60
一、二级抗震等级	HPB300（Φ）	45d	39d	35d	32d	29d	28d	26d	25d	24d
	HRB335（Φ）	44d	38d	33d	31d	29d	26d	25d	24d	24d
	HRB400（Φ）	–	46d	40d	37d	33d	32d	31d	30d	29d
	HRB500（Φ）	–	55d	49d	45d	41d	39d	37d	36d	35d
三级抗震等级	HPB300（Φ）	41d	36d	32d	29d	26d	25d	24d	23d	22d
	HRB335（Φ）	40d	35d	31d	28d	26d	24d	23d	22d	22d
	HRB400（Φ）	–	42d	37d	34d	30d	29d	28d	27d	26d
	HRB500（Φ）	–	50d	45d	41d	38d	36d	34d	33d	32d

注：四级抗震等级时 $l_{abE} = l_{ab}$。

受拉钢筋的锚固长度 l_a 和受拉钢筋的抗震锚固长度 l_{aE} 分别按国家标准图集 BG101-11 第 1-2 页表 1.1-3、表 1.1-4 采用。

7）预应力传递性能　预应力钢筋通过构件端部混凝土的锚固作用，建立设计所需预应力值的能力称为预应力传递性能，通常表现为预应力传递长度 l_{tr}。传递性能好的钢筋预应力传递长度短，即在较短的长度内即可建立起设计所需的预应力值。但过小的预应力传递长度会造成构件端部应力集中，引起构件端部混凝土出现挤压裂缝，影响预应力的建立。

8）质量稳定性　钢筋力学性能的稳定性十分重要。规模生产的钢筋产品强度及延性质量稳定（离差小），匀质性好，性能有保证，强度的离散系数一般为 0.02～0.04。对钢筋进行二次加工，如冷加工（冷拉、冷拔、冷扭、冷轧、冷镦）以后，钢筋的力学性能离散性加大，质量不稳定，强度的离散系数为 0.05～0.08甚至达到 0.10；特别是小规模作坊生产的产品，由于母材超粗，加工工艺粗糙，缺乏有效的技术管理及产品检验，产品不合格率很高，如用于工程，往往影响结构安全，值得注意。

9）交货状态及附加工序　直径12mm以上的热轧钢筋以直条交货，需定长切断而产生余料，并在结构配筋中形成连接接头。小直径钢筋、钢丝及钢绞线卷成盘状交货，可根据设计定长切断而减少接头。但盘条需要调直，不仅增加工作量，而且可能影响钢筋的力学性能。冷加工钢筋调直后强度会降低，设计时应特别注意。

HPB300级光面钢筋末端需加弯钩，增加了施工工序及工作量。

预应力钢丝、钢绞线末端需要做成镦头或加设锚具、夹具。

10）经济性　衡量钢筋经济性的指标是强度价格比（MPa·kg/元），即每元钱可购得的单位钢筋的强度，强度价格比高的钢筋比较经济，不仅可以减少配筋率，方便施工，还减少了加工、运输、施工等一系列附加费用。

各种普通钢筋的强度价格比如表3-6所示。

表3-6　各种普通钢筋的强度价格比

钢筋种类		强度标准值/MPa	强度设计值/MPa	钢筋价格	设计强度价格比/（MPa·kg/元）
热轧钢筋	HPB300级(Φ)	235	210	3020元/t（Φ6.5、8、10盘条）	70
	HRB335级(Φ)	335	300	2980元/t（Φ12、14）	101
	HRB400级(Φ)	400	360	3100/t（Φ12、14）	116

注：钢筋价格系根据2005年11月24日北京市的市场价格。

近年来，建筑材料市场上钢筋的价格随时都会变化，但表3-6中钢筋的强度价格比仍具有参考价值。

（2）抗震设计时，钢筋混凝土结构中的钢筋，其性能除应符合上述要求外，《抗震规范》第3.9.2条还规定，抗震等级为一、二、三级的框架和斜撑构件（含梯段），其纵向受力钢筋的抗拉强度实测值与屈服强度实测值的比值（强屈比）不应小于1.25；屈服强度实测值与强度标准值的比值（超强比）不应大于1.3，且钢筋在最大拉力下的总伸长率实测值不应小于9%。控制普通纵向受力钢筋抗拉强度实测值与屈服强度实测值比值的最小值，其目的是为了满足抗震延性和抗震强度的要求，保证当构件某个部位出现塑性铰后，塑性铰有足够的转动能力和耗能能力；规定钢筋屈服强度实测值与强度标准值比值的最大值，则是为了避免钢筋超强过多而延性不足，造成薄弱部位（如塑性铰）转移或破坏形态变化，如由钢筋屈服的延性弯曲破坏，转而成为混凝土碎裂的脆性破坏，以利于实现强柱弱梁、强剪弱弯这一抗震设计原则。

我国的热轧钢筋（HRB500级、HRB400级钢筋及HRB335级钢筋）均能满足上述要求。对结构的抗震设计而言，除了上述强屈比和超强比要求外，还要求纵向受力钢筋在最大拉力作用下的总伸长率（均匀伸长率）δ_{gt}不应小于9%。我国的热轧带肋钢筋的δ_{gt}均大于12%，是国际上延性最好的钢筋。这是因为我国热轧钢筋很少采用淬水和余热处理来提高其强度的缘故。冷加工钢筋的均匀伸长率极低，不应用作抗震设计的结构构件的受力钢筋。

49. 结构设计时，应如何正确选用钢筋的强度等级?

根据《混凝土规范》第4.2.1条的规定，钢筋混凝土结构及预应力混凝土结构中的钢筋，应按下列规定选用。

（1）普通钢筋宜优先采用HRB400级、HRB500级、HRBF400级和HRBF500级钢筋，也可采用HPB300级和HRB335级、HRBF335级钢筋。

梁、柱纵向受力钢筋应采用HRB400级、HRB500级、HRBF400级和HRBF500级钢筋；箍筋宜采用HRB400级、HRBF400级、HPB300级、HRB500级和HRBF500级钢筋，也可采用HRB335级、HRBF335级钢筋。

（2）预应力钢筋宜优先采用预应力钢绞线、钢丝和预应力螺纹钢筋。

所谓普通钢筋是指钢筋混凝土结构中的钢筋和预应力混凝土结构中的非预应力钢筋；HRB500级、HRB400级和HRB335级钢筋是指现行国家标准《钢筋混凝土用热轧带肋钢筋》GB1499中牌号为20MnSi、20MnSiV、20MnSiNb、20MnTi的钢筋；HPB300级钢筋是指现行国家标准《钢筋混凝土用光圆钢筋》GB 13013中牌号为Q235的低碳钢筋；RRB400级钢筋是指现行国家标准《钢筋混凝土用余热处理钢筋》GB 13014中牌号为KL400的钢筋。

预应力钢绞线是指现行国家标准《预应力混凝土用钢绞线》GB/T 5224及修改单中的三股（1×3）钢绞线及七股（1×7）钢绞线；预应力钢丝是指现行国家标准《预应力混凝土用钢丝》GB/T 5223及修改单中的消除应力的光面钢丝、螺旋肋钢丝。

《混凝土规范》突出强调应以HRB500级、HRB400级热轧钢筋（Φ、Φ）为钢筋混凝土结构的主导钢筋，而以HRB335级热轧钢筋（Φ）为辅助钢筋。原因是其强度高、延性好，又具有较高的锚固性能以及较高的强度价格比，并且品种规格基本齐全，既有细直径规格（直径6、8、10mm），也有大直径钢筋（直径32～50mm）。

《混凝土规范》不主张推广应用光面的HPB300级钢筋（Φ）和余热处理的RRB400级钢筋（$Φ^{R}$），原因是光面钢筋强度太低、强度价格比也低，其延性虽好，但与热轧带肋钢筋（HRB500级、HRB400级及HRB335级）相差不大，加之其锚固性能很差，作为受力钢筋末端还要加180°的弯钩，设计、施工多有不便。余热处理的RRB400级钢筋，是在生产过程中钢筋热轧后淬水提高强度，再利用芯部余热回火处理而保留一定延性的钢筋；由于焊接受热回火可能降低其强度，并且高强部分集中在钢筋表层，疲劳性能、冷弯性能可能受到影响，钢筋机械连接表面切削加工时也可能影响其强度，因此应用受到一定的限制。

预应力混凝土结构应以高强度、低松弛钢丝或钢绞线为主导钢筋。

（3）抗震设计时，出于抗震结构对钢筋强度和延性的要求，普通纵向受力钢筋宜优先选用符合抗震性能指标的 HRB500 级、HRB400 级和 HRB335 级热轧钢筋，不选用 HPB300 级光面钢筋是因为其强度低，锚固性能差，须在末端加弯钩，施工不方便。不选用冷加工（冷拉、冷拔、冷轧、冷扭）钢筋的原因是其延性太差。

基于上述同样的理由，箍筋宜选用 HRB400 级和 HRB500 级热轧钢筋，也可选用 HPB300 级和 HRB335 级钢筋。作为箍筋更多的考虑是出于延性和易加工（弯折等）性能的要求。

非抗震设计时，普通纵向受力钢筋亦宜优先选用 HRB500 级、HRB400 级和 HRB335 级钢筋。

（4）用 SATWE 软件进行结构整体计算，在填写程序总体信息中的“配筋信息”时，应注意以下几个问题：

1）在配筋信息中填写的梁、柱、墙纵向受力钢筋的强度设计值应与施工详图中梁、柱、墙的纵向受力钢筋的强度设计值完全一致。例如，在配筋信息中输入的梁钢筋强度设计值 IB = 360N/mm²，则在施工详图中应采用相应强度设计值的 HRB400 级（Ⅲ级）钢筋（⏀）配筋；柱和墙亦应如此。在施工详图中，除非经过配筋面积换算，否则不应采用较低强度设计值的钢筋代替结构整体计算时输入的较高强度设计值的钢筋，例如，当输入 360N/mm² 的 HRB400 级（Ⅲ级）钢筋（⏀）时，不宜用 300N/mm² 的 HRB335 级（Ⅱ级）钢筋（⏀）代替。

2）梁、柱箍筋和墙的分布筋，不仅计算时输入的钢筋强度设计值与施工详图应保持一致，而且箍筋或分布筋的间距输入值和施工详图也应保持一致，否则配筋面积也要经过换算（包括框架梁、柱非加密区箍筋间距改变时的换算）。

3）结构工程师还应注意的一点是，剪力墙的竖向分布筋的实际配筋率不应少于结构计算时输入的最小配筋率。因为剪力墙的竖向分布筋的配筋率可能会影响剪力墙边缘构件纵向钢筋的配筋量。

50. 抗震设计的结构，当需要以强度等级较高的钢筋替代原设计中的纵向受力钢筋时，应注意哪些问题？

《抗震规范》第 3.9.4 条规定，抗震设计的结构，当需要以强度等级较高的钢筋替代原设计中的纵向受力钢筋时，应按照钢筋受拉承载力设计值相等的原则换算，并应满足最小配筋率、抗裂验算等要求，主要应注意以下几个问题：

（1）钢筋代换后构件的承载力设计值不宜超过原设计的承载力设计值。因为配置的钢筋超过原设计需要（即超配筋）时，可能造成薄弱部位的转移，以及构件在有影响的部位因超配筋而引起破坏形态的变化，使混凝土发生脆性破坏（压碎、剪切破坏等）。

（2）钢筋代换引起工作应力（强度）和直径的变化会影响构件正常使用阶段的挠度和裂缝宽度计算。

（3）钢筋代换还会涉及到构件的最小配筋率和钢筋间距等构造问题，应进行必要的复核计算。

51. 吊环为什么应采用热轧 HPB300 级钢筋制作，而严禁使用冷加工钢筋?

吊环的一个作用是将其他构件或设备的荷载传给混凝土结构，例如将电梯轿厢的荷载传给电梯间屋顶的混凝土梁（或板）；吊环的另一个作用是经常布置在预制构件上，作为预制构件运输、安装时的起吊点；此外吊环有时也作为混凝土结构上承受悬挂荷载或安装管道及固定设备等之用。

吊环的受力状态比较简单，只承受拉力，荷载一般也不大，但一旦失效，会发生设备或构件坠落等恶性事故，因此也十分重要。

吊环应采用 HPB300 级钢筋制作，严禁采用冷加工（冷拉、冷拔、冷轧、冷扭）钢筋，原因是：

（1）吊环直接承受外加荷载的作用，而且荷载往往反复作用或具有动力特性，如构件吊装时的冲击作用等，因此，吊环对钢筋的延性要求很高；HPB300 级钢筋抗拉强度设计值不高但具有很好的延性。

（2）钢筋经冷加工后延性大幅度减小，容易发生脆性断裂破坏而引发恶性事故。

吊环钢筋的锚固十分重要，这是吊环承载和受力的基础。过小、过浅的锚固长度不仅可能发生锚筋拔出的破坏，还可能发生连同锚固混凝土一起的锥状拉脱破坏。因此，《混凝土规范》规定，吊环每侧钢筋埋入混凝土内的锚固长度不应小于 $30d$（d 为吊环钢筋的直径），并应绑扎或焊接在钢筋骨架上。

吊环的受力与锚固要求如图 3-5 所示。

在构件自重标准值 W 作用下，每个吊环按两个截面计算吊环应力，其数值不应大于 65N/mm^2。

吊环钢筋的允许应力按下列原则确定：

HPB300 级钢筋的抗拉强度设计值 $f_y=270\text{N/mm}^2$；

构件自重分项系数采用 1.2；

构件起吊时吸附作用引起的超载系数 1.2；

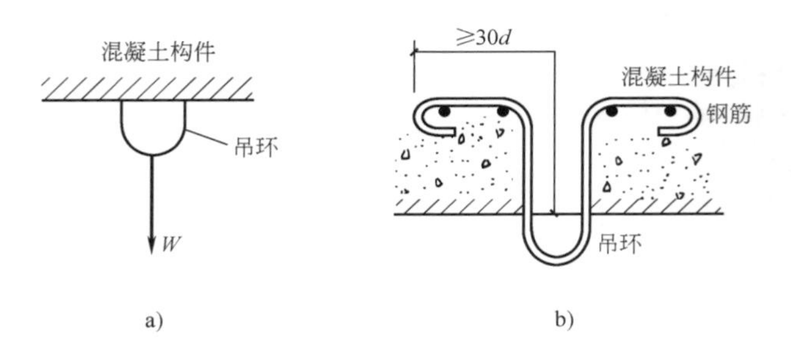

图 3-5 吊环的受力与锚固
a）吊环的受力 b）钢筋的锚固

钢筋弯折后应力集中影响折减系数 1.4；
构件吊装时的动力系数 1.5；
吊装钢丝绳角度的影响系数 1.4；
故吊环钢筋的允许应力为270N/mm²/（1.2×1.2×1.4×1.5×1.4）

$$=63.8\mathrm{N/mm^2}\approx 65\mathrm{N/mm^2}$$

因此，在构件自重标准值作用下，吊环的截面面积 A_s 为

$$A_s=\frac{W}{2\times 65}(\mathrm{mm}^2) \tag{3-3}$$

当一个预制构件上设有 4 个吊环时，设计时只考虑 3 个吊环受力。这是由于吊索难以均衡受力，故偏安全地只考虑由 3 个吊环来承受全部荷载。

52. 钢筋的连接类型有几种？如何选择合适的连接类型？

（1）受力钢筋除少量以盘圆条形式供货外，大多数以一定长度（如 9～12m）的直条方式供货。在按设计长度定尺切断钢筋后，就有将加工余料连接起来再利用的问题。当结构尺度很大超过钢筋供货长度时，也必然存在将钢筋接长使用的问题。为了保证结构受力的整体效果，这些钢筋必须连接起来实现内力的过渡和传递。钢筋连接的基本问题是确保连接区域的承载力、刚度、延性、恢复性能和疲劳性能。

1）钢筋连接的承载力，要求被连接钢筋能完成力的可靠传递，即一端钢筋的承载力能 100% 地通过连接区段传递到另一端钢筋上。等强传力是所有钢筋连接的最起码要求。

2）钢筋连接的刚度，是指将钢筋的连接区域视为特殊的钢筋段，其抵抗变形的能力应接近被连接的钢筋。否则，接头区域较大的伸长，会导致构件出现明显的裂缝。钢筋连接的刚度降低还会造成与同一区段内未被连接的钢筋之间力的分配差异。受力钢筋之间受力不均，将会导致构件截面承载力削弱。

3）钢筋连接的延性，要求被连接钢筋具有 10% 以上的均匀伸长率，且在发

生颈缩变形后才可能被拉断。如连接方法（焊接、挤压、冷镦等）引起钢材性能发生变化，则可能在连接区段内发生无预兆的脆性破坏，影响钢筋连接的质量。

4）钢筋连接的恢复性能，是指偶然发生超载导致结构构件产生较大的裂缝及较大的变形时，只要钢筋未屈服，超载消失后，钢筋的弹性回缩可以基本上闭合裂缝并使过大的变形恢复。

5）钢筋连接的疲劳，是指在高周交变荷载作用下，钢筋的连接区段具有必要的抵抗疲劳的能力。

（2）钢筋连接的设计应遵守以下原则：

1）钢筋连接的接头应尽量设置在构件受力较小处，如受弯构件，宜设置在弯矩较小处。

轴心受拉及小偏心受拉杆件（如桁架下弦、拱的拉杆等）不得采用绑扎搭接接头。

2）在同一根受力钢筋上宜少设连接接头，避免过多的接头使钢筋传力性能削弱过多。

3）接头位置应错开，即在同一连接区段内，接头钢筋面积百分率应加以限制。

4）在钢筋连接区段内应采取必要的构造措施，如适当增加混凝土保护层厚度，增大钢筋间距，配置横向构造钢筋，保证必要的配箍率（含箍筋设置及加密），以确保对被连接钢筋的约束。

（3）钢筋连接主要有以下几种类型：

1）钢筋的搭接连接　钢筋一般采用绑扎搭接，因其比较可靠且施工简单而得到较广泛的应用。但直径较粗的钢筋绑扎搭接施工不便，且容易发生过宽的裂缝，因此《混凝土规范》规定，直径大于25mm的受拉钢筋和直径大于28mm的受压钢筋不宜采用绑扎搭接连接。实际工程中直径大于20mm的受力钢筋已多采用机械连接。轴心受拉和小偏心受拉的构件，因钢筋受力相对较大，为防止连接失效引起倒塌、坠落等严重事故，规范不允许采用绑扎搭接连接。

钢筋搭接连接传力的本质是锚固，但此锚固作用相对较弱，故钢筋搭接长度 l_l 要比锚固长度 l_a 要长。由于搭接的钢筋在受力后的分离趋势及搭接区域混凝土的纵向劈裂，要求对搭接区域的混凝土应有强力的约束。故《混凝土规范》规定，在钢筋的搭接长度范围内应配置横向构造钢筋，其直径不应小于搭接钢筋直径 d 的1/4；其间距，对梁、柱、斜撑等构件不应大于 $5d$ 及100mm，对板、墙等平面构件不应大于 $10d$ 及100mm。当受压钢筋直径大于25m时，为了避免受压端面压碎混凝土，应在钢筋搭接接头两个端面外100mm范围内各加配两个钢箍，对承压混凝土加强约束。

钢筋搭接传力的机理如图3-6所示。

钢筋搭接时，如在同一区域中搭接钢筋占有较大的比例，则尽管其传力性能

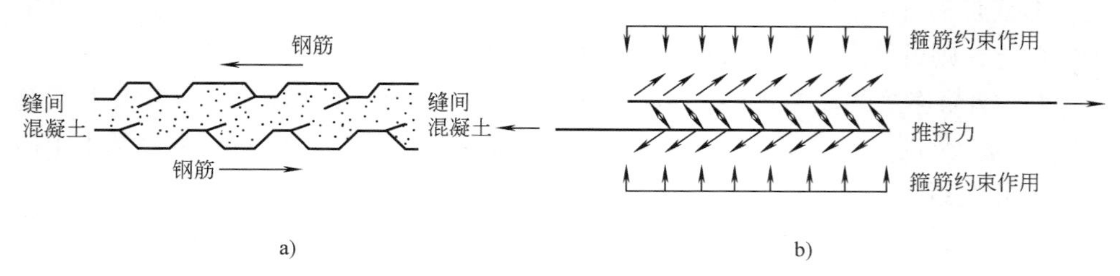

图 3-6　钢筋搭接传力的机理

a）搭接传力的微观机理　b）搭接钢筋的劈裂及分离趋势

有保证，但搭接钢筋之间的相对滑移将大大超过整根钢筋的弹性变形，不仅裂缝相对集中，内力和应变也相对集中，形成很大的端头横向裂缝及沿搭接钢筋之间的纵向劈裂裂缝。这些裂缝在破坏前会发展成整个接头区域的龟裂鼓出。

钢筋搭接区域的裂缝状态如图 3-7 所示。

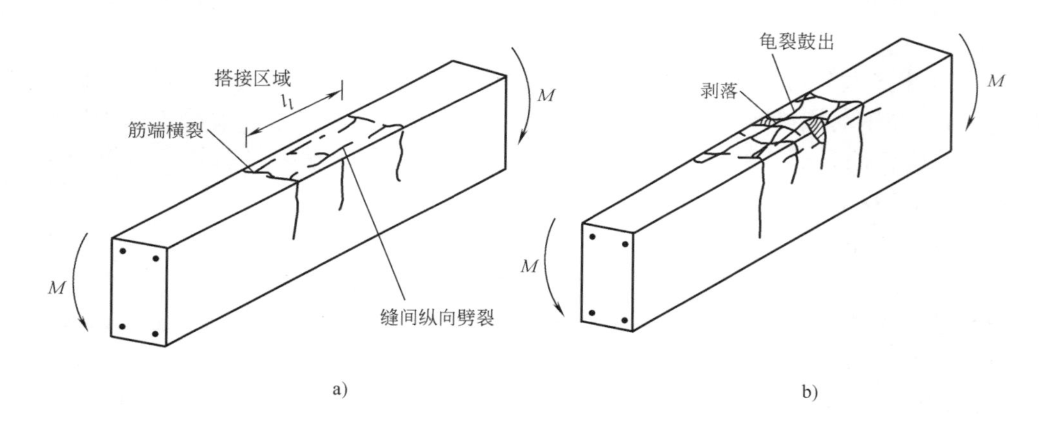

图 3-7　钢筋搭接区域的裂缝状态

a）接头横裂和纵向劈裂　b）搭接破坏和龟裂鼓出

为了避免应力集中，不应采用顺次搭接，应采用错开的搭接方式。《混凝土规范》规定，绑扎搭接接头的连接区段是以搭接长度中点为中心的 1.3 倍搭接长度的范围，即相邻两个搭接接头中心的间距不应小于 $1.3l_l$ 或钢筋端头相距不小于 $0.3l_l$。

钢筋搭接连接接头的布置如图 3-8 所示。

对同一搭接连接区段内钢筋接头面积百分率，《混凝土规范》为方便施工作出了如下规定：

① 梁类构件限制搭接接头面积百分率不宜大于 25%；因工程需要不得已时可以放宽，但不应大于 50%。

② 板类、墙类构件搭接接头面积百分率不宜大于 25%；因工程需要可以放

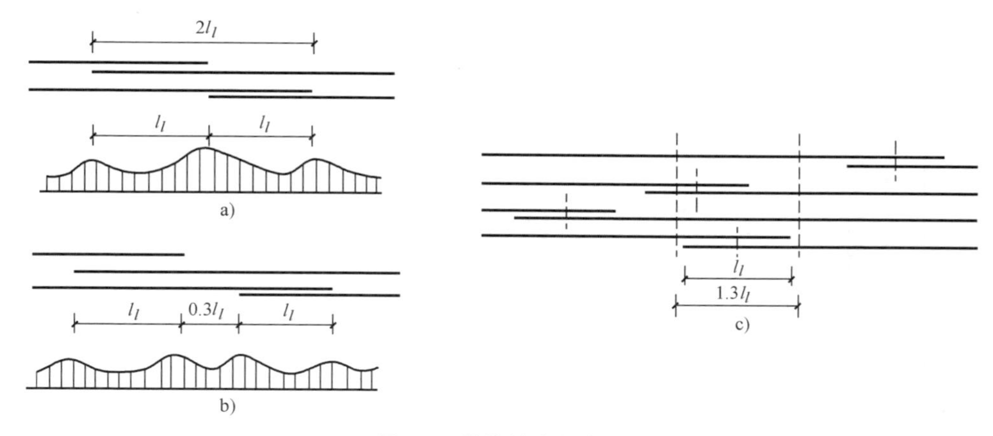

图 3-8　搭接接头的布置

a）顺次搭接　b）错开搭接　c）同一搭接连接区段内的接头面积百分率为 50%

宽到 50% 或更大。

③ 柱类构件的受拉钢筋，搭接接头面积百分率不宜大于 50%；因工程需要可以放宽。

受拉钢筋绑扎搭接接头长度 l_l，应根据位于同一连接区段内搭接接头面积百分率（有接头的钢筋与全部受力钢筋面积之比）由锚固长度 l_a 乘以式（3-4）中的搭接长度修正系数 ξ_l 求得。

$$l_l = \xi_l l_a \tag{3-4}$$

抗震设计时，纵向受拉钢筋的搭接长度按式（3-5）计算。

$$l_{lE} = \xi_l l_{aE} \tag{3-5}$$

式中　ξ_l——纵向受拉钢筋搭接长度修正系数，按表 3-7 取用；

l_a、l_{aE}——分别见 BG101-11 第 1-2 页表 1.1-3 和表 1.1-4 采用。

表 3-7　纵向受拉钢筋搭接长度修正系数 ξ_l

搭接钢筋接头面积百分率（%）	≤25	50	100
修正系数 ξ_l	1.2	1.4	1.6

不同混凝土强度等级、不同搭接接头面积百分率与不同钢筋种类和直径的纵向受拉钢筋的搭接长度 l_l（非抗震）和四级抗震等级的纵向受拉钢筋的搭接长度 l_{lE}，按表 3-8 采用。

三级抗震等级的纵向受拉钢筋的搭接长度 l_{lE}，按表 3-9 采用。

一、二级抗震等级的纵向受拉钢筋的搭接长度 l_{lE}，按表 3-10 采用。

2）钢筋的机械连接　钢筋的机械连接是通过钢筋与连接件的机械咬合作用或钢筋端面的承压作用，将一根钢筋中的力传递至另一根钢筋的连接方法。

表 3-8 抗震等级为四级及非抗震的受拉钢筋绑扎搭接长度 l_l、l_{lE} （单位:mm）

牌号	锚固条件	混凝土强度等级																										
		C20			C25			C30			C35			C40			C45			C50			C55			≥C60		
		同一连接区段内纵向受力钢筋搭接接头面积百分率(%)																										
		≤25	50	100	≤25	50	100	≤25	50	100	≤25	50	100	≤25	50	100	≤25	50	100	≤25	50	100	≤25	50	100	≤25	50	100
HPB300		47d	55d	62d	41d	48d	54d	36d	42d	48d	34d	39d	45d	30d	35d	40d	29d	34d	38d	28d	32d	37d	26d	31d	35d	25d	29d	34d
HRB335 HRBF335	≤25 的带肋钢筋	46d	53d	61d	40d	46d	53d	35d	41d	46d	32d	38d	43d	30d	35d	40d	28d	32d	37d	26d	31d	35d	25d	29d	34d	25d	29d	34d
	>25 的带肋钢筋	50d	59d	67d	43d	50d	58d	38d	45d	51d	36d	42d	48d	34d	39d	45d	30d	35d	40d	29d	34d	38d	28d	32d	37d	28d	32d	37d
	环氧树脂涂层带肋钢筋	58d	67d	77d	49d	57d	66d	43d	50d	58d	41d	48d	54d	37d	43d	50d	35d	41d	46d	34d	39d	45d	31d	36d	42d	31d	36d	42d
HRB400 HRBF400 RRB400	≤25 的带肋钢筋	—	—	—	48d	56d	64d	42d	49d	56d	38d	45d	51d	35d	41d	46d	34d	39d	45d	32d	38d	43d	31d	36d	42d	30d	35d	40d
	>25 的带肋钢筋	—	—	—	53d	62d	70d	47d	55d	62d	42d	49d	56d	38d	45d	51d	37d	43d	50d	36d	42d	48d	35d	41d	46d	34d	39d	45d
	环氧树脂涂层带肋钢筋	—	—	—	60d	70d	80d	53d	62d	70d	48d	56d	64d	43d	50d	58d	42d	49d	56d	41d	48d	54d	40d	46d	53d	37d	43d	50d
HRB500 HRBF500	≤25 的带肋钢筋	—	—	—	58d	67d	77d	52d	60d	69d	47d	55d	62d	43d	50d	58d	41d	48d	54d	38d	45d	51d	37d	43d	50d	36d	42d	48d
	>25 的带肋钢筋	—	—	—	64d	74d	85d	56d	66d	75d	52d	60d	69d	48d	56d	64d	44d	52d	59d	42d	49d	56d	41d	48d	54d	40d	46d	53d
	环氧树脂涂层带肋钢筋	—	—	—	72d	84d	96d	65d	76d	86d	59d	69d	78d	54d	63d	72d	52d	60d	69d	48d	56d	64d	47d	55d	62d	46d	53d	61d

注:1. 本表未考虑锚固钢筋保护层厚度的修正系数。

2. 当锚固钢筋的保护层厚度为 $3d$ 时,锚固长度修正系数可取 0.80,保护层厚度为 $5d$ 时,锚固长度修正系数可取 0.70,中间按内插取值,此处 d 为锚固钢筋的直径。

3. 施工过程中易受扰动的钢筋锚固长度修正系数取 1.10。

4. $l_l=\zeta_l l_a$。ζ_l 当纵向搭接钢筋接头面积百分率小于或等于 25 时,取 1.2;当接头面积百分率小于或等于 50 时,取 1.4;当接头面积百分率小于或等于 100 时,取 1.6;中间值内插。

5. $l_{lE}=\zeta_l l_{aE}$。

6. 混凝土抗震构件位于同一连接区段内的纵向受力钢筋接头面积百分率不宜超过 50%。

7. 轴心受拉及小偏心受拉杆件的纵向受力钢筋不得采用绑扎搭接;其他构件中的钢筋采用绑扎搭接时,受拉钢筋直径不宜大于 25mm,受压钢筋直径不宜大于 28mm。

8. 四级抗震等级不得采用 100% 搭接。

表 3-9　抗震等级为三级的受拉钢筋绑扎搭接长度 l_{lE}

（单位:mm）

牌号	锚固条件	混凝土强度等级																	
		C20		C25		C30		C35		C40		C45		C50		C55		≥C60	
		同一连接区段内纵向受力钢筋搭接接头面积百分率(%)																	
		≤25	50	≤25	50	≤25	50	≤25	50	≤25	50	≤25	50	≤25	50	≤25	50	≤25	50
HPB300		49d	57d	43d	50d	38d	45d	35d	41d	31d	36d	30d	35d	29d	34d	28d	32d	26d	31d
HRB335 HRBF335	≤25 的带肋钢筋	48d	56d	42d	49d	36d	42d	34d	39d	31d	36d	29d	34d	28d	32d	26d	31d	26d	31d
	>25 的带肋钢筋	53d	62d	46d	53d	41d	48d	38d	45d	35d	41d	31d	36d	30d	35d	29d	34d	29d	34d
	环氧树脂涂层带肋钢筋	60d	70d	52d	60d	46d	53d	43d	50d	40d	46d	36d	42d	35d	41d	32d	38d	32d	38d
HRB400 HRBF400	≤25 的带肋钢筋	—	—	50d	59d	44d	52d	41d	48d	36d	42d	35d	41d	34d	39d	32d	38d	31d	36d
	>25 的带肋钢筋	—	—	55d	64d	49d	57d	44d	52d	41d	48d	40d	46d	38d	45d	36d	42d	35d	41d
	环氧树脂涂层带肋钢筋	—	—	64d	74d	55d	64d	50d	59d	46d	53d	44d	52d	43d	50d	42d	49d	40d	46d
HRB500 HRBF500	≤25 的带肋钢筋	—	—	60d	70d	54d	63d	49d	57d	46d	53d	43d	50d	41d	48d	40d	46d	38d	45d
	>25 的带肋钢筋	—	—	67d	78d	59d	69d	54d	63d	50d	59d	47d	55d	44d	52d	43d	50d	42d	49d
	环氧树脂涂层带肋钢筋	—	—	76d	88d	68d	80d	61d	71d	56d	66d	54d	63d	50d	59d	49d	57d	48d	56d

注:1. 本表未考虑锚固钢筋保护层厚度的修正系数。

2. 当锚固钢筋的保护层厚度为 $3d$ 时，锚固长度修正系数可取 0.80，保护层厚度为 $5d$ 时，锚固长度修正系数可取 0.70，中间按内插取值，此处 d 为锚固钢筋的直径。

3. 施工过程中易受扰动的钢筋锚固长度修正系数取 1.10。

4. ζ_l 当纵向搭接钢筋接头面积百分率小于或等于 25 时，取 1.2；当接头面积百分率小于或等于 50 时，取 1.4；当接头面积百分率小于或等于 100 时，取 1.6；中间值内插。

5. 混凝土抗震构件位于同一连接区段内的纵向受力钢筋接头面积百分率不宜超过 50%。

6. 轴心受拉及小偏心受拉杆件的纵向受力钢筋不得采用绑扎搭接；其他构件中的钢筋采用绑扎搭接时，受拉钢筋直径不宜大于 25mm，受压钢筋直径不宜大于 28mm。

表 3-10　抗震等级为一、二级的受拉钢筋绑扎搭接长度 l_{lE}　（单位：mm）

牌号	锚固条件	混凝土强度等级																	
		C20		C25		C30		C35		C40		C45		C50		C55		≥C60	
		同一连接区段内纵向受力钢筋搭接接头面积百分率（%）																	
		≤25	50	≤25	50	≤25	50	≤25	50	≤25	50	≤25	50	≤25	50	≤25	50	≤25	50
HPB300		54d	63d	47d	55d	42d	49d	38d	45d	35d	41d	34d	39d	31d	36d	30d	35d	29d	34d
HRB335 HRBF335	≤25 的带肋钢筋	53d	62d	46d	53d	40d	46d	37d	43d	35d	41d	31d	36d	30d	35d	29d	34d	29d	34d
	>25 的带肋钢筋	58d	67d	49d	57d	44d	52d	42d	49d	38d	45d	35d	41d	34d	39d	31d	36d	31d	36d
	环氧树脂涂层带肋钢筋	66d	77d	56d	66d	49d	57d	47d	55d	43d	50d	40d	46d	38d	45d	36d	42d	36d	42d
HRB400 HRBF400	≤25 的带肋钢筋	—	—	55d	64d	48d	56d	44d	52d	40d	46d	38d	45d	37d	43d	36d	42d	35d	41d
	>25 的带肋钢筋	—	—	61d	71d	54d	63d	48d	56d	44d	52d	43d	50d	42d	49d	40d	46d	38d	45d
	环氧树脂涂层带肋钢筋	—	—	70d	81d	61d	71d	55d	64d	49d	57d	48d	56d	47d	55d	46d	53d	43d	50d
HRB500 HRBF500	≤25 的带肋钢筋	—	—	66d	77d	59d	69d	54d	63d	49d	57d	47d	55d	44d	52d	43d	50d	42d	49d
	>25 的带肋钢筋	—	—	73d	85d	65d	76d	59d	69d	55d	64d	52d	60d	48d	56d	47d	55d	46d	53d
	环氧树脂涂层带肋钢筋	—	—	83d	97d	74d	87d	67d	78d	62d	73d	59d	69d	55d	64d	54d	63d	53d	62d

注：1. 本表未考虑锚固钢筋保护层厚度的修正系数。

2. 当锚固钢筋的保护层厚度为 $3d$ 时，锚固长度修正系数可取 0.80，保护层厚度为 $5d$ 时，锚固长度修正系数可取 0.70，中间按内插取值，此处 d 为锚固钢筋的直径。

3. 施工过程中易受扰动的钢筋锚固长度修正系数取 1.10。

4. ζ_l 当纵向搭接钢筋接头面积百分率小于或等于 25 时，取 1.2；当接头面积百分率小于或等于 50 时，取 1.4；当接头面积百分率小于或等于 100 时，取 1.6；中间值内插。

5. 混凝土抗震构件位于同一连接区段内的纵向受力钢筋接头面积百分率不宜超过 50%。

6. 轴心受拉及小偏心受拉杆件的纵向受力钢筋不得采用绑扎搭接；其他构件中的钢筋采用绑扎搭接时，受拉钢筋直径不宜大于 25mm，受压钢筋直径不宜大于 28mm。

钢筋的机械连接由于具有下述特点，在工程中得到较广泛的应用。

① 所需设备功率小，一般不大于3kW，在一个工地上可以多台设备同时作业。

② 设备采用三相电源，作业时对电网干扰少。

③ 不同强度等级、不同直径的钢筋连接方便、快捷。

④ 不受天气影响，可以全天候作业。

⑤ 作业时无明火，无火灾隐患，工人的劳动条件得到改善。

⑥ 部分作业可以在加工区完成，不占用现场施工时间，有利于缩短工期。

⑦ 人为影响质量的因素少，作业效率高，接头质量好，品质稳定。

⑧ 施工操作较简单，工人经过短期培训便可上岗操作。

钢筋的机械连接接头有如下几种类型：

① 挤压套筒接头，通过挤压力使连接用的钢套筒塑性变形与带肋钢筋紧密咬合形成的接头（图3-9）。

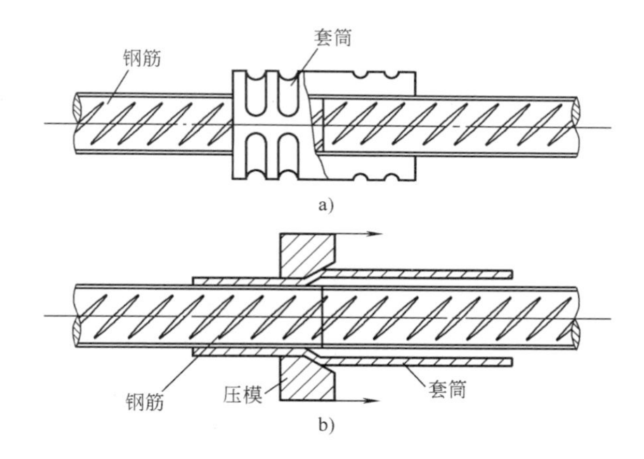

图3-9　钢筋挤压套筒接头

a）径向挤压接头　b）轴向挤压接头

② 锥螺纹套筒接头，通过钢筋端头特制的锥形螺纹与连接件锥螺纹咬合形成的接头（图3-10）。

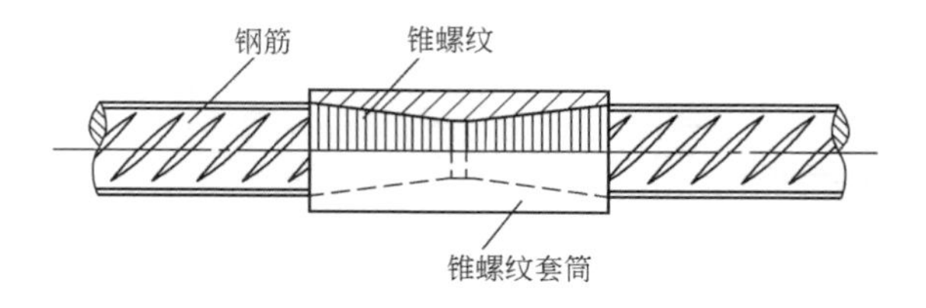

图3-10　钢筋锥螺纹套筒接头

③ 镦粗直螺纹套筒接头，通过钢筋端头镦粗后制作的直螺纹和连接件螺纹咬合形成的接头（图 3-11）。

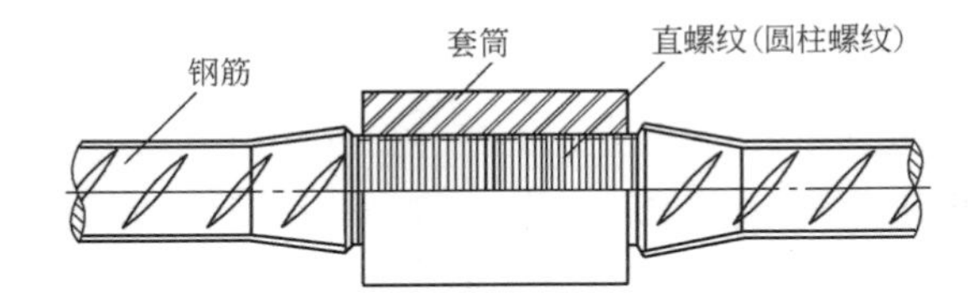

图 3-11　钢筋镦粗直螺纹套筒接头

④ 滚轧直螺纹套筒接头，通过钢筋端头直接滚轧或剥肋后滚轧制作的直螺纹和连接件螺纹咬合形成的接头（图 3-12）。

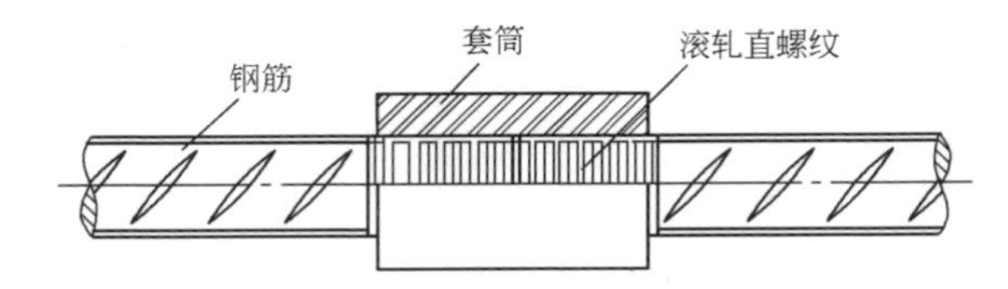

图 3-12　钢筋滚轧直螺纹套筒接头

⑤ 熔融金属充填套筒接头，由高热剂反应产生熔融金属充填在钢筋与连接件套筒间形成的接头（图 3-13）。

⑥ 水泥灌浆充填套筒接头，用特制水泥浆充填在钢筋与连接件套筒间硬化后形成的接头（图 3-14）。

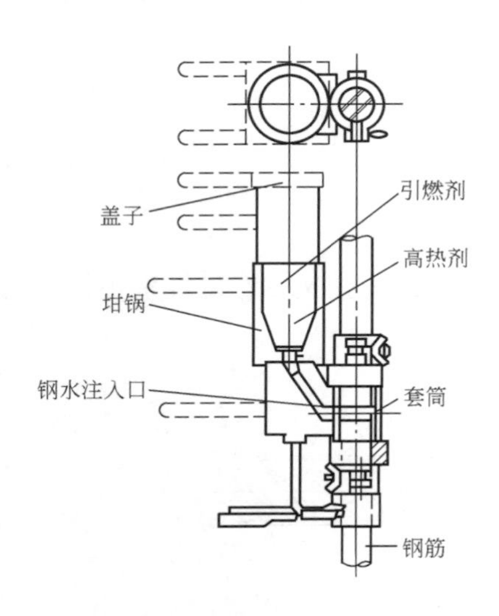

图 3-13　钢筋熔融金属充填套筒接头

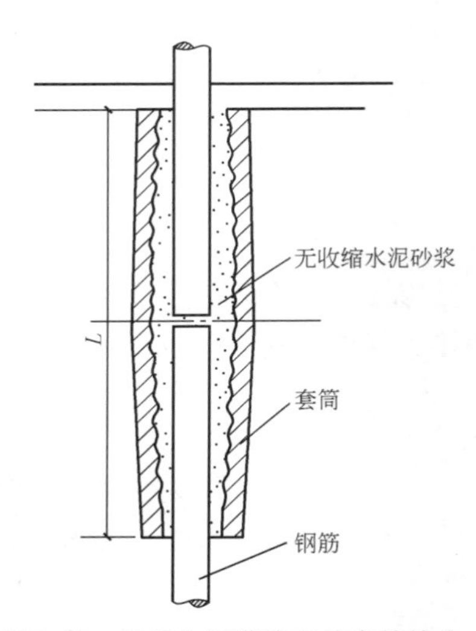

图 3-14　钢筋水泥灌浆充填套筒接头

L—套筒长度

工程中常用的钢筋机械连接接头是直螺纹接头、锥螺纹接头和套筒径向挤压接头。

根据抗拉强度及高应力和大变形条件下反复拉压性能的差异，钢筋的机械连接接头的性能等级分三个等级。

Ⅰ级：接头抗拉强度不小于被连接钢筋实际的拉断强度或1.10倍钢筋抗拉强度标准值，并具有高延性及反复拉压性能。

Ⅱ级：接头抗拉强度不小于被连接钢筋抗拉强度标准值，并具有高延性及反复拉压性能。

Ⅲ级：接头抗拉强度不小于被连接钢筋屈服强度标准值的1.25倍，并具有一定的延性及反复拉压性能。

钢筋机械连接接头性能等级的选定应符合下列要求：

① 混凝土结构中要求充分发挥钢筋强度或对接头延性要求较高的部位，应优先采用Ⅱ级接头。当在同一连接区段内必须实施100%钢筋接头的连接时，应采用Ⅰ级接头。

② 混凝土结构中钢筋应力较高但对接头延性要求不高的部位，可采用Ⅲ级接头。

结构构件中纵向受力钢筋的接头宜相互错开，钢筋机械连接的连接区段长度应按35d计算（d为被连接钢筋中的较小直径）。在同一连接区段内有接头的受力钢筋截面面积与受力钢筋总截面面积的百分率（以下简称为接头百分率），应符合下列规定：

① 接头宜设置在结构构件受拉钢筋应力较小部位，当需要在高应力部位设置接头时，在同一连接区段内Ⅲ级接头的接头百分率不应大于25%；Ⅱ级接头的接头百分率不应大于50%；Ⅰ级接头的接头百分率只要不是在抗震设计的框架梁端或柱端箍筋加密区，可不受限制。

② 接头宜避开有抗震设防要求的框架梁端、柱端箍筋加密区；当无法避开时，应采用Ⅰ级接头或Ⅱ级接头，且接头百分率不应大于50%。

③ 受拉钢筋应力较小部位或纵向受压钢筋，接头百分率可不受限制。

④ 对直接承受动力荷载的结构构件，接头百分率不应大于50%。

对于重要的房屋结构，如无特殊要求，只要控制接头的百分率不超过50%，一般情况下，选用Ⅱ级接头就可以了；同样，只要接头百分率不大于50%，Ⅱ级接头可以在抗震结构中的任何部位使用。接头性能等级的选用并非愈高愈好，Ⅰ级接头的强度指标很高，在现场大批量抽检时容易出现不合格接头，如无特殊需要，盲目提高接头等级容易给施工和检验带来不必要的麻烦，既不合理也不经济。

Ⅰ级接头通常用于特别重要的建筑，也适用于需要在同一截面实施100%钢筋连接的某些特殊场合，如地下连续墙与水平钢筋的连接、滑模或提模施工中垂直构件与水平钢筋的连接、装配式结构接头处钢筋的连接、钢筋的对接、分段施工或新旧结构连接处钢筋的连接等。

钢筋采用机械连接时，连接件（套筒）的混凝土保护层厚度宜符合《混凝土规范》中钢筋混凝土保护层最小厚度的规定，且不得小于15mm。机械连接套筒的横向净距不宜小于25mm。

当采用机械连接时，在结构设计总说明中应写明接头的性能等级。

3）钢筋的焊接连接　钢筋的焊接连接是利用电阻、电弧或燃烧的气体加热钢筋使之熔化，并通过加压或在钢筋间填充熔融金属焊接材料，使钢筋连成一体的连接形式。

除了被焊接的钢筋其力学性能和化学成分应符合现行国家有关标准的规定外，电弧焊所采用的焊条也应符合现行国家标准《非合金钢及细晶粒钢焊条》GB/T 5117 或《热强钢焊条》GB/T 5118 的规定。钢筋二氧化碳气体保护电弧焊所用的焊丝，应符合现行国家标准《气体保护电弧焊用碳钢、低合金钢焊丝》GB/T 8110 的规定。焊条型号和焊丝型号应根据与主体金属力学性能相适应的原则由设计确定；设计无规定时，可按表3-11选用。

表3-11　钢筋电弧焊所采用焊条、焊丝推荐表

钢筋牌号	电弧焊接头形式			
	帮条焊 搭接焊	坡口焊 熔槽帮条焊 预埋件穿孔塞焊	窄间隙焊	钢筋与钢板搭接焊 预埋件T形角焊
HPB300	E4303 ER50-X	E4303 ER50-X	E4316 E4315 ER50-X	E4303 ER50-X
HRB335 HRBF335	E5003 E4303 E5016 E5015 ER50-X	E5003 E5016 E5015 ER50-X	E5016 E5015 ER50-X	E5003 E4303 E5016 E5015 ER50-X
HRB400 HRBF400	E5003 E5516 E5515 ER50-X	E5503 E5516 E5515 ER55-X	E5516 E5515 ER55-X	E5003 E5516 E5515 ER50-X
HRB500 HRBF500	E5503 E6003 E6016 E6015 ER55-X	E6003 E6016 E6015	E6016 E6015	E5503 E6003 E6016 E6015 ER55-X

（续）

<table>
<tr><th rowspan="2">钢筋牌号</th><th colspan="4">电弧焊接头形式</th></tr>
<tr><th>帮条焊
搭接焊</th><th>坡口焊
熔槽帮条焊
预埋件穿孔塞焊</th><th>窄间隙焊</th><th>钢筋与钢板搭接焊
预埋件T形角焊</th></tr>
<tr><td>RRB400W</td><td>E5003
E5516
E5515
ER50-X</td><td>E5503
E5516
E5515
ER55-X</td><td>E5516
E5515
ER55-X</td><td>E5003
E5516
E5515
ER50-X</td></tr>
</table>

在电渣压力焊和预埋件埋弧压力焊中，可采用HJ431型焊剂。

钢筋的焊接连接有以下几种类型：

① 闪光接触对焊　是将两根钢筋安放成对接形式，利用电阻热使接触点金属熔化，产生强烈飞溅，形成闪光，迅速施加顶锻力完成的一种压焊方法。闪光接触对焊是在钢筋加工厂接长钢筋主要采用的方法。

② 电渣压力焊　是将两根钢筋安放成竖向对接形式，利用焊接电流通过两根钢筋端面间隙，在焊剂层下形成电弧过程和电渣过程，产生电弧热和电阻热，熔化钢筋，加压完成的一种压焊方法。电渣压力焊适用于柱、墙、构筑物等现浇混凝土结构中竖向或斜向（倾斜度在4:1范围内）受力钢筋的连接，钢筋在竖向焊接后，不得横置于梁、板等构件中作为水平钢筋使用。

③ 气压焊　是采用氧乙炔火焰或其他火焰对两根钢筋对接处加热，使其达到塑性状态（固态）或熔化状态（熔态）后，加压完成的一种压焊方法。气压焊可用于钢筋在垂直位置、水平位置或倾斜位置的对接焊接。当两根钢筋直径不同时，其直径之差不得大于7mm。

④ 电弧焊　是以焊条为一极，钢筋为另一级，利用焊接电流通过产生电弧热进行焊接的一种熔焊方法。钢筋的电弧焊包括帮条焊、搭接焊、坡口焊、窄间隙焊和熔槽帮条焊等五种主要接头形式，以及钢筋与钢板搭接焊和预埋件电弧焊（T形角焊或穿孔塞焊）等形式。

⑤ 电阻点焊　是将两根钢筋安放成交叉叠接形式，压紧于两电极间，利用电阻热熔化母材金属，加压形成焊点的一种压焊方法。混凝土结构中的钢筋焊接骨架和钢筋焊接网片，宜采用电阻点焊制作。

⑥ 窄间隙电弧焊　是将两根钢筋安放成水平对接形式，并置于铜模中，中间留有少量间隙，用焊条从接头根部引弧，连续向上焊接完成的一种电弧焊方法。

⑦ 预埋件钢筋埋弧压力焊　是将钢筋与钢板安放成T形接头形式，利用焊接电流通过，在焊剂层下产生电弧，形成熔池，加压完成的一种压焊方法。

钢筋采用焊接连接接头的最大优点是节省钢材、接头成本较低和接头尺寸小，基本上不影响钢筋间距和混凝土保护层厚度，施工操作也很方便。由于焊接连接是通过焊缝直接传力，也不存在刚度变化和恢复性能等问题，在焊接质量有保证的前提下，焊接连接是钢筋的一种很理想的连接方式。

钢筋在施工现场焊接连接存在的问题主要是：

① 影响焊接质量的因素很多，如焊工的技术水平、气温、环境及施工条件的不确定性，难以保证稳定的焊接质量。

② 我国目前施工队伍的素质和质量管理水平及现场焊接质量的检验手段有限等原因，很难做到确保钢筋焊接连接的质量。

③ 焊接热影响引起钢筋性能改变，如金相组织变化、强度降低等。

④ 某些焊接质量缺陷难以检查，如虚焊、夹渣、气泡、内裂缝等，会给钢筋焊接连接接头留下隐患。

这些都是结构工程师在选择施工现场是否要采用焊接连接来接长钢筋时应当考虑的问题。

焊接连接是受力钢筋连接的一种方式，其接头位置仍应设置在构件受力较小的部位，同一根钢筋上宜少设接头。连接区段的长度是以焊接接头为中心的 $35d$（d 为受力钢筋的较小直径）且不小于 500mm 的范围。《混凝土规范》规定，位于同一连接区段内纵向受拉钢筋焊接接头面积百分率对受拉钢筋不应大于 50%，对受压钢筋则不限制。需要验算疲劳的构件，如吊车梁以及屋面梁和屋架，其纵向受拉钢筋需要采用焊接接头时，不宜采用一般的焊接接头，必须采用闪光接触对焊接头，并应去掉接头的毛刺和卷边；在连接区段长度为 $45d$（d 为纵向受力钢筋的较大直径）的范围内，纵向受拉钢筋的接头面积率不应大于 25%。疲劳验算时，对焊接头处的疲劳应力幅值应进行折减。

（4）合理选用钢筋连接的类型。

2010 年版本的《混凝土规范》第 8.4.1 条对钢筋连接的规定与老版本的混凝土规范的规定有较大的变化，钢筋连接类型的顺序为绑扎搭接、机械连接或焊接。2010 年版本《高层建筑规程》第 6.5.1 条规定的钢筋连接类型的顺序为机械连接、绑扎搭接或焊接。其共同点是将钢筋的焊接连接放到次要的位置上，这与过去对于结构的重要部位，钢筋的连接均要求焊接明显不同。这主要是因为：

1）施工现场的钢筋焊接，质量较难保证。各种人工焊接常不能采取有效的检验方法，仅凭肉眼观察，对于焊缝的内在质量问题不能有效检出。当前焊工的技术水平、素质等，也往往不理想。

2）日本阪神地震震害调查中发现，多处采用气压焊的柱子纵向钢筋在焊接处被拉断。

3）英国规范规定，“如有可能，应避免在现场采用人工电弧焊”。

4）美国钢筋协会认为，“在现有的各种钢筋连接方法中，人工电弧焊可能是最不可靠和最贵的方法”。

所以，我国的《高层建筑规程》规定，在结构的重要部位，钢筋的连接宜首先选用机械连接。

目前，在我国钢筋的机械连接技术已比较成熟，可供选择的品种较多，质量和性能比较稳定。钢筋机械连接接头的性能等级分为Ⅰ、Ⅱ、Ⅲ三个等级，设计中可根据《钢筋机械连接通用技术规程》JGJ 107—2010 中的相关规定，选择与受力情况相适应的接头性能等级，并在施工图设计文件中注明。

除了结构重要部位的连接宜优先选用机械连接外，剪力墙的端柱及约束边缘构件中的纵向钢筋，也宜优先选用机械连接，但直径不大于 20mm 的纵向钢筋，可选用搭接接头。

剪力墙的水平分布钢筋和竖向分布负钢筋不宜采用机械连接接头，宜采用搭接接头。

钢筋的搭接连接接头，只要选在构件受力较小的部位，纵向钢筋有足够的搭接长度（按钢筋搭接接头面积百分率确定），搭接部位的箍筋按《混凝土规范》的要求加密，有足够的混凝土强度和足够的混凝土保护层厚度，其质量是可以保证的，即使是抗震设计的构件，也可以应用。而且，它一般不会出现焊接或机械连接那样的人为失误的可能。因此，它也是一种较好的钢筋连接方法，而且往往是最省工的方法。

钢筋的搭接连接接头的主要缺点是：

1）抗震设计时，在构件内力较大部位，当构件承受反复荷载作用时，接头有滑动的可能。

2）当构件钢筋较密集时，采用搭接连接将使混凝土的浇捣较为困难。

3）大直径的钢筋搭接长度较大，用料较多，可能不经济。

53. 抗震设防地区，非结构构件的设计应当注意哪些问题？

《抗震规范》第 13 章专门规定了非结构构件的抗震设计要求。

（1）非结构构件的分类。

非结构构件包括持久性的建筑非结构构件和支承于建筑结构上的建筑附属机电设备本身及其与主体结构的连接。建筑非结构构件是指建筑中除承载骨架体系以外的固定构件和部件，分室内建筑非结构构件和室外建筑非结构构件。室内建筑非结构构件包括各类填充墙、隔墙、顶棚、吊柜和贴面等；室外建筑非结构构件包括各类幕墙、女儿墙、出屋面烟囱、建筑标志牌、建筑饰面、挑檐、雨篷和建筑物上的广告牌等。

建筑附属机电设备包括电梯、永久和临时性供电和照明设备（包括配电盘、应急发电机及油箱等）、暖通、空调设备及管道、水箱、灭火系统、煤气设备及管道、有线及无线通信设备（包括控制台、交换机、计算机及服务器等）、保安监视系统、办公自动化设备、容器、货架及储物柜等。

建筑附属机电设备本身的抗震性能，应由生产厂家来保证。《抗震规范》规定了建筑附属机电设备同主体结构的连接部分的抗震要求，其抗震设计应由各相关专业的设计人员负责。

（2）非结构构件的抗震设防目标。

非结构构件的抗震设防目标，原则上要与主体结构三水准的设防目标相协调，但对非结构构件同主体结构有不同的性能要求。在多遇地震作用下，建筑非结构构件不宜有破坏，机电设备应能保持正常运行的功能；在设防烈度地震作用下，建筑非结构构件可以容许比主体结构构件有较重的破坏，但不得危及人的生命安全，机电设备应尽可能保持运行功能，即使遭受破坏也应能尽快修复，特别是要避免发生次生灾害的破坏；在罕遇地震作用下，各类非结构构件可能发生较重的破坏，但应避免重大次生灾害发生。

建筑非结构构件和建筑附属机电设备实现抗震性能化设计目标的某些方法可按《抗震规范》附录 M 第 M. 2 节执行。

（3）非结构构件的地震作用计算要求。

1）非结构构件对结构整体计算的影响：

① 主体结构计算地震作用时，应计入支承于结构构件上的非结构构件和机电设备的重力。

② 对柔性连接的建筑非结构构件，可不计入其刚度对结构体系的影响；对嵌入抗侧力构件平面内的刚性建筑非结构构件，可采用周期折减系数等简化方法计入其刚度影响；一般情况下不应计入其抗震承载力，当有专门的构造措施时，尚可按有关规定计入其抗震承载力。

③ 对需要采用楼面谱计算的建筑附属机电设备，宜采用合适的简化计算模型计入设备与结构体系的相互作用。

④ 主体结构中，支承非结构构件的部位，应计入非结构构件地震作用效应所产生的附加作用，并满足连接件的锚固要求。

2）非结构构件自身的计算要求：

① 非结构构件自身的地震力应施加于其重心，水平地震力应沿任一水平方向作用。

② 非结构构件自身重力产生的地震作用，一般只考虑水平方向，采用等效侧力法计算；当建筑附属机电设备（含支架）的体系自振周期大于 0.1s，且其重力超过所在楼层重力的 1%，或建筑附属机电设备的重力超过所在楼层重力的 10% 时，如巨大的高位水箱、出屋面的大型塔架等，宜进入整体结构模型的抗震计算，也可采用《抗震规范》附录 M 第 M. 3 节的楼面反应谱方法计算。其中，与楼盖非弹性连接的设备，可直接将设备与楼盖作为一个质点计入整个结构的分

析中得到设备所受的地震作用。

③ 对于支承于不同楼层或防震缝两侧的非结构构件，除自身重力产生的地震作用外，尚应同时计及地震时支承点之间相对位移产生的地震作用效应。

非结构构件因支承点相对水平位移产生的内力，可按该构件在位移方向的刚度乘以规定的支承点相对水平位移计算。

非结构构件在位移方向的刚度，应根据其端部的实际连接状态，分别采用刚接、铰接、弹性连接或滑动连接等简化的力学模型计算。

相邻楼层的相对水平位移，可按《抗震规范》规定的限值采用；防震缝两侧的相对水平位移，宜根据使用要求确定。

3）关于等效侧力法计算：当采用等效侧力法时，非结构构件水平地震作用标准值可按公式（3-6）计算。

$$F = \gamma\eta\zeta_1\zeta_2\alpha_{\max}G \tag{3-6}$$

式中　F——沿最不利方向施加于非结构构件重心处的水平地震作用标准值；

γ——非结构构件功能系数，取决于建筑抗震设防类别和使用要求，由相关标准根据建筑设防类别和使用要求等确定，或按《抗震规范》附录M第M.2节执行；

η——非结构构件类别系数，取决于构件材料性能等因素，由相关标准根据构件材料性能等因素确定，或按《抗震规范》附录M第M.2节执行；

ζ_1——状态系数，对预制建筑构件、悬臂类构件、支承点低于质心的任何设备和柔性体系宜取2.0，其余情况可取1.0；

ζ_2——位置系数，建筑的顶点宜取2.0，底部宜取1.0，沿高度线性分布；对规范要求采用时程分析法补充计算的结构，应按其计算结果调整；

$\alpha_{\max}$——地震影响系数最大值，可按多遇地震的规定采用；

G——非结构构件的重力，应包括运行时有关的人员、容器和管道中的介质及储物柜中物品的重力。

4）关于楼面反应谱法计算：“楼面谱”对应于主体结构抗震设计所用的“地面反应谱”，即反映支承非结构构件的主体结构自身的动力特性、非结构构件所在楼层位置，以及主体结构和非结构构件阻尼特性对地面地震运动的放大作用。当采用楼面反应谱法时，非结构构件通常采用单质点模型，其水平地震作用标准值可按式（3-7）计算。

$$F = \gamma\eta\beta_s G \tag{3-7}$$

式中　β_s——非结构构件的楼面反应谱值，取决于设防烈度、场地条件、非结构构件与结构体系之间的周期比、质量比和阻尼，以及非结构构件在结构的支承位置、数量和连接性质。

5）非结构构件地震作用效应组合和验算：非结构构件的地震作用效应（包括自身重力产生的效应和支座相对位移产生的效应）和其他荷载效应的基本组合，一般应按结构构件的规定计算；幕墙需计算地震作用效应与风荷载效应的组合；容器类尚应计及设备运转时的温度、工作压力等产生的作用效应。

非结构构件抗震验算时，摩擦力不得用作抵抗地震作用的抗力；承载力抗震调整系数，连接件可采用1.0，其余构件可按《抗震规范》的规定采用。

（4）建筑非结构构件的基本抗震构造措施。

1）主体结构相关部位的要求：主体结构中连接建筑非结构构件的预埋件、锚固件等的设置部位，应采取加强措施，以承受建筑非结构构件传给主体结构的地震作用。

2）非承重墙体材料的选型和布置要求：非承重墙体应优先选用轻质材料；采用刚性非承重墙体时，在平面和竖向的布置宜均匀对称，应避免使主体结构形成刚度和强度分布上突变的薄弱层（部位）和短柱。

3）非承重墙体与主体结构的拉结要求：非承重墙体应与主体结构可靠拉结，并能适应不同方向的层间位移。砌体填充墙、围护墙（包括楼梯间的非承重墙体）、隔墙和女儿墙等，应按《抗震规范》的要求设置拉结筋、水平系梁、圈梁和构造柱以加强自身的整体性和稳定性，并与主体结构可靠拉结。

① 砌体砂浆强度等级不应低于M5，实心块体的强度等级不宜低于MU2.5，空心块体的强度等级不宜低于MU3.5，墙顶应与框架梁密切结合。

② 填充墙应沿框架柱全高每隔500mm左右设2 ϕ 6拉结筋，拉结筋伸入填充墙内的长度，6、7度时宜沿墙全长贯通，8、9度时应沿墙全长贯通。

③ 墙长大于5m时，墙顶与梁宜有拉结；墙长超过8m或超过层高2倍时，宜设置钢筋混凝土构造柱；墙高超过4m时，墙体半高处宜设置与柱连接且沿墙全长贯通的钢筋混凝土水平系梁。

楼梯间和人流通道的填充墙，尚应采用钢丝网砂浆面层加强。

④ 砌体女儿墙的高度不宜大于1m。砌体女儿墙应设置构造柱、拉结筋和压顶圈梁。砌体女儿墙应与主体结构可靠锚固。女儿墙的构造柱间距由计算确定并不大于3m。砌体女儿墙的抗震构造措施可参见图3-15。图3-15引自国家标准图集《建筑物抗震构造详图》（多层砌体房屋和底部框架砌体房屋）11G329—2。

⑤ 各类顶棚构件与楼板的连接件，应能承受顶棚、悬挂重物和有关机电设施的自重和地震附加作用；其锚固的承载力应大于连接的承载力的1.1倍。

⑥ 悬挑雨篷或一端由柱支承的雨篷，应与主体结构可靠连接和锚固。

⑦ 玻璃幕墙、预制墙板、附属于楼屋面的悬臂构件和大型储物架等的抗震构造，应符合相关专门标准的规定。

⑧ 建筑附属机电设备支架的基本抗震措施详见《抗震规范》第13.4节。

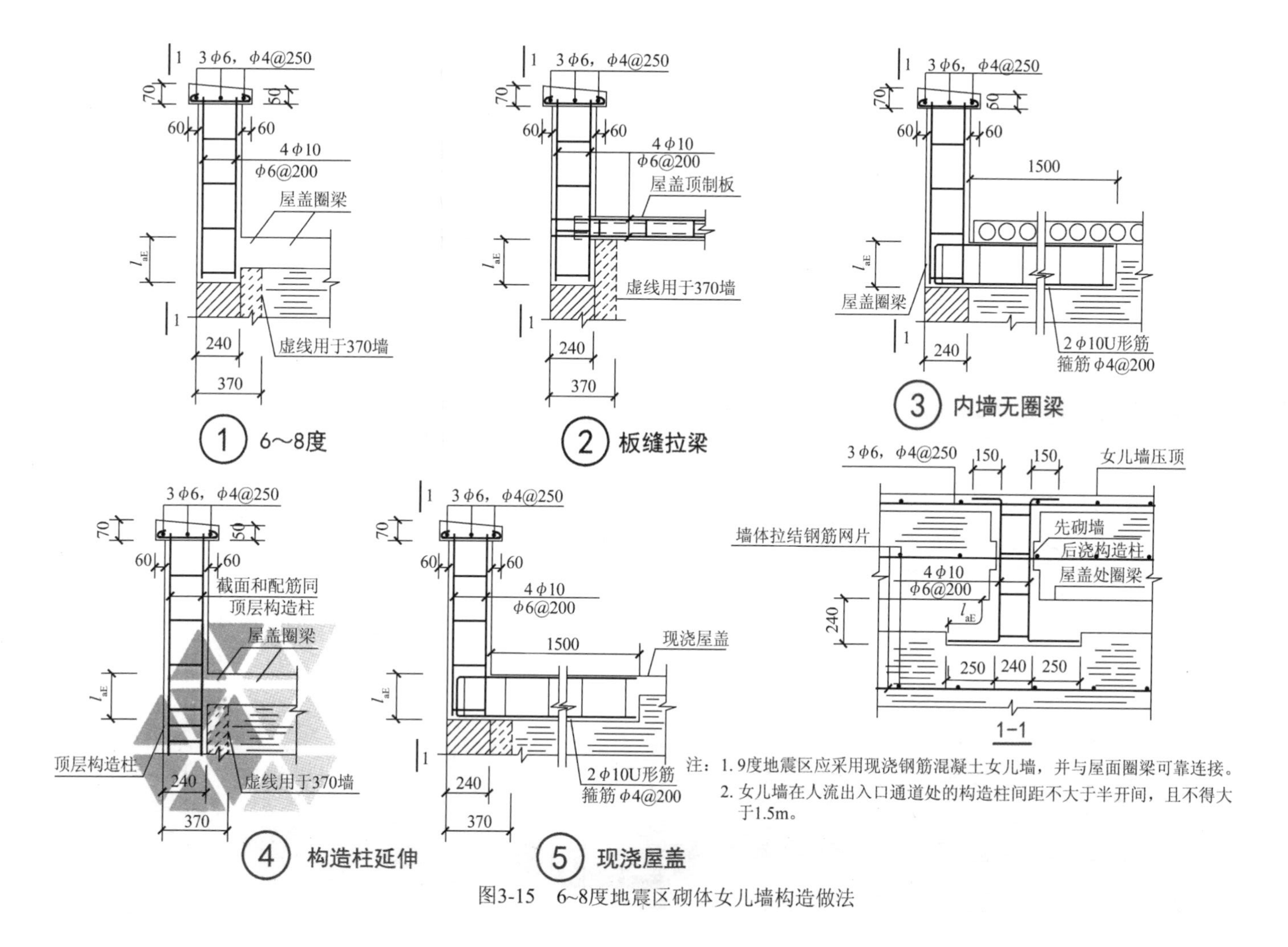

注：1. 9度地震区应采用现浇钢筋混凝土女儿墙，并与屋面圈梁可靠连接。

2. 女儿墙在人流出入口通道处的构造柱间距不大于半开间，且不得大于1.5m。

图3-15 6~8度地震区砌体女儿墙构造做法

⑨ 单层工业厂房的砌体隔墙和围护墙，其基本抗震措施详见《抗震规范》第13.3节有关条文。

54. 人民防空地下室结构设计对结构材料及材料性能有哪些基本要求？

（1）混凝土

1）根据《人民防空地下室设计规范》GB 50038—2005（以下简称《人防规范》第4.11.1条和4.11.2条的规定，防空地下室结构的混凝土强度等级不应低于C25；当防空地下室钢筋混凝土结构构件有防水要求时，其混凝土强度等级不宜低于C30；防空地下室结构采用防水混凝土时，其底板垫层的混凝土强度等级不应低于C15。

2）防空地下室结构的混凝土强度等级，除应符合上述规定外，根据《混凝土规范》第3.4.2条的规定，还应符合耐久性的基本要求，即当防空地下室所处的环境类别为二a类时，其混凝土强度等级不应低于C25；当防空地下室所处的环境类别为二b类时，其混凝土强度等级不应低于C30。

3）为了保证防空地下室的整体密闭性能，根据《人防规范》第3.8.3条的规定，在上部建筑范围内的防空地下室顶板，应采用防水混凝土，当有条件时，宜附加一种柔性防水层。当地下水有侵蚀性时，应对混凝土采取相应的防护措施。

4）防空地下室有防水要求采用防水混凝土时，防水混凝土的设计抗渗等级应根据地下室埋置深度按表3-12采用，且不应低于P6。

表3-12　人防地下室防水混凝土的设计抗渗等级

地下室埋置深度/m	设计抗渗等级
<10	P6
10~20	P8
20~30	P10
30~40	P12

注：设计抗渗等级是由P和混凝土的抗渗压力（MPa）表达的，例如抗渗等级P8表示其设计抗渗压力为0.8MPa；《地下工程防水技术规范》GB 50108—2001采用S和混凝土的抗渗压力（MPa）表达防水混凝土的设计抗渗等级，例如S8，表示混凝土的设计抗渗压力为0.8MPa。

5）防空地下室钢筋混凝土结构构件的最小厚度应符合表3-13的规定。

表3-13　人防混凝土结构构件最小厚度　（单位：mm）

构件类别					
顶板及中间楼板	承重外墙	承重内墙	临空墙	防护密闭门门框墙	密闭门门框墙
200	250	200	250	300	250

注：1. 表中最小厚度不包括甲类防空地下室防早期核辐射对结构厚度的要求。
2. 表中顶板及中间楼板最小厚度系指实心截面。如为密肋板，其实心截面厚度不宜小于100mm；如为现浇空心板，其板顶厚度不宜小于100mm；且其折合厚度均不应小于200mm。

（2）钢筋

1）根据《人防规范》第 4.2.2 条的规定，防空地下室钢筋混凝土结构构件，应采用热轧钢筋，不得采用冷轧带肋钢筋、冷拉钢筋等经冷加工处理的钢筋。原因是冷轧带肋钢筋、冷拉钢筋等经冷加工处理后的钢筋伸长率低，塑性变形能力差，延性不好。

2）根据《人防规范》第 4.2.3 条的规定，在动荷载和静荷载同时作用或动荷载单独作用下，混凝土和热轧钢筋强度设计值可按下式计算确定：

$$f_d = \gamma_d f \tag{3-8}$$

式中　f_d——动荷载作用下材料强度设计值（N/mm^2）；

f——在正常使用荷载作用下材料强度设计值（N/mm^2）；

γ_d——动荷载作用下材料强度综合调整系数，可按表 3-14 的规定采用。

表 3-14　人防地下室材料强度综合调整系数 γ_d

材料种类		综合调整系数 γ_d
热轧钢筋（钢材）	HPB300 级（Q235 钢）	1.50
	HRB335 级（Q345 钢）	1.35
	HRB400 级（Q390 钢）	1.20（1.25）
混凝土	C55 及以下	1.50
	C60 ~ C80	1.40

注：1. 表中同一种材料的强度综合调整系数，可适用于受拉、受压、受剪和受扭等不同受力状态。
2. 对于采用蒸汽养护或掺入早强剂的混凝土，其强度综合调整系数应乘以 0.90 的折减系数。

3）在动荷载与静荷载同时作用或动荷载单独作用下，混凝土的弹性模量可取静荷载作用时的 1.2 倍；钢筋的弹性模量可取静荷载作用时的数值；混凝土和钢筋的泊松比均可取静荷载作用时的数值。

4）根据《人防规范》第 4.11 节的规定，防空地下室承受动荷载的钢筋混凝土结构构件纵向受力钢筋的最小配筋百分率不应小于表 3-15 规定的数值；防空地下室在动荷载作用下的钢筋混凝土受弯构件和大偏心受压构件的纵向受拉钢筋的最大配筋百分率宜符合表 3-16 的规定。

钢筋混凝土受弯构件，宜在受压区配置构造钢筋，构造钢筋截面面积不宜小于受拉钢筋的最小配筋率；在连续梁支座和框架节点处，且不宜小于受拉主筋截面面积的 1/3。

表 3-15 人防钢筋混凝土结构构件纵向受力钢筋的最小配筋百分率（%）

分类	混凝土强度等级		
	C25 ~ C35	C40 ~ C55	C60 ~ C80
受压构件的全部纵向钢筋	0.60（0.40）	0.60（0.40）	0.70（0.40）
偏心受压及偏心受拉构件一侧的受压钢筋	0.20	0.20	0.20
受弯构件、偏心受压及偏心受拉构件一侧的受拉钢筋	0.25	0.30	0.35

注：1. 受压构件的全部纵向钢筋最小配筋百分率，当采用 HRB400 级钢筋时，应按表中规定减小 0.1。
2. 当为墙体时，受压构件的全部纵向钢筋最小配筋百分率采用括号内数值。
3. 受压构件的受压钢筋以及偏心受压、小偏心受拉构件的受拉钢筋的最小配筋百分率按构件的全截面面积计算，受弯构件、大偏心受拉构件的受拉钢筋的最小配筋百分率按全截面面积扣除位于受压边或受拉较小边翼缘面积后的截面面积计算。
4. 受弯构件、偏心受压及偏心受拉构件一侧的受拉钢筋的最小配筋百分率不适用于 HPB300 级钢筋，当采用 HPB300 级钢筋时，应符合《混凝土结构设计规范》GB 50010 中有关规定。
5. 对卧置于地基上的核 5 级、核 6 级和核 6B 级甲类防空地下室结构底板，当其内力系由平时设计荷载控制时，板中受拉钢筋最小配筋率可适当降低，但不应小于 0.15%。

表 3-16 人防构件受拉钢筋的最大配筋百分率（%）

混凝土强度等级	C25	≥C30
HRB335 级钢筋	2.2	2.5
HRB400 级钢筋	2.0	2.4

5）防空地下室结构纵向受力钢筋的混凝土保护层最小厚度应符合表 3-17 的规定。

表 3-17 人防构件纵向受力钢筋的混凝土保护层最小厚度（单位：mm）

外墙外侧		外墙内侧、内墙	板	梁	柱
直接防水	设防水层				
40	30	20	20	30	30

注：1. 基础底板中纵向受力钢筋的混凝土保护层厚度不应小于 40mm，当基础底板无垫层时不应小于 70mm。
2. 如果防空地下室处于二 b 类环境，表中的板、梁、柱当与无侵蚀性水或土壤直接接触时，其纵向受力钢筋的混凝土保护层厚度应分别采用 25mm、35mm、35mm。
3. 防空地下室纵向受力钢筋的混凝土保护层厚度，尚不应小于钢筋的直径。

6）防空地下室钢筋混凝土结构构件，其纵向受力钢筋的锚固长度和连接接头应符合下列要求：

① 纵向受力钢筋的锚固长度 l_{aF} 应按下列公式计算：

$$l_{aF} = 1.05 l_a \tag{3-9}$$

式中 l_a——普通钢筋混凝土结构受拉钢筋的锚固长度。

② 当防空地下室位于地震区，其抗震等级为一、二级时，应取 $l_{aF}=1.15l_a$。

③ 当采用绑扎搭接接头时，纵向受拉钢筋搭接接头的搭接长度 l_{lF} 应按下列公式计算：

$$l_{lF} = \zeta l_{aF} \tag{3-10}$$

式中 ζ——纵向受拉钢筋搭接长度修正系数，可按表 3-18 采用。

表 3-18 纵向受拉钢筋搭接长度修正系数 ζ

纵向钢筋搭接接头面积百分率（%）	≤25	50	100
ζ	1.2	1.4	1.6

④ 纵向受力钢筋的接头宜设在受力较小处，并宜避开梁端、柱端箍筋加密区；在同一根钢筋上宜少设接头；接头宜相互错开。当纵向受力钢筋接头位于受力较大处或无法避开梁端、柱端箍筋加密区时，应采用机械连接接头，接头质量等级不应低于Ⅱ级，接头面积百分率不应超过 50%。焊接质量确有保证时，也可采用焊接接头。

7）除截面内力由平时设计荷载控制，且受拉钢筋配筋率小于 0.15% 但按 0.15% 构造配筋的卧置于地基上的核 5 级、核 6 级、核 6B 级甲、乙类防空地下室结构底板外，双面配筋的钢筋混凝土板、墙体应设置梅花形排列的拉结钢筋，拉结钢筋的长度应能钩住最外层受力钢筋（图 3-16）。

8）在常规武器爆炸动荷载或核武器爆炸动荷载作用下，结构构件的工作状态均可用结构构件的允许延性比 [β] 来表示。对钢筋混凝土结构构件，其允许延性比 [β] 可按表 3-19 取值。

表 3-19 钢筋混凝土结构构件的允许延性比 [β] 值

结构构件使用要求	动荷载类别	受力状态			
		受 弯	大偏心受压	小偏心受压	轴心受压
密闭、防水要求高	核武器爆炸动荷载	1.0	1.0	1.0	1.0
	常规武器爆炸动荷载	2.0	1.5	1.2	1.0
密闭、防水要求一般	核武器爆炸动荷载	3.0	2.0	1.5	1.2
	常规武器爆炸动荷载	4.0	3.0	1.5	1.2

9）结构构件按弹塑性工作阶段设计时，受拉钢筋的配筋率不宜大于 1.5%；当大于 1.5% 时，受弯构件和大偏心受压构件的允许延性比 [β] 值应满足式(3-11)的要求，且受拉钢筋的最大配筋率不宜超过表 3-16 的规定。

$$[\beta] \leqslant \frac{0.5}{x/h_0} \tag{3-11}$$

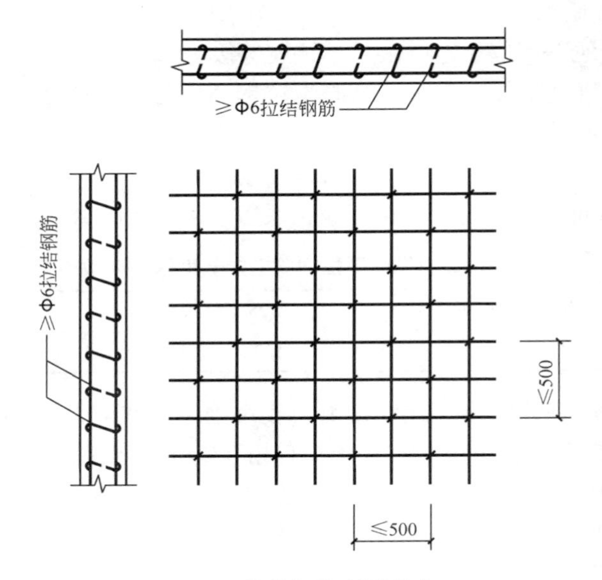

图 3-16　拉结钢筋配置形式

$$x/h_0 = (\rho - \rho')f_{yd}/\alpha_c f_{cd} \tag{3-12}$$

式中　x——混凝土受压区高度（mm）；

h_0——截面有效高度（mm）；

ρ、ρ'——纵向受拉钢筋及纵向受压钢筋的配筋率；

f_{yd}——钢筋抗拉动力强度设计值（N/mm^2）；

f_{cd}——混凝土轴心抗压动力强度设计值（N/mm^2）；

α_c——系数，应按表 3-20 采用。

表 3-20　α_c 值

混凝土强度等级	≤C50	C55	C60	C65	C70	C75	C80
α_c	1	0.99	0.98	0.97	0.96	0.95	0.94

第四章

结构布置和结构体系

合理的结构布置（包括平面布置和立面布置）无论是抗震设计还是非抗震设计都十分重要。抗震设计时，结构的平面和立面布置宜简单、规则、均匀、对称，不宜采用特别不规则的结构方案，不应采用严重不规则的结构方案。在结构布置时，结构工程师应同建筑师密切配合和协调，兼顾建筑使用功能的合理性和结构的规则性和安全性。

55. 建筑结构抗震设计时结构布置有哪些基本要求?

为了使多高层房屋建筑有足够的抗震能力，达到小震不坏、中震可修、大震不倒的三水准设防目标，应考虑下列抗震设计的基本要求。

（1）选择建筑场地时，应选择对建筑抗震有利的地段，避开对建筑抗震不利的地段；当无法避开对建筑抗震不利的地段时，应采取有效的措施，使建筑物在地震时不致由于地基失稳而破坏，或者产生过量下沉或倾斜；对危险地段，严禁建造甲、乙类建筑，不应建造丙类建筑。

建筑场地的岩土工程勘察报告，应按表4-1划分对建筑有利、一般、不利和危险的地段，并加以必要的说明。

表4-1　有利、一般、不利和危险地段的划分

地段类别	地质、地形、地貌
有利地段	稳定基岩，坚硬土，开阔、平坦、密实、均匀的中硬土等
一般地段	不属于有利、不利和危险的地段
不利地段	软弱土，液化土，条状突出的山嘴，高耸孤立的山丘，陡坡，陡坎，河岸和边坡的边缘，平面分布上成因、岩性、状态明显不均匀的土层（含故河道、疏松的断层破碎带、暗埋的塘浜沟谷和半填半挖地基），高含水量的可塑黄土，地表存在结构性裂缝等
危险地段	地震时可能发生滑坡、崩塌、地陷、地裂、泥石流等及发震断裂带上可能发生地表位错的部位

（2）地基应具有足够的抗震承载力，基础应具有良好的整体性；当地基为较弱黏性土、液化土、新近填土或严重不均匀土层时，应估计地震时地基不均匀

沉降对基础（包括柱基础）和上部结构的不利影响，并采取相应的抗震措施。

（3）高宽比大于4的高层建筑，在地震作用下基础底面不宜出现脱离区（零应力区）；其他建筑，基础底面与地基土之间的脱离区（零应力区）不应超过基础底面面积的15%。

（4）建筑结构的平面布置应力求简单、规则、对称，避免出现容易发生应力集中的凹角和狭长的缩颈部位；避免在凹角处和端部设置楼电梯间；避免楼电梯间偏置，以免产生不利的扭转影响。

建筑结构的竖向布置应尽量避免外挑，内收也不宜过多、过急，力求竖向刚度和承载力均匀渐变，避免产生变形集中。

建筑结构设计方案应符合抗震概念设计的要求。

建筑结构不应采用严重不规则的结构平面布置方案，也不应采用严重不规则的结构竖向布置方案。

特别不规则的建筑结构方案应进行专门研究和论证，采取特别的加强措施。

不规则的建筑结构方案应按规定采取加强措施。

体型复杂、平立面特别不规则的建筑结构，必要时可按实际工程需要在适当部位设置防震缝，形成多个较规则的抗侧力结构单元。当必须设置防震缝时，应保证结构的防震缝有足够的宽度。

（5）平面不规则的结构，其不规则类型列举如表4-2所示；竖向不规则的结构，其不规则类型列举如表4-3所示。由表可知，《抗震规范》列举的结构不规则类型共计6项。

表4-2 结构平面不规则的类型

不规则类型	定义
扭转不规则	在规定的水平力作用下，楼层的最大弹性水平位移（或层间位移），大于该楼层两端弹性水平位移（或层间位移）平均值的1.2倍
凹凸不规则	结构平面凹进的一侧尺寸，大于相应投影方向总尺寸的30%
楼板局部不连续	楼板的尺寸和平面刚度急剧变化，例如，有效楼板宽度小于该层楼板典型宽度的50%，或开洞面积大于该层楼面面积的30%，或较大的楼层错层

表4-3 结构竖向不规则的类型

不规则类型	定义
侧向刚度不规则	该层的侧向刚度小于相邻上一层的70%，或小于其上相邻三个楼层侧向刚度平均值的80%；除顶层外，局部收进的水平向尺寸大于相邻下一层的25%
竖向抗侧力构件不连续	竖向抗侧力构件（柱、抗震墙、抗震支撑）的内力由水平转换构件（梁、桁架等）向下传递
楼层承载力突变	抗侧力结构的层间受剪承载力小于相邻上一楼层的80%

结构平面不规则示例如图4-1～图4-3所示；结构竖向不规则示例如图4-4～图4-6所示。

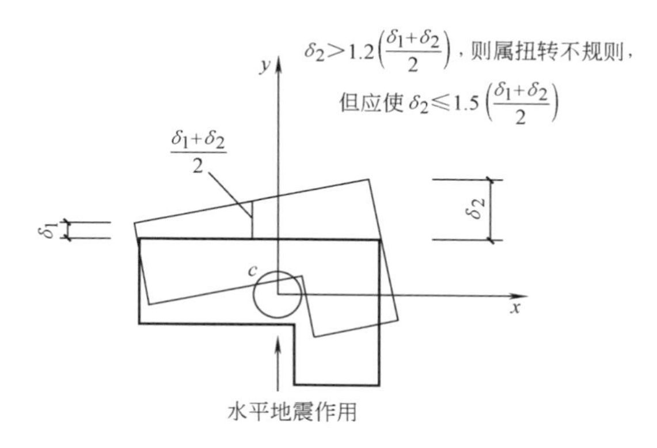

图4-1 建筑结构平面的扭转不规则示例（刚性楼板假定）

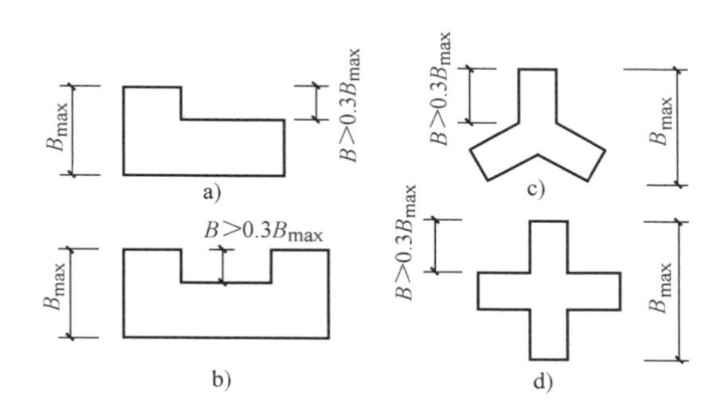

图4-2 建筑结构平面的凹角或凸角不规则示例

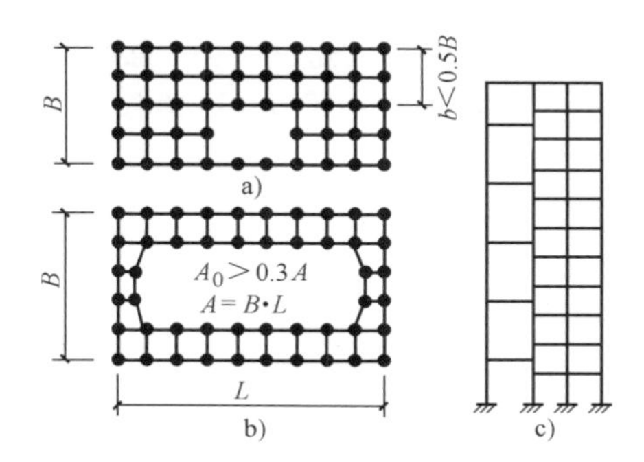

图4-3 建筑结构平面的局部不连续示例（大开洞及错层）

住房和城乡建设部2015年以建质［2015］67号文发布的《超限高层建筑工程抗震设防专项审查技术要点》（详见本书附录D，以下简称《超限高层抗震审

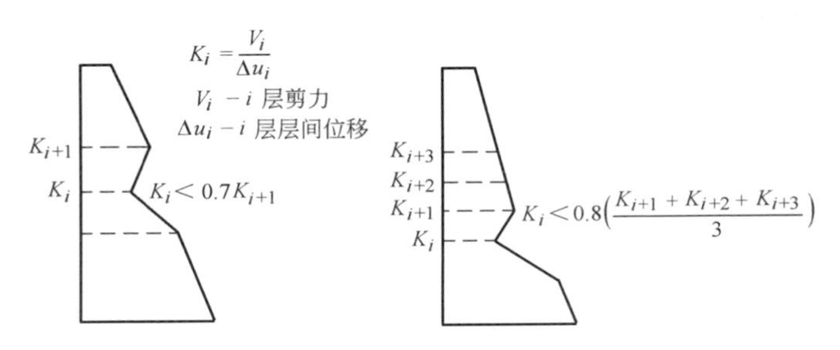

图 4-4 结构沿竖向的侧向刚度不规则示例（有柔软层）

查要点》)，将高层建筑结构的不规则性项数归纳为 10 项，除上述表 4-2、表 4-3 所列出的 6 项外，尚包括下述 4 项：

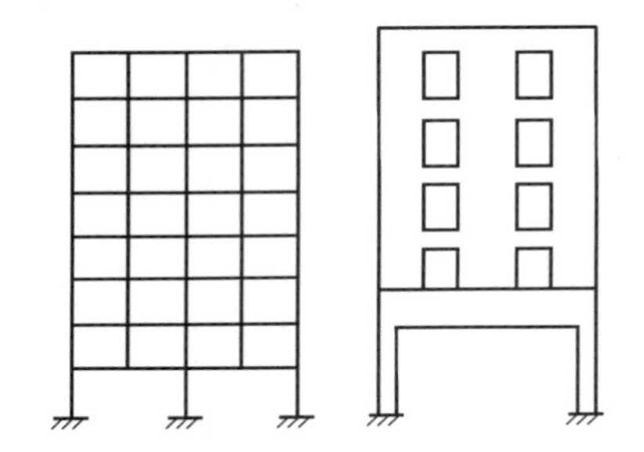

图 4-5 结构竖向抗侧力构件不连续示例

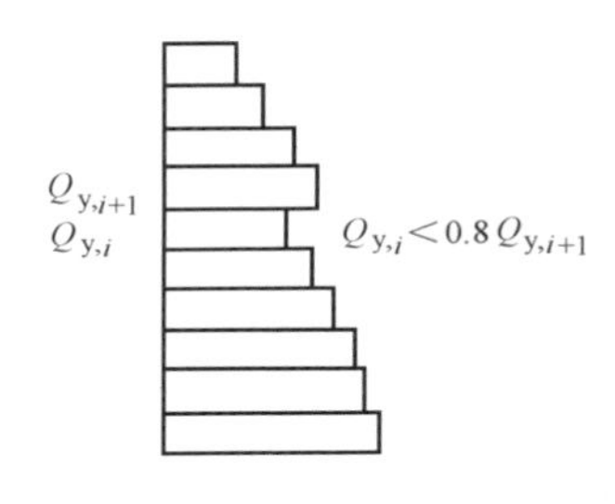

图 4-6 竖向抗侧力结构屈服抗剪强度非均匀变化（有薄弱层）

1）《高层民用建筑钢结构技术规程》JGJ 99—2015 第 3. 3. 2 条的结构偏心布置，即结构任一楼层的偏心率（偏心率应按《高层民用建筑钢结构技术规程》JGJ 99—2015）附录 A 的规定计算）大于 0. 15 或相邻层质心相差较大。

2）《高层建筑规程》第 3. 4. 3 条的组合平面即细腰形和角部重叠形平面（图 4-7）。细腰形平面尺寸 b/B 不宜小于 0. 4；角部重叠形部分尺寸与相应边长较小值的比值 $b/B_{\min}$ 不宜小于 1/3。

3）《高层建筑规程》第 3. 5. 5 条的尺寸突变，即结构上部楼层收进部位到室外地面的高度 H_1 与房屋高度 H 之比大于 0. 2 时，上部楼层收进后的水平尺寸 B_1 小于下部楼层水平尺寸 B 的 75%（图 4-8a、b）；结构上部楼层相对于下部楼层外挑时，上部楼层的水平尺寸 B_1 不宜大于下部楼层水平尺寸 B 的 1. 1 倍，且水平外挑尺寸 a 不宜大于 4m（图 4-8c、d）。

4）其他不规则，如局部的穿层柱、斜柱、夹层、个别构件错层或转换。

关于建筑结构的平面不规则和竖向不规则，除《抗震规范》列举的 6 项和上述《超限高层抗震审查要点》补充的 4 项外，《高层建筑规程》还将下列 2 项列举为结构不规则项：

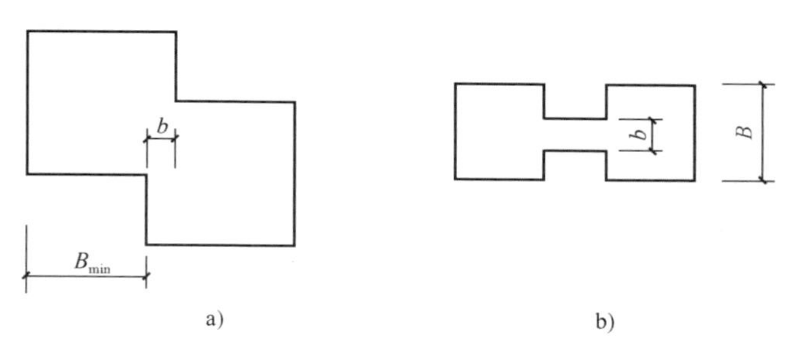

图 4-7　对抗震不利的建筑平面

a）角部重叠形平面　b）细腰形平面

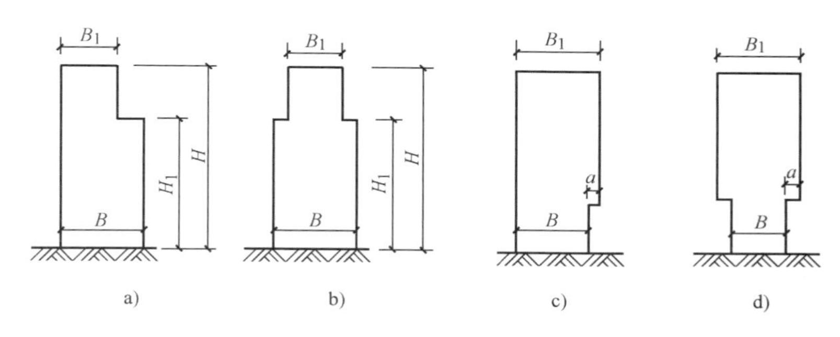

图 4-8　结构竖向收进和外挑示意

1）平面长度 L（图 4-9）不满足表 4-4 的规定。

平面过于狭长的建筑在地震时由于两端地震波输入有相位差而容易产生不规则振动，会造成较大的震害。表 4-4 中给出的是 L/B 的最大限值，在实际工程中，L/B 在 6 度、7 度抗震设计时，最好不超过 4；在 8 度、9 度抗震设计时，最好不超过 3；l/b 最好不超过 1.0。

表 4-4　平面凹凸不规则的限值

设防烈度	L/B	l/B_{max}	l/b
6、7 度	≤6.0	≤0.35	≤2.0
8、9 度	≤5.0	≤0.30	≤1.5

2）结构顶层取消部分墙、柱形成空旷房间。

多高层建筑结构顶层取消部分墙、柱而形成空旷房间时，其楼层侧向刚度和承载力可能比其下部楼层相差较多，是不利于抗震的结构，应进行详细的计算分析，并采取有效的抗震构造措施。如采用弹性或弹塑性时程分析进行补充计算，柱子箍筋全高加密，大跨度屋盖构件要考虑竖向地震作用产生的不利影响等。

此外，高层建筑突出屋面的塔楼必须具有足够的承载力和延性，以承受高振

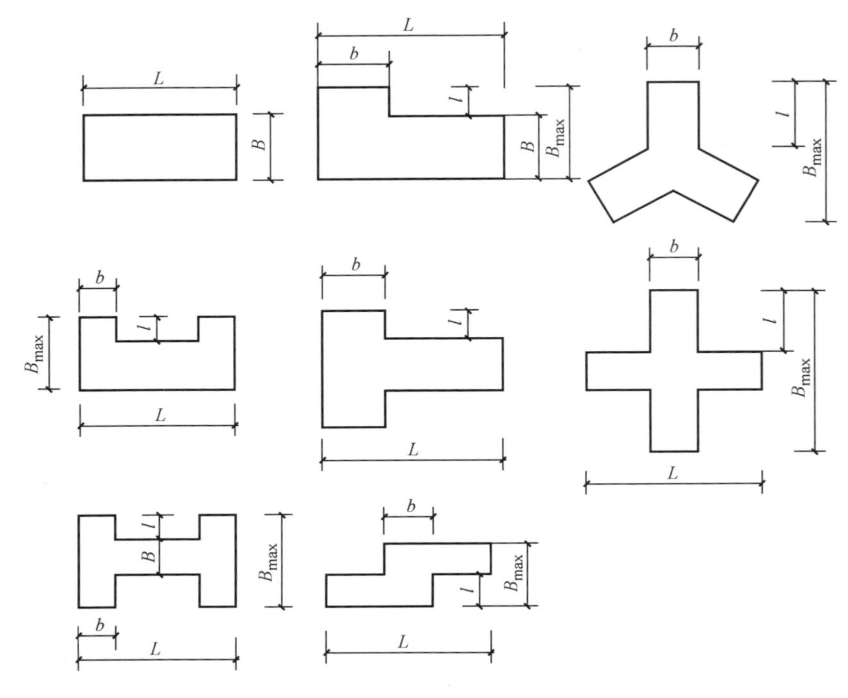

图 4-9 常用建筑平面形状示意图

型地震产生的鞭梢效应影响。必要时可以采用钢结构或型钢混凝土结构。

(6) 建筑物的结构体系，应根据抗震设防类别、抗震设防烈度、建筑高度、场地条件、地基、结构材料和施工条件等因素，经技术、经济和使用要求综合比较后确定。

结构体系应具有明确的计算简图和合理的地震作用传递途径；应具有必要的抗震承载力，良好的变形能力和消耗地震能量的能力，避免因部分结构或构件破坏而导致整个结构丧失抗震能力或对重力荷载的承载能力。

结构体系宜具有多道抗震设防防线，在两个主轴方向的动力特性宜相近，并具有合理的刚度和承载力分布，避免因局部削弱或突变形成薄弱部位，产生过大的应力集中或塑性变形集中；可能出现的薄弱部位应采取措施提高其抗震能力。

对于钢筋混凝土结构，一般来说，纯框架结构抗震性能较差，框架-剪力墙结构抗震性能较好，剪力墙结构和筒体结构具有良好的空间整体性，刚度也较大，历次地震中震害都较小，具有良好的抗震性能。

(7) 在结构设计和抗震构造措施应用上应注意以下原则和要求：

1) 框架结构应按“强柱弱梁”原则设计，保证梁先屈服，且梁屈服后柱仍能保持稳定。

2) 框架-剪力墙结构应设计成连梁先屈服，然后是墙肢屈服，框架柱是这种双重抗侧力体系的最后一道抗震设防防线。

3）剪力墙结构应通过内力调整和必要的抗震构造措施保证连梁先屈服，然后是墙肢屈服，其空间整体性和高次超静定性，保证了该结构的抗震性能。

4）结构构件设计时应采取有效措施防止构件脆性破坏，保证构件有足够的延性。脆性破坏是指构件剪切破坏、钢筋锚固失效和混凝土压溃等突然发生的无事先警告的破坏形式。设计时应保证构件的受剪承载力大于受弯承载力，按“强剪弱弯”的原则进行配筋。为了提高构件的抗剪和抗压碎能力，加强构件的约束箍筋是有效的措施。

5）结构各构件之间的连接节点应符合“强节点弱构件”的原则，构件节点的破坏，不应先于其连接的构件；预埋件的锚固破坏，不应先于连接件；装配式结构构件的连接，应能保证结构的整体性；预应力混凝土构件的预应力钢筋，宜在节点核心区以外锚固，且预应力混凝土构件应配置足够数量的非预应力钢筋；装配式单层厂房的各种抗震支撑系统，应保证地震时结构的稳定性。

（8）建筑结构，特别是不规则的建筑结构（严格地讲，实际工程中并不存在完全规则的建筑结构），应采用空间结构计算模型，并按扭转耦联振型分解反应谱法进行计算。当结构为平面凹凸不规则或楼板局部不连续时，应采用符合楼板平面内实际刚度变化的计算模型；当结构为侧向刚度不规则或楼层承载力突变时，应对薄弱层的地震剪力乘以增大系数；当结构为竖向抗侧力构件不连续时，该构件传递给水平转换构件的地震内力应乘以增大系数。

56. 建筑结构平面布置有哪些原则规定和要求？

（1）结构平面布置必须考虑有利于抵抗水平和竖向荷载，受力应明确，传力应直接可靠。在抗震设防地区，结构平面应力求简单、规则、对称、减少偏心，以减少扭转影响；仅在风荷载作用下则可适当放松要求。在沿海地区，风荷载成为多高层建筑结构的控制荷载时，宜采用风压较小的平面形状，如圆形、正多边形、椭圆形、鼓形等简单规则的凸形平面，以利于抗风设计；不宜采用如V形、Y形、H形、弧形等有较多凹凸不利于抗风的复杂形状的平面。

常用的一般建筑的平面形状如图4-9所示，其中的L形平面、T形平面、Z字形平面这三个平面较不规则、不对称，选用后应在各方面予以加强，特别是Z字形平面，重叠部分应有足够大小的尺寸；其中的工字形平面，腰部尺寸B不应小于$0.4B_{max}$。

另外，在所有平面的凹角处，楼板容易产生应力集中，应加强楼板的配筋，必要时还应加厚楼板。

在规则的平面中，如果结构刚度不对称，在地震作用下，仍然会产生扭转。所以，在布置抗侧力结构时，应使结构均匀布置，使荷载合力作用线通过或接近结构刚度中心，以减少扭转的影响。尤其是布置楼电梯间时更要注意，楼电梯井筒往往有较大的刚度，它对结构刚度的对称性有显著的影响。

框架-筒体结构和筒中筒结构更应选取双向对称的规则平面，如矩形、正方形、正多边形、圆形等，当采用矩形平面时，L/B 不宜大于 2。

（2）为了防止楼板削弱后产生的过大应力集中，楼电梯间不宜布置在平面凹角部位和端部角区，但建筑布置上，从功能考虑，往往在上述部位设置楼电梯间。如果确实非设不可，则应采用剪力墙筒体予以加强。

如果采用了复杂的平面而又不能满足表 4-4 的要求，则应进行更仔细的抗震验算并采取加强措施。

如图 4-10 所示的井字形结构平面，由于立面阴影的要求，平面凹入很深，中央部位设置楼电梯间后，楼板四边所剩无几，很容易发生震害，必须予以加强。在不妨碍建筑使用功能的原则下，可以采用下面两种措施之一：

1）如图中所示，设置拉梁 a，为美观起见也可以设置拉板（板厚可取 250 ~ 300mm），拉梁、拉板内加强配置受拉钢筋。

2）如图中所示，增设不上人的外挑板或可以使用的阳台 b，在板内双层双向配筋，每层、每向配筋率不宜小于 0.25%。

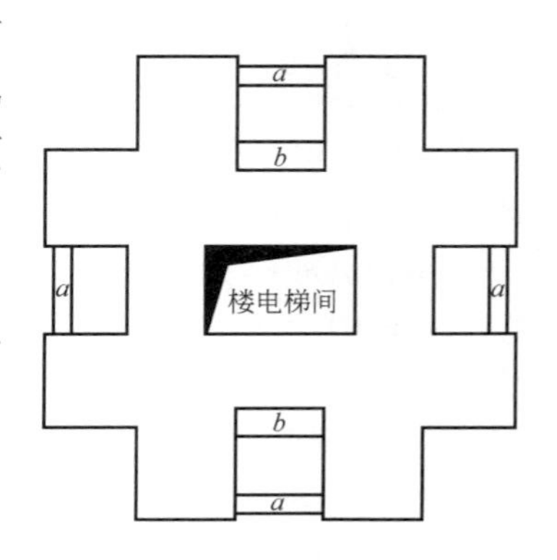

图 4-10 井字形

图 4-11 的不规则平面中，图 4-11a 凹角部位的应力集中十分显著，宜增设斜

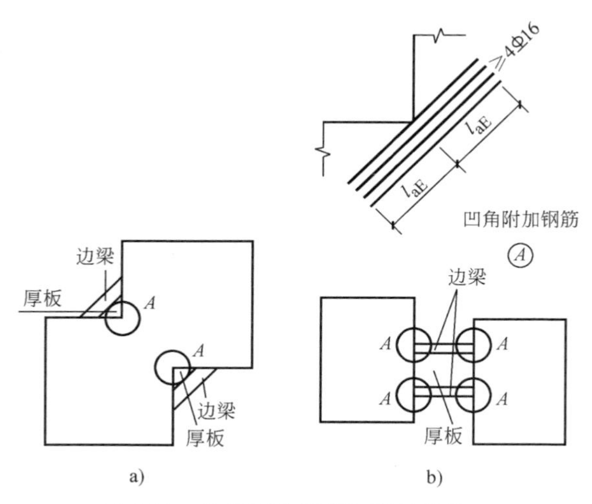

图 4-11 连接部位楼板加强示意图

角板加强，斜角板厚宜取250～300mm，并设置受拉边梁，边梁内宜配置不小于1%的受拉钢筋。图4-11b为哑铃形平面，狭窄的楼板连接部位是薄弱部位。经动力分析表明：板中剪力在两侧反向振动时可能达到很大的数值。因此，连接部位板厚应增大，板内应设置双层双向钢筋，每层、每向的配筋率不宜小于0.25%，边梁内宜配置不宜小于1%的受拉钢筋。

位于凹角处的楼板宜配置不小于4 ф 16的45°斜向加强钢筋，自凹角顶点延伸入楼板内的长度不应小于l_{aE}。

(3) 在高层建筑周边设置低层裙房时，裙房可以单边、两边或三边围合设置（图4-12a～c），高层主楼也可布置于裙房内（图4-12d）。当裙房面积较小，与主楼相比其刚度也不大时，上、下层刚度中心不一致而产生的扭转影响较小，可以采用图4-12a～c的偏置布置形式；当裙房较大，裙房边长与主楼边长之比B/b、L/l大于1.5时，宜采用图4-12d的内置式，并且裙房刚度中心O'与主楼刚度中心O的偏心，不宜大于裙房相应边长的20%。设计时可按质量中心进行控制。

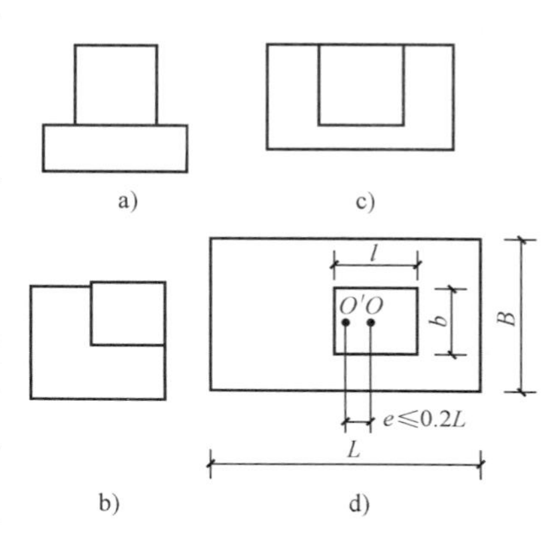

图4-12　主楼与裙房的平面布置

(4) 角部重叠形平面和细腰形平面如图4-7所示。对于角部重叠形平面，当$E/L<0.3$且$E<D$时属于平面不规则结构；对于细腰形平面，当$B/B_{max}<0.5$时也属于平面不规则结构。这两种平面如叠合部分过小或腰部过细，会在中央区域形成狭窄部位，在地震中极易产生震害，尤其是凹角处，因为应力集中楼板易开裂、破坏。这些部位应采用加大楼板厚度，增加板内配筋，设置集中配筋的边梁，配置45°斜向钢筋等方法予以加强。重叠部分过小的“角部重叠形平面”和腰部过细的“细腰形平面”已被《超限高层抗震审查要点》列为高层建筑结构的一项平面不规则项，除了必要的抗震验算外，应采取可靠的抗震加强措施。

(5) 当楼板平面比较狭长、有较大凹入或开洞而使楼板有较大削弱时，楼板可能产生显著的面内变形，结构整体计算时应采用考虑楼板面内变形影响的计算方法和相应的计算程序。

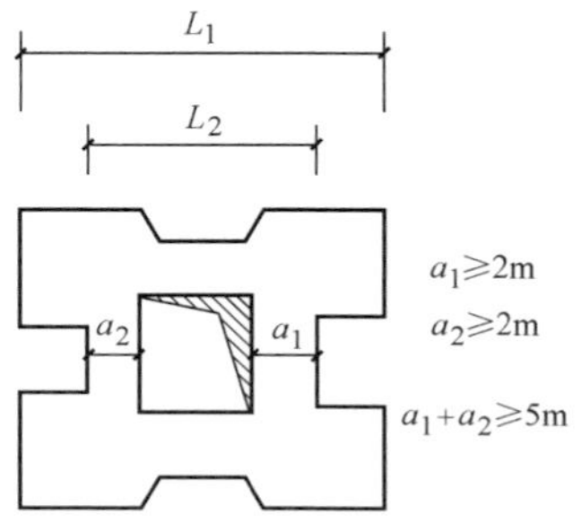

图4-13　楼板开洞和凹入尺寸较大的平面示例

楼板有较大的凹入或开有大面积洞口后，被凹口或洞口划分开的各部分之间的连接较为薄弱，在地震中容易相对振动而使削弱部位产生震害，因此对凹入尺寸和洞口的大小要加以限制。以图4-13为例，L_2 不宜小于 $0.5L_1$，a_1 与 a_2 之和不宜小于 $0.5L_2$ 且不宜小于5m，a_1 和 a_2 均不应小于2m，开洞面积不宜大于楼面面积的30%。

图4-3a、b是工程中常见的房屋底部楼层门厅、共享大厅等的典型结构平面，属于楼板局部不连续的不规则平面，设计时应采取有效的抗震措施。

（6）抗震设计时，当建筑物平面形状复杂而又无法调整其平面形状和结构布置使之成为较规则的结构时，宜设置防震缝将其划分为较简单、规则的几个抗侧力结构单元。

57. 建筑结构竖向布置有哪些原则规定和要求?

（1）历次地震震害表明，结构刚度和受剪承载力沿竖向突变、上部楼层收进或相对于下部楼层外挑等，都会使变形在某些楼层过分集中，出现严重震害甚至倒塌。所以，有抗震设防要求时，结构的刚度和承载力宜自下而上逐渐减小，变化宜均匀、连续，不要突变。

1995年日本阪神地震中，大阪市和神户市不少建筑物产生中部楼层严重破坏的现象，其中一个原因就是结构侧向刚度在中部楼层产生突变。有些是柱截面尺寸和混凝土强度等级在中部楼层突然减小，有些是由于使用要求使剪力墙在中部楼层突然取消，这些都引发了楼层刚度突变而产生严重震害。柔弱的底层建筑严重破坏，在国内外大地震中更是普遍的现象。

实际工程设计中，往往沿竖向分段改变构件截面尺寸和混凝土强度等级，这种改变使刚度发生变化，也应自下而上递减。从施工方便来说，改变次数不宜太多；但从结构受力角度来看，改动次数太少，每次变化太大则容易产生刚度突变。所以一般做法是沿竖向变化不超过4次，每次改变，梁、柱尺寸减少100～150mm，墙减少50mm，混凝土强度等级降低一个等级为宜。梁、柱、墙断面尺寸减少与混凝土强度等级降低应错开楼层，避免在同一楼层同时改变。

（2）除了构件断面尺寸改变和混凝土强度等级改变可引起结构沿竖向刚度突变外，抗侧力结构（框架、剪力墙和筒体等）的突然改变布置及结构竖向体型突变，也会使结构沿竖向发生刚度突变。

1）抗侧力结构布置改变主要是指下列几种情况：

① 底层或底部若干层由于取消一部分剪力墙或柱子产生的刚度突变（图4-5、图4-14a）。这常出现在底部大空间剪力墙结构或框筒结构的下部大柱距楼层。这时，应尽量加大落地剪力墙和下层柱的截面尺寸，并提高这些楼层混凝土的强度等级，尽量减少刚度削弱的程度。

② 中部楼层部分剪力墙中断（图4-14b）。如果建筑功能要求必须取消中间楼层的部分剪力墙时，则取消的墙不宜多于1/3，不得超过1/2，其余墙体应采取加强配筋等措施。

③ 顶层设置空旷的大房间，取消部分剪力墙或内柱（图 4-14c）。由于顶层刚度削弱，高振型影响会使地震作用加大。顶层取消的剪力墙不宜多于 1/3，不得超过 1/2。框架取消内柱后，全部剪力应由其他柱或剪力墙承受。结构顶层取消部分墙、柱形成空旷房间时，应补充弹性或弹塑性动力时程分析计算并采取有效构造措施，如加强剪力墙的配筋，将顶层柱子全高加密箍筋，大跨度屋面构件要考虑竖向地震产生的不利影响，等等。

2）结构竖向体型突变主要是指下列几种情况：

① 顶部楼层内收形成塔楼（图 4-8a、b）。顶部小塔楼因高振型影响而使地震作用放大，塔楼收进部位越高、收进后的平面尺寸及质量与刚度越小，则地震作用放大越明显。在可能条件下，宜采用台阶式多次内收的立面做法（图4-15）。

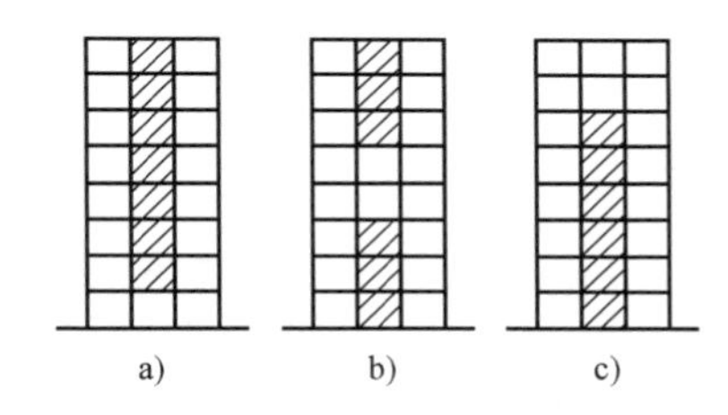

图 4-14 对抗震不利的结构竖向布置

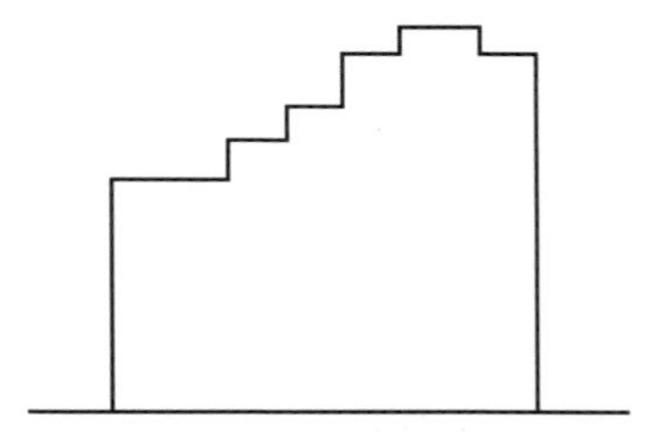

图 4-15 台阶式多次内收

② 结构的上部楼层相对于下部楼层外挑时，也会使结构沿竖向发生刚度和质量突变，结构的扭转效应和竖向地震作用效应明显，对抗震不利（图 4-8c、d）。

因此，对顶部楼层内收或上部楼层外挑的结构，其内收或外挑尺寸均宜加以限制，否则应按不规则结构进行抗震设计。

③ 抗震设计时，高层建筑结构上部楼层收进部位到室外地面的高度 H_1 与房屋高度 H 之比大于 0.2 时，上部楼层收进后的水平尺寸 B_1 不宜小于下部楼层水平尺寸 B 的 0.75 倍（图 4-8a、b）；当上部结构楼层相对于下部结构楼层外挑时，上部结构楼层的水平尺寸 B_1 不宜大于下部结构楼层水平尺寸 B 的 1.1 倍，且水平外挑尺寸 a 不宜大于 4m（图 4-8c、d）。

3）抗震设计时，高层建筑结构的楼层侧向刚度不宜小于相邻上一层楼层侧向刚度的 70% 或其上相邻三层楼层侧向刚度平均值的 80%（图 4-4）。

4）A 级高度的多高层建筑抗侧力结构的层间受剪承载力[㊀]不宜小于相邻上一层受剪承载力的 80%，不应小于相邻上一层受剪承载力的 65%；B 级高度的高层建筑抗侧力结构的层间受剪承载力不应小于相邻上一层受剪承载力的 75%

㊀ 楼层抗侧力结构层间受剪承载力是指在所考虑的水平地震作用方向上，该层全部柱、剪力墙和斜撑的受剪承载力之和。

（图 4-6）。

不宜采用同一楼层刚度和承载力变化同时不满足《高层建筑规程》第 3. 5. 2 条和 3. 5. 3 条规定的高层建筑结构。

5）多高层建筑一般情况下均宜设地下室。多高层建筑设地下室，除增加建筑使用面积外，尚具有下述的优点：

① 利用土体侧压力对地下室外墙的约束作用，有利于防止水平力作用下结构的滑移、倾覆。

② 减小地基土的自重，降低地基的附加压力。

③ 提高地基土的承载力。

④ 减小地震作用对上部结构的影响。

唐山地震震害调查表明：设地下室的建筑物震害明显减轻。同一结构单元应全部设置地下室，不宜采用部分地下室，且地下室应有相同的埋深。

58. 建筑结构楼盖选型和构造有哪些规定?

（1）在多高层建筑结构计算时，一般都假定楼板在自身平面内的刚度无限大，在水平荷载作用下楼盖只有刚性位移而不变形。所以在构造设计上，要使楼盖具有较大的平面内刚度。楼板的刚性可保证建筑物的空间整体性能和水平力的有效传递。所以，多高层建筑的混凝土楼、屋盖宜优先采用现浇混凝土板。当采用混凝土预制装配式楼、屋盖时，应从楼盖体系和构造上采取措施确保各预制板之间连接的整体性。现浇混凝土楼盖，其混凝土强度等级不应低于 C20，也不宜高于 C40。

（2）当建筑物高度不超过 50m 时，8、9 度抗震设计时宜采用现浇楼盖结构；6、7 度抗震设计时可采用装配整体式楼盖，并应符合《高层建筑规程》第 3. 6. 2 条的要求。

（3）当建筑物高度超过 50m 时，框架-剪力墙结构、筒体结构及《高层建筑规程》第 10 章所指的复杂高层建筑结构应采用现浇楼盖结构，剪力墙结构和框架结构宜采用现浇楼盖结构。

（4）板柱-剪力墙结构应采用现浇钢筋混凝土楼盖。

（5）1976 年的唐山大地震震害调查表明：提高装配式楼盖的整体性，可以减少在地震中预制板坠落伤人的震害。加强填缝是增强装配式楼板整体性的有效措施。为了保证板缝混凝土的浇筑质量，板缝宽度不应过小。在较宽的板缝中应配置钢筋，形成板缝梁，能有效地形成现浇装配相结合的整体楼面，效果显著。

楼面板缝的混凝土应具有良好的浇筑质量，其强度等级不应低于 C20，并填充密实。严禁用混凝土下脚料或建筑垃圾填充。

（6）多高层建筑楼板的构造应符合下列要求：

1）重要的、受力复杂的楼板，应比一般楼层的楼板有更高的要求。例如，房屋顶层楼板、转换层楼板、大底盘多塔结构底盘屋面楼板、连体结构连接体楼板、带加强层的结构加强层及其相邻层楼板、作为上部结构嵌固部位的地下室楼层的顶板以及开口过大的楼层楼板。

① 多高层建筑一般楼层的楼板厚度不宜小于100mm，以方便板内预埋暗管。

② 屋顶层楼板应现浇，其板厚不宜小于120mm，宜双层双向配筋，以抵抗温度应力的不利影响，并可使建筑物顶部约束加强，提高抗风、抗震能力。

③ 转换层楼盖上面是剪力墙或较密的框架柱，下部转换为部分框架、部分落地剪力墙，转换层上部抗侧力构件的剪力要通过转换层楼板进行重分配，传递到落地剪力墙和框支柱上，因而楼板承受较大的内力，因此要采用现浇楼板并采取加强措施。转换层的楼板厚度不宜小于180mm，应双层双向配筋，且每层每方向的配筋率不宜小于0.25%，楼板中的上下层钢筋均应锚固在边梁或墙体内，其锚固长度应≥l_{aE}（非抗震设计时l_{aE}应改为l_a）。落地剪力墙和筒体外周围的楼板不宜开洞。楼板边缘和较大洞口周边应设置边梁，其宽度不宜小于板厚的2倍，纵向钢筋配筋率不应小于1.0%，钢筋接头宜采用机械连接或有可靠保证的焊接接头（图4-16）。与转换层相邻的楼层的楼板也应适当加强。

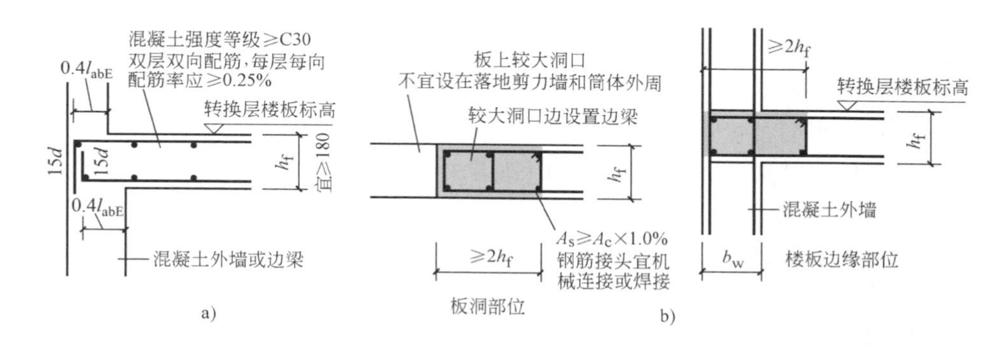

图4-16　转换层楼板构造措施

a）转换层楼板构造要求　b）转换层楼板边缘构件构造

注：A_C为图中阴影面积；非抗震设计时，l_{abE}应改为l_{ab}

④ 连体结构连接体楼板的厚度不宜小于150mm，宜采用双层双向配筋，每层每方向的配筋率不宜小于0.25%。

⑤ 多塔结构底盘屋面楼板厚度不宜小于150mm，宜双层双向配筋，每层每方向的钢筋配筋率不宜小于0.25%；底盘屋面上、下层结构的楼板也应加强构造措施。

⑥ 带加强层的结构加强层及其相邻层的楼板厚度和配筋，建议参照连体结构连接体楼板的要求进行设计。

⑦ 作为上部结构嵌固部位的地下室楼层的顶楼盖，应采用现浇梁板结构，并避免在板上开设大洞口，其楼板厚度不宜小于180mm（多层建筑结构不宜小于160mm），混凝土强度等级不宜低于C30，应采用双层双向配筋，且每层每方向的配筋率不宜小于0.25%。

2）采用预应力平板可以减小楼面结构的高度，压缩层高并减轻结构自重；大跨度平板可以增加使用面积，容易适应楼面使用功能的改变。预应力平板近年来在高层建筑楼面结构中应用比较广泛。

为了确定板的厚度，必须考虑板的挠度、抗冲切承载力、防火及钢筋防腐蚀等要求。在一般情况下，现浇预应力混凝土楼板的厚度可按跨度的1/45～1/50采用，且不宜小于150mm。

现浇预应力混凝土楼板设计中应采取措施防止或减小主体结构对楼板施加预应力时的阻碍作用。

3）普通地下室顶板的厚度不宜小于160mm。

59. 建筑结构的不规则性与结构整体计算有怎样的关系？

结构的不规则主要是指结构平面不规则和竖向不规则。

（1）关于结构平面不规则，根据建设部颁发的《超限高层抗震审查要点》的规定，其中的偏心布置、凹凸不规则、组合平面和楼板不连续等四类，主要由偏心距、相对的凹凸尺寸比例或相对开洞面积比例来反映；其中的扭转不规则，在结构整体计算中则由考虑偶然偏心的扭转位移比和扭转周期比来反映。

结构的平面布置除应尽量避免容易发生应力集中的薄弱部位外，关键是要减少扭转效应对结构的影响。国内、国外历次大地震震害表明，平面不规则、质量与刚度偏心和抗扭刚度过弱的结构，在地震中容易遭受严重破坏。国内一些振动台模型试验结果也表明，扭转效应会导致结构的严重破坏。要减少结构的扭转效应，主要应从下列两个方面来考虑：

1）限制结构平面布置的不规则性，即限制结构在考虑偶然偏心影响下的扭转位移比。

《高层建筑规程》第3.4.5条规定，在考虑偶然偏心影响的规定水平地震力作用下，楼层竖向构件的最大水平位移和层间位移，A级高度的高层建筑不宜大于该楼层平均值的1.2倍，不应大于1.5倍（图4-1），B级高度的高层建筑、超过A级高度的混合结构高层建筑以及《高层建筑规程》第10章所指的复杂高层建筑不宜大于该楼层平均值的1.2倍，不应大于该楼层平均值的1.4倍。

2）要求结构的抗扭刚度不能太弱，即限制结构扭转周期比。

《高层建筑规程》第3.4.5条还规定，结构扭转为主的第一自振周期T_t与平动为主的第一自振周期T_1之比，A级高度的高层建筑不应大于0.9，B级高度的高层建筑、超过A级高度的混合结构高层建筑及《高层建筑规程》第10章所指的复杂高层建筑不应大于0.85。

当结构扭转为主的第一自振周期 T_t 和平动为主的第一自振周期 T_1 相接近时，由于振动耦联的影响，结构的扭转效应明显增大。若周期比 T_t/T_1 小于0.5，则相对扭转振动效应 $\theta r/u$ 值一般较小（θ、r 分别为扭转角和结构的回转半径，θr 表示结构由于扭转产生的离质心距离为回转半径处的位移，u 为结构质心处的位移），即使结构的刚度偏心很大，偏心距 e 达到 $0.7r$，其相对扭转变形 $\theta r/u$ 亦仅为0.2。而当周期比 T_t/T_1 大于0.85以后，相对扭转振动效应 $\theta r/u$ 值急剧增加。即使刚度偏心很小，偏心距 e 仅为 $0.1r$，当周期比 T_t/T_1 等于0.85时，相对扭转变形 $\theta r/u$ 值可达0.25；当周期比 T_t/T_1 接近1时，相对扭转变形 $\theta r/u$ 值可达0.5。由此可见，抗震设计中，应采取措施减少周期比 T_t/T_1 的值，使结构具有必要的抗扭刚度。

如果结构周期比 T_t/T_1 不满足《高层建筑规程》规定的上限值，应调整抗侧力结构的布置，增大结构的抗扭刚度。在满足结构层间位移角限值和位移比的条件下，可减小结构某些内部竖向构件的刚度，以增大结构平动周期；加大结构边端部位竖向构件抗扭刚度，以减小结构的扭转周期。

扭转耦联振动的主方向，可通过计算振型方向因子来判断。在两个平动和一个转动构成的三个方向因子中，当转动方向因子大于0.5时，则该振型可以认为是扭转为主的振型。

（2）《抗震规范》对多层建筑结构没有明确要求进行考虑偶然偏心影响的地震作用计算，但仍要求估计规定的水平地震作用下的扭转影响。因为即使是平面规则的建筑结构，也应考虑由于施工、使用等原因所产生的偶然偏心引起的地震扭转效应及地震地面运动扭转分量的影响。因此建议：

1）平面规则的多层建筑结构不考虑扭转耦联计算时，应采用增大边榀结构地震作用效应的简化方法处理。但SATWE软件目前还未实现边榀结构调整地震作用效应的功能。

2）《抗震规范》第3.4.3条、3.4.4条的条文说明要求，在计算结构的扭转位移比时，“给定水平力”的计算，要考虑偶然偏心的影响。也就是说，多层建筑在按单向地震作用来判断“扭转不规则”时，也应考虑偶然偏心的影响。

3）多层建筑结构，考虑偶然偏心影响的规定水平地震力作用下的位移比大于1.2时，属于不规则的结构，应考虑双向水平地震作用下的扭转影响。

（3）对竖向不规则的多高层建筑结构，包括某楼层抗侧刚度小于其上一层的70%或小于其上相邻三层侧向刚度平均值的80%，或结构楼层层间抗侧力结构的承载力小于其上一层的80%，或某楼层竖向抗侧力构件不连续，其薄弱层对应于地震作用标准值的地震剪力应乘以1.25的增大系数。

多高层建筑结构的薄弱层，除其地震剪力应乘以 1.25 的增大系数外，还宜按照《抗震规范》和《高层建筑规程》的规定，进行罕遇地震作用下的弹塑性变形验算。

(4) 目前在工程设计中应用的多数计算分析方法和计算机软件，大多数都假定楼板在平面内不变形，平面内刚度为无限大，这对于大多数工程来说是可以接受的。但当楼板平面比较狭长、有较大的凹入、大的开洞而使楼板在平面内有较大的削弱时，楼板可能产生显著的面内变形，这时刚性楼板的假定不再适用，要采用考虑楼板面内变形影响的计算方法和相应的计算程序。考虑楼板的实际刚度可以采用将楼板等效为剪弯水平梁的简化方法，也可以将楼板划分为单元后采用有限单元法进行计算。

(5) B 级高度的高层建筑结构、混合结构和《高层建筑规程》第 10 章所指的复杂高层建筑结构，其计算分析应符合下列要求：

1) 应采用至少两个不同力学模型的三维空间分析软件进行整体内力和位移计算。

2) 抗震计算时，宜考虑平扭耦联计算结构的扭转效应，振型数不应小于 15，对多塔楼结构的振型数不应小于塔楼数的 9 倍，且计算振型数应使振型参与质量不小于结构总质量的 90%。

3) 应采用弹性时程分析法进行补充计算。

4) 宜采用弹塑性静力或弹塑性动力分析方法补充计算。

(6) 对多塔楼结构，宜按整体模型和各塔分开的模型分别计算，并采用较不利的结果进行结构设计。当塔楼周边有裙楼超过两跨时，分塔楼模型宜至少附带两跨的裙楼结构。

(7) 对受力复杂的结构构件，宜按应力分析的结果校核配筋设计。

(8) 多高层建筑结构的薄弱层（部位），除必要的抗震验算外，应采取有效的抗震构造措施。

60. 钢筋混凝土多高层建筑主要有哪几种结构体系?

任何建筑结构都是由水平构件和竖向构件所组成的空间结构，它们不同的组成方式和荷载传递途径，构成了不同的结构体系。结构的水平构件包括板和梁，又称为楼、屋盖结构体系；竖向构件则包括墙、柱和支撑等。竖向荷载作用在楼、屋盖上，并由板传至梁，再由梁传至柱、墙、支撑等竖向构件，最后传至基础，这是任何建筑结构的最基本的受力和传力体系。水平荷载由梁、柱、墙、支撑等构件组成的并有楼、屋盖结构参与工作的抗侧力结构体系来承受和传递，最后传至基础。

结构抗侧力体系的选择，是建筑结构设计特别是高层建筑结构设计首先应当考虑和决策的问题。结构的抗侧力体系是否合理，既关系到结构的经济性，更关系到结构的安全和可靠性。在多数情况下，结构的抗侧力体系与结构竖向荷载的传力体系是统一的。

因此所谓的结构体系，是指结构抵抗竖向荷载和水平荷载时的传力途径及构件组成方式。

多高层建筑的结构体系主要有框架结构、剪力墙结构、部分框支剪力墙结构、框架-剪力墙结构、板柱-剪力墙结构、异形柱结构等；属于高层建筑的结构体系除上述结构体系外主要有筒体结构，包括框架-核心筒结构和筒中筒结构以及混合结构；属于复杂的高层建筑的结构体系主要有带转换层的结构、带加强层的结构、错层结构、多塔结构和连体结构，以及高层混合结构，即由钢框架或型钢（钢管）混凝土框架、钢外筒和型钢（钢管）混凝土外筒与钢筋混凝土筒体或型钢混凝土筒体所组成的共同承受竖向荷载和水平荷载（作用）的高层建筑结构。

多高层建筑结构应根据房屋的使用功能、房屋的高度、层数、高宽比、抗震设防类别、抗震设防烈度、场地类别、结构材料和施工技术条件等因素，选用合适的结构体系。

抗震设计的多高层建筑所选用的结构体系应符合下列要求：

（1）应具有明确的计算简图和合理的地震作用传递途径。

（2）应避免因部分结构或构件破坏而导致整个结构丧失抗震能力或对重力荷载的承载能力。

（3）应具备必要的抗震承载力、良好的变形能力和消耗地震能量的能力。

（4）对可能出现的薄弱部分，应采取措施提高抗震能力。

（5）宜有多道抗震防线。

（6）宜具有合理的刚度和承载力分布，避免因局部削弱或突变形成薄弱部位，产生过大的应力集中或塑性变形集中。

（7）结构在两个主轴方向的动力特性宜相近。

61. 框架结构体系有什么特点?

由梁、柱和楼、屋盖等构件组成的结构称为框架结构。框架结构可同时抵抗竖向荷载和水平荷载（作用）。框架结构的建筑平面布置灵活，柱网间距可大可小，其突出特点是便于获得较大的建筑使用空间。框架结构的另一特点是，构件类型少，设计、计算和施工都比较简单方便。

按照《抗震规范》的要求设计的钢筋混凝土框架结构，其延性大、耗能能力强，具有较好的抗震性能。但框架结构的抗侧力刚度较小，用于建造比较高的建筑时，需要截面尺寸较大的钢筋混凝土梁、柱才能满足规范的层间位移角限值的要求，减少了有效的使用空间，经济指标也不好；非结构构件的填充墙和装饰材料容易损坏，修复费用也较高。所以，在我国，钢筋混凝土框架结构的适用高度受到限制。在地震区，较高的高层建筑不宜采用钢筋混凝土框架结构。

钢筋混凝土框架结构主要用于多层商场、车站、展览馆、办公楼、餐厅、停车库等建筑中。

框架结构在水平荷载作用下侧向变形的特征为剪切型。

62. 剪力墙结构体系有什么特点?

由剪力墙（墙肢和连梁）和楼、屋盖等构件组成的结构称为剪力墙结构。钢筋混凝土剪力墙结构的特点是整体性好，抗侧刚度大，承受竖向荷载和水平荷载的能力也大，在水平力作用下侧移小，按照国家标准要求进行合理设计，能设计成抗震性能好的钢筋混凝土延性剪力墙结构。由于钢筋混凝土剪力墙结构的侧向变形小，承载能力大，且具有一定的延性，在历次大地震中，剪力墙结构破坏较少，表现出了令人满意的抗震性能（但仅就抗震延性而言，剪力墙结构不如框架结构）。钢筋混凝土剪力墙结构由于没有梁、柱等构件外露或凸出，便于房间内部布置，方便使用。

钢筋混凝土剪力墙结构的缺点是墙的间距较小，一般为3～8m，平面布置不灵活，建筑使用空间受到一定限制。

钢筋混凝土剪力墙结构在国内应用十分广泛，且主要用于住宅、宾馆、单身公寓等建筑中。钢筋混凝土剪力墙结构施工方便，且适用高度范围较大（多层及高层均适用），但由于自重大，刚度大，使剪力墙结构的基本周期较短，地震作用也较大，因此，高度很大的剪力墙结构并不经济。

钢筋混凝土剪力墙结构在水平力作用下，侧向变形的特征为弯曲型。

63. 框架-剪力墙结构体系有什么特点?

在结构中同时布置框架和剪力墙，就形成框架-剪力墙结构。在布置剪力墙时，将剪力墙布置在结构中间部位，并将两个方向的剪力墙围成筒体，就形成框架-核心筒结构，二者可以统称为框架-剪力墙结构。

框架-剪力墙结构是由两个变形性能不同的抗侧力单元共同工作、共同抵抗水平荷载的结构。由图4-17可见，框架在水平荷载作用下呈现剪切型变形，剪力墙在水平荷载作用下呈现弯曲型变形，在楼、屋面板水平刚度足够大时，使二者变形协调，整体结构呈现弯剪型变形；弯剪型侧向变形曲线的层间变形沿建筑物高度比较均匀，既减小了框架也减小了剪力墙单独抵抗水平力时的层间变形，故框架-剪力墙结构适合用于建造较高的建筑物。

图4-18表示了框架和剪力墙二者沿高度的剪力分配的典型情况，其正常协同工作的特点应当是，在底部，剪力墙分担的剪力大，框架分担的剪力很小，上

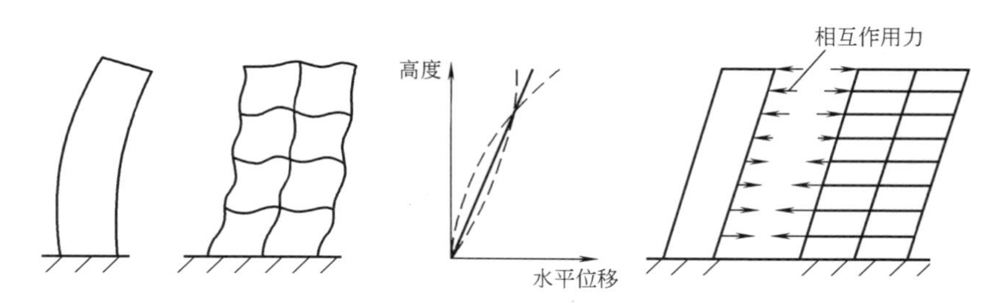

图 4-17　框架-剪力墙结构的变形和内力分布规律

部框架承受的剪力逐渐增大；由于框架的作用，在上部，剪力墙的变形出现反弯点，剪力墙可能出现负剪力。框架的层剪力分布一般在底部最小，向上逐渐增大，然后再逐渐减少。

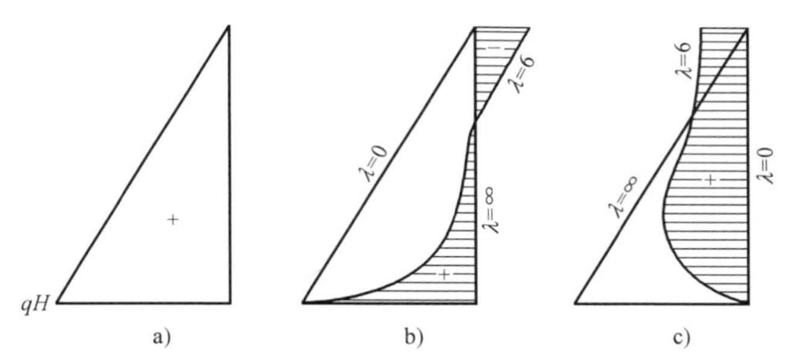

图 4-18　框架-剪力墙结构的剪力分配

a）框架-剪力墙结构总剪力　b）剪力墙剪力　c）框架剪力

框架-剪力墙结构不仅具有框架结构布置灵活、延性好及剪力墙结构刚度大、承载能力大的优点，在受力和变形特性方面，也综合了框架结构和剪力墙结构的优点。

在抗震设防地区，框架-剪力墙结构可以设计成双重抗侧力结构体系，一般情况下，抵抗地震作用时，剪力墙为第一道防线，框架为第二道防线，成为具有多道抗震设防防线的结构。

因此，框架-剪力墙结构体系适合用于建造较高的高层建筑结构，并且是多高层建筑中应用最为广泛的一种结构体系。

框架-剪力墙结构设计的关键是剪力墙的数量和布置，因此，结构工程师应当尽早参与建筑师的初步设计方案工作。

在平面上，框架-剪力墙结构中的剪力墙如果布置不当，造成较大偏心（刚心与质心距离较大），在水平力作用下将会引起结构扭转，在抗震设防地区，地震造成的扭转破坏多数是由于剪力墙布置不恰当引起的。

当建筑师给结构工程师的结构布置以一定的灵活性时，结构工程师应当尽量优化剪力墙的布置，剪力墙的数量不宜太少，但也不必太多，以满足规范规定的层间位移角限值为宜。剪力墙太多不仅加大地震力，而且使结构重量加大，施工工程量也相应增加等。剪力墙数量是否恰当，可以通过结构整体计算时剪力墙分配到的结构总剪力的多少来判断。剪力墙分配到的结构总剪力在 50% ~85% 之间较好。剪力墙分配到的剪力过大（超过 90%），框架需要调整的内力就多，证明框架太弱；剪力墙分配到的剪力过小，则框架部分的延性要求要提高，会导致用钢量增加，经济效果不好。

当建筑的布置对剪力墙的布置有较多限制时，结构工程师的主要任务就是应当尽量使剪力墙的布置均匀、结构的平面刚度对称，避免结构在水平力作用下产生过大的扭转；对于结构可能出现的薄弱部位，例如楼面凹入、开洞、局部突出等部位，必须采取可靠的加强措施。

框架-剪力墙结构中，剪力墙的数量还宜满足“剪力墙承担的地震倾覆力矩不小于结构总地震倾覆力矩的 50%”这个条件，否则框架-剪力墙结构将成为抗震性能不同的所谓“框架-剪力墙结构”。

为了适应工程设计的需要，2010 年版的《高层建筑规程》第 8.1.3 条，根据框架-剪力墙结构中，在规定的水平力作用下结构底层框架部分承受的地震倾覆力矩与结构总地震倾覆力矩的比值，确定了不同倾覆力矩比值的“框架-剪力墙结构”相应的设计方法，其应符合的规定如下：

（1）框架部分承受的地震倾覆力矩不大于结构总地震倾覆力矩的 10% 时，按剪力墙结构进行设计，其中的框架部分应按框架-剪力墙结构的框架进行设计。

（2）当框架部分承受的地震倾覆力矩大于结构总地震倾覆力矩的 10% 但不大于 50% 时，按框架-剪力墙结构进行设计。

（3）当框架部分承受的地震倾覆力矩大于结构总地震倾覆力矩的 50% 但不大于 80% 时，按框架-剪力墙结构进行设计，其最大适用高度可比框架结构适当增加，框架部分的抗震等级和轴压比限值宜按框架结构的规定采用。

（4）当框架部分承受的地震倾覆力矩大于结构总地震倾覆力矩的 80% 时，按框架-剪力墙结构进行设计。但其最大适用高度宜按框架结构采用，框架部分的抗震等级和轴压比限值应按框架结构的规定采用。当结构的层间位移角不满足框架-剪力墙结构的规定时，可按本规程第 3.11 节的有关规定进行结构抗震性能分析和论证。

64. 部分框支剪力墙结构体系有什么特点？

在多功能的公共建筑中，以及在要求下部作为商场的公寓和住宅楼等建筑中，常常要求结构上部楼层的部分竖向构件（剪力墙、框架柱）不直接连续贯通落地，以扩大结构底部使用空间的灵活性。这种结构要求荷载从上部剪力墙或柱子通过转换构件向下部柱子（框支柱）和落地剪力墙（筒体）传递。这种结构主要应用在剪力墙结构或筒中筒（密柱外框筒）结构中。当不直接连续贯通落地的部分竖向构件为剪力墙时，结构称为部分框支剪力墙结构，也称为底部大空间剪力墙结构。当不直接连续贯通落地的部分竖向构件为框架柱时，结构称为带托柱转换层的筒体结构。

部分框支剪力墙结构的转换构件通常采用梁式转换构件，即框支梁，也可采用桁架，必要时也可采用箱形结构和斜撑等转换构件；非抗震设计和6度抗震设计时转换构件还可以采用厚板。

图4-19给出了一个典型而规则的部分框支剪力墙结构框支梁及其上部邻近楼层剪力墙在竖向荷载作用下的竖向应力、水平应力及剪应力分布图。从图4-19b可见，上层剪力墙平面内均匀分布的竖向应力向下部框支柱集中，在框支柱顶部剪力墙局部面积上竖向应力很大。而框支柱柱间剪力墙的竖向应力愈接近中部愈小，其传力流与拱类似；由于它像拱一样传力，必须有拉杆平衡其向外推力，因此转换部位的拉应力较大；图4-19c表示了拉应力的分布，愈到下边缘拉应力愈大，框支梁除承受弯矩和剪力外还承受拉力，与拱拉杆作用类似；从图4-19d可见，剪应力较大的部位是在靠近框支柱的两侧。

部分框支剪力墙结构的转换部位是应力分布十分复杂的部位，结构整体分析时，当计算程序未能恰当地反映框支梁、柱及其上相邻1~3层剪力墙的受力时，应对转换部位进行局部的平面有限元补充分析，并应进行专门的设计和采取加强配筋等构造措施。

部分框支剪力墙结构是最典型的具有软弱层的结构，上部剪力墙的抗侧刚度很大，而底部框支框架的抗侧刚度很小，上、下部结构刚度相差悬殊，在水平荷载作用下，底部框支框架的层间变形将会很大，通常都会在框支柱两端出现塑性铰，底部框支柱往往因为不可能承受如此大的变形而导致破坏。因此，我国的规范和规程明确规定，不允许将全部或大部分剪力墙设计成框支剪力墙，必须与一定数量的落地剪力墙，形成底部大空间剪力墙结构。设置了落地剪力墙后，落地剪力墙与底部框支框架通过楼板协同工作，一方面使框支层变形大为减小，另一方面，通过转换层以上数层楼板的传递，框支剪力墙的大部分剪力转移到落地剪力墙上，从而避免引起软弱层的地震破坏。

《抗震规范》第6.1.9条规定，矩形平面的部分框支剪力墙结构，其框支层的楼层侧向刚度不应小于相邻非框支层楼层侧向刚度的50%；框支层落地剪力墙间距不宜大于24m，框支层的平面布置宜对称，且宜设抗震筒体；底层框架部分承担的地震倾覆力矩，不应大于结构总地震倾覆力矩的50%。

在高层建筑结构的底部，当上部楼层部分竖向构件（剪力墙、框架柱等）不能直接连续贯通落地时，应设置结构转换层，在结构转换层布置转换结构构件。

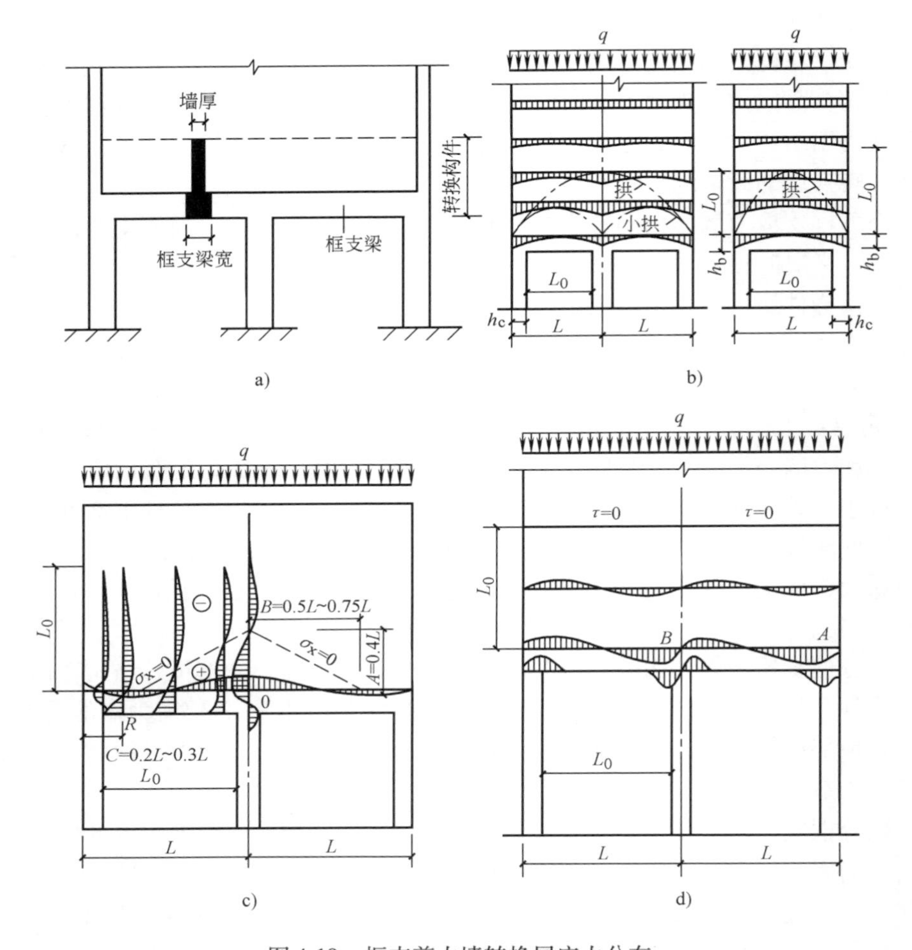

图 4-19　框支剪力墙转换层应力分布

a）框支剪力墙的转换构件　b）竖向应力 σ_y 分布　c）水平应力 σ_x 分布　d）剪应力 τ 分布

根据上部结构和下部结构布置的不同或体系的不同，结构转换除上述的上部为剪力墙、下部为部分框支框架的转换外，常用的还有上部为柱下部亦为柱的转换。这种结构的上、下部均为柱子的转换分为两类：一类是上、下部柱子在同一竖向平面内，下部仅减少柱子数量的转换；另一类是因为建筑物的上部立面收进而使上、下部柱子不在同一竖向平面内的转换。

关于结构转换的其他类型，可参阅徐培福等人编著的《复杂高层建筑结构设计》一书。

65. 筒体结构体系有什么特点？

（1）筒体结构主要包括框架-核心筒结构和筒中筒结构。

（2）框架-核心筒结构由剪力墙组成的核心筒和在核心筒周围布置的外框架组成。一般将楼电梯间、设备管井及某些服务性用房集中布置在核心筒内，办公用房、商业用房等需要较大空间的房间则布置在外框架部分。

框架-核心筒结构实际上是框架-剪力墙结构的一种特例，剪力墙组成的核心筒成为抵抗水平力的主要构件，因此有时把它归入筒体结构体系，但它的受力和变形特点与框架-剪力墙结构类似。框架-核心筒结构与框架-剪力墙结构一样，具有协同工作的许多优点。

框架-核心筒结构由于使用空间大而灵活，采光条件好，是高层公共建筑和高层办公用房等建筑的理想结构体系。

（3）筒中筒结构由外筒及内筒组成，外筒为密柱深梁框架组成的框筒，内筒为剪力墙围成的实腹筒。内筒可以设置楼电梯间及竖向管井等高层建筑所必须的服务性设施。

筒中筒结构不仅抗侧刚度很大，抗扭刚度也很大，而且层间变形也较均匀，适宜于建造更高层的高层建筑。

筒中筒结构与框架-核心筒结构的典型平面比较如图 4-20 所示。

筒中筒结构可以充分发挥结构的空间作用，在水平力作用下，除了与水平力方向一致的腹板框架承受部分倾覆力矩外，垂直于水平力方向的翼缘框架柱承受较大的拉、压力，也可以承受很大的倾覆力矩。

在筒中筒结构的翼缘框架中，各柱轴力大小成抛物线形分布，角柱的轴力大于平均值，远离角柱的柱轴力小于平均值，腹板框架柱的轴力也不是直线分布，详见图 4-21。这种现象称为剪力滞后。如何减少翼缘框架剪力滞后的影响是设计筒中筒结构的主要问题。

在水平力作用下，筒中筒结构的外框筒的变形以剪切型为主，内筒以弯曲型为主。外筒和内筒通过楼板协同工作。外框筒以承受倾覆力矩为主，承受的倾覆力矩一般可达 50% 以上，承受的剪力一般可达到层剪力的 25% 以上；内筒则承受大部分剪力：在下部，内筒承受的剪力很大，在上部，剪力逐渐转移到外框筒上。筒中筒结构的侧向变形曲线呈弯剪型，具有结构刚度大、层间变形均匀等特点。

（4）框架-核心筒结构在平面形式上与筒中筒结构比较相似，但由于结构周边为柱距较大的框架，因而在受力性能上两者有很大区别。

在水平荷载作用下，密柱深梁框筒的翼缘框架柱承受较大轴力，当柱距加大、裙梁的跨高比加大时，剪力滞后加重，柱轴力将随着框架柱距的加大而减小，但它们仍然会有一些轴力，也就是还有一定的空间作用，正是由于这一特点，有时把柱距较大的周边框架称为“稀柱筒体”。不过当柱距增大到与普通框架相似时，除角柱外，其他柱子的轴力将很小，由量变到质变，通常可忽略沿翼缘框架传递轴力的作用，就直接称之为框架以区别于框筒。框架-核心筒结构抵

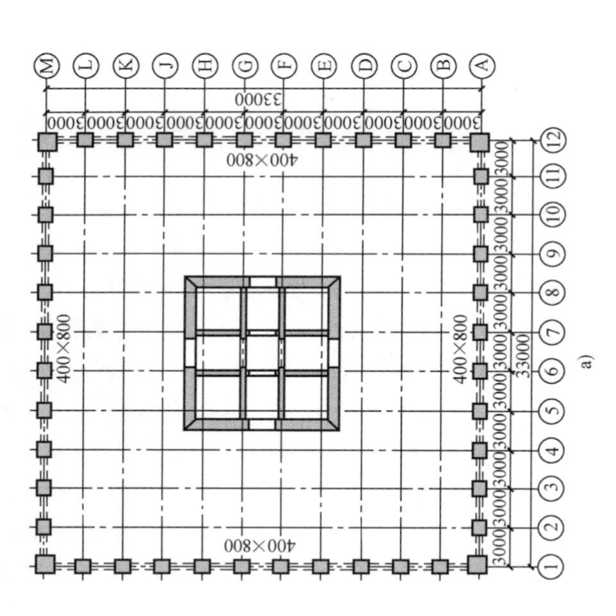

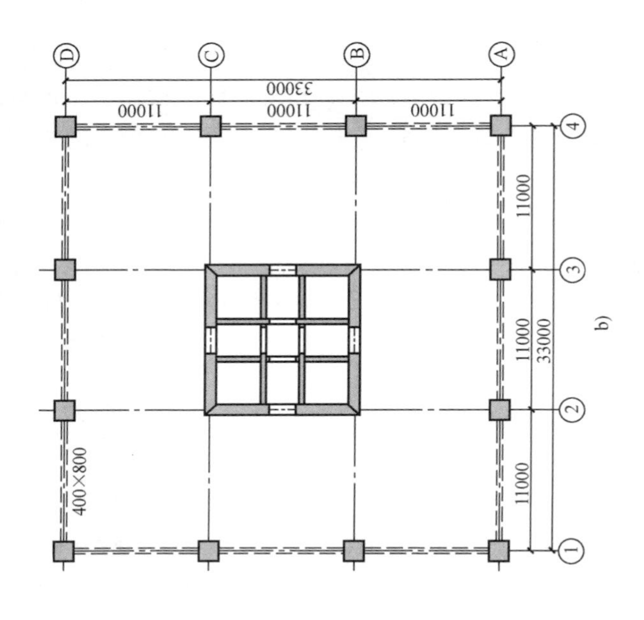

图4-20 筒中筒结构与框架-核心筒结构典型平面的比较

a）筒中筒结构典型平面 b）框架-核心筒结构典型平面

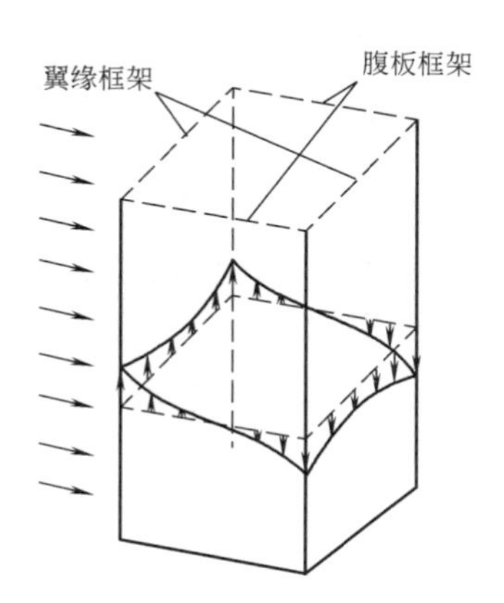

图 4-21　筒中筒结构的剪力滞后现象

抗水平荷载的受力性能与筒中筒结构有很大的不同，它更接近于框架-剪力墙结构。由于周边框架柱数量少、柱距大，框架分担的剪力和倾覆力矩都少，核心筒成为抗侧力的主要构件，所以框架-核心筒结构必须通过采取措施才能实现双重抗侧力体系。

现以图 4-20 所示的筒中筒结构与框架-核心筒结构的内力分配进行比较（见表 4-5），说明它们在受力方面的差别。两个结构的平面尺寸、结构高度和所受水平荷载均相同，结构层数 55 层，层高 3.4m，结构的楼板均采用平板。

表 4-5　筒中筒结构与框架-核心筒结构内力分配比较（%）

结构体系	基底剪力		倾覆力矩	
	实腹筒	周边框架	实腹筒	周边框架
筒中筒	72.6	27.4	34.0	66.0
框架-核心筒	80.6	19.4	73.6	26.4

从表 4-5 可知：

1）框架-核心筒结构的实腹内筒承受的剪力占 80.6%，倾覆力矩占 73.6%，比筒中筒结构的实腹内筒承受的剪力和倾覆力矩所占比例都大。

2）筒中筒结构的外框筒承受的倾覆力矩占 66%，承受的剪力占 27.4%；而框架-核心筒结构中，外框架承受的倾覆力矩仅占 26.4%，承受的剪力占 19.4%。

比较说明，框架-核心筒结构中实腹内筒成为主要抗侧力部分，而筒中筒结构中抵抗剪力以实腹内筒为主，抵抗倾覆力矩则以外框筒为主。

所以，在一般情况下筒中筒结构的外框筒能承受较多的剪力和倾覆力矩，筒中筒结构可以达到抗震设计的双重抗侧力体系的要求。

66. 高层混合结构体系有什么特点?

由钢框架或型钢（钢管）混凝土框架与钢筋混凝土核心筒及钢外筒或型钢（钢管）混凝土外筒与钢筋混凝土核心筒所组成的共同承受竖向和水平作用的高层建筑结构体系称为高层混合结构体系。采用混合结构体系可以充分发挥不同材料制成的构件的优点。根据《高层建筑规程》第11.1.2条规定，高层混合结构体系主要包括钢框架-钢筋混凝土核心筒、型钢（钢管）混凝土框架-钢筋混凝土核心筒、钢外筒-钢筋混凝土核心筒和型钢（钢管）混凝土外筒-钢筋混凝土核心筒四大类结构。

高层混合框架-核心筒结构体系的核心筒通常为钢筋混凝土实腹筒或型钢混凝土（也称为钢骨混凝土）实腹筒，而外框架则主要为钢框架或型钢混凝土框架，也可采用型钢混凝土柱-钢梁、型钢混凝土柱-钢筋混凝土梁、钢管混凝土柱-钢梁、钢管混凝土柱-钢筋混凝土梁等组合框架。

与钢筋混凝土框架-核心筒结构一样，混合框架-核心筒结构当用于抗震设防地区时，必须注意抗震设计的双重抗侧力体系的要求。为了使混合框架-核心筒结构成为具有双重抗侧力体系的结构，《高层建筑规程》第11.1.6条要求，混合结构框架所承担的地震剪力应符合《高层建筑规程》第9.1.11条的规定。

采用钢-混凝土混合结构时应当注意：

（1）钢-混凝土混合结构中由钢框架和钢筋混凝土核心筒组合而成的结构，虽然其造价较低，但它的最大适用高度和适用范围应受到限制。因为，在地震区，这种结构体系的周边钢框架侧向刚度很小（与钢筋混凝土核心筒相比），不能承担足够大的地震剪力，抗扭刚度也较小；而且，由于钢框架和钢筋混凝土核心筒二者变形性能的差异，在高度很大时，竖向变形差异大对构件受力也不利；特别是在地震作用下，结构破坏主要集中在钢筋混凝土核心筒，在高烈度地震区，这种结构体系的抗震性能还有待于进一步验证。

（2）钢-混凝土混合结构（特别是钢框架-钢筋混凝土核心筒结构）的抗震性能在很大程度上取决于钢筋混凝土核心筒，因此，必须采取有效措施来保证其抗震延性。

（3）当采用外钢框架时，由于调整系数大，需要较大截面的钢柱，可能不经济，这时可以采用型钢混凝土柱或钢管混凝土柱组成的组合框架；由于外框架柱截面加大，抗侧刚度增加，就可以提高其剪力分配比例而较好地实现双重抗侧力结构体系的要求。

（4）当建筑物高度较大或抗震设防烈度较高时，钢-混凝土混合结构的核心筒宜采用型钢混凝土核心筒，以进一步改善核心筒的抗震延性。

67. 板柱-剪力墙结构体系有什么特点?

（1）由板和柱无梁或少数梁组成承受竖向荷载和水平荷载的结构，称为板柱结构。板柱结构在侧向水平力作用下的受力性能与框架结构类似，只不过以柱上板带代替了框架梁，是框架结构的一种特殊形式。板柱结构由于没有框架梁，便于设备管线通过，层高相对较低，在工程中时有应用。但由于没有框架梁，板柱结构的侧向刚度比梁柱框架差，其受力性能，特别是抗震性能不好，故板柱结构仅适用于层数不多的非抗震设计的低层房屋建筑。板柱结构每个方向单列柱数不应少于 3 根。

由于板柱结构体系受力不好，《抗震规范》和《高层建筑规程》均未将这种结构体系列入规范或规程中。

（2）为了加强板柱结构的侧向刚度，改善其受力性能，必须同时设置剪力墙（或剪力墙组成的筒体）以承担侧向力，形成板柱-剪力墙结构。板柱-剪力墙结构的受力状态类似于框架-剪力墙结构。板柱-剪力墙结构中的板柱部分不仅侧向刚度差，无梁板与柱的连接又最为薄弱，在地震力的反复作用下易在板柱交接处出现裂缝，严重时会发展成为通缝，使板失去支承而脱落。因此，板柱-剪力墙结构房屋的最大适用高度受到限制。板柱-剪力墙结构适用于非抗震设防地区的多高层建筑以及抗震设防烈度不超过 8 度地区的多高层建筑。由于板柱-剪力墙结构是非典型的双重抗侧力体系结构，抗震性能不大好，在水平地震力作用下，《抗震规范》第 6. 4. 4 条规定，当房屋高度大于 12m 时，剪力墙应承担结构的全部地震作用；房屋高度不大于 12m 时，剪力墙宜承担结构的全部地震作用。各层板柱和框架部分除应满足计算要求外，并应能承担不少于该层相应方向地震剪力的 20%。

（3）板柱-剪力墙结构的最大适用高度应符合表 4-6 的规定。

表 4-6　板柱结构和板柱-剪力墙结构房屋建筑的最大适用高度

（单位：m）

结构类型	非抗震设计	抗震设计			
		6 度	7 度	8 度	
				0. 2g	0. 3g
板柱-剪力墙结构	110	80	70	55	40

注：9 度抗震设防地区不应采用板柱-剪力墙结构。

（4）板柱-剪力墙结构的最大高宽比不宜超过表 4-7 的规定。

（5）抗震设计时，板柱结构不应有错层，也不应出现短柱。当楼梯间等处局部有短柱时，应采取可靠的加强措施。

表 4-7　板柱-剪力墙结构的最大高宽比

结构类型	非抗震设计	抗震设计	
		6 度、7 度	8 度
板柱-剪力墙结构	6	5	4

（6）当板柱-剪力墙结构的剪力墙组成筒体并居中布置时，板柱-剪力墙结构就形成板柱-核心筒结构。板柱-核心筒结构是板柱-剪力墙结构的特例。

板柱-核心筒结构与平板楼盖的框架-核心筒结构有形似之处，但应注意两者的区别，不要误将平板楼盖的框架-核心筒结构误认为是板柱-核心筒结构而限制其最大适用高度。

通常，板柱-核心筒结构中无梁楼盖的面积较大，无梁柱承受了大部分的竖向荷载，见图 4-22a；而图 4-22b 给出的结构平面图中，虽然也存在无梁柱，但是数量少（也可能没有，见图 4-20），周边框架和内筒是抵抗竖向荷载和水平力的主要结构体系，这种结构可以归入框架-核心筒结构。

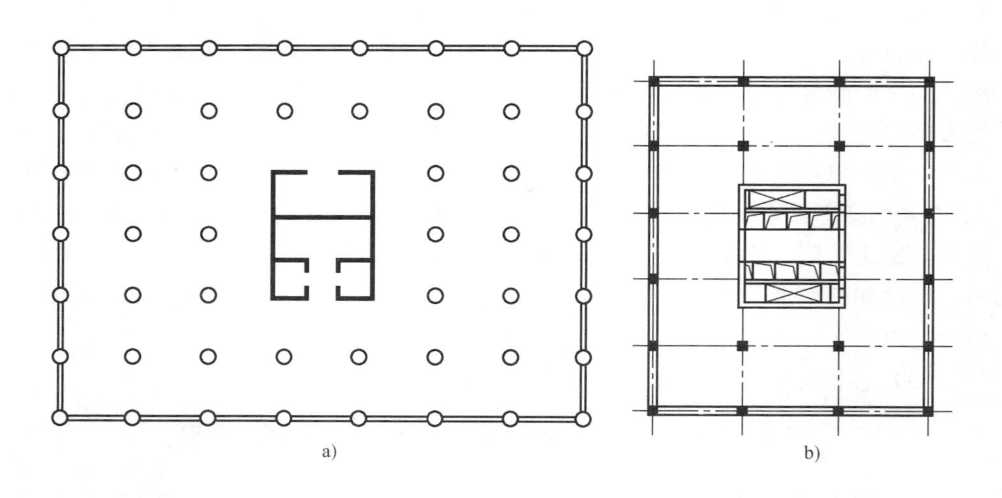

图 4-22　板柱-核心筒结构与框架-核心筒结构比较
a）板柱-核心筒结构　b）框架-核心筒结构

（7）板柱-剪力墙结构在水平荷载作用下，侧向变形特征与框架-剪力墙结构类似，属于弯剪型，接近弯曲型。

68. 异形柱结构体系有什么特点？

（1）异形柱是指截面形状为 L 形、T 形、十字形，且截面各肢的肢高与肢厚之比不大于 4 的钢筋混凝土柱。异形柱截面的肢厚不应小于 200mm，肢高不应小于500mm。抗震设计时，异形柱的剪跨比不应小于1.5。

全部由异形柱或主要由异形柱组成的结构，称为异形柱结构，即异形柱结构中的框架柱可全部采用异形柱，也可部分采用一般框架柱。异形柱结构包括异形柱框架结构和异形柱-剪力墙结构。

当根据建筑功能需要设置底部大空间时，可通过框架底部抽柱并设置转换梁，形成底部抽柱带转换层的异形柱结构，其结构设计应符合《混凝土异形柱结构技术规程》JGJ 149—2006（以下简称《异形柱规程》）附录A的规定。

（2）采用异形柱结构可以避免框架柱在室内突出，从而少占建筑空间，改善建筑观瞻，为建筑设计及使用功能带来灵活性和方便性；同时可结合墙体改革，采用保温、隔热、轻质、高效的墙体材料作为框架填充墙及内隔墙，代替传统的烧结普通砖墙，以贯彻国家关于节约能源、节约土地、利用废料、保护环境的政策。

混凝土异形柱结构体系与一般矩形柱结构体系之间既存在着共性，也具有各自的特性。异形柱与矩形柱二者之间在截面特性、内力和变形特性、抗震性能等方面也有显著差异。因此，异形柱结构房屋的最大适用高度和最大高宽比均受到较严格的限制，抗震设计要求也较非异形柱结构要高。

异形柱结构适用的房屋最大高度详见本书第二章第34问表2-11；异形柱结构适用的最大高宽比详见本书第二章第35问表2-14。

抗震设防烈度为8度0.3g及9度时的房屋，不应采用异形柱结构。

（3）异形柱结构宜采用规则的结构设计方案。抗震设计时，不应采用特别不规则的结构设计方案，不应采用多塔、连体和错层等复杂的结构形式，也不应采用单跨异形柱框架结构。

抗震设计时，平面扭转不规则的结构，楼层竖向构件的最大水平位移和层间位移与该楼层两端弹性水平位移和层间位移平均值的比值不应大于1.45。

（4）抗震设计时，异形柱结构，除在结构两个主轴方向分别计算水平地震作用并进行抗震验算外，7度（0.15g）及8度（0.20g）时，尚应对与主轴成45°方向进行补充验算。

在计算单向水平地震作用时应计入扭转影响；对位移比大于1.20的扭转不规则结构，水平地震作用计算应计入双向水平地震作用下的扭转影响。

（5）在多遇地震作用下，异形柱结构的弹性层间位移角限值要比非异形柱结构严；在罕遇地震作用下，异形柱结构的弹塑性层间位移角限值比非异形柱结构也要严。异形柱结构的弹性层间位移角限值见本书第二章第36问表2-18；异形柱结构的弹塑性层间位移角限值见本书第二章第37问表2-23。

69. 复杂高层的钢筋混凝土结构包括哪些结构体系？有哪些设计要点？

《高层建筑规程》第10章所指的复杂高层钢筋混凝土结构主要包括：带转换层的结构、带加强层的结构、错层结构、连体结构以及竖向体型收进、悬挑结构。这五种结构，其竖向布置不规则，传力途径复杂，有的工程项目平面布置也不规则。由于这些结构属于不规则的结构，在地震作用下容易形成敏感的薄弱部位而造成震害，所以，《高层建筑规程》对这些复杂的结构在地震区的适用范围增加了专门限制。

《高层建筑规程》第10章对上述五种复杂高层钢筋混凝土结构的设计也作出了专门的规定。只要按照规程的各项规定进行结构设计，在规程规定的适用范围内，能使复杂的高层钢筋混凝土结构的抗震性能得到改善，并能满足抗震设防的要求；若超出适用范围，则需进行专门研究。

（1）带转换层的高层建筑结构。

在高层钢筋混凝土结构的底部，当上部楼层的部分竖向构件（剪力墙、框架柱等）不能直接连续贯通落地时，应设置结构转换层，在结构转换层布置转换结构构件。转换结构构件可采用梁、桁架、空腹桁架、箱形结构、斜撑等；非抗震设计和6度抗震设计时，转换构件可采用厚板，7、8度抗震设计的地下室的转换构件也可采用厚板。

关于结构转换层的设置位置，《高层建筑规程》规定，底部大空间部分框支剪力墙高层建筑结构在地面以上的大空间层数，8度时不宜超过3层，7度时不宜超过5层，6度时其层数可适当增加；底部带转换层的框架-核心筒结构和外筒为密柱框架的筒中筒结构，其转换层位置可适当提高。

带转换层的建筑结构，除了一般情况下应进行的整体计算外，应按规程的要求补充必要的整体计算和局部计算。当转换层在地上一层和二层时，应补充转换层与其相邻上层结构等效剪切刚度比的计算；当转换层在地上二层以上时，应补充转换层下部结构与上部结构等效侧向刚度比的计算。

对部分框支剪力墙结构，当转换层的位置设置在3层及3层以上时，其框支柱、剪力墙底部加强部位的抗震等级宜按《高层建筑规程》表3.9.3和表3.9.4的规定提高一级采用，已为特一级时可不提高。

带托柱转换层的筒体结构，其转换柱和转换梁的抗震等级按部分框支剪力墙结构中的框支框架采纳。

特一、一、二级转换结构构件的水平地震作用计算内力应分别乘以增大系数1.9、1.6、1.3；转换结构构件应按《高层建筑规程》第4.3.2条的规定考虑竖向地震作用。

部分框支剪力墙结构中，框支转换层楼板厚度不宜小于180mm，应双层双向配筋，且每层每方向的配筋率不宜小于0.25%，落地剪力墙和筒体外围的楼板不宜开洞。楼板边缘和较大洞口周边应设置边梁，其宽度不宜小于板厚的2倍，全截面纵向钢筋配筋率不应小于1.0%。与转换层相邻楼层的楼板也应适当加强。

（2）带加强层的高层建筑结构。

当框架-核心筒结构的侧向刚度不能满足设计要求时，可沿竖向利用建筑物的避难层、设备层空间，设置刚度适宜的水平伸臂构件，构成带加强层的高层钢筋混凝土结构。必要时，加强层也可同时设置周边水平环带构件。加强层的水平伸臂构件、周边环带构件可采用斜腹杆桁架、实体梁、整层或跨若干层高的箱形梁、空腹桁架等形式。

加强层的位置和数量要合理有效。当布置1个加强层时，位置可在$0.6H$（H为建筑物的高度）附近；当布置2个加强层时，其位置可在顶层和$0.5H$附近；当布置多个加强层时，加强层宜沿竖向从顶层向下均匀布置。

加强层水平伸臂构件宜贯通核心筒，其平面布置宜位于核心筒的转角、T字节点处；水平伸臂构件与周边框架的连接宜采用铰接或半刚接。

结构内力和位移计算时，设置水平伸臂桁架的楼层宜考虑楼板平面内的变形。

加强层及其相邻层的框架柱、核心筒应加强配筋构造。

加强层及其相邻层楼盖的刚度和配筋应加强。

在施工程序及连接构造上应采取措施减小结构竖向温度变形及轴向压缩差的影响，结构分析模型也应能反映施工措施的影响。

框架-核心筒结构设置加强层后，其稀柱框架的轴力可平衡较大一部分水平力产生的倾覆力矩，从而减少核心筒（内筒）的弯曲变形，并转换为外围框架柱的轴向变形，结构在水平力作用下的侧移可明显减少。

对于侧向刚度比较大的结构，如筒中筒结构等，没有必要设置加强层，即使设置了加强层，对于提高结构侧向刚度的效果也不明显。

抗震设计时，不宜设置刚度很大的“刚性”加强层，这种加强层虽可减少整体结构侧移，但会引起结构竖向刚度突变、加强层附近结构内力剧增。

抗震设计时，加强层及其相邻层的框架柱、核心筒剪力墙的抗震等级应提高一级采用，一级应提高至特一级，但抗震等级已经为特一级时应允许不再提高。

加强层及其相邻层的框架柱，箍筋应全柱段加密配置，轴压比限值应按其他楼层框架柱的数值减小0.05采用。

加强层及其相邻层核心筒剪力墙应设置约束边缘构件。

（3）错层高层建筑结构。

抗震设计时，高层建筑宜避免错层布置，当房屋不同部位因使用功能不同而使楼层错层时，宜采用防震缝将其划分为独立的结构单元。

错层结构两侧的结构侧向刚度和结构布置应尽量接近，否则必定加重结构的不规则程度，而且错层结构往往是结构平面布置不规则的结构，从而引起较大的扭转效应。此外，错层结构两侧的结构侧向刚度和结构布置差别较大，也难以满足《高层建筑规程》有关竖向不规则或平面不规则的各项规定。

错层结构中，错开的楼层应各自参加结构整体计算，不应归并为一层计算。只有当结构错层高度不大于框架梁的截面高度时，才可以近似地忽略错层因素的影响，将错层归并为同一楼层参加结构整体计算，这一楼层的标高可以近似取两部分楼面标高的平均值。

错层处的框架柱，抗震设计时除抗震等级应提高一级采用外，在设防烈度地震作用下，错层处框架柱的截面承载力宜符合《高层建筑规程》公式（3.11.3-2）的要求。

错层处平面外受力的剪力墙，应设置与之垂直的墙肢或扶壁柱；抗震设计时，其抗震等级也应提高一级采用。

（4）多塔楼结构、竖向体型收进结构及悬挑结构

多塔楼高层建筑结构是指多个高层建筑结构的底部有连成整体的大裙房，形成大底盘这样一类结构。当1幢高层建筑结构的底部设有较大面积的裙房时，称为带底盘的单塔楼结构，是多塔楼结构的一个特例。多个塔楼仅通过地下室连为一体，地上无裙房或有局部小裙房但不连为一体的结构，一般不属于《高层建筑规程》第10章所指的大底盘多塔楼结构。

带大底盘的高层建筑，结构在大底盘上层突然收进，属于竖向不规则结构；大底盘上有2个或多个塔楼时，结构振型复杂，并会产生复杂的扭转振动；如果结构布置不当，竖向刚度突变、扭转振动反应及高振型影响将会加剧。

抗震设计时，多塔楼建筑结构各个塔楼的层数、平面布置和刚度宜接近；塔楼对底盘宜对称布置。上部塔楼结构的综合质心与底盘结构质心的距离不宜大于底盘相应边长的20%。

抗震设计时，转换层不宜设置在底盘屋面的上层塔楼内；否则，应采取有效的抗震措施。

塔楼中与裙房相连的外围柱、剪力墙，从固定端至裙房屋面上一层的高度范围内，柱纵向钢筋的最小配筋率宜适当提高，剪力墙宜按《高层建筑规程》第7.2.15条的规定设置约束边缘构件，柱箍筋宜在裙楼屋面上、下层的范围内全高加密；当塔楼结构相对于底盘结构偏心收进时，应加强底盘周边竖向构件的配筋构造措施。

大底盘多塔楼结构，可按《高层建筑规程》第5.1.14条规定的整体和分塔楼计算模型分别验算整体结构和各塔楼结构扭转为主的第一周期与平动为主的第

一周期的比值，并应符合《高层建筑规程》第3.4.5条的有关要求。

多塔楼高层建筑结构，通常采用的两种计算模型：第一种是将各塔楼离散开，分别计算，可以称之为“分塔模型”；第二种是把各塔楼连同大底盘组合在一起，作为一个整体进行计算，可以称之为“整体模型”。

《高层建筑规程》第5.1.14条还规定，对多塔楼结构宜按整体模型和各塔楼分开的模型分别计算，并采用较不利的结果进行结构设计。当塔楼周边是裙楼超过两跨时，分塔楼模型宜至少附带两跨的裙楼结构。

《高层建筑规程》第10.6.1条所指的竖向体型收进结构和悬挑结构，是指体型收进和悬挑程度超过《高层建筑规程》第3.5.5条限值的竖向不规则的高层建筑结构。

抗震设计时，悬挑结构设计应考虑竖向地震的影响，悬挑结构的关键构件以及与之相邻的主体结构关键构件的抗震等级宜提高一级采用，一级提高至特一级，抗震等级已经为特一级时，允许不再提高；在预估罕遇地震作用下，悬挑结构关键构件的截面承载力宜符合《高层建筑规程》公式（3.11.3-3）的要求。

抗震设计时，体型收进的高层建筑结构、底盘高度超过房屋高度20%的多塔楼结构，体型收进处宜采取措施减小结构刚度的变化，上部收进结构的底部楼层层间位移角不宜大于相邻下部区段最大层间位移角的1.15倍；抗震设计时，体型收进部位上、下各2层塔楼周边竖向结构构件的抗震等级宜提高一级采用，一级提高至特一级，抗震等级已经为特一级时，允许不再提高；结构偏心收进时，应加强收进部位以下2层结构周边竖向构件的配筋构造措施。

多塔楼结构以及体型收进、悬挑结构，竖向体型突变部位的楼板宜加强，楼板厚度不宜小于150mm，宜双层双向配筋，每层每方向钢筋网的配筋率不宜小于0.25%。体型突变部位上、下层结构的楼板也应加强构造措施。

（5）连体高层建筑结构。

连体高层建筑结构一般有两种形式。连体高层建筑结构的第一种形式为架空连廊式，即在两个建筑物之间设置1个或多个连廊。连廊的跨度有的为几米，有的长达几十米，连廊的宽度一般都在10m以内。连体高层建筑结构的第二种形式称为凯旋门式，这种形式的两个主体结构一般采用对称的平面形式，在两个主体结构的顶部若干层连接成整体楼层，连接体的宽度与主体结构的宽度相等或接近。

连体高层建筑结构自振振型较为复杂，前几个振型与单体建筑明显不同，除顺向振型外，还出现反向振型；连体高层建筑结构总体为一开口薄壁构件，扭转性能较差，在地震时容易发生扭转破坏。

连体高层建筑结构各独立部分宜有相同或相近的体型、平面布置和刚度，宜采用双轴对称的平面形式。7、8度抗震设计时，层数和刚度相差悬殊的建筑不宜采用连体结构。

连体高层建筑结构的连接体结构与主体结构宜采用刚性连接。刚性连接时，连接体结构的主要结构构件应至少伸入主体结构内一跨并可靠连接；必要时连接体结构可延伸至主体结构的内筒，并与内筒可靠连接。

连接体结构与主体结构采用滑动连接时，支座滑移量应能满足两个方向在罕遇地震作用下的位移要求，并应采取防坠落、撞击措施。罕遇地震作用下的位移要求，应采用时程分析方法进行计算复核。

刚性连接的连接体结构可设置钢梁、钢桁架和型钢混凝土梁，型钢应伸入主体结构至少一跨并可靠锚固。连接体结构的边梁截面宜加大；楼板厚度不宜小于150mm，宜采用双层双向钢筋网，每层每方向钢筋网的配筋率不宜小于0.25%。当连接体结构包含多个楼层时，应特别加强其最下面一个楼层及顶层的构造设计。

抗震设计时，连接体及与连接体相连的结构构件在连接体高度范围及其上、下层，抗震等级应提高一级采用，一级提高至特一级，但抗震等级已经为特一级时应允许不再提高；与连接体相连的框架柱在连接体高度范围及其上、下层，箍筋应全柱段加密配置，轴压比限值应按其他楼层框架柱的数值减小0.05采用；与连接体相连的剪力墙在连接体高度范围及其上、下层应设置约束边缘构件。

关于连体结构的计算，刚性连接的连接体楼板应按《高层建筑规程》第10.2.24条进行受剪截面和承载力验算；刚性连接的连接体楼板较薄弱时，宜补充分塔楼模型计算分析。

7度（0.15g）和8度抗震设计时，连体结构的连接体应考虑竖向地震的影响。

（6）关于设“缝”结构的设计要点。

这里所说的“缝”主要是指沉降缝、伸缩缝和防震缝。就上部结构而言，“缝”主要是指伸缩缝或防震缝。“缝”将结构地上部分划分成几个较短的结构单元或几个较规则的抗侧力结构单元，各结构单元之间完全分开。所以，各结构单元有独立的变形，若忽略基础（地下室部分）变形的影响，各单元之间是相对独立的。这是与多塔楼结构不同之处，因为多塔楼结构的各塔通过底盘连成一体相互产生影响。

对于设“缝”结构，同多塔楼结构一样，也有“分塔模型”和“整体模型”两种计算模型。

对上部结构而言，任何设“缝”结构都可以采用“分塔模型”对每个结构单元逐一进行设计计算，而且，除与风荷载计算有关的计算结果外，其他所有的计算结果都是正确的。因此，在用旧版本的SATWE软件进行结构设计计算时，对于设“缝”结构，一定要补充“分塔模型”计算。按照2010年系列新规范版本修订的新版SATWE软件已为用户增设了遮挡面功能，程序根据遮挡面信息可以自动修正各塔楼的风荷载，使得挨得很近的设“缝”结构，其风荷载的计算也是完全准确的。

采用“分塔模型”虽然可以得到各结构单元的正确设计结果，但在绘制施工图时，却无法整层绘制，也无法自动完成整层或全楼的归并，在传递基础设计荷载时，也不能同时传递整个上部结构的荷载。所以，在设计设“缝”结构时，也离不开采用“整体模型”进行分析和设计计算。采用“整体模型”时，应把每个结构单元定义成多塔，程序会采用多塔楼结构的计算模型对结构进行设计计算。

采用“整体模型”计算的结果，除周期比外，其他结果都是对的。

（7）以上各种复杂高层建筑结构的示意图如图 4-23 所示。

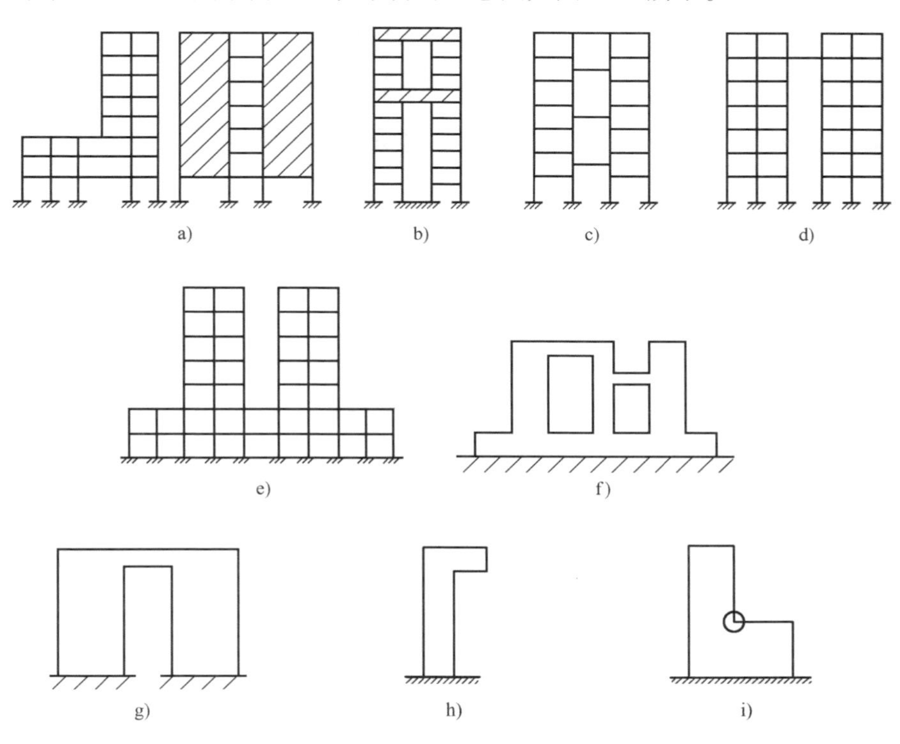

图 4-23　复杂高层建筑结构示意

a）带转换层的结构　b）带加强层的结构　c）错层结构　d）连体结构（连廊式）
e）多塔楼结构　f）大底盘多塔楼连体结构　g）连体结构（凯旋门式）
h）悬挑结构　i）竖向体型收进结构

第五章

地基与基础

地基与基础工程设计的重要依据文件之一是岩土工程勘察报告。岩土工程勘察报告应具有足够的深度，既要满足勘察规范的规定和结构设计的需要，又要符合工程场地的实际情况。正确理解和合理应用岩土工程勘察报告，按照现行国家标准进行地基与基础工程设计，是结构工程师的首要任务。

70. 岩土工程勘察报告的内容和深度应符合哪些要求?

（1）各类工程建设项目在设计和施工之前，必须按基本建设程序进行岩土工程勘察。岩土工程勘察应按工程建设各勘察阶段的要求，正确反映工程地质条件，查明不良地质作用和地震灾害，精心勘察、精心分析，提出资料完整、评价正确的勘察报告。

建筑工程的岩土工程勘察宜分阶段进行，可行性研究勘察应符合选择场地方案的要求；初步勘察应符合初步设计的要求；详细勘察应符合施工图设计的要求；场地条件复杂的或有特殊要求的工程，宜进行施工勘察。

场地较小且无特殊要求的工程可合并勘察阶段。当建筑平面布置已经确定，且场地或其附近已有岩土工程资料时，可根据实际情况，直接进行详细勘察。

（2）地基基础设计前进行的岩土工程勘察（详细勘察），应符合下列规定。

1）岩土工程勘察报告应提供下列资料：

① 有无影响建筑场地稳定性的不良地质作用，评价其危害程度。

② 建筑物范围内的地层结构及其均匀性，各岩土层的物理力学性质指标，以及对建筑材料的腐蚀性。

③ 地下水埋藏情况、类型和水位变化幅度及规律，以及对建筑材料的腐蚀性。

④ 在抗震设防地区应提供场地的抗震设防烈度、设计基本地震加速度及设计地震分组，应划分场地土类型和场地类别，应划分对抗震有利、一般、不利或危险的地段，并对饱和砂土及粉土进行液化判别。

⑤ 对可供采用的地基基础设计方案进行论证分析，提出经济合理、技术先进的设计方案建议；提供与设计要求相对应的地基承载力及变形计算参数，并对设计与施工中应注意的问题提出建议。

⑥ 当工程需要时，尚应提供：

(a) 深基坑开挖的边坡稳定计算和支护设计所需要的岩土技术参数，论证其对周边环境和已有建筑物和地下设施的影响。

(b) 基坑施工降水的有关技术参数及地下水控制方法的建议。

(c) 提供地下水的防治方案、防水设计水位和抗浮设计水位的建议。

(d) 提供时程分析法所需要的土层剖面、场地覆盖层厚度和土层剪切波速等有关的动力参数。

2) 地基评价宜采用钻探取样、室内土工试验、触探，并结合其他原位测试方法进行。设计等级为甲级的建筑物应提供载荷试验指标、抗剪强度指标、变形参数指标和触探资料；设计等级为乙级的建筑物应提供抗剪强度指标、变形参数指标和触探资料；设计等级为丙级的建筑物应提供触探及必要的钻探和土工试验资料。

3) 建筑物地基均应进行施工验槽。当地基条件与原勘察报告不符时，还应进行施工勘察。

(3) 对高层建筑工程中遇到的下列特殊岩土工程问题，应根据专门的岩土工程工作或分析研究，提出专题咨询报告：

1) 场地范围内或附近存在性质或规模尚不明的活动断裂带及地裂缝、滑坡、高边坡、地下采空区等不良地质作用的工程。

2) 水文地质条件复杂或环境特殊，需现场进行专门水文地质试验，以确定水文地质参数的工程；或需进行专门的施工降水、截水设计，并需分析研究降水、截水对建筑本身及邻近建筑和设施影响的工程。

3) 对地下水防护有特殊要求，需进行专门的地下水动态分析研究，并需进行地下室抗浮设计的工程。

4) 建筑结构特殊或对差异沉降有特殊要求，需进行专门的上部结构、地基与基础共同作用分析计算与评价的工程。

5) 根据工程要求，需对地基基础方案进行优化、比选分析论证的工程。

6) 抗震设计所需的时程分析评价。

7) 有关工程设计重要参数的最终检测、核定等。

71. 地基基础的设计等级如何划分？哪些建筑物应按地基变形设计或变形验算？

地基基础设计，应考虑上部结构和地基基础的共同作用，对建筑体型、荷载情况、结构类型和地质条件进行综合分析，确定合理的建筑措施、结构措施和地基处理方法。为了满足各类建筑物的设计要求，提高设计质量，减少设计失误，《建筑地基基础设计规范》GB 50007—2011（以下简称《地基基础规范》）根据地基变形、建筑物规模和功能特点以及由于地基问题可能造成建筑物破坏或影响正常使用的程度，将地基基础设计分为三个设计等级，对不同设计等级的建筑物地基基础设计对地基承载力取值方法、勘探要求、变形控制原则等在规范的有关条文里进行了规定。

建筑地基基础设计等级是按照地基基础设计的复杂性和技术难度确定的，划分时考虑了建筑物的性质、规模、高度和体型，对地基变形的要求，场地和地基条件的复杂程度，以及由于地基问题对建筑物的安全和正常使用可能造成影响的严重程度等因素。

地基基础设计等级采用三级划分，如表 5-1 所示。

表 5-1 地基基础设计等级

设计等级	建筑和地基类型
甲级	重要的工业与民用建筑物；30 层以上的高层建筑；体型复杂，层数相差超过 10 层的高低层连成一体的建筑物；大面积的多层地下建筑物（如地下车库、商场、运动场等）；对地基变形有特殊要求的建筑物；复杂地质条件下的坡上建筑物（包括高边坡）；对原有工程影响较大的新建建筑物 场地和地基条件复杂的一般建筑物；位于复杂地质条件及软土地区的二层及二层以上地下室的基坑工程；开挖深度大于 15m 的基坑工程；周边环境条件复杂、环境保护要求高的基坑工程
乙级	除甲级、丙级以外的工业与民用建筑物；除甲级、丙级以外的基坑工程
丙级	场地和地基条件简单、荷载分布均匀的七层及七层以下民用建筑及一般工业建筑物；次要的轻型建筑物；非软土地区且场地地质条件简单、基坑周边环境条件简单、环境保护要求不高且开挖深度小于 5.0m 的基坑工程

在地基基础设计等级为甲级的建筑物中，①30 层以上的高层建筑，不论其体型复杂与否均列入甲级，这是考虑到其高度和重量对地基承载力和变形均有较高要求，采用天然地基往往不能满足设计需要，而须考虑桩基或进行地基处理；②体型复杂、层数相差超过 10 层的高低层连成一体的建筑物，是指在平面上和立面上高度变化较大、体型变化复杂，且建于同一整体基础上的高层宾馆、办公楼、商业建筑等建筑物，由于上部荷载大小相差悬殊，结构刚度和构造变化复杂，很容易出现地基不均匀变形，为使地基变形不超过建筑物的允许值，地基基础设计的复杂程度和技术难度较大，有时需要采用多种地基和基础类型或考虑采用地基与基础和上部结构共同作用的变形分析计算来解决不均匀沉降对基础和上部结构的影响问题；③大面积的多层地下建筑物存在深基坑开挖的降水、支护和对邻近建筑物可能造成严重不良影响等问题，增加了地基基础设计的复杂性，有些地面以上没有荷载或荷载很小的大面积多层地下建筑物，如地下停车场、商场、运动场等还存在抗地下水浮力设计等问题；④复杂地质条件下的坡上建筑物，是指坡体岩土的种类、性质、产状和地下水条件变化复杂等对坡体稳定性不

利的情况，此时应作坡体稳定性分析，必要时应采取整治措施；⑤对原有工程有较大影响的新建建筑物，是指在原有建筑物旁和在地铁、地下隧道、重要地下管道上或旁边新建的建筑物，当新建建筑物对原有工程影响较大时，为保证原有工程的安全和正常使用，增加了地基基础设计的复杂性和难度；⑥场地和地基条件复杂的建筑物，是指建筑物建在不良地质现象强烈发育的场地，如泥石流、崩塌、滑坡、岩溶土洞塌陷等，或地质环境恶劣的场地，如地下采空区、地面沉降区、地裂缝地区等；⑦复杂地基是指地基岩土种类和性质变化很大，有古河道或暗浜分布，地基为特殊性岩土，如膨胀土、湿陷性土等，以及地下水对工程影响很大需特殊处理等情况，上述情况均增加了地基基础设计的复杂程度和技术难度；⑧对在复杂地质条件和软土地区开挖较深的基坑工程，由于基坑支护、开挖和地下水控制等技术复杂、难度较大；挖深大于15m的基坑以及基坑周边环境条件复杂、环境保护要求高时对基坑支挡结构的位移控制严格，也列入甲级。

表5-1所列的设计等级为丙级的建筑物是指建筑场地稳定，地基岩土均匀良好、荷载分布均匀的7层及7层以下的民用建筑和一般工业建筑物以及次要的轻型建筑物。

由于情况复杂，结构工程师在设计时应根据建筑物和地基的具体情况参照上述说明确定地基基础的设计等级。

《建筑结构可靠度设计统一标准》GB 50068—2001和《工程结构可靠性设计统一标准》GB 50153—2008对结构设计应满足的功能要求作了如下规定：

（1）能承受在正常施工和正常使用期间可能出现的各种作用。

（2）在正常使用时具有良好的使用性能。

（3）在正常维护下具有足够的耐久性。

（4）当发生火灾时，在规定的时间内可保持足够的承载力。

（5）当发生爆炸、撞击、人为错误等偶然事件发生时及发生后，仍能保持必需的整体稳固性，不出现与起因不相称的破坏后果，防止出现结构的连续倒塌。

因此地基设计时根据地基工作状态应当考虑：

（1）在长期荷载作用下，地基变形不致造成承重结构的损坏。

（2）在最不利荷载作用下，地基不出现失稳现象。

因此，地基基础设计应注意区分上述两种功能要求，在满足第一功能要求时，地基承载力选取应以不使地基中出现过大塑性变形为原则，同时考虑在此条件下各类建筑可能出现的变形特征和变形量。地基土的变形具有长期的时间效应，与钢、混凝土、砖石等材料相比，它属于大变形材料。从已有大量地基事故分析，绝大多数事故皆由地基变形过大或不均匀造成。地基基础设计按变形控制的总原则成为工程界认可的、正确的地基基础设计原则。

《地基基础规范》明确提出，根据建筑物地基基础设计等级及长期荷载作用下地基变形对上部结构的影响程度，地基基础设计应符合下列规定：

（1）所有建筑物的地基计算均应满足承载力计算的有关规定。

（2）设计等级为甲级、乙级的建筑物，均应按地基变形设计。

（3）表5-2所列范围内设计等级为丙级的建筑物可不作变形验算，如有下列情况之一时，仍应作变形验算：

表5-2　可不作地基变形计算设计等级为丙级的建筑物范围

<table>
<tr><td rowspan="2">地基主要受力层情况</td><td colspan="3">地基承载力特征值 f_{ak}/kPa</td><td>$80 \leq f_{ak} < 100$</td><td>$100 \leq f_{ak} < 130$</td><td>$130 \leq f_{ak} < 160$</td><td>$160 \leq f_{ak} < 200$</td><td>$200 \leq f_{ak} < 300$</td></tr>
<tr><td colspan="3">各土层坡度（%）</td><td>≤5</td><td>≤10</td><td>≤10</td><td>≤10</td><td>≤10</td></tr>
<tr><td rowspan="8">建筑类型</td><td colspan="3">砌体承重结构、框架结构（层数）</td><td>≤5</td><td>≤5</td><td>≤6</td><td>≤6</td><td>≤7</td></tr>
<tr><td rowspan="4">单层排架结构（6m柱距）</td><td rowspan="2">单跨</td><td>起重机额定起重量/t</td><td>10～15</td><td>15～20</td><td>20～30</td><td>30～50</td><td>50～100</td></tr>
<tr><td>厂房跨度/m</td><td>≤18</td><td>≤24</td><td>≤30</td><td>≤30</td><td>≤30</td></tr>
<tr><td rowspan="2">多跨</td><td>起重机额定起重量/t</td><td>5～10</td><td>10～15</td><td>15～20</td><td>20～30</td><td>30～75</td></tr>
<tr><td>厂房跨度/m</td><td>≤18</td><td>≤24</td><td>≤30</td><td>≤30</td><td>≤30</td></tr>
<tr><td colspan="2">烟囱</td><td>高度/m</td><td>≤40</td><td>≤50</td><td colspan="2">≤75</td><td>≤100</td></tr>
<tr><td colspan="2" rowspan="2">水塔</td><td>高度/m</td><td>≤20</td><td>≤30</td><td colspan="2">≤30</td><td>≤30</td></tr>
<tr><td>容积/m^3</td><td>50～100</td><td>100～200</td><td>200～300</td><td>300～500</td><td>500～1000</td></tr>
</table>

注：1. 地基主要受力层系指条形基础底面下深度为3b（b为基础底面宽度），独立基础下为1.5b，且厚度均不小于5m的范围（二层以下一般的民用建筑除外）。

2. 地基主要受力层中如有承载力特征值小于130kPa的土层，表中砌体承重结构的设计，应符合《地基基础规范》第7章的有关要求。

3. 表中砌体承重结构和框架结构均指民用建筑，对于工业建筑可按厂房高度、荷载情况折合成与其相当的民用建筑层数。

4. 表中起重机额定起重量、烟囱高度和水塔容积的数值系指最大值。

1）地基承载力特征值小于130kPa，且体型复杂的建筑。

2）在基础上及其附近有地面堆载或相邻基础荷载差异较大，可能引起地基产生过大的不均匀沉降时。

3）软弱地基上的建筑物存在偏心荷载时。

4）相邻建筑距离过近，可能发生倾斜时。

5）地基内有厚度较大或厚薄不均的填土，其自重固结未完成时。

（4）对经常受水平荷载作用的高层建筑、高耸结构和挡土墙等，以及建造在斜坡上或边坡附近的建筑物和构筑物，尚应验算其稳定性。

（5）基坑工程应进行稳定性验算。

（6）建筑地下室或地下构筑物存在上浮问题时，尚应进行抗浮验算。

72. 地基基础设计时，所采用的荷载效应最不利组合与相应的抗力限值有哪些基本规定？

（1）按地基承载力确定基础底面积及埋深或按单桩承载力确定桩数时，传至基础或承台底面上的荷载效应应采用正常使用极限状态下荷载效应的标准组合。相应的抗力应采用地基承载力特征值或单桩承载力特征值。

在正常使用极限状态下，荷载效应的标准组合值 S_k 应用下式表示：

$$S_k = S_{Gk} + S_{Q1k} + \psi_{c2}S_{Q2k} + \cdots + \psi_{cn}S_{Qnk} \tag{5-1}$$

（2）计算地基变形时，传至基础底面上的荷载效应，应采用正常使用极限状态下荷载效应的准永久组合，不应计入风载和地震作用。相应的限值为地基变形允许值。

在正常使用极限状态下，荷载效应的准永久组合值 S_k 应用下式表示：

$$S_k = S_{Gk} + \psi_{q1}S_{Q1k} + \psi_{q2} + S_{Q2k} + \cdots + \psi_{qn}S_{Qnk} \tag{5-2}$$

（3）计算挡土墙、地基或滑坡稳定以及基础抗浮稳定时，荷载效应应采用承载能力极限状态下荷载效应的基本组合，但其分项系数均为1.0。

（4）在确定基础或桩基承台高度、支挡结构截面、计算基础或支挡结构内力、确定配筋和验算结构材料强度时，上部结构传来的荷载效应组合和相应的基底反力、挡土墙土压力以及滑坡推力应采用承载能力极限状态下荷载效应的基本组合，并采用相应的荷载分项系数。

在承载能力极限状态下，由可变荷载效应控制的基本组合设计值 S 应用下式表示：

$$S = \gamma_G S_{Gk} + \gamma_{Q1}S_{Q1k} + \gamma_{Q2}\psi_{c2}S_{Q2k} + \cdots + \gamma_{Qn}\psi_{cn}S_{Qnk} \tag{5-3}$$

上列各式中，各符号的意义见《地基基础规范》。

当需要验算基础裂缝宽度时，应采用正常使用极限状态荷载效应的标准组合。

（5）基础设计安全等级、结构设计使用年限、结构重要性系数应按有关规范的规定采用，但结构重要性系数 γ_0 不应小于1.0。

（6）对由永久荷载效应控制的基本组合，也可采用简化规则，荷载效应的基本组合设计值 S_d 按下式确定：

$$S_d = 1.35S_k \leqslant R \tag{5-4}$$

式中 R——结构构件抗力的设计值，按有关建筑结构设计规范的规定确定；

S_k——荷载效应的标准组合值。

73. 计算地基变形时，应注意哪些问题？

地基竖向压缩变形表现为建筑物基础的沉降，地基变形计算主要是指基础的沉降计算，它是地基基础设计中的一个重要组成部分。当建筑物在荷载作用下产生过大的沉降或倾斜时，对于工业与民用建筑来说，都可能影响正常的生产或生活秩序的进行，危及人身安全。因此，对于变形计算总的要求是：建筑物的地基变形计算值，不应大于地基变形允许值，即 $S \leqslant [S]$。

地基变形计算的内容，一方面涉及到地基变形特征的选择和地基变形允许值的确定；另一方面要根据荷载在地层中引起的附加应力分布和地基各土层的分布情况及其应力-应变关系特性来计算地基变形值。

（1）地基变形特征可分为沉降量、沉降差、倾斜和局部倾斜。其中最基本的是沉降量计算，其他的变形特征都可以由它推算出。倾斜指的是基础倾斜方向两端点的沉降差与其距离之比值。局部倾斜指的是砌体承重结构沿纵向 6～10m 内基础两点的沉降差与其距离的比值。

计算地基变形时，地基内的应力分布，可采用各向同性均质线性变形体理论，地基最终变形量计算目前最常用的是分层总和法。

（2）在计算地基变形时，应符合下列规定：

1）由于建筑地基不均匀、建筑物荷载差异很大、建筑物体型复杂等原因引起的地基变形，对于砌体承重结构应由局部倾斜值控制；对于框架结构和单层排架结构应由相邻柱基础的沉降差控制；对于多层或高层建筑和高耸结构应由倾斜值控制；对于各类结构必要时尚应控制地基的平均沉降量。

2）在必要情况下，需要分别预估建筑物在施工期间和使用阶段的地基变形值，以便预留建筑物有关部分之间的净空，选择连接方法和施工顺序。一般多层建筑物在施工期间完成的沉降量，对于砂土可认为其最终沉降量已完成 80% 以上，对于其他低压缩性土可认为已完成其最终沉降量的 50%～80%，对于中压缩性土可认为已完成其最终沉降量的 20%～50%，对于高压缩性土可认为已完成其最终沉降量的 5%～20%。

（3）建筑物的地基变形允许值，可按表 5-3 的规定采用。对表中未包括的建筑物，其地基变形允许值应根据上部结构对地基变形的适应能力和使用上的要求确定。

表 5-3　建筑物的地基变形允许值

变形特征	地基土类别	
	中、低压缩性土	高压缩性土
砌体承重结构基础的局部倾斜	0.002	0.003

（续）

<table>
<tr><th colspan="2" rowspan="2">变形特征</th><th colspan="2">地基土类别</th></tr>
<tr><th>中、低压缩性土</th><th>高压缩性土</th></tr>
<tr><td colspan="2">工业与民用建筑相邻柱基的沉降差
（1）框架结构
（2）砌体墙填充的边排柱
（3）当基础不均匀沉降时不产生附加应力的结构</td><td>
$0.002l$
$0.0007l$
$0.005l$</td><td>
$0.003l$
$0.001l$
$0.005l$</td></tr>
<tr><td colspan="2">单层排架结构（柱距为6m）柱基的沉降量/mm</td><td>（120）</td><td>200</td></tr>
<tr><td colspan="2">桥式起重机轨面的倾斜（按不调整轨道考虑）
纵向
横向</td><td colspan="2">
0.004
0.003</td></tr>
<tr><td rowspan="4">多层和高层建筑的整体倾斜</td><td>$H_g \leqslant 24$</td><td colspan="2">0.004</td></tr>
<tr><td>$24 < H_g \leqslant 60$</td><td colspan="2">0.003</td></tr>
<tr><td>$60 < H_g \leqslant 100$</td><td colspan="2">0.0025</td></tr>
<tr><td>$H_g > 100$</td><td colspan="2">0.002</td></tr>
<tr><td colspan="2">体型简单的高层建筑基础的平均沉降量/mm</td><td colspan="2">200</td></tr>
<tr><td rowspan="6">高耸结构基础的倾斜</td><td>$H_g \leqslant 20$</td><td colspan="2">0.008</td></tr>
<tr><td>$20 < H_g \leqslant 50$</td><td colspan="2">0.006</td></tr>
<tr><td>$50 < H_g \leqslant 100$</td><td colspan="2">0.005</td></tr>
<tr><td>$100 < H_g \leqslant 150$</td><td colspan="2">0.004</td></tr>
<tr><td>$150 < H_g \leqslant 200$</td><td colspan="2">0.003</td></tr>
<tr><td>$200 < H_g \leqslant 250$</td><td colspan="2">0.002</td></tr>
<tr><td rowspan="3">高耸结构基础的沉降量/mm</td><td>$H_g \leqslant 100$</td><td colspan="2">400</td></tr>
<tr><td>$100 < H_g \leqslant 200$</td><td colspan="2">300</td></tr>
<tr><td>$200 < H_g \leqslant 250$</td><td colspan="2">200</td></tr>
</table>

注：1. 本表数值为建筑物地基实际最终变形允许值。

2. 有括号者仅适用于中压缩性土。

3. l 为相邻柱基的中心距离（mm）；H_g 为自室外地面起算的建筑物高度（m）。

4. 倾斜指基础倾斜方向两端点的沉降差与其距离的比值。

5. 局部倾斜指砌体承重结构沿纵向6～10m内基础两点的沉降差与其距离的比值。

74. 在确定基础埋置深度时，应考虑哪些问题？

（1）建筑物基础的埋置深度，一般由室外地面标高算起。在填方整平地区，可自填土地面标高算起，但填土在上部结构施工后完成时，应从天然地面标高算起。《地基基础规范》没有规定填土应是自重下固结完成的土。因为基础周围的填土，在承载力验算中，作为边载考虑，有助于地基的稳定和承载力的提高，因此填上即算，只与填土的重度有关，与填土是否在自重下完成固结没有关系。但在变形计算时，应考虑新填土的影响，并满足变形要求。当有地下室时，如采用箱形基础或筏形基础，基础埋置深度自室外地面标高算起；如采用独立基础或条形基础，则应从室内地面标高算起。

（2）基础的埋置深度，应按下列条件经技术经济比较后确定：

1）建筑物的用途、高度和体型，有无地下室、设备基础和地下设施，基础的形式和构造。

2）作用在地基上的荷载大小和性质。

3）工程地质条件和水文地质条件。

4）相邻建筑物的基础埋深。

5）地基土冻胀和融陷的影响。

（3）在满足地基稳定和变形要求的前提下，基础宜浅埋，当上层地基的承载力大于下层土时，宜利用上层土层作持力层。除岩石地基外，基础埋深不宜小于0.5m。

（4）高层建筑基础的埋置深度应满足地基承载力、变形和稳定性要求。在抗震设防地区，除岩石地基外，天然地基上的箱形基础和筏形基础其埋置深度不宜小于建筑物高度（从室外地面至主要屋面的高度）的1/15；桩箱或桩筏基础的埋置深度（不计桩长）不宜小于建筑物高度的1/18。

（5）《高层建筑规程》第12.1.7条规定：高宽比大于4的高层建筑，基础底面不宜出现零应力区；高宽比不大于4的高层建筑，基础底面与地基之间零应力区面积不应超过基础底面面积的15%。计算时，质量偏心较大的裙房与主楼可分别计算基底应力。

位于岩石地基上的高层建筑，在满足地基承载力、稳定性要求及《高层建筑规程》第12.1.7条规定的前提下，其基础埋置深度不受建筑物高度的1/15（天然地基）或1/18（桩基）的限制，但基础埋置深度应满足抗滑稳定性要求。

（6）基础宜埋置在地下水位以上，当必须埋置在地下水位以下时，应采取地基土在施工时不受扰动的措施。

当基础埋置在易风化的岩层上时，施工时应在基坑开挖后立即铺筑垫层。

（7）当存在相邻建筑物时，新建建筑物的基础埋深不宜大于原有建筑物基础的埋深。当新建建筑物基础埋深大于原有建筑物基础时，两基础之间应保持一定的净距，其数值应根据原有建筑荷载大小、基础形式和土质情况确定，一般情况下，宜使相邻基础底面的标高差 d 与其净距 s 之比 $d/s \leqslant 1/2$。当上述要求不能满足时，应采取分段施工、设临时加固支撑、打板桩、设地下连续墙等施工措施，或加固原有建筑物地基，并应考虑浅埋基础对深埋基础的影响。

（8）位于稳定土坡坡顶上的建筑，当垂直坡顶边缘线的基础底面边长小于或等于3m时，其基础底面外边缘线至坡顶的水平距离（图5-1）应符合下式要求，但不得小于2.5m。

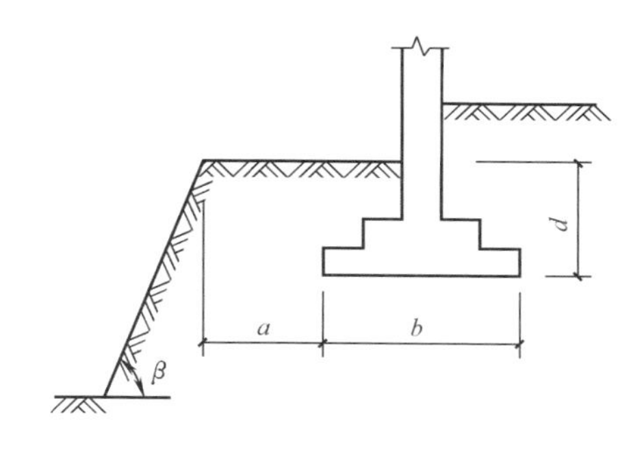

图5-1　基础底面外边缘线至坡顶的水平距离示意

条形基础　$$a \geqslant 3.5b - d/\tan\beta \tag{5-5}$$

矩形基础　$$a \geqslant 2.5b - d/\tan\beta \tag{5-6}$$

式中，各符号的意义见《地基基础规范》第5.4.2条。

当基础底面外边缘线至坡顶的水平距离不满足式（5-5）或式（5-6）的要求时，可根据基底平均压力按下式确定基础距坡顶边缘的距离和基础埋深：

$$M_R/M_s \geqslant 1.2 \tag{5-7}$$

式中　M_s——滑动力矩；

M_R——抗滑力矩。

当边坡坡角大于45°、坡高大于8m时，尚应按式（5-7）验算坡体稳定性。

（9）同一建筑物相邻两基础的底面不在同一标高时，基础底面标高差d与其净距s之比也应满足$d/s \leqslant 1/2$的要求；同一建筑物的条形基础沿纵向的埋置深度变化时，应做成阶梯形过渡，其阶高与阶长之比宜取1:2，每阶的阶高不宜大于500mm。

（10）建筑物基础存在浮力作用时应进行抗浮稳定性验算，并应符合下列规定：

1）对于简单的浮力作用情况，基础抗浮稳定性应符合下式要求：

$$\frac{G_k}{N_{w,k}} \geqslant K_w \tag{5-8}$$

式中　G_k——建筑物自重及压重之和（kN）；

$N_{w,k}$——浮力作用值（kN）；

K_w——抗浮稳定安全系数，一般情况下可取1.05。

2）抗浮稳定性不满足设计要求时，可采用增加压重或设置抗浮构件等措施。在整体满足抗浮稳定性要求而局部不满足时，也可采用增加结构刚度的措施。

75. 人工处理的地基，如复合地基，其承载力特征值如何确定？地基承载力特征值是否可以进行基础宽度和埋深修正？

（1）《地基基础规范》第7.2.7条所说的复合地基，通常是指振冲碎石桩复合地基、沉管砂石桩复合地基、水泥粉煤灰碎石桩复合地基、夯实水泥土桩复合地基、水泥土搅拌桩复合地基、旋喷桩复合地基、多桩型复合地基、灰土挤密桩和土挤密桩复合地基及柱锤冲扩桩复合地基等八种。

（2）复合地基设计应满足建筑物地基承载力、变形和稳定性要求。对于地基土为欠固结土、膨胀土、湿陷性黄土、可液化土等特殊土时，设计时要综合考虑土体的特殊性质，选用适当的增强体和施工工艺。增强体和施工工艺的具体选用方法详见《建筑地基处理技术规范》JGJ 79—2012。不同种类的复合地基有不同的适用土层范围、不同的设计要求和不同的施工工艺和施工方法，质量检验方法也不尽相同。同一建筑场地可供选择的复合地基处理方法可能不止一种，应经技术、经济比较后确定，不仅应满足建筑物的承载力和变形要求，还应做到因地制宜、就地取材、保护环境和节约资源。

（3）复合地基承载力特征值应通过现场复合地基静载荷试验确定，或采用复合地基增强体的单桩静载荷试验结果和其周边土的承载力特征值结合经验确定。

复合地基增强体顶部和基础之间应设200～500mm的褥垫层。褥垫层可采用中砂、粗砂、砾砂、级配砂石、碎石、卵石等散体材料，碎石、卵石宜掺入20%～30%的砂。

（4）经处理后的复合地基，当按地基承载力确定基础底面积及埋深而需要对复合地基承载力特征值进行修正时，应符合下列规定：

1）大面积压实填土地基，基础宽度的地基承载力修正系数应取零；基础埋深的地基承载力修正系数，对于压实系数大于0.95、黏粒含量$\rho_c \geq 10\%$的粉土，可取1.5，对于干密度大于$2.1t/m^3$的级配砂石可取2.0。

2）其他处理地基，基础宽度的地基承载力修正系数应取零，基础埋深的地基承载力修正系数应取1.0。

经处理后的复合地基，当在受力层范围内仍存在软弱下卧层时，尚应验算下卧层的地基承载力。

（5）按地基变形设计或应作变形验算且需进行地基处理的建筑物或构筑物，应对处理后的复合地基进行变形验算。

（6）受较大水平荷载或位于斜坡上的建筑物及构筑物，当建造在经处理后的地基上时，应进行地基稳定性验算。

复合地基的变形计算应符合现行国家标准《地基基础规范》的有关规定。在用《地基基础规范》中的变形计算公式计算复合地基的变形量时，地基变形计算深度应大于复合土层的深度。复合土层的分层与天然地基相同。各复合土层的压缩模量应根据《建筑地基处理技术规范》JGJ 79—2012 中不同类的复合地基分别确定。

76. 软弱地基的类型和特点是什么？为减少建筑物的沉降和不均匀沉降，可采取哪些措施？

软弱地基是指高压缩性土（$\alpha_{1-2}\geqslant 0.5\text{MPa}^{-1}$）地基。由于软弱土的物质组成、成因及存在环境（如水的影响）不同，不同的软弱地基其性质可能是完全不同的。根据工程地质特征，软弱地基包括软土（淤泥及淤泥质土）、冲填土、杂填土及其他高压缩性土构成的地基。

（1）软弱地基的类型和特点如下。

1）软土是第四纪后期形成的海相、三角洲相、湖相及河相的黏性土沉积物，有的属于新近淤积物，其接近地面部分主要为淤泥和淤泥质土，它们是在静水或缓慢的流水环境中沉积，并经生物化学作用形成的。软土的物理力学特性主要表现为以下几方面：

① 含水量高、孔隙比大。软土的天然含水量等于或大于液限，天然孔隙比大于1.0。软土因含水量高、孔隙比大，使软土地基具有变形大、强度低的特点。

② 高压缩性。软土的压缩系数 α_{1-2} 大于 0.5MPa^{-1}，沿海淤泥的压缩系数 α_{1-2} 大多超过 1.5MPa^{-1}。

③ 天然抗剪强度低。地基土如不作处理，其承载力很低。

④ 渗透系数小。软土的渗透系数一般在 $1\times10^{-6}\sim1\times10^{-8}\text{cm/s}$ 范围内，由于土层的渗透性小，加上软土层较厚，在建筑物荷载作用下固结缓慢。

⑤ 触变性。软土一旦受到扰动，强度很快降低，其后强度又可慢慢恢复。

⑥ 流变性。除了瞬时变形和固结变形引起建筑物沉降外，还会发生缓慢而长期的流变变形。

2）冲填土系由水力冲填泥砂而形成的填土。冲填土具有以下的特点：

① 颗粒组成随泥砂来源而变化，粗细不一，有的是砂粒，但大多数情况是黏粒和粉粒。

② 由于土颗粒不均匀分布，以及表面形成的自然坡度影响，因而距入口处越远，土粒越细，排水越慢，土的含水量也越大。

③ 冲填土的含水量较大，一般都大于液限。

④ 冲填前原地面形状和冲填过程中是否采取排水措施对冲填土的排水固结有很大影响。

冲填土的性质主要与它的颗粒组成、均匀性和排水固结条件有关，如冲填年代较长，含砂粒较多的冲填土，其固结程度和物理力学性质就较好，可以作为一般工业与民用建筑的天然地基。

3）杂填土，按其组成的物质成分可以分为建筑垃圾、生活垃圾和工业废料等。建筑垃圾由碎砖、瓦砾等与黏性土混合而成，成分较纯，有机质含量较少；生活垃圾成分极为复杂，含大量有机质；工业废料有矿渣、炉渣（常遇到的如钢渣，孔隙很大，搭空现象严重，不稳定）、煤渣和其他工业废料（化学废料应特别注意对混凝土的侵蚀性）。杂填土的特性表现为：

① 不均匀性。由于物质来源和组成成分的复杂性，使得杂填土的性质很不均匀，密度变化大，缺乏规律性，这是杂填土的主要特点和薄弱环节。

② 填土龄期。龄期是影响杂填土性质的一个重要因素，一般来说堆填时间越长，则土层越密实，其有机质含量相对较少。

③ 杂填土地基浸水后的稳定性和湿陷性。杂填土遇水后往往会产生湿陷和潜蚀。

软弱地基的承载力或变形不能满足设计要求时，应进行地基处理，其处理可选用机械压（夯）实、强夯、振动压实、堆载预压、塑料排水带或砂井真空预压、换填垫层或复合地基等方法。

（2）减少建筑物沉降和不均匀沉降的措施如下。

1）建筑措施

① 在满足使用和其他要求的前提下，建筑体型（建筑物的平面形状和立面布置）应力求简单。当建筑平面为“L”形、“冂”形、“山”形、“工”形等复杂建筑平面时，由于平面曲折变化，在单元纵横组合的交接处，地基中应力叠加，受压缩层厚度增加，使拐角处沉降增大，如果再在该区域内布置荷载较大、基础密集的楼梯间，则该区域沉降更大，容易造成两翼墙身产生以交接区域为中心的向上斜裂缝，如“工”字形建筑物，在两翼单元和中间单元交接处形成沉降中心，两翼单元常产生正向挠曲，裂缝呈正八字形分布，中间单元则产生反向挠曲，使墙面产生倒八字裂缝（图5-2）。

对于立面上各部分高度不同或荷载相差较大的建筑物，由于作用在地基上的荷载的突变，而建筑物的高低部分难以共同工作，使建筑物高低相接处出现过大的差异沉降，往往造成建筑物的轻、低部分向重、高部分倾斜或开裂，裂缝向重、高部分倾斜。

因此，当建筑体型比较复杂时，宜根据其平面形状和高度差异情况，在适当部位用沉降缝将其划分为若干个刚度较好的单元；当高度差异或荷载差异较大时，可以将两者隔开一定距离，当拉开距离后的两单元必须连接时，应采用能自由沉降的连接构造。

② 在建筑物的下列部位，宜设置沉降缝：

a）平面形状复杂的建筑物的转折部位。

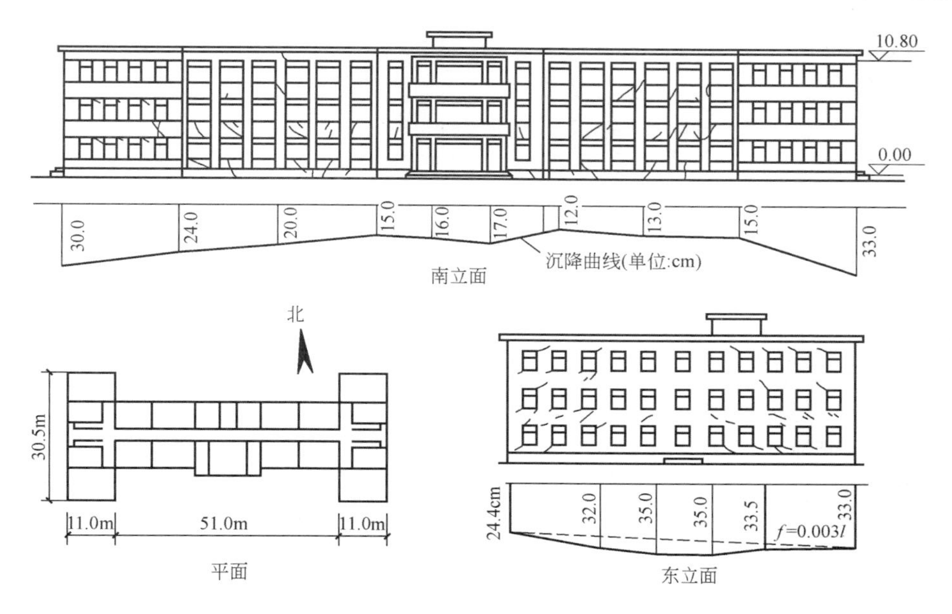

图 5-2　“工”字形建筑墙身裂缝实例

b）建筑物高度差异或荷载差异较大处。

c）长高比过大的砌体承重结构或钢筋混凝土框架结构的适当部位。

d）地基土的压缩性有显著差异处。

e）建筑结构或基础类型不同处。

f）分期建造房屋的交界处。

沉降缝应有足够的宽度，缝宽可按表5-4 选用。在抗震设防地区，沉降缝的宽度应同时满足防震缝的最小宽度要求。

表 5-4　房屋沉降缝的宽度

房屋层数	沉降缝宽度/mm
二~三	50~80
四~五	80~120
五层以上	不小于 120

③ 相邻建筑物基础间的净距，可按表 5-5 选用。

表 5-5　相邻建筑物基础间的净距　（单位：m）

影响建筑的预估平均沉降量 s/mm \ 被影响建筑的长高比	$2.0 \leqslant \frac{L}{H_f} < 3.0$	$3.0 \leqslant \frac{L}{H_f} < 5.0$
70~150	2~3	3~6
160~250	3~6	6~9
260~400	6~9	9~12
>400	9~12	≥12

注：1. 表中 L 为建筑物长度或沉降缝分隔的单元长度(m)；H_f 为自基础底面标高算起的建筑物高度(m)。

2. 当被影响建筑的长高比为 $1.5 < L/H_f < 2.0$ 时，其间净距可适当缩小。

④ 相邻高耸结构或对倾斜要求严格的构筑物的外墙间距离，应根据倾斜允许值计算确定。

⑤ 建筑物各组成部分的标高，应根据可能产生的不均匀沉降采取下列相应措施：

a）室内地坪和地下设施的标高，应根据预估沉降量予以提高。建筑物各部分之间（或设备之间）有联系时，可将沉降较大者的标高提高。

b）建筑物与设备之间，应留有净空。当建筑物有管道穿过时，应预留孔洞，或采用柔性的管道接头等。

2）结构措施

① 选用轻型结构，采用轻质墙体材料，采用架空地板代替室内填土。

② 设置地下室或半地下室，采用覆土少、自重轻的基础形式。

③ 调整各部分的荷载分布、基础宽度或埋置深度。

④ 对不均匀沉降要求严格的建筑物，可选用较小的基底压力。

⑤对于建筑体型复杂、荷载差异较大的框架结构和框架-剪力墙结构，可采用箱形基础、筏形基础、桩基础等加强基础整体刚度，减少建筑物不均匀沉降。

⑥ 对于砌体承重结构房屋，宜采用下列措施增强整体刚度和强度：

a）对三层和三层以上的房屋，其长高比 L/H_f 宜小于或等于 2.5；当房屋的长高比为 $2.5 < L/H_f \leqslant 3.0$ 时，宜做到纵墙不转折或少转折，并应控制其内横墙间距或增强基础刚度和强度。当房屋的预估最大沉降量小于或等于 120mm 时，其长高比可不受限制。

b）墙体内宜设置钢筋混凝土圈梁或钢筋砖圈梁。

c）在墙体上开洞时，宜在开洞部位配筋或采用构造柱及圈梁加强。

⑦ 圈梁应按下列要求设置：

a）在多层房屋的基础和顶层处宜各设置一道，其他各层可隔层设置，必要时也可层层设置；单层工业厂房、仓库，可结合基础梁、连系梁、过梁等酌情设置。

b）圈梁应设置在外墙、内纵墙和主要内横墙上，并宜在平面内连成封闭体系。

⑧ 在抗震设防地区，多层砌体结构房屋圈梁和构造柱的设置，尚应符合《抗震规范》第 7 章的相关规定。

3）施工措施及注意事项

① 合理安排施工顺序，先施工重、高部分，后施工轻、低部分，先施工主体建筑，后施工附属建筑；如条件许可，应尽量增大两者施工的间隔时间。

② 大面积填土宜在上部建筑施工前完成。

③ 不得在建筑物周围堆放大量的建筑材料或重物，对大面积地面堆载，应划定堆载范围和限值，必要时应有相应的处理措施。

④ 对于深基础，应考虑挖土卸载引起的基坑地基土的回弹，以及施工降水、坑边堆土或打桩可能引起的地基附加沉降。

77. 高层建筑与低层裙房之间的基础不设沉降缝时，可采取哪些措施来减少差异沉降及其影响?

高层建筑的筏形基础与其相连的裙房基础，可以通过地基变形计算来确定是否需要设置沉降缝。当需要设置沉降缝时，高层建筑基础的埋深应大于裙房基础的埋深至少2m，以保证高层建筑基础有可靠的侧向约束和地基的稳定性。当不能满足上述要求时，必须采取有效措施。沉降缝在地面以下应用粗砂填实（图5-3)。当不允许设置沉降缝，经地基变形验算后的差异沉降不能满足设计要求时，应采取可靠而有效的措施减少差异沉降及其影响。

带裙房的高层建筑应用非常普遍。高层建筑与低层裙房之间根据建筑使用功能的要求及侧向约束的需要多数不设永久沉降缝。对带有裙房的高层建筑基础的沉降观测表明：地基沉降曲线在高低层连接处是连续的，不会出现突变。高层建筑地基下沉时，由于土的剪切传递，高层建筑以外的地基随之下沉，其影响范围随土质而异。因此，裙房与高层建筑连接处不会发生突变的差异沉降，而是在裙房若干跨内产生连续性的差异沉降。

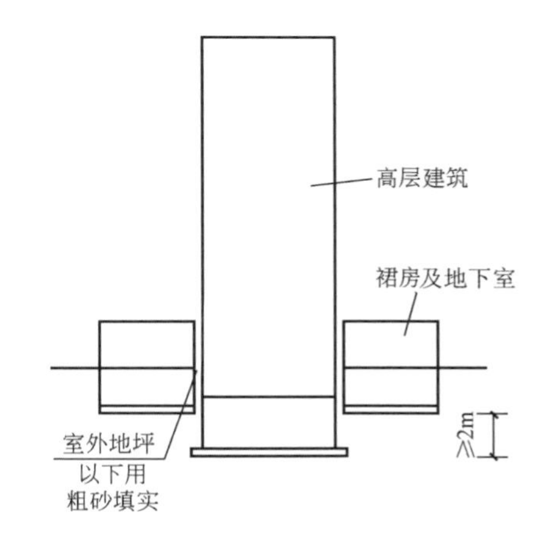

图5-3 高层建筑与裙房间的沉降缝处理

当高层建筑与低层裙房之间不设沉降缝时，可采取下述措施以减少高层建筑的沉降，同时使裙房的沉降量不致过小，从而使两者之间的差异沉降尽量减小。

（1）减小高层建筑沉降可采取的措施有：

1）应选择压缩性较低的土层作为地基的持力层，其厚度不应小于4m，并较均匀且无软弱下卧层。

2）适当扩大基础底面积，以减少基础底面单位面积上的压力。

3）如建筑物层数较多（例如30层以上）或地基持力层为压缩性较高、变形较大的土层时，可以选择高层建筑的基础采用复合地基基础或桩基础（宜通过经济比较后确定)、低层裙房的基础采用天然地基基础的做法，也可以采取高层建筑与低层裙房采用不同桩径、不同桩长的桩基础的做法，还可以采取高层建筑与低层裙房采用不同变形要求的复合地基基础的做法。

（2）使裙房沉降量不致过小的措施有：

1）可使裙房基础的埋置深度小于高层建筑基础的埋置深度，以使裙房基础落在压缩性较高的地基持力层上。例如，高层建筑的基础，其持力层为密实的砂类土，而裙房基础则可以浅埋（如果可能的话），放在一般第四纪黏性土层上。

2）尽可能减小裙房基础的底面面积，优先选用柱下独立基础或柱下条形基础，不宜采用满堂筏形基础。有防水要求时，可采用独立基础或条形基础另设防水板的做法。此时，防水板下应铺设一定厚度的易压缩材料，如聚苯板或干焦渣等。

3）提高裙房基础下地基土层的承载力。

① 如果岩土工程勘察报告所提供的地基持力层的承载力有一个变化幅度的话，例如持力层的承载力为180～200kPa，则可采用上限值200kPa。

② 进行地基持力层承载力深度修正当有整体防水板时，其计算埋置深度 d 不论内、外墙基础，可按下式计算：

$$d = \frac{d_1 + 3d_2}{4} \tag{5-9}$$

式中 d_1——自地下室室内地面起算的基础埋置深度，且 $d_1 \geqslant 1\text{m}$；

d_2——自室外地面起算的基础埋置深度。

同时应注意使高层建筑的基底压应力与低层裙房的基底压应力相差不致过大。

（3）当高层建筑与相连的裙房之间不设置沉降缝时，宜在裙房一侧设置用于控制沉降差的后浇带，当沉降实测值和计算确定的后期沉降差满足设计要求后，方可进行后浇带混凝土浇筑。当高层建筑基础面积满足地基承载力和变形要求时，后浇带宜设在与高层建筑相邻裙房的第一跨内。当需要满足高层建筑地基承载力、降低高层建筑沉降量、减小高层建筑与裙房间的沉降差而增大高层建筑基础面积时，后浇带可设在距主楼边柱的第二跨内，此时应满足以下条件：

1）地基土质较均匀。

2）裙房结构刚度较好且基础以下的地下室和裙房结构层数不少于两层。

3）后浇带一侧与主楼连接的裙房基础底板厚度与高层建筑的基础底板厚度相同（图5-4）。

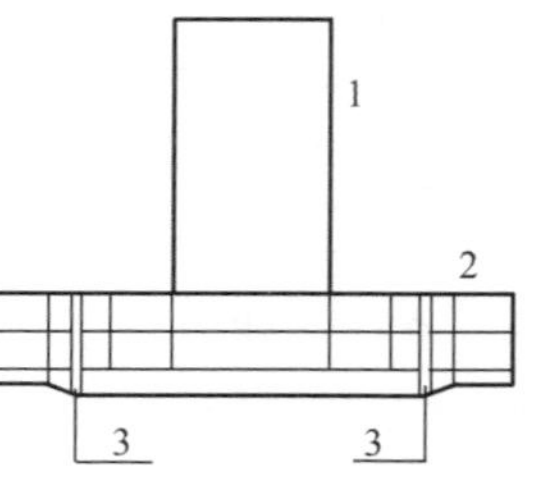

图 5-4
1—高层建筑 2—裙房及地下室 3—后浇带

高层建筑与裙房之间设置后浇带后，施工中应注意将后浇带两侧之构件妥善支撑，同时也应注意由于设置后浇带可能引起各部分结构的承载力问题与稳定问题，必要时应进行补充计算。以图5-5为例，设置后浇带后，使裙房挡土墙的侧压力不能传递至高层建筑主体结构上，如果支撑不当，施工时可能发生事故。

（4）当高层建筑与相连的裙房之间不设沉降缝和后浇带时，高层建筑及与其紧邻一跨裙房的筏板应采用相同厚度，裙房筏板的厚度宜从第二跨裙房开始逐渐变化，应同时满足主、裙楼基础整体性和基础板的变形要求；应进行地基变形和基础内力的验算，验算时应分析地基与结构间变形的相互影响，并采取有效措施防止产生有不利影响的差异沉降。

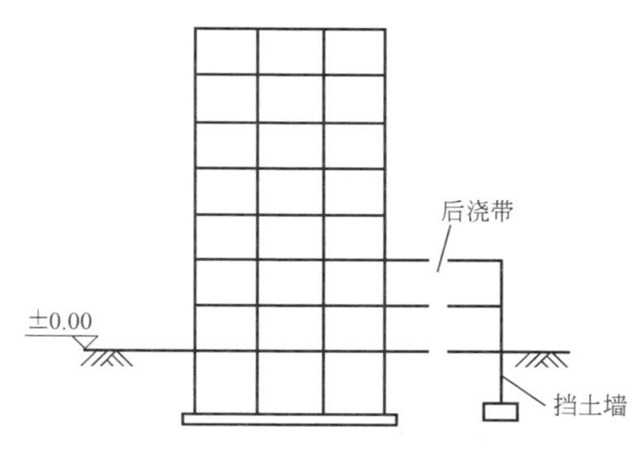

图 5-5　后浇带位置图

关于地基变形计算，当允许设置沉降缝时，如地基条件较差，上部结构荷载差异较大，必要时也应进行变形计算，以考虑相邻建筑对地基变形的相互影响。同样，允许设置后浇带时，对后浇带封闭前和封闭后应分别进行地基变形计算，既便于掌握后浇带封闭时间，也便于控制后浇带封闭后地基的后续变形对上部结构的不利影响。

（5）在重力荷载与水平荷载标准值或重力荷载代表值与多遇水平地震标准值共同作用下，高宽比大于 4 的高层建筑，基础底面不宜出现零应力区；高宽比不大于 4 的高层建筑，基础底面与地基之间零应力区面积不应超过基础底面面积的 15%。同时，应加强高层建筑与裙房之间相连处基础结构的承载力。

78. 哪些建筑物在施工期间和使用期内，应进行变形观测？

（1）建筑物的变形观测包括沉降观测和位移观测两方面。对于建筑物的沉降观测，应在其变形区以外，地质条件良好的地方埋设不少于三个水准基点；在被观测的建（构）筑物上，应根据建（构）筑物的结构形式，参照有关规范，合理地布设观测点。观测标志应埋设牢固，便于长期保护。对于建（构）筑物的水平位移观测，应根据不同的观测对象，布设不同的观测控制。一般来说，对于大型建（构）筑物、滑坡等，应布设临控网，如三角网、测边网、导线网、边角网等，对于分散、单独的小型建（构）筑物，宜采用监测基线或单点。

（2）下列建筑物应在施工期间及使用期内，进行沉降变形观测：

1）地基基础设计等级为甲级的建筑物。

2）处理地基上的建筑物和软弱地基上的设计等级为乙级的建筑物。

3）加层、扩建建筑物。

4）受邻近深基坑开挖的施工影响或受场地地下水等环境因素变化影响的建筑物。

5）需要积累建筑经验或进行设计反分析的工程。

6）采用新型基础或新型结构的建筑物。

（3）建筑物的沉降观测应从施工开始，整个施工期间和使用期内对建筑物进行沉降观测，并以实测资料作为建筑物地基基础工程质量检查的依据之一。建筑物施工期间的观测日期和次数，应根据施工进度确定。建筑物竣工后第一年内，每隔2~3个月观测一次，以后适当延长至4~6个月观测一次，直到达到沉降变形稳定的标准为止。

（4）建筑物的位移观测可参照建筑物的沉降观测实施。

79. 常用的软弱地基处理方法有哪几种?

（1）局部软弱土层及暗塘、暗沟的处理方法。

在工程上经常会遇到局部软弱土层及暗塘、暗沟等不良地基，这类地基的特点是均匀性很差，土质软弱，有机质含量较高，因而地基承载力低、不均匀变形大，一般都不能作为天然地基的持力层。对这类地基，工程上常用的处理方法有以下几种：

1）基础梁跨越　这种方法适用于处理软弱土范围较窄而深度较深又不容易挖除的情况。采用基础梁跨越，将上部结构荷载通过基础梁传至两侧较好的土层中。必要时，对上部结构进行适当加强。

2）换填垫层　这种方法适用于处理软弱土范围较大，而深度不深，其下为好土层的情况。此时，可将软弱土层挖除，换填质地坚硬、性能稳定、无侵蚀性的砂、砾砂、级配砂石、矿渣等材料。

3）基础落深　这种方法适用于需要处理的软弱土范围和深度不大、下卧层土质较好并便于施工的情况。施工时，将局部软弱土挖除，把基础落深到下面好土层中。

4）短桩　即采用桩基础，将上部结构荷载传布到桩端较好的土层中。此法适用于需要处理的深度较大、采用其他方法施工困难或容易造成对周围环境的不利影响等的情况。

（2）杂填土地基的处理方法。

杂填土地基的处理主要是改善它的均匀性和提高其密实度。对于由建筑垃圾或工业废料为主要成分的杂填土地基，常用的处理方法主要有下列几种：

1）分层回填碾压　一般在地下水位以上大面积回填时采用此法。碾压的施工参数，通常根据选用的施工机械设备及设计要求通过现场碾压试验确定。如采用平碾（8~12t），每层铺填厚度一般为200~300mm，每层碾压6~8遍。碾压机械的行驶速度对碾压效果有较大影响，平碾的机械行驶速度一般不超过2.0km/h。为获得最佳密实度，应控制土料在最优含水率条件下碾压施工。

2）振动压实　此法适用于处理地下水位离振实面不小于0.6m的以建筑垃圾、工业废料等组成的黏性土含量少的松散杂填土地基。当振动压实机自重2t，振动力98kN时，有效压实深度为1.2~1.5m。施工前需在现场进行试振，得出下沉量与时间的关系，因为当振动时间超过某一定值后，振动引起的下沉基本稳定。试验表明，对含碎砖、瓦砾的建筑垃圾，振动时间约60s以上；对于含炉灰等细颗粒填土，则振动时间约3～5min。施工质量常用轻型动力触探试验进行检查，检查深度不小于1.5m。

3）冲击碾压法可用于地基冲击碾压、土石混填或填石路基分层碾压、路基冲击增强补压、旧砂石（沥青）路面冲压和旧水泥混凝土路面冲压等处理；其冲击设备、分层填料的虚铺厚度、分层压实的遍数等的设计应根据土质条件、工期要求等因素综合确定，其有效加固深度宜为3.0～4.0m，施工前应进行试验段施工，确定施工参数。

4）挤密法　常用的有挤密砂石桩法、灰土挤密桩法等，适用于处理松散的杂填土地基，主要起挤密作用。砂石桩一般采用振动沉管法施工，桩体材料通常采用碎石、卵石、砾石与砂的混合料等硬质材料。地基土的挤密程度取决于砂石桩的布置、间距和桩孔内的投料量。砂石桩桩位宜采用等边三角形布置，砂石桩的间距和桩孔内的投料量应通过现场试验确定，间距一般为桩径的1.5～4.0倍，桩孔的填料量，估算时可按设计桩孔体积乘以1.2～1.4的充盈系数确定，然后根据现场试验情况予以增减。砂石桩处理范围应大于基底范围，一般在基础外缘扩大1～3排桩。

5）柱锤冲扩桩法　这是近年来在天津和河北等地发展起来的处理填土地基的新方法。柱锤常用直径300～500mm，长度2～6m，质量1～8t。施工时由柱锤冲扩成孔，然后将填料分层填入桩孔用柱锤夯实。桩体材料有碎砖三合土、级配砂石、矿渣、灰土、水泥混合土等。碎砖三合土的配比（体积比）为生石灰:碎砖:黏性土为1:2:4。柱锤冲扩法形成的桩体直径可达500～800mm，工程上常用的桩距为1.5～2.5m或为桩径的2～3倍，桩体面积置换率为0.2～0.5，处理深度一般不超过6.0m，处理范围应大于基础外缘所包围的范围。柱锤冲扩法的加固机理主要是成孔及成桩过程中对杂填土的挤密作用。试验表明，挤密土影响范围约为2～3倍桩径。同时，柱锤冲扩形成的桩体与周围土形成复合地基，提高了地基承载力，复合地基承载力可达160kPa。

6）重锤夯实法　重锤夯实所用的锤一般为15～30kN，锤底单位面积静压力为15～20kPa，夯锤落距为3～4.5m。重锤夯实一般采用锤印搭接，一夯挨一夯顺序进行。重锤夯实的主要作用在于使杂填土形成一层性质比较均匀的“硬壳”层，从而减少杂填土的不均匀性，提高承载力。重锤夯实施工前应在场地先进行试夯，以确定单击夯击能量、最少夯击遍数、总夯沉量、最后两遍的平均下沉量以及有效夯实深度等。夯击能量增大有利于破坏表层土的结构，促使土的密实度增加，当重夯遍数达到某一数量以后，继续夯击往往效果小，花费时间多，这是因为随着重夯遍数增加，土体压密，当外来能量不变时，土颗粒越来越难以移动，因此，施工时应尽量取用保证夯实质量的最少夯实遍数。

重锤夯实处理地基必须注意以下问题：

① 地下水　重锤夯实处理杂填土的效果与地下水的关系十分密切，如果地下水位距夯击面过近，往往会形成所谓“橡皮土”，所以当地下水位较高，细颗粒土含量也较高时，一般不宜采用重锤夯实法。

② 软弱下卧层　如果下卧软土层距夯击面较近时，重夯有可能破坏软土的结构，所以在夯实影响范围内有软土层存在时，不宜采用此法。

③ 含水量　重锤夯实的质量与土的含水量关系密切，土只有在最优含量的条件下，才能得到最有效的夯实，因此，施工时应特别注意土的含水量变化。

7）强夯法㊀　强夯法自20世纪70年代引进我国以后，已在工程上得到广泛的应用。该法是反复将夯锤（质量一般为10～40t）提高到相当高的高度使其自由下落（落距一般为10～40m），给地基以强力冲击和振动，从而改善地基土的性质，提高地基的承载力并减小其压缩性。

① 强夯法的有效加固深度是人们最为关心的问题之一，它是选择地基处理方法的重要依据。强夯法的有效加固深度应根据现场试验或当地经验确定。在缺少试验资料或经验时可按表5-6预估。

② 强夯法加固地基的设计参数包括：单击夯击能、单位夯击能、夯击次数、夯击遍数、夯点布置、最后两击平均夯沉量及处理范围等，可参考《建筑地基处理技术规范》JGJ 79—2012（以下简称《地基处理规范》）第6.3节及相关条文说明初步确定。

根据初步确定的强夯参数，提出强夯试验方案，进行现场试验。应根据不同地质条件待试夯结束一至数周后，对试夯场地进行检测，并与夯前测试数据进行对比，检验强夯效果，确定工程采用的各项强夯参数。

③ 强夯处理地基应符合的规定、强夯处理地基的设计、强夯处理地基的施

㊀ 强夯法包括一般的强夯法和强夯置换法。强夯法除适用于处理杂填土地基外，还适用于处理碎石土、砂土、低饱和度的粉土与黏性土、湿陷性黄土、素填土等。强夯置换法适用于高饱和度的粉土与软塑～流塑的黏性土等地基上对变形控制要求不严的工程。

强夯置换法在设计前必须通过现场试验确定其适用性和处理效果。单击夯击能也应根据现场试验确定。

强夯置换墩的深度由土质条件确定，除厚层饱和粉土外，应穿透软土层，到达较硬土层上，深度不宜超过7m。墩体材料可采用级配良好的块石、碎石、矿渣、建筑垃圾等坚硬粗颗粒材料，粒径大于300mm的颗粒含量不宜超过全重的30%。墩顶应铺设一层厚度不小于500mm的压实垫层，垫层材料可与墩体相同，粒径不宜大于100mm。

强夯置换法的加固原理相当于下列三者之和：

强夯置换＝强夯（加密）＋碎石墩＋特大直径排水井

因此，墩间的和墩下的粉土或黏性土通过排水与加密，其密实度及状态可以改善。

强夯和强夯置换施工前，应在施工现场有代表性的场地上选取一个或几个试验区，进行试夯或试验性施工。试验区数量应根据建筑场地复杂程度、建筑规模及建筑类型确定。

工方法及步骤、强夯的质量检验（包括确定强夯地基承载力特征值的现场载荷试验及强夯地基夯后有效加固深度范围内土层压缩模量的测试和试验等）可参见《地基处理规范》第6.3.1条、第6.3.3条及第6.3.4条及相关条文说明。

表5-6 强夯法的有效加固深度 （单位：m）

单击夯击能 E/（kN·m）	碎石土、砂土等粗颗粒土	粉土、粉质黏土、湿陷性黄土等细颗粒土
1 000	4.0~5.0	3.0~4.0
2000	5.0~6.0	4.0~5.0
3000	6.0~7.0	5.0~6.0
4000	7.0~8.0	6.0~7.0
5000	8.0~8.5	7.0~7.5
6000	8.5~9.0	7.5~8.0
8000	9.0~9.5	8.0~8.5
10000	9.5~10.0	8.5~9.0
12000	10.0~11.0	9.0~10.0

注：强夯法的有效加固深度应从最初起夯面算起；单击夯击能 E 大于12000kN·m时，强夯的有效加固深度应通过试验确定。

（3）软土（淤泥及淤泥质土）地基的处理方法。

1）换填垫层法　当软土地基的承载力和变形满足不了建筑物的要求，而软土层的厚度又不很大时，采用换填垫层法往往能取得较好的效果。换填垫层法（以下简称垫层法）的原理是将基础下一定厚度的软土层或全部软土层挖除，换填为性能稳定、无侵蚀性、质地坚硬的材料，形成一强度和刚度较好的垫层。垫层材料通常采用砂石（碎石、卵石、角砾、圆砾、砾砂、粗砂、中砂或石屑等）、粉质黏土、灰土、粉煤灰、矿渣，或质地坚硬、性能稳定、无腐蚀性和放射性危害的工业废渣及土工合成材料等材料。各种垫层的压实标准可按表5-7选用。

垫层的作用如下：

① 提高浅基础地基的承载力。一般来说，地基中的剪切破坏是从基础底面边缘开始逐渐向周围发展的，若能以强度较高的垫层代替软土层，就可提高地基的承载力。垫层地基的承载力取决于垫层厚度、垫层的密实度以及下卧土层的承载力等。根据较多的荷载试验资料，当软弱下卧土层的容许承载力为60~80kPa，垫层厚度为0.5~1.0倍基础宽度时，垫层地基容许承载力约为100~150kPa。

垫层的厚度、宽度应分别符合《地基处理规范》第4.2.2条、第4.2.3条的规定；换填垫层的承载力宜通过现场静载荷试验确定；垫层下存在软弱下卧层时，地基变形计算等内容应符合《地基处理规范》第4.2.6条、第4.2.7条的规定。

表5-7 各种垫层的压实标准

<table>
<tr><th>施工方法</th><th>换填材料类别</th><th>压实系数 λ_c</th></tr>
<tr><td rowspan="7">碾压、振密或夯实</td><td>碎石、卵石</td><td rowspan="4">≥0.97</td></tr>
<tr><td>砂夹石（其中碎石、卵石占全重的30%～50%）</td></tr>
<tr><td>土夹石（其中碎石、卵石占全重的30%～50%）</td></tr>
<tr><td>中砂、粗砂、砾砂、角砾、圆砾、石屑</td></tr>
<tr><td>粉质黏土</td><td>≥0.96</td></tr>
<tr><td>灰土</td><td>≥0.95</td></tr>
<tr><td>粉煤灰</td><td>≥0.95</td></tr>
</table>

注：1. 压实系数 λ_c 为土的控制干密度 ρ_d 与最大干密度 ρ_{dmax} 的比值；土的最大干密度宜采用击实试验确定，碎石或卵石的最大干密度可取2.1～2.2t/m^3。

2. 表中压实系数 λ_c 系使用轻型击实试验测定土的最大干密度 ρ_{dmax} 时给出的压实控制标准，采用重型击实试验时，对粉质黏土、灰土、粉煤灰及其他材料压实标准应为压实系数 λ_c≥0.94。

② 减少基础沉降量。一般在相当于基础宽度的深度范围内的土层压缩量约占整个受压土层压缩量的50%左右，同时由侧向变形引起的沉降也是浅层部分所占比例较大，若以密实的垫层代替软土层，则可减少该部分的变形。此外，由于垫层对基底附加压力的扩散作用，使作用于下卧土层上的附加压力减小，因而相应地减小了下卧土层的变形。

③ 排水作用。垫层起排水作用，可加速软土层的固结。同时，由于基础下设置了垫层，改变了软土层超静孔隙水渗透的方向，减小了渗透力的不利影响。

垫层的设计、施工及质量检验方法与要求可参见《地基处理规范》第4章及相关条文说明。

2）预压法。预压法包括堆载预压法、真空预压法及真空和堆载联合预压法。预压法适用于处理深厚淤泥、淤泥质土和冲填土等饱和黏性土地基。这种方法是，在建筑物建造之前，对软土地基先进行加载预压，使土层逐渐固结，强度逐渐提高以满足建筑物对地基承载力和稳定性要求，并使建筑物荷载下的地基变形量在预压期间基本完成，以解决建筑物使用期间的沉降和不均匀沉降问题。为了加速压缩过程，可采用比建筑物荷载大的超载进行预压，当预计的压缩时间过长时，可在地基内设置塑料排水带或砂井等排水竖井以缩短预压时间。通常预压法的实施，需要设置一个排水系统，并对地基施加预压荷载。排水系统由塑料排水带或砂井等排水竖井（简称竖井）与设在其顶部的与竖井相连的排水砂垫层组成。预压荷载，工程上最常用的是堆载和真空压力。堆载通常采用土料、砂石等材料，油罐常用充水进行预压。真空预压可产生 80kPa 左右的预压荷载。此外，降低地下水位法、电渗法均可使土层有效应力增加，使地基发生变形。

堆载预压法、真空预压法及真空和堆载预压法的设计、施工及质量检验方法与要求可参见《地基处理规范》第 5 章及相关条文说明。

（4）地基处理的复合地基法。

1）复合地基是由竖向增强体、周边土和铺设在增强体顶部的褥垫层构成的地基。在地基中设置强度和刚度较高的增强体，这些增强体与周围土和褥垫层构成复合地基，共同承受上部结构荷载，是地基处理最有效的方法之一，比之原天然地基可以较大幅度地提高承载力和减小变形。复合地基的概念最初是从对碎石桩加固机理的认识而形成的，通过我国多年来大量的工程实践，已发展了多种类型的增强体复合地基。增强体由于其构成的材料不同、施工工艺的差异而有各种各样的类型。根据增强体材料的胶结特性、强度和压缩性，复合地基有散体材料增强体复合地基和具有一定胶结强度的可压缩性增强体复合地基和高胶结强度的刚性增强体复合地基。复合地基的承载力和变形取决于增强体的承载力、长度、面积置换率以及地基土的性质和承载力发挥程度等因素。

2）在复合地基中，增强体对提高地基承载力和减小变形起着非常重要的作用，复合地基中，增强体的作用效应主要表现在以下几个方面：

① 垫层效应。增强体和周围土构成的复合土层可看作为一“垫层”，其强度和压缩模量等指标比天然土层都有较大提高。增强体范围的复合土层与下卧土层类似于双层地基，基础底面的附加压力通过复合土层的扩散作用，使下卧层中的附加应力减小。各类增强体复合地基都有“垫层”效应，尤其是散体材料增强体，其材料的应力-应变性质与地基土相近，地基中荷载的传递与天然地基类似，这类增强体的面积置换率较高，复合土层的工作性状更明显表现出“垫层”性质。

② 桩体效应。复合地基中增强体的刚度比周围土体大，在刚性基础下，为了保持变形协调，在增强体上产生应力集中现象，使增强体承担比例较大的荷载，并通过增强体将荷载传布到较深的土层。随着增强体刚度的增加，其承担的荷载占总荷载的百分率也随之增加，传递荷载的深度也增加，增强体的这一性质表现出桩体效应，桩间土上荷载相应减小，这样就使复合地基的承载力较原天然地基有较大的提高，地基变形有较大幅度的减小。复合地基中增强体都具有桩体的效应，增强体刚度越大，桩体效应越明显。

③ 对周边土的挤密或扰动效应。根据地基土的性质，某些增强体在施工过程中对周围土会产生挤密或扰动作用，使土体发生强度的提高或降低。石灰-粉煤灰增强体由于石灰的吸水膨胀，对周围土也产生一定的致密作用。

④ 排水效应。某些增强体，如碎石桩、砂石桩等具有良好的透水性，在荷载作用下地基土产生的超静孔隙水压力会通过这些增强体很快消散，地基土逐渐固结，强度随之提高，这样有利于提高复合地基的承载力、抗滑稳定性和减轻砂土的液化程度。

⑤ 加筋效应。在复合地基的整体稳定分析中，增强体具有加筋作用效应，使复合地基的抗剪强度比天然地基有较大的提高。

3）褥垫层是复合地基的组成部分，它的作用主要有以下几方面：

① 保证增强体与周边土共同承担荷载。特别是对刚度较大的增强体，褥垫层提供了增强体向上刺入的条件，以保证周边土始终参与工作。图 5-6 为水泥粉煤灰碎石桩 9 根桩复合地基载荷试验，桩和桩间土在给定荷载下，桩上和土上实测应力随时间的变化曲线。由图可见，由刚性压板通过褥垫层传到桩与土上的压力几乎是同时发生的，在沉降稳定过程中变化很小。

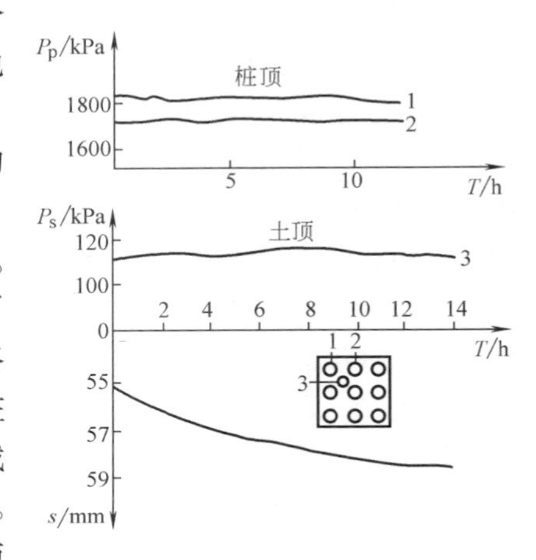

图 5-6　桩土受力时程曲线

② 减小基础底面的应力集中。由桩顶对应的基础底面测得的压力 σ_{RP} 与桩间土对应的基础底面测得的压力 σ_{RS} 之比 β 随褥垫层厚度 ΔH 的变化如图 5-7 所示。由图可见，如不设置褥垫层或褥垫层很薄，σ_{RP}/σ_{RS} 可达到 30 以上；当褥垫层厚度大于 10cm 时，桩对基础底面产生的应力集中已显著降低；当垫层厚度为 30cm 时，σ_{RP}/σ_{RS} 只有 1.23。σ_{RP}/σ_{RS} 过大，意味着桩身应力较大而桩间土应力较小，桩间土对桩身提供的围压也小，这对桩的受力是不利的，此外，桩顶反力过大，对基础底板受力不利，在桩顶设置了褥垫层，桩土应力比得到调整，减小了基础底面的应力集中。

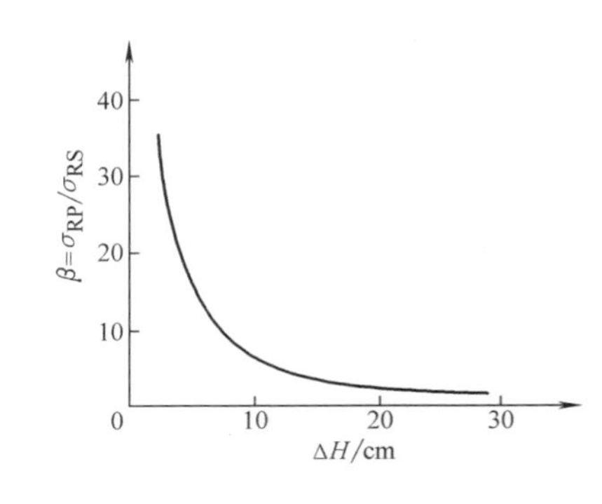

图 5-7　β 值与垫层厚度关系曲线

③ 褥垫层厚度可以调整桩、土荷载分担比。如以 $\delta = P_p/P_{总}$ 表示桩所受的荷载占总荷载的百分率，由水泥粉煤灰碎石桩 6 根桩复合地基测得的 δ 值随荷载大小和褥垫层厚度的变化如表 5-8 所示。由表可见，当荷载一定时，褥垫层厚度越厚，土承担的荷载越多，褥垫层厚度一定时，随荷载增大，桩承担的荷载占总

荷载的百分率也增大。

表 5-8 桩承担荷载占总荷载百分率 $\delta = P_p / P_{总}$ (%)

褥垫层厚度/cm 荷载/kPa	2	10	30	备 注
20	65	27	14	桩长 2.25m
60	72	32	26	桩径 16cm
100	75	39	38	荷载板 1.05m×1.65m

④ 褥垫层厚度可以调整桩、土水平荷载分担比。图 5-8 给出了基础承受水平荷载时，不同褥垫层厚度、桩顶水平位移 U_p 和水平荷载 Q 的关系曲线。由图可见，在一定的水平荷载下褥垫层厚度越大，桩顶水平位移越小。

根据以上的试验结果，在设计时，褥垫层的厚度范围可取 150～300mm。褥垫层所用的材料可用中砂、粗砂、砾砂、碎石、卵石等散体材料。如采用碎石、卵石做褥垫层，掺入 20%～30% 的砂。

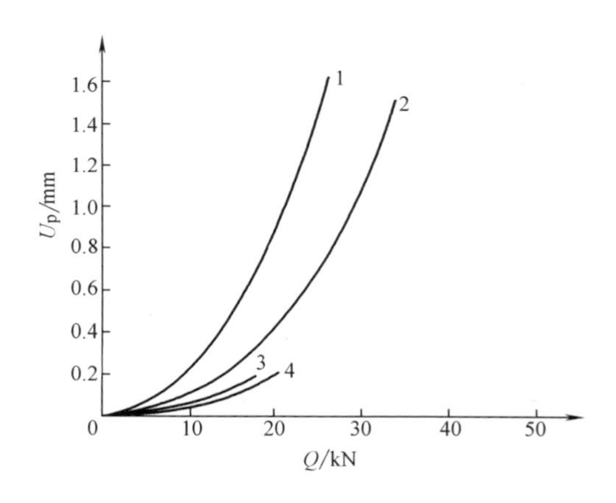

图 5-8 不同垫层厚度时 Q-U_p 曲线

1—垫层厚 2cm 2—垫层厚 10cm

3—垫层厚 20cm 4—垫层厚 30cm

4）根据增强体材料的不同和施工工艺的差异，复合地基的类型有：振冲碎石桩复合地基、沉管砂石桩复合地基、水泥粉煤灰碎石桩复合地基、夯实水泥土桩复合地基、水泥土搅拌桩复合地基、旋喷桩复合地基、灰土挤密桩和土挤密桩复合地基、柱锤冲扩桩复合地基、多桩型复合地基等。

各种复合地基的施工方法所适用的地基土类型为：

① 振冲碎石桩法适用于处理砂土、粉土、粉质黏土、素填土和杂填土等地基。对于处理不排水抗剪强度不小于 20kPa 的饱和黏性土和饱和黄土地基，应在施工前通过现场试验确定其适用性。不加填料振冲加密适用于处理黏粒含量不大于 10% 的中砂、粗砂地基。

对大型的、重要的或场地地层复杂的工程，在正式施工前应通过现场试验确定其处理效果。

② 沉管砂石桩法适用于挤密松散砂土、粉土、黏性土、素填土、杂填土等地基。对饱和黏土地基上对变形控制要求不严的工程也可采用砂石桩置换处理。

砂石桩法也可用于处理可液化地基。

采用砂石桩处理地基应补充设计、施工所需的有关技术资料。对黏性土地基，应有地基土的不排水抗剪强度指标；对砂土和粉土地基应有地基土的天然孔隙比、相对密实度或标准贯入击数、砂石料特性、施工机具及性能等资料。

用砂石桩挤密素填土和杂填土等地基的设计及质量检验，尚应符合《地基处理规范》第7.5节中的有关规定。

③ 水泥粉煤灰碎石桩（CFG桩）法适用于处理黏性土、粉土、砂土和已自重固结的素填土等地基。对于淤泥质土应按地区经验或通过现场试验确定其适用性。

水泥粉煤灰碎石桩应选择承载力相对较高的土层作为桩端持力层。

水泥粉煤灰碎石桩复合地基设计时应进行地基变形验算。

④夯实水泥土桩法适用于处理地下水位以上的粉土、素填土、杂填土、黏性土等地基。处理深度不宜超过15m。

岩土工程勘察应查明土层的厚度和组成、土的含水量、有机质含量和地下水的腐蚀性等。

夯实水泥土桩设计前必须进行配比试验，针对现场地基土的性质，选择合适的水泥品种，为设计提供各种配比的强度参数。夯实水泥土桩桩体强度宜取28d龄期试块的立方体抗压强度平均值。

⑤ 水泥土搅拌桩法分为浆液搅拌法（湿法）和粉体喷搅法（干法）。水泥土搅拌适用于处理正常固结的淤泥与淤泥质土、粉土、饱和黄土、素填土、黏性土以及无流动地下水的饱和松散砂土等地基。当地基土的天然含水量小于30%（黄土含水量小于25%）、大于70%或地下水的pH值小于4时不宜采用干法。冬季施工时，应注意负温对处理的影响。

⑥ 施喷桩法适用于处理淤泥，淤泥质土，流塑、软塑或可塑黏性土，以及粉土、砂土、黄土、素填土和碎石土等地基。当土中含有较多的大粒径块石、大量植物根茎或有较高的有机质时，以及地下水流速过大和已涌水的工程，应根据现场试验结果确定其适用性。

高压喷射注浆法可用于既有建筑物和新建建筑的地基加固，深基坑、地铁等工程的土层加固或防水。

⑦ 灰土挤密桩法和土挤密桩法适用于处理地下水位以上的粉土、黏性土、湿陷性黄土、素填土和杂填土等地基，可处理地基的深度为5～15m。当以消除地基土的湿陷性为主要目的时，宜选用土挤密桩法。当以提高地基土的承载力或增强其水稳定性为主要目的时，宜选用灰土挤密桩法。当地基土的含水量大于24%、饱和度大于65%时，不宜选用灰土挤密桩法或土挤密桩法。

⑧ 柱锤冲扩桩法适用于处理杂填土、粉土、黏性土、素填土和黄土等地基，

对地下水位以下饱和松软土层，应通过现场试验确定其适用性。地基处理深度不宜超过6m，复合地基承载力特征值不宜超过160kPa。

⑨ 多桩型复合地基

a）多桩型复合地基适用于处理不同深度存在相对硬层的正常固结土，或浅层存在欠固结土、湿陷性黄土、可液化土等特殊土，以及地基承载力和变形要求较高的地基。

b）多桩型复合地基的设计应符合下列原则：

桩型及施工工艺的确定，应考虑土层情况、承载力与变形控制要求、经济性和环境要求等综合因素。

对复合地基承载力贡献较大或用于控制复合土层变形的长桩，应选择相对较好的持力层；对处理欠固结土的增强体，其桩长应穿越欠固结土层；对消除湿陷性土的增强体，其桩长宜穿过湿陷性土层；对处理液化土的增强体，其桩长宜穿过可液化土层。

如浅部存在有较好持力层的正常固结土，可采用长桩与短桩的组合方案。

对浅部存在软土或欠固结土，宜先采用预压、压实、夯实、挤密方法或低强度桩复合地基等处理浅层地基，再采用桩身强度相对较高的长桩进行地基处理。

对湿陷性黄土应按现行国家标准《湿陷性黄土地区建筑规范》GB50025的规定，采用压实、夯实或土桩、灰土桩等处理湿陷性，再采用桩身强度相对较高的长桩进行地基处理。

对可液化地基，可采用碎石桩等方法处理液化土层，再采用有黏结强度桩进行地基处理。

⑩ 各种复合地基处理方法的一般规定，设计、施工及质量检验的有关要求详见《地基处理规范》有关各章及相关的条文说明。

5）在实际工程中我们所遇到的地基土的类型和增强体的类型是各种各样的，充分了解地基土的性质和复合地基中增强体的作用效应，有助于我们认识复合地基承载和变形性状，使我们可以更好地根据地基土的性质有针对性地、合理地选用增强体和施工工艺，尤其是对一些特殊性土地基。

对欠压密的填土地基，考虑到填土在自重下可能产生的压密变形，在采用复合地基方法处理时，应选用对填土有挤密作用的施工工艺和相应的增强体，如挤密砂石桩、柱锤冲扩桩、干振碎石桩等以提高填土的密实度，消除其在自重下的压密变形。对于欠固结的饱和软黏土地基，目前还缺少在这类地基中应用复合地基技术的资料。因为这类土在自重下会发生缓慢的固结和变形，经过相当长时间以后可能会造成基础底土的脱空，并对增强体产生负摩阻作用。一般情况下，由于这类土非常软弱，承载力很低，本身又在不断地变形，所以不宜利用其来承担荷载，除非经过预压，土的自重固结变形得以消除，强度得以提高方可利用。

对湿陷性黄土地基，在选择地基处理方案时，要充分注意到它湿陷性的特点。黄土是在干旱和半干旱气候条件下形成的第四系松散堆积物，其中粉粒含量大多在60%以上，而粉粒多以点接触，致使黄土具有高孔隙度的特点，由于湿陷性黄土具有一定的可溶盐类，同时也由于存在可观的负孔隙压力，所以，在天然状态下它的压缩性较低，但是一旦遇到水的作用，上述条件随之消失，产生湿陷并且压缩性增高。因此，对黄土地基，增强体的选用应有利于消除它的湿陷性，如工程上所广泛采用的灰土挤密桩法，不仅消除了黄土的湿陷性，也提高了复合地基的承载力。灰土挤密桩的处理深度一般为5～15m，通常采用沉管或冲击法成孔，桩孔直径一般为300～450mm，为使桩间土均匀挤密，桩孔一般按等边三角形布置，桩孔之间的中心距离为桩孔直径的2.0～2.5倍，桩孔内灰土采用分层回填、分层夯实，灰土所用石灰为消解后的石灰，消石灰与黄土的体积比为2:8或3:7。

对可液化的砂土地基，常采用振冲碎石桩或挤密砂石桩法处理。采用振冲碎石桩法处理砂土地基，一方面通过振冲制桩过程对周围砂土进行振密和挤密，另一方面它也起到置换作用，形成碎石桩复合地基。振动沉管砂石桩法由于振密和挤密作用可有效地减小砂土的孔隙比，提高地基的承载力。碎石桩和砂石桩具有排水功能，能有效地消散由于地震或其他动力荷载引起的超静水压力，从而使液化现象大为减轻。室内和现场试验都表明，有排水桩体时，相应于某一振动加速度的抗液化临界相对密度有很大降低。根据柳堀义彦等人的研究，均质砂同样在250Gal（$1Gal=0.01m/s^2$）的振动加速度下，如果没有排水桩，相对密实度必须超过0.66才不发生液化，如果有排水桩，此值可降为0.46。此外，振冲碎石桩和振动沉管碎石桩在施工时对可液化土有预振效应。在可液化土地基内采用对桩间土没有改善作用的其他增强体，显然是不合适的，因为砂土液化将使地基丧失承载力。

（5）地基处理的其他方法。

1）硅化浆液法和碱液注浆法。硅化浆液法和碱液注浆法适用于处理地下水位以上渗透系数为0.10～2.00m/d的湿陷性黄土等地基，在自重湿陷性黄土场地上，当采用碱液法时，应通过试验确定其适用性。

硅化浆液法和碱液注浆法处理地基的一般规定、设计和施工要求及质量检验等内容，详见《地基处理规范》第8章及相关的条文说明。

2）水泥浆液注浆法。适用于处理砂土、粉土、黏性土和人工填土等地基。

3）锚杆静压桩法。适用于淤泥、淤泥质土、黏性土、粉土和人工填土等地基。

4）树根桩法。适用于淤泥、淤泥质土、黏性土、粉土、砂土、碎石土、黄土和人工填土等地基。

5）坑式静压桩法。适用于淤泥、淤泥质土、黏性土、粉土、人工填土和湿陷性黄土等地基。

6）预制桩法。预制桩适用于淤泥、淤泥质土、黏性土、粉土、砂土和人工填土等地基处理。

7）注浆钢管桩法。注浆钢管桩适用于淤泥质土、黏性土、粉土、砂土和人工填土等地基处理。

注浆法、锚杆静压桩法、树根桩法、预制桩法、注浆钢管法和坑式静压桩法中的锚杆静压桩法和坑式静压桩法的设计和施工应按行业标准《既有建筑地基基础加固技术规范》JGJ 123—2012 的有关规定执行。

80. 哪些建筑物可不进行天然地基及基础的抗震承载力验算？

我国多次强烈地震的震害经验表明，在遭受破坏的建筑中，只有少数建筑是因为地基失效而导致上部结构破坏，而这类地基大多数是可液化地基、易产生震陷的软土地基和严重不均匀地基；大量的一般性天然地基具有良好的抗震性能，极少发现因地基承载力不够而产生震害的，基于这种情况，《抗震规范》对于量大面广的一般天然地基和基础都规定不进行抗震验算，而对易于产生地基和基础震害的液化地基、软土地基和严重不均匀地基，则规定了相应的抗震措施，以避免或减轻震害。

（1）《抗震规范》第 4. 2. 1 条规定，下列建筑可不进行天然地基及基础的抗震承载力验算：

1）《抗震规范》规定可不进行上部结构抗震验算的建筑。

2）地基主要受力层范围内不存在软弱黏性土层[㊀]的下列建筑：

① 一般的单层厂房和单层空旷房屋。

② 不超过 8 层且高度在 24m 以下的一般民用框架和框架 – 抗震墙房屋。

③ 基础荷载与②项相当的多层框架厂房和多层混凝土抗震墙房屋。

④ 砌体房屋。

（2）《抗震规范》第 4. 4. 1 条规定，承受竖向荷载为主的低承台桩基，当地面以下无液化土层，且桩承台周围无淤泥、淤泥质土和地基承载力特征值不大于 100kPa 的填土时，下列建筑可不进行桩基抗震承载力验算：

1）砌体结构房屋；《抗震规范》第 4. 2. 1 条 1 款规定可不进行上部结构抗震验算的建筑。

2）7 度和 8 度抗震设防时的下列建筑：

① 一般的单层厂房和单层空旷房屋。

㊀ 软弱黏性土层指 7 度、8 度和 9 度抗震设防时，地基承载力特征值分别小于 80kPa、100kPa 和 120kPa 的土层。

② 不超过 8 层且高度在 24m 以下的一般民用框架房屋。

③基础荷载与②项相当的多层框架厂房和多层混凝土抗震墙房屋。

（3）对于液化地基、软土地基和严重不均匀的地基，除应对地基进行加固处理外，还应采取必要的抗震措施来减轻地基的震害。常采用的措施是：

1）建筑物的平、立面布置宜尽量规则、对称，建筑物的质量分布和刚度变化宜尽量均匀，这对于减少建筑物的不均匀沉降是非常有效的。

2）对于《地基基础规范》规定的有关设计的一般原则、承载力计算、变形计算、稳定计算和构造措施，应从严掌握，确保地基和基础具备应有的强度储备。经验表明，这样做对抗震非常有利。

3）同一结构单元的基础不宜设置在性质截然不同的地基上；也不宜部分采用天然地基部分采用桩基。

在高层建筑中，当高层主楼和低层裙房在不分缝的情况下难以满足这条要求时，应仔细分析不同地基在地震作用下变形的差异及上部结构各部分地震反应差异的影响，并采取相应的措施。

4）宜选择整体性和刚度均较好的基础，如采用箱基、筏基或交叉条形基础等；对于一般的基础，应加强基础的整体性和刚度，并选择合适的基础埋深；同时也应加强上部结构的整体性和刚度。

5）抗震验算时，应尽量考虑上部结构、基础和地基的共同作用，使之能反映地基基础在不同阶段上的工作状态。

（4）对于地基主要受力层范围内存在软弱黏性土层或湿陷性黄土时，应结合具体情况综合考虑，采用桩基、地基加固处理或其他的可消除或减轻液化影响、震陷影响、湿陷影响的各项措施，包括必要时的软土震陷估计。

81. 钢筋混凝土柱和墙，纵向受力钢筋采用带肋钢筋时，纵向受力钢筋在基础（或承台）内的锚固长度如何确定？

钢筋混凝土柱和墙纵向受力钢筋采用带肋钢筋时，纵向受力钢筋（或插筋）在基础（或承台内）的锚固长度可参见国家标准图集 11G101—3 第 58 页、第 59 页，即本书图 5-9、图 5-10。

82. 钢筋混凝土柱下独立基础设计时应当注意什么问题？

钢筋混凝土多层框架结构，当不设置地下室时，框架柱下通常采用钢筋混凝土独立基础。柱下钢筋混凝土独立基础是各类基础中较为简单的基础。在上部结构承受的荷载一定的情况下，基础底面面积由修正后的地基承载力特征值确定；基础的高度通常由基础受冲切承载力或基础受剪切承载力确定；基础底板的配筋由抗弯计算确定。详见《地基基础规范》第 8. 2. 7 条（强制性条文）。

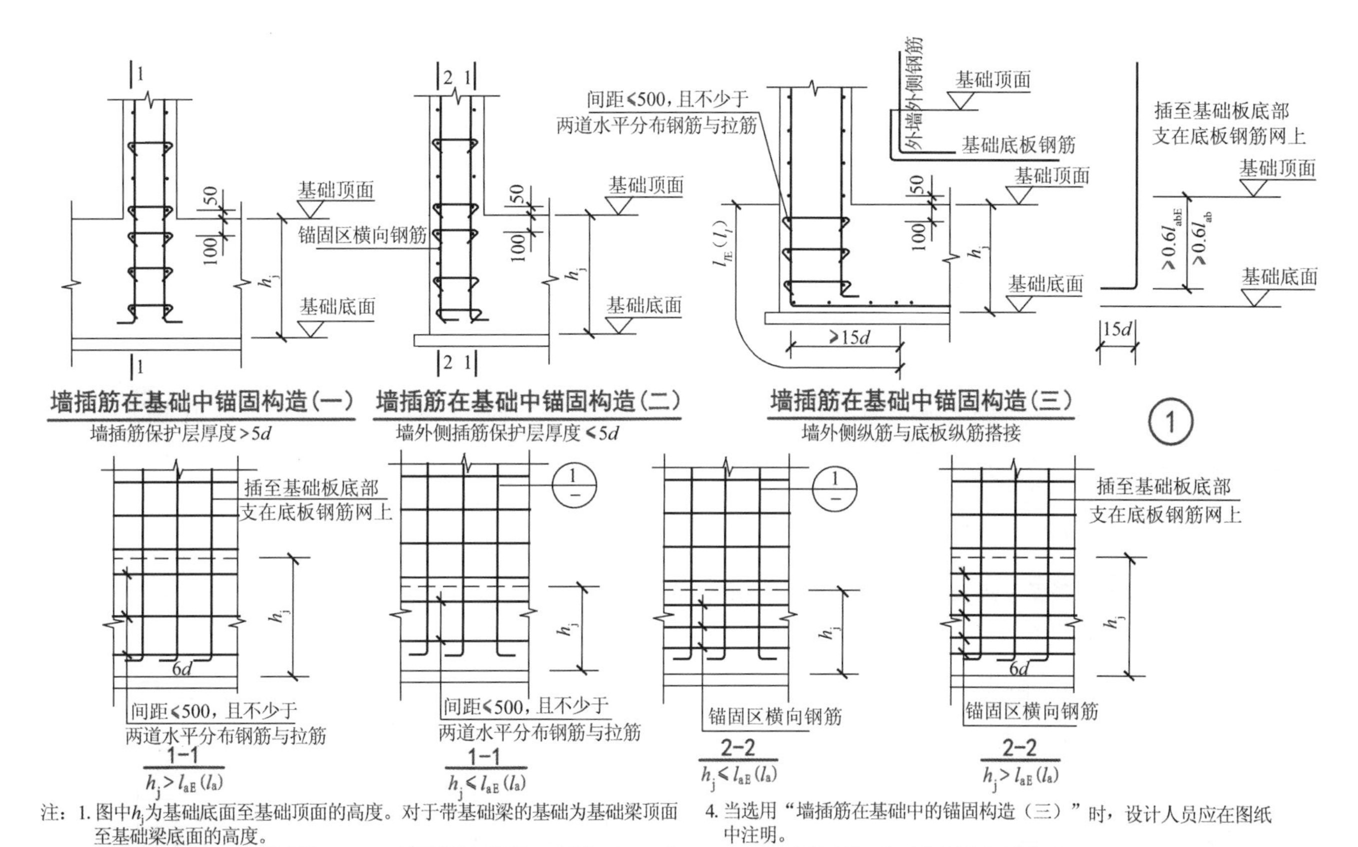

注：1. 图中h_j为基础底面至基础顶面的高度。对于带基础梁的基础为基础梁顶面至基础梁底面的高度。

2. 锚固区横向钢筋应满足直径≥ $d/4$（d为插筋最大直径），间距≤$10d$（d为插筋最小直径）且≤100mm的要求。

3. 当插筋部分保护层厚度不一致时（如部分位于板中部分位于梁内），保护层厚度小于5d的部位应设置锚固区横向钢筋。

4. 当选用“墙插筋在基础中的锚固构造（三）”时，设计人员应在图纸中注明。

5. 图中d为插筋直径；括号内数据用于非抗震设计。

6. 插筋下端设弯钩放在基础底板钢筋网上，当弯钩水平段不满足要求时应加长或采取其他措施。

图5-9　墙纵向受力钢筋（或插筋）在基础内的锚固

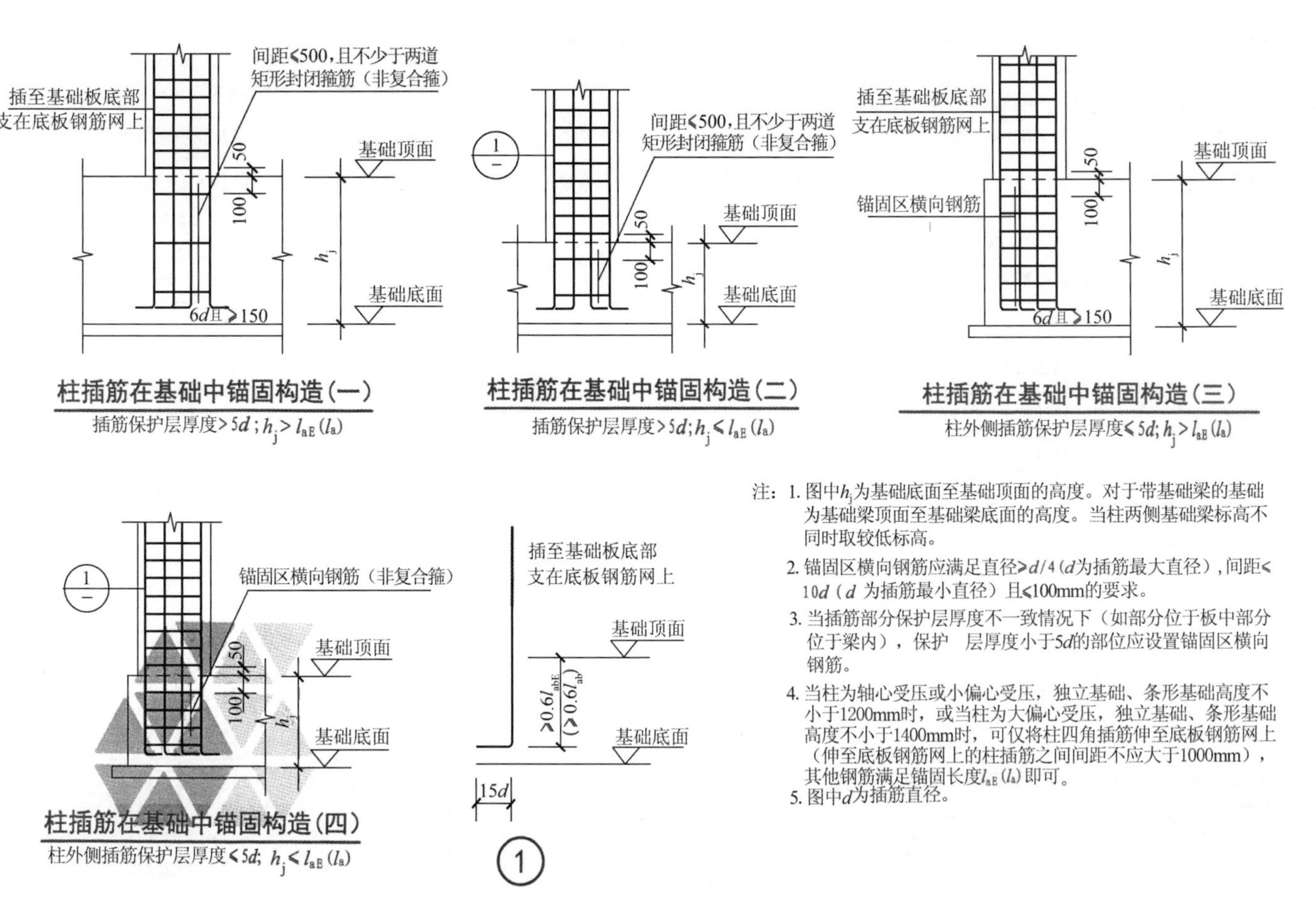

注：1. 图中h_j为基础底面至基础顶面的高度。对于带基础梁的基础为基础梁顶面至基础梁底面的高度。当柱两侧基础梁标高不同时取较低标高。

2. 锚固区横向钢筋应满足直径≥$d/4$（d为插筋最大直径），间距≤10d（d为插筋最小直径）且≤100mm的要求。

3. 当插筋部分保护层厚度不一致情况下（如部分位于板中部分位于梁内），保护 层厚度小于5d的部位应设置锚固区横向钢筋。

4. 当柱为轴心受压或小偏心受压，独立基础、条形基础高度不小于1200mm时，或当柱为大偏心受压，独立基础、条形基础高度不小于1400mm时，可仅将柱四角插筋伸至底板钢筋网上（伸至底板钢筋网上的柱插筋之间间距不应大于1000mm），其他钢筋满足锚固长度l_{aE}（l_a）即可。

5. 图中d为插筋直径。

图5-10　柱纵向受力钢筋（或插筋）在基础内的锚固

在设计钢筋混凝土柱下独立基础时，应注意以下几个问题。

（1）应控制基础台阶的宽高比和偏心距。

《地基基础规范》第 8.2.11 条规定，在轴心荷载或单向偏心荷载作用下，基础底板受弯可按下列简化方法计算。

对于柱下矩形独立基础，当台阶的宽高比小于或等于 2.5 且偏心距小于或等于 1/6 基础宽度时，任意截面的底板弯矩可按下列公式计算（图 5-11）：

$$M_{\mathrm{I}} = \frac{1}{12}a_1^2\left[(2l + a')\left(p_{\max} + p - \frac{2G}{A}\right) + (p_{\max} - p)l\right] \tag{5-10}$$

$$M_{\mathrm{II}} = \frac{1}{48}(l - a')^2(2b + b')\left(p_{\max} + p_{\min} - \frac{2G}{A}\right) \tag{5-11}$$

式中各符号的意义见《地基基础规范》第 8.2.11 条。

显然，钢筋混凝土矩形独立基础任意截面处相应于荷载效应基本组合时的弯矩设计值 M_{I}、M_{II}，是以其台阶宽高比≤2.5 且偏心距≤$\frac{1}{6}b$ 为前提条件建立的，所以，工程设计时，这两个条件应当得到满足。因为：

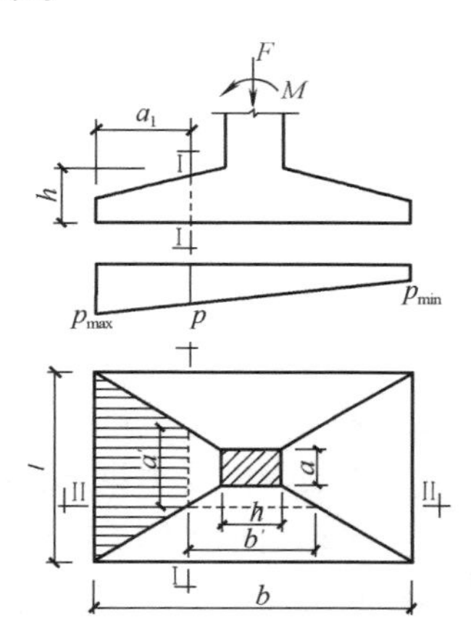

图 5-11 矩形基础底板计算示意图

1）柱下钢筋混凝土独立基础承受地基反力设计值作用后，基础底板沿着柱子四周产生弯曲，当弯曲应力超过基础抗弯承载力时，基础底板将发生弯曲破坏，由于独立基础底面的长宽尺寸较为接近，使底板发生双向弯曲，其内力常常采用简化方法计算，即将独立基础的底板视作固定在柱子四周四面挑出的悬臂板，并近似地将地基反力设计值按对角线划分，沿基础长宽两个方向的弯矩 M_{I} 和 M_{II}，等于梯形基底面积上地基反力设计值对计算截面所产生的弯矩，见式（5-10）和式（5-11）。

要求独立基础台阶宽高比≤2.5 的实质是要保证独立基础有必要的抗弯刚度，否则，基础底面上地基反力难以符合线性分布的假定，基础底面上地基反力设计值也不宜按对角线划分，因而也不能按式（5-10）和式（5-11）计算基础长宽两个方向的弯矩。

2）独立基础的偏心距 $e\leqslant\frac{1}{6}b$，意味着基础底面上地基反力设计值的最小值 $p_{\min}\geqslant0$，因而才符合按式（5-10）和式（5-11）计算基础长宽两个方向的弯矩的条件。如果 $e>\frac{1}{6}b$，则独立基础底面与地基土之间将出现零应力区，基础底面上地基反力设计值的最大值将为：

$$p_{kmax} = \frac{2(F_k + G_k)}{3la} \tag{5-12}$$

式中 l——垂直于力矩作用方向的基础底面边长（m）；

a——合力作用点至基础底面最大压力边缘的距离（m）（图5-12）。

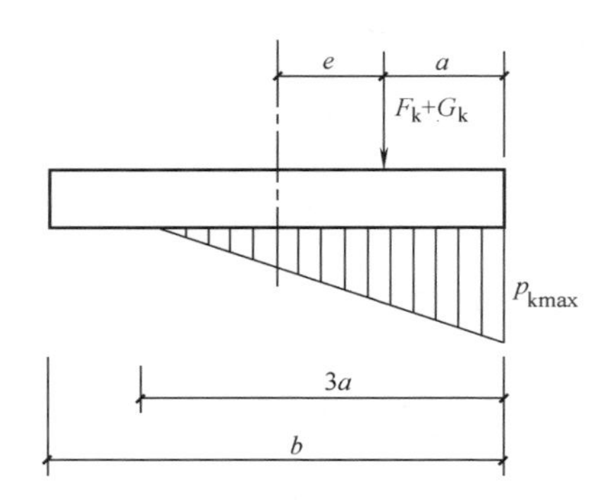

图5-12 偏心荷载（$e > b/6$）下基底压力计算示意图
b—力矩作用方向基础底面边长

（2）应注意钢筋混凝土独立基础底板的最小配筋率问题。

钢筋混凝土独立基础底板的最小配筋率，《地基基础规范》第8.2.1条第3款规定，扩展基础受力钢筋的最小配筋率不应小于0.15%，受力钢筋的直径不应小于10mm，间距不应大于200mm，也不应小于100mm。

基础底板的钢筋可按式（5-13）计算。

$$A_s = \frac{M}{0.9f_y h_0} \tag{5-13}$$

式中 A_s——基础底板受力钢筋的截面面积（mm^2）；

M——基础底板的弯矩设计值（kN. m）。

f_y——基础底板受力钢筋的抗拉强度设计值（N/mm^2）。

h_0——基础底板截面的有效高度（mm）。

计算基础底板最小配筋率时，对阶形或锥形基础截面，可将其折算成矩形截面，截面的折算宽度和截面的有效高度，应按《地基基础规范》附录U计算。

（3）应注意柱纵向受力钢筋的插筋在基础内的锚固长度（图5-13）。

柱纵向受力钢筋应采用HRB400级、HRB500级或HRB335级热轧带肋钢筋。《地基基础规范》第8.2.2条规定，柱纵向受力钢筋（或插筋）在基础内的锚固长度应符合现行国家标准的规定。当基础高度h小于l_a（l_{aE}）时，柱的纵向受力钢筋（或插筋）的锚固长度除应符合l_a（l_{aE}）的要求外，其最小直锚段的长度不应小于$20d$（d为纵向受力钢筋直径的最大者），弯折后弯折的长度不应小于150mm。

柱纵向受力钢筋（或插筋）的下端宜做成直钩放在基础底板钢筋网上。当符合下列条件之一时，可仅将四角的纵向受力钢筋（或插筋）下端做成直钩后伸至底板钢筋网上，其余纵向受力钢筋（或插筋）锚固在基础顶面下 l_a或 l_{aE}处（图5-13）。

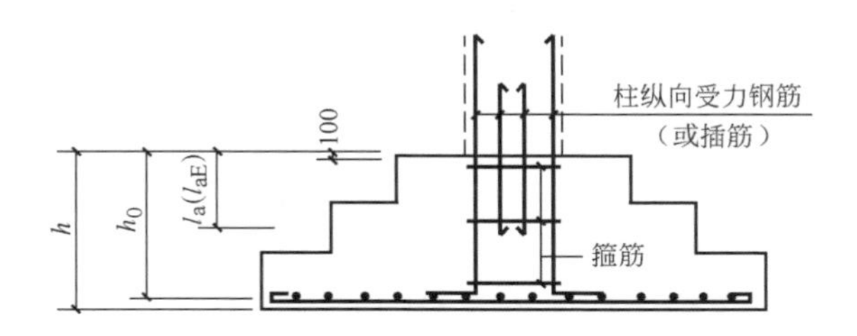

图5-13　现浇柱的基础中插筋构造示意图

1）柱为轴心受压或小偏心受压，基础高度大于等于1200mm。

2）柱为大偏心受压，基础高度大于等于1400mm。

当柱纵向受力钢筋（或插筋）在基础内的保护层厚度为 $3d$（d 为插筋的最大直径），且在基础内配有箍筋时（图5-13），柱纵向受力钢筋（或插筋）在基础内的锚固长度可取为 $0.80l_a$（非抗震设计）或 $0.8l_{aE}$（抗震设计），当柱纵向受力钢筋（或插筋）在基础内的保护层厚度为 $5d$ 时，上述锚固长度可取为 $0.70l_a$ 或 $0.70l_{aE}$，当保护层厚度为中间值时，上述锚固长度按内插法取值。

柱插筋在基础内的其他锚固做法可参见本书第81问。

（4）在抗震设防地区，框架结构采用独立基础时，为了保证基础结构在地震作用下的整体工作，属于下列情况之一时，宜在基础的两个主轴方向设置基础系梁。

1）一级抗震等级的框架和Ⅳ类场地上的二级框架。

2）各柱基础底面在重力荷载代表值作用下的压应力差别较大。

3）基础埋置较深，或各基础埋置深度差别较大。

4）地基主要受力层范围内存在软弱黏性土层、液化土层和严重不均匀土层。

5）桩基承台之间。

一般情况下，基础系梁宜设置在基础顶面，其顶标高与基础顶面标高相同。当基础系梁梁底标高高于基础顶面时，应避免在基础系梁与基础之间的柱形成短柱；当基础系梁距基础顶面较远时，基础系梁应按拉梁层（无楼板的框架楼层）进行设计，并参与结构整体计算。

（5）应注意多层钢筋混凝土框架结构设置拉梁层的问题。

1）多层钢筋混凝土框架结构，当首层层高较高，独立基础埋深又较深，抗震设计时楼层的弹性层间位移角常常难以满足《抗震规范》的要求。如要使框架结构楼层的弹性层间位移角满足《抗震规范》的要求，当不拟考虑设置少量剪力墙时，通常可以采用下列三项措施的一种：

① 加大框架结构梁、柱截面尺寸，提高混凝土强度等级。

② 采用短柱基础，使框架柱嵌固在基础短柱顶面，从而减小框架结构首层层高。

③ 在框架结构 ±0.000 地面以下靠近地面处，设置拉梁层，将框架结构首层分为两层。

在这三种措施中，第一种措施常因建筑使用功能的要求，受到限制，不便任意加大梁、柱截面尺寸，而提高混凝土强度等级对改善结构侧向刚度又不明显；在第二种和第三种措施中，编者建议首先采用短柱基础，短柱基础受力明确，构造简单，施工方便。短柱的截面尺寸和配筋构造要求可参照《地基基础规范》第 8.2.5 条的规定确定。

2） 当采用设置拉梁层时，设计中应注意以下几个问题：

① 拉梁层的拉梁应按框架梁设计；抗震设计时，拉梁应按相应抗震等级的框架梁设置箍筋加密区。

② 拉梁层无楼板，在 PMCAD 交互式建模时，应定义楼面全部房间开洞或定义零厚度楼板；结构整体计算时再定义弹性楼板（弹性膜）并采用总刚分析。

③ 有填充墙等荷载的拉梁，应如实输入作用在拉梁上的线荷载或其他荷载，如楼梯立柱的集中荷载等。

④ 设有拉梁层的框架结构，多了一个拉梁层，宜计算两次：第一次，将框架柱嵌固在基础顶面进行结构整体计算；第二次，假定拉梁层为地下室，即定义一层地下室后进行结构整体计算；用 SATWE 软件进行结构第二次整体计算时，总体信息的地下信息中“土的水平抗力系数的比例系数”可填 3，以近似考虑地基土一定程度上的约束；框架梁、柱配筋取两次整体计算结果的较大值。

⑤ 首层楼面以下基础顶面以上的框架柱，宜取拉梁层以上及以下框架柱纵向受力钢筋的较大值通长配筋；抗震设计时，拉梁以下的框架柱宜全高加密箍筋。

⑥ 设有拉梁层的框架结构，之所以要进行两次整体计算，其原因是：

其一，仅将框架柱嵌固在基础顶面处进行结构整体计算，可以使拉梁层顶面以下、基础顶面以上框架柱的配筋较为合理，但可能会使拉梁层顶面以上框架柱的配筋不合理，特别是抗震设计时，一、二、三、四级抗震等级的框架结构，其底层柱底截面的弯矩增大系数，在这时增大的是基础顶面处的拉梁层柱下端截面的弯矩（《抗震规范》第 6.2.3 条），而不是增大拉梁层顶面处的结构底层柱下端截面的弯矩，因而可能会使结构的底层柱的配筋偏少。

其二，仅假定拉梁层为地下室，将框架柱嵌固在地下室顶面，即拉梁层顶面处进行结构整体计算，这时结构的底层柱下端截面弯矩增大系数是增大拉梁层顶面处结构的底层柱下端截面的弯矩，因而可以使拉梁层顶面以上结构底层框架柱的配筋较为合理，但拉梁层顶面以下、基础顶面以上框架柱的配筋，及拉梁层拉梁的配筋和结构底层顶部框架梁的配筋就未必合理。

所以，设置拉梁层的框架结构，应进行两次结构整体计算。

83. 钢筋混凝土柱下条形基础设计时应当注意什么问题?

多层框架结构和多层框架-剪力墙结构，当地基承载力较低，不能采用独立基础，如不进行地基处理或不宜采用桩基础时，无地下室或是有地下室但无防水要求时，可采用柱下钢筋混凝土条形基础。

高层框架结构和高层框架-剪力墙结构，当地基承载力允许，地下室又无防水要求时，也可以采用柱下钢筋混凝土条形基础。

柱下钢筋混凝土条形基础可根据工程具体情况，设计成单向条形基础，如单层工业厂房；也可以设计成双向条形基础，如多层框架结构房屋（图 5-14）。

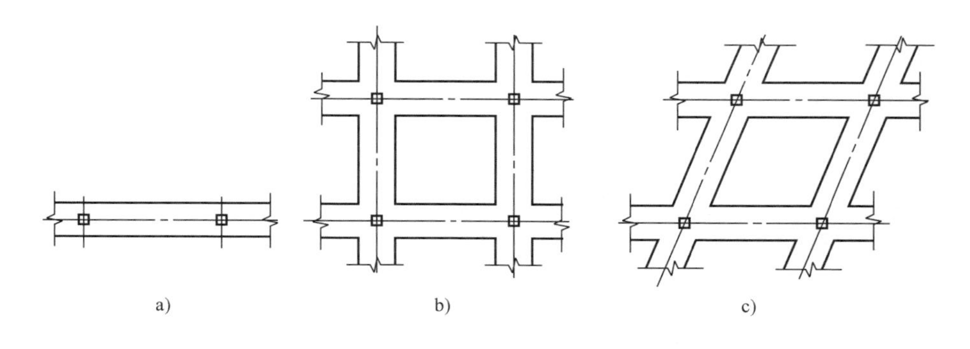

图 5-14

a）单向条形基础 b）双向正交条形基础 c）双向斜交条形基础

钢筋混凝土柱下条形基础设计时，应注意以下问题：

（1）柱下钢筋混凝土条形基础由翼板和基础梁组成，一般采用 T 形截面。基础梁的截面一般由剪压比控制，即应满 $V \leqslant 0.25 f_c b h_0$ 的要求。基础梁的截面高度根据梁底面地基土反力的大小经计算确定，工程实践中通常取柱距的$\frac{1}{8} \sim \frac{1}{4}$；基础梁截面的宽度不宜小于 400mm。翼板的厚度不应小于 200mm，当翼板厚度大于 250mm 时，宜采用变厚度翼缘板，其坡度宜小于等于 1:3（图 5-15）。

（2）现浇柱与条形基础的交接处，其平面尺寸不应小于图 5-16 的规定；考虑到基础梁端部的基底压力一般均较大，在基础平面布置允许的情况下，条形基础的端部宜向外伸出，其长度宜为第一跨距的 0.25 倍。

（3）柱下钢筋混凝土条形基础的混凝土强度等级应根据耐久性要求按所处

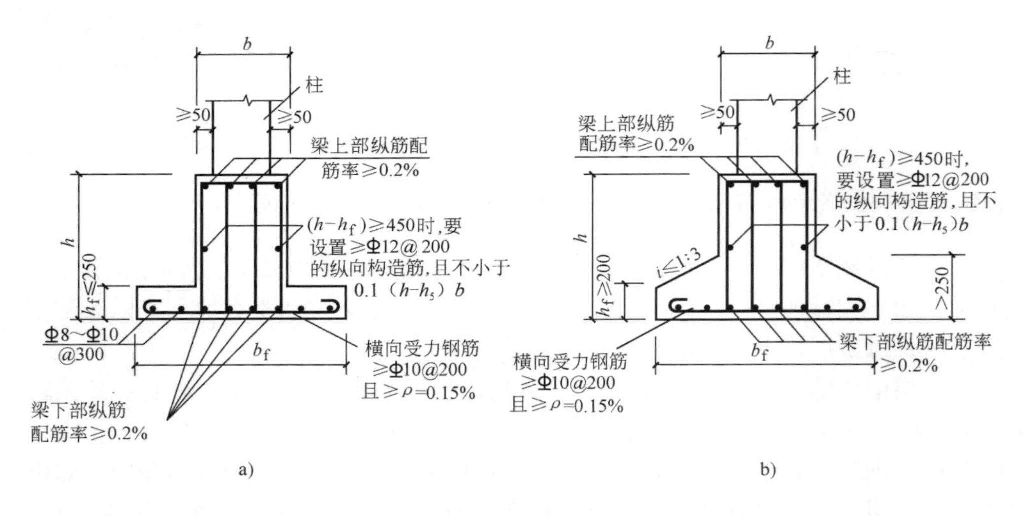

图 5-15　柱下钢筋混凝土条形基础配筋构造示意图

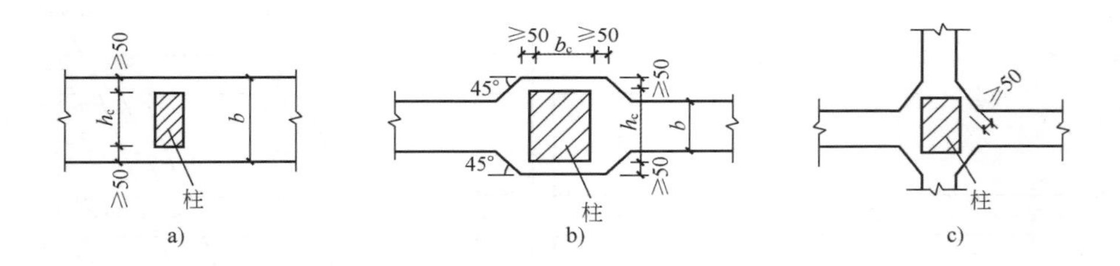

图 5-16　柱与条形基础交接处的构造

环境类别确定，一般不宜低于 C25。

基础底板（翼板）的受力钢筋应优先选用 HRB400 级、HRB500 级或 HRB335 级钢筋，钢筋直径不应小于 10mm，间距不应大于 200mm，也不应小于 100mm，其纵向分布钢筋每延米的截面面积不应小于受力钢筋截面面积的 15%，直径不应小于 8mm，间距不应大于 300mm。

基础梁的纵向钢筋应采用 HRB500 级、HRB400 级或 HRB335 级钢筋，应优先选用大直径钢筋，以免钢筋根数太多，过于密集，影响混凝土浇注。基础梁的纵向钢筋除满足计算要求和最小配筋率要求外，考虑到整体弯曲以及温度和混凝土收缩的影响，顶部钢筋应全部贯通，底部贯通钢筋不应少于底部纵向受力钢筋截面总面积的 1/3。

基础梁的箍筋如系受力控制，应采用 HRB400 级、HRB500 级或 HRB335 级钢筋；如为构造箍筋，则可采用 HRB335 级或 HPB300 级钢筋；箍筋直径不应小于 8mm，间距不应大于 15d（d 为纵向受力钢筋的最小直径），也不应≥400mm。基础梁宽小于等于 350mm 时，可采用双肢箍筋；当梁宽大于 350mm 不大于

800mm 时，采用四肢箍筋；当梁宽大于 800mm 时，采用六肢箍筋。

一般情况下，基础梁（包括筏形基础中的基础梁）的刚度都远大于其上的柱子刚度，地震发生时，塑性铰可能出现在柱子的根部，故基础梁不需要考虑延性要求进行抗震构造配筋，即梁端箍筋不需要按抗震要求加密，仅按受剪要求（含沉降差引起的剪力）配置即可；箍筋可做成 90°弯钩，无需 135°弯钩；梁的纵向钢筋在支座内的锚固长度按非抗震要求锚固 l_a 即可。

（4）柱下钢筋混凝土条形基础的计算应符合下列规定：

1）在比较均匀的地基上，上部结构刚度较好，各柱柱距相差不大且荷载分布较均匀，条形基础梁的高度不小于 1/6 柱距（或条形基础梁的线刚度大于柱子线刚度的 3 倍）时，地基反力可按直线分布，条形基础梁的内力按倒置的连续梁计算，此时边跨跨中弯矩及第一内支座的弯矩值宜乘以 1.2 的增大系数。

2）当不满足上述第 1）款的要求时，条形基础梁宜按弹性地基梁计算。

3）对交叉条形基础，交点上的柱荷载，可按交叉梁的刚度或按静力平衡条件及变形协调的要求进行分配，其内力可按上述有关规定分别进行计算。

4）验算柱边缘处基础梁的受剪承载力。

5）当存在扭矩时，如图 5-14a 的单层工业厂房柱下条形基础，尚应作抗扭验算。

6）当条形基础的混凝土强度等级小于柱的混凝土强度等级时，尚应验算柱下条形基础梁顶面的局部受压承载力。

（5）对于交叉条形基础，交点上的柱荷载，当按变形协调和静力平衡条件进行分配时，对等柱距且荷载分布比较均匀的正交条形基础，通常只考虑交点处自身竖向荷载的影响（交点处的弯矩直接由基础梁承担，基础梁的配筋应计及这部分弯矩），交点上的荷载可采用基于文克勒地基模型，近似按下列公式进行分配：

1）中柱节点（图 5-17）、无伸臂的角柱节点（图 5-18）、两个方向均带伸臂的角柱节点（图 5-19）$\left(\dfrac{C_x}{S_x}=\dfrac{C_y}{S_y}=0.65\sim0.75\right)$

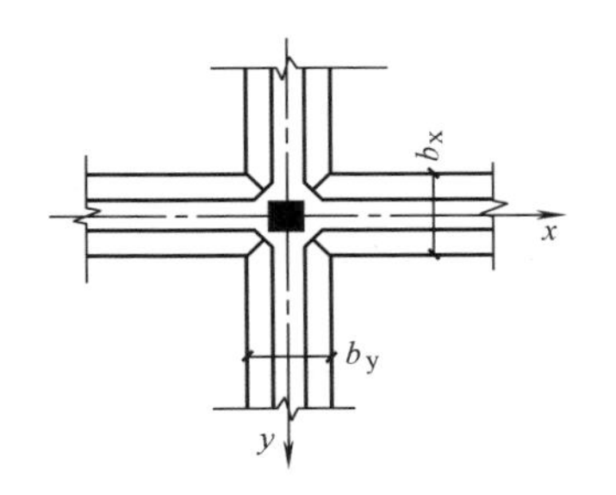

图 5-17　中柱节点

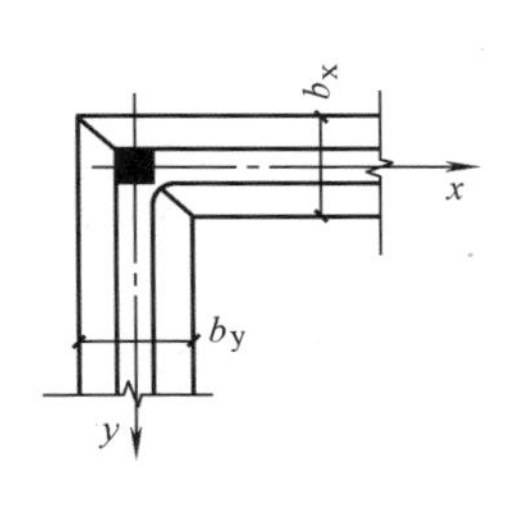

图 5-18　无伸臂角柱节点

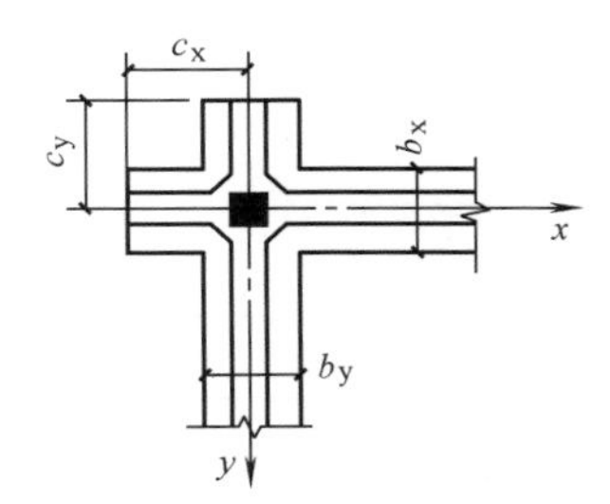

图 5-19　两个方向均带伸臂角柱节点

$$P_x = \frac{b_x S_x}{b_x S_x + b_y S_y} P \tag{5-14}$$

$$P_y = \frac{b_y S_y}{b_x S_x + b_y s_y} P \tag{5-15}$$

其中，S_x、S_y 分别为 x、y 方向条形基础的特征长度，按下式计算

$$S_x = \sqrt[4]{\frac{4E_c I_x}{kb_x}} \tag{5-16}$$

$$S_y = \sqrt[4]{\frac{4E_c I_y}{kb_y}} \tag{5-17}$$

式中　E_c——条形基础的混凝土弹性模量；

I_x、I_y——分别为 x、y 方向条形基础的横截面惯性矩；

k——基床系数（kN/m^3）。

2）无伸臂的边柱节点（图5-20）

$$P_x = \frac{4b_x S_x}{4b_x S_x + b_y S_y} P \tag{5-18}$$

$$P_y = \frac{4b_y S_y}{4b_x S_x + b_y S_y} P \tag{5-19}$$

3）带伸臂的边柱节点，伸臂长度 C_y = （0.6～0.75）S_y（图5-21）

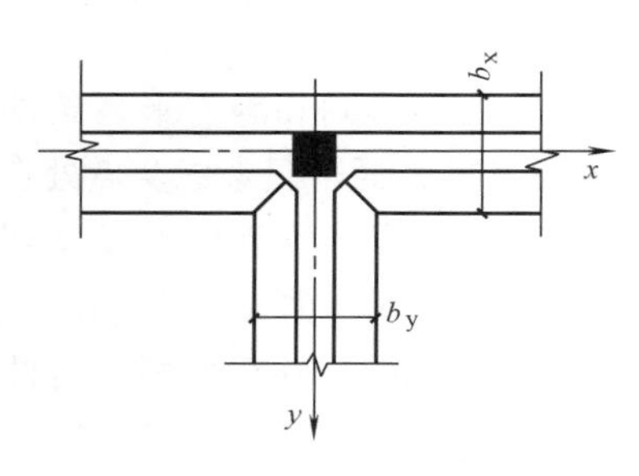

图5-20　边柱节点

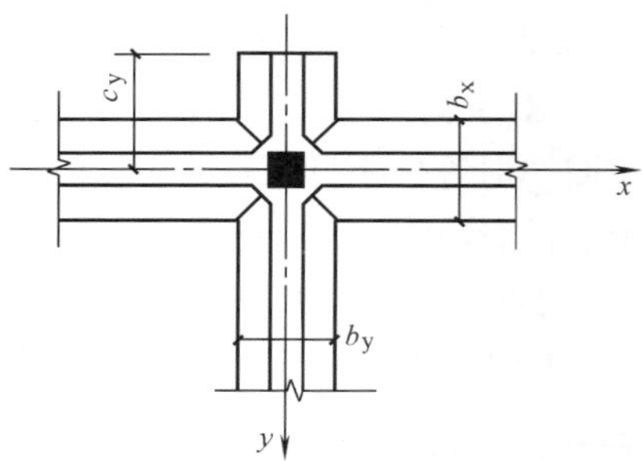

图5-21　带伸臂边柱节点

$$P_x = \frac{\alpha b_x S_x}{\alpha b_x S_x + b_y S_y} P \tag{5-20}$$

$$P_y = \frac{b_y S_y}{\alpha b_x S_x + b_y S_y} P \tag{5-21}$$

式中，α 值见表5-9。

表5-9　α 与 β 值

C/S	0.60	0.62	0.64	0.65	0.66	0.67	0.68	0.69	0.70	0.71	0.73	0.75
α	1.43	1.41	1.38	1.36	1.35	1.34	1.32	1.31	1.30	1.29	1.26	1.24
β	2.80	2.84	2.91	2.94	2.97	3.00	3.03	3.05	3.08	3.10	3.18	3.29

4）一端带伸臂的角柱节点（图 5-22）

$$P_x = \frac{\beta b_x S_x}{\beta b_x S_x + b_y S_y} P \tag{5-22}$$

$$P_y = \frac{b_y S_y}{\beta b_x S_x + b_y S_y} P \tag{5-23}$$

式中，β 值见表 5-9。

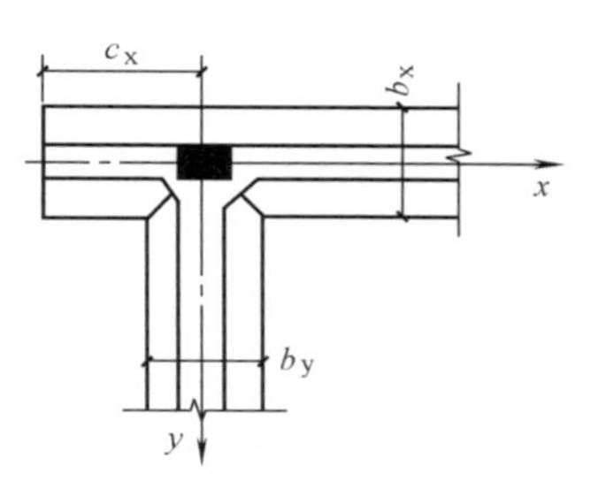

图 5-22　一端带伸臂角柱节点

5）由于交叉点处的基底面积被两个方向的条形基础重复使用，因此需要通过修正节点处的荷载来解决计算中出现的相交面积重叠的问题。在节点荷载的增量作用下，相应于荷载效应基本组合时的基底反力增量 Δp 按下式计算：

$$\Delta p = \frac{\sum a_i \sum P_i}{A^2} = \frac{\sum a_i p_0}{A} \tag{5-24}$$

式中　$\sum a_i$——各交叉点重叠面积之和；对中柱取两个方向槽宽的乘积 $b_{ix} b_{iy}$；对边柱取 $\frac{1}{2} b_{ix} b_{iy}$；对无伸臂的角柱取 $\frac{1}{4} b_{ix} b_{iy}$；

$\sum P_i$——相应于荷载效应标准组合时各节点的竖向荷载之和；

A——交叉条形基础的基底总面积；

p_0——相应于荷载效应基本组合时的基底平均净反力设计值。

6）根据已知的 i 节点荷载分配比例，计算相应于荷载效应基本组合时的 i 节点荷载增量 ΔP_{ix} 和 ΔP_{iy}

$$\Delta P_{ix} = \frac{P_{ix}}{P_i} a_i (p_0 + \Delta p) \tag{5-25}$$

$$\Delta P_{iy} = \frac{P_{iy}}{P_i} a_i (p_0 + \Delta p) \tag{5-26}$$

7）计算相应于荷载效应基本组合时，调整后的 i 节点荷载 P'_{ix} 和 P'_{iy}

$$P'_{ix} = P_{ix} + \Delta P_{ix} \tag{5-27}$$

$$P'_{iy} = P_{iy} + \Delta P_{iy} \tag{5-28}$$

荷载分配和调整完毕后，交叉条形基础的内力可按上述有关规定，分别在两个方向单独进行计算。

84. 高层建筑筏形基础设计时应当注意什么问题？

多层和高层建筑，当采用条形基础不能满足上部结构对地基承载力和变形的要求时，或当建筑物要求基础具有足够的刚度以调节不均匀沉降时，可采用筏形基础。

（1）筏形基础的平面尺寸，应根据地基土的承载力、上部结构的布置及荷载分布等因素确定。对于单幢建筑物，在地基土比较均匀的条件下，基底平面形心宜与上部结构竖向永久荷载的重心重合。当采用桩基础时，桩基的竖向刚度中心宜与高层建筑主体结构永久重力荷载重心重合。当不能重合时，在荷载效应准永久组合下，宜通过调整基底面积使偏心距 e 符合下式要求：

$$e \leqslant 0.1W/A \tag{5-29}$$

式中 W——与偏心距方向一致的基础底面边缘的抵抗矩（m^3）；

A——基础底面积（m^2）。

对低压缩性地基或端承桩基的基础，可适当放松上述偏心距的限制。按式（5-29）计算时，高层建筑的主楼与裙房可以分开考虑。

（2）筏形基础可采用具有反梁的交叉梁板结构，也可采用平板结构（有柱帽或无柱帽），其选型应根据工程地质条件、上部结构体系、柱距、荷载大小、基础埋深及施工条件等综合考虑确定（表 5-10）。

表 5-10 梁板式和平板式筏形基础综合比较表

基础类型	材料消耗	造价	用工量	工期	基础本身高度（厚度）
梁板式	低	低	高	较长	稍大
平板式	高	高	低	较短	稍小

当地下水位较高、防水要求严格时，可在基础底板上面设置架空层。如为带反梁的筏形基础，应在基础板上表面处的基础梁内留排水洞，其尺寸一般为 150mm × 150mm。

（3）梁板式筏基底板除计算正截面受弯承载力外，其厚度应满足受冲切承载力和受剪切承载力的要求。对多层建筑的梁板式筏基，其底板厚度不宜小于 250mm；对 12 层以上的高层建筑的梁板式筏基，其底板厚度不应小于 400mm。平板式筏基的板厚除应满足受冲切和受剪切承载力外，其最小厚度不应小于 500mm。

在设计交叉梁板式筏形基础时，应注意不能因柱截面较大而使基础梁的宽度很大，造成浪费。在满足 $V \leqslant 0.25f_c bh_0$ 的条件下，当柱宽 ≤400mm 时，梁宽可取大于柱宽，当柱宽 > 400mm 时，梁宽不一定大于柱宽，可采用梁加腋的做法（图 5-16）。

基础梁高也不宜过大，如果不能满足 $V \leqslant 0.25f_c bh_0$ 的条件，也可不必将梁的截面在整个跨内加大，仅需在支座剪力最大部位加腋（竖向加腋或水平加腋）。

（4）筏形基础底板是否外挑，可按以下原则确定：

1）当地基土质较好，基础底板即使不外挑，也能满足承载力和沉降要求，当有柔性防水层时，基础底板不宜外挑。

2）条件同第1）款，但无柔性防水层时，基础底板宜按构造外挑，外挑长度可取0.5～1.0m。

3）当地基土质较差，承载力或沉降不能满足设计要求时，可根据计算结果将基础底板外挑。挑出长度大于1.5～2.0m时，对于有梁筏基，应将基础梁一同挑出，以减少板的内力。对于无梁筏基，宜设置柱下平板柱帽。

（5）筏形基础混凝土的强度等级，应根据耐久性要求按所处环境类别确定，一般情况下，对于多层建筑不宜低于C25，对于高层建筑不宜低于C30；当有防水要求时，混凝土的抗渗等级应根据基础埋置深度 H 按表5-11确定，且不应低于P6。

表5-11　基础防水混凝土的抗渗等级

基础埋置深度 H/m	设计抗渗等级
$H<10$	P6
$10\leqslant H<20$	P8
$20\leqslant H<30$	P10
$H\geqslant 30$	P12

筏形基础宜在纵、横方向每隔30～40m留一道施工后浇带，带宽800～1000mm左右。后浇带宜设置在柱距中部1/3范围内。后浇带处梁、板的钢筋可不断开。后浇带的混凝土宜在其两侧的混凝土浇灌完毕后不少于两个月再进行浇灌。后浇混凝土的强度等级应提高一级，且应采用不收缩混凝土。

筏形基础的梁、板，应采用HRB400级、HRB500级或HRB335级钢筋（包括基础梁箍筋）。

梁板式筏基的底板和基础梁的配筋除满足计算要求外，纵、横方向的底部钢筋尚应有不少于1/3贯通全跨，顶部钢筋按计算配筋全部贯通，底板上、下贯通钢筋的配筋率不应小于0.15%。

按基底反力直线分布计算的平板式筏基，可按柱下板带和跨中板带分别进行内力分析。柱下板带中，柱宽及其两侧各0.5倍板厚且不大于1/4板跨的有效宽度范围内，其钢筋配置量不应小于柱下板带钢筋数量的一半，且应能承受部分不平衡弯矩 $\alpha_m M_{unb}$。M_{unb} 为作用在冲切临界截面重心上的不平衡弯矩，α_m 按下式计算：

$$\alpha_m = 1 - \alpha_s \tag{5-30}$$

式中　α_m——不平衡弯矩通过弯曲来传递的分配系数；

α_s——不平衡弯矩通过冲切临界截面上的偏心剪力来传递的分配系数，见《地基基础规范》第8.4.7条。

平板式筏基柱下板带和跨中板带的底部支座钢筋应有不少于$\frac{1}{3}$贯通全跨，顶部钢筋应按计算配筋全部贯通，上、下贯通钢筋的配筋率不应小于0.15%，作为考虑筏板整体弯曲影响的构造措施。

筏形基础底板钢筋的间距不应太小，宜为200～300mm，且不宜小于150mm，也不宜大于300mm。受力钢筋的直径不宜小于12mm。梁板式筏基的基础梁，箍筋直径不宜小于10mm，箍筋间距不应小于150mm。

筏形基础底板钢筋的接头位置，应选择在底板内力较小的部位，宜采用搭接接头或机械连接接头，不应采用现场电弧焊焊接接头。

筏形基础地梁并无延性要求，其纵向钢筋伸入支座内的锚固长度、箍筋间距、弯钩做法等均可按非抗震构件的要求进行设计。

（6）当地基土比较均匀、上部结构刚度较好、梁板式筏基梁的高跨比或平板式筏基板的厚跨比不小于1/6（或梁板式筏基梁的线刚度不小于柱线刚度的3倍，当为平板式筏基时，梁的刚度可取板的折算刚度），且相邻柱荷载及柱间距的变化不超过20%时，筏形基础可仅考虑局部弯曲作用。筏形基础的内力，可按基底反力直线分布进行计算，按基底反力直线分布计算的梁板式筏基，其基础梁的内力可按连续梁分析，边跨跨中弯矩及第一内支座的弯矩值宜乘以1.2的增大系数。

85. 地下室采用独立基础加防水板的做法时，应当注意什么问题？

多高层建筑大多数都建有地下室。多高层建筑建地下室时，绝大多数都采用筏板基础或箱形基础（也可以是桩筏基础或桩箱基础）。当为多层框架结构建有地下室且有防水要求（但地下水位不高又无抗浮设计问题）时，如地基较好，也可以选用独立基础加防水板的地下室做法。地下室采用独立基础加防水板的做法也适用于高层建筑的裙房。

柱下独立基础加防水板的地下室在设计时应注意以下问题：

（1）多层框架结构的地下室采用独立基础加防水板的做法时，柱下独立基础承受上部结构的全部荷载，防水板仅按防水要求设置。柱下独立基础的沉降受很多因素的影响，很难准确计算，因而其沉降引起的地基土对防水板的附加反力也很难准确计算。有的资料介绍说，当防水板位于地下水位以下时，防水板承受的向上的反力可按上部建筑自重的10%加水浮力计算；另一些资料则认为，防水板承受的向上反力可取水浮力和上部建筑荷载的20%两者中的较大值计算。由此可见，在这种情况下，防水板所受到的向上的反力具有很大的不确定性。所以，当地下室采用独立基础加防水板的做法时，为了减少柱基础沉降对防水板的不利影响，在防水板下宜设一定厚度的易压缩材料，如聚苯板或松散焦渣等。这时，防水板仅考虑地下水浮力的作用，不考虑地基土反力的作用。柱下独立基础加防水板做法示意如图 5-23 所示。

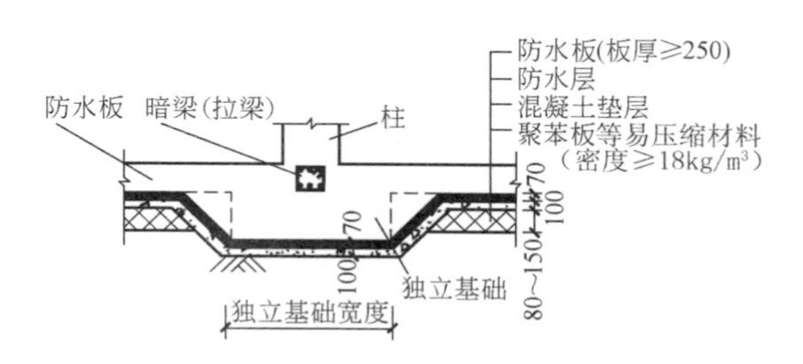

图 5-23　独立基础加防水板的做法示意图

（2）柱下独立基础的设计计算。

1）地下室采用柱下独立基础加防水板时，柱下独立基础的设计计算方法与无地下室的多层框架结构相同。基础的底面面积、基础的高度和基础底板的配筋，均应按上部结构整体计算后输出的底层柱底组合内力设计值中的最不利组合并考虑某些附加荷载进行设计计算，不可仅采用静荷载 + 活荷载的组合内力来进行设计计算。

2）下设易压缩材料时，柱下独立基础除承受上部结构荷载及柱基自重外，还应考虑防水板的自重、板面建筑装修荷载和板面使用荷载，设计计算时应计入其影响，增加的竖向荷载可近似地按柱子的负荷面积计算。当独立基础的设计由 N_{min} 组合内力设计值控制时，则可不考虑作用在防水板上的使用荷载。

3）柱下独立基础的配筋尚应考虑防水板板底向上荷载的作用影响。当柱网规则防水板按无梁楼板进行设计计算时，柱下独立基础的最终配筋应取按柱下独立基础计算所需钢筋截面面积与防水板底面在向上竖向荷载（如水浮力等）作用下柱下板带支座所需钢筋截面面积之和。

（3）防水板的设计计算。

1）当柱网较规则、荷载较均匀时，防水板通常按无梁楼板设计，此时柱基础可视为柱帽（托板式柱帽）。

2）防水板的配筋应按下列均布荷载计算，并取其配筋较大者：①作用在防水板顶面向下的竖向均布荷载，包括板自重、板面装修荷载和等效均布活荷载；②作用在防水板底面向上的竖向均布荷载，包括水浮力及防空地下室底板等效静荷载（无人防要求时不计此项荷载），但应扣除防水板自重和板面装修荷载。

3）防水板应双向双层配筋，其截面面积除满足计算要求外，尚应满足受弯构件最小配筋率的要求（非人防的或人防的），见《混凝土规范》第 8. 5. 1 条和《人民防空地下室设计规范》GB 50038—2005 第 4. 11. 7 条。

4）防水板的厚度不应小于 250mm，混凝土强度等级不应低于 C25，宜采用

HRB400 级、HRB500 级或 HPB300 级及 HRB335 级钢筋配筋，钢筋直径不宜小于 12mm，间距宜采用 150～200mm。

（4）独立基础符合下列情况需在两个主轴方向设置基础系梁时，可在防水板内设置暗梁来代替基础系梁：

1）一级框架和Ⅳ类场地上的二级框架。

2）各柱基础底面在重力荷载代表值作用下的压应力差别较大。

3）基础埋置较深，或各基础埋置深度差别较大。

4）地基主要受力层范围内存在软弱黏性土层、液化土层和严重不均匀土层。

暗梁的断面尺寸可取 250mm×防水板厚度；暗梁的纵向钢筋可取所连接的两根柱子中轴力较大者的 1/10 作为拉力来计算，且配筋总量不少于 4 ⌀14（上下各不少于 2 ⌀14），箍筋不少于⌀6@200。暗梁的配筋可同时作为防水板的配筋。

（5）为了保证带防水板的柱下独立基础有必要的埋深，基础底面至防水板顶面（地下室底板顶面）的距离不宜小于 1.0m。对于防水要求较高的地下室，宜在防水板下铺设延性较好的防水材料，或在防水板上增设架空层。

86. 桩基础设计时应当注意什么问题?

当天然地基或人工处理地基的承载力或变形不能满足结构设计要求，经方案比较采用其他类型的基础并不经济，或施工技术上存在困难时，可采用桩基础。

建筑结构所采用的桩基础通常是指混凝土预制桩和混凝土灌注桩低桩承台基础。按照桩的性状和竖向受力情况，可分为摩擦型桩和端承型桩。摩擦型桩的桩顶竖向荷载主要由桩的侧阻力承受；端承型桩的桩顶竖向荷载主要由桩的端阻力承受。

设计低承台桩基础时，应当注意以下问题：

（1）应正确选择桩端持力层并确定桩端进入持力层的深度。

1）具有适当埋深的一般第四纪砂土或碎石类土为一般预制桩和灌注桩较理想的桩端持力层，桩端下持力层的厚度不宜小于 3m。

2）对于大面积的新近沉积的砂土，当密实度达到中密以上，厚度大于 4m 时，也可作为一般预制桩和灌注桩的桩端持力层。

3）具有适当埋深的低压缩性黏性土、粉土可作为一般预制桩和灌注桩的桩端持力层，但其厚度应大于 4m。

4）风化基岩也可以作为桩端持力层，但需经详细勘察，以确定其顶面起伏变化情况、风化程度、风化深度及物理力学性质。

5）桩端全断面进入持力层的深度，应根据地质条件、竖向承载力要求、桩的类型、施工设备及施工工艺等因素综合考虑确定，宜为桩身直径的 1～3 倍。

① 对于黏性土、粉土，桩端全断面进入持力层的深度不宜小于 $2d$（d 为桩

身直径，以下同）；砂土及强风化软质岩不宜小于1.5d；对于碎石类土及强风化硬质岩不宜小于d且不宜小于0.5m。

② 嵌岩灌注桩，桩端全断面进入未风化、微风化、中风化硬质岩体的最小深度，不宜小于0.4d且不宜小于0.5m。

③ 当场地有液化土层时，桩身应穿过液化土层进入液化土层以下的稳定土层，进入深度（不包括桩尖部分）应按计算确定；且对碎石土，砾、粗、中砂，坚硬黏性土和密实粉土不应小于d且不应小于0.5m，对其他类非岩石土尚不宜小于1.5m。

④ 当场地有季节性冻土或膨胀土层时，桩身进入上述土层以下的土层深度应通过抗拔稳定性验算确定，其深度不应小于4倍桩径、扩大头直径及1.5m的较大值。

（2）桩的平面布置宜符合以下原则：

1）应力求使各桩桩顶受荷均匀，上部结构竖向永久荷载的合力作用点宜与桩基的承载力合力点重合，并使群桩在承受水平力和弯矩方向有较大的抵抗矩。

2）在建筑物的四角、转角、内外墙和纵横墙交叉处应布桩，但横墙较密的多层建筑，纵墙也可在与内横墙交叉处两侧布桩（图5-24b），门洞口范围内应尽量避免布桩；在伸缩缝或防震缝处可采用两柱或两墙共用同一承台或承台梁的布桩形式。

3）钢筋混凝土筒体采用群桩时，在满足桩的最小中心距要求的条件下，桩宜尽量布置在筒体以内或不超出筒体外缘一倍基础底板厚度范围之内。

4）框架-剪力墙结构中，剪力墙下的布桩量要考虑剪力墙两端应力集中的影响，而剪力墙中和轴附近的桩可按受力情况均匀布置。

5）条形桩基承台的布桩可沿墙轴线单排布桩，或双排成对布桩，也可双排交错布桩；空旷、高大的建筑物，如食堂、礼堂、单层工业厂房等，不宜采用单排布置（图5-24）。

6）柱下独立桩基承台，桩的布置可采用行列式或梅花式；柱下独立桩基承台当采用小直径桩时，一般应布置不少于3根桩；大直径桩（桩径$d \geqslant 800$mm）宜采用一柱一桩。

7）考虑到施工时相邻桩的相互影响和桩身受力的影响，桩的间距不应小于3d。但是，条形桩基承台的外墙或横墙外端处，为便于布置，桩距也可减小到不小于2.5d。一般桩距不宜大于3.0m。桩距及桩与承台边的关系尺寸可参见图5-23。当为柱下独立桩基承台时，桩间距不应小于3d，且应使$c \geqslant \frac{d}{2}$。

（3）桩型选择应合理。桩型的选择应根据建筑物的使用要求、上部结构类型、荷载大小、工程地质情况、施工设备及条件及周围环境等因素综合考虑确定。

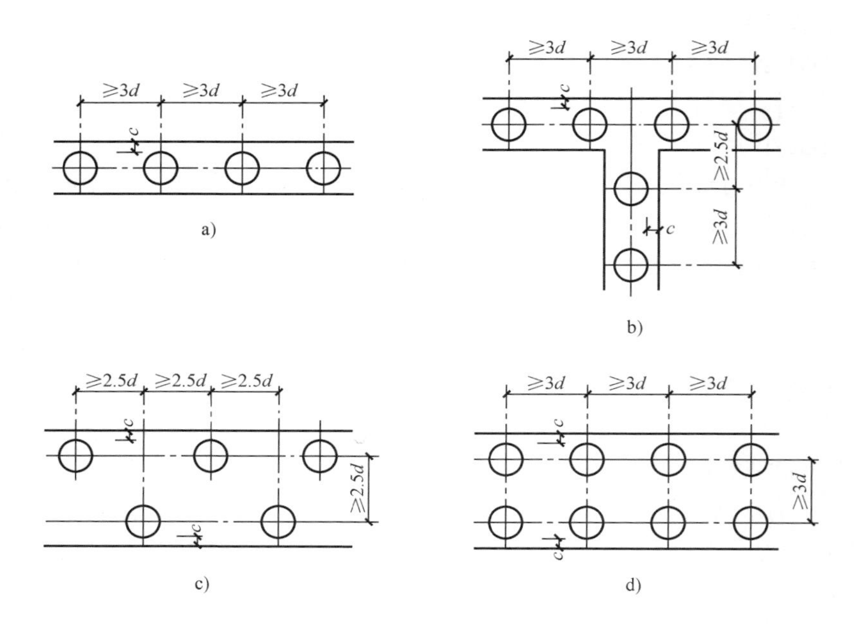

图 5-24　条形桩基承台桩的布置

a）桩的单排布置　b）横墙较多的多层建筑桩的布置

c）桩的双排错放布置　d）桩的双排正放布置

注：1. d 为桩身直径或边长；2. $c \geqslant 150$mm；3. 当为高层建筑时，$c \geqslant d/2$。

1）预制桩（包括混凝土预制方形桩及预应力混凝土管桩）适宜用于持力层层面起伏不大的强风化岩层、风化残积土层、砂层和碎石土层，且桩身穿过的土层主要为高、中压缩性黏性土层；所穿越土层中存在孤石等障碍物的石灰岩地区、从软塑层突变到特别坚硬层的岩层地区，均不适宜采用预制桩。

预制桩的施工方法有锤击法和静压法两种。

2）沉管灌注桩（包括 $D<500$mm 的小直径桩，$D=500\sim600$mm 的中直径桩）适宜用于持力层层面起伏较大，且桩身穿越的土层主要为高、中压缩性黏性土层；对于桩群密集，且为高灵敏度软土时，则不适宜采用打入式沉管灌注桩。

沉管灌注桩的施工质量很不稳定，在工程中的应用受到限制。

在饱和土中采用预制桩和沉管灌注桩时，应考虑挤土效应对桩的质量和环境的影响，必要时应采取预钻孔、设置消散超孔隙水压力的砂井、塑料插板、隔离沟等措施。

3）钻孔灌注桩适用范围最广，通常适宜用于持力层层面起伏较大、桩身穿越各类土层以及夹层多、风化不均、软硬变化大的岩层；如持力层为硬质岩层或地层中夹有大块块石等，则需采用冲孔灌孔桩。

钻（冲）孔灌注桩施工时需要泥浆护壁，故施工现场受限制或环境保护有特殊要求时，不宜采用。

钻（冲）孔灌注桩桩孔底部渣土的清除是一个十分重要的问题，结构工程师必须依据有关的规定严格要求施工单位遵照执行。一般情况下，清底后孔底沉渣余留厚度应符合：端承桩≤50mm；摩擦端承桩或端承摩擦桩≤100mm；摩擦桩≤200mm。当清底后孔底沉渣超过规定或为了提高桩的承载力并减少桩的沉降量时，可采用中国建筑科学研究院的桩端后压浆技术等措施处理。

钻孔灌注桩后压浆技术不仅可以提高桩的承载力50%以上，而且可以减少桩的沉降量，也有利于通过后压浆的预留孔检查桩身的混凝土质量。

4）人工挖孔桩适宜用于地下水埋藏较深，或地下水埋藏较浅但能采用井点降水且持力层以上无流动性淤泥质土的地层。成孔过程中可能出现流砂、涌水、涌泥的地层不宜采用人工挖孔桩。采用人工挖孔桩时，应采用钢筋混凝土井圈护壁，并应有通风设施等相应的安全措施。

（4）桩基础的单桩竖向承载力应按下列原则确定：

1）单桩竖向承载力特征值应通过单桩竖向静载荷试验确定。在同一条件下的试桩数量，不宜少于总桩数的1%，且不应少于3根。

当桩端持力层为密实砂卵石或其他承载力类似的土层时，单桩承载力很高的大直径端承型桩，可采用深层平板载荷试验确定桩端土层的承载力特征值 R_a。试验方法应符合《地基基础规范》附录D的规定。

2）地基基础设计等级为丙级的建筑物，可采用静力触探及标贯试验参数结合工程经验确定单桩竖向承载力特征值 R_a。

3）初步设计时单桩竖向承载力特征值可按下式估算：

$$R_a = q_{pa}A_p + U_p \sum q_{sia}l_i \tag{5-31}$$

式中　R_a——单桩竖向承载力特征值（kN）；

q_{pa}、q_{sia}——分别为桩端端阻力、桩侧侧阻力特征值（kPa），由当地静载荷试验结果统计分析算得；

A_p——桩底端横截面面积（m^2）；

U_p——桩身周边长度（m）；

l_i——第 i 层岩土的厚度（m）。

当桩端嵌入完整及较完整的硬质岩中，当桩长较短且入岩较浅时，可按下式估算单桩竖向承载力特征值：

$$R_a = q_{pa}A_p \tag{5-32}$$

式中　q_{pa}——桩端岩石承载力特征值（kPa）。

4）嵌岩灌注桩桩端以下三倍桩径且不小于5m范围内应无软弱夹层、断裂破碎带和洞穴分布；并在桩底应力扩散范围内无岩体临空面。桩端岩石承载力特征值，当桩端无沉渣时，应根据岩石饱和单轴抗压强度标准值按《地基基础规范》第5.2.6条确定，或按《地基基础规范》附录H用岩石地基载荷试验确定。

（5）桩基础的单桩水平承载力特征值取决于桩的材料强度、截面刚度、入土深度、土质条件、桩顶水平位移允许值和桩顶嵌固情况等因素，应通过现场水平载荷试验确定。必要时可进行带承台的载荷试验，试验宜采用慢速维持荷载法。

当作用于桩基上的外力主要为水平力时，应根据使用要求对桩顶位移的限制，对桩基的水平承载力进行验算。当外力作用面的桩距较大时，桩基的水平承载力可视为各单桩的水平承载力的总和。当承台侧面的土未经扰动或回填密实时，应计算土抗力的作用，当水平推力较大时，宜设置斜桩。

（6）预制桩的混凝土强度等级不应低于C30；预应力桩不应低于C40；灌注桩不应低于C25，并应满足相应环境类别的要求。桩身混凝土强度应满足桩的承载力设计要求。桩身强度应符合下式规定：

桩轴心受压时 $$Q \leqslant A_p f_c \psi_c \tag{5-33}$$

式中 f_c——混凝土轴心抗压强度设计值（kPa），按《混凝土规范》规定取值；

Q——相应于荷载效应基本组合时的单桩竖向力设计值（kN）；

A_p——桩身横截面面积（m^2）；

ψ_c——工作条件系数，非预应力预制桩取0.75，预应力桩取0.55~0.65，灌注桩取0.6~0.8（水下灌注桩、长桩或混凝土强度等级高于C35时用低值）。

当桩基承受拔力时，应对桩基进行抗拔验算及桩身抗裂验算，并应符合《地基基础规范》第8.5.9条的规定。

（7）应考虑几种特殊岩土对单桩承载力的影响。

1）所谓特殊岩土，通常是指岩溶地区的场地土、湿陷性土、新填土、欠固结的软土、季节性冻土和膨胀土等。在这类场地上采用桩基础时，应根据有关国家标准和工程实际情况，正确选用桩型、桩的持力层和桩进入持力层的深度，正确确定桩的承载力特征值（包括合理考虑桩侧负摩擦力对桩基承载力和沉降的影响），必要时尚应验算桩的受拔力和桩身的稳定性。

桩的负摩擦力宜按各地经验数据采用，或由拟建场地岩土工程勘察报告提供，也可按《建筑桩基技术规范》JGJ 94—2008的规定计算。

2）软土地区的桩基础应考虑桩周土自重固结、蠕变、大面积堆载及施工中挤土对桩基的影响；在深厚饱和软土中不宜采用大片密集有挤土效应的桩基础。

3）位于坡地、岸边的桩基，应进行桩基稳定性验算。

4）抗震设防地区的桩基，可不进行桩基承载力验算的范围、非液化土中低承台桩基的抗震验算要求、存在液化土层的低承台桩基的抗震验算要求，详见《抗震规范》第4章第4.4节各条及相关条文说明。

（8）应重视桩基的纵向钢筋的配置。

桩的纵向钢筋应采用 HRB335 级或 HRB400 级钢筋，配筋量除经计算确定外，还应符合下列要求：

1）锤击式预制桩的最小配筋率不宜小于 0.8%；静压式预制桩的最小配筋率不宜小于 0.6%；灌注桩的最小配筋率不宜小于 0.2% ~0.65%（小直径桩取大值）；直径≥800mm 的大直径灌注桩的最小配筋率不宜小于 0.4%，且不少于 8 根。

桩身箍筋应采用螺旋式箍筋，直径不应小于 6mm（大直径桩宜采用≥8mm），箍筋间距宜为 200 ~300mm，桩顶以下 3 倍至 5 倍桩身直径范围内，箍筋宜适当加强加密；当钢筋笼长度超过 4m 时，应每隔 2m 设置一道直径不小于 12mm 的焊接加劲环箍。

2）桩基承台和桩基承台梁的纵向受力钢筋应采用 HRB335 级或 HRB400 级钢筋，除满足计算要求外，尚应满足受弯构件最小配筋率的要求；柱下独立桩基承台的最小配筋率不应小于 0.15%。

3）柱下独立桩基承台钢筋的锚固长度自边桩内侧（当为圆桩时，应将其直径乘以 0.886 等效为方桩）算起，不应小于 $35d$（d 为钢筋直径），当不满足时应将钢筋向上弯折，此时水平段的长度不应小于 $25d$，弯折段长度不应小于 $10d$。

4）柱下独立两桩承台，应按《混凝土规范》中深受弯构件配置纵向受拉钢筋，水平钢筋和竖向分布钢筋。

5）各类桩的纵向钢筋的配筋长度应符合下列规定：

① 受水平荷载和弯矩较大的桩，配筋长度应通过计算确定。

② 桩基承台下存在淤泥、淤泥质土或液化土层时，配筋长度应穿过淤泥、淤泥质土层和液化土层。

③ 坡地岸边的桩、8 度及 8 度以上地震区的桩，抗拔桩、嵌岩端承桩应通长配筋。

④ 钻孔灌注桩，其构造钢筋的长度不宜小于桩长的 2/3。桩施工在基坑开挖前完成时，其钢筋长度不宜小于基坑深度的 1.5 倍。

6）桩身配筋根据计算结果及施工工艺要求，可沿桩身纵向不均匀配筋，腐蚀环境中的灌注桩主筋直径不宜小于 16mm，非腐蚀环境中灌注桩主筋直径不应小于 12mm。

（9）桩和桩基承台的混凝土强度等级不应低于 C30，并应满足相应环境类别的要求，参见《地基基础规范》第 8.5.3 条第 5、6 款。桩顶嵌入承台内的长度不宜小于 50mm，主筋伸入承台内的锚固长度不宜小于钢筋直径的 30 倍（HPB300 级钢筋）、35 倍（HRB335 级钢筋和 HRB400 级钢筋）。对于大直径灌注桩，当采用一柱一桩时，可设置承台或将桩和柱直接连接。桩和柱的直接连接可按《地基基础规范》第 8.2.5 条高杯口基础的要求选择截面尺寸和配筋，柱纵筋插入桩身的长度应满足柱纵筋的锚固长度要求。

桩的主筋混凝土保护层厚度，详见《地基基础规范》第8.5.3条第11款；承台纵向钢筋的混凝土保护层厚度详见《地基基础规范》第8.5.17条第4款。

（10）当承台的混凝土强度等级低于柱或桩混凝土强度等级时，尚应验算柱下或桩上承台的局部受压承载力。

（11）桩基承台之间的连接应符合下列要求：

1）单桩承台，应在两个互相垂直的方向上设置联系梁。

2）两桩承台，应在其短向设置联系梁。

3）有抗震要求的柱下独立承台，宜在两个主轴方向设置联系梁。

4）联系梁顶面宜与承台位于同一标高。联系梁的宽度不应小于250mm，梁的高度可取承台中心距的1/10～1/15，且不宜小于400mm。

5）联系梁的纵向钢筋应采用HRB335级或HRB400级钢筋，并按计算确定，但不应小于联系梁所拉结的柱子中轴力较大者的1/10作为联系梁轴心受拉或轴心受压计算所需要的钢筋截面面积。联系梁内上、下纵向钢筋的直径不宜小于14mm，且均不应少于2根，并按受拉要求锚入承台内；联系梁的箍筋直径不宜小于8mm，间距不宜大于200mm；位于同一轴线上的相邻跨联系梁纵筋应连通。

承台联系梁纵向钢筋的构造做法可参见11G101－3第92页。

87. 地下室外墙采用实用设计法设计时，如何进行设计计算？

多数建筑物都设有钢筋混凝土地下室。有的地下室或地下室的一部分还要按《人民防空地下室设计规范》GB 50038—2005（以下简称《人防规范》）的要求设计成防空地下室。因此，在这种情况下，钢筋混凝土地下室外墙应按两种情况分别进行设计。

（1）普通地下室外墙的设计步骤。

1）确定墙的厚度、混凝土强度等级及防水要求。

地下室外墙的厚度、混凝土强度等级及防水要求，应根据建筑场地条件、地下水位高低、上部结构荷载（层数及结构类型），及地下室层数、层高、埋深、水平荷载的大小、使用功能等综合考虑确定。高层建筑地下室外墙的厚度不应小于250mm，多层建筑当情况允许时可以小于250mm，但不应小于220mm。人防地下室外墙的厚度不应小于250mm。地下室外墙的混凝土强度等级宜低不宜高，混凝土强度等级过高，水泥用量大，易产生收缩裂缝，但高层建筑不应低于C30，多层建筑不应低于C25，并应满足相应环境类别的规定。当地下室有防水要求时，地下室外墙的抗渗等级应由基础埋置深度H（m）确定，但在任何情况下其抗渗等级都不应低于P6。

2）确定作用于地下室外墙的荷载。

在实际工程中，地下室外墙的配筋主要由垂直于墙面的水平荷载（包括室外地面活荷载产生的侧压力、地基土的侧压力、地下水压力等）控制（见图5-25），近似按受弯构件设计。地下室外墙在垂直于墙平面的地基土侧压力作用下，通常不会发生整体侧移，土压力类似于静止土压力。对一般固结土可取静止土压力系数 $K_a=1-\sin\varphi$（φ 为土的有效内摩擦角），工程上一般取静止土压力系数 $K_a=0.5$ 来进行计算。当地下室施工采用护坡桩时，静止土压力系数可以乘以折减系数0.66而取0.33。

在计算地下室外墙的荷载时，室外地面活荷载标准值不应低于10kN/m²，如室外地面为行车通道，则应按有关标准的规定考虑行车荷载。

回填土的重度，可取为18kN/m³；地下水位以下回填土的浮重度，可取为11kN/m³；水的重度，可取为10kN/m³。

人防等效静荷载标准值，应按《人防规范》的规定取值。

图5-24中，q_1 为室外地面活荷载产生的侧压力；q_2 为地基土的侧压力；q_3 为地下水位以下地基土的侧压力；q_4 为地下水产生的侧压力。

3）确定地下室外墙的计算简图。

地下室外墙按支承条件可能是单向板，也可能是双向板，在实际工程中要对这些板块逐一进行计算是相当麻烦的，一般情况下也没必要这么做。工程中常采用的实用方法是，视地下室楼板和基础底板为地下室外墙的支点，沿竖向取1m宽的外墙按单跨、双跨或多跨板（视地下室层数而定）来计算地下室外墙的弯矩配筋，计算简图见图5-26。

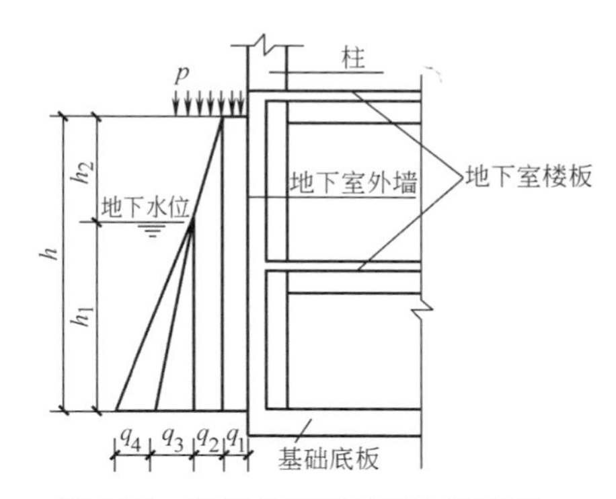

图5-25　普通地下室外墙水平荷载

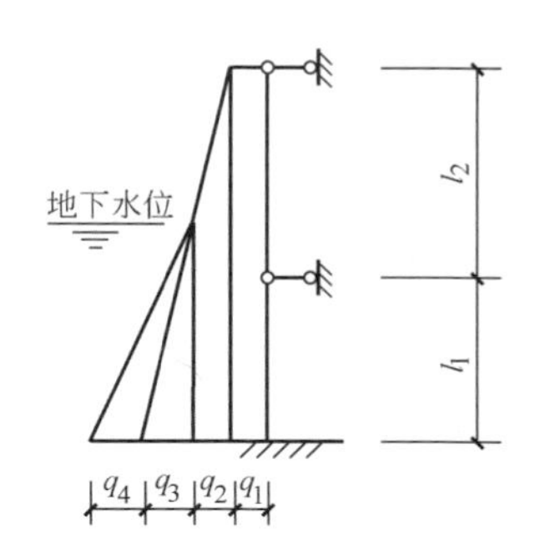

图5-26　地下室外墙计算简图

4）地下室外墙的配筋构造要求。

地下室外墙应双层双向配筋。竖向配筋除满足计算要求外，每侧的配筋还不应小于受弯构件的最小配筋率。由于地下室外墙通常按竖向的单跨板或多跨板计算，水平筋按构造要求设置；考虑到有些板格水平筋受力较大，为控制裂缝开展，水平筋的配筋面积除不应小于相应受力筋面积的1/3外，也应满足受弯构件最小配筋率的要求。当地下室外墙较长时，考虑混凝土收缩及温度变化的影响，还宜适当加大水平筋面积。

地下室外墙的配筋宜采用热轧带肋钢筋（HRB500 级、HRB400 级或 HRB335 级），竖向筋直径不应小于 10mm，水平筋直径不应小于 12mm，间距不应大于 200mm；内外侧钢筋之间应设置直径不小于 6mm，间距不大于 600mm 呈梅花形布置的拉结筋。

值得注意的是：《高层建筑规程》第 12.2.5 条规定，高层建筑地下室的外墙，其竖向和水平分布钢筋的间距不宜大于 150mm，其单侧配筋率不宜小于 0.3%。这个要求比《混凝土规范》第 8.5.1 条对受弯构件纵向受力钢筋最小配筋率的要求更高。

（2）人防地下室外墙的设计步骤。

人防地下室外墙的设计步骤与普通地下室基本相同，不同之处主要体现为三方面。

1）作用于地下室外墙上的水平荷载不完全相同，见表 5-12。

表 5-12 水平荷载及其分项系数

荷载 外墙	室外地面活荷载	土压力	水压力	武器爆炸产生的人防等效静荷载标准值
普通地下室外墙	1.4	1.2	1.2	—
人防地下室外墙	—	1.2	1.2	1.0（按《人防规范》）

注：表中普通地下室外墙的荷载分项系数是指可变荷载效应控制的基本组合的分项系数。必要时应考虑永久荷载效应控制的组合，其分项系数取 1.35。

2）截面设计时，材料强度设计值取值不同。考虑到结构材料在动荷载和静荷载同时作用或动荷载单独作用下，材料强度会提高，《人防规范》规定，在截面设计时，人防地下室结构的材料强度设计值 f_d 可按下式确定：

$$f_d = \gamma_d f \tag{5-34}$$

式中 γ_d——动荷载作用下的材料强度综合调整系数；对 C55 及以下的混凝土，$\gamma_d = 1.50$；对 HPB235 级钢筋，$\gamma_d = 1.50$；对 HRB335 级钢筋，$\gamma_d = 1.35$；对 HRB400 级钢筋，$\gamma_d = 1.20$；

f——材料强度设计值（N/mm^2）；对于钢筋，按《混凝土规范》表 4.2.3-1 的普通钢筋强度设计值采用；对于混凝土，按《混凝土规范》表 4.1.4-1 的混凝土轴心抗压强度设计值 f_c 采用。

由于混凝土强度设计值的提高对板类等受弯构件截面配筋量的减少不显著，故可以偏于安全地不考虑混凝土材料强度的综合调整系数。手算复核人防地下室外墙截面的配筋时，可近似地按下列步骤进行：

① 在人防荷载参与的荷载组合作用下，按图 5-25 所示计算简图计算人防地下室外墙各控制截面的弯矩设计值。

② 按《混凝土规范》受弯构件的计算公式计算人防地下室外墙各控制截面的受弯配筋。

③ 人防地下室外墙各控制截面的实际配筋为上述受弯配筋除以相应钢筋的综合调整系数。

④ 人防地下室外墙的最终配筋应取按人防计算的配筋和按正常使用计算的配筋两者中的较大值。

3）配筋构造要求不同。人防地下室外墙的竖向配筋除满足计算要求外，也应满足最小配筋率要求。《人防规范》规定，当采用 HRB335 级及以上的钢筋时，对混凝土强度等级为 C25 ~ C35 者，受弯构件的最小配筋率为 0.25%；混凝土强度等级为 C40 ~ C55 者，受弯构件的最小配筋率为 0.30%；人防地下室外墙内外侧钢筋之间应设置直径不小于 6mm、间距不大于 500mm 呈梅花形布置的拉结筋。人防地下室外墙水平筋的配筋，原则上与普通地下室相同。

4）防水要求不同。地下室有防水要求时，对人民防空地下室，不仅底板、外墙应采用防水混凝土，在上部建筑范围内的人民防空地下室顶板也应采用防水混凝土。

第六章

框 架 结 构

88. 框架结构为什么应设计成双向梁柱抗侧力体系？如何理解主体结构除个别部位外，不应采用铰接？

框架结构是由梁、柱和楼（屋）面板组成的空间结构，梁、柱刚接形成的刚架是结构的抗侧力体系。框架结构既要承受竖向荷载，又要承受水平风荷载，在地震区还要承受地震作用。由于水平风荷载和水平地震作用，除了沿结构两个主轴方向作用外，还可沿结构的任意方向作用，为了提高框架结构的侧向刚度，特别是要提高框架结构的抗扭刚度，以满足《抗震规范》和《高层建筑规程》所规定的弹性位移角限值、弹塑性位移角限值、扭转位移比限值和扭转周期比限值等的要求，必须将框架结构设计成双向梁柱刚接的抗侧力体系，而且设计时还应尽量使框架结构两个方向的抗震能力相接近。当框架结构一个方向的抗震能力较弱时，则会率先开裂和破坏，也将导致结构丧失空间协同工作的能力，从而导致另一方向的结构破坏。

在抗震设防地区，提高框架结构的抗扭刚度，可以避免框架结构在地震发生时因扭转效应而导致结构严重破坏甚至倒塌。

由于建筑使用功能的需要或环境条件的限制，在框架结构设计时，有时会出现框架柱错位布置的情况，如图 6-1 所示。

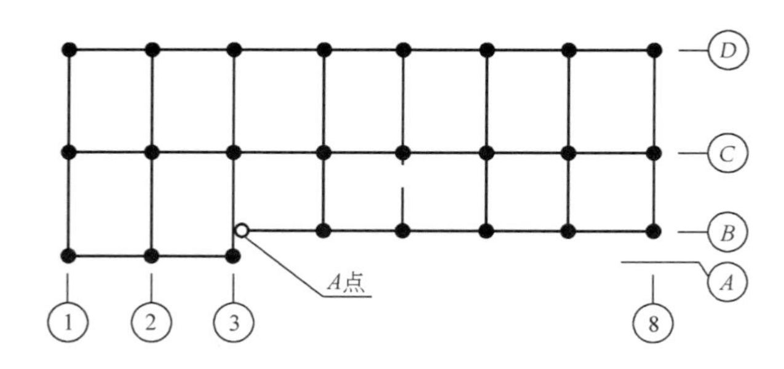

图 6-1　框架结构个别部位铰接示意

图中Ⓑ轴纵向框架梁与③轴横向框架梁在 A 点相交，交点处通常按铰接设计处理。这就是在框架结构的个别部位采用铰接的做法。在框架结构中，框架梁一端有柱，另一端无柱而与框架梁相交的铰接节点，应尽量少，宜控制在框架节点总数的5%左右。

存在错位柱的框架结构，错位柱部位传力不直接、不明确，且存在扭转效应，属于平面不规则的结构，地震时容易发生震害，故应根据《抗震规范》第3.4.4条的要求按照不规则结构进行设计计算，并采取必要的抗震加强措施。

89. 为什么抗震设计的框架结构不应采用单跨框架?

《抗震规范》第6.1.5条规定，甲、乙类建筑以及高度大于24m的丙类建筑，不应采用单跨框架结构；高度不大于24m的丙类建筑不宜采用单跨框架结构。《高层建筑规程》第6.1.2条对抗震设计的框架结构亦提出了类似的要求，即抗震设计时高度大于24m的框架结构不应采用单跨框架。其主要原因是单跨框架结构系由两根柱子、一根或若干根横梁组成，超静定次数较少，耗能能力较弱，一旦柱子出现塑性铰（在强震作用下不可避免），发生连续倒塌的可能性很大。1999年台湾的集集地震，就有不少单跨框架结构倒塌的震害实例，层数较多的高层单跨框架结构建筑破坏更为严重。

对于抗震设防分类划分为丙类建筑的1~3层的连廊，当采用单跨框架结构时，需要注意采取抗震加强措施，例如，提高一级抗震等级进行设计等。抗震设防分类为乙类的建筑，当必须采用单跨框架结构时，应进行抗震性能设计，结构的抗震性能目标不应低于C级。

某些工业建筑输送原材料的栈桥或运输通廊不得不采用单跨框架结构时，也应有特别可靠的抗震措施。

框架-剪力墙结构的框架，可以是单跨框架，可以不受《高层建筑规程》第6.1.2条的限制，因为它有剪力墙作为第一道防线，但它的高度也不宜太高。

关于单跨框架结构的定义：①《抗震规范》认为，框架结构中某个主轴方向均为单跨的属于单跨框架结构；某个主轴方向有局部单跨框架的，则不属于单跨框架结构。②《高层建筑规程》认为，单跨框架结构是指整栋建筑全部或绝大部分采用单跨框架的结构，不包括仅局部为单跨框架的框架结构。③2013年版的《广东省高规》认为，一般情况下，某个主轴方向均为单跨框架时定义为单跨框架结构；当框架结构多跨部分的侧向刚度不小于结构总侧向刚度的50%时，不属于单跨框架结构。

90. 框架梁、柱中心线为什么宜重合？当框架梁、柱中心线之间偏心距较大时，框架梁设置水平加腋有哪些具体要求?

（1）《抗震规范》第6.1.5条和《高层建筑规程》第6.1.7条均规定，框架梁、柱中心线宜重合。当梁柱中心线不重合时，在结构计算中应考虑偏心对梁柱节点核心区受力和构造的不利影响，以及梁荷载对柱子的偏心影响。

梁、柱中心线之间的偏心距，9 度抗震设计时不应大于柱截面在该方向宽度的 1/4，非抗震设计和 6～8 度抗震设计时不宜大于柱截面在该方向宽度的 1/4，如果偏心距大于该方向柱宽的 1/4 时，可采取增设梁的水平加腋（图 6-2）等措施。设置水平加腋后，仍须考虑梁柱偏心的不利影响。

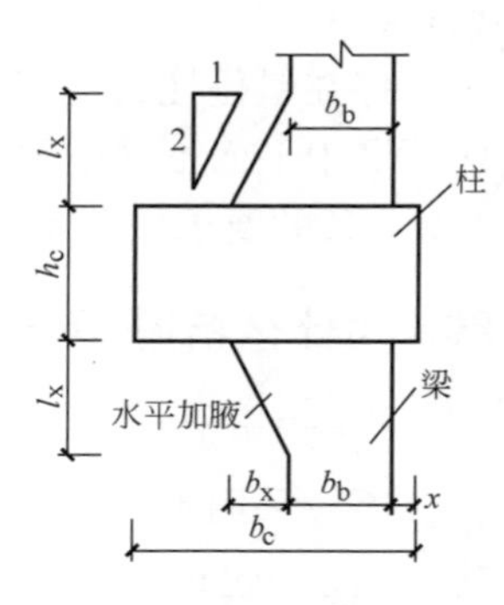

图 6-2 水平加腋梁

试验研究结果表明，当框架梁、柱中心线的偏心距大于柱截面在该方向的宽度的 1/4 时，在模拟水平地震力作用试验中，节点核心区不仅出现斜裂缝，而且还出现竖向裂缝。因此，有抗震设防要求的框架梁、柱中心线的偏心距大于该方向柱宽的 1/4 时，应采用梁水平加腋等措施。

试验研究结果还表明，框架梁采用水平加腋的方法，能明显改善梁柱节点承受反复荷载的性能。

（2）框架梁水平加腋的具体构造要求是：

1）梁的水平加腋厚度可取梁截面高度，其水平尺寸宜满足下列要求：

$$b_x/l_x \leqslant \frac{1}{2} \tag{6-1}$$

$$b_x/b_b \leqslant \frac{2}{3} \tag{6-2}$$

$$b_b + b_x + x \geqslant b_c/2 \tag{6-3}$$

式中 b_x——梁的水平加腋宽度（mm）；

l_x——梁的水平加腋长度（mm）；

b_b——梁截面宽度（mm）；

b_c——偏心方向上柱截面宽度（mm）；

x——非加腋侧梁边到柱边的距离（mm）。

2）梁采用水平加腋时，框架节点有效宽度 b_j 宜符合下列规定：

① 当 $x=0$ 时，按下式计算：

$$b_j \leqslant b_b + b_x \tag{6-4}$$

② 当 $x\neq0$ 时，b_j 取下列二式计算的较大值：

$$b_j \leqslant b_b + b_x + x \tag{6-5}$$

$$b_j \leqslant b_b + 2x \tag{6-6}$$

且 $$b_j \leqslant b_b + 0.5h_c$$

式中 h_c——柱截面高度（mm）。

3）梁采用水平加腋，在验算梁的剪压比和受剪承载力时，一般可偏于安全地不计加腋部分截面的有利影响。梁的水平加腋部分应按构造要求配置附加斜筋和箍筋（图 6-3）。附加斜筋的面积可取梁纵筋面积的 10% ~15%，且不少于 2 ⌀14；加腋部分的箍筋直径和间距应与梁端箍筋加密区相同。

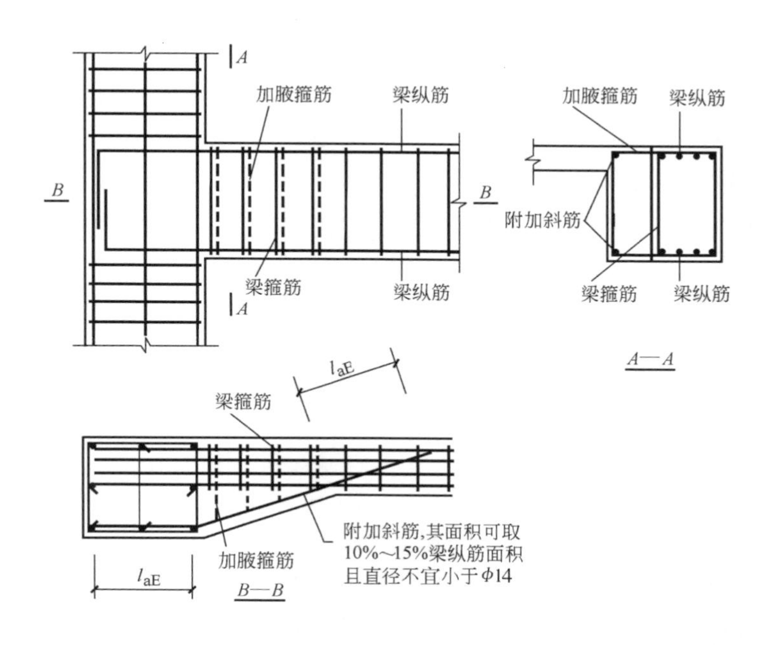

图 6-3　梁加腋节点配筋构造（腰筋图上未表示）

注：非抗震设计时图中 l_{aE} 应取为 l_a。

91. 抗震设计时，框架结构如采用砌体填充墙，其布置应符合哪些要求?

（1）框架结构的填充墙及隔墙宜选用轻质墙体材料。抗震设计时，框架结构如采用砌体填充墙，其布置应符合下列要求：

1）避免形成上、下层刚度变化过大。

2）避免形成短柱。

3）减少因抗侧刚度偏心所造成的结构扭转。

（2）抗震设计时，砌体填充墙及隔墙应具有自身稳定性，并符合下列要求：

1）砌体的砂浆强度等级不应低于 M5。当采用实心轻质砌块时，其强度等级不应低于 Mu2. 5；当采用空心轻质砌块时，其强度等级不应低于 Mu3. 5。墙顶应与框架梁或楼板密切结合。

2）砌体填充墙应沿框架全高每隔 500mm 左右设置 2 根直径 6mm 的拉结筋，

拉结筋伸入墙内的长度，6、7度时宜沿墙全长贯通，8、9度时应沿墙全长贯通。

3）墙长大于5m时，墙顶与梁（板）宜有钢筋拉结；墙长大于8m或层高的2倍时，宜设置间距不大于4m的钢筋混凝土构造柱；墙高超过4m时，墙体半高处（或门洞上皮）宜设置与柱连接且沿墙全长贯通的钢筋混凝土水平系梁。

（3）填充墙由建筑师布置并表示在建筑施工图上，结构施工图上一般不表示，容易被结构工程师忽视。结构工程师应重视并了解框架间砌体填充墙的布置情况；是否存在上部楼层砌体填充墙布置较多，而底部墙体较少的情况；是否有通长整开间的窗台墙嵌砌在柱子之间；砌体填充墙是否偏于结构平面一侧布置等等。如果砌体填充墙的布置存在上述不良情况，有条件时应建议建筑师作适当调整（例如，将一部分砌体填充墙改为轻钢龙骨石膏板墙；将空心砖填充墙改为石膏板空心墙等）。

（4）抗震设计时，结构工程师应考虑填充墙及隔墙的设置对结构抗震的不利影响，避免不合理设置而导致主体结构的破坏。

92. 抗震设计的框架结构，为什么不应采用部分由砌体墙承重的混合形式?

《高层建筑规程》第6.1.6条以强制性条文的形式规定，框架结构按抗震设计时，不应采用部分由砌体墙承重的混合形式；框架结构中的楼、电梯间及局部出屋顶的电梯机房、楼梯间、水箱间等，应采用框架承重，不应采用砌体墙承重。

因为，框架结构和砌体结构是两种截然不同的结构体系，两种结构体系所采用的承重材料的性质也完全不同（前者采用钢筋混凝土，可以认为是延性材料；而后者采用砖或砌块，是脆性材料），其抗侧刚度、变形能力等，相差亦很大，在地震作用下不能协同工作。震害表明，如果将它们在同一建筑物中混合使用，而不以防震缝分开，地震发生时，抗侧力刚度远大于框架的砌体墙会首先遭到破坏，导致框架内力急剧增加，然后导致框架破坏甚至倒塌。

1976年唐山大地震波及到天津市，该市有的办公楼和多层工业厂房采用砌体墙和框架结构混合承重，地震时承重砌体墙出现严重裂缝；局部出屋顶的楼、电梯间因采用砌体承重墙，不仅严重开裂，有的甚至严重破坏被甩出。

所以，在有抗震设防要求的建筑物中，楼、电梯间及局部出屋顶的电梯机房、楼梯间、水箱间等小屋，应采用框架承重，不应采用砌体墙承重，在框架间可另设非承重砌体填充墙。

93. 框架结构采用宽扁梁时设计中应注意哪些问题?

（1）框架结构的主梁截面高度 h_b 通常可按 $\left(\frac{1}{10}\sim\frac{1}{18}\right)l_b$ 确定，l_b 为框架主梁

的计算跨度；主梁净跨与截面高度之比不宜小于4。主梁的截面宽度 b_b 不宜小于200mm，也不宜小于柱截面宽度的1/2；主梁截面的高宽比不宜大于4。

当主梁截面高度较小或采用扁梁时，除应验算其承载力和受剪截面（剪压比）条件外，尚应满足刚度和裂缝的有关要求。在计算梁的挠度时，可扣除梁的合理起拱值；对现浇梁板结构，宜考虑梁受压翼缘的有利影响。现浇梁板结构，其楼板作为梁的受压翼缘，对于提高梁的刚度，有很大的作用。

（2）当框架主梁的截面高度较小时，例如 h_b/l_b 为$\frac{1}{16}$左右，是否要采用宽扁梁，要慎重考虑，能采用扁梁的应尽量不要采用宽扁梁。在一般的民用建筑工程中，当柱网尺寸为8m左右，主梁截面高度为500～600mm时，梁宽取400～500mm，可满足设计要求，不必做成宽扁梁。

这里所谓的扁梁，是指梁宽 b_b 大于梁高 h_b 的梁（$b_b > h_b$）；宽扁梁则是指梁宽 b_b 大于柱宽 b_c 的梁（$b_b > b_c$）。

钢筋混凝土结构梁截面高度可参考表6-1选用。

表6-1 钢筋混凝土结构梁截面高度

<table>
<tr><th></th><th colspan="2">梁的种类</th><th>梁截面高跨比 h_b/l_b</th><th>常用跨度/m</th><th>适用范围</th><th>备注</th></tr>
<tr><td rowspan="3">1</td><td rowspan="3">现浇楼盖</td><td>普通主梁</td><td>1/10～1/15
(1/10 *)</td><td rowspan="3">≤9</td><td rowspan="3">民用建筑框架结构、框架-剪力墙结构、框架-核心筒结构</td><td rowspan="5">1. * 表示常用
2. 扁主梁宜采用等刚度计算方法确定，其宽度不应超过柱宽
3. 预应力宽扁主梁的截面高度可取 $h_b=(1/20\sim1/25)\ l_b$
括号内数值用于非抗震设计</td></tr>
<tr><td>扁主梁
(宽扁主梁)</td><td>1/15～1/18
(1/16～1/22)</td></tr>
<tr><td>次梁</td><td>1/12～1/15</td></tr>
<tr><td rowspan="2">2</td><td rowspan="2">独立梁</td><td>简支梁</td><td>1/8～1/12</td><td rowspan="2">≤12</td><td rowspan="2">砌体结构</td></tr>
<tr><td>连续梁</td><td>1/12～1/15</td></tr>
<tr><td>3</td><td colspan="2">悬臂梁</td><td>1/5～1/6</td><td>≤4</td><td></td><td></td></tr>
<tr><td>4</td><td colspan="2">井字梁</td><td>1/15～1/20</td><td>≤15</td><td>长宽比小于1.5的楼屋盖</td><td>梁间距小于3.6m且周边应有边梁</td></tr>
<tr><td>5</td><td colspan="2">框支梁</td><td>1/8</td><td>≤9</td><td>部分框支剪力墙结构</td><td></td></tr>
<tr><td>6</td><td colspan="2">底部框架梁</td><td>1/10</td><td>≤7</td><td>底部框架梁上部为多层砌体房屋结构</td><td></td></tr>
</table>

（3）当框架或框架结构，由于受到层高的限制，主梁截面高度 h_b 较小，必须采用宽扁梁时，应符合下列规定：

1）为了避免或减小扭转的不利影响，楼板应现浇，梁中线宜与柱中线重合；宽扁梁的截面高度可取$\left(\frac{1}{16}\sim\frac{1}{22}\right)l_{b}$，且不宜小于2.5倍楼板的厚度，高宽比则不宜超过3；为了使宽扁梁端部在柱外的纵向受力钢筋有可靠的锚固，宽扁梁应双向布置。宽扁梁不宜用于一级抗震等级的框架结构。宽扁梁的截面尺寸除应满足《混凝土规范》对挠度和裂缝宽度的规定外，应符合下列要求：

$$b_{b}\leqslant 2b_{c}$$

$$b_{b}\leqslant b_{c}+h_{b}$$

$$h_{b}\geqslant 16d$$

式中 b_{c}——柱截面宽度，圆形截面柱取柱直径的0.8倍；

b_{b}、h_{b}——分别为梁截面宽度和高度；

d——柱纵向钢筋直径。

2）宽扁梁框架的边梁不宜采用宽扁梁；当与框架边梁相交的内部框架梁为宽扁梁时，对框架边梁应加强配筋构造措施，以考虑其受扭的不利影响。

3）宽扁梁纵向受力钢筋的最小配筋率，除应符合《混凝土规范》的规定外，尚不应小于0.3%，一般为单层放置，间距不宜大于100mm。锚入柱内的宽扁梁上部纵向受力钢筋宜大于其全部钢筋截面面积的60%，沿宽扁梁全长顶面贯通的上部钢筋不宜小于梁支座（较大端）纵向钢筋截面面积的1/4～1/3。

4）宽扁梁的箍筋肢距不宜大于200mm。

5）宽扁梁两侧面应配置腰筋，每侧腰筋的截面面积不应小于梁腹板截面面积$b_{b}h_{bw}$的10%（b_{bw}为梁高减楼板厚度），其直径不宜小于12mm，间距不宜大于200mm。

6）宽扁梁框架的梁柱节点核心区应根据梁上部纵向钢筋在柱宽范围内、外的截面面积比例，对柱宽以内和柱宽以外的范围分别计算受剪承载力。计算柱宽范围以外节点核心区的剪力设计值时，可不考虑节点以上柱下端的剪力作用。

7）宽扁梁框架节点核心区的计算，除应符合一般框架梁柱节点的要求外，尚应符合下列要求：

① 按《抗震规范》附录D第D.1.3条计算核心区受剪截面时，核心区的有效宽度可取梁宽与柱宽之和的平均值。

② 四边有梁的节点约束影响系数，计算柱宽范围内核心区的受剪承载力时可取1.5，计算柱宽范围外核心区受剪承载力时宜取1.0。

③ 计算核心区受剪承载力时，在柱宽范围内的核心区，轴力的取值可同一般框架梁柱节点；柱宽范围以外的核心区可不考虑轴向压力对受剪承载力的有利

作用。

8）宽扁梁框架结构的配筋构造要求还应符合下列规定：

① 梁柱节点内核心区的配箍量及构造要求同一般框架结构；对于宽扁梁中柱节点的柱外核心区，可配置附加水平箍筋及竖向拉筋，竖向拉筋应勾住宽扁梁纵向钢筋并与之绑扎；水平箍筋和竖向拉筋的直径：一、二级抗震等级时不宜小于10mm，三、四级抗震等级及非抗震设计不宜小于8mm；当核心区受剪承载力不能满足计算要求时，可配置附加腰筋（图6-4a）；对于宽扁梁边柱节点核心区，也可配置附加腰筋（图6-4b）。

② 宽扁梁梁端箍筋加密区的长度，应取自柱边算起至梁边以外 $b_b + h_b$ 范围内的长度和自梁边算起的 l_{aE} 中的较大值（图6-4a）；加密区箍筋的最大间距和最小直径及箍筋肢距应符合《抗震规范》的有关规定。

③ 当中柱节点和边柱节点在宽扁梁交角处的板面顶层纵向钢筋和横向钢筋间距较大时，应在板角处布置不小于Φ8@100的附加构造钢筋网片，其伸入板内长度，不宜小于板短跨方向计算跨度的1/4，并应接受拉钢筋锚固在宽扁梁内。

（4）宽扁梁框架结构的中柱节点和边柱节点，受力及配筋构造均较为复杂（图6-4）。宽扁梁的端部处于弯矩、剪力和扭矩共同作用下，其承载力应按《混凝土规范》第6章的有关规定进行计算，有抗震设防要求时，尚应计入承载力抗震调整系数 γ_{RE} 的影响，以及地震作用下承载力降低系数0.8的影响。

宽扁梁框架结构梁柱节点核心区应按《抗震规范》附录D第D.2节的规定进行计算。

（5）抗震设计的现浇混凝土框架结构，当采用预应力混凝土宽扁梁时，其截面的高跨比可取 $\frac{1}{20} \sim \frac{1}{25}$，且其截面的高度宜大于板厚的2倍，其截面的其余尺寸要求与普通宽扁梁相同，见本问第（3）条第1）款。

预应力混凝土宽扁梁应按《预应力混凝土结构抗震设计规程》JGJ 140—2004的有关规定进行设计。

宽扁梁的受弯、受剪、受扭承载力计算，应符合《混凝土结构设计规范》GB 50010—2010的有关规定，在计算和设计中应注意的问题还可参考2012年版的《混凝土结构构造手册》（第四版）第五章第二节的有关要求。

94. 抗震设计时，为什么要对框架梁纵向受拉钢筋的最大最小配筋率、梁端截面的底面与顶面纵向钢筋配筋量的比值及箍筋配置等提出要求？

（1）钢筋混凝土框架梁是由钢筋和混凝土两种材料组成的以受弯为主的构

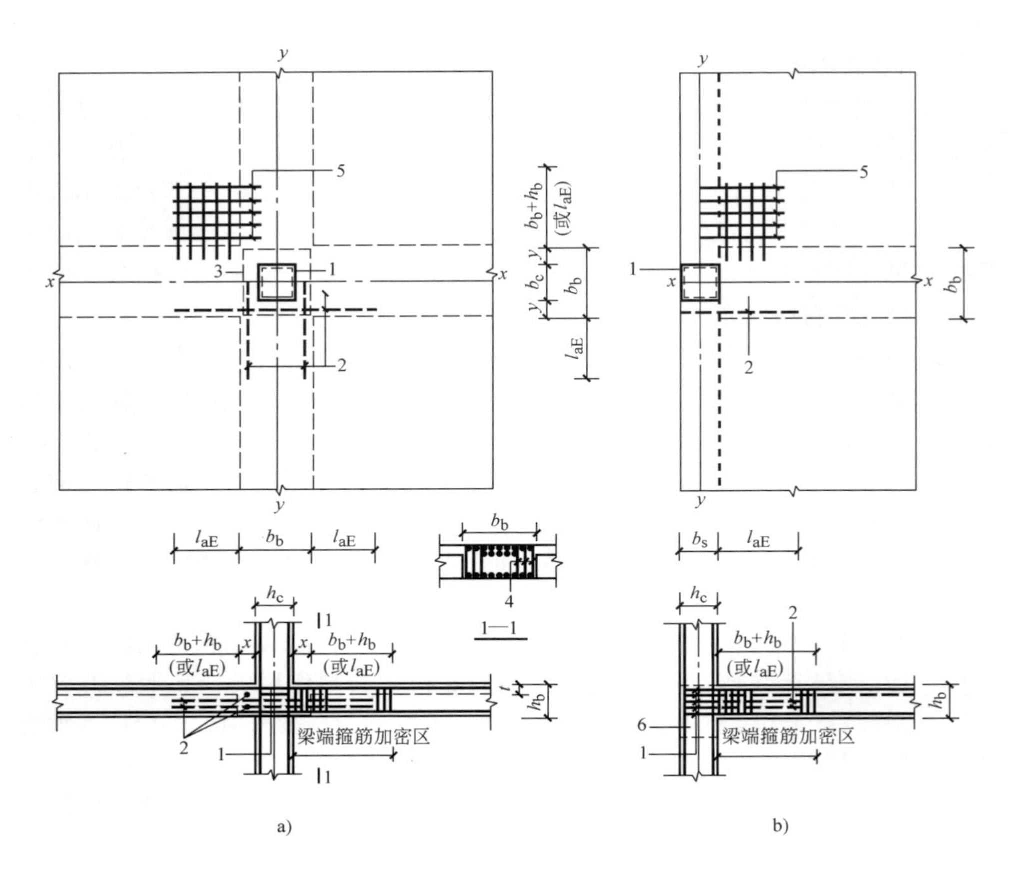

图 6-4 宽扁梁梁柱节点的配筋构造

a）中柱节点 b）边柱节点

1—柱内核心区箍筋 2—核心区附加腰筋 3—柱外核心区附加水平箍筋

4—拉筋 5—板面附加钢筋网片 6—边梁

件，在荷载作用下，钢筋受拉、混凝土受压，如果配筋适当，框架梁在较大的荷载作用下才会发生破坏，破坏时钢筋中的应力可以达到屈服强度，而混凝土的抗压强度也能得到充分利用。

对于普通的钢筋混凝土梁（受弯构件），所谓“配筋适当”，是指梁的破坏是由于钢筋首先达到屈服（此时梁的混凝土还未发生受压破坏），随着受拉钢筋应变继续增大，截面混凝土受压区高度减小，混凝土的压应变增大而最终导致破坏的梁，这种梁称为“适筋梁”，适筋梁的破坏属于延性破坏；当梁钢筋的屈服与混凝土受压破坏同时发生时，这种梁称为“平衡配筋梁”，相应的配筋率称为平衡配筋率；当梁的钢筋应力未达到屈服，混凝土即发生受压破坏，这种梁称为

“超筋梁”；平衡配筋率是适筋梁和超筋梁这两种梁破坏形式的界限情况，故又称为界限配筋率，它是保证钢筋达到屈服的最大配筋率 ρ_{max}。

超筋梁的破坏是突然的，缺乏足够的预兆，具有脆性破坏的性质（受压脆性破坏）。超筋梁的承载力与钢筋强度无关，仅取决于混凝土的抗压强度。

当梁的配筋减少到梁的受弯裂缝一经出现，钢筋应力即达到屈服时，这时梁的配筋率称为最小配筋率 ρ_{min}。因为当 ρ 更小时，梁开裂后钢筋应力不仅达到屈服，而且将迅速经过流幅进入强化阶段，在极端情况下，钢筋甚至可能被拉断。

配筋率低于 ρ_{min} 的梁称为“少筋梁”，这种梁一旦开裂，即标志着破坏。尽管开裂后梁仍保留有一定的承载力，但梁已发生严重的开裂下垂，这部分承载力实际上是不能利用的。少筋梁的承载力取决于混凝土的抗拉强度，也属于脆性破坏（受拉脆性破坏），因此是不经济的，而且也不安全，因为混凝土一旦开裂，承载力很快下降，故在混凝土结构中不允许采用少筋梁。

根据《混凝土规范》第 8.5.1 条的要求，钢筋混凝土结构构件中的纵向受力钢筋的最小配筋百分率 ρ_{min} 不应低于表 6-2 规定的数值。

表 6-2　钢筋混凝土结构构件中纵向受力钢筋的最小配筋百分率 ρ_{min}（%）

受力类型			最小配筋百分率
受压构件	全部纵向钢筋	强度等级 500MPa	0.50
		强度等级 400MPa	0.55
		强度等级 300MPa、335MPa	0.60
	一侧纵向钢筋		0.20
受弯构件、偏心受拉、轴心受拉构件一侧的受拉钢筋			0.20 和 $45f_t/f_y$ 中的较大值

注：1. 受压构件全部纵向钢筋最小配筋百分率，当采用 C60 以上强度等级的混凝土时，应按表中规定增加 0.10。

2. 板类受弯构件（不包括悬臂板）的受拉钢筋，当采用强度等级 400MPa、500MPa 的钢筋时，其最小配筋百分率应允许采用 0.15 和 $45f_t/f_y$ 中的较大值。

3. 偏心受拉构件中的受压钢筋，应按受压构件一侧纵向钢筋考虑。

4. 受压构件的全部纵向钢筋和一侧纵向钢筋的配筋率以及轴心受拉构件和小偏心受拉构件一侧受拉钢筋的配筋率均应按构件的全截面面积计算。

5. 受弯构件、大偏心受拉构件一侧受拉钢筋的配筋率应按全截面面积扣除受压翼缘面积 $(b'_f - b)h'_f$ 后的截面面积计算。

6. 当钢筋沿构件截面周边布置时，“一侧纵向钢筋”系指沿受力方向两个对边中一边布置的纵向钢筋。

（2）在抗震设防地区，根据《混凝土规范》第 11.3.6 条的要求，框架梁纵向受拉钢筋的最小配筋百分率 ρ_{min} 不应小于表 6-3 规定的数值。

表 6-3　抗震设计的框架梁纵向受拉钢筋最小配筋百分率 ρ_{min}（%）

抗震等级	位置	
	支座（取较大值）	跨中（取较大值）
一级	0.40 和 $80f_t/f_y$	0.30 和 $65f_t/f_y$
二级	0.30 和 $65f_t/f_y$	0.25 和 $55f_t/f_y$
三、四级	0.25 和 $55f_t/f_y$	0.20 和 $45f_t/f_y$

通过比较表 6-3 和表 6-2 可以看出，当抗震等级为三、四级时，框架梁跨中纵向受拉钢筋最小配筋百分率两者是相同的。表 6-3 与表 6-2 的区别仅在于，表 6-3 由于考虑抗震的需要，适当加大了框架梁支座纵向受拉钢筋的配筋百分率，以及较高抗震等级时框架梁跨中纵向受拉钢筋的配筋百分率。

钢筋混凝土框架梁纵向受拉钢筋，在不同钢筋种类和不同混凝土强度等级条件下按表 6-3 的规定算出的最小配筋百分率如表 6-4 所示。

表 6-4　框架梁纵向受拉钢筋最小配筋百分率 ρ_{min}（%）

按下列要求取较大值	钢筋种类	混凝土强度等级							
		C20	C25	C30	C35	C40	C45	C50	C60
0.20 和 $45f_t/f_y$	HPB235	0.24	0.27	0.31	0.34	0.37	0.39	0.41	0.44
	HPB300	0.20	0.21	0.24	0.26	0.29	0.30	0.32	0.34
	HRB335	0.20		0.21	0.24	0.26	0.27	0.28	0.31
	HRB400	0.20				0.21	0.23	0.24	0.26
	HRB500	0.20							0.21
0.25 和 $55f_t/f_y$	HRB335	0.25		0.26	0.29	0.31	0.33	0.35	0.37
	HRB400	0.25				0.26	0.28	0.29	0.31
	HRB500	0.25							0.26
0.30 和 $65f_t/f_y$	HRB335	0.30		0.31	0.34	0.37	0.39	0.41	0.44
	HRB400	0.30				0.31	0.33	0.34	0.37
	HRB500	0.30							0.31
0.40 和 $80f_t/f_y$	HRB335	0.40			0.42	0.46	0.48	0.50	0.54
	HRB400	0.40						0.42	0.45
	HRB500	0.40							0.40

（3）非抗震设计的框架梁，纵向受拉钢筋的最大配筋率（又称平衡配筋率或界限配筋率）ρ_{max}，如表 6-5 所示。表 6-5 中的 ρ_{max} 值系根据框架梁截面界限受压区高度 $x_b=\xi_b h_0$ 算出的。这里 ξ_b 是框架梁截面的“相对界限受压区高度”，即当梁的纵向受拉钢筋屈服与受压区混凝土破坏同时发生时，梁截面的受压区高度与梁截面有效高度之比值。

表 6-5 非抗震设计的框架梁纵向受拉钢筋最大配筋率 ρ_{max}（%）

钢筋种类	混凝土强度等级							
	C20	C25	C30	C35	C40	C45	C50	C60
HPB235	2.81	3.48	4.18	4.88	5.58	6.20	6.75	8.04
HPB300	2.05	2.54	3.05	3.56	4.07	4.50	4.93	5.87
HRB335	1.76	2.18	2.62	3.06	3.50	3.89	4.23	5.04
HRB400	—	1.71	2.06	2.40	2.75	3.05	3.32	3.96
HRB500	—	1.32	1.58	1.85	2.12	2.34	2.56	3.05

混凝土强度等级不大于 C50 时，不同种类钢筋配筋的框架梁的相对界限受压区高度 ξ_b 如表 6-6 所示。

表 6-6 混凝土强度等级不大于 C50 时梁的相对界限受压区高度 ξ_b 值

钢筋种类	HPB235	HPB300	HRB335	HRB400	HRB500
ξ_b	0.614	0.576	0.550	0.518	0.482

（4）抗震设计的框架梁，根据《抗震规范》第 6.3.3 条的规定，梁的钢筋配置，应符合下列各项要求：

1）梁端纵向受拉钢筋的配筋率不宜大于 2.5%，且计入受压钢筋的梁端混凝土受压区高度和有效高度之比，一级抗震等级不应大于 0.25，二、三级抗震等级不应大于 0.35。

2）梁端截面的底面和顶面纵向钢筋配筋量的比值，除按计算确定外，一级抗震等级不应小于 0.5，二、三级抗震等级不应小于 0.3。

3）梁端箍筋加密区的长度、箍筋最大间距和最小直径应按表 6-7 采用，当梁端纵向受拉钢筋配筋率大于 2% 时，表中箍筋最小直径数值应增大 2mm。

表 6-7 梁端箍筋加密区的长度、箍筋最大间距和最小直径

抗震等级	加密区长度（取较大值）/mm	箍筋最大间距（取最小值）/mm	箍筋最小直径/mm
一	$2.0h_b$，500	$h_b/4$，$6d$，100	10
二	$1.5h_b$，500	$h_b/4$，$8d$，100	8
三	$1.5h_b$，500	$h_b/4$，$8d$，150	8
四	$1.5h_b$，500	$h_b/4$，$8d$，150	6

注：1. d 为纵向钢筋直径，h_b 为梁截面高度。

2. 箍筋直径除应符合表中规定外，尚不应小于 $d/4$。

3. 箍筋直径大于 12mm，数量不少于 4 肢且肢距不大于 150mm 时，一、二级的最大间距应允许适当放宽，但不得大于 150mm。

上述三项关于梁端配筋和配箍的要求，其目的是要保证作为框架结构主要耗能构件的框架梁，在地震作用下其梁端塑性铰区应有足够的延性。

因为，在影响框架梁延性的各种因素中，除梁的剪跨比、截面剪压比等因素外，梁截面纵向受拉钢筋配筋率ρ，截面受压区高度x和配箍率ρ_{sv}的影响更加直接和重要。《抗震规范》将框架梁钢筋配置的上述三项要求，是作为强制性条文提出的，应引起结构工程师们的注意。

梁的变形能力主要取决于梁端的塑性转动量，而梁端的塑性转动量与截面混凝土受压区高度有关。当相对受压区高度在0.25～0.35时，梁的位移延性系数可达3～4。计算梁端受拉钢筋时，宜考虑梁端受压钢筋的作用，计算梁端受压区高度时，宜按梁端截面实际配置的受拉和受压钢筋截面面积进行计算。

梁端底面和顶面纵向受拉钢筋的比值，同样对梁的变形能力有较大的影响。梁底面的钢筋既可增加负弯矩时的塑性转动能力，还能防止在地震中梁底出现正弯矩时过早屈服或破坏过重，从而影响梁的承载力和变形能力的正常发挥。

根据试验和震害经验，随着剪跨比的不同，梁端的破坏主要集中于1.5～2.0倍梁高的长度范围内，当箍筋间距小于6～8d（d为纵筋直径）时，混凝土压溃前受压钢筋一般不致压屈，延性较好。因此规定了箍筋的加密范围、箍筋的最大间距和最小直径，限制了箍筋的最大肢距（见本章第97问第（2）条2）款）；当纵向受拉钢筋的配筋率超过2%时，箍筋的要求相应提高，即箍筋的最小直径应较表6-7的数值增大2mm。

95. 抗震设计时，为什么要在框架梁顶面和底面沿梁全长配置一定数量的纵向钢筋？

对于非抗震设计，当框架梁支座负弯矩钢筋按框架梁的弯矩包络图配置时，框架梁跨中的上部钢筋，通常仅仅是架立钢筋不是受力钢筋。对于抗震设计，由于在发生强震时，框架梁支座上部负弯矩区，有可能延伸至跨中，因此《抗震规范》第6.3.4条规定，沿梁全长顶面和底面的配筋，一、二级抗震等级不应少于2 Φ 14，且分别不应小于梁两端顶面和底面纵向配筋中较大截面面积的1/4；三、四级抗震等级时不应小2 Φ 12。

沿梁全长顶面的钢筋，不一定是“贯通梁全长”的钢筋，它可以是梁端截面角部纵向受力钢筋的延伸，也可以是另外配置的钢筋；当为另外配置的钢筋时，另外配置的钢筋应与梁端支座负弯矩钢筋机械连接、焊接或受拉绑扎搭接；当为受拉绑扎搭接时，在搭接长度范围内，梁的箍筋间距不应大于搭接钢筋较小直径的5倍，且不应大于100mm；当为梁端截面角部纵向受力钢筋延伸时，被延伸的钢筋可以没有接头，也可以有接头；当有接头时，其接头的构造要求与另外配置的钢筋相同。

当为机械连接时，连接接头的性能等级不应低于Ⅱ级。当为焊接连接时，应采用等强焊接接头，并注意焊接质量的检查和验收。

沿梁全长顶面的钢筋的截面面积，除满足最小构造配筋要求外，尚应满足框架梁负弯矩包络图的要求。

96. 抗震等级为一、二级的框架，为什么要限制梁内贯通框架中柱的每根纵向钢筋的直径？

《抗震规范》第 6. 3. 4 条第 2 款规定，一、二、三级抗震等级的框架梁内贯通中柱的每根纵向钢筋的直径，对矩形截面柱，不应大于柱在该方向截面尺寸的 1/20；对圆形截面柱，不应大于纵向钢筋所在位置柱截面弦长的 1/20。

《抗震规范》之所以如此规定，主要是因为框架梁柱节点，特别是中柱节点，在地震的反复作用下，梁的纵筋屈服逐渐深入节点核心，产生反复滑移现象，节点刚度退化，使框架梁变形增大，梁的支座纵向受拉钢筋不能充分发挥作用，降低了梁的后期受弯承载力。为了保证一、二、三级抗震等级框架中柱节点处，梁纵筋的锚固性能，贯通中柱的纵向钢筋直径不应大于沿纵筋方向柱截面尺寸的 1/20，对圆形截面柱，不应大于纵向钢筋所在位置柱截面弦长的 1/20。对框架梁纵筋的这种锚固要求，四级抗震等级的框架亦宜适当考虑。

解决框架梁纵筋在节点核心区滑移更为有效的措施是通过特殊的配筋方式，使梁的塑性铰转移到距柱面不小于梁截面高度，也不小于 500mm 的位置，梁纵筋不在柱面处屈服，改善了梁纵筋的锚固性能，避免了梁纵筋在节点核心区滑动。

转移梁铰可采用附加短钢筋的方法，短钢筋可为直筋，也可在塑性铰处弯折，形成交叉斜筋，后者可增强梁铰的受剪承载力和耗能能力，如图 6-5 所示。条件许可时，也可利用加腋梁来实现梁铰转移。

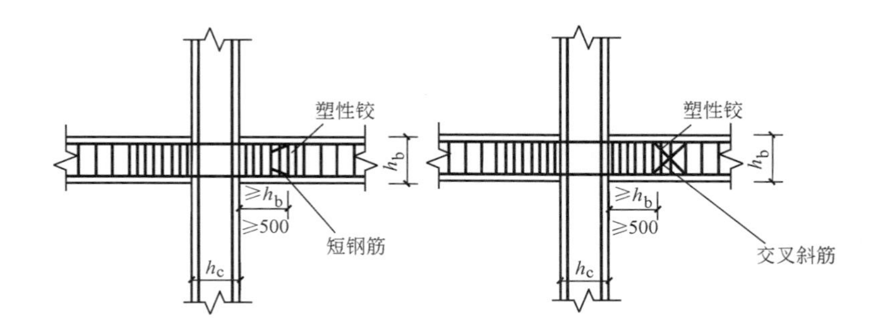

图 6-5 转移塑性铰的两种方式

为了保证梁铰的转移，梁端受弯承载力应比梁铰处的受弯承载力提高 25%。有交叉斜筋的塑性铰，计算受弯承载力时，应考虑斜筋的作用。梁铰转移后，梁铰之间的跨度变小，梁的剪力增大。考虑强柱弱梁时，梁的弯矩应取转移铰处的受弯承载力。

97. 框架梁箍筋的设置应符合哪些规定?

梁的箍筋除承受剪力满足梁斜截面受剪承载力外，还有约束混凝土改善其受压性能、提高混凝土对受力钢筋的黏结锚固强度及防止受压钢筋压屈等作用。

（1）非抗震设计的梁（包括框架梁）箍筋的设置，除应满足梁斜截面受剪承载力计算要求外，还应符合下列规定：

1）按计算不需要设置箍筋的梁，当截面高度 $h>300$mm 时，应沿梁全长设置箍筋；当截面高度 $h=150\sim300$mm 时，可仅在构件端部各 1/4 跨度范围内设置箍筋；但当在构件中部 1/2 跨度范围内有集中荷载作用时，则应沿梁全长设置箍筋；当截面高度 $h<150$mm 时，可不设置箍筋。

2）梁中箍筋的间距应符合下列规定：

① 梁中箍筋的最大间距宜符合表 6-8 的规定，当 $V>0.7f_tbh_0+0.05N_{p0}$时，为了防止斜拉破坏，箍筋的配箍率 ρ_{sv} （$\rho_{sv}=A_{sv}/(bs)$） 尚不应小于 $0.24f_t/f_{yv}$；式中 A_{sv}为梁截面宽度 b 范围内各肢箍筋截面面积之和；s 为箍筋间距。

② 当梁中配有按计算需要的纵向受压钢筋时，箍筋应做成封闭式；此时，箍筋的间距不应大于 $15d$（d 为纵向受压钢筋的最小直径），同时不应大于 400mm；当一层内的纵向受压钢筋多于 5 根且直径大于 18mm 时，箍筋间距不应大于 $10d$；当梁的宽度大于 400mm 且一层内的纵向受压钢筋多于 3 根时，或当梁的宽度不大于 400mm 但一层内的纵向受压钢筋多于 4 根时，应设复合箍筋。

③ 梁中纵向受力钢筋搭接长度范围内应配置横向构造钢筋，其直径不应小于搭接钢筋较大直径的 1/4，间距不应大于搭接钢筋较小直径的 5 倍，且不大于 100mm。当受压钢筋直径大于 25mm 时，尚应在搭接接头两个端面外 100mm 范围内各设置两个箍筋。

表 6-8 梁中箍筋的最大间距 （单位：mm）

梁高 h	$V>0.7f_tbh_0+0.05N_{p0}$	$V\leqslant0.7f_tbh_0+0.05N_{p0}$
$150<h\leqslant300$	150	200
$300<h\leqslant500$	200	300
$500<h\leqslant800$	250	350
$h>800$	300	400

④ 对截面高度 $h>800$mm 的梁，其箍筋直径不宜小于 8mm；对截面高度 $h\leqslant800$mm的梁，其箍筋直径不宜小于 6mm。梁中配有计算需要的纵向受压钢筋时，箍筋直径尚不应小于纵向受压钢筋最大直径的 1/4。

⑤ 在弯剪扭构件中，箍筋的配筋率 ρ_{sv}（$\rho_{sv}=A_{sv}/(bs)$）不应小于 $0.28f_t/f_{yv}$。箍筋间距应符合表 6-8 的规定，其中受扭所需的箍筋应做成封闭式，且应沿截面周边布置；当采用复合箍时，位于截面内部的箍筋不应计入受扭所需的箍筋面积；受扭所需箍筋的末端应做成 135°弯钩，弯钩端头平直段长度不应小于 $10d$（d 为箍筋直径）。

在超静定结构中，考虑协调扭转而配置的箍筋，其间距不宜大于 $0.75b$，此处 b：对矩形截面构件为矩形截面构件的宽度 b；对工字形和 T 形截面构件为腹板的宽度 b；对箱形截面构件为箱形截面侧壁总宽度 b_h。

（2）抗震设计的框架梁，其箍筋的设置，与非抗震设计的框架梁的根本区别在于，抗震设计的框架梁梁端应设置箍筋加密区，梁端箍筋加密区的长度、箍筋最大间距和箍筋最小直径应符合表 6-7 的规定。

抗震设计的框架梁梁端设置箍筋加密区的目的是要保证在地震作用下框架梁端的塑性铰区有足够的延性，以提高框架结构耗散地震能量的能力，防止大震倒塌破坏，抗震设计的框架梁除梁端设置箍筋加密区外，其箍筋的设置尚应符合下列规定：

1）当梁端纵向受拉钢筋的配筋率大于 2% 时，表 6-7 中的箍筋最小直径应增大 2mm。

抗震设计要求的梁端纵向受拉钢筋的控制配筋率 2% 应按梁截面的有效高度 h_0 计算，即 $\rho=\dfrac{A_s}{bh_0}$，不应按梁截面的全高 h 计算。

2）梁端箍筋加密区长度范围内箍筋的肢距：一级抗震等级，不宜大于 200mm 和 20 倍箍筋直径的较大值；二、三级抗震等级，不宜大于 250mm 和 20 倍箍筋直径的较大值；四级抗震等级，不宜大于 300mm。

3）梁端设置的第一个箍筋应距框架节点边缘不大于 50mm。非加密区的箍筋间距不宜大于加密区箍筋间距的 2 倍。沿梁全长箍筋的配箍率 ρ_{sv} 应符合下列规定：

一级抗震等级 $$\rho_{sv}\geqslant 0.30f_t/f_{yv} \tag{6-7}$$

二级抗震等级 $$\rho_{sv}\geqslant 0.28f_t/f_{yv} \tag{6-8}$$

三、四级抗震等级 $$\rho_{sv}\geqslant 0.26f_t/f_{yv} \tag{6-9}$$

4）梁的箍筋末端应做成 135°弯钩，弯钩端头平直段长度不应小于箍筋直径的 10 倍，且不小于 75mm；在纵向受力钢筋搭接长度范围内的箍筋，其直径不应小于搭接钢筋较大直径的 1/4，其间距不应大于搭接钢筋较小直径的 5 倍，且不应大于 100mm。

5）不同配箍率要求的梁箍筋最小面积配箍率 ρ_{sv} 见表 6-9。

表 6-9 梁箍筋最小面积配箍率 ρ_{sv}（%）

箍筋种类	配箍率 ρ_{sv}	混凝土强度等级				
		C20	C25	C30	C35	C40
HPB235	$0.24f_t/f_{yv}$	0.126	0.145	0.163	0.179	0.195
	$0.26f_t/f_{yv}$	0.136	0.157	0.177	0.194	0.212
	$0.28f_t/f_{yv}$	0.147	0.169	0.191	0.209	0.228
	$0.30f_t/f_{yv}$	0.157	0.181	0.204	0.224	0.224
HPB300	$0.24f_t/f_{yv}$	0.098	0.113	0.127	0.140	0.152
	$0.26f_t/f_{yv}$	0.106	0.122	0.138	0.151	0.165
	$0.28f_t/f_{yv}$	0.114	0.132	0.148	0.163	0.177
	$0.30f_t/f_{yv}$	0.122	0.141	0.159	0.174	0.190
HRB335	$0.24f_t/f_{yv}$	0.088	0.102	0.114	0.126	0.137
	$0.26f_t/f_{yv}$	0.095	0.110	0.124	0.136	0.148
	$0.28f_t/f_{yv}$	0.103	0.118	0.133	0.147	0.160
	$0.30f_t/f_{yv}$	0.110	0.127	0.143	0.157	0.171
HRB400	$0.24f_t/f_{yv}$	—	0.085	0.095	0.105	0.114
	$0.26f_t/f_{yv}$	—	0.092	0.103	0.113	0.123
	$0.28f_t/f_{yv}$	—	0.099	0.111	0.122	0.133
	$0.30f_t/f_{yv}$	—	0.106	0.119	0.131	0.143
HRB500	$0.24f_t/f_{yv}$	—	0.070	0.079	0.087	0.094
	$0.26f_t/f_{yv}$	—	0.076	0.085	0.094	0.102
	$0.28f_t/f_{yv}$	—	0.082	0.092	0.101	0.110
	$0.30f_t/f_{yv}$	—	0.088	0.098	0.108	0.118

98. 框架梁受扭配筋构造设计应当注意什么问题?

（1）采用 SATWE 软件进行结构整体分析与构件内力计算时，框架梁的扭矩折减系数 T_b，程序给出的范围是比较宽的，取 $T_b=0.4\sim1.0$。其原因是，现浇框架结构中的框架梁，其扭转属于协调扭转，受力比较复杂，研究工作做得不多，《混凝土规范》至今仍未提出完善的设计方法。但《混凝土规范》明确指出：

1）对属于协调扭转的钢筋混凝土结构构件，在进行构件内力计算时，可考虑因构件开裂、抗扭刚度降低而产生的内力重分布。例如支承框架次梁的边榀框架梁，为了考虑内力重分布可将弹性分析得出的扭矩乘以合适的折减系数。

框架次梁支承在边榀框架梁上（图 6-6c），框架次梁支承点的弯曲转动，使边梁受扭，框架次梁的支座负弯矩即为作用在边楣框架梁上的扭矩。此扭矩值可由框架次梁支承点的弯曲转角与边梁的扭转角相协调的条件确定。在梁开裂以前，可用弹性理论计算，但梁开裂后，由于框架次梁的弯曲刚度和边梁的扭转刚度都发生明显的变化，框架次梁和边楣框架梁中都发生内力重分布，边楣框架梁的扭转角急剧增加，作用扭矩急剧减小。因此，边楣框架梁的扭矩是由支承点的扭转变形协调条件确定的，不是为了平衡外部荷载（作用）的扭矩。边楣框架梁的这种扭转一般称为“协调扭转”。图 6-6 中雨篷梁的扭矩和吊车梁的扭矩，均由外荷载直接作用产生，可由静力平衡条件求得，与构件的抗扭刚度无关。这种扭转，一般称为“平衡扭转”。

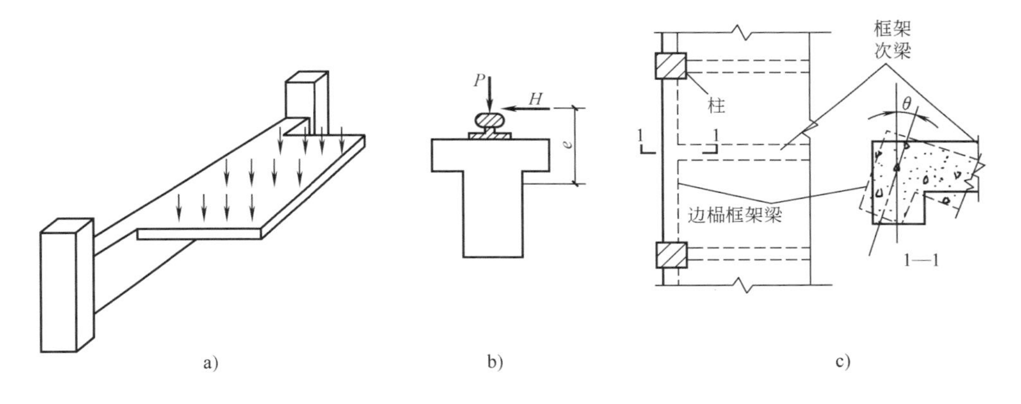

图 6-6 工程中常见的受扭构件

a）雨篷梁 b）吊车梁 c）现浇边楣框架梁

2）边楣框架梁的扭矩经折减后，应按《混凝土规范》第 6 章第 4 节的弯剪扭承载力公式进行计算，确定所需要的抗扭纵向钢筋和箍筋，同时配置的抗扭纵向钢筋和箍筋尚应分别满足《混凝土规范》第 9. 2. 5 条和第 9. 2. 10 条规定的最小配筋率的要求。

（2）试验研究表明，符合上述要求的边楣框架梁，当扭矩折减系数不低于 0. 4 时，其因扭转而产生的裂缝宽度可满足《混凝土规范》有关规定的要求。所以，进行构件内力计算时，SATWE 软件总体信息中的“梁扭矩折减系 T_b”，对于一般工程，可取 0. 4。但对于不与刚性楼板相连的框架梁及弧形梁，程序规定梁的扭矩折减系数 T_b 不起作用。

（3）为了简化边楣框架梁协调扭转的设计方法，美国的 ACI 规范和欧洲国际混凝土 CEB 模式规范及国内的某些研究成果，建议采用“零刚度设计法”。

钢筋混凝土结构中承受弯、剪、扭共同作用的构件，设计时取支承梁（如边楣框架梁）的扭转刚度为零，即取扭矩为零，不考虑相邻构件（如框架次梁）

传来的扭矩作用进行内力分析（图6-7），仅按开裂扭矩配置受扭所需要的构造钢筋的设计方法，称为零刚度法。

协调扭转的边梅框架梁，采用零刚度法设计的步骤如下：

1）对于框架次梁：假定框架次梁与边梅框架梁相交的梁端为铰支座进行内力分析，并求出框架次梁在铰支座处的梁端反力；确定框架次梁受弯及受剪所需要的纵向受力钢筋截面面积和箍筋截面面积。

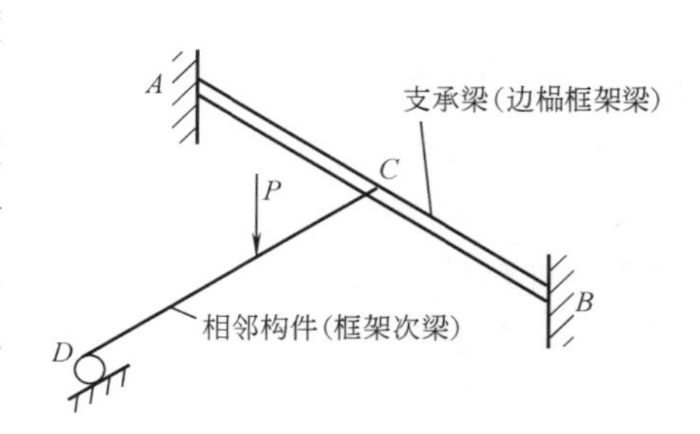

图6-7　超静定结构弯剪扭构件示意图

2）对于边梅框架梁：取框架次梁作用在边梅框架梁上的扭矩为零，按作用在边梅框架梁上的荷载设计值（包括梁自重及由框架次梁铰支端传来的反力）进行内力分析，求出边梅框架梁受弯所需要的纵向受力钢筋和受剪所需要的箍筋截面面积。

边梅框架梁在结构分析时，由于取扭矩为零，因此可以不考虑扭矩对其承载力的影响，但是为了控制扭转效应引起边梅框架梁的斜裂缝不致过宽，在构造上必须按下列方法配置受扭钢筋：

① 对箍筋：不宜小于《混凝土规范》第9.2.10条的受扭箍筋最小配箍率的要求，即

$$\rho_{sv}=\frac{A_{sv}}{bs}\geqslant 0.28f_t/f_{yv} \tag{6-10}$$

箍筋的间距 s 不宜大于 $0.75b$，此处 b 按《混凝土规范》第6.4.1条的规定取用；对于箱形截面构件，计算箍筋的配箍率时，b 均应以《混凝土规范》第6.4.1条图6.4.1c中的 b_h 代替。

② 对纵筋：不宜小于《混凝土规范》第9.2.5条式（9.2.5）中，取扭剪比 $T/(Vb)=2$ 时的受扭纵筋最小配筋率的要求，即

$$\rho_{tl}=\frac{A_{stl}}{bh}\geqslant 0.6\sqrt{\frac{T}{Vb}}\cdot\frac{f_t}{f_y}=0.85\frac{f_t}{f_y} \tag{6-11}$$

式中　b——受剪的截面宽度，按《混凝土规范》第6.4.1条的规定取用。

式（6-10）是在我国国内对纯扭构件试验研究的基础上，相当于开裂扭矩时进行理论推导和简化计算确定的接近纯扭时的箍筋最小配箍率；在式（6-11）中取 $T/(Vb)=2$，相当于纯扭构件开裂扭矩时纵向受力钢筋的最小配筋率。因此，采用上述对受扭构件的构造配筋是符合零刚度法设计要求的。

上述零刚度设计法（构造配筋设计法），对一般情况下的协调扭转均可使用。但是对一些较特殊的情况，如当受扭构件截面高宽比 h/b 较大时（例如 h/b

>6)，在截面高度一侧可能会出现过宽的斜裂缝；或是在构件的有限长度内（例如边榀框架梁在靠近柱边处）有较大的扭转荷载作用时，将会在该区段四侧发生较大的扭转斜裂缝等。因此，对这些情况应进行专门的分析，确定配筋。

3）对框架次梁与边榀框架梁相交的端部负弯矩为零处配筋的处理：当按零刚度设计法取框架次梁梁端的负弯矩等于零（即相当于取框架边梁的扭矩等于零）计算时，其扭转效应仍然存在。因此，为了控制因扭转效应使框架次梁顶端发生过宽的裂缝，应配置必要的负弯矩纵向受拉构造钢筋。具体要求是：

① 框架次梁与边榀框架梁相交顶部处纵向受拉钢筋截面面积不应小于其负弯矩等于边榀框架梁总开裂扭矩时，按受弯计算所得到的受拉钢筋截面面积。边榀框架梁总开裂扭矩可取 $T_{cr}=0.7f_tw_t$。其开裂总扭矩与结构布置情况有关，当边榀框架梁与一根框架次梁相交时，其总开裂扭矩等于 $2T_{cr}$；当边榀框架梁与二根框架次梁相交时，其总开裂扭矩等于 T_{cr}。

② 框架次梁与边榀框架梁相交顶部处的纵向受拉钢筋截面面积不应小于受弯构件纵向受拉钢筋最小配筋率所需要的钢筋截面面积，也不应小于框架次梁跨中下部纵向受力钢筋计算所需截面面积的1/4。

框架次梁在实际配筋时，应取以上三者的较大值。

框架次梁与边榀框架梁相交顶部处配置的纵向受拉钢筋满足上述两条要求时，可以认为框架次梁和边榀框架梁体系处于相互协调的工作状态。

4）框架次梁和边榀框架梁的连接构造非常重要，一旦弯剪裂缝发展到框架次梁的受压区，这些裂缝之间的斜压杆将强烈地压向框架次梁底部的纵向钢筋。同时边榀框架梁跨中承受正弯矩，它的侧向拉力进一步削弱了连接接头，见图6-8。因此，除了在边榀框架梁的接头处配置足够的附加横向箍筋，将框架次梁的支座反力全部传到边榀框架梁的受压区外，同时在接头区还必须加密配置框架次梁的箍筋，以抵抗框架次梁斜裂缝间混凝土斜压杆施加在纵向钢筋上的压力。

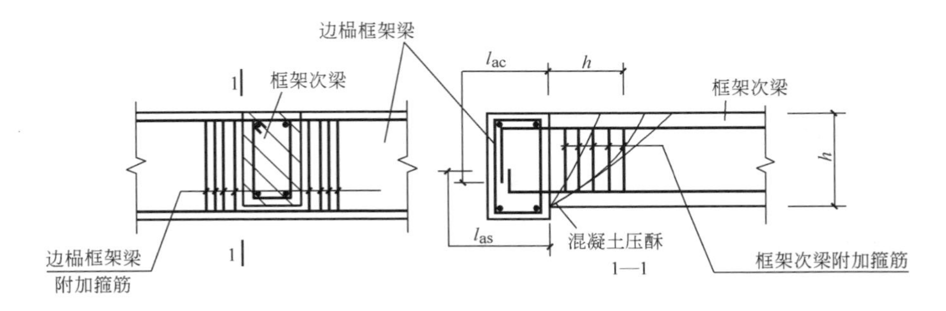

图6-8　边榀框架梁与框架次梁接头处的配筋构造

5）框架次梁与边榀框架梁的连接处，框架次梁的负弯矩钢筋在边榀框架梁内的锚固长度为 l_{ac}，建议取 $l_{ac}=1.7l_a$；框架次梁的正弯矩钢筋在框架边梁内的锚固长度为 l_{as}，建议取 $l_{as}=15d$（d 为纵向受力钢筋直径的较大值）。此处，l_a 为《混凝土规范》第 8.3.1 条规定的受拉钢筋的锚固长度。

（4）为了配合边榀框架梁的设计，在采用 PMCAD 软件建模时，楼面多跨连续次梁边端支座与边榀框架梁连接处，应点铰；其目的是为了减少次梁对支承梁的扭转影响，也便于次梁边端支座上部纵向钢筋的锚固；同样，楼面上的单跨次梁两端亦宜点铰。

99. 框架柱的截面尺寸应当如何确定?

（1）现浇框架柱的混凝土强度等级：在地震区，当为一级抗震等级时，不应低于 C30，二～四级抗震等级及非抗震设计时，不应低于 C20；抗震设防烈度为 8 度时，不宜超过 C70，抗震设防烈度为 9 度时，抗震墙不宜超过 C60。

（2）多高层建筑框架柱的截面面积 A_c 在初步设计阶段，可根据柱所支承的楼屋面总面积计算由竖向荷载（永久荷载和活荷载）产生的轴向力设计值 N_v（荷载的折算分项系数近似取 1.25），按下列公式估算，然后再确定柱截面尺寸。

1）非地震区仅有风荷载作用参与组合时，柱轴向压力设计值 N 可取为：

$$N=\eta_w N_v \tag{6-12}$$

式中 η_w——风荷载作用下柱轴向力增大系数，可采用 $\eta_w=1.05\sim1.2$，低风压地区取低值，高风压地区取高值。

$$A_c \geqslant N/f_c \tag{6-13}$$

式中 f_c——混凝土轴心抗压强度设计值，按《混凝土规范》表 4.1.4-1 的规定采用。

2）在地震区有水平地震作用参与组合时，柱轴向压力设计值 N 可取为：

$$N=\eta_E N_v \tag{6-14}$$

式中 η_E——水平地震作用下柱轴向力增大系数，可采用 $\eta_E=1.05\sim1.3$，低烈度地震区取低值，高烈度地震区取高值；框架-剪力墙结构可取较低值。

$$A_c \geqslant \frac{N}{\mu_N f_c} \tag{6-15}$$

式中 μ_N——抗震设计时，《抗震规范》规定的钢筋混凝土柱轴压比限值，见表 6-10。

表 6-10　柱轴压比限值 μ_N

结构类型	抗震等级			
	一	二	三	四
框架结构	0.65	0.75	0.85	0.90
板柱-剪力墙、框架-剪力墙、框架-核心筒、筒中筒结构	0.75	0.85	0.90	0.95
部分框支剪力墙结构	0.60	0.70	—	

注：1. 轴压比指柱考虑地震作用组合的轴压力设计值与柱全截面面积和混凝土轴心抗压强度设计值乘积的比值。

2. 表内数值适用于混凝土强度等级不高于 C60 的柱。当混凝土强度等级为 C65 ~ C70 时，轴压比限值应比表中数值降低 0.05；当混凝土强度等级为 C75 ~ C80 时，轴压比限值应比表中数值降低 0.10。

3. 表内数值适用于剪跨比大于 2 的柱。剪跨比不大于 2 但不小于 1.5 的柱，其轴压比限值应比表中数值减小 0.05；剪跨比小于 1.5 的柱，其轴压比限值应专门研究并采取特殊构造措施。

4. 当沿柱全高采用井字复合箍，箍筋间距不大于 100mm、肢距不大于 200mm、直径不小于 12mm，或当沿柱全高采用复合螺旋箍，箍筋螺距不大于 100mm、肢距不大于 200mm、直径不小于 12mm，或当沿柱全高采用连续复合螺旋箍，且螺距不大于 80mm、肢距不大于 200mm、直径不小于 10mm 时，轴压比限值可增加 0.10。

5. 当柱截面中部设置由附加纵向钢筋形成的芯柱，且附加纵向钢筋的截面面积不小于柱截面面积的 0.8% 时，柱轴压比限值可增加 0.05。当本项措施与注 4 的措施共同采用时，柱轴压比限值可比表中数值增加 0.15，但箍筋的配箍特征值仍可按轴压比增加 0.10 的要求确定。

6. 调整后的柱轴压比限值不应大于 1.05。

（3）柱截面尺寸：非抗震设计时不宜小于 250mm，抗震设计时，四级或不超过 2 层时不宜小于 300mm，一、二、三级且超过 2 层时不宜小于 400mm；圆柱的直径，四级或不超过 2 层时不宜小于 350mm，一、二、三级且超过 2 层时不宜小于 450mm。柱剪跨比宜大于 2；柱截面高宽比不宜大于 3。

框架柱剪跨比可按下式计算：

$$\lambda = M/(Vh_0) \tag{6-16}$$

式中　λ——框架柱的剪跨比；反弯点位于柱高中部的框架柱，可取柱净高与计算方向 2 倍柱截面有效高度之比值；

M——柱端截面未经调整的组合弯矩计算值，可取柱上、下端的较大值；

V——柱端截面与组合弯矩计算值对应的组合剪力计算值；

h_0——计算方向上柱截面的有效高度。

（4）框架柱的受剪截面应符合下列要求：

持久、短暂设计状况

$$V_c \leqslant 0.25\beta_c f_c bh_0 \tag{6-17}$$

地震设计状况，剪跨比大于 2 的柱

$$V_c \leqslant \frac{1}{\gamma_{RE}}(0.2\beta_c f_c b h_0) \tag{6-18}$$

剪跨比不大于 2 的柱

$$V_c \leqslant \frac{1}{\gamma_{RE}}(0.15\beta_c f_c b h_0) \tag{6-19}$$

式中 V_c——框架柱的剪力设计值；

γ_{RE}——受剪承载力抗震调整系数，取用 0.85；

β_c——混凝土强度影响系数；当混凝土强度等级不大于 C50 时取 1.0；当混凝土强度等级为 C80 时取 0.8；当混凝土强度等级在 C50 ~ C80 之间时可按线性内插取用；

b、h_0——矩形柱截面的宽度和有效高度。

如果框架柱的截面尺寸不满足式（6-17）~式（6-19）的要求时，应增大框架柱截面尺寸或提高框架柱混凝土强度等级。

（5）多高层建筑的框架-剪力墙结构、框架-核心筒结构的框架柱截面，一般情况下由轴压比控制；多高层建筑的纯框架结构，在高烈度地震区或非抗震设防的高风压地区，其柱截面通常由层间弹性位移角限值，即由结构的侧向刚度控制；框架结构中剪跨比不大于 2 的柱，其截面有时会由受剪截面条件（即剪压比）控制。

100. 抗震设计时，为了提高框架柱的延性，应当注意什么问题？

柱是框架的竖向构件，地震时柱破坏和丧失承载能力比梁破坏和丧失承载能力更容易引起框架倒塌。国内外历次地震灾害表明，影响钢筋混凝土框架柱延性和耗能能力的主要因素是：柱的剪跨比、轴压比、纵向受力钢筋的配筋率和塑性铰区箍筋的配置等。实现延性耗能框架柱，除了应符合强柱弱梁、强剪弱弯（《抗震规范》第 6 章有关条文）、限制最大剪力设计值外，尚应注意以下问题：

（1）采用大剪跨比的柱，避免采用小剪跨比的柱。

剪跨比反映了柱端截面承受的弯矩和剪力的相对大小。柱的破坏形态与其剪跨比有关。剪跨比大于 2 的柱为长柱，其弯矩相对较大，一般容易实现延性压弯破坏；剪跨比不大于 2，但大于 1.5 的柱为短柱，一般发生剪切破坏，若配置足够的箍筋，也可能实现延性较好的剪切受压破坏；剪跨比不大于 1.5 的柱为极短柱，一般发生剪切斜拉破坏，工程中应尽量避免采用极短柱。初步设计阶段，也可以假设柱的反弯点在高度的中间，用柱的净高与计算方向柱截面高度的比值判别是长柱还是短柱：比值大于 4 为长柱，在 3 与 4 之间为短柱，不大于 3 为极短柱。

钢筋混凝土柱为短柱或极短柱时，可以采用多种措施使其成为长柱，措施之一是采用分体柱（图6-9）。分体柱是用隔板将柱分为等截面的单元柱，一般为4个单元柱，截面的内力设计值由各单元柱均担，按现行规范进行单元柱的承载力验算。在柱的上、下两端，留有整截面过渡区，过渡区内配置复合箍。分体柱各单元的剪跨比是整体柱的两倍，可以避免短柱。

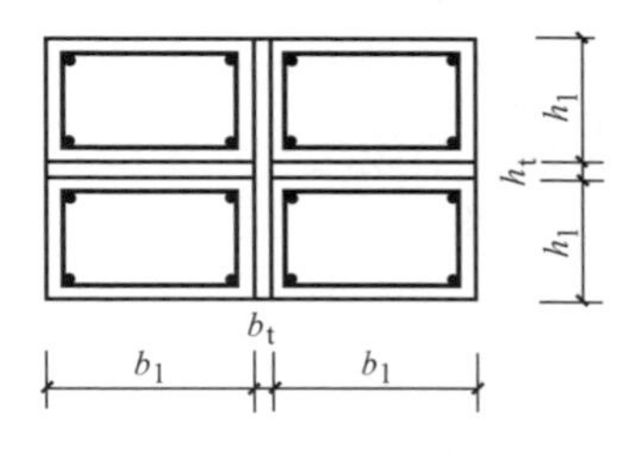

图6-9 分体柱平面示意图

（2）限制轴压比。柱的轴压比定义为柱的平均轴向压应力设计值与混凝土轴心抗压强度设计值的比值，即

$$\mu_N = \frac{N}{bhf_c} \tag{6-20}$$

式中 μ_N——轴压比；

N——组合的柱轴向压力设计值；

b、h——分别为柱截面的宽度和柱截面的高度；

f_c——混凝土轴心抗压强度设计值。

在压力和弯矩共同作用下，压弯破坏柱的延性和耗能能力与其偏心距的大小以及纵向配筋率有关。相对偏心距（e_0/h_0，e_0 为偏心距，h_0 为截面有效高度）较大，且受拉钢筋的配筋率合适时，截面受拉侧混凝土开裂，受拉钢筋屈服，最后受压钢筋屈服，受压区混凝土压碎而破坏。这种破坏形态称为受拉破坏，也称为大偏心受压破坏，破坏前有明显的预兆，塑性变形较大。相对偏心距较小，或相对偏心距较大但纵向受拉钢筋配置较多时，受拉钢筋不屈服，最后为受压区混凝土压碎而破坏。这种破坏形态称为受压破坏，破坏为脆性，变形小。相对偏心距较大、纵向受拉钢筋较多的情况类似于超筋梁，可以通过减少纵筋避免脆性破坏。相对偏心距较小的情况称为小偏心受压破坏。大偏心受压与小偏心受压的分界偏心距值称为相对界限偏心距。相对偏心距大于相对界限偏心距时为大偏心受压，否则为小偏心受压。

偏心受压柱受拉破坏（即大偏心受压破坏）与受压破坏（即小偏心受压破坏）的界限，与适筋梁和超筋梁的界限情况类似，也可以采用相对界限受压区高度作为大、小偏心受压破坏的分界值。相对受压区高度小于等于界限值时为大偏心受压破坏，超过界限值时为小偏心受压破坏。相对受压区高度的界限值可以按照平衡破坏的条件计算，纵筋为HRB335级、HRB400级和HRB500级热轧钢筋、混凝土强度等级不大于C50的柱的相对受压区高度界限值分别为0.550、0.518和0.482。抗震设计的框架柱为对称配筋柱，其截面的混凝土相对受压区高度与轴压比之间可以建立一定的关系式，增大轴压比也就是增大相对受压区高度，因此，压弯破坏的柱的破坏形态也与轴压比有关。为了实现大偏心受压破坏，使柱具有良好的延性和耗能能力，柱截面的混凝土相对受压区高度应小于界限值，措施之一就是限制柱的轴压比。

图 6-10 为两个轴压比试验值分别为 0.267 和 0.459 的框架柱在往复水平力作用下的水平力-位移滞回曲线的试验记录。由两个试件滞回曲线的比较可见：轴压比大的试件达到极限承载力后滞回曲线的骨架线下降较快，屈服后的变形能力即延性小，滞回曲线的捏拢现象严重些，耗能能力不如轴压比小的试件。

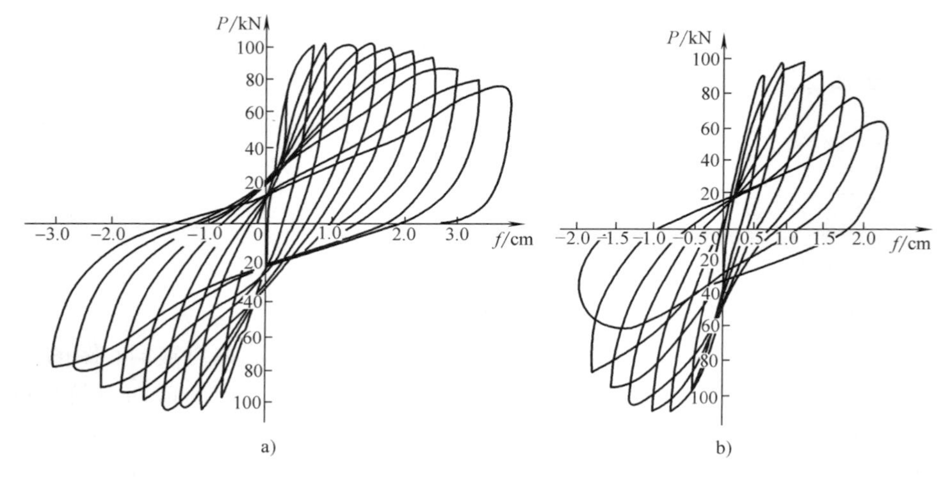

图 6-10　不同轴压比框架柱的水平力-位移滞回曲线

a）轴压比为 0.267　b）轴压比为 0.459

（3）提高纵筋配筋率。提高柱的纵向钢筋的配筋率，可以提高其轴压承载力，降低轴压比；同时，还可以提高轴压力作用下的正截面承载力，推迟屈服。

（4）箍筋约束塑性铰区混凝土。框架柱的箍筋有三个作用：抵抗剪力，对混凝土提供约束，防止纵筋压屈。箍筋对混凝土的约束程度是影响柱的延性和耗能能力的主要因素之一。约束程度与箍筋的抗拉强度和数量有关，与混凝土强度有关，可以采用一个综合指标——配箍特征值度量箍筋的约束程度；约束程度同时还与箍筋的形式有关。配箍特征值用下式计算：

$$\lambda_v = \rho_v \frac{f_{yv}}{f_c} \tag{6-21}$$

式中　λ_v——箍筋加密区的最小配箍特征值，宜按本章第 103 问表 6-13 的规定采用；

f_{yv}——箍筋或拉筋的抗拉强度设计值；

ρ_v——柱箍筋加密区的体积配箍率，抗震等级一级时不应小于 0.8%，二级时不应小于0.6%，三、四级时不应小于0.4%；计算复合箍筋的体积配箍率时，《混凝土规范》第11.4.17条规定，应扣除重叠部分的箍筋体积；

f_c——混凝土轴心抗压强度设计值，当柱混凝土强度等级低于C35时，应按C35计算。

箍筋约束使混凝土的轴心抗压强度和对应的轴向应变提高，使混凝土的极限压应变增大。箍筋形式和间距对混凝土约束作用的影响如图6-11所示。普通矩形箍在四个转角区域对混凝土提供约束，在箍筋的直段上，混凝土膨胀使箍筋外鼓而不能提供约束；增加拉筋或箍筋成为复合箍，同时在每一个箍筋相交点设置纵筋，纵筋和箍筋构成网格式骨架，使箍筋的无支长度减小，箍筋产生更均匀的约束力，其约束效果优于普通矩形箍；螺旋箍均匀受拉，对混凝土提供均匀的侧压力，约束效果最好，但螺旋箍施工比较困难；间距比较密的圆箍（采用焊接搭接）或圆箍外加矩形箍，也能达到螺旋箍的约束效果。

箍筋间距密，约束效果好（图6-11d）。直径小、间距密的箍筋的约束效果优于直径大、间距大的箍筋。箍筋间距不超过纵筋直径的6~8倍时，才能显示箍筋形式对约束效果的影响。

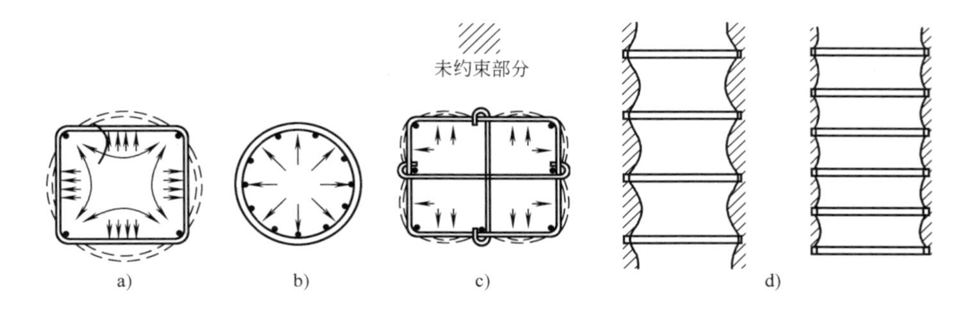

图6-11 箍筋形式和间距对混凝土约束作用的影响

a）普通矩形箍 b）螺旋箍和圆箍 c）复合箍 d）箍筋间距的影响

图6-12所示为目前常用的箍筋形式，抗震框架柱一般不用普通矩形箍；圆形箍或螺旋箍由于加工困难，也较少采用，工程中大量采用的是矩形复合箍或拉筋复合箍。箍筋间距大于柱的截面尺寸时，对核心混凝土几乎没有约束。

对于轴压比不同而其他条件相同（如截面尺寸、混凝土强度等级、配箍特征值、纵筋配筋率及其屈服强度）的大偏心受压柱，轴压比大，其截面混凝土的压应变也大，与混凝土极限压应变之间的差值小，塑性变形能力也小。为了使不同轴压比的框架柱具有大体上相同的塑性变形能力，轴压比大的柱，其配箍特征值大，轴压比小的柱，其配箍特征值小。小偏心受压破坏的钢筋混凝土柱，配

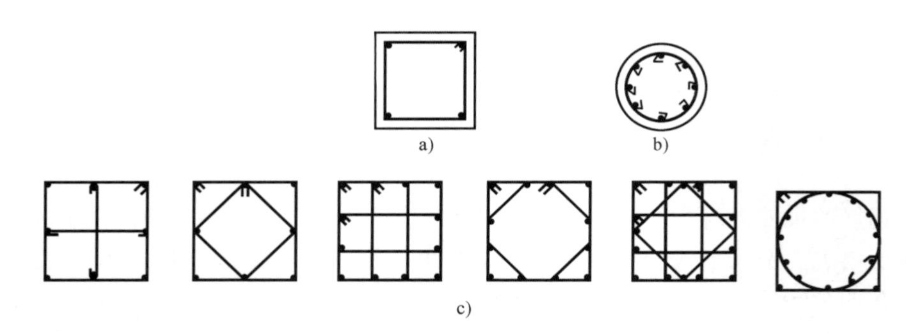

图 6-12 常用的箍筋形式

a）普通矩形箍 b）圆形箍或螺旋箍 c）复合箍

置一定量的箍筋，也可以实现有一定延性的破坏形态。

101. 抗震设计时，为什么要限制框架柱的轴压比？当框架柱的轴压比不满足国家标准要求时，可采取哪些措施？

抗震设计时，应限制框架柱的轴压比，其目的主要是为了保证框架柱的延性要求。当框架柱的轴压比超出国家标准要求不多，即超出表 6-10 的限值不多时，可采取以下措施：

（1）加大柱截面尺寸。加大柱截面尺寸，常常受到建筑使用功能的限制，多数情况下不允许。而且，加大柱截面尺寸后，常常会形成短柱或超短柱，不利于抗震。

（2）提高混凝土强度等级。但当混凝土强度等级超过 C60 时，表 6-10 的柱轴压比限值要降低：当混凝土强度等级为 C65 ~ C70 时，轴压比限值应比表中数值降低 0.05；当混凝土强度等级为 C75 ~ C80 时，轴压比限值应比表中数值降低 0.10。

因为表 6-10 中的柱轴压比限值仅适用于混凝土强度等级不大于 C60 的柱。混凝土强度等级超过 C60 后，混凝土已属高强混凝土，高强混凝土具有脆性性质，框架柱采用这种高强度等级的混凝土，轴压比会受到更严格的限制。

（3）沿柱全高采用井字复合箍或复合螺旋箍或连续复合螺旋箍。所谓井字复合箍是指：箍筋间距不大于 100mm，箍筋肢距不大于 200mm，箍筋直径不小于 12mm；所谓复合螺旋箍是指：箍筋螺旋间距不大于 100mm，箍筋肢距不大于 200mm，箍筋直径不小于 12mm；所谓连续复合螺旋箍是指：螺旋净距不大于 80mm，箍筋肢距不大于 200mm，箍筋直径不小于 10mm。沿框架柱全高采用上述三种配箍类别时，柱的轴压比限值可较表 6-10 提高 0.10；柱端箍筋加密区最小配箍特征值 λ_v 应按增大后的轴压比确定（见本章第 103 问表 6-13）。

（4）在柱截面中部设置由附加纵向钢筋和箍筋形成的芯柱。芯柱截面尺寸如图6-13所示，芯柱的附加纵向钢筋总截面面积不应小于柱截面面积的0.8%。在柱截面中部设置芯柱时，柱的轴压比限值可较表6-10提高0.05。当设置芯柱与第（3）条的措施同时采用时，柱的轴压比限值可较表6-10提高0.15，但配箍的特征值仍可按轴压比增加0.10的要求确定。

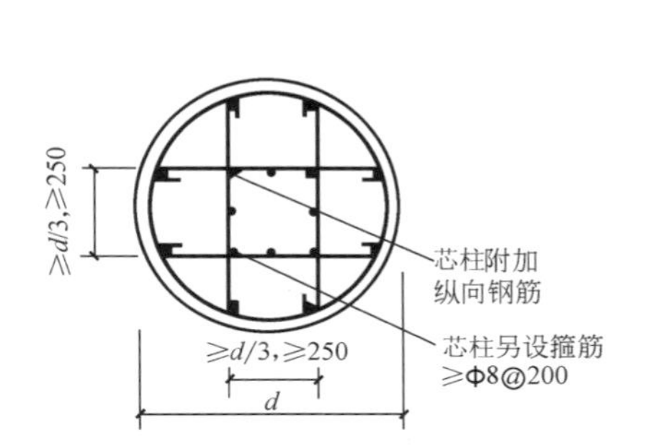

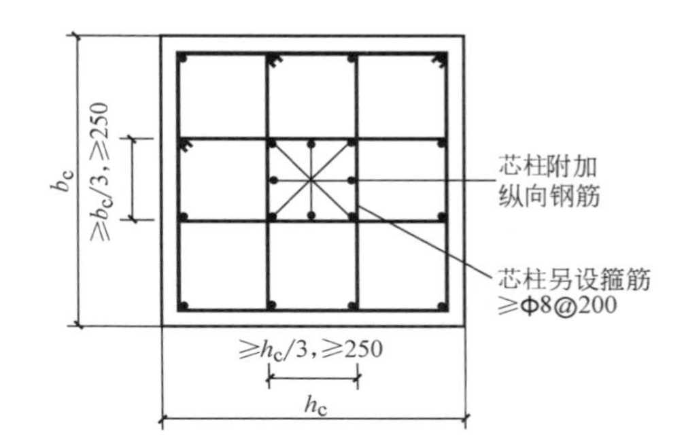

图6-13　芯柱截面尺寸示意图

（5）采用型钢混凝土柱。当柱轴压比超限较多，在既不可能加大柱截面尺寸，又不能提高混凝土强度等级的情况下，采用型钢混凝土柱是行之有效的措施。型钢混凝土柱的混凝土强度等级不宜低于C30，纵向钢筋的配筋率不宜小于0.8%，型钢含钢率不宜小于4%；当型钢混凝柱的型钢含钢率不低5%时，可使框架柱的截面面积减小30%~40%。

（6）采用第（3）、（4）项措施后，框架柱的轴压比限值不应大于1.05。

102. 框架柱纵向钢筋的配置有哪些规定?

（1）框架柱纵向钢筋的配置应满足下列要求：

1）柱全部纵向钢筋的配筋率，不应小于表6-11的规定，且柱截面每一侧纵向钢筋的配筋率不应小于0.2%；抗震设计时，对Ⅳ类场地上较高的高层建筑，表中的数值应增加0.01。

2）柱全部纵向钢筋的配筋率，非抗震设计时不宜大于5%，不应大于6%，抗震设计时不应大于5%。

表6-11　柱纵向钢筋最小配筋百分率（%）

柱类型	抗震等级				非抗震
	一级	二级	三级	四级	
中柱、边柱	0.9（1.0）	0.7（0.8）	0.6（0.7）	0.5（0.6）	0.5
角柱	1.1	0.9	0.8	0.7	0.5

（续）

柱类型	抗震等级				非抗震
	一级	二级	三级	四级	
框支柱	1.1	0.9	0.8	0.7	0.7

注：1. 当混凝土强度等级大于 C60 时，表中的数值应增加 0.1。
2. 当采用 HRB335 级、HRB400 级钢筋时，表中数值允许减小 0.1。
3. 表中括号内数值适用于框架结构。

3）抗震设计时，柱宜采用对称配筋；截面尺寸大于 400mm 的柱，其纵向钢筋的间距不宜大于 200mm；四级抗震和非抗震设计时，柱纵向钢筋的间距不宜大于 300mm；柱纵向钢筋的净距均不应小于 50mm。

4）抗震等级为一级且剪跨比不大于 2 的柱，其单侧纵向受拉钢筋的配筋率不应大于 1.2%。

5）边柱、角柱及剪力墙端柱考虑地震作用组合产生小偏心受拉时，柱内纵向钢筋总截面面积应比计算值增加 25%。

6）柱的纵向钢筋不应与箍筋、拉筋及预埋件等焊接。

（2）柱纵向受力钢筋的连接方法，应符合下列规定。

1）框架柱：一、二级抗震等级及三级抗震等级的底层，宜采用机械连接接头，也可以采用绑扎搭接或等强焊接接头，三级抗震等级的其他部位及四级抗震等级，可采用绑扎搭接接头或等强焊接接头；纵向钢筋直径大于 20mm 时，宜采用机械连接或等强焊接接头，采用机械连接接头时，应注明接头的性能等级不低于Ⅱ级；纵向受拉钢筋直径大于 28mm、受压钢筋直径大于 32mm 时，不宜采用绑扎搭接接头；偏心受拉柱不得采用绑扎搭接接头。

2）框支柱：宜采用机械连接接头。

3）柱纵向钢筋连接头的位置应错开，同一截面内钢筋接头面积百分率不宜超过 50%。

4）柱纵向受力钢筋接头的位置宜设在构件受力较小的部位，抗震设计时，宜避开柱端箍筋加密区；当无法避开时，应采用满足等强要求的性能等级为Ⅰ级或Ⅱ级的机械连接接头，且钢筋接头的面积百分率不应超过 50%。

5）钢筋的机械连接、绑扎搭接及焊接，尚应符合国家现行有关标准的规定。

103. 框架柱箍筋的配置有哪些规定？

（1）抗震设计时，柱箍筋在规定的范围内应加密，加密区的箍筋最大间距和最小直径，应满足下列要求：

1）一般情况下，箍筋的最大间距和最小直径，应按表 6-12 采用。

2）一级框架柱的箍筋直径大于 12mm 且箍筋肢距不大于 150mm 及二级框架

柱箍筋直径不小于 10mm、肢距不大于 200mm 时，除柱根外最大间距允许采用 150mm。三级框架柱截面尺寸不大于 400mm 时，箍筋最小直径允许采用 6mm。四级框架柱的剪跨比不大于 2 或柱中全部纵向钢筋的配筋率大于 3% 时，箍筋直径不应小于 8mm。

表 6-12　柱箍筋加密区的箍筋最大间距和最小直径

抗震等级	箍筋最大间距（采用较小值）/mm	箍筋最小直径/mm
一	$6d$，100	10
二	$8d$，100	8
三	$8d$，150（柱根 100）	8
四	$8d$，150（柱根 100）	6（柱根 8）

注：d 为柱纵筋最小直径；柱根指框架底层柱的嵌固部位。

3）剪跨比不大于 2 的柱，箍筋间距不应大于 100mm。

（2）抗震设计时，柱箍筋加密区的范围应符合下列规定：

1）底层柱的上端和其他各层柱的两端，应取矩形截面柱之长边尺寸（或圆形截面柱之直径）、柱净高之 1/6 和 500mm 三者之最大值范围。

2）底层柱刚性地面上、下各 500mm 的范围。

3）底层柱柱根以上 1/3 柱净高的范围。

4）剪跨比不大于 2 的柱和因填充墙等形成的柱净高与截面高度之比不大于 4 的柱全高范围。

5）一级及二级框架角柱的全高范围，抗震设计的框支柱的全高范围。

6）需要提高变形能力的柱的全高范围。

（3）柱箍筋加密区范围内箍筋的体积配箍率，应符合下列规定：

1）柱箍筋加密区箍筋的体积配箍率，应满足下列要求

$$\rho_v \geqslant \lambda_v f_c / f_{yv} \tag{6-22}$$

2）柱箍筋加密区的箍筋最小配箍特征值 λ_v，宜按表 6-13 采用。

表 6-13　柱箍筋加密区的箍筋最小配箍特征值 λ_v

抗震等级	箍筋形式	轴压比								
		≤0.3	0.4	0.5	0.6	0.7	0.8	0.9	1.0	1.05
一级	普通箍、复合箍	0.10	0.11	0.13	0.15	0.17	0.20	0.23	—	—
	螺旋箍、复合或连续复合矩形螺旋箍	0.08	0.09	0.11	0.13	0.15	0.18	0.21	—	—
二级	普通箍、复合箍	0.08	0.09	0.11	0.13	0.15	0.17	0.19	0.22	0.24
	螺旋箍、复合或连续复合矩形螺旋箍	0.06	0.07	0.09	0.11	0.13	0.15	0.17	0.20	0.22

（续）

抗震等级	箍筋形式	轴压比								
		≤0.3	0.4	0.5	0.6	0.7	0.8	0.9	1.0	1.05
三级	普通箍、复合箍	0.06	0.07	0.09	0.11	0.13	0.15	0.17	0.20	0.22
	螺旋箍、复合或连续复合矩形螺旋箍	0.05	0.06	0.07	0.09	0.11	0.13	0.15	0.18	0.20

注：1. 普通箍指单个矩形箍筋或单个圆形箍筋；螺旋箍指单个螺旋箍筋；复合箍指由矩形、多边形圆形箍筋或拉筋组成的箍筋；复合螺旋箍指由螺旋箍与矩形、多边形、圆形箍筋或拉筋组成的箍筋；连续复合矩形螺旋箍指全部螺旋箍为同一根钢筋加工成的箍筋。

2. 框支柱宜采用复合螺旋箍或井字复合箍，其最小配箍特征值应比表内数值增加0.02，且体积配箍率不应小于1.5%。

3）对一、二、三、四级抗震等级的框架柱，其箍筋加密区范围内箍筋的体积配筋率尚且分别不应小于0.8%、0.6%、0.4%和0.4%。

4）剪跨比不大于2的柱宜采用复合螺旋箍或井字复合箍，其加密区体积配箍率不应小于1.2%；设防烈度为9度时，不应小于1.5%。

5）计算复合箍筋的体积配箍率时，根据《混凝土规范》第11.4.17条的规定，应扣除重叠部分的箍筋体积；计算复合螺旋箍的体积配箍率时，其中非螺旋箍筋的体积应乘以换算系数0.8。

（4）抗震设计时，柱箍筋设置尚应符合下列要求：

1）箍筋应为封闭式，其末端应有135°弯钩，弯钩端部直段长度不应小于10倍的箍筋直径，且不小于75mm。

2）箍筋加密区的箍筋肢距，一级抗震等级不宜大于200mm；二、三级抗震等级不宜大于250mm和20倍箍筋直径的较大值；四级抗震等级不宜大于300mm。每隔一根纵向钢筋宜在两个方向有箍筋约束；采用拉筋组合箍时，拉筋宜紧靠纵向钢筋并勾住封闭箍。

3）柱非加密区的箍筋，其体积配箍率不宜小于加密区的一半；其箍筋间距，不应大于加密区箍筋间距的2倍，且一、二级抗震等级不应大于10倍纵向钢筋直径，三、四级抗震等级不应大于15倍纵向钢筋直径。

（5）非抗震设计时，柱中箍筋应符合以下规定：

1）箍筋应为封闭式。

2）箍筋间距不应大于400mm，且不应大于构件截面的短边尺寸和最小纵向钢筋直径的15倍。

3）箍筋直径不应小于最大纵向钢筋直径的1/4，且不应小于6mm。

4）当柱中全部纵向受力钢筋的配筋率超过3%时，箍筋直径不应小于8mm，箍筋间距不应大于最小纵向钢筋直径的10倍，且不应大于200mm。箍筋末端应做成135°弯钩，弯钩末端直段长度不应小于10倍箍筋直径。

5）当柱每边纵筋多于3根时，应设置复合箍筋（可采用拉条）。

6）柱内纵向钢筋采用搭接做法时，搭接长度范围内箍筋直径不应小于搭接钢筋较大直径的0.25倍；在纵向受拉钢筋的搭接长度范围内的箍筋间距不应大于搭接钢筋较小直径的5倍，且不应大于100mm；在纵向受压钢筋的搭接长度范围内的箍筋间距不应大于搭接钢筋较小直径的10倍，且不应大于200mm。当受压钢筋直径大于25mm时，尚应在搭接接头端面外100mm的范围内各设置两道箍筋。

（6）柱箍筋体积配箍率可按下式计算

$$\rho_{\mathrm{v}} = \frac{\sum l_i a_{\mathrm{svi}}}{l_1 l_2 s} \tag{6-23}$$

式中 l_i——柱的同一截面内每一肢箍筋的长度；复合箍筋的重叠部分按一肢计算；

a_{svi}——与 l_i 相对应的一肢箍筋的截面面积；

l_1、l_2——柱截面核心区的宽度和高度（图6-14），按周边箍筋的内边缘计算；

s——箍筋的间距。

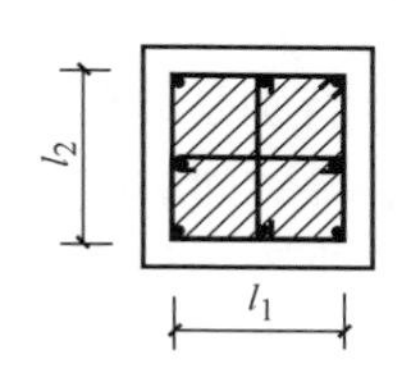

图6-14 柱截面核心区

104. 什么叫短柱？什么叫超短柱？在设计中无法避免短柱时，应采取什么措施？

框架柱柱端截面除承受轴向力外通常还同时承受弯矩 M_{c} 和剪力 V_{c} 的作用。框架柱柱端截面弯矩和剪力的相对大小，对柱的破坏形态有直接的关系。故设计时，采用剪跨比来反映框架柱柱端截面所承受的弯矩和剪力的相对大小，并把柱的剪跨比定义为

$$\lambda = \frac{M_{\mathrm{c}}}{V_{\mathrm{c}} h_0} \tag{6-24}$$

式中 M_{c}、V_{c}——柱端截面组合的弯矩计算值（未乘柱端弯矩增大系数）和与 M_{c} 同一组合的剪力计算值；

h_0——柱截面计算方向的有效高度。

剪跨比 $\lambda>2$ 的柱称为长柱，其弯矩相对较大，一般容易发生延性的压弯破坏；剪跨比 $\lambda\leqslant2$ 但大于1.5的柱，称为短柱，一般多发生剪切破坏，若配置足够量的箍筋，也可能实现延性较好的剪切受压破坏；剪跨比 $\lambda\leqslant1.5$ 的柱称为极短柱，一般发生脆性的剪切斜拉破坏，工程中应尽量避免采用极短柱。

在初步设计阶段，也可以假定柱的反弯点在柱高度的中间，用柱的净高和计算方向柱截面高度的比值来初判柱是长柱还是短柱：比值大于4的柱为长柱，比值在3与4之间的柱为短柱，比值不大于3的柱为极短柱。

抗震设计的框架柱，柱端截面的剪力一般较大（特别是在高烈度地震区），因而剪跨比较小，容易形成短柱或极短柱，地震发生时，易产生斜裂缝导致脆性的剪切破坏。

多高层建筑的框架结构、框架-剪力墙结构和框架-核心筒结构等，由于设置设备层，层高较低而柱截面尺寸又较大，常常难以避免短柱；楼面局部错层处、楼梯间处、雨篷梁处等，也容易形成短柱；框架柱间的砌体填充墙，当隔墙、窗间墙砌筑不到顶时，也会形成短柱。

抗震设计时，如果同一楼层内均为短柱，只要各柱的抗侧刚度相差不大，按规范的规定进行内力分析和截面设计，并采取相应的加强措施，结构的安全性是可以得到保证的；应避免同一楼层内同时存在长柱和少数短柱，因为这少数短柱的抗侧刚度远大于一般长柱的抗侧刚度，在水平地震作用下会产生较大的水平剪力，特别是纯框架结构中的少数短柱，在中震或大震烈度下，很可能遭受严重破坏，导致同层内其他柱的相继破坏（各个击破），这对结构的安全是十分不利的。

框架-剪力墙结构和框架-核心筒结构中出现短柱，与纯框架结构中出现短柱，对结构安全的影响程度是不一样的。因为前者的主要抗侧力构件是剪力墙或核心筒，框架柱是第二道抗侧力防线。所以工程设计时，可以根据不同情况采取不同的措施来加强短柱。

当多高层建筑结构中存在少数短柱时，为了提高短柱的抗震性能，可采取以下一些措施。

（1）应限制短柱的轴压比。当柱为剪跨比 $\lambda \leqslant 2$ 的短柱时，其轴压比限值应较本章的表 6-10 减少 0.05 采用；当柱为剪跨比 $\lambda \leqslant 1.5$ 的极短柱时，其轴压比至少应较本章表 6-10 减少 0.1 采用。

（2）应限制短柱的剪压比，即短柱的截面应符合下式要求：

$$V_c \leqslant 0.15\beta_c f_c b h_0 / \gamma_{RE} \tag{6-25}$$

式中 β_c——混凝土的强度影响系数；当混凝土的强度等级不大于 C50 时取 1.0；当混凝土的强度等级为 C80 时取 0.8；当混凝土的强度等级在 C50 和 C80 之间时可按线性内插取值；

f_c——混凝土的轴力抗压强度设计值；

b——矩形截面的宽度，T 形截面、工字形截面腹板的宽度；

h_0——柱截面在计算方向的有效高度；

γ_{RE}——柱受剪承载力抗震调整系数，取为 0.85。

（3）应尽量提高短柱混凝土的强度等级，减小柱子的截面尺寸，从而加大柱子的剪跨比；有条件时可采用符合《抗震规范》要求的高强混凝土。

（4）加强对短柱混凝土的约束，可采用螺旋箍筋。螺旋箍筋可选用圆形或方形（图 6-12），其配箍率可取规范规定的各抗震等级螺旋箍配箍率之上限。

一般情况下，当剪跨比不大于 2 的短柱采用复合螺旋箍或井字形复合箍时，其体积配箍率不应小于 1.2%，设防烈度为 9 度时，不应小于 1.5%。对于剪跨比不大于 1.5 的超短柱，其体积配箍率还应提高一档。

短柱的箍筋直径不宜小于 10mm，肢距不应大于 200mm，间距不应大于 100mm（一级抗震等级时，尚不应大于纵向钢筋直径的 6 倍），并应沿柱全高加密箍筋。

短柱的箍筋应采用 HRB400 级、HRB500 级或 HRB335 级钢筋。

（5）应限制短柱纵向钢筋的间距和配筋率。纵向钢筋的间距不应大于 200mm；一级抗震等级时，单侧纵向受拉钢筋的配筋率不宜大于 1.2%。

（6）当不能避免短柱时，应适当增设较强的剪力墙，不宜采用纯框架结构。

（7）应尽量减小梁的高度（即减小梁的刚度），从而减小柱端处梁对短柱的约束，在满足结构侧向刚度的条件下，必要时可将部分梁做成铰接或半铰接。

105. 连梁或框架梁上开洞有哪些规定？当开洞尺寸较大时，如何对被开洞削弱的截面进行验算？

（1）剪力墙的连梁或框架的框架梁，因机电设备专业穿行管道的需要，要求在梁上开设孔洞时，应合理选择开洞位置和尺寸，并进行必要的内力和承载力验算，同时采取相应的构造加强措施。

（2）连梁和框架梁上，孔洞的位置应避开梁端塑性铰区，尽可能设置在剪力较小的跨中部位（跨中 1/3 区段内）必要时也可设置在梁端 1/3 区段内。

（3）在框架梁上，孔洞应尽量对称于梁高的中心布置，必要时也可以偏心布置，但宜偏向梁的受拉区且偏心距 e_0 不宜大于 $0.05h$（矩形孔洞）或 $0.1h$（圆形孔洞）。小型圆形孔洞应尽可能预埋钢套管。当设置多个矩形孔洞时，相邻孔洞边缘间的净距不应小于 2.5 倍洞高。当设置多个圆形孔洞时，孔中心距不应小于孔径的 2 倍或孔径的 3 倍（地震区当圆孔位于梁端 1/3 区段时），见图 6-15和表 6-14、表 6-15。

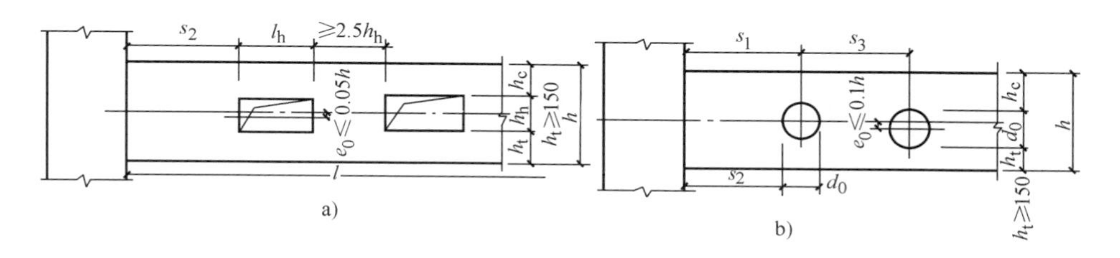

图 6-15　框架梁上开洞位置

a）矩形孔洞位置　b）圆形孔洞位置

表 6-14 矩形孔洞尺寸及位置

地区	跨中 $l/3$ 区段				梁端 $l/3$ 区段				
	h_h/h	l_h/h	h_c/h	l_h/h_h	h_h/h	l_h/h	h_c/h	l_h/h_h	s_2/h
非地震区	≤0.40	≤1.60	≥0.30	≤4.0	≤0.30	≤0.80	≥0.35	≤2.6	≥1.0
地震区									≥1.5

表 6-15 圆孔尺寸及位置

地区	$\frac{e_0}{h}$	跨中 $l/3$ 区段			梁端 $l/3$ 区段			
		d_0/h	h_c/h	s_3/d_0	d_0/h	h_c/h	s_2/h	s_3/d_0
非地震区	≤0.1（偏向受拉区）	≤0.40	≥0.30	≥2.0	≤0.3	≥0.35	≥1.0	≥2.0
地震区							≥1.5	≥3.0

（4）剪力墙连梁上，应尽可能设置圆形孔洞，其洞口宜预埋钢套管，孔洞上、下的有效高度不宜小于梁高的1/3，且不宜小于200mm。当连梁上留设矩形孔洞时，洞孔高度不宜大于梁高的1/3，洞孔的长度不应大于梁高，洞孔上、下的有效高度也不宜小于梁高的1/3，且不宜小于200mm（图6-16），即 h_1 及 h_2 均宜大于等于 $h/3$ 且大于等于200mm。

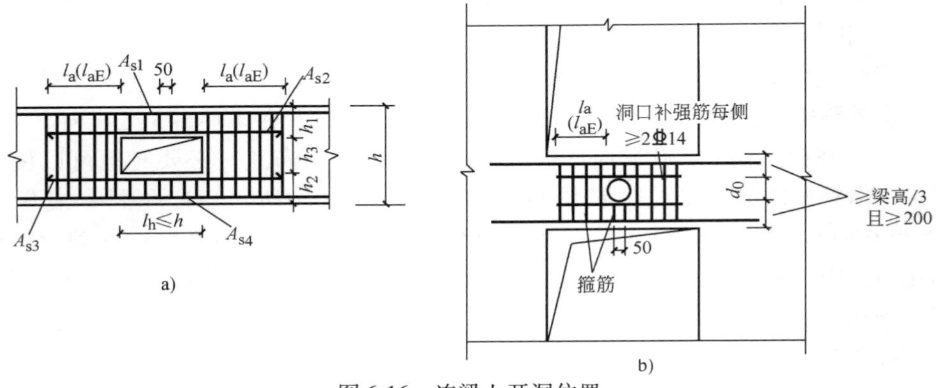

图 6-16 连梁上开洞位置

a）矩形孔洞位置 b）圆形孔洞位置

（5）当连梁和框架梁上矩形孔洞的高度小于 $h/6$ 及100mm，且孔洞长度 l_h 小于 $h/3$ 及200mm时，其孔洞周边配筋可按构造要求设置。上、下弦杆纵向受力钢筋 A_{s2}、A_{s3} 可采用2Φ14，弦杆箍筋可采用Φ8，箍筋间距不应大于 $0.5h_1$ 或 $0.5h_2$，且不大于50mm，孔洞左右两边箍筋加密至间距为100mm的范围各为 l_a（l_{aE}）（图6-16a）。

对于圆形孔洞，当孔洞直径 d_0 小于 $h/10$ 及100mm时，孔洞周边可不设置补强钢筋；当孔洞直径 d_0 小于 $h/5$ 及150mm时，孔洞周边配筋可按构造要求设置。上、下弦杆纵向钢筋可采用2Φ14，弦杆箍筋可用Φ8，箍筋间距不应大于较小弦杆有效高度的0.5倍且不大于50mm；孔洞左右两侧箍筋加密至间距为100mm的范围为 l_a （l_{aE}）（图6-16b）。

（6）当连梁和框架梁上孔洞尺寸超出上述第（5）条要求时，孔洞上、下弦杆的配筋应按计算确定，但不应小于按构造要求设置的配筋。

1）孔洞上、下弦杆的内力按下列公式计算（图6-17）：

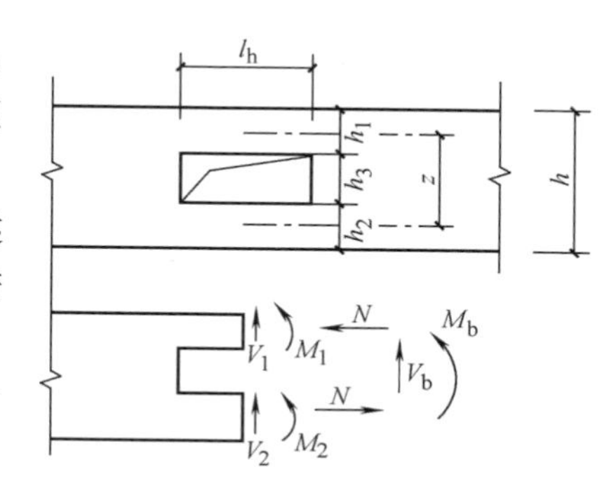

图6-17　梁上开洞内力计算简图

$$V_1 = \frac{h_1^3}{h_1^3 + h_2^3} V_b \cdot \eta_b + \frac{1}{2} q l_h \tag{6-26}$$

$$V_2 = \frac{h_2^3}{h_1^3 + h_2^3} V_b \cdot \eta_b \tag{6-27}$$

$$M_1 = V_1 \frac{l_h}{2} + \frac{1}{12} q l_h^2 \tag{6-28}$$

$$M_2 = V_2 \cdot \frac{l_h}{2} \tag{6-29}$$

$$N = \frac{M_b}{z} \tag{6-30}$$

式中　V_b——孔洞中点处梁的组合剪力设计值；

q——孔洞上弦杆作用的均布竖向荷载；

η_b——抗震加强系数，抗震等级为一、二级时，$\eta_b = 1.5$；三、四级时，$\eta_b = 1.2$；非抗震设计时，$\eta_b = 1.0$；

M_b——孔洞中点处梁的组合弯矩设计值；

l_h——孔洞的长度；

h_1、h_2——分别为孔洞上、下弦杆截面的高度；

z——孔洞上、下弦杆中心之间的距离。

2）孔洞上、下弦杆截面尺寸应符合下列要求：

持久、短暂设计状况

$$V_i \leqslant 0.25 \beta_c f_c b h_0 \tag{6-31}$$

地震设计状况

$$跨高比 \quad l_h/h_i > 2.5 \quad V_i \leqslant \frac{1}{\gamma_{RE}} (0.20 \beta_c f_c b h_0) \tag{6-32}$$

$$跨高比 \quad l_h/h_i \leqslant 2.5 \quad V_i \leqslant \frac{1}{\gamma_{RE}} (0.15 \beta_c f_c b h_0) \tag{6-33}$$

式中　V_i——上、下弦杆的剪力设计值，按式（6-26）、式（6-27）计算；

b、h_0——上、下弦杆截面宽度和有效高度；

h_i——上、下弦杆截面高度；

f_c——混凝土轴心抗压强度设计值；

γ_{RE}——受剪承载力抗震调整系数，取0.85；

β_c——混凝土强度影响系数。

斜截面受剪承载力和正截面偏心受压、偏心受拉承载力计算，见《混凝土规范》有关计算公式。

孔洞上、下弦杆的箍筋除按计算确定外，应按有、无抗震设防区别构造要求。有抗震设防的框架梁和剪力墙连梁，箍筋间距不应大于较小弦杆有效高度的0.5倍且不大于50mm。在孔洞左右两边各 l_a（l_{aE}）的范围内梁的箍筋应加密至间距100mm。

孔洞上弦杆下部钢筋 A_{s2} 和下弦杆上部钢筋 A_{s3}，伸过孔洞边的长度不应小于 l_a（l_{aE}）。上弦杆上部钢筋 A_{s1} 和下弦杆下部钢筋 A_{s4} 按计算所需截面面积小于整梁的计算所需钢筋截面面积时，应按整梁计算所需钢筋截面面积通长设置；当大于整梁的计算所需钢筋截面面积时，可在孔洞范围局部加筋来补足所需钢筋，加筋伸过孔洞边的长度不应小于 l_a（l_{aE}）。

106. 在框架结构楼层的个别梁上立柱子时，结构设计中应当注意什么问题？

由于建筑功能的需要，常常会要求在楼层的个别梁上立柱子。国家标准图集《混凝土结构施工图平面整体表示方法制图规则和构造详图》11G101-1 把这种柱子称为梁上柱，代号为LZ。支承梁上柱的梁，一般称为托柱梁（图6-18）。

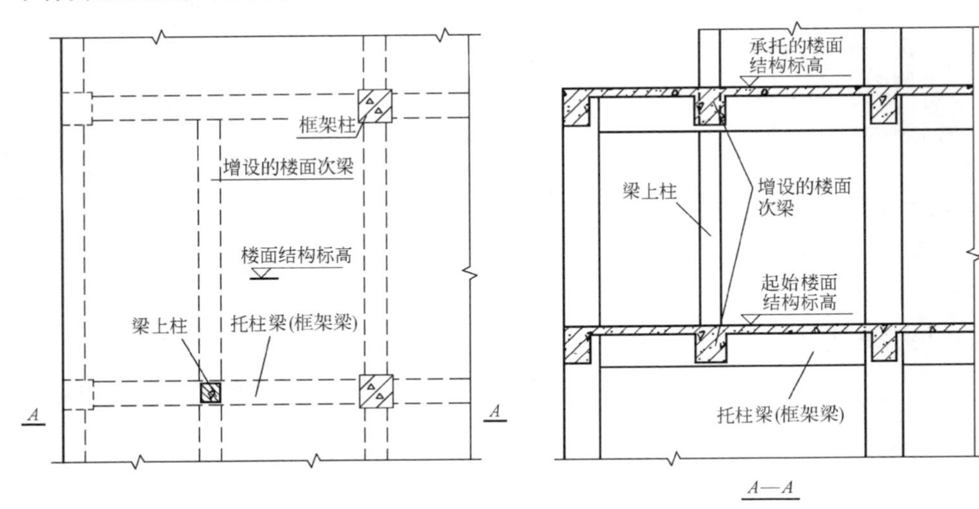

图6-18 梁上柱及托柱梁

在楼层的个别梁上立柱子，柱子虽然不能直接连续贯通落地，但由于柱子负荷的楼面面积所占楼层面积的比例很小，不构成带转换层的建筑结构，只需采取局部加强措施即可。

在设计上述带梁上柱的结构时，应注意以下问题：

（1）在用 PMCAD 软件建模时，应在梁上柱的位置设置节点，定义梁上柱的截面尺寸并布置柱。

（2）在梁上柱起始楼层的结构平面图上及梁上柱所承托的楼层结构平面图上，在垂直于托柱梁轴线的方向上应增设楼面次梁，以承受梁上柱的柱端弯矩。当无法在垂直于托柱梁轴线的方向上增设楼面次梁时，应验算托柱梁的扭曲截面条件和受扭承载力。

在弯矩、剪力和扭矩共同作用下，对 $h_w/b \leqslant 6$ 的需要验算扭曲截面条件和受扭承载力的矩形、T 形截面托柱梁，其截面应符合下列条件（图 6-19）：

当 $h_w/b \leqslant 4$ 时

$$\frac{V}{bh_0}+\frac{T}{0.8W_t} \leqslant 0.25\beta_c f_c \quad (6\text{-}34)$$

当 $h_w/b = 6$ 时

$$\frac{V}{bh_0}+\frac{T}{0.8W_t} \leqslant 0.20\beta_c f_c \quad (6\text{-}35)$$

当 $4 < h_w/b < 6$ 时，按线性内插法确定。

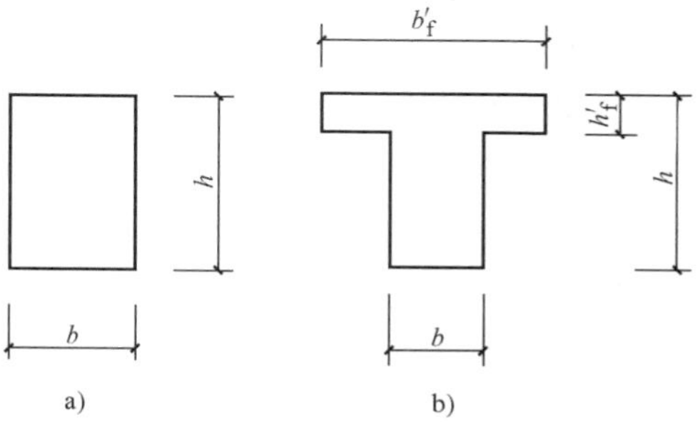

图 6-19 受扭构件截面

a）矩形截面 b）T 形截面

式中 V——剪力设计值；

T——扭矩设计值；

b——矩形截面梁的宽度，T 形截面梁腹板的宽度；

h_0——梁截面有效高度；

W_t——受扭构件的截面受扭塑性抵抗矩；对矩形截面梁，$W_t=\frac{b^2}{6}(3h-b)$；对 T 形截面梁，$W_t=W_{tf}+W_{tw}=\frac{h_f'^2}{2}(b_f'-b)+\frac{b^2}{6}(3h-b)$，其中 b_f'、h_f' 分别为 T 形截面梁受压翼缘的宽度和高度；

h——梁截面的高度；

h_w——梁截面的腹板高度；对矩形截面梁，取有效高度 h_0；对 T 形截面梁取有效高度减去翼缘高度；

β_c——混凝土强度影响系数；

f_c——混凝土轴心抗压强度设计值。

（3）增设的楼面次梁除承受所在楼层的竖向荷载外，尚承受梁上柱的柱端弯矩，必要时，应复核增设的楼面次梁的受弯和受剪承载力（视计算软件的功能而定）。

（4）托柱框架梁除承受梁所在楼层的竖向荷载外，还承受所托的梁上柱传递的上部楼层的荷载及风荷载和地震作用。托柱框架梁和梁上柱均为结构的抗侧力构件。

（5）托柱框架梁应具有较大的刚度，使梁上柱柱端受到较好的弹性固定约束，其截面高度不应小于其计算跨度的1/10，宽度不应小于所托柱相应边长加100mm。所增设的楼面次梁的截面高度不宜小于其计算跨度的1/12，宽度不宜小于所托柱相应边长加50mm。

（6）抗震设计时，梁上柱传递给“水平转换构件”托柱框架梁的地震内力应乘以增大系数。框架抗震等级为一级时，增大系数可为1.5；二级时，增大系数可为1.35；三级时，增大系数可为1.25，四级时，增大系数可为1.15。托柱框架梁及支承托柱框架梁的框架柱，宜适当加强抗震构造措施。

（7）梁上柱纵向受力钢筋的机械连接或焊接连接及在托柱梁内的锚固构造如图6-20所示。梁上柱箍筋直径不应小于8mm，间距不应大于150mm。抗震设计时，梁上柱柱端应根据《抗震规范》相应抗震等级的要求设置箍筋加密区。

（8）托柱框架梁的支座上部纵向钢筋宜有50%沿梁全长贯通。托柱框架梁的纵筋在框架柱内的锚固长度应符合图6-21的规定；梁侧的纵向构造钢筋（腰筋）的直径不宜小于14mm，间距不宜大于200mm，且其截面面积不应小于腹板截面面积bh_w的0.01%，并在柱内锚固l_a（非抗震设计）或l_{aE}（抗震设计）（图6-21）；非抗震设计的托柱梁，其箍筋直径不应小于8mm，沿梁全长的间距不应大于150mm。抗震设计时，托柱框架梁应根据《抗震规范》相应抗震等级的要求沿梁全长设置箍筋加密区。

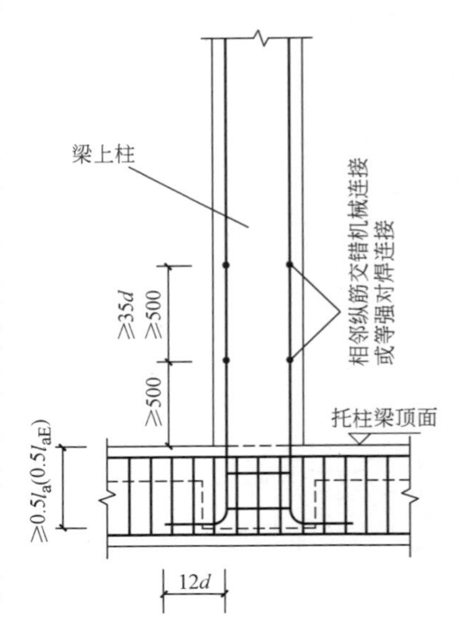

图6-20　梁上柱纵向钢筋机械连接或焊接及锚固构造

（9）当托柱梁为楼面次梁，所托梁上柱为非框架柱时，在梁上柱所在的结构平面图上，在垂直于托柱梁轴线方向上亦应增设楼面梁。抗震设计时，梁上柱传递给托柱梁（楼面次梁）的地震内力宜乘以1.15的增大系数。

（10）托柱次梁的上部通长受力钢筋除满足计算要求外，尚不宜少于下部纵向受力钢筋截面面积的1/2且不宜少于2 ⌽14；托柱次梁的上、下纵向

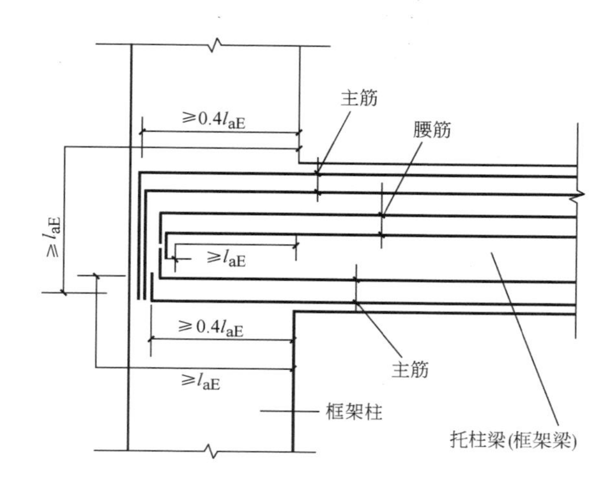

图 6-21 托柱梁主筋和腰筋的锚固

注：非抗震设计时图中 l_{aE}应取为 l_a，l_{abE}应取为 l_{ab}

钢筋在两端支座内宜锚固 l_a；托柱次梁和其梁上柱，箍筋直径不应小于 8mm，间距不应大于 150mm。

107. 如何合理配置楼板的构造钢筋和分布钢筋？

现浇钢筋混凝土楼（屋）面板除按计算配置纵向受力钢筋外，还应按《混凝土规范》的规定配置必要的构造钢筋和分布钢筋。合理配置钢筋混凝土板的构造钢筋和分布钢筋，不仅有利于保证楼（屋）面板的正常使用，也有利于提高混凝土板的耐久性。

现浇钢筋混凝土板，当与混凝土梁、墙整体浇筑或嵌固于砌体墙内时，应设置的板面构造钢筋主要是指：

1）按简支边设计的板上部构造负筋。

2）按非受力边设计的板上部构造负筋。

3）控制板温度、收缩裂缝的板面构造钢筋。

合理布置构造钢筋，就是要按《混凝土规范》的要求限制构造钢筋的最小直径、最大间距，保证构造钢筋有必要的长度和配筋面积。比如上述第 1）、2）项的板上部构造负筋，按规范要求，其直径不宜小于 8mm，间距不宜大于 200mm，配筋面积不宜小于跨中相应方向受力钢筋面积的 1/3。与混凝土梁、墙整体浇筑的单向板的非受力方向的板面构造负筋，其截面面积尚不宜小于受力方向跨中板底钢筋截面面积的 1/3。

对“配筋截面面积不宜小于跨中相应方向受力钢筋截面面积的 1/3”有两种不同的理解：

1）不论受力钢筋和构造钢筋是否采用同一强度等级的钢筋，一律将受力钢筋面积除以3作为构造钢筋的配筋面积。

2）当受力钢筋的强度等级高于构造钢筋时，将受力钢筋的面积换算成与构造钢筋强度等级相同的钢筋的面积，然后除以3作为构造钢筋的配筋面积。显然，后一种构造钢筋的配筋方法较合理。

控制板温度、收缩裂缝的构造钢筋，按规范要求其间距为150～200mm，纵横两个方向的最少配筋面积不宜小于板截面面积的0.1%，主要是在板的未配筋表面配置。已配置钢筋的部位，只要板的上、下表面纵横两个方向配筋率均不小于0.1%，可不配置温度、收缩钢筋。在板的未配筋表面另配的温度、收缩钢筋应与已配的钢筋应按受拉钢筋的要求搭接或在周边构件中锚固。

钢筋混凝土板的分布钢筋，主要是指：

1）单向板（两对边支承板，长短边之比≥3的四边支承板）㊀底面处垂直于受力钢筋的分布钢筋。

2）垂直于板支座上部负筋的分布钢筋。

3）2<长短边之比<3的四边支承板，宜按双向板计算配筋；当按单向板计算配筋时垂直于板底受力钢筋的分布钢筋。

长短边之比≤2的板应按双向板计算配筋。

钢筋混凝土板当按单向板设计时，除沿受力方向布置受力钢筋外，尚应在垂直受力方向布置分布钢筋。单位宽度上分布钢筋的截面面积不宜小于单位宽度上受力钢筋截面面积的15%，且配筋率不宜小于0.15%；分布钢筋的间距不宜大于250mm，直径不宜小于6mm；对集中荷载较大的情况，分布钢筋的截面面积应适当增加，其间距不宜大于200mm。

当地下室外墙按单向板（以楼板和基础底板为支承点的单跨、双跨或多跨板）计算墙的竖向受力钢筋配筋时，除墙的竖向受力钢筋应满足计算和最小配筋率要求外，墙的水平分布筋的截面面积除不宜少于相应受力钢筋截面面积的1/3外，也应满足受弯构件最小配筋率要求，而且墙的水平分布筋的强度等级应与墙的竖向受力钢筋相同。

板的分布钢筋和支座构造负筋如图6-22所示。

应当指出，对于普通梁板类受弯构件，混凝土强度等级宜采用C20～C35，不宜过高；当板的受力钢筋选用HRB335级钢筋或HRB400级钢筋时，可以获得比选用HPB300级钢筋更好的性价比，因而也更经济。

㊀ 两对边支承板称为单向板；长短边之比≥3的四边支承板，工程上通常按单向板设计计算。

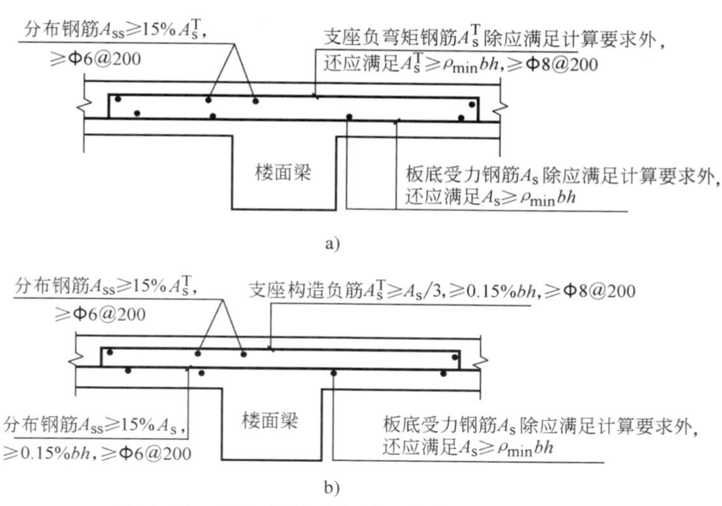

图 6-22 板支座构造负筋和分布钢筋配筋示意

a）双向板的分布钢筋 b）单向板的分布钢筋和支座构造负筋

108. 板式楼梯设计中应当注意什么问题？抗震设计时，在什么情况下楼梯构件应参与结构整体计算？楼梯构件应符合哪些抗震构造要求？

板式楼梯由于具有下表面平整、施工时支模简单方便、外观轻巧美观的优点，因此，在住宅、公寓、饭店等居住建筑和公共建筑中，所采用的钢筋混凝土楼梯绝大多数为板式楼梯；工业建筑中钢筋混凝土板式楼梯用得也很普遍。钢筋混凝土板式楼梯由斜梯板（踏步板）、休息平台板、休息平台梯梁、楼层梯梁及楼梯柱（或框架柱）组成。

（1）板式楼梯设计中应注意以下几个问题：

1）应根据楼梯的使用功能，正确采用楼梯的均布活荷载标准值。根据《荷载规范》的规定，各种使用功能的楼梯其均布活荷载标准值如表 6-16 所示。

表 6-16 楼梯均布活荷载标准值及其组合值、频遇值和准永久值系数

项次	类 别	标准值/(kN/m^2)	组合值系数 Ψ_c	频遇值系数 Ψ_f	准永久值系数 Ψ_q
1	多层住宅	2.0	0.7	0.5	0.4
2	其他建筑	3.5	0.7	0.5	0.3

注：工业建筑生产车间楼梯均布活荷载标准值可按实际情况采用，但不宜小于 3.5kN/m²；其组合值系数、频遇值系数和准永久值系数，除《荷载规范》附录 D 给出的以外，应按实际情况采用；但在任何情况下，组合值系数和频遇值系数不应小于 0.7，准永久值系数不应小于 0.6。

2）应根据板式楼梯的跨度合理确定斜梯板的厚度。斜梯板的厚度通常取其跨度（斜梯板水平投影跨度）的1/25～1/30。跨度不大于4.2m时，斜梯板的厚度不宜小于跨度的1/30，跨度更大时宜取较大的斜梯板厚度，必要时应对斜楼板进行挠度和裂缝宽度验算，以保证楼梯的正常使用。

斜梯板的厚度 h 应按垂直于斜梯板斜向且从踏步凹角处算起的截面高度取用。

3）板式楼梯的斜梯板是斜向支承的受弯构件，其竖向荷载 q 除在板中引起弯矩 M 和剪力 Q 外，还将产生轴向力 N，但因轴向力影响很小，设计时可不考虑。斜梯板的弯矩可按跨度为 l、荷载为 q 的水平简支板计算，但算得的剪力应乘以 $\cos\alpha$（图 6-23）。

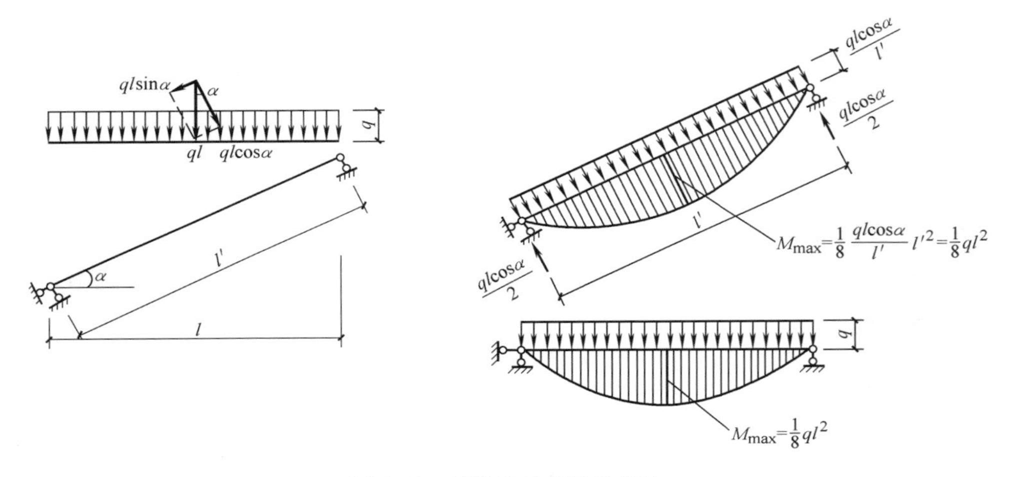

图 6-23　斜梯板的弯矩及剪力

作用在斜梯板上的荷载 q，其单位长度上的自重荷载系按倾斜方向计算，活荷载则按水平方向计算，为了统一，通常将自重荷载换算成水平方向单位长度上的竖向均布荷载。

在计算斜梯板上作用的自重荷载（包括建筑装修荷载）时，应计及踏步的影响。考虑踏步影响的斜梯板折算厚度可近似地按沿竖向切出的梯形截面（图中阴影部分）的平均高度取用，即 $h_z=\dfrac{c}{2}+\dfrac{h}{\cos\alpha}$（图 6-24）。

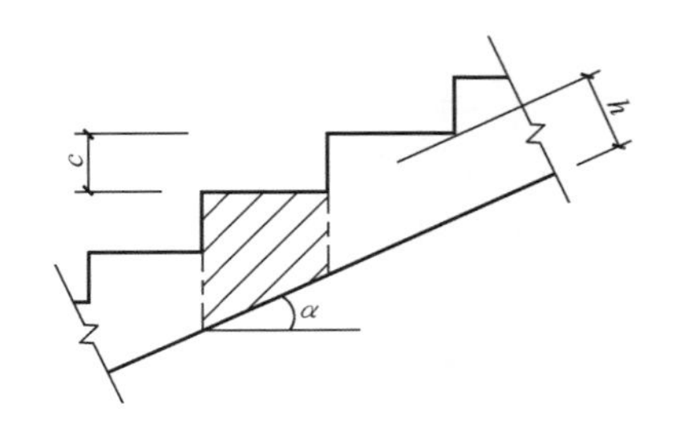

图 6-24　h_z 计算简图

4）折板式楼梯通常也按简支板计算（图 6-25）。折板式楼梯水平段的板厚应与斜梯板板厚相同。

“折板式楼梯”梯板的内折角处，如板底纵向受力钢筋沿内折角边连续布置，则由于纵向受力钢筋将产生较大的向外合力（图 6-26），可能使该处混凝土保护层向外崩脱，从而使钢筋失去黏结锚固力（钢筋和混凝土之间的黏结锚固力是钢筋和混凝土能够共同工作的基础），最终可能导致楼梯板折断而破坏。

5）板式楼梯的斜梯板通常按两对边支承的简支板计算跨中弯矩（图6-25）。考虑到支座对斜梯板的部分嵌固作用，为了控制裂缝，在支座处斜梯板的上部应配置不少于板底受力钢筋截面面积 1/3 的构造钢筋，该构造钢筋的直径不应小于 8mm，间距不应大于 200mm，配筋率不宜小于 0. 15%；该构造钢筋自梁边（或墙边）算起伸入板跨内的长度不应小于板计算跨度的 1/4；支座处板上部构造钢筋的强度等级应与斜梯板底部受力钢筋相同。

板式楼梯的斜梯板，也可考虑其支座对斜梯板的部分嵌固作用，计算时跨中弯矩可近似取为 $ql^2/10$。但在配筋构造上，考虑到支座连接处的整体性，为防止支座处斜梯板上表面的裂缝宽度超出《混凝土规范》的限值，在该处应配置不少于板底受力钢筋截面面积 1/2 的构造钢筋；该构造钢筋的直径不应小于 8mm，间距不应大于 200mm，配筋率不应小于受弯构件的最小配筋率 ρ_{min}。

楼梯板宜采用 HRB335 级或 HRB400 级钢筋配筋。

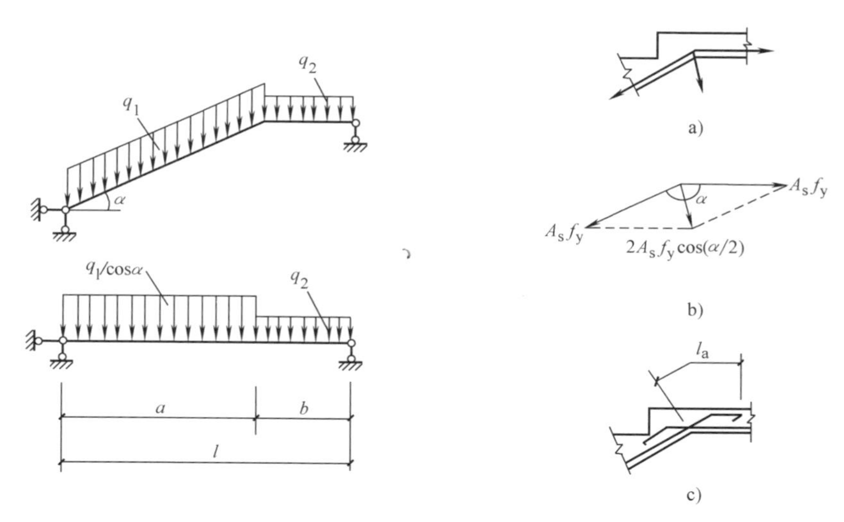

图 6-25　折板式楼梯计算简图

图 6-26　梯板内折角处受力钢筋的内力

（2）抗震设计时，在什么情况下楼梯构件应参与结构整体计算？楼梯构件应符合哪些抗震构造要求？

1）2008 年“5. 12”汶川大地震使很多楼梯间发生破坏。发生强烈地震时，楼梯间是重要的紧急逃生竖向通道，楼梯间（包括楼梯板）的破坏会延误人员撤离及救援工作，从而造成严重伤亡。2010 年版《抗震规范》修订时增加了楼梯间的抗震设计要求。对于框架结构，楼梯构件与主体结构整浇时，梯板起到斜支撑的作用，对结构刚度、承载力、规则性的影响比较大，应参与抗震计算，梯板也应分别按偏心受拉、偏心受压构件计算，按双层配筋设计；当采取措施，如梯板滑动支承于平台板，楼梯构件对结构刚度等的影响较小，是否参与整体抗震计算差别不大。对于楼梯间两侧设置剪力墙的结构，楼梯构件对结构刚度的影响较小，也可不参与整体抗震计算。

2）框架结构中的楼梯构件，其抗震等级与主体结构的抗震等级相同。当梯板与主体结构整浇时，除梯板应采用双层配筋外，楼柱和楼梁应设置箍筋加密区；休息平台板四周应设置梯梁，休息平台板应双层双向配筋；梯板的受力钢筋在支承构件内的锚固应满足抗震锚固要求。

3）当梯板的一端滑动支承于平台板时，楼梯构件原则上可以不参加结构整体计算，但楼梯构件（梯板、梯梁和楼柱）仍应满足相应抗震等级的上述抗震构造措施要求。

框架结构中的楼梯构件的抗震构造措施可参见国家标准图集11G101—2。应特别注意的是，当梯板滑动支承于休息平台板时，在地震作用下，支承梯板的悬臂板，尚应承受梯板传来的附加竖向地震作用，故设计时，悬臂板及与其相连的休息平台梯梁应采取加强措施；由于梯板一端滑动支承，在竖向地震作用下，梯板会瞬间脱离滑动支座，故设计中也应考虑梯板成为悬臂板的情况，并加强梯板相应部位的配筋。

4）框架-剪力墙结构中位于剪力墙筒以外的楼梯构件，在剪力墙布置合理的情况下也可不参与结构整体计算，但应满足相应抗震等级的上述抗震构造措施要求。

剪力墙结构、框架-剪力墙结构和其他结构中位于剪力墙筒内的楼梯构件，可不参与结构整体计算，楼板、梯梁和梯柱，应允许按一般的非抗震构件设计。

109. 框架柱的计算长度如何确定较为合理?

2010年版的《混凝土规范》在修订时，对有侧移的框架结构的P—Δ效应的简化计算，不再采用η—l_0法，而是采用层增大系数法。因此，进行框架结构P—Δ效应计算时，不再需要计算框架柱的计算长度l_0，故而取消了2002年版《混凝土规范》第7.3.11条第3款中框架柱计算长度公式（7.3.11-1）、（7.3.11-2）。

2010年版的《混凝土规范》第6.2.20条对轴心受压和偏心受压柱的计算长度l_0做出了如下规定：

（1）刚性屋盖单层房屋排架柱、露天吊车柱和栈桥柱，其计算长度l_0可按表6-17取用。

（2）一般多层房屋中梁柱为刚接的框架结构，各层柱的计算长度l_0可按表

6-18 取用。

表 6-17　刚性屋盖单层房屋排架柱、露天吊车柱和栈桥柱的计算长度

柱的类别		l_0		
		排架方向	垂直排架方向	
			有柱间支撑	无柱间支撑
无吊车房屋柱	单跨	$1.5H$	$1.0H$	$1.2H$
	两跨及多跨	$1.25H$	$1.0H$	$1.2H$
有吊车房屋柱	上柱	$2.0H_u$	$1.25H_u$	$1.5H_u$
	下柱	$1.0H_l$	$0.8H_l$	$1.0H_l$
露天吊车柱和栈桥柱		$2.0H_l$	$1.0H_l$	—

注：1. 表中 H 为从基础顶面算起的柱子全高；H_l 为从基础顶面至装配式吊车梁底面或现浇式吊车梁顶面的柱子下部高度；H_u 为从装配式吊车梁底面或从现浇式吊车梁顶面算起的柱子上部高度。

2. 表中有吊车房屋排架柱的计算长度，当计算中不考虑吊车荷载时，可按无吊车房屋柱的计算长度采用，但上柱的计算长度仍可按有吊车房屋采用。

3. 表中有吊车房屋排架柱的上柱在排架方向的计算长度，仅适用于 H_u/H_l 不小于 0.3 的情况；当 H_u/H_l 小于 0.3 时，计算长度宜采用 $2.5H_u$。

表 6-18　框架结构各层柱的计算长度

楼盖类型	柱的类别	l_0
现浇楼盖	底层柱	$1.0H$
	其余各层柱	$1.25H$
装配式楼盖	底层柱	$1.25H$
	其余各层柱	$1.5H$

注：1. 表中 H 为底层柱从基础顶面到一层楼盖顶面的高度；对其余各层柱为上下两层楼盖顶面之间的高度。

2. 本表中框架柱的计算长度 l_0 主要用于计算轴心受压框架柱稳定系数 φ，以及计算偏心受压构件裂缝宽度的偏心距增大系数时采用。

（3）在进行框架结构计算时，应当注意的问题是：

1）对于不规则的框架结构，特别是有穿层柱的框架结构，计算结果文件中应包括输出框架柱的计算长度系数简图。

编者在审查某复杂框架结构的施工图设计文件时，原设计文件未提供框架柱的计算长度系数简图。在提出建议后，设计者提供的框架柱计算长度系数简图如图 6-27 所示。

从图 6-27 中可以看出，当框架柱两个相互垂直的方向均有框架梁相连或均无框架梁相连时，程序输出的框架柱计算长度系数比较符合工程的实际情况；当框架柱只有一个方向有框架梁相连时，程序也可以做出合理的判断，输出的框架

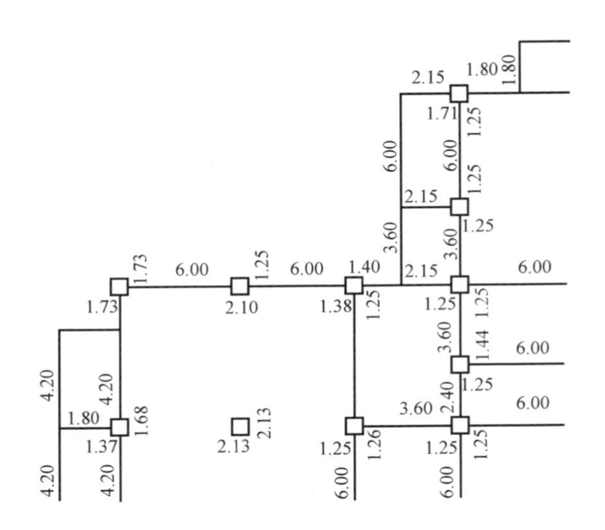

图 6-27　某工程框架柱计算长度系数简图（局部）

柱计算长度系数也比较符合工程实际情况；但当框架柱只有一个方向有框架梁相连，与之垂直的方向与悬臂梁相连时，程序误把悬臂梁当框架梁对待，所输出的悬臂梁方向框架柱的计算长度系数与框架柱两个方向均有框架梁相连时基本相同。显然，程序在悬臂梁方向输出的框架柱的计算长度系数不符合工程实际情况，是错误的，设计者应进行人工校核，并加以修改，重新计算框架柱的配筋，以确保结构的安全。这就是编者建议设计者在设计复杂框架时，应输出框架柱计算长度系数简图的原因。

2）对于框架-剪力墙结构，在计算结果文件中也应包括输出框架柱的计算长度系数简图。图 6-28 为某框架-剪力墙结构框架柱的计算长度系数简图（局部）。从简图中可以看出，当框架柱仅沿一个方向布置剪力墙时，该方向柱的计算长度系数为程序内定的 0.75，是可以接受的，但另一方向柱的计算长度系数也为 0.75 就不符合结构的实际情况了，应当进行调整，对于图 6-28，无剪力墙的方向，柱的计算长度系数宜调整为 1.25（对于结构的“底层柱”，计算长度系数可调整为 1.0）。这也是编者建议设计者在设计框架-剪力墙结构时，也应输出框架柱计算长度系数简图的原因。

3）关于是否考虑 P－Delt 效应，应当在结构整体计算后查看“WMASS.OUT”文件中给出的结论来确定。对于有穿层柱的结构，宜考虑 P－Delt 效应。对于高层钢结构应考虑 P－Delt 效应，对于多层钢结构宜考虑 P－Delt 效应。考虑 P－Delt 效应后，结构的周期不变，变化的仅仅是结构的位移和构件的内力，结构的水平位移约增大 5%～10%。

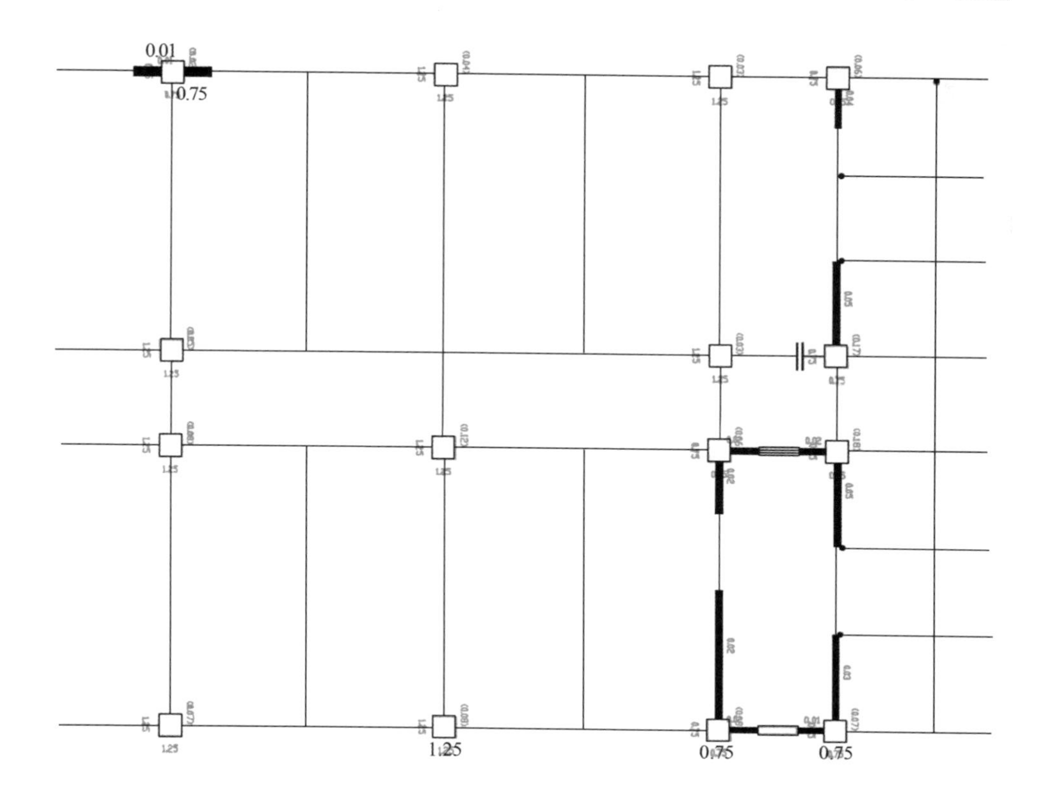

图 6-28 某框架-剪力墙结构框架柱计算长度系数简图

110. 框架柱的配筋计算如何进行较为合理？

钢筋混凝土框架柱截面的配筋计算，在 SATWE 软件的设计信息中，除混凝土强度等级和钢筋强度等级外，还有以下 3 项与其直接相关。

下面我们来讨论框架柱的配筋计算如何进行较为合理的问题。

（1）柱计算长度的计算原则。

对于钢结构，柱计算长度的计算原则，程序有“有侧移”和“无侧移”两个选项。根据《钢结构规范》第 5.3.3 条规定，除等截面的无支撑纯框架柱在框架平面内的计算长度系数按有侧移框架确定外，有支撑的框架分强支撑框架和弱支撑框架，只有强支撑框架的框架柱计算长度系数才可以按无侧移框架确定，所以，钢结构的有支撑框架是否无侧移应事先通过计算判断。

对于钢结构，当勾选“按有侧移计算”选项时，程序按《钢结构规范》附录 D－2 的公式计算钢柱的计算长度系数；否则程序按《钢结构规范》附录 D－1 的公式计算钢柱的计算长度系数。

对于钢筋混凝土结构，现行《混凝土结构设计规范》（GB 50010—2010）取消了89规范关于“侧向刚度相对较大可按无侧移考虑的框架结构，可取用小于1.0的柱计算长度系数”的规定，认为钢筋混凝土结构均应按有侧移假定进行结构分析。因此在计算钢筋混凝土结构时，选择“有侧移”项，这样做概念上也是符合规范规定的就SATWE软件而言，该参数对混凝土结构不起作用。

（2）柱配筋的计算原则。

钢筋混凝土框架柱的配筋计算原则，程序有“按单偏压计算”和“按双偏压计算”两个选项，但《混凝土规范》和《抗震规范》都没有明确规定具体情况应如何选择，《高层建筑规程》除了在抗震设计时要求“框架角柱应按双向偏心受力构件进行正截面承载力设计”外，也没有明确规定。

编者认为，钢筋混凝土结构当按平面结构设计计算时，其框架柱宜按单偏压计算配筋，当按空间结构计算时，应按双偏压计算配筋。因为SATWE等空间结构分析软件是将钢筋混凝土框架柱当成双向偏心受力构件来分析计算的。双向偏心受力构件按双偏压计算配筋，与其空间分析模型更为协调。

按照空间分析模型计算的钢筋混凝土框架柱，在采用双偏压计算配筋时，考虑到其配筋的多解性（不同的配筋方式都可能满足承载力要求），建议采用下列方法进行钢筋混凝土框架柱的双偏压承载力设计验算：

1）按单偏压计算框架柱的配筋，并在配筋归并后形成施工图保存到COLUMN.STL文件中。

2）选择程序中的“钢筋验算”菜单，读取COLUMN.STL文件中框架柱的实配钢筋，并以此实配钢筋进行框架柱的双偏压验算。如验算结果满足承载力要求，则不必修改COLUMN.STL文件中框架柱施工图的实配钢筋；反之，则应启动修改钢筋菜单对钢筋直径和（或）数量进行修改，然后再点取钢筋验算菜单对修改后的钢筋进行框架柱的双偏压承载力验算，直至验算结果满足承载力要求为止。

3）当结构整体计算后，计算结果显示要求考虑重力二阶效应时，首先应调整结构的刚重比，使其满足《高层建筑规程》5.4.1条的要求，以避免重力二阶效应计算；当无法调整时，则宜按《高层建筑规程》第5.4.3条的规定，采用增大系数法近似考虑重力二阶效应的不利影响。

第七章

剪力墙结构

111. 剪力墙的布置有哪些基本规定?

剪力墙结构设计包括墙肢及连梁的布置、墙肢及连梁截面计算及配筋构造等内容，其中剪力墙的布置是剪力墙结构设计中的关键内容。

剪力墙结构中剪力墙的布置宜遵从下列基本规定：

（1）剪力墙结构应具有较好的空间工作性能，因此剪力墙结构中的剪力墙应双向布置，以便形成空间结构，抗震设计的剪力墙结构，应避免单向布置剪力墙，并宜使剪力墙结构两个方向的抗侧刚度相接近。剪力墙墙肢的截面宜简单、规则。

由于剪力墙的抗侧刚度及承载力均较大，为了充分利用剪力墙的能力，减轻结构自重，增大剪力墙结构的可利用空间，剪力墙不宜布置得太密；剪力墙结构的抗侧刚度也不宜过大，具有适宜的抗侧刚度即可。

（2）剪力墙的布置对结构的抗侧刚度有很大的影响，剪力墙沿高度宜连续布置，以避免造成结构沿高度发生刚度突变；但允许沿高度改变剪力墙的厚度和混凝土的强度等级，或减少部分剪力墙墙肢，使结构抗侧刚度沿高度逐渐减小。

（3）抗震设计的剪力墙结构应具有足够的延性，高宽比不小于 3 的细高剪力墙容易设计成弯曲破坏的延性剪力墙。因此，当剪力墙长度很大时，为了满足每个墙段高宽比不宜小于 3 的要求，可以通过开设洞口将长墙分成长度较小、较均匀的独立墙段，每个墙段可以是整体墙或整体小开口墙，也可以是联肢墙（图7-1）。分

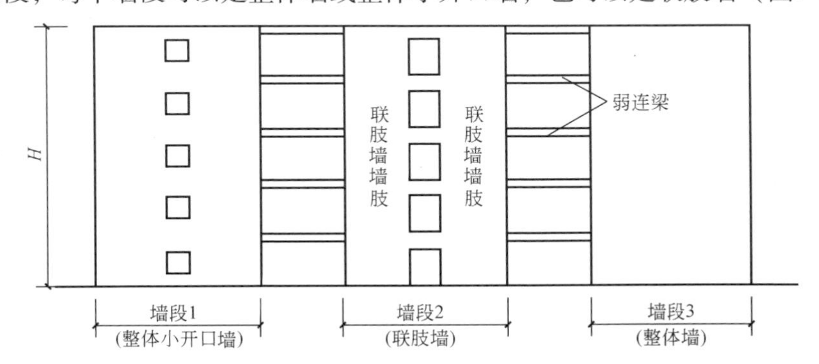

图 7-1 剪力墙墙段和联肢墙墙肢

隔墙段的洞口连梁宜采用约束弯矩较小的弱连梁（跨高比大于 6 的连梁一般称为弱连梁）。

此外，墙段长度较小时，受弯产生的裂缝较小，墙体边缘构件的配筋能够充分发挥作用，当墙段长度很长时，受弯后产生的裂缝宽度会很大，墙体边缘构件的配筋易被折断。因此，墙段的长度（即墙段截面高度）不宜大于 8m。当墙段的长度大于 8m 时，应通过开设结构洞的方法将墙段分成若干墙肢，每个墙肢的截面高度不宜大于 8m。

《高层建筑规程》所指的剪力墙结构是以剪力墙及因剪力墙开洞形成的连梁组成的结构，其变形特点为弯曲型变形，目前有些项目采用了大部分由跨高比较大的框架梁联系的剪力墙形成的结构体系，这样的结构虽然剪力墙较多，但受力和变形特性接近框架结构，当层数较多时对抗震是不利的，宜避免。

112. 剪力墙洞口的布置应注意哪些问题?

剪力墙洞口的布置会极大地影响剪力墙的力学性能。因此《高层建筑规程》第 7. 1. 1 条对剪力墙洞口的布置提出了下列三方面的要求：

（1）剪力墙宜规则开洞，门窗洞口宜上下对齐成列、成排布置，能形成明确的墙肢和连梁，应力分布比较规则，与当前普遍应用的程序的计算简图较为符合，设计结果安全可靠。同时，洞口的布置宜避免使墙肢的宽度相差悬殊，也宜避免形成截面高度与厚度之比小于 5 的墙肢。

（2）错洞剪力墙和叠合错洞剪力墙，二者都是不规则开洞的剪力墙，其应力分布复杂，容易造成剪力墙的薄弱部位，常规计算方法无法获得其实际内力，计算和构造都比较复杂。

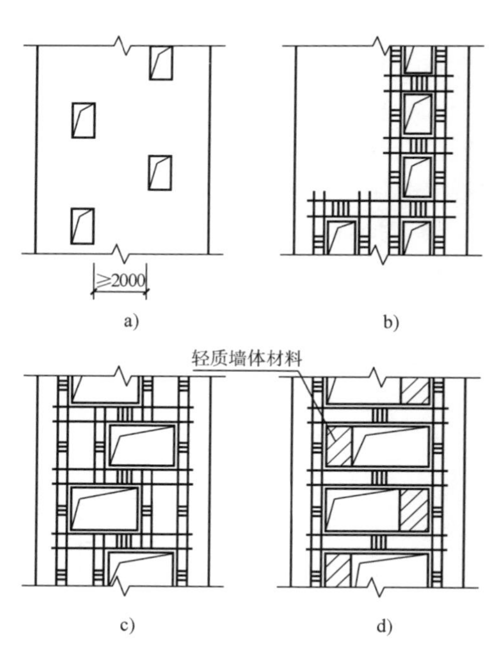

图 7-2　剪力墙洞口不对齐时的构造措施

a）一般错洞墙　b）底部局部错洞墙

c）叠合错洞墙构造之一　d）叠合错洞墙构造之二

剪力墙的底部加强部位，是塑性铰出现及保证结构安全的重要部位，抗震等级为一、二级和三级时，不宜采用错洞布置的剪力墙。当无法避免错洞墙时，则宜控制错洞墙洞口间的水平距离不小于 2m，设计时应仔细计算分析，并在洞口周边采取有效的加强措施（图 7-2a、b）。对于叠合错洞墙，抗震等级为一、二、三级的剪力墙所有部位（底部加强部位和上部非加强部位）均不宜采用。当无法避免叠合错洞布置时，应按有限元方法仔细计算分析，并在洞口周边采取有效的加强措施（图 7-2c）；也可采用其他轻质材料填充将叠合洞口转化为规则洞口的剪力墙结构（图7-2d）。

（3）具有不规则洞口的剪力墙的内力和位移计算应符合《高层建筑规程》第 5 章的有关规定。目前除了平面有限元方法外，尚没有更好的简化方法计算。具有不规则洞口的剪力墙结构，整体计算时，不宜采用杆系或薄壁杆系模型的软件，宜采用空间有限元分析与设计软件；当采用杆系、薄壁杆系模型或对洞口作了简化处理的其他有限元模型时，应对不规则开洞墙的计算结果进行分析判断，必要时应进行补充计算和校核。

113. 当剪力墙墙肢与平面外方向的楼面梁连接时，应采取什么措施来减小梁端弯矩对墙肢的不利影响？

剪力墙的特点是平面内的刚度及承载力均较大，而平面外的刚度及承载力都相对很小。当剪力墙与平面外方向的梁连接时会造成墙肢平面外弯曲，而一般情况下，目前常用的软件并不验算墙肢平面外的刚度及承载力。因此在许多情况下，剪力墙平面外的受力问题并未引起结构工程师的足够重视，也没有采取相应的措施。

引起剪力墙平面外弯曲的原因很多，此处主要是指楼面大梁与剪力墙墙肢平面垂直相交或斜向相交时，较大的梁端弯矩对墙肢平面外的不利影响。当梁高大于 2 倍墙厚时，梁端弯矩对墙肢平面外的安全不利，应采取措施，以保证剪力墙墙肢平面外的安全。

（1）墙肢与其平面外的楼面梁相交时加强剪力墙平面外刚度和承载力的主要措施是（图 7-3）：

图 7-3　梁墙相交时的加强措施

1）沿梁轴线方向设置与梁相连的剪力墙，抵抗该墙肢平面外弯矩。墙的厚度不应小于梁的截面宽度。

2）当不能设置与梁轴线方向相连的剪力墙时，宜在墙与梁相交处设置扶壁柱。扶壁柱的截面宽度不应小于梁的截面宽度，其截面高度可计入墙厚。扶壁柱宜按计算确定截面及配筋。

3）当不能设置扶壁柱时，应在墙与梁相交处设置暗柱，并宜按计算确定配筋。暗柱的截面高度可取墙的厚度，其截面宽度可取梁宽加2倍墙厚。

4）暗柱或扶壁柱的纵向钢筋（或型钢）除应通过计算确定外，尚不宜小于表7-1的规定。

表7-1 暗柱、扶壁柱纵向钢筋的构造配筋率

设计状况	抗震设计				非抗震设计
	一级	二级	三级	四级	
配筋率（%）	0.9	0.7	0.6	0.5	0.5

注：采用400MPa级、335MPa级钢筋时，表中数值宜分别增加0.05和0.10。

5）楼面梁的水平钢筋应伸入剪力墙或扶壁柱，伸入长度应符合钢筋锚固要求。钢筋锚固段的水平投影长度，非抗震设计时不宜小于$0.4l_{ab}$，抗震设计时不宜小于$0.4l_{abE}$；当锚固段的水平投影长度不满足要求时，可将楼面梁伸出墙面形成梁头，梁的纵筋伸入梁头后弯折锚固（图7-4），也可采取其他可靠的锚固措施。

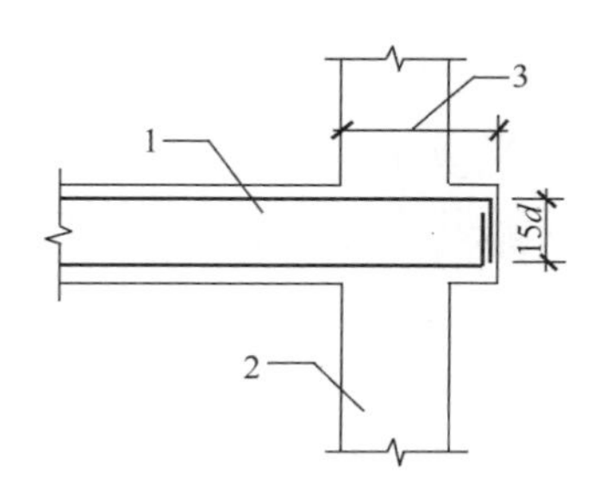

图7-4 楼面梁伸出墙面形成梁头
1—楼面梁 2—剪力墙 3—楼面梁钢筋锚固水平投影长度

6）暗柱或扶壁柱应设置箍筋，箍筋直径，一、二、三级时不应小于8mm，四级及非抗震时不应小于6mm，且均不应小于纵向钢筋直径的1/4；箍筋间距，一、二、三级时不应大于150mm，四级及非抗震时不应大于200mm。

（2）除了加强剪力墙平面外的抗弯刚度和承载力以外，还可以采取的其他措施是：

1）减小梁端的弯矩。例如，做成变截面梁，将与剪力墙相交一端的梁截面减小，可减小梁端弯矩；又如，楼面梁与剪力墙相交处可设计成铰接或半刚接，或通过调幅减小梁端弯矩（此时应相应加大梁跨中弯矩）。

通过调幅降低梁端部弯矩后，梁达到其设计弯矩会首先开裂，墙便不会开裂，但这种方法应在梁出现裂缝后不会引起其他不利影响的情况下才可采用。

如果计算时假定楼面梁与墙相交的节点为铰接，则无法避免梁端裂缝，但应采取措施使裂缝的宽度符合《混凝土规范》的要求。另外，是否能假定梁端为铰接，也与墙、梁截面相对刚度有关。

总之，就减小梁端弯矩的措施而言，有有利的一面，也有不利的一面，结构工程师在工程设计时，应根据具体情况灵活处理并采取必要的措施。

2）楼面梁与剪力墙连接时，梁内纵向钢筋应伸入墙内或扶壁柱内并可靠锚固。这条规定无论梁与墙平面在哪个方向连接，无论是大梁还是小梁，无论采取

了何种措施，均应遵守。因为在任何情况下，梁可以开裂但不能掉落，可靠锚固是防止梁掉落的必要措施。

梁与墙的连接有两种情况：

① 当梁与墙在同一平面内连接时，多数为刚接，梁的纵向钢筋在墙内的锚固长度应与框架梁纵向钢筋在框架柱内的直锚锚固长度相同。

② 当梁与墙不在同一平面内连接时，多数为半刚接或铰接，梁纵向钢筋的锚固应符合锚固长度要求；当墙截面厚度较小时，可适当减小梁纵向钢筋锚固的水平段长度，但总长度应满足受拉钢筋的锚固长度要求。梁与剪力墙连接处其纵向钢筋宜用较小的直径。

114. 为什么不宜将楼面主梁支承在剪力墙或核心筒连梁上?

由于剪力墙结构中的连梁与剪力墙相比，其平面外的抗弯刚度和承载力均更弱，《高层建筑规程》第7.1.5条规定不宜将楼面主梁支承在剪力墙或核心筒的连梁上。因为，一方面连梁平面外的抗弯刚度很弱，达不到约束主梁端部的要求，连梁也没有足够的抗扭刚度去抵抗平面外的弯矩；另一方面，楼面主梁支承在连梁上对连梁很不利，连梁本身剪切应变较大，容易出现斜裂缝，楼面主梁的支承使连梁在较大的地震发生时，难于避免产生脆性的剪切破坏。因此，应尽量避免将楼面主梁支承在剪力墙连梁上；当不可避免时，除了补充计算和复核外，应采取可靠的措施，如在连梁内配置对角斜向钢筋或交叉暗撑，或采用钢板混凝土连梁、型钢混凝土连梁，等等。

楼面次梁支承在剪力墙连梁或框架梁上时，次梁端部宜按铰接设计，并按《混凝土规范》的规定，在连梁或框架梁内配置足够的纵向抗扭钢筋和箍筋。

115. 剪力墙根据什么原则进行分类?

（1）剪力墙根据其形态可分为：不开洞的整体墙；有一排或多排洞口的联肢墙；支承在框支梁上的框支剪力墙；嵌在框架内的有边框剪力墙；以及由剪力墙组成的井筒（图7-5）。

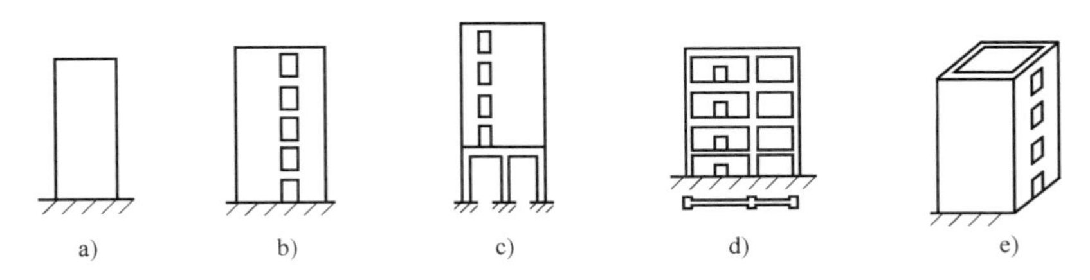

图7-5　剪力墙的类型

a）整体墙　b）联肢墙　c）框支剪力墙　d）有边框剪力墙　e）剪力墙组成的井筒

（2）当联肢墙的洞口错位时，又有错洞剪力墙和叠合错洞剪力墙之分（图 7-2）。

（3）按剪力墙墙肢截面高度与其厚度之比来分可分为：墙肢截面高度与其厚度之比大于 8 时，称为一般剪力墙或长肢剪力墙；墙厚不大于 300mm 且墙肢截面高度与其厚度之比大于 4 但不大于 8 时，称为短肢剪力墙；墙肢截面高度与其厚度之比不大于 4 时，称为柱形超短肢剪力墙。

墙厚不大于 300mm、截面高度 h_w 与其厚度 b_w 之比大于 4 但不大于 8 的短肢剪力墙，在重力荷载代表值作用下的轴压比宜符合表 7-2 的要求。$h_w/b_w \leqslant 4$ 的柱形超短肢剪力墙，宜按框架柱进行截面设计。

表 7-2　短肢剪力墙（一字形截面短肢剪力墙）的轴压比限值

轴压比	一级	二级	三级
N/f_cA	0.45（0.35）	0.50（0.40）	0.55（0.45）

（4）按剪力墙墙肢的剪跨比来分可分为：剪跨比大于 3 的剪力墙以弯曲变形为主，在水平地震作用下，可以实现延性的弯曲破坏，属于一般的剪力墙；剪跨比在 3～1 之间的剪力墙，剪切变形较大，一般会出现斜裂缝，通过强剪弱弯设计，有可能实现有一定延性和耗能能力的弯曲、剪切破坏；剪跨比小于 1 的剪力墙称为矮墙，在水平地震作用下，会发生脆性的剪切破坏。工程设计中应尽量避免出现矮墙。

剪跨比小于 3 的剪力墙，可以通过设置大洞口将其分成剪跨比不小于 3 的墙段。

116. 什么是短肢剪力墙？具有较多短肢剪力墙的剪力墙结构设计时应符合哪些规定？

（1）近年来兴起的具有较多短肢剪力墙的剪力墙结构，有利于住宅建筑的布置，又可进一步减轻结构自重，应用逐渐广泛。但是由于短肢剪力墙抗震性能差，地震区应用的经验不多，考虑到高层住宅建筑的安全，其剪力墙不宜过少，墙肢不宜过短，《高层建筑规程》在允许高层建筑中采用短肢剪力墙较多的剪力墙结构的前提下，对短肢剪力墙较多的剪力墙结构在最大适用高度、使用范围、筒体（或一般剪力墙）承受的倾覆力矩、轴压比、剪力设计值调整、纵向钢筋配筋率、墙肢厚度、翼缘设置、楼面梁支承等方面作出了相应规定。

（2）根据《高层建筑规程》第 7.1.8 条的规定，所谓短肢剪力墙是指墙肢截面厚度不大于 300mm、截面高度与其厚度之比大于 4 但不大于 8 的剪力墙，一般的剪力墙是指墙肢截面高度与其厚度之比大于 8 的剪力墙。

根据《高层建筑规程》的规定，对剪力墙是否是短肢剪力墙，可根据下列步骤来判断：

1）墙厚不大于300mm的一字形剪力墙，其截面高度与其厚度之比大于4但不大于8时可初步判定为短肢剪力墙。

2）对于L形、T形、十字形剪力墙，墙厚不大于300mm、其各肢的肢长与其截面厚度之比的最大值大于4但不大于8时，可初步判定为短肢剪力墙。

3）墙肢截面厚度和墙肢截面高度与其厚度之比符合上述第1）、2）条的要求，当墙肢两侧的洞口连梁均为强连梁（跨高比不大于2.5的连梁）时，这样的墙肢可不按短肢剪力墙设计；当墙肢两侧的洞口连梁或一侧的洞口连梁为一般连梁（跨高比小于5但大于2.5的连梁）时，可判定洞口间的墙肢为短肢剪力墙，应按短肢剪力墙进行设计。

（3）抗震设计时，高层建筑结构不应全部采用短肢剪力墙；B级高度高层建筑以及抗震设防烈度为9度的A级高度高层建筑，不宜布置短肢剪力墙，不应采用具有较多短肢剪力墙的剪力墙结构。当采用具有较多短肢剪力墙的剪力墙结构时，应符合下列规定：

1）在规定的水平地震作用下，短肢剪力墙承担的底部倾覆力矩不宜大于结构底部总地震倾覆力矩的50%；当短肢剪力墙承担的底部倾覆力矩大于结构底部总地震倾覆力矩的50%时，应对剪力墙结构的剪力墙的布置进行调整，使短肢剪力墙承担的底部倾覆力矩不大于结构底部总地震倾覆力矩的50%。

2）房屋适用高度应比《高层建筑规程》表3.3.1-1规定的剪力墙结构的最大适用高度适当降低，7度、8度（0.2g）和8度（0.3g）时分别不应大于100m、80m和60m。

3）具有较多短肢剪力墙的剪力墙结构是指，在规定的水平地震作用下，短肢剪力墙承担的底部倾覆力矩不小于结构底部总地震倾覆力矩的30%的剪力墙结构。当短肢剪力墙承担的底部倾覆力矩小于结构底部总地震倾覆力矩的30%时，这样的剪力墙结构不属于短肢剪力墙较多的剪力墙结构，应按普通剪力墙结构设计。

（4）抗震设计时，短肢剪力墙的设计应符合下列规定：

1）短肢剪力墙截面厚度除应符合本规程第7.2.1条的要求外，底部加强部位尚不应小于200mm，其他部位尚不应小于180mm。

2）一、二、三级短肢剪力墙的轴压比，分别不宜大于0.45、0.50、0.55，一字形截面短肢剪力墙的轴压比限值应相应减少0.1。

3）短肢剪力墙的底部加强部位应按《高层建筑规程》第7.2.6条调整剪力设计值，其他各层一、二、三级时剪力设计值应分别乘以增大系数1.4、1.2和1.1。

4）短肢剪力墙边缘构件的设置应符合《高层建筑规程》第7.2.14条的规定。

5）短肢剪力墙的全部竖向钢筋的配筋率，底部加强部位一、二级不宜小于

1.2%，三、四级不宜小于1.0%，其他部位一、二级不宜小于1.0%，三、四级不宜小于0.8%。

6）不宜采用一字形短肢剪力墙，不宜在一字形短肢剪力墙上布置平面外与之相交的单侧楼面梁。

（5）关于短肢剪力墙，2013年版的广东省标准《高层建筑混凝土结构技术规程》DBJ 15-92—2013（以下简称为《广东省高规》）第7.1.8条的注1是这样定义的：短肢剪力墙是指截面高度不大于1600mm，且截面厚度小于300mm的剪力墙。

《广东省高规》在其条文7.1.8条的条文说明中认为：改进短肢剪力墙的定义使之更合理。将截面高厚比不大于8作为短肢剪力墙与一般剪力墙分界点时有矛盾发生，例如，有一截面厚度为200mm、截面高度为1650mm的剪力墙，按截面高厚比不大于8来判断，它是一般剪力墙；当墙厚加厚至250mm时，却算作短肢剪力墙，设计反而要加强，明显不合理。

《广东省高规》第7.2.2条要求，抗震设计时，短肢剪力墙的设计应符合下列要求：

1）短肢剪力墙截面厚度除应符合《广东省高规》第7.2.1条的要求外，尚不应小于200mm。

2）一、二、三级短肢剪力墙的轴压比，在底部加强部位分别不宜大于0.45、0.50、0.55，一字形截面短肢剪力墙的轴压比限值再相应减少0.05；在底部加强部位以上的其他部位不宜大于上述规定值加0.05。

3）除底部加强部位的短肢剪力墙应按《广东省高规》第7.2.6条调整剪力设计值外，其他各层一、二、三级短肢剪力墙的剪力设计值应分别乘以增大系数1.4、1.2和1.1。

4）短肢剪力墙边缘约束构件的设置应符合《广东省高规》第7.2.12条的要求。

5）墙肢截面高度与厚度之比不大于6的短肢剪力墙的全部竖向钢筋的配筋率，底部加强部位一、二级不宜小于1.2%，三、四级不宜小于1.0%；其他部位一、二级不宜小于1.0%，三、四级不宜小于0.8%；墙肢截面高度与厚度之比大于6的短肢剪力墙，其约束边缘构件竖向钢筋的配筋率，一、二级不宜小于1.6%，三、四级不宜小于1.4%，构造边缘构件竖向钢筋的配筋率，一、二级不宜小于1.4%，三、四级不宜小于1.2%。

6）不宜在一字形短肢剪力墙布置平面外与之相交的单侧楼面梁。不能避免时，应设置暗柱并校核剪力墙平面外受弯承载力。

《广东省高规》关于短肢剪力墙的定义和设计要求，在广东省以外的地区，在国家标准和地方标准未统一前，仅供设计参考。

117. 确定剪力墙底部加强部位的高度时应当注意什么问题?

合理设计的剪力墙结构，其剪力墙墙肢应具有良好的延性和耗能能力，在水平地震作用下，墙肢底部可以实现延性的弯曲破坏或有一定延性和耗能能力的弯曲—剪切破坏。为了使剪力墙墙肢具有良好的延性和耗能能力，除了遵从强墙肢弱连梁、强剪弱弯的设计原则外，还应限制墙肢的轴压比、剪压比，避免小剪跨比墙肢，设置剪力墙底部加强部位和设置剪力墙约束边缘构件，等等。

在剪力墙底部设置加强部位，适当提高剪力墙底部加强部位的承载力和加强抗震构造措施，对提高剪力墙的抗震能力，并进而改善整个结构的抗震性能是非常有用的。

(1) 抗震设计时，根据《高层建筑规程》第7.1.4条的规定，一般剪力墙结构底部加强部位的高度应从地下室顶板算起，可取墙肢总高度的1/10和底部两层二者的较大值；

房屋高度不大于24m时，剪力墙底部加强部位的高度可取底部一层。当结构计算嵌固端位于地下一层底板或以下时，底部加强部位宜延伸至计算嵌固端。

(2) 框架-剪力墙结构、板柱-剪力墙结构、框架-核心筒结构，以及混合结构等，其剪力墙或筒体墙底部加强部位的高度，可按与一般剪力墙结构相同的原则确定。

(3) 底部带转换层的部分框支剪力墙，根据《高层建筑规程》第10.2.2条的规定，其剪力墙底部加强部位的高度应从地下室顶板算起，宜取框支层加上框支层以上两层的高度及墙肢总高度的1/10二者的较大值。

在这里，结构工程师应注意：

当部分框支剪力墙结构底部加强部位剪力墙的抗震等级与非底部加强部位剪力墙的抗震等级不同，在“独立定义构件抗震等级”时，应正确定义剪力墙非加强部位的起始层号。

118. 剪力墙厚度不满足规范或规程要求时应当如何处理?

(1) 根据《抗震规范》第6.4.1条的规定，剪力墙的截面尺寸应满足下列要求：

1) 按一、二级抗震等级设计的剪力墙的截面厚度，底部加强部位不宜小于层高或剪力墙无支长度的1/16，且不应小于200mm；其他部位不宜小于层高或剪力墙无支长度的1/20，且不应小于160mm。当为无端柱或无翼墙的一字形剪力墙时，其底部加强部位的截面厚度尚不宜小于层高或无支长度的1/12；其他部位尚不宜小于层高或无支长度的1/16。

2）按三、四级抗震等级设计的剪力墙的截面厚度，底部加强部位不宜小于层高或剪力墙无支长度的1/20，且不应小于160mm；其他部位不宜小于层高或剪力墙无支长度的1/25，且不应小于140mm。

当为无端柱或无翼墙时，其底部加强部位的截面厚度不宜小于层高或无支长度的1/16，其他部位不宜小于层高或无支长度的1/20。

3）剪力墙井筒中，分隔电梯井或管道井的墙肢截面厚度可适当减小，但不宜小于160mm。

（2）《高层建筑规程》关于剪力墙截面厚度的规定与《抗震规范》有较大的不同，其基本原则是：

1）剪力墙的截面厚度应符合《高层建筑规程》附录D的墙体稳定验算要求。

2）一、二级剪力墙的厚度：底部加强部位不应小于200mm；其他部位不应小于160mm；一字形独立剪力墙的底部加强部位不应小于220mm，其他部位不应小于180mm。

3）三、四级剪力墙的厚度：底部加强部位不应小于160mm，一字形独立剪力墙的底部加强部位尚不应小于180mm。

4）非抗震设计时不应小于160mm。

5）剪力墙井筒中，分隔电梯井或管道井的墙肢截面厚度可适当减小，但不宜小于160mm。

（3）当剪力墙墙厚不满足上述要求时，在不拟增加墙厚的情况下，应按《高层建筑规程》附录D计算墙体的稳定性。现举例说明如何进行墙肢的稳定性验算。

1）抗震等级为二级的无端柱、无翼墙的一字形单片独立剪力墙墙肢（两边支承），在底部加强部位的首层，墙肢的截面厚度 b_w 为220mm，为首层层高3.300m的1/15，不满足《高层建筑规程》第7.2.2条关于一字形剪力墙底部加强部位墙肢截面厚度不应小于层高1/12的要求，应进行墙肢的稳定性计算。

2）剪力墙墙肢应满足下式的稳定要求：

$$q \leqslant \frac{E_c b_w^3}{10 l_0^2} \tag{7-1}$$

式中 q——作用于墙顶组合的等效竖向均布荷载设计值；

E_c——剪力墙混凝土的弹性模量；

b_w——剪力墙墙肢截面厚度；

l_0——剪力墙墙肢计算长度，$l_0=\beta h$，其中，β 为墙肢计算长度系数，对于单片独立墙肢（两边支承），取 $\beta=1.00$；h 为墙肢所在楼层层高。

3）墙的截面尺寸 $h_w \times b_w$ 为2200mm×220 mm（图7-6），墙肢的混凝土强度

等级为 C35，$E_c = 3.15 \times 10^4 \mathrm{N/mm^2}$，墙肢所在楼层层高 $h = 3300\mathrm{mm}$。

4）墙肢的计算长度按《高层建筑规程》附录 D 的公式（D.0.2）计算如下：

$$l_0 = \beta h = 1.00 \times 3300 = 3300(\mathrm{mm})$$

5）根据《高层建筑规程》附录 D 的公式（D.0.1）可得到

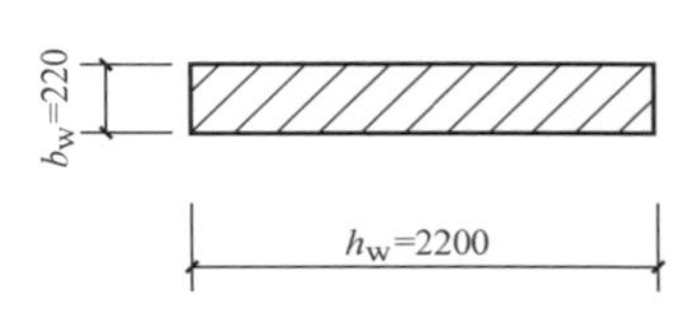

图 7-6　墙肢截面尺寸

$$[q] = \frac{E_c b_w^3}{10 l_0^2} = \frac{3.15 \times 10^4 \times 220^3}{10 \times 3300^2} = 3080(\mathrm{N/mm})$$

6）根据结构整体计算结果，墙肢考虑水平地震作用效应参与组合的最大轴向压力设计值为 $N = 4078.6\mathrm{kN}$，故作用于墙顶组合的等效竖向均布荷载设计值为：

$$q = \frac{N}{h_w} = \frac{4078.6 \times 10^3}{2200} = 1854(\mathrm{N/mm}) < [q] = 3080\ \mathrm{N/mm}$$

7）经计算，墙肢的稳定性符合《高层建筑规程》附录 D 的要求。

（4）结构工程师应当注意的是，并不是在任何情况下只要求剪力墙墙肢的截面厚度仅满足《高层建筑规程》附录 D 的稳定计算要求就可以了，还应考虑剪力墙所处的位置及其重要性。对于剪力墙底部的加强部位、角窗旁的一字形剪力墙墙肢（特别是短肢剪力墙墙肢）、框支剪力墙结构的落地墙、框架-剪力墙结构中的单片墙（非筒体墙）等，由于这些部位的重要性和受力的复杂性，确定这些部位的墙肢截面厚度时，应将《高层建筑规程》附录 D 稳定计算的结果适当加大，使这些部位墙肢截面的厚度接近《抗震规范》和《高层建筑规程》要求的最小厚度。

119. 剪力墙的轴压比如何计算？有何限制？

（1）钢筋混凝土剪力墙的轴压比定义和计算方法与钢筋混凝土柱的轴压比定义和计算方法有本质的区别。钢筋混凝土柱的轴压比是指柱考虑地震作用效应组合的轴向压力设计值与柱全截面面积和混凝土轴心抗压强度设计值乘积的比值，按下式计算：

$$\mu_N^c = \frac{N_c}{f_c A_c} \tag{7-2}$$

式中　μ_N^c——钢筋混凝土柱的轴压比；

N_c——柱考虑地震作用效应组合的轴向压力设计值，按《抗震规范》公式（5.4.1）计算；

A_c——钢筋混凝土柱截面面积；

f_c——混凝土的轴心抗压强度设计值。

钢筋混凝土剪力墙的轴压比是指剪力墙墙肢在重力荷载代表值作用下的轴向压力设计值与剪力墙墙肢截面面积和混凝土轴心抗压强度设计值乘积的比值，按下式计算：

$$\mu_N^w = \frac{N_w}{f_c A_w} \tag{7-3}$$

式中 μ_N^w——钢筋混凝土剪力墙墙肢的轴压比；

N_w——剪力墙墙肢在重力荷载代表值作用下的轴向压力设计值，$N_w = \gamma_G S_{GE}$，其中 γ_G 为重力荷载分项系数，S_{GE} 为重力荷载代表值的效应；对于一般的民用建筑，$N_w = 1.2 \times (N_D + 0.5N_L)$，其中 N_D 为自重荷载标准值作用下的轴向压力值，N_L 为楼、屋面活荷载标准值作用下的轴向压力值；

A_w——剪力墙墙肢的截面面积。

（2）抗震设计时，一、二、三级抗震等级的剪力墙，其重力荷载代表值作用下墙肢的平均轴压比不宜超过表 7-3 的限值。

表 7-3 剪力墙的轴压比限值

抗震等级（设防烈度）	一级（9 度）	一级（6、7、8 度）	二级、三级
轴压比	0.4	0.5	0.6

抗震设计的剪力墙结构中的短肢剪力墙，在重力荷载代表值作用下的轴压比，抗震等级为一、二、三级时，分别不宜大于 0.45、0.50、0.55。对于无翼缘或无端柱的一字形截面短肢剪力墙，其轴压比限值相应降低 0.1。

120. 剪力墙在什么情况下设置约束边缘构件？在什么情况下设置构造边缘构件？

（1）在剪力墙墙肢的两端和洞口两侧应设置边缘构件。

（2）抗震设计的多高层剪力墙结构，当抗震等级为一、二、三级剪力墙底层墙肢底截面轴压比大于表 7-4 的规定时，其底部加强部位及其相邻的上一层，应按《高层建筑规程》第 7.2.15 条的要求设置约束边缘构件。

一、二、三级抗震等级的剪力墙结构的其他部位，四级抗震等级的剪力墙结构和非抗震设计的剪力墙结构，应按《高层建筑规程》第 7.2.16 条或《抗震规范》第 6.4.5 条的要求设置构造边缘构件。

当剪力墙结构底层墙肢底截面在重力荷载代表值作用下的轴压比不大于表 7-4 的规定值时，可按《高层建筑规程》第 7.2.16 条或《抗震规范》第 6.4.5 条的要求设置构造边缘构件。

表 7-4 剪力墙设置构造边缘构件的最大轴压比

抗震等级（设防烈度）	一级（9 度）	一级（6、7、8 度）	二、三级
轴压比	0.1	0.2	0.3

（3）框架-剪力墙结构、板柱-剪力墙结构、框架-核心筒结构及混合结构等，其剪力墙（筒体墙）边缘构件的设置原则与剪力墙结构基本相同。

（4）部分框支剪力墙结构，其剪力墙边缘构件的设置原则也与剪力墙结构相同。部分框支剪力墙结构底部加强部位的剪力墙包括落地剪力墙和转换构件上部 2 层的剪力墙。剪力墙结构的剪力墙两端（不包括洞口两侧）宜设置端柱或与另一方向的剪力墙相连。部分框支剪力墙结构的落地墙两端（不包括洞口两侧）应设置端柱或与另一方向的剪力墙相连；抗震设计时，部分框支剪力墙结构剪力墙的底部加强部位及其相邻的上一层，应按《高层建筑规程》第 7.2.15 条的规定设置约束边缘构件；部分框支剪力墙结构其他部位的剪力墙应按照《高层建筑规程》第 7.1.16 条或《抗震规范》第 6.4.5 条的要求设置构造边缘构件。

121. 剪力墙约束边缘构件的设计应符合哪些规定?

（1）剪力墙约束边缘构件沿墙肢方向的长度 l_c 和箍筋配箍特征值 λ_v 应符合表 7-5 的要求，且一、二、三级抗震设计箍筋直径均不应小于 8mm，箍筋沿竖向的间距一级时不应大于 100mm，二、三级时不应大于 150mm。箍筋的配置范围如图 7-7 所示，其体积配箍率 ρ_v 应按下式计算：

$$\rho_v = \lambda_v \frac{f_c}{f_{yv}} \tag{7-4}$$

式中 λ_v——约束边缘构件的配箍特征值；

f_c——混凝土轴心抗压强度设计值；强度等级低于 C35 时，应按 C35 计算；

f_{yv}——箍筋或拉筋的抗拉强度设计值。

（2）剪力墙约束边缘构件阴影部分（图 7-7）的竖向钢筋除应满足正截面受压（受拉）承载力计算要求外，其配筋率一、二、三级时分别不应小于 1.2%、1.0% 和 1.0%，并分别不应少于 8ϕ16、6ϕ16 和 6ϕ14 的钢筋（ϕ 表示钢筋直径）。

表 7-5 约束边缘构件沿墙肢的长度 l_c 及其配箍特征值 λ_v

项目	一级（9 度）		一级（6、7、8 度）		二、三级	
	$\mu_N \leqslant 0.2$	$\mu_N > 0.2$	$\mu_N \leqslant 0.3$	$\mu_N > 0.3$	$\mu_N \leqslant 0.4$	$\mu_N > 0.4$
l_c（暗柱）	$0.20h_w$	$0.25h_w$	$0.15h_w$	$0.20h_w$	$0.15h_w$	$0.20h_w$

（续）

项目	一级（9度）		一级（6、7、8度）		二、三级	
	$\mu_N \leqslant 0.2$	$\mu_N > 0.2$	$\mu_N \leqslant 0.3$	$\mu_N > 0.3$	$\mu_N \leqslant 0.4$	$\mu_N > 0.4$
l_c（翼墙或端柱）	$0.15h_w$	$0.20h_w$	$0.10h_w$	$0.15h_w$	$0.10h_w$	$0.15h_w$
λ_v	0.12	0.20	0.12	0.20	0.12	0.20

注：1. μ_N 为墙肢在重力荷载代表值作用下的轴压比，h_w 为墙肢的长度，λ_v 为约束边缘构件的配箍特征值。

2. 剪力墙的翼墙长度小于翼墙厚度的3倍或端柱截面边长小于2倍墙厚时，按无翼墙、无端柱查表。

3. l_c 为约束边缘构件沿墙肢的长度（图7-7）。对暗柱不应小于墙厚和400mm的较大值；有翼墙或端柱时，不应小于翼墙厚度或端柱沿墙肢方向截面高度加300mm。

（3）约束边缘构件箍筋的配置（图7-7）分阴影区和非阴影区两部分。

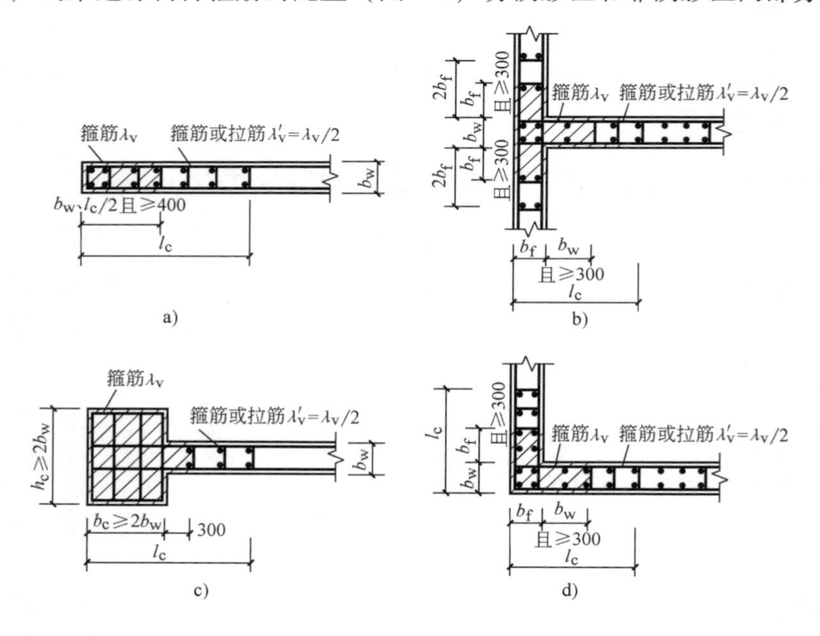

图7-7 剪力墙的约束边缘构件

a）暗柱 b）有翼墙 c）有端柱 d）转角墙（L形墙）

1）在阴影区内应设封闭箍筋，封闭箍筋长短边之比不宜大于3；箍筋的无支长度不应大于300mm（箍筋的无支长度是指同一水平面内两个相邻约束点之间的箍筋长度），大于300mm时，可补充拉条；拉条的水平间距不应大于纵向钢筋间距的2倍。箍筋和拉条均可参与体积配箍率的计算；当剪力墙墙肢的水平分布钢筋在约束边缘构件内有可靠锚固时，可与其他封闭箍和拉条一起作为约束箍筋参与体积配箍率计算，但计入的水平分布筋的体积配箍率不应大于总体积配箍率的30%。

2）在非阴影区内，可采用箍筋和拉条相结合的配箍方式，箍筋和拉条均可参与体积配箍率的计算；在非阴影区内，配箍特征值取 $\lambda_v/2$。

3）对约束边缘构件，无论是阴影区还是非阴影区，其箍筋（包括拉筋）沿竖向的间距，一级抗震设计时不应大于100mm，二、三级抗震设计时不应大于150mm，两者的要求是相同的（在满足体积配箍率的前提下，非阴影区的箍筋或拉条间距也可适当加大）。

4）在边缘构件的阴影区内，纵向钢筋的直径不应小于剪力墙竖向分布钢筋的直径，间距不应大于竖向分布钢筋的间距。

约束边缘构件的箍筋沿竖向的间距应注意与剪力墙水平分布钢筋的间距相协调，以方便施工。比如，当二级抗震等级的剪力墙水平分布钢筋沿竖向的间距采用200mm时，约束边缘构件内箍筋沿竖向的间距宜采用100mm，不宜采用150mm。

5）当上部结构嵌固在地下室顶板部位时，地下一层的抗震等级与上部结构的抗震等级相同，剪力墙底部加强部位的高度从地上一层向上计算，并按《抗震规范》第6.1.10条或《高层建筑规程》第7.1.4条的规定确定；同时，应将剪力墙底部加强部位向地下室延伸一层，地下二层及二层以下可不按加强部位对待。这就是说，当上部结构嵌固在地下室顶板部位时，地下一层剪力墙的抗震等级同上部结构并按加强部位进行设计，而且地下一层边缘构件的配筋除满足计算和构造要求外不应少于地上一层。

当地下室顶板不能作为上部结构嵌固部位时，通常地下二层顶板（即地下一层底板）可满足嵌固要求。此时剪力墙的底部加强部位宜延伸至计算嵌固端。

122. 剪力墙构造边缘构件的设计宜符合哪些规定?

（1）构造边缘构件的配筋范围和纵向钢筋最小配筋的截面面积 A_c 宜取图7-8的阴影部分。

（2）构造边缘构件的纵向钢筋应满足剪力墙正截面受压（受拉）承载力计算要求。

（3）抗震设计时，构造边缘构件纵向钢筋和箍筋的最小配筋应符合表7-6的规定，箍筋的无支长度不应大于300mm，拉筋的水平间距不应大于纵向钢筋间距的2倍。当剪力墙端部设有端柱时，端柱中纵向钢筋及箍筋宜按框架柱的构造要求设置。

（4）抗震设计时，对于连体结构、错层结构以及B级高度的剪力墙结构中的剪力墙（筒体墙），其构造边缘构件的最小配筋应符合下列要求：

1）竖向钢筋最小配筋应将表 7-6 中的数值提高 $0.001A_c$ 采用。

表 7-6　剪力墙构造边缘构件的最小配筋要求

抗震等级	底部加强部位			其他部位		
	竖向钢筋最小量（取较大值）	箍筋		竖向钢筋最小量（取较大值）	拉筋	
		最小直径/mm	沿竖向最大间距/mm		最小直径/mm	沿竖向最大间距/mm
一级	$0.010A_c$，$6\phi16$	8	100	$0.008A_c$，$6\phi14$	8	150
二级	$0.008A_c$，$6\phi14$	8	150	$0.006A_c$，$6\phi12$	8	200
三级	$0.006A_c$，$6\phi12$	6	150	$0.005A_c$，$4\phi12$	6	200
四级	$0.005A_c$，$4\phi12$	6	200	$0.004A_c$，$4\phi12$	6	250

注：1. A_c 为构造边缘构件的截面面积，即图 7-7 剪力墙截面的阴影部分。
2. 符号 ϕ 表示钢筋直径。
3. 其他部分的转角处宜采用箍筋。

2）箍筋的配筋范围宜取图 7-8 的阴影部分，其配箍特征值 λ_v 不宜小于 0.1。

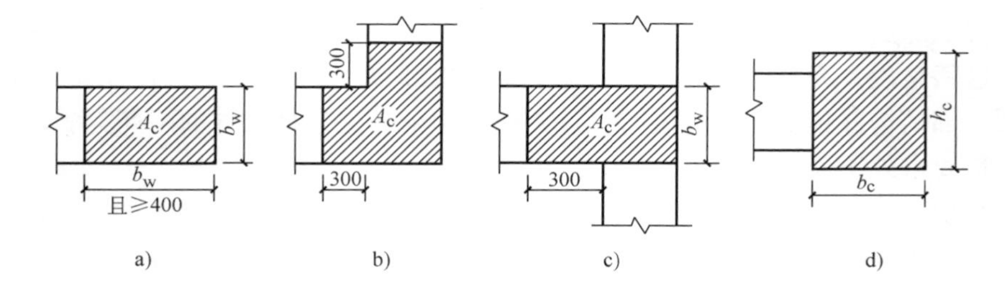

图 7-8　剪力墙的构造边缘构件
a）暗柱　b）转角墙　c）翼墙　d）端柱

（5）非抗震设计时，剪力墙端部应按构造要求配置不少于 $4\phi12$mm 的竖向钢筋，沿竖向钢筋应配置直径不小于 6mm、间距不大于 250mm 的箍筋。

（6）剪力墙上各类门窗洞口边缘构件竖向钢筋的锚固示意如图 7-9、图 7-10 所示。

剪力墙上预留洞口的洞宽和洞高均不大于 800mm 的非连续小洞口，可不设边缘构件，仅按构造要求设置洞口边加强钢筋即可（图 7-11）。剪力墙上的这种非连续小洞口，在结构整体计算时可不考虑其影响。当剪力墙上预留的非连续洞口较大时，在结构整体计算时，应考虑其影响，并根据其位置和大小按国家规范的规定设置连梁和边缘构件。

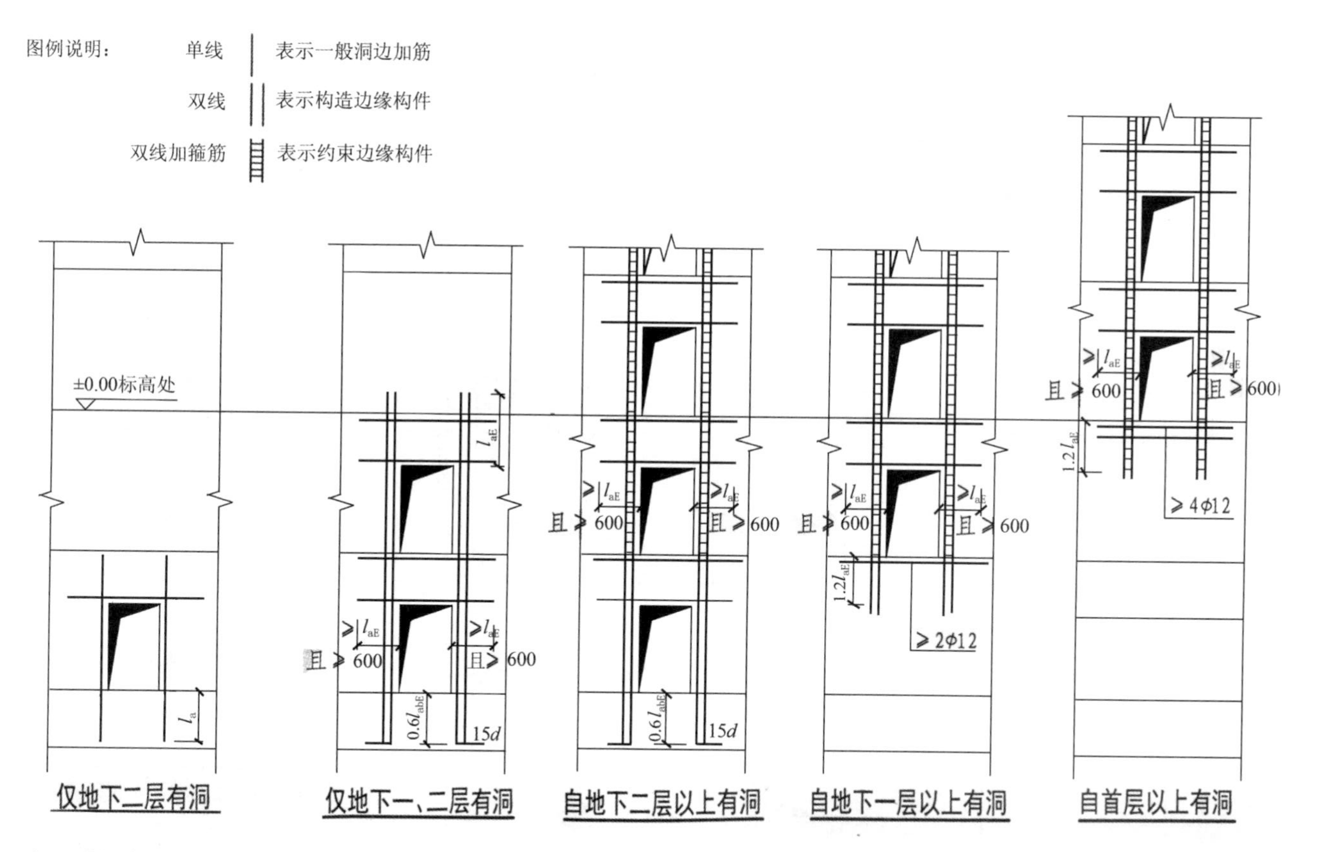

注：1. 本图所示为±0.00作为建筑物嵌固部位约束边缘构件的延伸范围。

2. 非抗震设计时，不设约束边缘构件，图中l_{aE}改为l_a，l_{abE}改为l_{ab}。

图7-9　各类门窗洞口竖向钢筋锚固示意图（一）

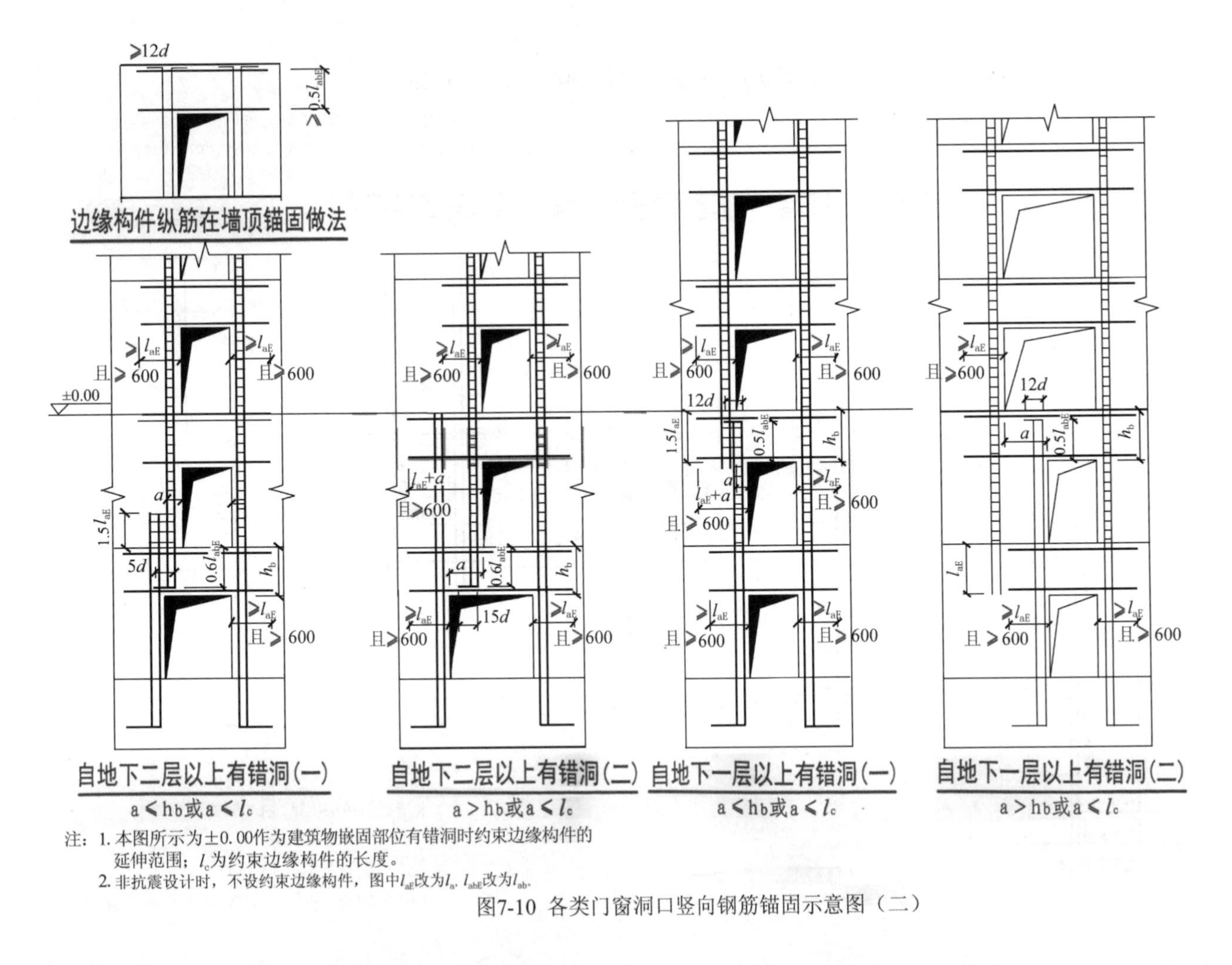

注：1. 本图所示为±0.00作为建筑物嵌固部位有错洞时约束边缘构件的延伸范围；l_c为约束边缘构件的长度。

2. 非抗震设计时，不设约束边缘构件，图中l_{aE}改为l_a，l_{abE}改为l_{ab}。

图7-10 各类门窗洞口竖向钢筋锚固示意图（二）

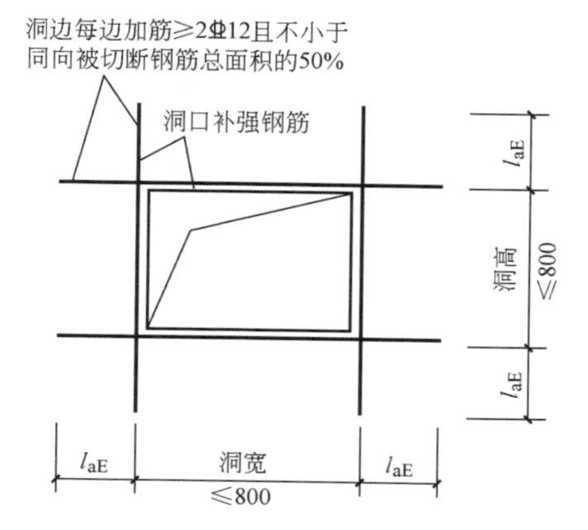

图 7-11　墙体预留非连续洞口补强钢筋大样图

注：非抗震设计时图中的 l_{aE} 应取 l_a。

123. 剪力墙水平分布钢筋和竖向分布钢筋的配置应符合哪些规定？

（1）剪力墙水平分布钢筋和竖向分布钢筋除满足计算要求外，其配置应符合表 7-7 的规定，分布钢筋直径不应小于 8mm，且不宜大于墙肢截面厚度的 1/10；拉筋的直径不应小于 6mm，拉筋的间距不应大于 600mm。《抗震规范》和《混凝土规范》第 11 章要求，剪力墙竖向钢筋的直径不宜小于 10mm。

表 7-7　剪力墙分布钢筋的配筋要求

设计类别＼配筋要求		最小配筋率（%）	最大间距/mm	最小直径/mm
抗震设计	一、二、三级	0.25	300	8
	四级	0.20	300	8
非抗震设计		0.20	300	8
框支落地剪力墙		0.30（非抗震 0.25）	200	8

注：高度小于 24m 且剪压比很小的四级剪力墙，其竖向分布筋的配筋率应允许按 0.15% 采用。

实际工程中，剪力墙的水平分布钢筋和竖向分布钢筋的间距一般不大于 200mm。

（2）房屋顶层的剪力墙、长矩形平面房屋的楼梯间和电梯间的剪力墙、端开间的纵向剪力墙以及端山墙，其水平分布钢筋和竖向分布钢筋的最小配筋率不应小于 0.25%，钢筋的间距不应大于 200mm。

（3）多高层建筑中，剪力墙的水平分布钢筋和竖向分布钢筋，不应采用单排配筋。当剪力墙截面厚度 b_w 不大于 400mm 时，可采用双排配筋；当 b_w 大于

400mm 但不大于 700mm 时，宜采用 3 排配筋；当 b_w >700mm 时，宜采用 4 排配筋。受力钢筋可均匀分布成数排。各排分布钢筋之间的拉结筋间距不应大于 600mm，直径不应小于 6mm。

（4）剪力墙钢筋的锚固和连接应符合下列规定：

1）非抗震设计时，剪力墙纵向钢筋的最小锚固长度为 l_a；抗震设计时，剪力墙纵向钢筋的最小锚固长度为 l_{abE}。l_{ab} 和 l_{abE} 的取值分别见本书第三章第 48 问表 3-2和表 3-5。

2）剪力墙竖向分布钢筋和水平分布钢筋的连接做法（图 7-12）。一、二级抗震等级剪力墙的底部加强部位，接头位置应错开，每次连接的钢筋数量不宜超过总数量的 50%，错开净距不宜小于 500mm；其他情况下，剪力墙的分布钢筋可在同一部位连接。非抗震设计时，分布钢筋的搭接长度不应小于 $1.2l_{ab}$；抗震设计时，分布钢筋的搭接长度不应小于 $1.2l_{abE}$。

3）暗柱及端柱内纵向钢筋连接和锚固要求与框架柱相同，应符合《高层建筑规程》第 6 章的有关规定，详见国家标准图集《混凝土结构施工图平面整体表示方法制图规则和构造详图》11G101—1 或《建筑物抗震构造详图》11G329—1。

4）剪力墙水平分布钢筋在翼墙、转角墙（L 形墙）、端柱和暗柱内的锚固如图 7-13 所示；在剪力墙的转角处，外侧的水平分布钢筋宜在边缘构件以外搭接，以避免转角处水平分布钢筋与边缘构件的箍筋重叠。

124. 在剪力墙结构外墙角部开设角窗时，应当采取哪些加强措施?

剪力墙结构在外墙角部是否可以开设角窗，《抗震规范》和《高层建筑规程》均没有明确的规定，但在实际工程中，在抗震设防烈度为 8 度和 8 度以下的地震区，在剪力墙结构的外墙角部开设角窗的工程项目并不是个别的，而是比较普遍的。

在剪力墙结构外墙角部开设角窗，必然会破坏墙体的连续性和封闭性，使地震作用无法可靠传递，给结构的抗震安全造成隐患；同时在剪力墙结构外墙角部开设角窗，也会降低结构的整体刚度，特别是结构的抗扭刚度。所以，在地震区，特别是在高烈度地震区，应尽量避免在剪力墙结构外墙角部开设角窗，必须设置时应采取加强措施。

（1）在剪力墙结构外墙角部开设角窗时，2012 年 4 月出版的《全国民用建筑工程设计技术措施（混凝土结构）》的建议是，抗震设防烈度为 9 度和 B 级高度的高层剪力墙结构不应在剪力墙外墙角部开设角窗；抗震设计时，7 度及 8 度地震区的高层剪力墙结构不宜在剪力墙外墙角部开设角窗，必须设置时，应进行专门研究，并宜采取下列加强措施：

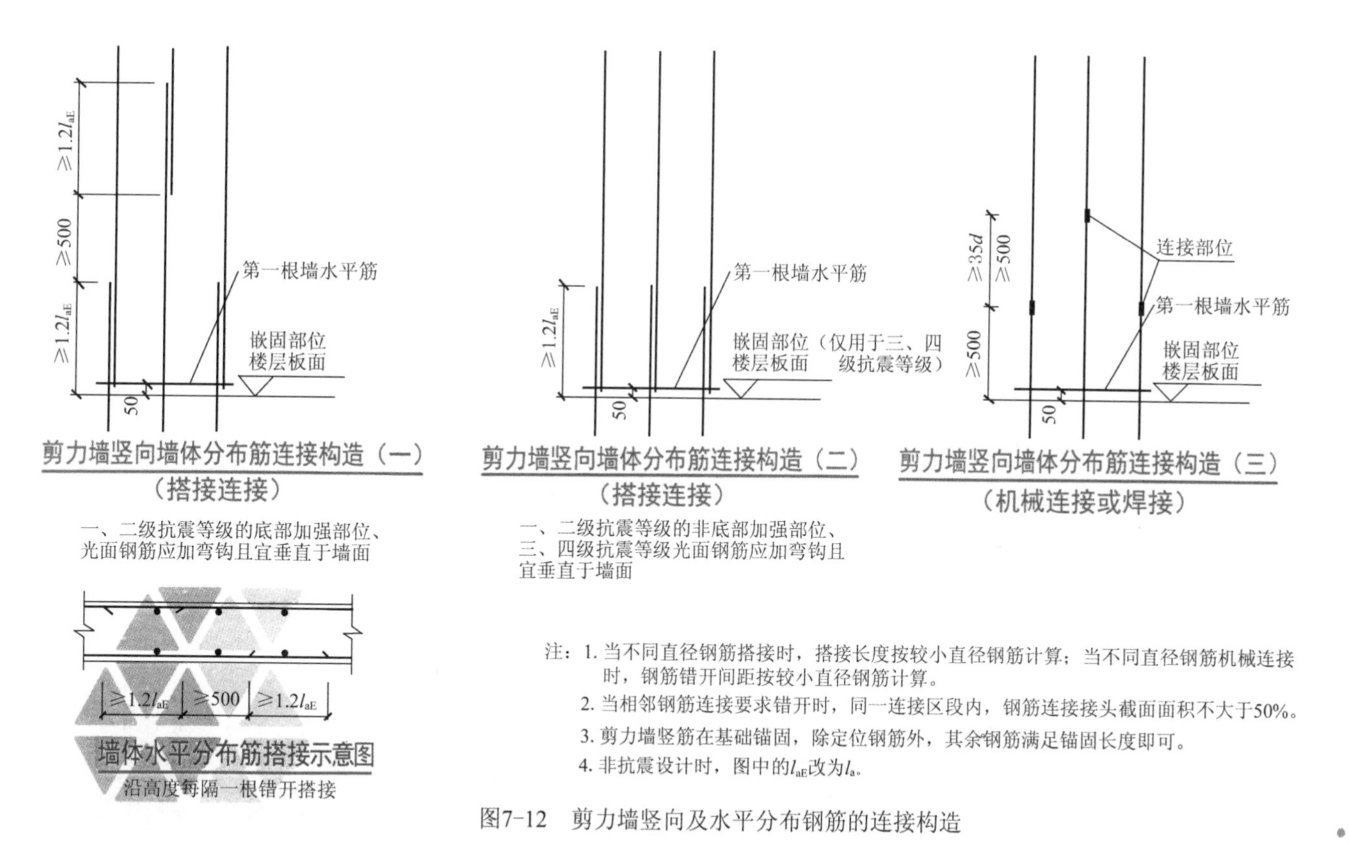

注：1. 当不同直径钢筋搭接时，搭接长度按较小直径钢筋计算；当不同直径钢筋机械连接时，钢筋错开间距按较小直径钢筋计算。

2. 当相邻钢筋连接要求错开时，同一连接区段内，钢筋连接接头截面面积不大于50%。

3. 剪力墙竖筋在基础锚固，除定位钢筋外，其余钢筋满足锚固长度即可。

4. 非抗震设计时，图中的l_{aE}改为l_a。

图7-12 剪力墙竖向及水平分布钢筋的连接构造

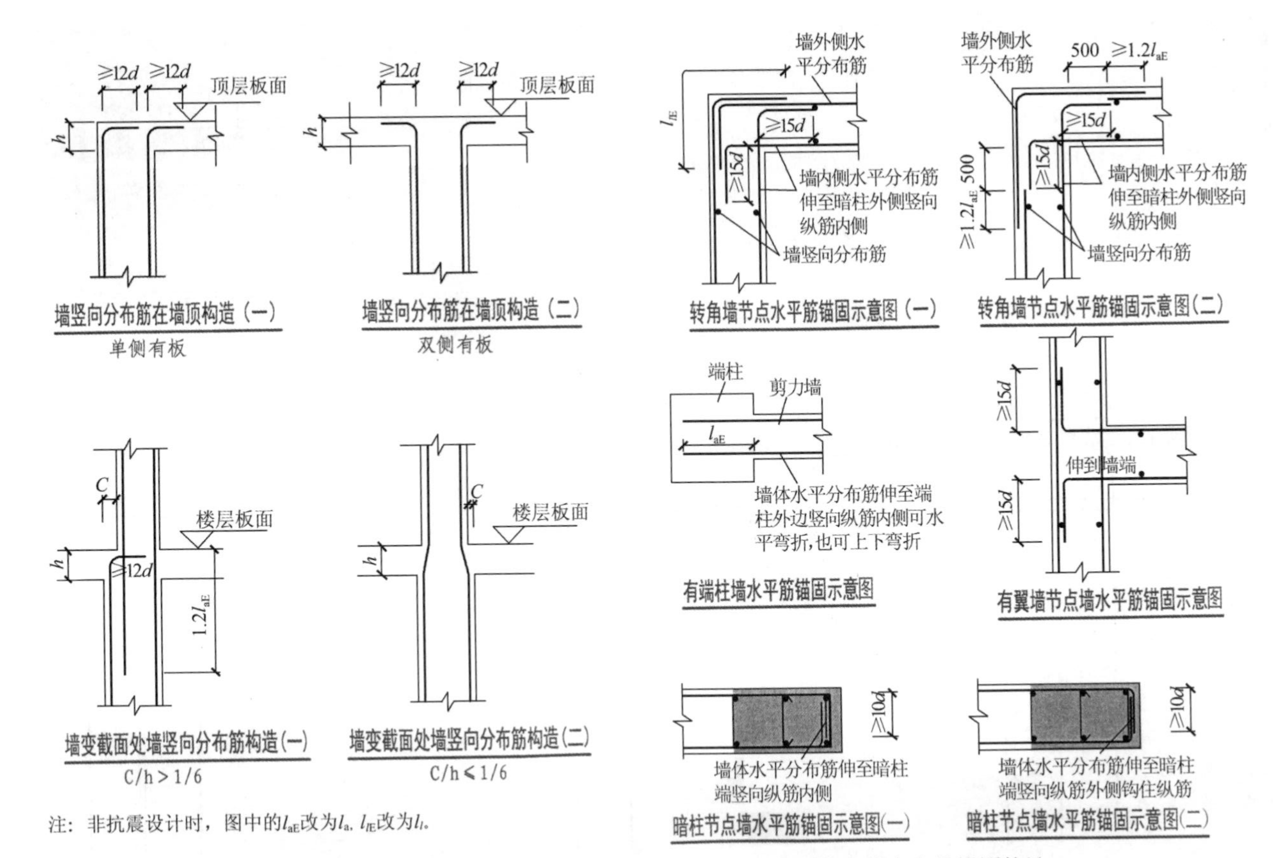

注：非抗震设计时，图中的l_{aE}改为l_a，l_{lE}改为l_l。

图7-13 剪力墙竖向分布筋构造做法及水平分布筋在节点内的锚固构造

1）抗震计算时应考虑扭转耦联影响。

2）角窗两侧墙肢厚度不宜小于250mm。

3）宜提高角窗两侧墙肢的抗震等级，并按提高后的抗震等级满足轴压比限值的要求。

4）角窗两侧的墙肢应沿全高均按《高层建筑规程》第7.2.15条的要求设置约束边缘构件。

5）转角窗房间的楼板宜适当加厚，配筋适当加强，转角窗两侧墙肢间的楼板宜设暗梁。

6）加强角窗窗台挑梁的配筋与构造。

（2）国家标准图集11G329—1，针对在剪力墙结构转角部位设置角窗，提供了一套构造做法，可供设计参考，详见图7-14。

（3）编者建议：非抗震设计的高层剪力墙结构，当在剪力墙外墙角部开设角窗时，宜采取适当的加强措施。

125. 剪力墙连梁的截面设计和配筋构造有哪些基本要求?

（1）剪力墙开洞形成的连梁，其截面设计应符合下列要求：

1）剪力墙开洞形成的跨高比不小于5的连梁，宜按框架梁进行设计，并满足框架梁的受弯和受剪承载力要求。

剪力墙开洞形成的跨高比小于5的连梁，其截面尺寸应符合下列要求：

① 永久、短暂设计状况

$$V_b \leqslant 0.25\beta_c f_c b_b h_{b0} \tag{7-5}$$

② 地震设计状况

跨高比大于2.5时
$$V_b \leqslant \frac{1}{\gamma_{RE}} 0.20\beta_c f_c b_b h_{b0} \tag{7-6}$$

跨高比不大于2.5时
$$V_b \leqslant \frac{1}{\gamma_{RE}} 0.15\beta_c f_c b_b h_{b0} \tag{7-7}$$

式中　V_b——调整后的连梁的剪力设计值；

b_b——连梁截面的宽度；

h_{b0}——连梁截面的有效高度；

β_c——混凝土强度影响系数；当混凝土强度等级不大于C50时取1.0；当混凝土强度等级为C80时取0.8；当混凝土强度等级在C50和C80之间时可按线性内插取值；

γ_{RE}——受弯构件斜截面承载力抗震调整系数，$\gamma_{RE}=0.85$。

2）剪力墙连梁的剪力设计值应按下列规定计算：

① 无地震作用组合以及有地震作用组合的四级抗震等级的连梁，应分别取

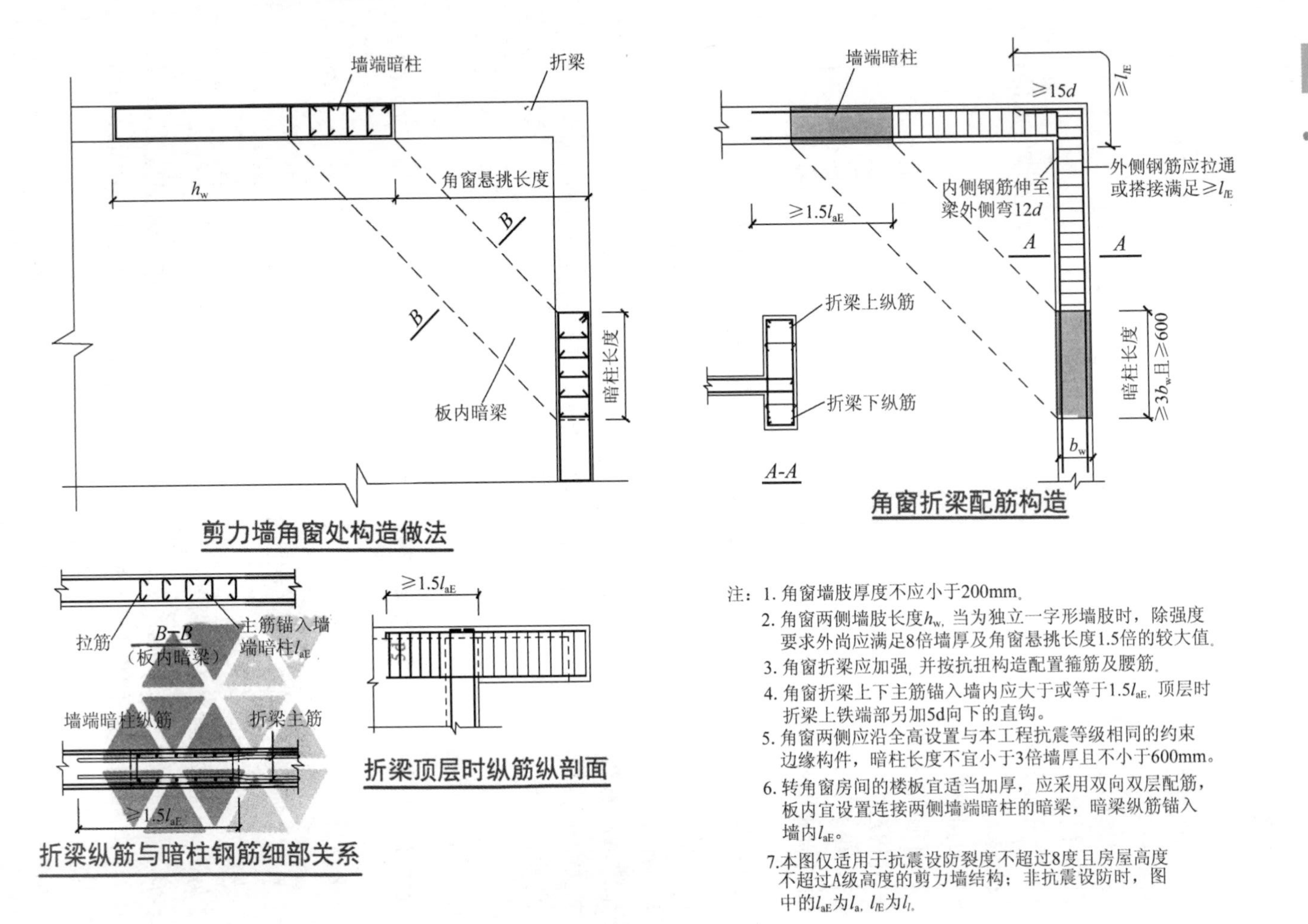

注：1. 角窗墙肢厚度不应小于200mm。

2. 角窗两侧墙肢长度h_w，当为独立一字形墙肢时，除强度要求外尚应满足8倍墙厚及角窗悬挑长度1.5倍的较大值。

3. 角窗折梁应加强，并按抗扭构造配置箍筋及腰筋。

4. 角窗折梁上下主筋锚入墙内应大于或等于$1.5l_{aE}$，顶层时折梁上铁端部另加5d向下的直钩。

5. 角窗两侧应沿全高设置与本工程抗震等级相同的约束边缘构件，暗柱长度不宜小于3倍墙厚且不小于600mm。

6. 转角窗房间的楼板宜适当加厚，应采用双向双层配筋，板内宜设置连接两侧墙端暗柱的暗梁，暗梁纵筋锚入墙内l_{aE}。

7.本图仅适用于抗震设防裂度不超过8度且房屋高度不超过A级高度的剪力墙结构；非抗震设防时，图中的l_{aE}为l_a，l_{lE}为l_l。

图7-14　剪力墙结构转角窗构造做法

考虑水平风荷载或水平地震作用组合的剪力设计值。

② 连梁的抗震等级与剪力墙的抗震等级相同。

有地震作用组合的一、二、三级抗震等级的连梁，其剪力设计值应按下式进行调整：

$$V_b = \eta_{vb}\frac{M_b^l + M_b^r}{l_n} + V_{Gb} \tag{7-8}$$

9 度抗震设计时尚应符合

$$V_b = 1.1(M_{bua}^l + M_{bua}^r)/l_n + V_{Gb} \tag{7-9}$$

式中　M_b^l、M_b^r——分别为连梁左、右端顺时针或反时针方向考虑地震作用组合的弯矩设计值；

M_{bua}^l、M_{bua}^r——分别为连梁左、右端顺时针或反时针方向实配钢筋的受弯承载力所对应的弯矩值，应按实配钢筋截面面积（计入受压钢筋）和材料强度标准值并考虑承载力抗震调整系数计算；

l_n——连梁的净跨；

V_{Gb}——在重力荷载代表值（9 度时还应包括竖向地震作用标准值）作用下，按简支梁计算的梁端截面剪力设计值；

η_{vb}——连梁剪力增大系数，一级取 1.3，二级取 1.2，三级取 1.1。

3）连梁的正截面受弯承载力应按《混凝土规范》第 7.2 节的受弯构件计算。但抗震设计时，应在受弯承载力计算公式右边除以受弯构件正截面承载力抗震调整系数 γ_{RE}，应取 $\gamma_{RE}=0.75$。

4）连梁的斜截面受剪承载力，应按下列公式计算：

① 永久、短暂设计状况

$$V_b \leqslant 0.7f_t b_b h_{b0} + f_{yv}\frac{A_{sv}}{s}h_{b0} \tag{7-10}$$

② 地震设计状况

跨高比大于 2.5 时　$$V_b \leqslant \frac{1}{\gamma_{RE}}\left(0.42f_t b_b h_{b0} + f_{yv}\frac{A_{sv}}{s}h_{b0}\right) \tag{7-11}$$

跨高比不大于 2.5 时　$$V_b \leqslant \frac{1}{\gamma_{RE}}\left(0.38f_t b_b h_{b0} + 0.9f_{yv}\frac{A_{sv}}{s}h_{b0}\right) \tag{7-12}$$

式中　f_t——混凝土轴心抗拉强度设计值；

A_{sv}——配置在同一截面内箍筋各肢的全部截面面积；

s——沿构件长度方向的箍筋间距。

（2）连梁的配筋构造应符合下列要求：

1）连梁顶面、底面纵向受力钢筋伸入墙内的锚固长度，抗震设计时不小于 l_{aE}，非抗震设计时不应小于 l_a，且不应小于 600mm。

2）抗震设计时，沿连梁全长箍筋的构造应按《高层建筑规程》第6.3.2条的框架梁梁端加密区箍筋的构造要求采用（当连梁高度 h_b 小于400mm时，应注意使连梁箍筋间距不大于 $h_b/4$）；非抗震设计时，沿连梁全长的箍筋直径不应小于6mm，间距不应大于150mm。

3）在房屋顶层连梁的纵向钢筋伸入墙体的长度范围内，应配置间距不大于150mm的构造箍筋，箍筋直径应与该连梁的箍筋直径相同。

4）剪力墙水平分布钢筋应作为连梁的腰筋在连梁范围内拉通连续配置；当连梁截面高度大于700mm时，其两侧沿梁高范围设置的纵向构造钢筋（腰筋）的直径不应小于8mm，间距不应大于200mm；对跨高比不大于2.5的连梁，梁两侧的纵向构造钢筋（腰筋）的面积配筋率不应小于0.3%。

剪力墙连梁的配筋构造如图7-15、图7-16所示。

5）跨高比不大于1.5的连梁，非抗震设计时，其纵向钢筋的最小配筋率可取为0.2%；抗震设计时，其纵向受力钢筋的最小配筋率宜符合表7-8的要求；跨高比大于1.5的连梁，其纵向钢筋的最小配筋率可按框架梁的要求采用。

6）剪力墙结构的连梁中，非抗震设计时，其顶面及底面单侧纵向钢筋的最大配筋率不宜大于2.5%；抗震设计时，其顶面及底面单侧的最大配筋率宜符合表7-9的要求。如不满足，则应按实配钢筋进行连梁强剪弱弯的验算。

表7-8 跨高比不大于1.5的连梁纵向钢筋的最小配筋率 （%）

跨高比	最小配筋率（采用较大值）
$l/h_b \leqslant 0.5$	0.20，$45f_t/f_y$
$0.5 < l/h_b \leqslant 1.5$	0.25，$55f_t/f_y$

表7-9 连梁纵向钢筋的最大配筋率 （%）

跨高比	最大配筋率
$l/h_b \leqslant 1.0$	0.6
$1.0 < l/h_b \leqslant 2.0$	1.2
$2.0 < l/h_b \leqslant 2.5$	1.5

7）一、二级抗震等级的连梁，当其跨高比不大于2.5且连梁宽度大于或等于250mm但小于400mm时，除按规定设置普通箍筋外宜增配对角交叉斜向构造钢筋（图7-17）。

8）一、二级抗震等级的连梁，当其跨高比不大于2.5且连梁宽度大于或等于400mm时，除按规定设置普通箍筋外，宜增配对角暗撑（图7-18）。

9）对角交叉斜向钢筋配筋的连梁，每组对角交叉斜向钢筋由根数不少于4根且不少于2排的钢筋组成，钢筋直径不应小于14mm。

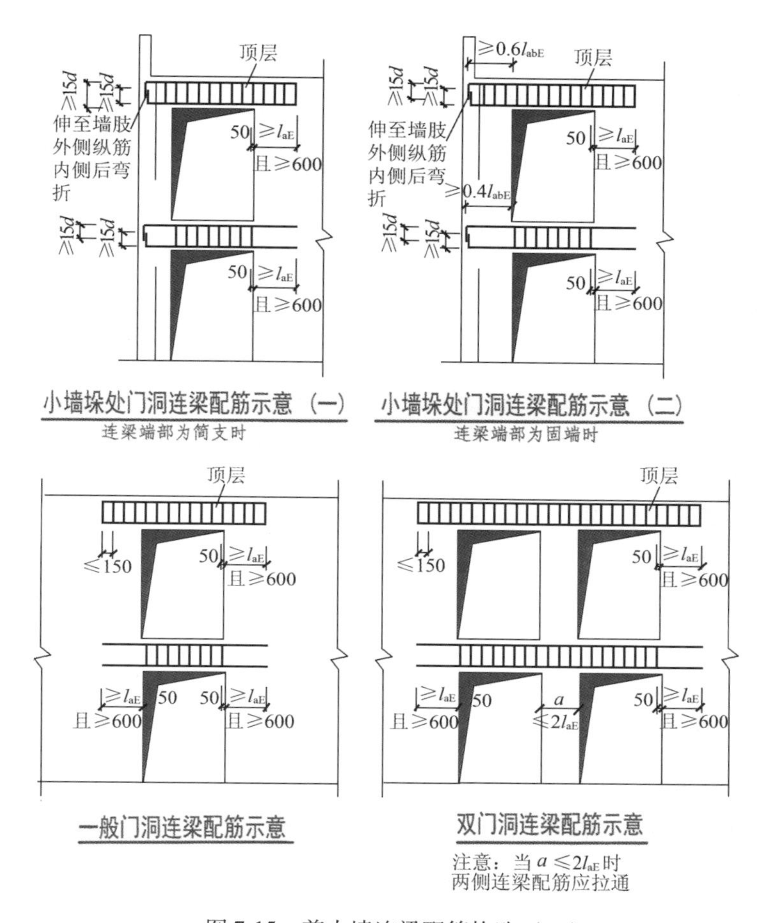

图 7-15　剪力墙连梁配筋构造（一）

注：1. 剪力墙开洞形成的跨高比小于 5 的连梁，应按连梁设计；当跨高比不小于 5 时，宜按框架梁进行设计。

2. 框架-剪力墙结构和板柱剪力墙结构中，剪力墙洞口宜上下对齐，洞边端柱不宜小于 300mm。

3. 剪力墙结构和部分框支剪力墙中：

1）剪力墙不宜过长，较长的剪力墙宜设置跨高比较大连梁，将一道剪力墙分成长度较均匀的若干墙段，各墙段的高度与墙段长度之比不宜小于 4，墙段长度不宜大于 8m。

2）墙肢的长度沿结构全高不宜有突变，剪力墙有较大洞口以及一、二、三级剪力墙的底部加强部位，洞口宜上下对齐。

4. 各类结构中，楼面主梁不宜支承在剪力墙洞口的连梁上。

5. 顶层连梁纵向水平钢筋伸入墙肢的长度范围内应配置箍筋，其间距不应大于 150mm，直径与连梁箍筋相同。

6. 沿连梁全长箍筋的构造应符合构造要求。

7. 连梁高度范围内的墙肢水平分布筋应在连梁内拉通作为连梁的腰筋。连梁截面高度大于 700mm 时，其两侧面腰筋的直径不应小于 8mm，间距不应大于 200mm；跨高比不大于 2. 5 的连梁，其两侧腰筋的总面积配筋率同时不应小于 0. 3%。

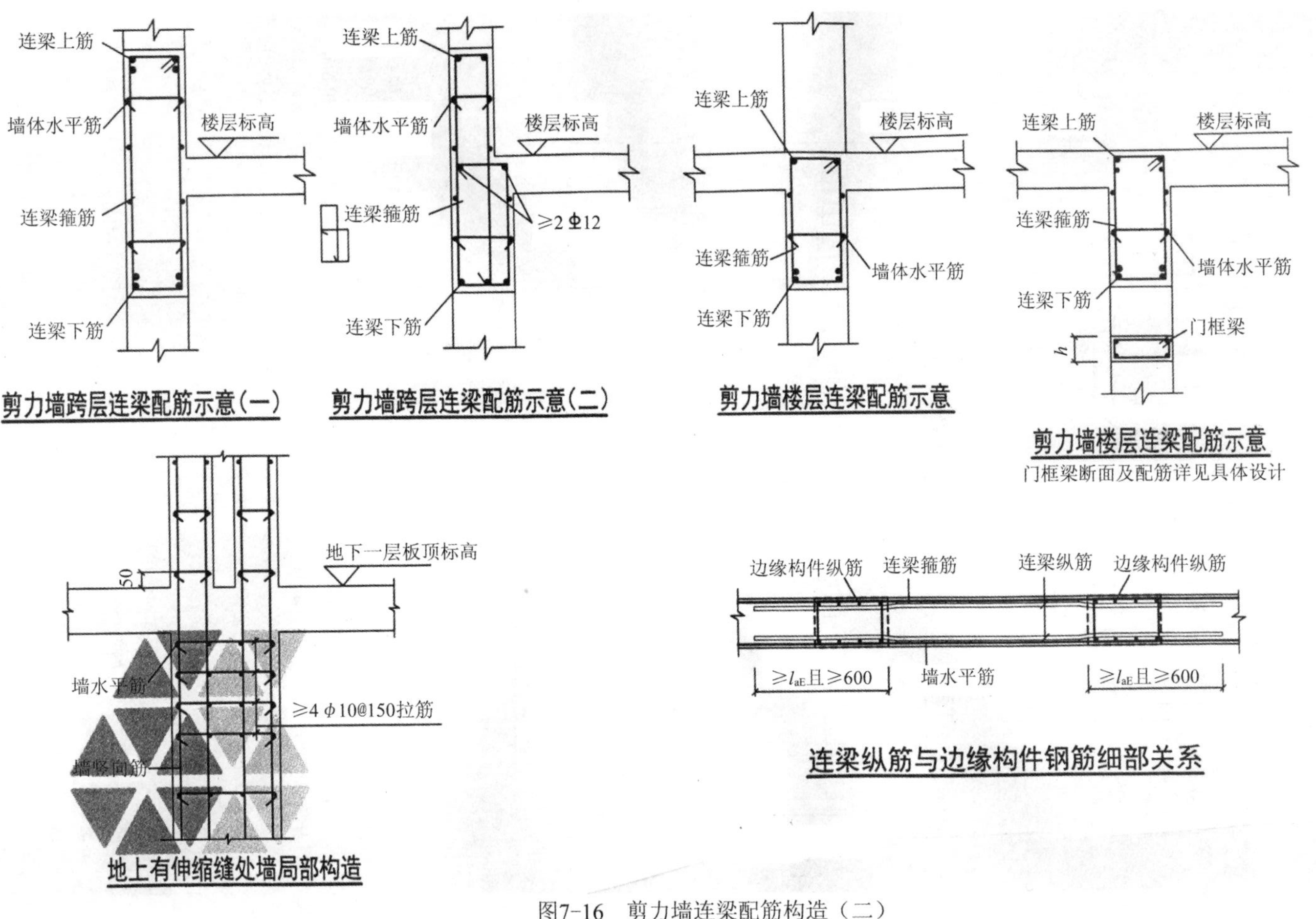

图7-16 剪力墙连梁配筋构造（二）

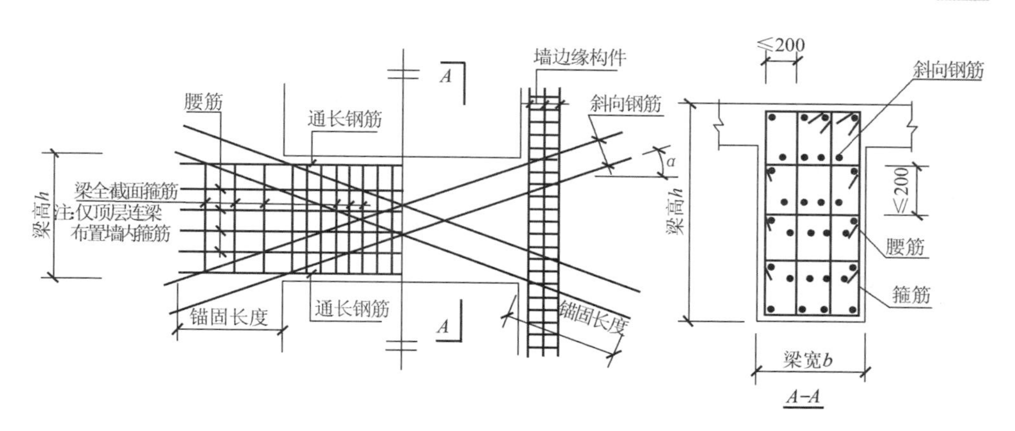

图 7-17　对角交叉斜向钢筋配筋连梁

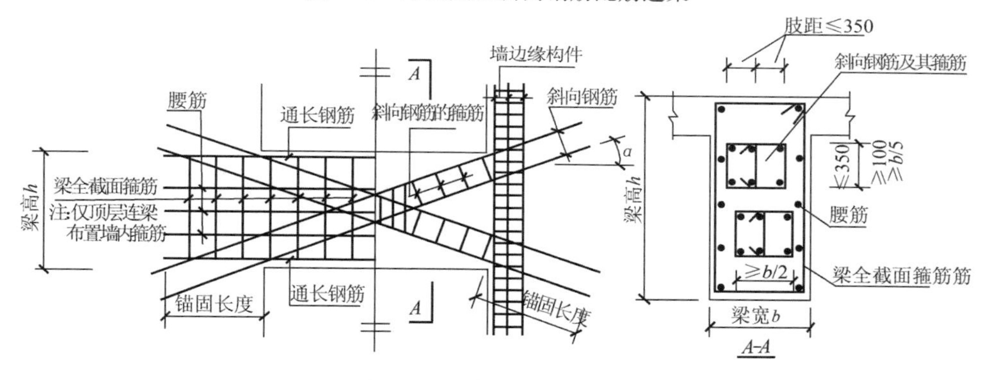

图 7-18　对角暗撑配筋连梁

沿连梁对角线放置的每组斜向钢筋均未设置矩形或螺旋箍筋，连梁全截面箍筋（拉筋）的直径、肢距和间距不应低于现行规范关于连梁箍筋配置的构造要求，且箍筋和拉筋直径不小于8mm，肢距不大于200mm。连梁两侧腰筋的面积不应小于0.002bs（b 为连梁宽度，s 为腰筋间距），腰筋间距不应大于200mm。

10）对角暗撑配筋的连梁，其每组斜向钢筋的根数、排数和直径同对角交叉斜向钢筋配筋的连梁。沿连梁对角线放置的每组斜向钢筋应设置矩形或螺旋箍筋，两组钢筋交叉点处暗撑箍筋应对全部交叉钢筋约束并且宜适当加密间距；暗撑箍筋外皮尺寸，在平行于梁宽度 b 方向不应小于 $b/2$，在另一方向不应小于 $b/5$与100mm 中较大值；暗撑箍筋直径不应小于 8mm，箍筋间距不应大于150mm，箍筋（拉筋）各向肢距不宜大于350mm。

连梁全截面仅需沿周边配置普通箍筋。抗震设计时，箍筋其直径不应小于10mm；其间距不应大于200mm。沿连梁周边配置的普通箍筋和腰筋，在其各方向的全部面积不应小于0.002bs（b 为连梁腹板宽度，s 为箍筋间距或腰筋间距），腰筋间距不应大于200mm。

连梁全部剪力应由交叉斜向钢筋或对角暗撑钢筋承担，其截面限制条件及斜截面受剪承载力应符合下列规定：

①受剪截面应符合下列要求：

$$V_b \leqslant \frac{1}{\gamma_{RE}}(0.25\beta_c f_c b_b h_{b0}) \quad (7\text{-}13)$$

② 斜截面受剪承载力应符合下列要求：

$$V_b \leqslant \frac{2}{\gamma_{RE}} f_{yd} A_{sd} \sin\alpha \quad (7\text{-}14)$$

式中 V_b——连梁剪力设计值；

α——斜筋与连梁纵轴的夹角；

A_{sd}——每组斜向钢筋承担剪力所需总面积；

f_{yd}——钢筋抗拉强度设计值。

美国ACI杂志发表的不同配筋形式短连梁在地震作用下的性能试验研究结果表明，短连梁承受不断重复的剪切荷载时，对角暗撑配筋连梁和集中对角斜筋配筋连梁相比，试验结果几乎没有差异，但集中对角斜筋配筋连梁相对来说便于施工。

11）跨高比（l_b/h_b）<4的剪力墙连梁配置交叉斜向钢筋时，可考虑沿连梁对角线放置的钢筋对连梁设计弯矩的贡献，但连梁顶部和底部的纵向钢筋应至少能承担竖向荷载作用下连梁设计弯矩，且其配筋率不宜小于《混凝土规范》和《高层建筑规程》规定的最小配筋率。

12）沿连梁对角线放置的钢筋和连梁纵向钢筋伸入连梁两侧竖向构件内的锚固长度，非抗震设计时不应小于《混凝土规范》规定的受拉钢筋锚固长度 l_a；抗震设计时不应小于 l_{aE} 和600mm。

考虑连梁内斜向钢筋在锚入两侧竖向构件时不好施工，可将斜向钢筋伸入洞边50mm后弯折成水平方向锚入连梁两侧竖向构件内。

13）跨高比（l/h_b）不大于1.5的连梁，非抗震设计时，其纵向钢筋的最小配筋率可取为0.2%；抗震设计时，其纵向钢筋的最小配筋率宜符合表7-8的要求；跨高比大于1.5的连梁，其纵向钢筋的最小配筋率可按框架梁的要求采用。

14）剪力墙结构连梁中，非抗震设计时，顶面及底面单侧纵向钢筋的最大配筋率不宜大于2.5%；抗震设计时，顶面及底面单侧纵向钢筋的最大配筋率宜符合表7-9的要求。如不满足，则应按实配钢筋进行连梁强剪弱弯的验算。

126. 剪力墙连梁剪力超限时可采取哪些措施？

剪力墙连梁对剪切变形十分敏感，《高层建筑规程》对其剪力设计值的限制比较严，因此在抗震计算时，在很多情况下，经常会出现超限的现象。所谓超限在这里主要是指剪力墙连梁的截面尺寸不满足《高层建筑规程》第 7. 2. 23 条的抗震验算要求，即通常所说的剪压比超限或剪力超限。当剪力墙连梁截面不满足抗剪验算要求时，可采取以下措施：

（1）减小连梁截面高度。当连梁剪力设计值超过限值时，加大截面高度会吸引更多的剪力，因而更为不利，而减小连梁截面高度或加大截面厚度则比较有效，但加大连梁截面厚度很难实现（除非同时加大剪力墙的截面厚度）。

连梁截面高度减小后，过高的剪力墙洞口可以通过增设过梁和轻质填充墙来调整（图 7-19a）。

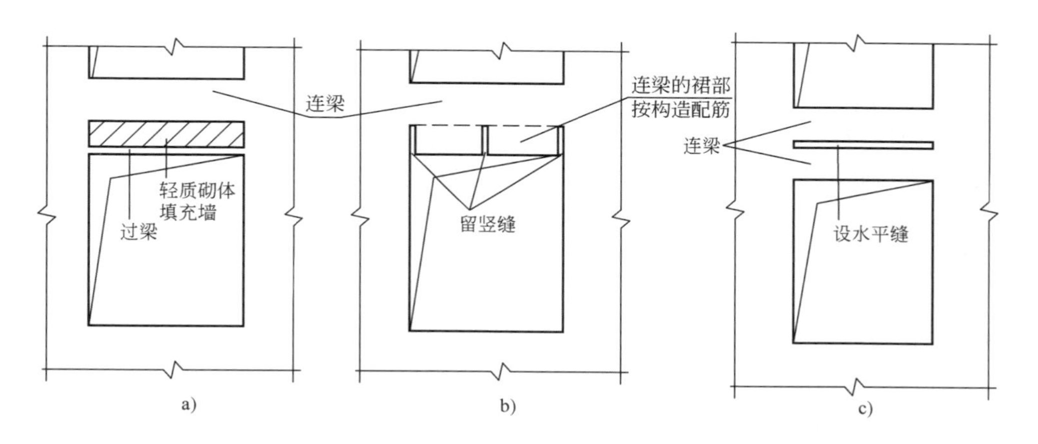

图 7-19　减小连梁截面高度做法

a）增设过梁和填充墙　b）留竖缝　c）设水平缝

减小连梁截面高度除沿梁全长减小断面高度外，还可以在剪力墙洞口两边及中间部位在连梁上设竖向构造缝来实现（图 7-19b）。

（2）在连梁截面高度的中间部位设水平缝将一根连梁等分成两根或多根小连梁（图 7-19c）。结构整体计算时，连梁截面高度按设缝后小连梁的高度输入，两根小连梁的配筋相同。

SATWE 等软件已具有计算水平分缝连梁的功能，可在工程中采用。

（3）对抗震设计的剪力墙连梁的弯矩和剪力进行塑性调幅，以降低其剪力设计值。连梁塑性调幅可采用两种方法：

1）在结构整体计算时，将连梁刚度进行折减，抗震设防烈度为 6、7 度时，折减系数可取 0. 7；抗震设防烈度为 8、9 度时，折减系数可取 0. 5。折减系数不宜小于 0. 5，以保证连梁有足够的承受竖向荷载的能力和正常使用极限状态的性能；非抗震设计的剪力墙连梁一般不进行刚度折减。

2）在结构整体计算之后，将连梁的弯矩和剪力组合设计值乘以折减系数。

两种方法的效果都是减少连梁的内力和配筋。因此，在整体计算时已降低了刚度的连梁，其调幅范围应当限制或不再继续调幅。当部分连梁降低弯矩设计值后，其余部分的连梁和墙肢的弯矩设计值应相应提高。

无论用什么方法，连梁调幅后的弯矩和剪力设计值均不应低于正常使用状态下的值，也不宜低于比设防烈度降低一度的地震作用组合所得的弯矩设计值，其目的是为了避免在正常使用条件下或较小的地震作用下连梁上出现规范不允许的裂缝。因此建议在一般情况下，可控制连梁调幅后的弯矩不应小于调幅前弹性弯矩的0.8倍（6、7度抗震设计时）和0.5倍（8、9度抗震设计时），并不小于风荷载作用下的连梁弯矩。

（4）当少数超限连梁破坏对结构承受竖向荷载无明显影响时，可考虑在大震作用下该连梁不参加工作，剪力墙可按独立墙肢的计算简图进行第二次多遇地震作用下的结构内力分析，墙肢按两次计算所得的较大内力进行配筋计算。

超限连梁的箍筋可按截面受剪限制条件（剪压比）计算确定，超限连梁的纵向钢筋则按斜截面受剪承载力反算求得。

连梁超限时，应首先采取上述第（1）~（3）款的措施；当第（1）~（3）款的措施不能解决问题时，可采用上述第（4）款的措施，即假定超限连梁在大震作用下破坏，不能再约束墙肢。因此，可考虑超限连梁不参与工作，而按独立墙肢进行多遇地震作用下的第二次结构内力分析。在这种情况下，剪力墙的刚度降低，侧移增大，墙肢的内力和配筋亦增大，以保证墙肢的安全。

（5）在实际工程设计中，假定超限连梁在大震作用下破坏而退出工作，进行第二次多遇地震作用下的结构内力分析时，可近似采用下述方法之一：

1）将超限连梁两端点铰，使超限连梁作为两端铰接梁进入结构整体内力分析计算。

2）在结构整体计算时，有资料指出，如果在计算简图中将剪力墙的开洞连梁的截面高度按小于300mm输入，SATWE软件在计算内力时会忽略该梁的存在，亦不计算其配筋。

3）无论将超限连梁点铰或让超限连梁退出工作，超限连梁均应按实际截面并根据上述第（4）款的原则进行配筋。

（6）SATWE软件已能计算截面高度较大的连梁设水平缝后形成的双连梁。但在计算分析时应注意：① 这种双连梁，不应以剪力墙开洞形成连梁，应以框架梁建模，并在特殊构件中指定为双连梁；② 应明确设缝位置和缝的高度，但不能在楼层高度位置设缝。

第八章

框架-剪力墙结构

127. 框架-剪力墙结构的组成形式有哪几种?

框架-剪力墙结构是由受力性能和变形特性不同的框架和剪力墙两种结构组合而成的结构。框架结构侧向刚度不大，在水平荷载作用下，一般呈剪切型变形，中部以上楼层的层间位移较大；设计合理的框架结构延性较好，有利于抗震。剪力墙结构侧向刚度大，抗震能力高，在水平荷载作用下，一般呈弯曲型变形，顶部附近楼层的层间位移较大，抗震设计的剪力墙结构也具有良好的抗震性能。

框架-剪力墙结构在结构布置合理的情况下，可以充分发挥框架和剪力墙两者的优点，制约彼此的缺点。框架-剪力墙结构具有较大的整体抗侧刚度，侧向变形介于剪切变形和弯曲变形之间，使层间相对位移变化较为缓和，平面布置较为灵活，较容易获得更大的空间，而且抗震设计时，两种结构形式可以组成抗震的两道防线，因而在各种使用功能的多高层建筑中（无论是地震区还是非地震区），均获得较广泛的应用。

框架-剪力墙结构由于由框架和剪力墙两种结构组成，其组成形式多样而且可变，应根据建筑的平面布置和结构的受力要求来确定。

框架-剪力墙结构的组成，一般可采用下列几种形式：

（1）框架和剪力墙（包括单片墙、联肢墙或较小的剪力墙筒体）分开布置，各自形成比较独立的抗侧力结构。

（2）在框架的若干跨内嵌入剪力墙（框架相应跨的柱和梁成为该片墙的边框，称为带边框剪力墙）。

（3）在单片抗侧力结构内连续分别布置框架和剪力墙。

（4）上述两种或三种形式的混合形式。

框架-剪力墙结构应采取哪种组成形式，要根据工程的实际情况确定。但是，无论采取哪种形式，它都是以其整体结构来承担荷载和作用，各部分所承担的力应通过结构整体分析（包括用简化方法分析）来确定，同时，也应通过对结构整体计算结果的分析和比较，来调整结构中剪力墙的数量和布置，以便获得更合理的设计。

128. 框架-剪力墙结构的布置有哪些基本规定?

（1）框架-剪力墙结构应设计成双向抗侧力体系。抗震设计时，结构两主轴方向均应布置剪力墙。

在框架-剪力墙结构中，剪力墙是主要的抗侧力构件。如果仅在一个主轴方向布置剪力墙，将会造成两个主轴方向的抗侧力刚度悬殊，无剪力墙的一个方向刚度不足且带有纯框架的性质，与有剪力墙的另一方向不协调，地震时容易造成结构整体扭转破坏。

（2）框架-剪力墙结构中，主体结构构件之间除个别节点外不应采用铰接；梁与柱或柱与剪力墙的中线宜重合；框架梁、柱中心线之间有偏离时，在计算中应考虑偏心对梁柱节点核心区受力和构造的不利影响，以及梁荷载对柱子的偏心影响。梁柱中心线之间的偏心距不应大于柱截面在该方向宽度的1/4，如偏心距大于该方向柱宽的1/4，可采取增设梁的水平加腋等措施。设置水平加腋后，仍须考虑梁柱偏心的不利影响，并采取加强措施。

框架-剪力墙结构中，主体结构构件之间的连接应采用刚接，目的是要保证整体结构的几何不变和刚度的发挥；同时较多的赘余约束对结构在大震作用下的稳定性是有利的。当个别梁与柱或剪力墙需要采用铰接连接时，要注意保证结构的几何不变性，同时注意使结构的整体计算简图与之相符。

（3）框架-剪力墙结构中，由于剪力墙的刚度较大，其数量和布置不同时，对结构整体刚度和刚心位置的影响很大，因此，调整好剪力墙的布置和数量，是框架-剪力墙结构设计的重要问题。首先，剪力墙的墙量要适当，过少刚度不足，而过多则刚度过大，反而会引起更大的地震作用效应。其次，应通过剪力墙布置位置的改变，使整体结构的刚心尽量与其质心重合或接近，以免引起结构的过大扭转。

框架-剪力墙结构中，剪力墙宜按照周边、均匀、分散、对称的原则布置并符合下列要求：

1）剪力墙宜均匀布置在建筑物的周边附近、楼梯间、电梯间、平面形状变化及恒荷载较大的部位；考虑到施工支模困难，一般在伸缩缝、沉降缝和防震缝两侧不宜同时布置剪力墙；剪力墙的间距不宜过大，宜满足楼盖平面刚度的要求，否则应考虑楼盖平面变形的影响。

2）平面形状凹凸较大时，宜在凸出部分的端部附近布置剪力墙。

3）纵横剪力墙宜组成L形、T形和[形等形式（图8-1a～c），以增加抗侧刚度和抗扭能力。

4）单片剪力墙底部承担的水平剪力不宜超过结构底部总水平剪力的30%，以免受力过分集中；较长的剪力墙宜通过开设洞口设置跨高比较大的弱连梁而形成墙肢长度不大于8m的墙段。

墙段可以是整体小开口墙墙段，也可以是联肢墙或整体墙墙段，图 8-1f 为联肢墙墙段（参见第七章图 7-1）。

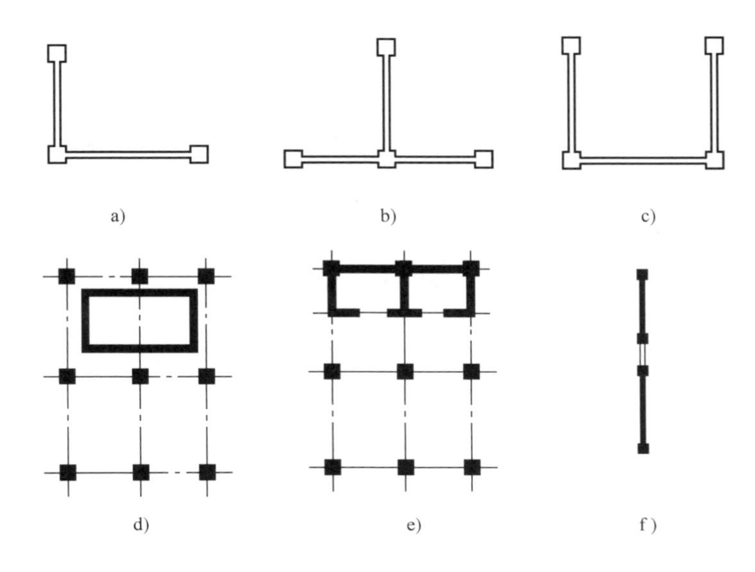

图 8-1 相邻剪力墙的布置

5）剪力墙宜贯通建筑物全高，不宜中断，以避免刚度突变；墙厚沿高度宜逐渐减薄，并与混凝土强度等级降低的楼层错开；当剪力墙不能全部贯通建筑物全高时，部分剪力墙中断后，相邻楼层刚度的减弱不宜大于 30%，并应对墙中断处的楼层楼板采取加厚、双层双向配筋等加强措施，该层相邻上层的柱也应采取有效的加强措施（包括进行弹性或弹塑性时程分析的补充计算等）。剪力墙开洞时，洞口宜上下对齐。

6）楼电梯间、竖井等部位楼板开设大洞口，削弱严重，宜在洞边布置剪力墙，并尽量与靠近的框架或剪力墙的布置相结合（图 8-1e），使之形成连续、完整的抗侧力结构，避免孤立地布置在单片的抗侧力结构或柱网以外的中间部位（图 8-1d）。

7）纵向剪力墙宜布置在结构单元的中间区段内，当房屋纵向长度较长时，不宜集中在两尽端布置纵向剪力墙，如果纵向剪力墙布置在房屋的两尽端，中间部分的楼盖在混凝土收缩或温度变化时，会因房屋两端抗侧刚度较大的剪力墙的约束而容易出现裂缝。

8）抗震设计时，剪力墙的布置宜使结构各主轴方向的侧向刚度相接近，并尽量减小结构的扭转影响。

剪力墙布置在建筑物的周边附近，目的是使它既发挥抗扭作用又减小位于周边而受室外温度变化的不利影响；布置在楼电梯间、平面形状变化和凸出较大处是为了弥补平面的薄弱部位；把纵、横剪力墙组成 L 形、T 形等非一字形是为了发挥剪力墙自身的刚度；单片剪力墙承担的水平剪力不宜超过结构底部总水平剪力的 30%，目的是要避免该片剪力墙对刚心位置影响过大且一旦破坏对整体结构不利，也是为了避免其基础承担过大的水平力等。

当建筑平面为长矩形或平面有一部分为长条形（平面长宽比较大）时，在该部位布置的剪力墙除应有足够的总体刚度外，各片剪力墙之间的距离不宜过大，宜满足表 8-1 的要求。因为间距过大时，两墙之间的楼盖不能满足平面内刚性的要求，造成处于该区间的框架不能与邻近的剪力墙协同工作而增加负担。当两墙之间的楼盖开大洞时，该段楼盖的平面刚度更差，墙的间距应再适当缩小。

表 8-1 剪力墙间距 （单位：m）

楼屋盖形式	非抗震设计（取较小值）	抗震设防烈度		
		6 度、7 度（取较小值）	8 度（取较小值）	9 度（取较小值）
现浇	5.0B，60	4.0B，50	3.0B，40	2.0B，30
装配整体式	3.5B，50	3.0B，40	2.5B，30	—

注：1. 表中 B 为楼面宽度，单位为 m。
2. 装配整体式楼盖是指在装配式楼盖上设置有配筋现浇层的楼盖。
3. 现浇层厚度大于 60mm 的叠合楼板可作为现浇板考虑。
4. 当房屋端部未布置剪力墙时，第一片剪力墙与房屋端部的距离不宜大于表中剪力墙间距的 1/2。
5. 当剪力墙之间的楼盖有较大洞口时，应注意楼层水平力的传递途径，结构分析时尚应采用符合楼盖实际刚度的计算模型进行计算。

9）在框架-剪力墙结构中，剪力墙布置时，如因建筑功能要求，纵向或横向有一个方向上无法设置剪力墙时，该方向可采用壁式框架或支撑框架等抗侧力结构，但是，结构在水平力作用下，两个方向的位移应接近。壁式框架的抗震等级应按剪力墙的抗震等级确定。

10）非抗震设计时，框架-剪力墙结构中剪力墙的数量和布置，应使结构满足承载力和位移要求。

129. 框架-剪力墙结构的剪力墙和边框梁、柱的截面设计和构造应符合哪些要求？

框架-剪力墙结构的截面设计和构造要求除应符合本节的规定，尚应符合《高层建筑规程》第 6 章和第 7 章的有关规定。

（1）框架-剪力墙结构中，剪力墙是承受水平风荷载或水平地震作用的主要抗侧力构件，剪力墙竖向和水平分布钢筋的配筋率，抗震设计时均不应小于

0.25%，非抗震设计时均不应小于0.20%，并应至少双排布置。分布钢筋的直径不应小于8mm，间距不应大于200mm。各排分布钢筋之间应设拉结筋，拉结筋的直径不应小于6mm，间距不应大于600mm。

规定剪力墙分布钢筋的最小配筋率，是剪力墙设计的最基本的构造要求，是剪力墙最低限度强度和延性的重要保证。

（2）框架-剪力墙结构中的剪力墙均应设计成带边框的剪力墙。带边框的剪力墙的构造应符合下列要求。

1）带边框剪力墙的截面厚度应符合下列规定：

① 抗震设计时，一、二级抗震等级剪力墙的底部加强部位均不应小于200mm，且不应小于层高或无支长度的1/16。

② 在除第①项以外的其他情况下，剪力墙的厚度不应小于160mm，且不应小于层高或无支长度的1/20。

③ 当剪力墙截面不满足上述两项要求时，应按《高层建筑规程》附录D计算墙体稳定性。

2）剪力墙的水平钢筋应全部锚入边框柱内，锚固长度，抗震设计时不应小于l_{aE}，非抗震设计时不应小于l_a。

3）带边框的剪力墙的混凝土强度等级宜与边框柱相同。

4）与剪力墙重合的框架梁可保留，亦可做成宽度与墙厚相同的暗梁，暗梁截面高度可取墙厚的2倍或与该榀框架梁截面等高。边框梁（或暗梁）的纵向钢筋配筋可按构造配置且应符合一般框架梁相应抗震等级的最小配筋要求；梁的纵向钢筋截面面积宜上下相同且沿梁长全长配置；梁的箍筋的配置也应符合一般框架梁相应抗震等级的最低要求，包括箍筋加密区的配箍要求，当剪力墙洞口连梁与边框梁（或暗梁）重合时，在连梁范围内边框梁（或暗梁）的纵向钢筋还应满足连梁的配筋要求，边框梁（或暗梁）的箍筋在连梁范围内也应按连梁的配箍要求配置。

对于比较重要的建筑，边框梁（或暗梁）尚宜满足承受本层竖向荷载的要求。

5）剪力墙截面宜按工字形截面设计，其端部的纵向受力钢筋应配置在边框柱截面内（即端柱截面范围内）或“有端柱”的约束边缘构件范围内。

6）边框柱在剪力墙平面内是墙体的组成部分，其纵向钢筋应按剪力墙计算确定；边框柱在剪力墙平面外属于框架柱，其计算长度系数应符合框架柱的要求，当计算输出的计算长度系数不符合规范要求比如输出的计算长度系数为0.75时，应修改，其纵向钢筋应按框架柱计算确定；边框柱截面宜与该榀框架其他柱的截面相同。边框柱的构造配筋除应符合相应抗震等级的边缘构件的规定外，尚应符合相应抗震等级的框架柱的要求；剪力墙底部加强部位边框柱的箍筋宜沿全高加密；当带边框剪力墙上的洞口紧邻边框柱时，边框柱的箍筋宜沿全高加密。

7）边框柱的抗震等级、连梁的抗震等级应按剪力墙的抗震等级确定。

130. 框架-剪力墙结构中，剪力墙为什么要设计成带边框的剪力墙？

框架-剪力墙结构属于具有双重抗侧力体系的结构，有多道抗震设防防线，对结构抗震较为有利。在框架-剪力墙结构中，剪力墙是主要的抗侧力构件，为了使框架与剪力墙形成完整的抗侧力体系，在楼层标高处的剪力墙平面内应设置框架梁（或暗梁），以便和边框柱（或暗柱）一起，形成剪力墙的边框，对剪力墙提供约束；与剪力墙平面重合的框架梁（或暗梁）应连续穿过剪力墙，不得在框架的同一跨间内一部分布置框架梁，另一部分布置暗梁；在框架的同一跨间内分段布置框架梁和暗梁，不仅受力不好，而且配筋构造也复杂。在与框架平面不重合的剪力墙内，在楼层标高处，是否要设置暗梁，可根据工程的实际情况确定，一般来说，承受竖向荷载较大的剪力墙，宜设置暗梁。

在框架-剪力墙结构中，由于在楼层标高处的剪力墙内设置框架梁（或暗梁）与框架端柱（或暗柱）形成剪力墙的边框对剪力墙提供有效的约束，地震发生时，即使剪力墙发生裂缝，边框架仍能承受竖向荷载的作用，从而防止结构倒塌。

131. 在剪力墙平面内一端与框架柱刚接另一端与剪力墙连接的梁是否是连梁？

在剪力墙平面内一端与框架柱刚接另一端与剪力墙连接的梁应定义为连梁；当其跨高比小于5时，宜按连梁设计；当其跨高比不小于5时，宜按框架梁进行设计。

一端与框架柱刚接另一端在剪力墙平面外与剪力墙连接的梁，可不作为连梁对待，可按框架梁设计其与剪力墙相连处宜按铰接或半刚接设计，刚接端宜设箍筋加密区。

在框架-剪力墙结构中，剪力墙连梁剪压比超限也较为普通，为了改善这种情况，也可直接将剪力墙平面内一端与框架刚接另一端与剪力墙连接的连梁按框架梁进行设计，必要时梁两端可按铰接设计。

132. 抗震设计的框架-剪力墙结构，其框架部分的总剪力在调整时应当注意哪些问题？

框架-剪力墙结构系双重抗侧力体系结构。在框架-剪力墙结构中，框架柱与剪力墙相比，其抗侧刚度是很小的，在地震作用下，楼层地震剪力主要由剪力墙承担，框架只承担很小的一部分。也就是说，框架由地震作用引起的内力是很小的，而框架作为结构抗震的第二道防线，过于单薄对抗震是不利的。为了保证框架部分有一定的承载力储备，《高层建筑规程》第8.1.4条规定，框架部分所承担的地震剪力不应小于一定的值，并将该值规定为：取结构底层总剪力的20%（即$0.2V_0$）和各层框架承担的地震总剪力中的最大值的1.5倍（即$1.5V_{f,max}$）两者中的较小值。

因此，在抗震设计的框架-剪力墙结构中，框架部分承担的地震剪力满足式（8-1)要求的楼层，其框架总剪力不必调整，不满足式（8-1）要求的楼层，其框架总剪力应按$0.2V_0$和$1.5V_{f,max}$二者的较小值采用，即

$$V_f \geqslant 0.2V_0 \tag{8-1}$$

在框架-剪力墙结构中，框架总剪力在调整时应当注意以下问题：

（1）对于框架柱数从下至上基本不变的规则结构，V_0应取对应于地震作用标准值的结构底层总剪力；对于框架柱数从下至上分段有规律变化的结构，V_0应取每段底层结构对应于地震作用标准值的总剪力。对于带裙房的高层建筑结构，裙房沿竖向较为规则时，裙房就可以划分为一段，裙房以上的楼层其框架总剪力调整时，V_0可取裙房以上楼层最下一层结构对应于地震作用标准值的总剪力。

（2）对于框架柱数从下至上基本不变的规则结构，$V_{f,max}$应取对应于地震作用标准值且未经调整的各层框架承担的地震总剪力中的最大值，对框架柱数从下至上分段有规律变化的结构，$V_{f,max}$应取每段中对应于地震作用标准值且未经调整的各层框架承担的地震总剪力中的最大值。

（3）V_f是对应于地震作用标准值且未经调整的各层（或某一段内各层）框架承担的地震总剪力。

（4）各层框架所承担的地震总剪力按上述要求调整后，应按调整前、后总剪力的比值调整每根框架柱和与之相连的框架梁的剪力及端部弯矩标准值，框架柱的轴力标准值可不予调整。

（5）按振型分解反应谱法计算地震作用时，为便于操作，上述关于框架柱的地震剪力的调整可在振型组合之后、并满足《高层建筑规程》第4.3.12条关于楼层最小地震剪力系数的前提下进行。

结构任一楼层的最小水平地震剪力系数及楼层的地震剪力调整详见本书第一章第20问。

（6）对多高层建筑的地下室，当嵌固部位在地下室顶板位置时，因为地下室的地震作用是明显衰减的，故一般不要求单独核算地下室部分的楼层最小地震剪力系数。

133. 仅布置少量剪力墙的框架结构和剪力墙量较少的框架-剪力墙结构，设计中应当注意什么问题？

根据《抗震规范》第6.1.3条的规定，抗震设计的框架-剪力墙结构，在规定的水平力作用下，框架部分承受的地震倾覆力矩大于结构总地震倾覆力矩的50%时，其框架部分的抗震等级应按框架结构采用；剪力墙的抗震等级可与其框架的抗震等级相同。

《高层建筑规程》第8.1.3条，根据在规定的水平力作用下结构底层框架部分承受的地震倾覆力矩与结构总地震倾覆力矩的比值的不同，确定了框架-剪力墙结构相应的设计方法，其具体规定如下：

（1）框架部分承受的地震倾覆力矩不大于结构总地震倾覆力矩的10%时，按剪力墙结构进行设计，其中的框架部分应按框架-剪力墙结构的框架进行设计；因为，当框架部分承担的倾覆力矩不大于结构总倾覆力矩的10%时，意味着结构中框架承担的地震作用较小，绝大部分均由剪力墙承担，工作性能接近于纯剪力墙结构，此时结构中的剪力墙抗震等级可按剪力墙结构的规定执行；其最大适用高度仍按框架-剪力墙结构的要求执行；其中的框架部分应按框架-剪力墙结构的框架进行设计，也就是说需要进行《高层建筑规程》第8.1.4条的剪力调整，其侧向位移控制指标按剪力墙结构采用。

（2）当框架部分承受的地震倾覆力矩大于结构总地震倾覆力矩的10%但不大于50%时，按框架-剪力墙结构进行设计；因为，当框架部分承受的地震倾覆力矩大于结构总地震倾覆力矩的10%但不大于50%时，属于典型的框架-剪力墙结构，应按《高层建筑规程》的有关规定进行设计。

（3）当框架部分承受的地震倾覆力矩大于结构总地震倾覆力矩的50%但不大于80%时，按框架-剪力墙结构进行设计，其最大适用高度可比框架结构适当增加，框架部分的抗震等级和轴压比限值宜按框架结构的规定采用；因为，当框架部分承受的倾覆力矩大于结构总倾覆力矩的50%但不大于80%时，意味着结构中剪力墙的数量偏少，框架承担较大的地震作用，此时框架部分的抗震等级和轴压比宜按框架结构的规定执行，剪力墙部分的抗震等级和轴压比按框架-剪力墙结构的规定采用；其最大适用高度不宜再按框架-剪力墙结构的要求执行，但可比框架结构的要求适当提高，提高的幅度可视剪力墙承担的地震倾覆力矩来确定。

（4）当框架部分承受的地震倾覆力矩大于结构总地震倾覆力矩的80%时，按框架-剪力墙结构进行设计，但其最大适用高度宜按框架结构采用，框架部分的抗震等级和轴压比限值应按框架结构的规定采用。当结构的层间位移角不满足框架-剪力墙结构的规定时，可按《高层建筑规程》第3.11节的有关规定进行结构抗震性能分析和论证。因为，当框架部分承受的倾覆力矩大于结构总倾覆力矩的 80% 时，意味着结构中剪力墙的数量“极少”，结构中的框架承担了绝大部分地震作用，工作性能接近线框架结构，故框架部分的设计要求应按框架结构采用，框架部分的抗震等级和轴压比应按框架结构的规定执行，剪力墙部分的抗震等级和轴压比按框架-剪力墙结构的规定采用；其最大适用高度宜按框架结构采用。结构分析计算时应考虑剪力墙与框架协同工作，其框架部分的地震剪力值应采用框架结构模型和框架-剪力墙结构模型二者计算结果的较大值进行设计。

对于这种极少墙框架-剪力墙结构，由于其抗震性能较差，不主张采用，以避免剪力墙受力过大、过早破坏。当不可避免时，宜采用将此种剪力墙减薄、开竖缝、开结构洞、配置少量单排钢筋等措施，减小剪力墙的作用。

在上述第（3）、（4）款规定的情况下，为避免剪力墙过早开裂或破坏，其位移相关控制指标按框架-剪力墙结构的规定采用。

（5）在 9 度抗震设防地区，不应采用框架部分承受的地震倾覆力矩大于结构总地震倾覆力矩 80% 的这种类型的结构。

（6）抗震设计的框架结构，仅布置少量剪力墙时，其最大适用高度可参考表 8-2 的规定采用。

表 8-2　框架-剪力墙结构 $M_c/M_0>0.5$ 时的最大适用高度　（单位：m）

M_c/M_0	设防烈度			
	6 度	7 度	8 度	
			0.20g	0.30g
>0.8	60	50	40	35
0.7～0.8	70	60	50	40
0.6～0.7	80	75	60	50
0.5～0.6	110	95	80	70

注：M_c——框架-剪力墙结构在规定的水平力作用下结构底层框架部分承受的地震倾覆力矩。
M_0——结构总地震倾覆力矩。

（7）由于“极少墙框架-剪力墙结构”的侧向刚度较一般框架-剪力墙结构低、侧向位移大、为避免其剪力墙的过早破坏以及在剪力墙破坏后对结构竖向承载力的影响，设计中宜采取以下措施：

1）对称布置剪力墙，避免因剪力墙位置较偏产生较大刚度偏心而增大结构的扭转效应。

2）剪力墙的截面长度不宜长，总高与截面长度之比不应小于 3（但应避免短肢剪力墙），不满足时可采取墙体开竖缝、开结构洞等措施，尽量提高剪力墙的变形能力。

3）避免剪力墙直接承受楼面的重力荷载，减少剪力墙破坏后对结构竖向承载力的影响。

（8）框架部分承受的地震倾覆力矩不大于结构总地震倾覆力矩的 80% 时，这种“极少墙框架-剪力墙结构”的侧向位移控制指标宜按表 8-3 采用。

表 8-3 “极少墙框架-剪力墙结构”侧向位移控制指标

M_c/M_0	0.85	0.90	0.95
$\Delta u/h$	1/700	1/650	1/600

134. 框架-剪力墙结构中，剪力墙承受的地震倾覆力矩不应小于结构总地震倾覆力矩的 50% 应当如何理解？

《抗震规范》第 6.1.3 条和《高层建筑规程》第 8.1.3 条均指出，抗震设计的框架-剪力墙结构，在规定的水平力作用下，若框架部分承受的地震倾覆力矩大于结构总地震倾覆力矩的 50%，其框架部分的抗震等级应按框架结构确定。这就是说，《抗震规范》和《高层建筑规程》所规定的框架-剪力墙结构，是指其框架部分承受的地震倾覆力矩不大于结构总地震倾覆力矩 50% 的结构，而且，只有符合这个规定限值的框架-剪力墙结构，才能按照《抗震规范》表 6.1.2 或《高层建筑规程》表 3.9.3 和表 3.9.4 确定其中的框架和剪力墙的抗震等级，而且，也只有符合这个规定限值的框架-剪力墙结构，才能按照《抗震规范》和《高层建筑规程》的有关规定进行结构计算分析和设计。

《抗震规范》和《高层建筑规程》均要求抗震设计的框架-剪力墙结构，其框架部分承受的地震倾覆力矩不应大于结构总地震倾覆力矩的 50%。这个要求是适用于框架-剪力墙结构的所有楼层，还是仅适用于框架-剪力墙结构的底层或底部加强部位的楼层，2010 年版以前的《抗震规范》和《高层建筑规程》在相关条文中没有做出明确的规定。例如。2001 年版本的《抗震规范》第 6.1.3 条是这样规定的：“框架-抗震墙结构，在基本振型地震作用下，若框架部分承受的地震倾覆力矩大于结构总地震倾覆力矩的 50%，其框架部分的抗震等级应按框架结构确定”。所以，结构工程师对这个规定有不同的理解就在所难免了。

新修订的 2010 年版的《抗震规范》第 6.1.3 条和《高层建筑规程》第 8.1.3 条对上述问题都有明确规定，例如，《高层建筑规程》第 8.1.3 条明确规定，“抗震设计的框架-剪力墙结构（《抗震规范》称为框架-抗震墙结构），应根据在规定的水平力作用下结构底层框架部分承受的地震倾覆力矩与结构总地震倾覆力矩的比值，确定相应的设计方法”。这就明确了框架-剪力墙结构中剪力墙承受的地震倾覆力矩不小于结构总地震倾覆力矩 50% 的判断楼层是指结构的底层，而不是结构的所有楼层，也不是结构底部加强部位各层。

编者认为，框架-剪力墙结构是一种布置形式多种多样且变化较多的结构体系，抗震设计时，除控制结构底层的倾覆力矩百分率外，宜使结构底部加强部位各层及相邻上一层框架部分承受的地震倾覆力矩均不大于结构底部总地震倾覆力矩的50%。

注：底层指计算嵌固端所在的层。

135. 框架-剪力墙结构中剪力墙约束边缘构件和构造边缘构件应当如何配筋?

框架-剪力墙结构中剪力墙约束边缘构件的纵向钢筋除满足计算要求外，其配筋构造要求与相应抗震等级的剪力墙结构中剪力墙的约束边缘构件相同。框架-剪力墙结构中剪力墙构造边缘构件的纵向钢筋除满足计算要求外，尚应符合《高层建筑规程》第7.2.16条的要求，详见本书第七章第122问；箍筋的配置也应符合《高层建筑规程》第7.2.16条的要求。应特别注意的是：

(1)《高层建筑规程》第7.2.14条规定，对B级高度的高层建筑的剪力墙，要求在约束边缘构件层和构造边缘构件层之间设置1~2层的过渡层，过渡层边缘构件的箍筋配置要求可低于约束边缘构件的要求，但应高于构造边缘构件的要求。

(2) 抗震设计时，《高层建筑规程》第7.2.16条规定，对于连体结构、错层结构以及B级高度的高层建筑结构中的剪力墙（筒体），其构造边缘构件的最小竖向钢筋应较《高层建筑规程》表7.2.16中的数值提高$0.001Ac$，箍筋配箍范围则宜取图7.2.16中的阴影部分，其配箍特征值λ_v不宜小于0.1。

(3) 当端柱承受集中荷载时，其竖向钢筋、箍筋直径和间距应满足框架柱的相应要求。

第九章

9

筒体结构

136. 筒体结构主要有多少种类型？常用的是哪几种？

筒体结构由于具有造型美观、使用灵活、受力合理、整体性好以及较强的侧向刚度等优点而成为高层和超高层建筑结构的主要结构体系。筒体结构主要有下列几种类型：

（1）框筒结构（图9-1a）。用沿建筑物外轮廓布置的密柱、裙梁组成的框筒为其抗侧力结构，内部布置梁、柱框架主要用来承受由楼盖传递的竖向荷载，其特点是可以提供较大的内部活动空间，但对钢筋混凝土结构而言，在建筑物内部总会布置楼、电梯间及管井等筒体，使内部空间受到限制，因此，典型的框筒结构在工程实际中很少应用。

（2）框架-核心筒结构（图9-1b）。与框筒结构相反，为满足建筑功能的需要，在结构内部布置核心筒作为主要抗侧力构件，在核心筒周围布置框梁柱，其平面形状类似于筒中筒结构，但其受力性能却与框架-剪力墙结构更为接近，是框架-剪力墙结构剪力墙集中成筒状布置的特例。框架-核心筒结构由于其平面布置的规则性和内部核心筒的整体性，仍具有一定的空间作用，基于这个特点，有时也将框架-核心筒结构称为“稀柱筒体结构”。框架-核心筒结构是我国多高层建筑结构常用的结构体系之一。

（3）筒中筒结构（图9-1c）。由外部的框筒和内部的核心筒组成，是具有很强抗侧力作用的结构。在水平力作用下，外框筒柱承受较大的轴向力，并提供相应的较大抗倾覆力矩，内筒则主要承受水平力产生的剪力，亦提供一定的抗倾覆力矩。筒中筒结构由于外框筒为柱距较小的密柱，常会对底层的使用带来不方便，因此常设置结构转换层来将底层柱距扩大，形成带转换层的筒中筒结构。其做法是抽掉底部楼层部分柱子，抽柱的原则是保留角柱，隔一抽一；8度抗震设计时，宜保留角柱及相邻柱，隔一抽一；不应连续抽掉多于2根及以上的柱子，且抽柱的位置应在外框筒中部。

（4）多重筒结构、束筒结构及多筒体结构。在平面上将多个筒体套置而形成的结构体系，称为多重筒结构（图9-1d）；将若干个框筒紧靠在一起成“束”状排列形成的共同工作的结构体系，称为束筒结构（图9-1e）；当多个筒体在平面上有规律的分散布置形成的结构体系，称为多筒体结构（图 9-1f）。

在我国，最常用的筒体结构是框架-核心筒结构、筒中筒结构、底部大空间筒中筒结构和钢框架或型钢混凝土框架-钢筋混凝土核心筒结构。

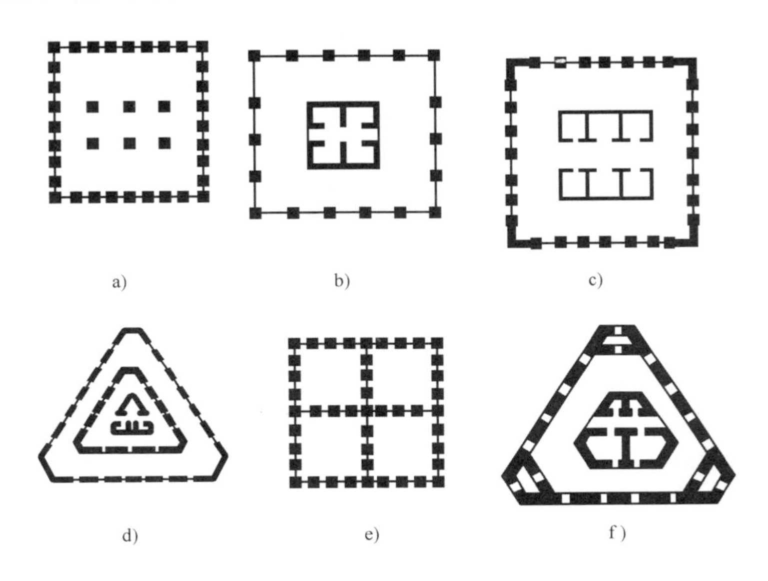

图 9-1 筒体结构的类型

a）框筒结构 b）框架-核心筒结构

c）筒中筒结构 d）多重筒结构 e）束筒结构 f）多筒体结构

137. 框架-核心筒结构设计时结构布置有哪些基本要求?

（1）平面布置要求

1）建筑平面形状及核心筒布置与位置宜简单、规则、对称，单筒体的框架-核心筒结构一般采用方形、圆形、椭圆形、正多边形、三角形或矩形平面，内筒宜居中。当采用矩形平面布置时，平面的长宽比不宜大于 1.5，不应大于 2.0。当内筒偏置，长宽比大于 2 时，宜采用框架-双筒结构。

2）核心筒较小边尺寸与相应建筑平面宽度之比不宜小于 0.4。

3）框架-核心筒结构的周边柱间必须设置框架梁；框架梁、柱中心线宜重合，当不能重合时，宜采取梁端水平加腋，使梁端加腋后的截面中心线与柱中心线重合或接近重合（图 9-2）；框架柱的间距一般都大于 4m，最大柱距可以达到 8 ~ 9m。

4）核心筒外墙与外框架间的中距，非抗震设计时大于 15m，抗震设计时大于 12m，宜采取另设内柱等措施，以减小框架梁高对结构层高的影响。

5）核心筒应具有良好的整体性，墙肢的布置宜均匀、对称；墙肢截面形状

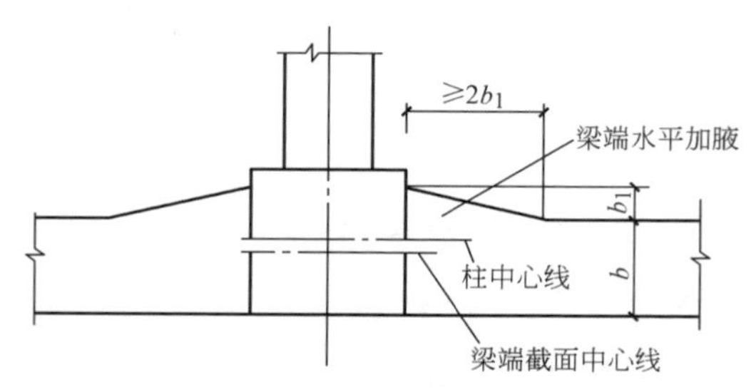

图 9-2　梁端水平加腋（平面）

宜简单、规则，截面形状复杂的墙体宜补充应力分析进行截面设计校核。

6）核心筒外墙不宜在水平方向连续开洞，洞间墙肢的截面高度不宜小于1.2m；当洞间墙肢的截面高度与厚度之比不大于4时，其截面设计宜按框架柱要求进行，底部加强部位纵向钢筋的配筋率不应小于1.2%，一般部位不应小于1.0%，箍筋宜沿墙肢全高加密；核心筒外墙角部附近不宜开洞，当不可避免时，筒角内壁至洞口边的距离不应小于500mm和开洞墙的截面厚度的较大值。

7）核心筒外墙的截面厚度不应小于层高的1/20及200mm，对按一、二级抗震等级设计的底部加强部位，核心筒外墙截面厚度不宜小于层高的1/16及200mm，不满足时，应按《高层建筑规程》附录D计算墙体的稳定性，必要时可增设扶壁柱；在满足承载力要求以及轴压比限值（仅对于抗震设计）时，核心筒内墙厚度可适当减薄，但不应小于160mm。

（2）竖向布置要求

1）核心筒是框架-核心筒结构的主要抗侧力结构，应尽量贯通建筑物全高，并要求其具有较大的侧向刚度，侧向刚度沿竖向宜均匀变化；核心筒的宽度不宜小于筒体总高度的1/12；当筒体结构设置角筒、剪力墙或增强结构整体刚度的构件时，核心筒的宽度可适当减小。

2）核心筒底部加强部位及相邻上一层不应改变墙体厚度，其上部墙体的厚度及核心筒内部墙体的数量和厚度可根据内力变化情况及功能需要合理调整，但其侧向刚度应符合竖向规则性要求及结构层间位移角限值要求。

3）核心筒外墙上较大的门洞口沿竖向宜连续布置，以使其内力变化均匀且保持连续性，洞口上方的连梁宜设计成较强的连梁，不应设计成弱连梁。

抗震设计时，核心筒的连梁宜配置对角斜向钢筋或交叉暗撑（参见国标图集11G101－1和11G329－1）。

4）框架沿竖向宜贯通建筑物全高，不应在中下部抽柱收进；柱截面尺寸沿竖向的改变应与核心筒墙厚的改变错开。

5）按9度抗震设防的框架-核心筒结构不应采用加强层；8度及8度以下采

用加强层时，加强层的大梁或桁架应贯通核心筒或与核心筒的较长内墙肢相连，大梁或桁架上、下弦与外框架柱的连接宜采用铰接或半刚性连接；对于高度大于150m的建筑，设计和施工中应采用措施减小结构竖向温度变形及轴向压缩和徐变对加强层的影响。

6）对内筒偏置的框架-核心筒结构，应控制结构在考虑偶然偏心影响的规定地震力作用下，最大楼层水平位移和层向位移不应大于该楼层平均值的1.4倍，结构扭转为主的第一自振周期 T_t 与平动为主的第一自振周期 T_1 之比不应大于0.85，且 T_1 的扭转成分不宜大于30%。对于高度不超过60m的框架-核心筒结构，可按框架-剪力墙结构进行设计。

（3）楼盖结构布置要求

1）核心筒与框架之间的楼盖应采用现浇钢筋混凝土梁板体系，使其具有良好的整体性和刚度，确保框架与核心筒更好地协同工作。当结构的侧向刚度满足规范要求时，也可以采用预应力混凝土平板或扁梁等楼盖形式；采用混凝土平板时，宜在外框架柱与核心筒之间的板内设置暗梁。

2）核心筒外周围的楼板不宜开设较大的洞口，当有个别较大洞口时，洞口周边应设边梁加强。

3）当框架-双筒结构的双筒间楼板开洞时，其有效楼板宽度不宜小于楼板典型宽度的50%，洞口附近楼板应加厚，并应采用双层双向配筋，每层单向配筋率不应小于0.25%；双筒间楼板宜按弹性板进行细化分析。

4）核心筒内部的楼板，由于设置楼、电梯间及设备管道间，开洞较多，为加强其整体性，使其能有效约束剪力墙墙肢的扭转与翘曲及传递地震力，楼板厚度不宜小于120mm，且宜双层双向配筋。

5）楼盖的外角宜设置双层双向钢筋（图9-3），单层单向配筋率不宜小于

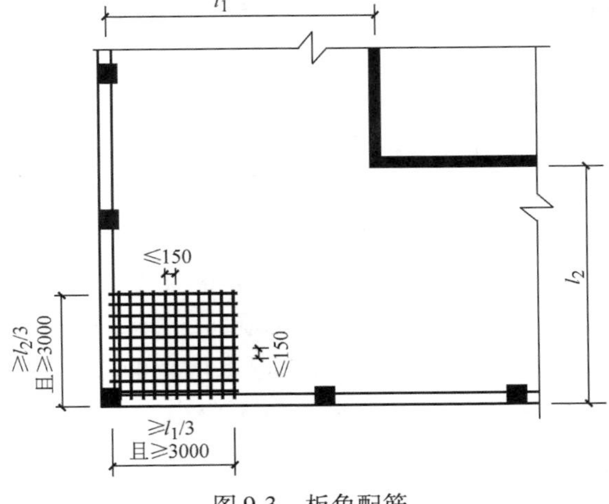

图9-3　板角配筋

0.3%，钢筋直径不应小于8mm，间距不应大于150mm，配筋范围不宜小于外框架至内筒外墙中距的1/3和3m。

6）楼盖主梁不宜搁置在核心筒外墙的连梁上；也不宜集中搁置在核心筒外墙转角处，以免钢筋过于密集，影响混凝土施工。

7）框架梁支承在核心筒外墙上时，其连接节点可按以下情况分别确定：

① 沿梁轴线方向有墙肢相连时，可按刚接设计。

② 核心筒外墙厚度大于$0.4l_{abE}$（梁纵向钢筋的水平锚固长度）且梁支承处核心筒外墙内侧楼板无洞口时，可按刚接设计。

③ 梁支承处核心筒外墙设有扶壁柱时，可按刚接设计。

④ 不满足上述条件的梁端支承处宜按铰接设计。

8）核心筒外墙在楼面梁支承处，当无壁柱时，宜设置暗柱，暗柱宽度宜取梁宽加二倍墙厚，暗柱配筋应按计算确定并满足相应抗震等级的配筋构造要求（详见《高层建筑规程》第7.1.6条）。

138. 筒中筒结构设计时结构布置有哪些基本要求？

（1）平面布置要求

1）平面外形宜选用圆形、正多边形、椭圆形、方形、三角形或矩形等，内筒宜对称居中布置。

研究表明筒中筒结构在水平力作用下，其结构性能与外框筒的平面外形有关。对正多边形平面，边数越多，剪力滞后现象越不明显，结构的空间作用越大，反之，边数越少，结构空间作用越差。在各种外框筒平面形状中，以圆形平面的侧向刚度和受力性能最好，矩形最差。

2）矩形平面的长宽比不宜大于2。

3）内筒的宽度可为高度的1/12～1/15，与相应建筑平面宽度之比宜为0.35～0.40。

4）三角形平面的结构性能也较差，可通过切角使其成为六边形来改善外框筒的剪力滞后现象，提高结构的空间作用。外框筒的切角长度不宜小于相应边长的1/8，其角部可设置刚度较大的角柱或角筒；内筒的切角长度不宜小于相应边长的1/10，切角处的筒壁宜适当加厚。

5）内筒的墙肢布置宜均匀、对称；内筒外围墙上洞口开设的位置亦宜均匀、对称，不应在内筒角部附近开设较大的洞口，当不可避免时，洞边至筒角内壁的距离不应小于500mm和开洞墙的截面厚度两者的较大值；内筒的外墙不宜在水平方向连续开洞，洞间墙肢的截面高度不应小于1.2m。当洞间墙肢的截面高度与其厚度之比不大于4时，宜按框架柱进行设计。

6）内筒外墙的截面厚度要求与框架-核心筒结构的核心筒相同。

7）外框筒柱的中心距不宜大于4m，宜沿外框筒周边均匀布置（柱截面长边应沿筒壁方向布置）；框筒柱截面形状宜选用矩形（对圆形、椭圆形结构平面柱截面宜为长弧形），必要时可以采用T形截面，角柱还可以采用L形截面。

8）外框筒角柱是保证筒中筒结构整体侧向刚度的重要构件，在水平力作用下，角柱的轴向变形通过与其相连的框筒梁在翼缘框架柱中产生轴向力并提供较大的抗倾覆力矩，因此，角柱的截面选择与筒中筒结构抗倾覆能力的发挥有直接关系；从筒中筒结构的内力分布规律来看，角柱在水平力作用下轴向力很大而平均剪力不大且小于中部柱，在楼面竖向荷载作用下轴向压力不大且也小于中部柱(楼盖结构设计时，应注意使楼面荷载向角柱传递，以避免在地震作用下角柱出现偏心受拉的不利情况)，但从角柱所处的位置及其重要性来考虑，应使角柱比中部柱具有更强的承载力，但又不宜将角柱截面设计得过大，一般可取中部柱截面面积的1~2倍。

（2）竖向布置要求

1）筒中筒结构的高度不宜低于80m，高宽比不宜小于3。

2）内筒是筒中筒结构抗侧力的主要结构，主要承受水平力产生的剪力，宜贯通建筑物全高，其刚度沿竖向宜均匀变化，以免结构的侧移和内力发生急剧变化；为了使筒中筒结构具有足够的侧向刚度，内筒的刚度不宜过小，其边长可取筒体结构高度的1/12~1/15；当外框筒内设置刚度较大的角筒或剪力墙时，内筒的平面尺寸可适当减小。

3）内筒底部加强部位及相邻上一层不应改变墙厚。

4）内筒外墙上较大的门洞口沿竖向宜连续布置；洞口上方的连梁宜设计成较强的连梁，不应设计成弱连梁。

5）外框筒柱承受较大的轴力，并提供相应的较大的抗倾覆力矩；外框筒立面的开洞率不宜大于60%，宜控制在50%~60%范围内；洞口高宽比宜与层高与柱距之比相近；外框筒的框筒梁截面高度可取柱净距的1/4，且不小于600mm。

跨高比不大于2的框筒梁和内筒连梁，宜增配对角斜向钢筋；跨高比不大于1的框筒梁和内筒连梁宜配置交叉暗撑（参见国标图集11G101-1和11G329-1）。

（3）楼盖结构布置要求

1）外框筒与内筒之间的楼盖应采用整体性和刚度均好的现浇钢筋混凝土结构体系。楼盖结构的布置宜使竖向构件受力均匀。

2）楼盖结构可根据其受力情况、使用要求、施工条件等因素经综合分析后选用。在保证刚度和承载力的条件下，楼盖结构宜采用较小的截面高度，以降低建筑物的层高及减轻结构自重。一般可选用下列两种楼盖类型的一种：

① 无梁楼盖体系。在外框筒和内筒之间采用钢筋混凝土平板或后张预应力钢筋混凝土平板（含现浇预应力空心板），其结构高度最小，可降低结构层高及建筑物总高度，对建筑物外墙的竖向温度变化的约束也较小，采取适当构造措施

后可假定楼盖与外框筒的连接为铰接，其适用跨度一般不大于10m，但在地震作用下，楼盖对外框筒柱的约束较小，会对外框筒柱的抗震性能及稳定性有不利影响，仅适用于低烈度地震区及非地震区。

② 有梁楼盖体系。在外框筒和内筒之间布置钢筋混凝土或后张预应力钢筋混凝土肋形梁板楼盖、密肋形梁板楼盖或扁梁楼盖。肋形梁板楼盖中的肋形梁，其中距应与外框筒柱的中距相同。密肋形梁板楼盖中肋梁的中距除根据技术经济合理性确定外，尚应在外框筒柱处布置肋梁；在外框筒柱处的肋梁应适当加宽，其宽度宜满足框架梁的最小截面宽度要求；肋梁的截面高度宜取外框筒至内筒中距的1/12～1/18，并沿外框筒周边设置与肋梁高度相同的边肋梁以加强楼盖与外框筒的连接。

3）外框筒柱受肋形梁（框架梁）的约束，在水平荷载和楼面竖向荷载作用下，在其截面的两个主轴方向均会产生较大的弯矩，因此，外框筒柱应按双向偏心受压构件验算其承载力。

4）楼盖外角处的加强配筋要求同框架-核心筒结构楼盖。

5）内筒的外围楼板不宜开设较大的洞口；当不可避免时，较大洞口周边应设边梁加强。

6）钢筋混凝土平板或密肋楼板，在内筒处可按刚接连接考虑。

7）内筒内部的楼板厚度不宜小于120mm，宜双层双向配筋。

8）楼面梁不宜支承在内筒连梁上，也不宜集中支承在内筒的转角处。内筒在楼面梁支承处，当未设置壁柱时，宜设置暗柱（详见《高层建筑规程》第7.1.6条）。

139. 筒体结构楼盖角区楼面梁的布置主要有几种形式？布置时应注意什么问题？

（1）筒体结构的楼盖当采用梁板式楼面结构时，楼盖角区楼面梁的布置十分重要。楼盖角区楼板双向受力，支承条件复杂。楼盖角区梁的布置主要有下列几种形式：

1）角区布置斜梁，两个方向的楼盖梁与斜梁相交，受力明确，而且给角柱以较大的竖向荷载，对角柱有利。但这种布置方案，斜梁跨度及受力较大，梁截面高度大，不便于机电设备管道穿行；楼面梁长短不一，种类也较多（图9-4a）。

2）角区布置单向梁，结构布置简单，受力传力明确，但有一根梁受力很大，可隔一层改变一次梁的布置方向，使墙体受力均衡（图9-4b）。

3）角区布置双向梁，采用这种布置方案时，楼面结构高度可减小，有利于降低层高（图9-4c）。

采用第2)、3)种楼面梁布置方案时，由于传给角柱的楼面荷载小，角柱有可能出现轴向拉力。

4）当筒体结构外框架角柱采用L形截面时，角区也可以采用双斜梁布置方案（图9-4d）。

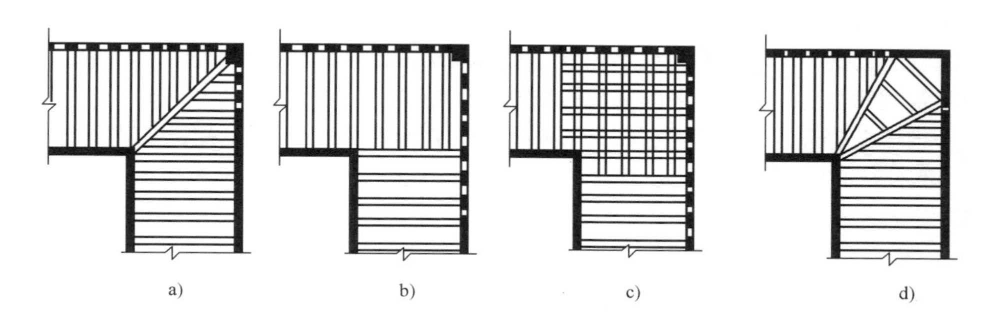

图9-4　楼面角区梁布置示意

（2）楼面主梁不宜支承在核心筒或内筒的连梁上，主要是为了避免连梁发生剪扭脆性破坏；为此，可将楼面梁斜放支承在洞口边的墙上，并且相邻层错开，使墙体受力均衡。

（3）楼面主梁不宜集中支承在核心筒或内筒的角部，主要是为了避免筒体角部钢筋过于密集，影响混凝土的浇灌质量；为此，可以将楼面梁在筒体角部相互错开一定距离布置；梁端边缘错开距离一般可控制在250mm左右。

140. 筒体结构的边缘构件、外框筒梁或内筒连梁、扶壁柱或暗柱及外框架柱等构件的设计有什么特点？

（1）筒体结构的混凝土强度等级不宜低于C30；筒中筒结构的高度不宜低于80m，高宽比不应小于3。

（2）框架-核心筒结构的核心筒和筒中筒结构的内筒墙肢的轴压比限值：一级抗震等级（9度）为0.4；一级抗震等级（6、7、8度）为0.5；二、三级抗震等级为0.6。当墙肢的轴压比，一级抗震等级（9度）大于0.1、一级抗震等级（6、7、8度）大于0.2、二、三级抗震等级大于0.3时，核心筒和内筒底部加强部位的墙肢应按照《高层建筑规程》第7.2.15条的要求设置约束边缘构件；当墙肢的轴压比，一级抗震等级（9度）不大于0.1、一级抗震等级（6、7、8）度不大于0.2、二、三级抗震等级不大于0.3时，核心筒和内筒底部加强部位的墙肢仍应按《高层建筑规程》第7.2.15条的要求设置约束边缘构件。

（3）一、二、三级抗震等级的框架-核心筒结构的核心筒、筒中筒结构的内筒，筒体角部墙体的边缘构件应按下列要求加强：底部加强部位，约束边缘构件沿墙肢的长度应取墙肢截面高度的1/4，且约束边缘构件范围内应全部采用箍筋；底部加强部位以上角部墙体的全高范围内宜按《高层建筑规程》图7.2.15的转角墙（L形墙）设置约束边缘构件。

一、二、三级抗震等级的框架-核心筒结构的核心筒、筒中筒结构的内筒，筒体角部墙体以外部分的边缘构件：底部加强部位，约束边缘构件应按《高层建筑规程》第7.2.15条的规定设置，底部加强部位以上的全高范围内应按《高层建筑规程》第7.2.16条的规定设置构造边缘构件。

当墙肢轴压比，一级抗震等级（9度）不大于0.1、一级抗震等级（6、7、8）度不大于0.2、二、三级抗震等级不大于0.3时，除底部加强部位应按《高层建筑规程》第7.2.15条设置约束边缘构件外，底部加强部位以上的部位均可《高层建筑规程》第7.1.16条设置构造边缘构件。

（4）核心筒或内筒的外墙不宜在水平方向连续开洞，洞间墙肢的截面高度不宜小于1.2m；筒体角部附近也不宜开洞，不可避免时，筒角内壁至洞口的距离不应小于500mm和开洞墙的截面厚度的较大值；当边缘构件邻近洞口时，应将边缘构件的长度延伸至洞口边，并按扩大后的边缘构件截面面积计算其构造配筋；当墙肢的长度小于等于4倍墙厚或1.2m时，该墙肢的配筋应按框架柱设计并全高加密箍筋。

（5）抗震设计时，框架-核心筒结构的核心筒的连梁，宜通过配置对角斜向钢筋或交叉暗撑、设置水平缝或减小梁截面的高宽比等措施来提高连梁的延性。核心筒连梁设置交叉暗撑或对角斜向钢筋的做法可参见国标图集11G101-1和11G329-1。

当连梁设置水平缝形双连梁或多连梁时，可采用SATWE软件进行配筋计算。

（6）筒中筒结构外框筒梁和内筒连梁的构造配筋要求详见《高层建筑规程》第9.3.7条。外框筒梁和内筒连梁设置交叉暗撑或交叉构造钢筋的做法（可参见国标图集11G101-1和11G329-1）。

（7）核心筒和内筒外墙墙肢支承楼盖梁的扶壁柱或暗柱，除满足受压和受弯承载力（墙肢平面外）的要求外，其纵向受力钢筋的总配筋率不宜小于1.2%（一级抗震等级）、1.0%（二级抗震等级和三级抗震等级）；箍筋和拉条的直径一、二级抗震等级不宜小于10mm，三级抗震等级不宜小于8mm；箍筋肢距一、二级抗震等级不宜大于200mm，三级抗震等级不宜大于250mm；箍筋的间距一、二级抗震等级不宜大于100mm，三级抗震等级不宜大于150mm（柱根处不宜大于100mm）及$8d$的较小值（d为纵向受力钢筋的最小直径）；箍筋（包括拉条）的配箍特征值一、二级抗震等级宜取$\lambda_v=0.20$，三级抗震等级宜取$\lambda_v=0.15$。

（8）外框筒柱全部纵向受力钢筋的配筋率，一级抗震等级不应小于1.2%，

二、三级抗震等级不应小于1.0%；且柱截面每一侧纵向钢筋的配筋率不应小于0.25%；箍筋及拉筋的直径，一、二级抗震等级不应小于10mm，三级抗震等级不应小于8mm，箍筋肢距不应大于200mm，箍筋间距，一、二级抗震等级不应大于100mm，三级抗震等级不应大于150mm（柱根处不应大于100mm）及$8d$的较小值（d为纵向受力钢筋的最小直径），箍筋间距沿柱高不变；箍筋的体积配箍率，一级抗震等级不应小于1.2%，二、三级抗震等级不应小于1.0%。

外框筒柱的剪跨比不大于2，但大于1.5时，宜在柱截面设计时采取设置芯柱等构造加强措施，并配置足够的箍筋（体积配箍率不应小于1.2%），箍筋直径不宜小于12mm（一、二级抗震等级）、10mm（三级抗震等级），箍筋间距不应大于100mm（一、二抗震等级时尚不应大于纵向钢筋直径的6倍），沿柱全高设置；当外框筒柱的剪跨比不大于1.5时，外框筒柱属于超短柱，应采取截面内设置型钢等特殊加强措施。

（9）核心筒和内筒外墙墙肢在底部加强部位及其上相邻一层的竖向、横向分布钢筋的配筋率不应小于0.3%㊀，钢筋直径不应小于10mm，也不应大于墙肢截面厚度的1/10，钢筋间距不应大于200mm；墙肢竖向、横向分布钢筋的拉结筋直径不应小于8mm，拉结筋间距不应大于600mm。

（10）筒体结构的外框筒和内筒（包括核心筒）角部必要时应采取加强截面等措施（图9-5）。

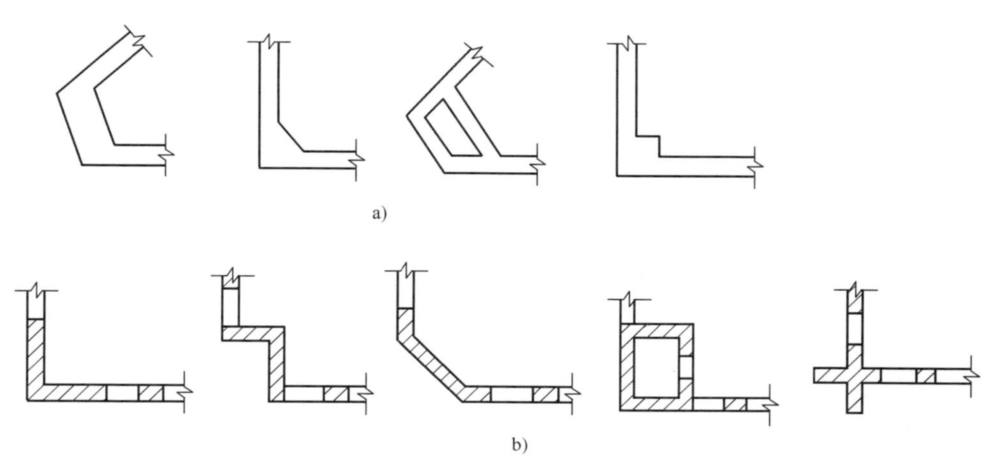

图9-5 筒体结构角部加强示意
a）内筒角部加强 b）外框筒角部加强

㊀《广东省高规》建议，核心筒和内筒底部加强部位墙体的竖向分布钢筋的配筋率不宜小于0.60%。

141. 框架-核心筒结构设置加强层时，设计中应当注意什么问题？

加强层是水平伸臂构件和周边水平环带构件等加强构件所在楼层的总称，水平伸臂构件和水平环带构件的功能不同，不一定同时设置，但如果同时设置，它们一般都设在同一层内。凡是具有二者之一的楼层，都可以称为加强层，但通常是设置水平伸臂构件，必要时才设置周边水平环带构件。

(1) 筒体结构设置加强层的主要目的是要增强结构的抗侧刚度，减少结构在水平力作用下的位移和内筒的弯矩。但筒体结构设置加强层也带来一些不利影响。加强层使结构在加强层所在楼层的上、下相邻楼层的柱弯矩和剪力发生突变，不仅增加了柱配筋设计上的困难，而且上、下柱与一个刚度很大的水平伸臂构件相连，地震作用下这些柱子容易出现塑性铰或被剪坏；加强层也使结构沿竖向发生刚度突变，对抗震不利。因此，在非地震区，当有必要时，设置加强层利大于弊，而在地震区是否设置，则必须慎重考虑，否则会弊大于利。

(2) 在筒中筒结构中，外框筒主要依靠密柱、深梁使翼缘框架各柱承受较大的轴向力，结构的侧向刚度很大，设置加强层对减小结构位移的作用相对较小，反而带来柱沿竖向内力突变的不利后果，因此在筒中筒结构中，除特殊情况外，一般不再设置加强层。

(3) 在框架-核心筒结构中，通常在非地震区或低烈度地震区，由风荷载控制结构设计时，用设置加强层的方法增加结构抗侧刚度和减小位移，是较好的方案选择。在中等烈度和高烈度地震区，则应做方案比较，要看结构的层间位移是否满足规范或规程的要求，相差多少，慎重选择加强层的刚度和数量。如果不设加强层结构的层间位移已能满足规范或规程的要求，则不必设置加强层。

(4) 设置加强层的高层建筑结构应符合下列要求：

1) 9 度抗震设计时不应采用带加强层的结构。

2) 加强层的位置和数量要合理有效，刚度大小要适宜；当布置一个加强层时，位置可在 $0.6H$ 附近（H 为建筑物从室外地面到主要屋面板顶的高度）；当布置 2 个加强层时，位置可分别在顶层和 $0.5H$ 附近；当布置多个加强层时，加强层宜沿竖向从顶层向下均匀布置。

布置一个加强层时，加强层附近结构的内力突变较大，而设置多个加强层时，内力突变幅度会减小，但结构用钢量和造价将会增加。

3) 加强层的水平伸臂构件宜贯通核心筒，其平面布置宜位于核心筒的转角处、T 形节点处，以便保证水平伸臂构件实现与剪力墙刚接，这是水平伸臂构件将筒体剪力墙的弯曲变形转换成外框架柱的轴向变形，从而减少结构在水平力作用下侧移的前提条件；由于水平伸臂构件的刚度大，外框架柱相对来说，截面尺寸较小，刚度不大，而轴力又较大，不宜承受很大的弯矩，所以，水平伸臂构件与外框架柱的连接宜采用铰接或半刚接，不宜采用刚接，如采用刚接，则与水平伸臂构件相连的外框架柱的承载力设计和延性设计均比较困难。

结构内力与位移计算时，设置水平伸臂构件的楼层，宜考虑楼板平面内的变形，以便计算常用的桁架式水平伸臂构件上、下弦杆的轴力和轴向变形，对结构整体内力和位移的计算也比较合理。

4）应避免加强层及其相邻层框架柱因内力增加而引起的破坏。加强层及其相邻上、下层框架柱的配筋应加强；加强层及其相邻层核心筒的配筋也应加强。

5）加强层及其相邻层楼盖刚度和配筋应加强。

6）在施工程序上及连接构造上应采取措施减小结构竖向温度变形及轴向压缩差的措施，结构分析模型应能反映施工措施的影响。

（5）加强层的水平伸臂构件和周边水平环带构件可采用斜腹杆桁架、实体梁、空腹桁架、整层或跨若干层高的箱形梁等结构形式。设置水平伸臂构件的目的是，增大外框架柱的轴力，相应增大外框架柱的抗倾覆力矩，从而减少核心筒（内筒）的弯曲变形和弯矩，增大结构的抗侧刚度，从而减小结构的侧移（图9-6）；设置周边水平环带构件的目的是，加强结构周边各竖向构件的联系，加强结构整体性，协调结构周边各竖向构件的变形，减小竖向变形差异，使竖向构件受力较均匀。

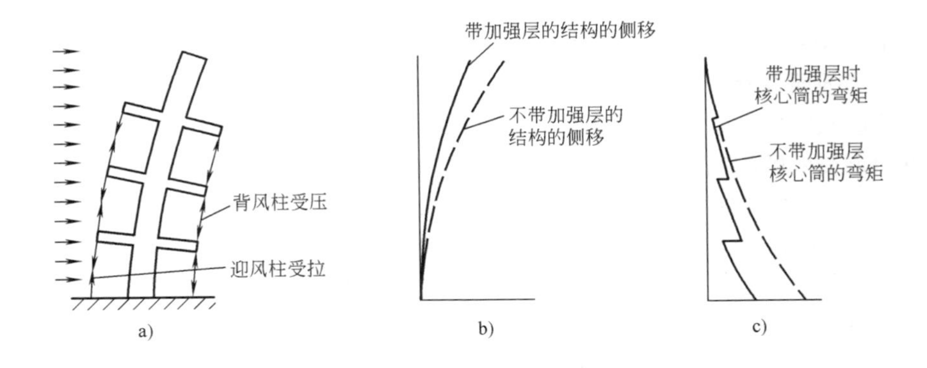

图9-6 加强层的作用原理

a）带加强层的结构在水平荷载作用下的变形 b）结构的侧移 c）核心筒的弯矩

在筒中筒结构中，设置周边水平环带构件，可以加强外框筒梁（深梁）的作用，减小剪力滞后，因此，在筒中筒结构中，当有必要时，通常是设置周边水平环带构件而不是设置水平伸臂构件。在框架-核心筒结构中，设置周边水平环带构件也会加强外框架柱之间的联系，也会减小稀柱之间的剪力滞后，并增大翼缘框架柱的轴向力，从而减小结构的侧移，但是在这方面，它的作用不如设置水平伸臂构件的作用直接和明显。

在实际工程中，水平伸臂构件和周边水平环带构件经常采用钢桁架，既可减轻重量，又可在工厂制作后运到现场安装，施工十分方便，而且自然形成行人或设备的通道，是较为理想的结构形式。

在框架-核心筒结构中，当水平伸臂桁架构件和周边水平环带桁架构件结合使用时，周边环带桁架构件不仅使外框架的轴力趋于均匀，对减小结构的侧移起一定作用，而且还会减小水平伸臂桁架的刚度，因此，周边环带桁架和水平伸臂桁架结合使用，有利于减少框架柱和核心筒的内力突变。

（6）加强层的水平伸臂构件宜沿建筑物的两个主轴方向同时布置，并对称于建筑物的主轴，且在每个方向不应少于三道；应尽量避免水平伸臂构件使核心筒墙肢产生平面外的弯曲变形。

（7）抗震设计时，带加强层的高层建筑结构还应符合下列要求：

1）加强层及其相邻层的框架柱和核心筒剪力墙的抗震等级应提高一级采用，一级提高至特一级，但抗震等级已经为特一级时应允许不再提高，但应采取特殊加强措施。

2）加强层及其上、下相邻一层的框架柱，箍筋应全柱段加密；轴压比限值应按其他楼层框架柱的数值减小 0.05 采用。柱截面配筋时宜在中部设置芯柱；柱的纵向钢筋由于可能偏心受拉应采用机械连接或等强焊接。

3）加强层及其上、下相邻一层的框架柱，纵向钢筋的最小配筋率对中柱不宜小于 1.4%，角柱不宜小于 1.6%；柱端箍筋加密区的配箍特征值宜增加 20%；加强层及其上、下相邻一层的核心筒剪力墙应设置约束边缘构件；核心筒剪力墙墙肢竖向和水平分布钢筋最小配筋率不应小于 0.35%，墙肢约束边缘构件纵向钢筋的的配筋率不应小于 1.4%，箍筋的配箍特征值宜增加 20%。

（8）带加强层的高层建筑结构，其整体内力和位移计算应符合下列要求：

1）应采用至少两个不同力学模型的三维空间分析软件进行结构整体内力和位移计算。

2）应采用弹性时程分析方法进行补充计算。

3）宜采用弹塑性静力或弹塑性动力分析方法进行补充计算。

142. 筒中筒结构带转换层时，设计中应当注意什么问题?

（1）9 度抗震设计时，不应采用带转换层的结构；8 度抗震设计时，转换层的转换结构构件应考虑竖向地震作用的影响。

带托柱转换层的筒体结构转换层的设置位置，因其受力情况和刚度变化与部分框支剪力墙结构不同，抗震性能比部分框支剪力墙结构有利，故不作限制。

抗震设计时，带托柱转换层的筒体结构的外围转换柱与内筒、核心筒外墙的中距不宜大于 12m。

底部带转换层的B级高度筒中筒结构，当外筒框支层以上采用由剪力墙构成的壁式框架时，其最大适用高度应比《高层建筑规程》表3.3.1－2规定的数值适当降低。

（2）筒中筒结构的外框筒柱子的间距较小，一般不大于4m，而且柱子截面又较大，很难满足正常使用的要求，例如，要设置较大出入口，或便于同裙房的大空间连通等。为此，常常需要将结构底部一层或几层的部分柱子抽去，以扩大柱距，满足建筑功能的要求。抽柱的一般原则是：保留角柱，隔一抽一，或保留角柱和相邻的柱子，隔一抽一。

（3）筒中筒结构由于底部一层或几层抽去部分柱子，会使结构底部的侧向刚度降低，其内力也会发生变化，除外框筒柱子的轴向力增加外，内筒会承受更大的剪力和弯矩，由于筒中筒结构的底部楼层抽去一部分柱子，使上部结构的部分柱子不能直接连续贯通落地，所以应设置结构转换层并在结构转换层内布置转换结构构件。

（4）筒中筒结构的底部楼层抽去一部分柱子后，由于上、下部柱子和转换结构构件都在同一平面内，转换构件比较简单，受力也明确。常用的转换结构构件有实腹梁、斜腹杆桁架、空腹桁架、斜撑和拱等（图9-7）。

具有这类转换结构构件的筒中筒结构，转换层上、下层的差别主要是减少了柱子，因此上、下层的侧向刚度相差不会很大，只是由于下层跨度较大，上柱传来的竖向荷载大，要采用刚度及承载力大的水平构件作为转换构件，但应注意尽量选择适当的转换构件，以减少刚度突变。

（5）筒中筒结构当采用实腹梁或空腹桁架作转换构件时，图9-7a或图9-7b中，N点处的附加竖向变形受其上部几层处框筒梁刚度的约束，抽柱后柱的轴力通过其上部几层外框筒梁竖向变形的协调有一部分转移到相邻的落地柱子上，因而实腹梁和空腹桁架受力不会很大，结构的三维空间分析软件的计算结果能恰当地反映其实际受力状态，这与框支剪力墙结构的框支梁的受力状态有较大的不同。当采用斜撑或拱作转换构件时，图9-7c或图9-7d中N点处基本上不产生附加竖向变形，转换层以上外框筒的内力也基本不发生变化，但应注意斜撑或拱产生的水平推力的传递及对外框筒角柱的影响。

（6）筒中筒结构转换层以下柱子的轴压比，宜通过截面调整使其与转换层以上柱子的轴压比相近；转换层以下柱子的剪压比抗震设计时不宜大于0.15，非抗震设计时不宜大于0.20。

（7）筒中筒结构的转换构件采用梁或空腹桁架时，梁或弦杆截面高度不宜过大，因其内力与梁或弦杆的刚度成正比；梁或弦杆的宽度宜比上柱的宽度大100mm，以利于上部柱纵向钢筋的锚固；当转换构件采用斜撑或拱时，斜撑或拱的宽度基于同样的原因亦宜比上部柱的宽度大100mm；斜撑或拱的截面尺寸由

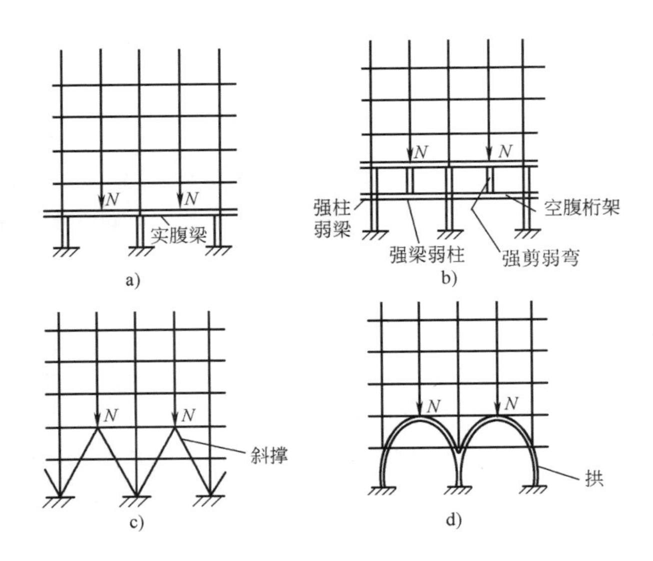

图 9-7 筒中筒结构抽柱转换结构构件

a）实腹梁 b）空腹桁架 c）斜撑 d）拱

轴压比确定，斜撑及拱的轴压比限值与外框筒柱限值相同。

采用托柱转换梁时，托柱转换梁在转换层宜在托柱位置设置正交方向的框架梁或楼面梁。

（8）筒中筒结构的转换构件采用空腹桁架、斜撑及拱时，应加强节点的配筋及连接和锚固的构造措施，防止应力集中的不利影响；空腹桁架应整层布置，应有足够的刚度，并应加强上、下弦杆与框架柱的锚固连接构造；空腹桁架的竖腹杆应按强剪弱弯进行截面配筋设计，并加强箍筋配置以及与上、下弦杆的连接构造措施。当转换构件采用实腹梁时，实腹梁及其以上三层的外框筒梁应按偏心受拉杆件进行截面配筋设计及构造处理。

采用桁架作托柱转换层的转换结构构件时，转换桁架斜腹杆的交点、空腹桁架竖腹杆的交点宜与上部密柱的位置重合。

（9）筒中筒结构的转换层楼板（采用空腹桁架作转换构件时，为上、下弦杆所在楼层的楼板）厚度不宜小于 180mm，应采用双层双向配筋，除满足计算要求外，每层每个方向的配筋率不应小于 0.25%，楼板的钢筋应在边梁或墙体内锚固 l_a（非抗震设计）或 l_{aE}（抗震设计）；转换层在内筒与外框筒之间的楼板不应开设洞口边长与内外筒间距之比大于 0.20 的洞口，当洞口边长大于 1000mm 时，应在洞口周边设置边梁或暗梁加强，暗梁宽度宜取 2 倍板厚，开洞楼板除满足计算要求外，边梁或暗梁纵向钢筋的配筋率不应小于 1.0%，纵向钢筋的连接应采用机械连接或等强焊接；与转换层相邻楼层的楼板也应适当加强；

开设少量洞口的转换层楼板，在对洞口周边采取加强措施后，一般情况下，可不进行转换层楼板的抗震验算（楼板受剪承载力和楼板剪力设计值验算）。

（10）筒中筒结构转换层及其以下各层的外框筒柱及其他构件（外框筒梁、斜撑、拱、弦杆等）的箍筋直径不应小于12mm（一级抗震等级）、10mm（二级抗震等级），箍筋间距不应大于100mm（沿构件全长间距不变），箍筋肢距不应大于200mm，纵向受力钢筋应采用机械连接或焊接。

（11）筒中筒结构采用实腹梁或空腹桁架作转换构件时，转换层以上三层的梁的纵向钢筋的连接应采用机械连接或等强焊接。

实腹梁及空腹桁架下弦应按偏心受拉构件设计。

当采用斜撑或拱作转换构件时，斜撑或拱不应出现偏心受拉情况。

（12）带转换层的筒中筒结构，其整体内力和位移计算应符合下列要求：

1）应采用至少两个不同力学模型的三维空间分析软件进行整体的内力和位移计算。

2）应采用弹性时程分析进行补充计算。

3）宜采用弹塑性静力或弹塑性动力分析方法进行补充计算。

4）宜进行不抽柱的三维空间整体分析与抽柱后的三维空间整体分析（其计算模型应能反映或模拟带转换层的结构的实际工作状态），并对其侧向变形与主要构件的内力进行比较，必要时应采取相应措施。

5）采用斜撑或拱作转换构件时，宜采用抽柱前最大的组合轴力设计值对其进行简化补充计算，并与抽柱后的整体空间三维分析结果进行比较，必要时应采取相应措施。

6）采用空腹桁架转换层时，空腹桁架上、下弦杆宜考虑楼板作用，上、下弦杆应考虑轴向变形的影响。

第十章

混 合 结 构

143. 混合结构设计时，结构布置有哪些基本要求?

混合结构系指由钢框架、型钢（钢管）混凝土框架与钢筋混凝土核心筒以及由钢外筒-钢筋混凝土核心筒和型钢（钢管）混凝土外筒-钢筋混凝土核心筒所组成的共同承受竖向和水平作用的高层建筑结构，其中主要包括钢框架-钢筋混凝土核心筒结构和型钢混凝土框架-钢筋混凝土核心筒结构两大类，必要时，也可采用钢外筒-钢筋混凝土核心筒和型钢（钢管）混凝土外筒-钢筋混凝土核心筒结构。

混合结构体系是近年来在我国迅速发展起来的一种新结构体系，由于其具有钢结构建筑自重轻、截面尺寸小、施工进度快的优点，同时又具有钢筋混凝土结构侧向刚度大、防火性能好、成本低的优点，因而被认为是一种比较符合我国国情的较好的高层建筑结构体系，受到工程界和投资商的广泛关注。但对于这种结构体系的抗震性能，国内外工程界仍存在不同的看法。其主要原因是，国外地震区较少采用钢框架-钢筋混凝土核心筒结构，对这种结构体系的震害经验缺乏应有的积累，对这种结构体系抗震性能的研究尚不够深入；国内也是近年来才开始采用这种结构体系，既缺乏必要的震害经验，也缺乏大量的系统研究，对这种结构体系在地震发生时的共同工作性能并未完全掌握，特别是对作为主要抗侧力结构的钢筋混凝土核心筒，在地震作用下从开裂到破坏对整个结构体系承载力的影响，地震剪力在钢筋混凝土核心筒和钢框架之间如何分配和再分配，钢框架柱承受的地震剪力如何合理调整，以及如何提高钢筋混凝土核心筒的延性等问题，都有待于进一步进行研究。

根据《高层建筑规程》的规定，混合结构的布置应符合下列要求：

（1）混合结构房屋的结构布置除应符合下列的规定外，尚应符合《高层建筑规程》第 3. 4 节和第 3. 5 节的有关规定。

1）建筑平面的外形宜简单规则、对称，并具有足够的整体抗扭刚度，宜采用方形、矩形、多边形、圆形、椭圆形等规则对称的平面，并尽量使结构的抗侧力中心与水平合力的中心重合。建筑的开间、进深宜统一，以减少构件的种类和规格，有利于制作和施工安装。

2）筒中筒结构体系中，当外围钢框架柱采用 H 形截面柱时，宜将柱截面强轴方向布置在外围筒体平面内；角柱宜采用十字形、方形或圆形截面。

3）楼盖主梁不宜搁置在核心筒或内筒的连梁上。

（2）混合结构的竖向布置宜符合下列要求：

1）结构的侧向刚度和承载力沿竖向宜均匀变化、无突变，构件截面宜由下至上逐渐减小。

2）混合结构中，外围框架柱沿高度宜采用同类结构构件；当框架柱的上部与下部的类型和材料不同时，应设置过渡层，且单柱的抗弯刚度变化不宜超过 30%。

3）对于刚度变化较大的楼层，应采取可靠的过渡加强措施。

4）钢框架部分采用支撑时，宜采用偏心支撑和耗能支撑，支撑宜双向连续布置；框架支撑宜延伸至基础。

当结构下部采用型钢混凝土柱，上部采用钢结构柱时，在这两种结构类型间应设置结构过渡层，过渡层应满足下列要求（图 10-1）：

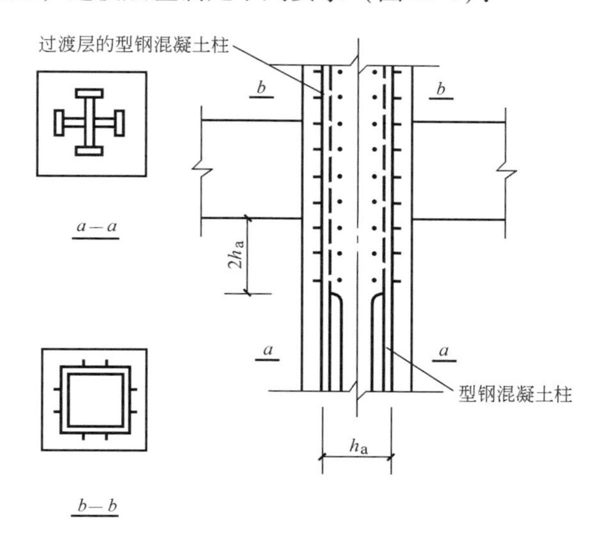

图 10-1 型钢混凝土柱与钢柱连接构造

① 从设计计算上确定某层柱可由型钢混凝土柱改为钢柱时，下部型钢混凝土柱应向上延伸一层作为过渡层，过渡层中的型钢应按上部钢结构设计要求的截面配置，且向下一层延伸至该层梁下部为 2 倍柱型钢截面高度为止。

② 结构过渡层至过渡层底部梁以下 2 倍柱型钢截面高度范围内，应设置栓钉，栓钉的水平及竖向间距不宜大于 200mm；栓钉至型钢钢板边缘的距离宜大于 50mm，箍筋沿柱应全高加密。

③ 十字形柱与箱形柱相连接处，十字形柱腹板宜伸入箱形柱内，其伸入长度不宜小于柱型钢截面的高度。

5）对于刚度突变的楼层，如转换层、加强层、空旷的顶层、顶部突出部分、型钢混凝土框架与钢框架的交接层及其邻近楼层，应采取可靠的过渡加强措施。

国内外的震害经验表明，结构的侧向刚度或承载力沿竖向变化过大，会导致薄弱层（或软弱层）的变形和构件的应力过于集中，造成严重的震害。结构竖向刚度变化时，不但刚度变化的楼层受力增大，而且上下邻近楼层的内力也增大，所以加强薄弱层（或软弱层）时，应包括加强相邻楼层。

6）混合结构中，钢框架部分采用支撑时，宜采用偏心支撑和耗能支撑，支撑宜连续布置，且在相互垂直的两个方向均宜布置，并互相交接；支撑框架在地下的部分，应延伸至基础。

所谓偏心支撑，是指钢框架结构的支撑至少有一端偏离梁柱连接节点，直接与梁连接，在支撑连接点与梁柱连接点之间或支撑与支撑之间形成耗能梁段。偏心支撑钢框架结构是一种新的结构体系，在大地震发生时，耗能梁段在地震剪力作用下，首先产生剪切屈服，从而保证支撑的稳定，使结构具有良好的延性和耗能能力。钢框架结构的偏心支撑类型如图 10-2 所示。

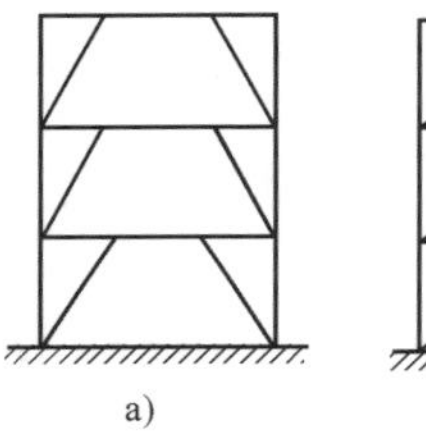

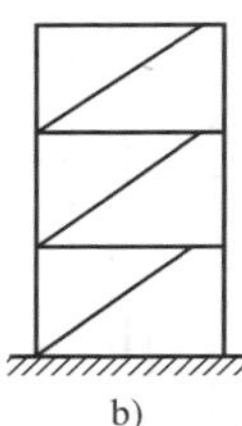

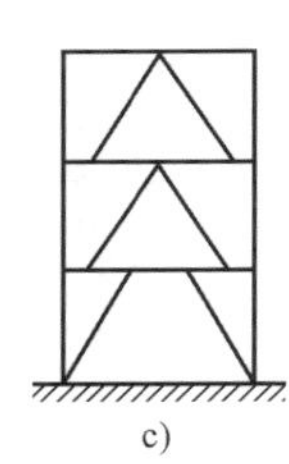

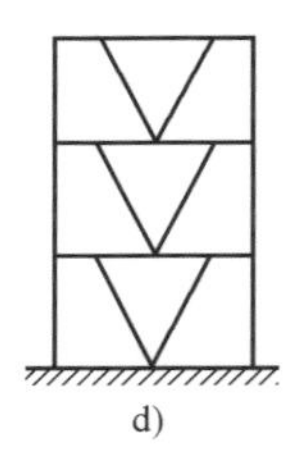

图 10-2 偏心支撑类型

a）门架式支撑 b）单斜杆支撑 c）人字形支撑 d）V 字形支撑

偏心支撑的耗能梁段应采用延性好的 Q235 或 Q345 级钢材。

与偏心支撑相对照的钢框架结构中心支撑如图 10-3 所示。

当采用只能受拉的单斜杆支撑体系时，应同时设置不同倾斜方向的两组单斜杆支撑（图 10-3e）。

（3）混合结构体系的高层建筑，8 度、9 度抗震设计时，应在楼面钢梁或型钢混凝土梁与混凝土筒体交接处及混凝土筒体四角墙内设置型钢柱；7 度抗震设计时，宜在楼面钢梁或型钢混凝土梁与混凝土筒体交接处及混凝土筒体四角墙内设置型钢柱。

试验表明，钢梁与钢筋混凝土筒体交接处，由于存在弯矩和轴力，而筒体的

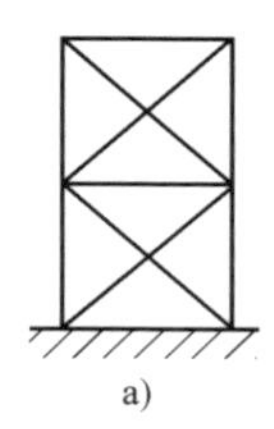
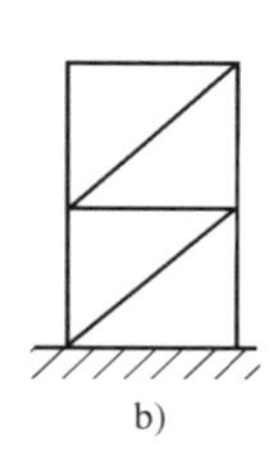
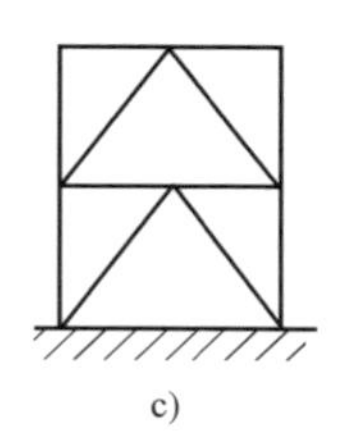
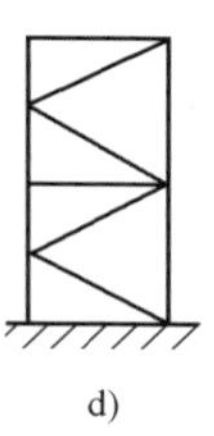
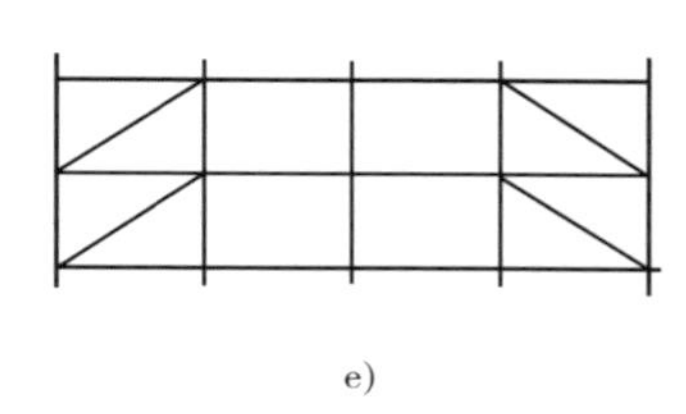

图 10-3 中心支撑类型

a）十字交叉支撑 b）单斜杆支撑 c）人字形支撑

d）K 字形支撑（抗震设计的结构不得采用） e）不同倾斜方向的单斜杆支撑布置

剪力墙平面外的刚度又较小，很容易出现裂缝，因而在钢梁与筒体交接处的剪力墙内设置型钢柱既有利于控制墙体的裂缝，同时也方便钢结构的施工安装；钢筋混凝土筒体四角因受力较大，设置型钢柱后加强了约束作用，能使墙体延迟开裂，也能使墙体开裂后的承载力下降不致太多，防止结构严重破坏。因为钢筋混凝土筒体的塑性铰一般出现在筒体高度的 1/8 及其以下范围内，所以在此范围内，筒体四角的型钢柱宜设置栓钉。

（4）混合结构中，外围钢框架平面内梁与柱应采用刚接连接；楼面梁与钢筋混凝土筒体及外围框架柱的连接可采用刚接或铰接的连接，当筒体中在该处设置型钢柱时，宜采用刚接连接；不设置型钢柱时，可采用铰接。加强层楼面梁与钢筋混凝土筒体的连接宜采用刚接。

外围钢框架平面内梁与柱采用刚接连接，能提高外框架的刚度及抵抗水平作用和扭转作用的能力。

（5）混合结构中，可采用外伸桁架加强层来减少结构的侧移，必要时可同时布置周边桁架。外伸桁架平面宜与抗侧力墙体的中线重合。外伸桁架应与核心筒抗侧力墙体刚接且宜延伸并贯通抗侧力墙体，外伸桁架与外周围框架柱的连接宜采用铰接或半刚接，周边带状桁架与外框架柱的连接宜采用刚性连接。伸臂桁架和周边带状桁架宜采用钢桁架。

（6）核心筒墙体与伸臂桁架连接处宜设置构造型钢柱，型钢柱宜至少延伸至伸臂桁架高度范围以外上、下各一层。

（7）当布置有外伸桁架加强层时，应采取有效措施，减少由于外框架柱与钢筋混凝土筒体竖向变形差异引起的桁架杆件内力的变化。

外伸桁架在平面内的刚度很大。采用外伸桁架将钢框架-钢筋混凝土筒体结构的内筒与外框架柱连接起来，结构在水平力作用下侧移时，外伸桁架使外框架柱拉伸或压缩，从而使外框架柱承受较大的轴力，增加了外框架柱抵抗倾覆力矩的能力；同时，外伸桁架使内筒产生反向的约束弯矩，内筒的弯矩图发生改变，内筒弯矩减小；内筒反弯因此也同时减小了结构的侧移。

采用外伸桁架的钢框架-钢筋混凝土筒体结构，由于外框架柱与钢筋混凝土内筒存在竖向变形差异，会使外伸桁架产生很大的附加内力，因而外伸桁架宜分段安装，在主体结构施工完成后，再进行封闭安装，形成整体。

（8）钢框架-钢筋混凝土筒体结构的楼面宜采用压型钢板现浇混凝土楼板、现浇混凝土楼板或预应力混凝土叠合楼板，楼板与钢梁应有可靠的连接。出于经济性和安全性的考虑，国内工程通常不考虑混凝土楼板与钢梁的组合作用。

（9）对于建筑物楼面有较大开口或为转换层楼层时，应采用现浇混凝土楼板。对楼板开口较大部位宜采取考虑楼板变形的程序进行内力和位移计算，并采取设置刚性水平支撑等加强措施。

144. 混合结构的设计有什么特点?

（1）混合结构中，钢框架-钢筋混凝土核心筒结构适用的最大高度系根据国内外的试验资料和工程经验偏于安全地确定的，比 B 级高度的框架-核心筒结构的适用高度略低，而型钢混凝土框架-钢筋混凝土筒体结构适用的最大高度则比 B 级高度的框架-核心筒结构的适用高度略高；钢外筒-钢筋混凝土核心筒结构适用的最大高度也比 B 级高度的筒中筒结构略低，型钢（钢管）混凝土外筒-钢筋混凝土核心筒适用的最大高度则与 B 级高度的筒中筒结构相一致；混合结构的适用最大高度与高宽比限值详见本书第二章第 34 问表 2-12 和第 35 问表 2-15，在风荷载及地震作用下，按弹性方法计算的最大层间位移角限值详见本书第二章第 36 问表2-17。

（2）抗震设计时，混合结构的框架所承担的地震剪力应符合《高层建筑规程》第 9. 1. 11 条的规定。

混合结构在风荷载及多遇地震作用下，按弹性方法计算的最大层间位移与层高的比值应符合《高层建筑规程》第 3. 7. 3 条的有关规定；在罕遇地震作用下，结构的弹塑性层间位移应符合《高层建筑规程》第 3. 7. 5 条的有关规定。

（3）结构弹性阶段的内力和位移计算时，构件刚度取值应符合下列规定：

1）型钢混凝土构件、钢管混凝土柱的刚度可按下列公式计算：

$$EI = E_c I_c + E_a I_a \tag{10-1}$$

$$EA = E_c A_c + E_a A_a \tag{10-2}$$

$$GA = G_c A_c + G_a A_a \tag{10-3}$$

式中 $E_c I_c$、$E_c A_c$、$G_c A_c$——分别为钢筋混凝土部分的截面抗弯刚度、轴向刚度及抗剪刚度；

$E_a I_a$、$E_a A_a$、$G_a A_a$——分别为型钢、钢管部分的截面抗弯刚度、轴向刚度和抗剪刚度。

2）无端柱型钢混凝土剪力墙可近似按相同截面的混凝土剪力墙计算其轴向、抗弯和抗剪刚度，可不计端部型钢对截面刚度的提高作用。

3）有端柱型钢混凝土剪力墙可按 H 形混凝土截面计算其轴向和抗弯刚度，端柱内型钢可折算为等效混凝土面积计入 H 形截面的翼缘面积，墙的抗剪刚度可不计入型钢作用。

4）钢板混凝土剪力墙可将钢板折算为等效混凝土面积计算其轴向、抗弯和抗剪刚度。

（4）在进行结构弹性分析时，宜考虑钢梁与混凝土楼板的共同作用，梁的刚度可取钢梁刚度的 1.5～2.0 倍，但应保证钢梁与楼板有可靠连接。弹塑性分析时，可不考虑楼板与梁的共同作用。

内力和位移计算中，设置水平外伸桁架的楼层应考虑楼板在平面内的变形，以便得到水平外伸桁架弦杆的内力和弦杆的轴向变形。

（5）竖向荷载作用计算时，宜考虑钢柱、型钢混凝土柱、钢管混凝土柱与钢筋混凝土核心筒竖向变形差异引起的结构附加内力的影响，计算竖向变形差异，宜考虑混凝土徐变、收缩沉降及施工调整等因素产生的不利影响。

（6）当钢筋混凝土筒体先于外围框架施工时，应考虑施工阶段钢筋混凝土筒体在风荷载及其他荷载作用下的不利受力状态，型钢混凝土构件应验算在浇筑混凝土之前钢框架在施工荷载及可能有的风荷载作用下的承载力、稳定及变形，并据此确定钢框架安装与浇筑楼层混凝土的间隔层数。

（7）混合结构在多遇地震作用下的阻尼比可取为 0.04；风荷载作用下楼层位移验算和构件设计时，阻尼比可取 0.02～0.04。在罕遇地震作用下，阻尼比可适当加大，可采用 0.05。

（8）混合结构房屋抗震设计时，钢筋混凝土筒体及型钢混凝土框架等的抗震等级详见本书第二章表 2-28，并应符合相应的计算和构造措施。

（9）混合结构中钢构件应按《钢结构设计规范》（GB 50017）及《高层民用建筑钢结构技术规程》（JGJ 99）进行设计；钢筋混凝土构件应按《混凝土规范》及《高层建筑规程》第 6 章及第 7 章的有关规定进行设计；型钢混凝土构件可按《型钢混凝土组合结构技术规程》（JGJ 138）进行设计。

上述构件的抗震设计要求应符合《抗震规范》的规定。

（10）有地震作用组合时，型钢混凝土构件和钢构件的承载力抗震调整系数 γ_{RE} 应按表 10-1 和表 10-2 采用；钢筋混凝土构件的承载力抗震调整系数应按《高层建筑规程》表 3.8.2 的规定采用。

表 10-1　型钢（钢管）混凝土构件承载力抗震调整系数 γ_{RE}

正截面承载力计算				斜截面承载力计算
型钢混凝土梁	型钢混凝土柱及钢管混凝土柱	剪力墙	支撑	各类构件及节点
0.75	0.80	0.85	0.80	0.85

表 10-2　钢构件承载力抗震调整系数 γ_{RE}

强度破坏（梁、柱、支撑、节点板件、螺栓、焊缝）	屈曲稳定（柱、支撑）
0.75	0.80

（11）型钢混凝土构件中，型钢钢板的宽厚比满足表 10-3 的要求时，可不进行局部稳定验算（图 10-4）。

表 10-3　型钢板件宽厚比限值

钢　号	梁		柱		
			H、十、T 形截面		箱形截面
	b/t_f	h_w/t_w	b/t_f	h_w/t_w	h_w/t_w
Q235	23	107	23	96	72
Q345	19	91	19	81	61
Q390	18	83	18	75	56

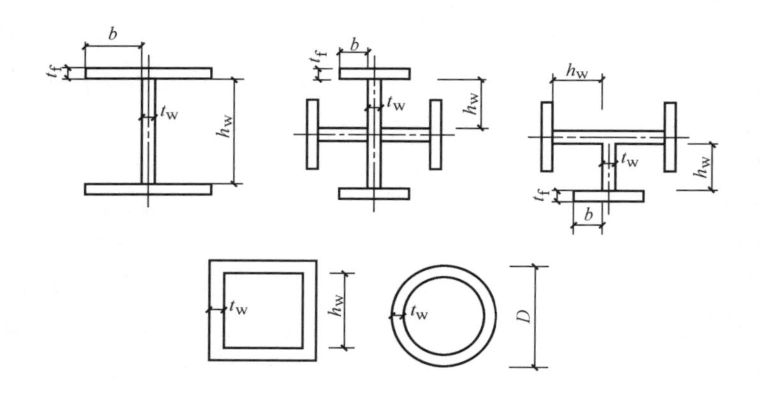

图 10-4　型钢钢板宽厚比

试验研究表明，由于混凝土及混凝土构件内配置的纵向受力钢筋、纵向构造钢筋（包括梁侧面的纵向构造钢筋——腰筋）和箍筋及拉条的约束作用，在型钢混凝土构件中型钢板件的宽厚比可较纯钢构件适当放松要求，型钢混凝土构件中的型钢翼缘的宽厚比可取为纯钢构件的 1.5 倍，腹板可取为纯钢构件的 2 倍，填充式箱形钢管混凝土构件可取为纯钢构件的 1.5～1.7 倍。

145. 型钢混凝土构件有哪些构造要求?

(1) 型钢混凝土梁应满足下列构造要求:

1) 混凝土粗骨料最大直径不宜大于25mm，型钢宜采用Q235及Q345级钢材，也可采用Q390或其他符合结构性能要求的钢材。

2) 型钢混凝土梁的最小配筋率不宜小于0.30%，梁的纵向钢筋宜避免穿过柱中型钢的翼缘。梁的纵向的受力钢筋不宜超过两排；配置两排钢筋时，第二排钢筋宜配置在型钢截面外侧。当梁的腹板高度大于450mm时，在梁的两侧面应沿梁高度配置纵向构造钢筋，纵向构造钢筋的间距不宜大于200mm。

3) 型钢混凝土梁中型钢的混凝土保护层厚度不宜小于100mm，梁纵向钢筋净间距及梁纵向钢筋与型钢骨架的最小净距不应小于30mm，且不小于粗骨料最大粒径的1.5倍及梁纵向钢筋直径的1.5倍。

4) 型钢混凝土梁中的纵向受力钢筋宜采用机械连接。如纵向钢筋需贯穿型钢柱腹板并以90°弯折固定在柱截面内时，抗震设计的弯折前直段长度不应小于钢筋抗震基本锚固长度l_{abE}的40%，弯折直段长度不应小于15倍纵向钢筋直径；非抗震设计的弯折前直段长度不应小于钢筋基本锚固长度l_{ab}的40%，弯折直段长度不应小于12倍纵向钢筋直径。

5) 梁上开洞不宜大于梁截面总高的40%，且不宜大于内含型钢截面高度的70%，并应位于梁高及型钢高度的中间区域。

6) 型钢混凝土悬臂梁自由端的纵向受力钢筋应设置专门的锚固件，型钢梁的上翼缘宜设置栓钉；型钢混凝土转换梁在型钢上翼缘宜设置栓钉。栓钉的最大间距不宜大于200mm，栓钉的最小间距沿梁轴线方向不应小于6倍的栓钉杆直径，垂直梁方向的间距不应小于4倍的栓钉杆直径，且栓钉中心至型钢板件边缘的距离不应小于50mm。栓钉顶面的混凝土保护层厚度不应小于15mm。

(2) 型钢混凝土梁箍筋的配置应满足下列要求:

1) 箍筋的最小面积配箍率ρ_{sv}，非抗震设计时，应使$\rho_{sv} \geqslant 0.24 f_t/f_{yv}$；抗震设计时，一级抗震等级应使$\rho_{sv} \geqslant 0.30 f_t/f_{yv}$，二级抗震等级应使$\rho_{sv} \geqslant 0.28 f_t/f_{yv}$，三级抗震等级应使$\rho_{sv} \geqslant 0.26 f_t/f_{yv}$；且均不应小于0.15%。

型钢混凝土梁应采用具有135°弯钩的封闭式箍筋，弯钩的直段长度不应小于8倍箍筋直径。

2) 抗震设计时，梁箍筋的直径和间距应符合表10-4的要求，且箍筋间距不应大于梁截面高度的1/2。抗震计时，梁端箍筋应加密，箍筋加密区范围，一级时取梁截面高度的2.0倍，二、三、四级时取梁截面高度的1.5倍；当梁净跨小于梁截面高度的4倍时，梁全跨箍筋应加密设置。

表 10-4　梁箍筋直径和间距　（单位：mm）

抗震等级	箍筋直径	非加密区箍筋间距	加密区箍筋间距
一	≥12	≤180	≤120
二	≥10	≤200	≤150
三	≥10	≤250	≤180
四	≥8	250	200

注：非抗震设计时，箍筋直径不应小于8mm，箍筋间距不应大于250mm。

规定型钢混凝土梁箍筋的最小限值，一方面是为了增强钢筋混凝土部分的抗剪能力，另一方面是为了加强对箍筋内混凝土的约束，防止型钢的局部失稳和纵向钢筋的压屈。

（3）抗震设计时，混合结构中型钢混凝土柱的轴压比μ_N不宜大于表10-5的限值。

表 10-5　型钢混凝土柱的轴压比μ_N的限值

抗震等级	一	二	三
轴压比限值	0.70	0.80	0.90

注：1. 框支柱的轴压比限值应比表中数值减少0.10。
2. 当采用C60以上混凝土时，轴压比宜比表中数值减少0.05。
3. 剪跨比不大于2的柱，其轴压比限值应比表中数值减少0.05采用。

限制型钢混凝土的轴压比是为了保证型钢混凝土柱的延性，试验表明，当型钢混凝土柱的轴压比大于0.5倍柱的轴向受压承载力时，其延性将显著降低。型钢混凝土柱的特点是，在一定的轴向压力的长期作用下，随着轴向塑性变形的发展以及长期荷载作用下混凝土的徐变和收缩会产生内力重分布，钢筋混凝土部分承担的轴向力会逐渐向型钢部分转移。根据型钢混凝土的试验结果，考虑长期荷载作用下混凝土的徐变和收缩的影响，型钢混凝土柱的轴压承载力标准值可按下式计算：

$$N_k = \mu_k(f_{ck}A + 1.28f_sA_a) \tag{10-4}$$

式中　N_k——型钢混凝土柱的轴压承载力标准值；

μ_k——界限轴压比；

A——扣除型钢后的混凝土截面面积；

f_{ck}——混凝土的轴心抗压强度标准值；

f_s——型钢的屈服强度；

A_a——型钢的截面面积。

将型钢混凝土柱的轴压承载力标准值换算成设计值并且将材料强度标准值换算成设计值后，得出型钢混凝土柱的轴压比大约在0.83左右，由于未考虑钢筋的有利作用，也未规定强柱弱梁的要求，故轴压比适当加严，因此，对抗震等级为一、二、三级的型钢混凝土柱的轴压比限值分别采用0.7、0.8和0.9；按照此轴压比要求，可保证型钢混凝土柱的延性系数大于3。

如果采用Q235级钢材作为型钢混凝土柱的内置型钢，则轴压比表达式有所差异，轴压比限值应较采用Q345级钢材的柱子的轴压比有所降低。

（4）型钢混凝土柱的轴压比可按下式计算

$$\mu_N = N/(f_c A_c + f_a A_a) \tag{10-5}$$

式中 μ_N——型钢混凝土柱的轴压比；

N——考虑地震作用效应组合的柱轴向力设计值；

A_c——扣除型钢后的混凝土截面面积；

f_c——混凝土的轴心抗压强度设计值；

f_a——型钢的抗压强度设计值；

A_a——型钢的截面面积。

（5）型钢混凝土柱应满足下列构造要求：

1）混凝土强度等级不宜低于C30，混凝土粗骨料的最大直径不宜大于25mm；型钢柱中型钢的保护层厚度不宜小于150mm，柱纵筋与型钢的最小净距不应小于30mm。且不应小于粗骨料最大粒径的1.5倍。

2）型钢混凝土柱纵向钢筋最小配筋率不宜小于0.8%，且在四角应各配置一根直径不小于16mm的纵向钢筋；柱纵向钢筋的净距不宜小于50mm，且不应小于柱纵筋直径的1.5倍。

3）型钢混凝土柱中纵向受力钢筋的间距不宜大于300mm，间距大于300mm时，宜设置直径不小于14mm的纵向构造钢筋。

4）型钢混凝土柱型钢含钢率不宜小于4%。

5）型钢混凝土柱箍筋宜采用HRB400级和HRB500级热轧钢筋，箍筋应做成135°的弯钩，非抗震设计时弯钩直段长度不应小于5倍箍筋直径，抗震设计时弯钩直段长度不宜小于10倍箍筋直径。

6）位于房屋底层（含柱脚）、房屋顶层以及型钢混凝土与钢筋混凝土交接层的型钢混凝土柱宜设置栓钉，型钢截面为箱形的柱子也宜设置栓钉，竖向及水平向栓钉间距均不宜大于250mm，栓钉至型钢板边缘的距离不宜小于50mm。

7）型钢混凝土柱的长细比不宜大于80。

（6）抗震设计时，柱端箍筋应加密，加密区范围取柱矩形截面长边尺寸（或圆形截面直径）、柱净高的1/6和500mm三者的最大值；框支柱、角柱和剪跨比不大于2的柱，箍筋应全高加密，箍筋间距均不应大于100mm。

抗震设计时，型钢混凝土柱箍筋的直径和间距应符合表10-6的规定，加密区箍筋的最小体积配箍率尚应符合式（10-6）的要求，非加密区箍筋最小体积配箍率不应小于加密区箍筋最小体积配箍率的一半；对剪跨比不大于2的柱，其箍筋体积配箍率尚不应小于1.0%，9度抗震设计时尚不应小于1.3%。

$$\rho_v \geq 0.85\lambda_v f_c/f_y \tag{10-6}$$

式中 λ_v——柱最小配箍特征值，宜按《高层建筑规程》表6.4.7采用。

表10-6 型钢混凝土柱箍筋直径和间距 （单位：mm）

抗震等级	箍筋直径	非加密区箍筋间距	加密区箍筋间距
一	≥12	≤150	≤100
二	≥10	≤200	≤100
三、四	≥8	≤200	≤150

注：1. 箍筋直径除应符合表中要求外，尚不应小于纵向钢筋直径的1/4。

2. 非抗震设计时，箍筋直径不应小于8mm，箍筋间距不应大于200mm。

规定型钢混凝土构件（型钢混凝土梁和柱等）的混凝土强度等级、混凝土粗骨料的最大直径和型钢的保护层厚度，主要是为了保证外包混凝土与型钢之间有较好的黏结强度和方便混凝土的浇注。规定型钢混凝土构件中型钢的混凝土保护层厚度，还有保证型钢混凝土构件的耐久性和防火的作用。

规定型钢混凝土柱的型钢含钢率，主要是考虑到当柱子含钢率太小时，没有必要采用型钢混凝土柱，同时根据目前我国钢结构的发展水平和型钢混凝土柱浇注混凝土的可能性，一般的型钢混凝土柱的总含钢率也不宜大于8%，所以，控制型钢混凝土柱的型钢含钢率在4%左右是适宜的。

规定型钢混凝土柱箍筋的最小限值，同型钢混凝土梁一样，主要是为了增强混凝土部分的抗剪能力及加强对箍筋内部混凝土的约束，防止型钢失稳和纵向钢筋压屈。从型钢混凝土柱的受力性能来看，不配箍筋或少配箍筋的型钢混凝土柱，在大多数情况下，会出现型钢和混凝土之间的黏结破坏，特别是高强混凝土中的型钢构件，更应配置足够数量的箍筋，并宜采用高强的HRB400级或HRB500级钢筋作箍筋，以保证箍筋有足够的约束能力。

（7）型钢混凝土梁柱节点应满足下列构造要求：

1）箍筋间距不宜大于柱端箍筋加密区间距的1.5倍，箍筋直径不宜小于柱端箍筋加密区的箍筋直径。

2）梁中钢筋穿过梁柱节点时，宜避免穿过柱翼缘；需穿过柱翼缘时，应考虑型钢柱翼缘的损失；需穿过柱腹板时，柱腹板截面损失率不宜大于25%，当超过25%时，则需进行补强；梁中主筋不得与柱型钢直接焊接。

3）型钢柱在钢梁水平翼缘处应设置加劲肋，其构造不应影响混凝土浇筑密实。

（8）钢梁或型钢混凝土梁与钢筋混凝土筒体应可靠连接，应能传递竖向剪力及水平力；当钢梁或型钢混凝土梁通过预埋件与钢筋混凝土筒体连接时，预埋件应有足够的锚固长度，连接做法可参考图10-5。

楼面梁与钢筋混凝土筒体（或剪力墙）的连接节点是十分重要的连接节点。

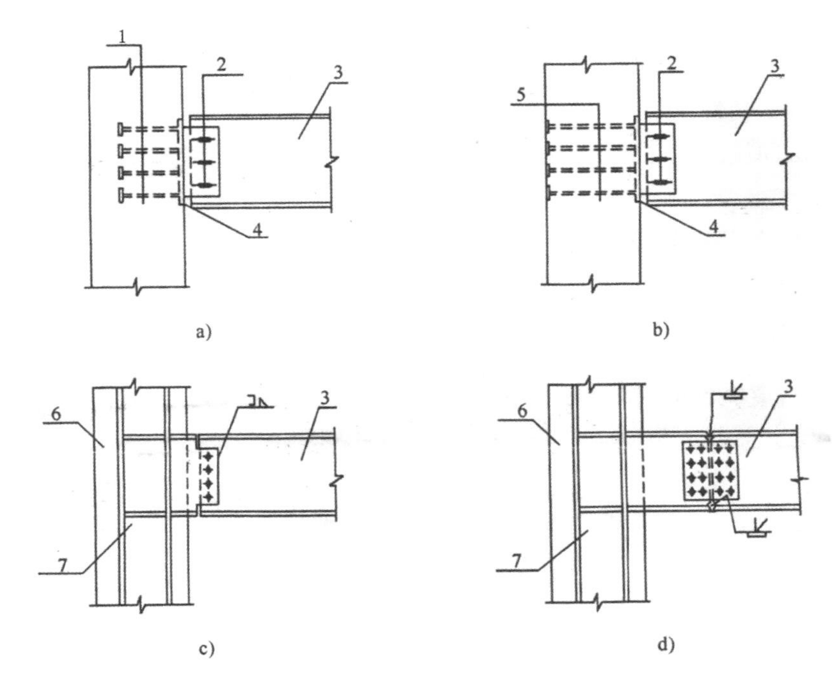

图 10-5　钢梁、型钢混凝土梁与混凝土核心筒的连接构造示意

a)、b)、c) 铰接　d) 刚接

1—栓钉　2—高强度螺栓及长圆孔　3—钢梁　4—预埋件端板

5—穿筋　6—混凝土墙（筒体）　7—墙（筒体）内预埋钢骨柱

当对全楼强制采用刚性楼板假定进行结构分析时，楼面梁只承受剪力和弯矩。但试验研究表明，楼面梁实际上还承受轴向力，而且由于轴向力的存在，试验中节点处往往发生早期破坏。因此，在进行结构整体计算时，应补充非刚性楼板假定条件下的计算，并在节点设计时充分考虑轴力的影响，采取可靠的措施。

此外，应当特别注意的是，即便是钢梁与混凝土筒体的连接采用铰接或半刚接，在连接节点处仍然存在一定量的弯矩，所以为了安全起见，建议在筒体内部在与钢梁连接的对应部位布置一些混凝土梁，或设置型钢构造柱，以抵抗由此产生的弯矩。

(9) 圆形钢管混凝土构件及节点可按《高层建筑规程》附录 F 进行设计。

(10) 圆形钢管混凝土柱尚应符合下列构造要求：

1) 钢管直径不宜小于 400mm，钢管壁厚不宜小于 8mm。

2) 钢管外径与壁厚的比值 D/t 宜在 $(20\sim100)\sqrt{235/f_y}$ 之间，f_y 为钢材的屈服强度。

3）圆钢管混凝土柱的套箍指标$\frac{f_aA_a}{f_cA_c}$，不应小于0.5，也不宜大于2.5。

4）柱的长细比不宜大于80。

5）轴向压力偏心率e_0/r_c不宜大于1.0，e_0为偏心距，r_c为核心混凝土横截面半径。

6）钢管混凝土柱与框架梁刚性连接时，柱内或柱外应设置与梁上、下翼缘位置对应的加劲肋；加劲肋设置于柱内时，应留孔以利混凝土浇筑；加劲肋设置于柱外时，应形成加劲环板。

7）直径大于2m的圆形钢管混凝土构件应采取有效措施减小钢管内混凝土收缩对构件受力性能的影响。其构造不影响密实。

（11）矩形钢管混凝土柱应符合下列构造要求：

1）钢管截面短边尺寸不宜小于400mm，钢管壁厚不宜小于8mm。

2）钢管截面的高宽比不宜大于2，当矩形钢管混凝土柱截面最大边尺寸不小于800mm时，宜采取在柱子内壁上焊接栓钉、纵向加劲肋等构造措施。

3）钢管管壁板件的边长与其厚度的比值不应大于$60\sqrt{235/f_y}$。

4）柱的长细比不宜大于80。

5）矩形钢管混凝土柱的轴压比应按《高层建筑规程》公式（11.4.4）计算，并不宜大于表10-7的限值。

表10-7 矩形钢管混凝土柱轴压比限值

一级	二级	三级
0.70	0.80	0.90

（12）型钢混凝土剪力墙、钢板混凝土剪力墙应符合下列构造要求：

1）抗震设计时，一、二级抗震等级的型钢混凝土剪力墙、钢板混凝土剪力墙底部加强部位，其重力荷载代表值作用下墙肢的轴压比不宜超过《高层建筑规程》表7.2.13的限值，其轴压比可按下式计算：

$$\mu_N = N/(f_cA_c + f_aA_a + f_{sp}A_{sp}) \tag{10-7}$$

式中 N——重力荷载代表值作用下墙肢的轴向压力设计值；

A_c——剪力墙墙肢混凝土截面面积；

A_a——剪力墙所配型钢的全部截面面积。

2）型钢混凝土剪力墙、钢板混凝土剪力墙在楼层标高处宜设置暗梁。

3）端部配置型钢的混凝土剪力墙，型钢的保护层厚度宜大于100mm；水平分布钢筋应绕过或穿过墙端型钢，且应满足钢筋锚固长度要求。

4）周边有型钢混凝土柱和梁的现浇钢筋混凝土剪力墙，剪力墙的水平分布钢筋应绕过或穿过周边柱型钢，且应满足钢筋锚固长度要求；当采用间隔穿过时，宜另加补强钢筋。周边柱的型钢、纵向钢筋、箍筋配置应符合型钢混凝土柱的设计要求。

（13）钢板混凝土剪力墙尚应符合下列构造要求：

1）钢板混凝土剪力墙体中的钢板厚度不宜小于10mm，也不宜大于墙厚的1/15。

2）钢板混凝土剪力墙的墙身分布钢筋配筋率不宜小于0.4%，分布钢筋间距不宜大于200mm，且应与钢板可靠连接。

3）钢板与周围型钢构件宜采用焊接。

4）钢板与混凝土墙体之间连接件的构造要求可按照现行国家标准《钢结构设计规范》GB 50017中关于组合梁抗剪连接件构造要求执行，栓钉间距不宜大于300mm。

5）在钢板墙角部1/5板跨且不小于1000mm范围内，钢筋混凝土墙体分布钢筋、抗剪栓钉间距宜适当加密。

（14）钢筋混凝土核心筒、内筒的设计，除应符合《高层建筑规程》第9.1.7条的规定外，尚应符合下列规定：

1）抗震设计时，钢框架-钢筋混凝土核心筒结构的筒体底部加强部位分布钢筋的最小配筋率不宜小于0.35%，筒体其他部位的分布筋配筋率不宜小于0.30%。

2）抗震设计时，框架-钢筋混凝土核心筒混合结构的筒体底部加强部位约束边缘构件沿墙肢的长度宜取墙肢截面高度的1/4，筒体底部加强部位以上墙体宜按《高层建筑规程》第7.2.15条的规定设置约束边缘构件。

3）当连梁抗剪截面不足时，可采取在连梁中设置型钢或钢板等措施。

（15）抗震设计时，混合结构中的钢柱及型钢混凝土柱、钢管混凝土柱宜采用埋入式柱脚。采用埋入式柱脚时，应符合下列规定：

1）埋入深度应通过计算确定，且不宜小于型钢柱截面长边尺寸的2.5倍。

2）在柱脚部位和柱脚向上延伸一层的范围内宜设置栓钉，其直径不宜小于19mm，其竖向及水平间距不宜大于200mm。

注：当有可靠依据时，可通过计算确定栓钉数量。

采用埋入式柱脚比非埋入式柱脚更容易保证柱脚的嵌固。采用非埋入式柱脚在地震发生时容易发生震害。

146. 混合结构设计时可采取哪些措施来提高钢筋混凝土筒体的延性？

混合结构体系，特别是钢框架-钢筋混凝土筒体结构体系，在大多数情况下，钢筋混凝土筒体承担了绝大部分水平剪力；在地震作用下，当钢框架尚处于弹性阶段时，钢筋混凝土筒体的剪力墙可能已经开裂。因此，在抗震设防地区，作为混合结构体系的主要抗侧力结构（双重抗侧力结构体系的第一道防线）的钢筋混凝土筒体的设计十分重要，其抗震性能在很大程度上决定了混合结构体系的抗震能力。所以，设计时必须采取有效措施来保证钢筋混凝土筒体的抗震延性。在一般情况下，设计时可采取下列措施来提高混合结构的钢筋混凝土筒体的延性：

（1）保证钢筋混凝土筒体角部的完整性，并加强角部的配筋，特别是底部加强部位的筒体角部更应注意加强。

（2）筒体剪力墙上开洞的位置应尽量对称、均匀，洞口上下宜对齐，竖向宜连续布置（逐层布置）。

（3）通过增大剪力墙的厚度从严控制筒体剪力墙的剪压比。

（4）筒体剪力墙宜适当增大配筋率并配置多层钢筋，必要时应在楼层标高处设置暗梁。

（5）在筒体角部及楼面大梁支承处设置型钢柱，在型钢柱四周配以纵向钢筋及箍筋，形成型钢混凝土暗柱。

（6）采用型钢混凝土剪力墙或钢板混凝土剪力墙或带竖缝的剪力墙。

试验研究表明，压弯破坏的型钢混凝土剪力墙在达到最大荷载时，端部型钢均达到屈服。型钢屈服后，由于剪力墙下部混凝土压碎，以及型钢周围混凝土剥落，会产生剪切滑移破坏或腹板剪压破坏。而普通钢筋混凝土剪力墙端部的暗柱，在纵向钢筋屈服后，除产生剪切滑移破坏外，还可能产生平面外错断破坏，承载能力很快降低，延性得不到充分发挥。设置型钢暗柱，且型钢强轴与剪力墙面平行，可以提高剪力墙平面外的刚度，改善剪力墙平面外的性能，防止平面外错断破坏，提高剪力墙的延性。

带竖缝的剪力墙既具有较大的初始刚度，同时在水平力作用下变形较大时，能将大墙肢的变形转换成各小墙肢的弯曲变形，而不至于产生斜向裂缝，因而具有较好的延性。

（7）在连梁中设置水平缝，或在连梁中采用交叉暗撑配筋，有条件时，还可采用钢板混凝土连梁。钢板混凝土连梁及其与型钢暗柱的连接（图10-6）。

在连梁上设置水平缝后，连梁的跨高比变大，在大震作用下，连梁的破坏是延性较好的弯曲破坏。

连梁采用交叉暗撑配筋具有明显的优越性：交叉钢筋的竖向分量可以提供两个方向的剪力，有效防止剪切滑移破坏；交叉钢筋可以承担混凝土开裂、退出工作后的拉力，有效防止斜裂缝继续开展，避免连梁剪切破坏。

钢板混凝土连梁是在混凝土连梁中配置钢板的连梁，由钢板抵抗剪力，钢筋混凝土与钢板共同抵抗弯矩。钢板提高了连梁的抗剪承载力，防止连梁发生脆性剪切破坏；更重要的是，钢板作为一个连续体在连梁中有效防止了斜裂缝的产生和发展，在梁墙交接处有效地防止了反复荷载作用下的弯曲滑移破坏。钢板有良

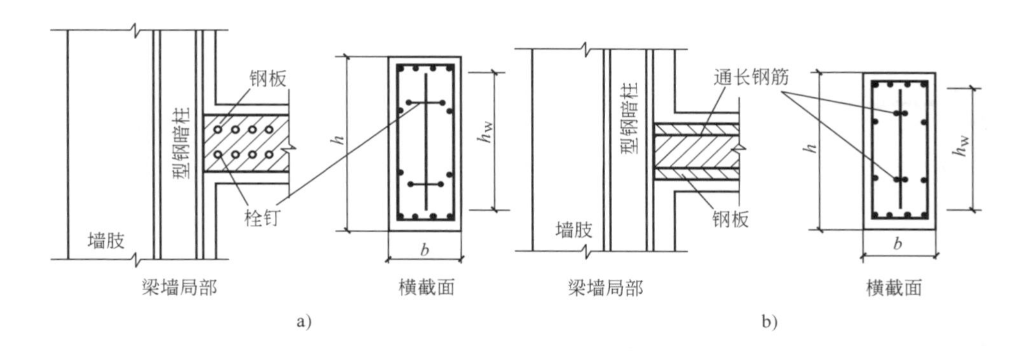

图 10-6 钢板混凝土连梁及其与型钢暗柱的连接

a）采用栓钉的钢板混凝土连梁 b）钢板表面焊接带肋钢筋的钢板混凝土连梁

好的塑性变形能力，可以减少箍筋用量，给施工带来方便。

钢板是平面构件，钢板混凝土连梁的构造比交叉配筋连梁、钢连梁、型钢混凝土连梁或外包钢混凝土连梁简单，施工方便。钢板混凝土连梁的外包混凝土解决了钢板的防火和防锈问题，混凝土为钢板提供了侧向约束，有效地防止了钢板平面外的失稳。通过调整钢板的宽度和厚度，可以满足不同的设计要求，其有很大的灵活性和适应性。

钢板混凝土连梁内置钢板的厚度不宜小于 8mm，高度不宜大于 0.7 倍梁高，钢板宜采用 Q235B 级钢材。

钢板的表面应设置抗剪连接件，宜采用焊接栓钉，也可在钢板每侧焊接两根直径不小于 12mm 的通长钢筋。当采用焊接钢筋时，可采用断续角焊缝。

钢板在墙肢内应有可靠锚固（图 10-7）。如果在墙肢内设置有型钢暗柱，连梁钢板的两端与型钢暗柱可采用焊接或螺栓连接。如果墙肢内无型钢暗柱，钢板在墙肢中的埋置长度不应小于 500mm 与钢板高度 h_w 二者中的较大值，并在伸入墙肢的钢板锚固段表面沿钢板长度方向设置不少于 2 列抗剪栓钉，在距离墙肢表面 75mm 处以及钢板端部焊接加劲钢板，其厚度不小于 16mm，宽度不小于 100mm。

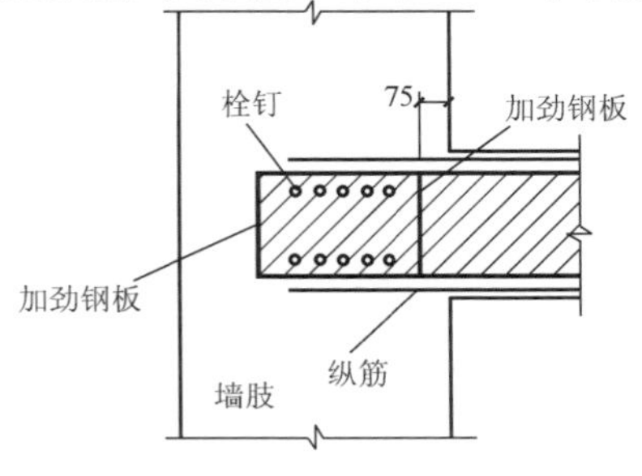

图 10-7 钢板在墙肢内的锚固

第十一章

带转换层的高层建筑结构

147. 底部带转换层的高层建筑结构，转换层的设置位置有何规定?

带转换层的高层建筑结构属于不规则的复杂结构，在地震作用下容易形成敏感的薄弱部位，造成地震震害。试验研究表明，转换层的设置位置对高层建筑结构的抗震性能有重大的影响。高层建筑结构底部转换层的位置越高，转换层上、下刚度突变越大，转换层上、下结构内力传递途径的突变也会加剧；而且，转换层的位置越高，落地剪力墙或筒体易出现弯曲裂缝，从而使框支柱的内力增大，转换层上部附近的剪力墙易于破坏。总之，带转换层的高层建筑结构，底部转换层的位置越高对抗震越不利。因此，《高层建筑规程》不仅对“部分框支剪力墙结构”的适用范围、最大适用高度和落地剪力墙的间距等做出了较严格的限制，而且对带转换层的高层建筑结构底部转换层的设置位置也做出了限制性的明确规定：

（1）底部带转换层的高层剪力墙结构通常称为部分框支剪力墙结构。部分框支剪力墙高层建筑结构在地面以上设置转换层的位置，8 度抗震设计时不宜超过 3 层；7 度抗震设计时不宜超过 5 层；6 度抗震设计时其层数可适当增加，但当无可靠经验时，不宜超过 6 层。

（2）底部带转换层的框架-核心筒结构和外筒为密柱框架的筒中筒结构，由于转换层上、下层结构的刚度突变不明显，且受力性能和抗震性能均较好，故其转换层位置《高层建筑规程》未作限制。

（3）转换层的位置超过上述规定的高层建筑结构，属于超限高层建筑结构，应报请建设行政主管部门委托全国（或省、自治区、直辖市）的超限高层建筑工程抗震设防专家委员会进行抗震设防专项审查。

（4）9 度抗震设计时不应采用带转换层的建筑结构；7 度和 8 度抗震设计时高层建筑结构不宜同时采用超过两种的复杂结构[⊖]。

转换层的楼板、框支梁、框支柱、托柱转换梁、转换柱、落地墙、箱形转换

⊖ 根据《高层建筑规程》的规定，复杂高层建筑结构是指带转换层的结构、带加强层的结构、错层结构、连体结构、以及竖向体型收进或悬挑的结构。

结构以及转换厚板等转换构件，其混凝土强度等级不应低于 C30。

148. 底部带转换层的高层建筑结构的布置有哪些要求?

（1）结构平面布置宜简单、规则、均匀、对称，宜使水平力合力的中心与结构刚度中心接近或重合（不包括裙房），尽量避免扭转的不利影响。

（2）底部加强部位的落地剪力墙和筒体的墙体应加厚（底部带转换层的高层建筑结构，其剪力墙底部加强部位的高度应从地下室顶板算起，宜取转换层加上转换层以上两层的高度及墙肢总高度的 1/10 二者的较大值），落地剪力墙和筒体的洞口宜布置在墙体的中部。转换梁上相邻层墙体内不宜设边门洞，也不宜在中柱上方设门洞。

（3）转换层上部结构与下部结构的侧向刚度比应符合以下规定：

1）当转换层设置在 1、2 层时，可近似采用转换层与其相邻上层结构的等效剪切刚度比 γ_{e1} 表示转换层上、下层结构刚度的变化，γ_{e1} 宜接近 1，非抗震设计时 γ_{e1} 不应小于 0.4，抗震设计时 γ_{e1} 不应小于 0.5。γ_{e1} 可按下列公式计算：

$$\gamma_{e1} = \frac{G_1 A_1}{G_2 A_2} \times \frac{h_2}{h_1} \tag{11-1}$$

$$A_i = A_{w,i} + \sum_j C_{i,j} A_{ci,j} (i = 1,2) \tag{11-2}$$

$$C_{i,j} = 2.5 \left(\frac{h_{ci,j}}{h_i}\right)^2 (i = 1,2) \tag{11-3}$$

式中　G_1、G_2——分别为转换层和转换层上层的混凝土剪变模量；

A_1、A_2——分别为转换层和转换层上层的折算抗剪截面面积，可按式（11-2）计算；

$A_{w,i}$——第 i 层全部剪力墙在计算方向的有效截面面积（不包括翼缘面积）；

$A_{ci,j}$——第 i 层第 j 根柱的截面面积；

h_i——第 i 层的层高；

$h_{ci,j}$——第 i 层第 j 根柱沿计算方向的截面高度；

$C_{i,j}$——第 i 层第 j 根柱截面面积折算系数，当计算值大于 1 时取 1。

2）当转换层的位置设置在第 2 层以上时，计算转换层下部结构与上部结构的等效侧向刚度比 γ_{e2} 可采用图 11-1 所示的计算模型按公式（11-4）计算。γ_{e2} 宜接近 1，非抗震设计时 γ_{e2} 不应小于 0.5，抗震设计时 γ_{e2} 不应小于 0.8。

$$\gamma_{e2} = \frac{\Delta_2 H_1}{\Delta_1 H_2} \tag{11-4}$$

式中　γ_{e2}——转换层下部结构与上部结构的等效侧向刚度比；

H_1——转换层及其下部结构（计算模型 1）的高度；

Δ_1——转换层及其下部结构（计算模型 1）的顶部在单位水平力作用下的位移；

H_2——转换层上部若干层剪力墙结构（计算模型 2）的高度，其值应等于或接近计算模型 1 的高度 H_1，且不大于 H_1；

Δ_2——转换层上部若干层剪力墙结构（计算模型 2）的顶部在单位水平力作用下的位移。

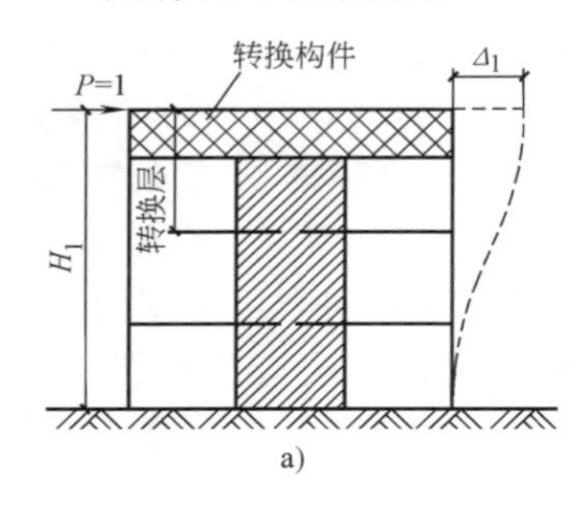

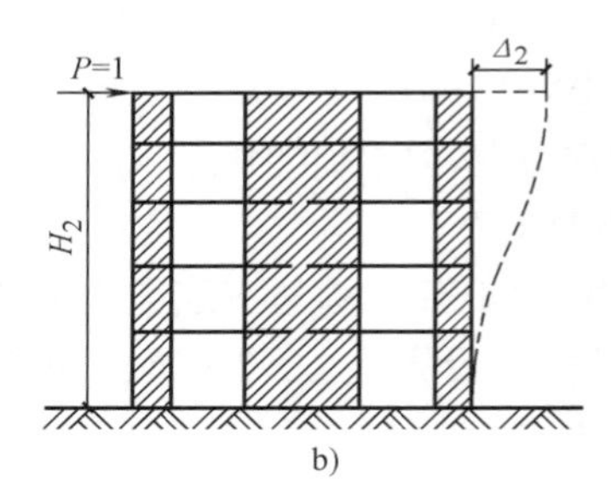

图 11-1　转换层上、下结构的等效侧向刚度计算模型

a）计算模型 1—转换层及下部结构　b）计算模型 2—转换层上部结构

3）当转换层的位置设置在第 2 层以上时，结构工程师还应根据《高层建筑规程》式（3.5.2-1）计算出的结构层侧向刚度，进行转换层本层侧向刚度不应小于相邻上一层楼层侧向刚度的 60% 的验算。

（4）长矩形平面建筑中落地剪力墙的间距 l 宜符合以下规定：

非抗震设计：$l \leqslant 3B$ 且 $l \leqslant 36\text{m}$。

抗震设计：

底部为 1～2 层框支层时：$l \leqslant 2B$ 且 $l \leqslant 24\text{m}$。

底部为 3 层及 3 层以上框支层时：$l \leqslant 1.5B$ 且 $l \leqslant 20\text{m}$。

其中　B——落地剪力墙之间楼盖的平均宽度。

（5）落地剪力墙与相邻框支柱的距离，1～2 层框支层时不宜大于 12m，3 层及 3 层以上框支层时不宜大于 10m，以满足底部大空间楼层楼板的刚度要求，使转换层上部的剪力能有效地传递给落地剪力墙，从而使框支柱只承受较小的剪力。

（6）部分框支剪力墙结构的转换层楼板刚度直接决定其变形，并影响框支柱与落地剪力墙的内力分配与位移，因此必须加强转换层楼板的刚度及承载力。

转换层楼板必须采用现浇楼板，楼板厚度不宜小于 180mm，转换层楼板混凝土强度等级不宜低于 C30，并应采用双层双向配筋，每层每方向的配筋率不宜小于 0.25%，楼板中的钢筋应锚固在边梁或墙体内 l_{aE}（抗震设计时）或 l_a（非抗震设计时）；落地剪力墙和筒体外周围的楼板不宜开洞。楼板边缘和较大洞口周边应设置边梁，其宽度不宜小于板厚的 2 倍，纵向钢筋的配筋率不应小于 1.0%，钢筋接头宜采用机械连接或等强焊接。与转换层相邻的楼层的楼板也应适当加强。

框支柱周围的楼板不应错层布置。

（7）抗震设计的矩形平面建筑的框支层楼板，其截面剪力设计值应符合下列要求（图 11-2）：

$$V_f \leqslant \frac{1}{\gamma_{RE}}(0.1\beta_c f_c b_f t_f) \quad (11\text{-}5)$$

$$V_f \leqslant \frac{1}{\gamma_{RE}}(f_y A_s) \quad (11\text{-}6)$$

式中　b_f、t_f——分别为框支层楼板的验算截面的宽度和厚度；

V_f——框支剪力墙结构由不落地剪力墙传到落地剪力墙处按刚性楼板计算的框支层楼板组合的剪力设计值，8 度抗震设计时应乘以增大系数 2.0，7 度抗震设计时应乘以增大系数 1.5；验算落地剪力墙时可不考虑此增大系数；$V_f = V_{f1} + V_{f2}$（图 11-2）；

A_s——穿过落地剪力墙的框支转换层楼盖（包括梁和板）的全部钢筋的截面面积；

γ_{RE}——承载力抗震调整系数，可取 0.85。

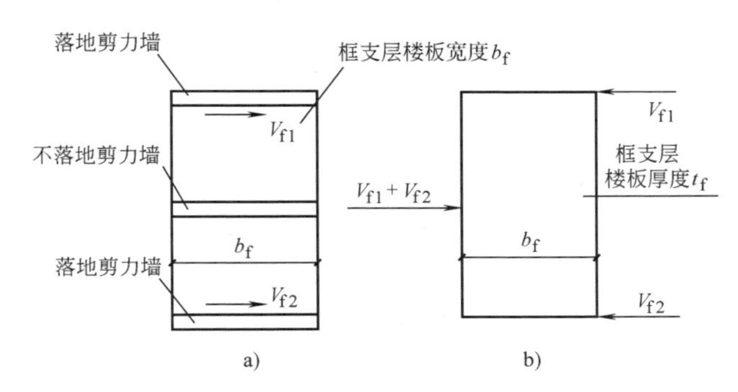

图 11-2　框支层楼板验算

a）平面示意图　b）计算简图

（8）抗震设计的矩形平面建筑的框支转换层楼板，当平面较长或不规则以及各剪力墙内力相差较大时，可采用简化方法验算楼板平面内的受弯承载力。

（9）转换层上部的竖向抗侧力构件（墙、柱）宜直接落在转换层的主要转换构件上。当结构竖向布置复杂，框支主梁承托剪力墙并承托转换次梁及其上剪力墙时，在结构整体计算分析后，应对转换构件采用有限元等方法补充进行应力分析，按应力校核配筋，并加强配筋构造措施；当有必要时，可采用箱形结构转换构件。B 级高度的框支剪力墙高层建筑结构的结构转换层，不宜采用框支主、次梁方案。

（10）部分框支剪力墙结构的转换层及其下部结构的高度 H_1 通常取地下室顶板至转换层结构顶板的高度，这就要求结构工程师在设计部分框支剪力墙结构时，宜通过调整底部（包括地下室）结构的布置，尽量使地下室顶板符合作为上部结构嵌固条件的要求，以利于转换层上、下部结构的侧向刚度比计算和判断。否则，将会使部分框支剪力墙结构转换层上部与下部结构的等效侧向刚度比的计算变得复杂，如果处理不好还有可能影响结构的安全。

149. 底部带转换层的高层建筑结构，在设计计算时应当注意什么问题?

底部带转换层的高层建筑结构，除了通过等效剪切刚度比或等效侧向刚度比计算，控制转换层上、下层或转换层上、下部结构的刚度比（包括转换层设置在地面以上第 3 层及第 3 层以上时，转换层侧向刚度尚不应小于相邻上部楼层侧向刚度的 60%）符合《高层建筑规程》的要求外，在设计计算时还应当注意以下问题：

（1）带转换层的高层建筑结构，当设置地下室时（一般均应设置地下室），应将上部结构与地下室作为一个整体进行设计计算。

（2）在采用 SATWE 软件进行结构整体计算时，在总信息中的“结构类别”参数栏内，应将结构填写为“部分框支剪力墙结构”；在“转换层所在层号”参数栏内，应填入转换层所在的结构自然层号，若有地下室则应包括地下室层号在内。

（3）正确填写“框架的抗震等级”和“剪力墙的抗震等级”。对于底部带转换层的高层建筑结构，剪力墙的抗震等级可按“非底部加强部位剪力墙”的抗震等级填写，底部加强部位剪力墙的抗震等级可通过勾选 SATWE 软件“调整信息”中的“框支剪力墙结构底部加强区剪力墙抗震等级自动提高一级”的参数来确认。

当部分框支剪力墙结构转换层的位置设置在地面上第 3 层及第 3 层以上时，其框支柱及剪力墙底部加强部位的抗震等级应按《高层建筑规程》表 3. 9. 3 和表 3. 9. 4 的规定提高一级采用，已为特一级时可不再提高，但应加强抗震构造措施。

对于这样的部分框支剪力墙结构，其框支框架和剪力墙的抗震等级如何填写，可用下例加以说明。

例：8 度地震区房屋高度为 80m 的丙类部分框支剪力墙结构，转换层位置设置在地上第 3 层。

先根据《高层建筑规程》表 3.9.3，可查得：

1）非底部加强部位剪力墙的抗震等级为二级；底部加强部位剪力墙的抗震等级为一级。

2）“框支框架”的抗震等级为一级。

再根据《高层建筑规程》第 10.2.6 条的规定，转换层的位置设置在地面上第 3 层，框支柱和剪力墙底部加强部位的抗震等级应提高一级采用，故本工程设计采用的抗震等级应为：

1）非底部加强部位剪力墙的抗震等级为二级；底部加强部位剪力墙的抗震等级为特一级。

2）框支框架中框支梁的抗震等级为一级；框支柱的抗震等级为特一级。

因此，本工程设计计算时，各抗侧力构件的抗震等级应按下述要求来填写或处理：

1）在 SATWE 软件“地震信息”中的“剪力墙的抗震等级”参数项目内填写非底部加强部位剪力墙的抗震等级为“二级”。

2）底部加强部位剪力墙的抗震等级和框支柱的抗震等级为特一级，应通过单击“特殊构件定义”菜单来专门定义。

3）框支梁的抗震等级一级可通过“地震信息”中的参数“框架的抗震等级”填写为一级来实现。

（4）在“框架的抗震等级”栏内正确填写框支剪力墙结构框支框架的抗震等级后，结构工程师还应在程序的“特殊构件定义”菜单中，将托墙梁定义为“框支梁”，将与框支梁相连的柱子定义为“框支柱”，否则，程序不会自动按框支柱、框支梁进行设计计算。对于带转换层的筒体结构，结构类别仍可填写为“筒中筒结构”或“框筒结构”，但应正确填写“转换层所在层号”，也应在程序的“特殊构件定义”菜单中，将托柱梁定义为“转换梁”，将与托柱梁相连的柱子定义为“转换柱”。这样定义后，程序会自动按《高层建筑规程》第 10 章的有关规定对转换梁和转换柱进行内力调整和设计计算。

（5）底部带转换层的高层建筑结构，转换层上部楼层的部分竖向抗侧力构件不能连续贯通至下部楼层，因此，转换层是薄弱层。无论转换层上、下结构的侧向刚度比是否满足《高层建筑规程》附录 E 第 E.0.1 条至 E.0.3 条的要求，在结构整体计算时，均应将转换层强制指定为薄弱层，并在总信息中的“强制指定的薄弱层个数”栏内，填入薄弱层个数为 1（如果结构不再有别的薄弱层要强制指定的话）和相应的转换层所在层号。这样，程序会自动将转换层（薄弱层）的地震剪力乘以 1.25 的增大系数。

（6）按 8 度抗震设计的带转换层的高层建筑结构，除了考虑竖向荷载、风荷载和水平地震作用等的影响外，还应考虑竖向地震作用的影响。转换结构构件的竖向地震作用标准值，可采用振型分解反应谱法或时程分析法进行计算；作为近似考虑，也可将转换结构构件的重力荷载代表值乘以竖向地震作用系数。

（7）带转换层的高层建筑结构，除应采用至少两个不同力学模型的三维空间分析软件进行整体内力和位移计算外，还应采用弹性时程分析方法进行补充计算，也宜采用弹塑性静力或弹塑性动力分析法方法补充计算。

（8）部分框支剪力墙高层建筑结构整体计算后，除应输出一般高层建筑结构必须输出的计算结果及转换层上、下结构侧向刚度比外，还应输出框支框架部分承受的地震倾覆力矩百分率；框支框架部分承受的地震倾覆力矩应小于结构总地震倾覆力矩的50%；当转换层在地面以上3层及3层以上时，还应特别注意每根框支柱所受的剪力不应小于结构基底剪力的3%（每层框支柱的数目不多于10根时）或每层框支柱承受剪力之和不应小于结构基底剪力的30%（每层框支柱的数目多于10根时）。

150. 底部带转换层的高层建筑结构，转换结构构件的设计有哪些要求?

带转换层的高层建筑结构，转换层的转换结构构件可采用转换梁（包括框支梁和托柱转换梁）、桁架、空腹桁架、箱形结构、斜撑等；非抗震设计和6度抗震设计时，转换构件可采用厚板，7、8度抗震设计的地下室的转换构件也可采用厚板。

（1）框支梁的设计要求如下。

框支梁不仅受力很大，而且受力复杂，宜在结构整体计算后，按有限元方法补充进行详细分析。有限元分析和试验研究结果表明，在竖向荷载和水平荷载作用下，框支梁在大多数情况下为偏心受拉构件，并承受很大的剪力，因此《高层建筑规程》对框支梁的截面高度、宽度及框支梁组合的最大剪力设计值等规定了限制条件：

1）框支梁与框支柱截面中心线宜重合。

2）框支梁的截面宽度不宜大于框支柱相应方向的截面宽度，不宜小于其上部墙体截面厚度的2倍，且不宜小于400mm；当梁上托柱时，梁宽尚应大于梁宽方向的柱截面边长；梁截面高度不应小于计算跨度的1/8；框支梁可采用加腋梁。

3）框支梁截面组合的最大剪力设计值应符合下式要求

持久、短暂设计状况
$$V \leqslant 0.20\beta_c f_c b h_0 \tag{11-7}$$

地震设计状况
$$V \leqslant \frac{1}{\gamma_{RE}}(0.15\beta_c f_c b h_0) \tag{11-8}$$

4）当框支梁上部的墙体开有门洞时，洞边墙体宜设翼墙或端柱或加厚墙体，并应按《高层建筑规程》第7.2.15条关于约束边缘构件的要求进行配筋设计；该部位框支梁的箍筋应加密配置，箍筋直径、间距及配箍率不应低于本条第（9）款的规定；当洞口靠近框支梁端部且梁的受剪承载力不满足要求时，可采取框支梁端加腋并加密箍筋或增大框支墙洞口连梁刚度等措施（图11-3）。

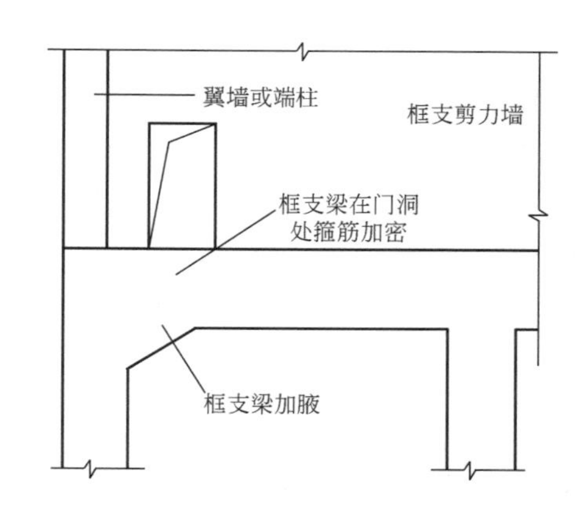

图11-3　框支梁上墙体有边门洞时的构造要求

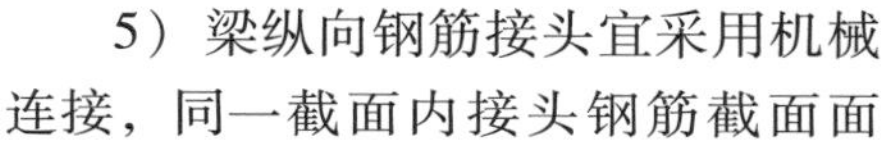

5）梁纵向钢筋接头宜采用机械连接，同一截面内接头钢筋截面面积不应超过全部纵筋截面面积的50%，接头位置应避开上部开洞部位、梁上托柱部位及受力较大部位。

6）框支梁上、下纵筋（主筋）和腰筋的锚固宜符合图11-4的要求；当梁上部配置多排纵向钢筋时，其内排钢筋锚入柱内的长度可适当减小，但不应小于钢筋锚固长度 l_a、l_{ab}（非抗震设计）或 l_{aE}、l_{abE}（抗震设计）。

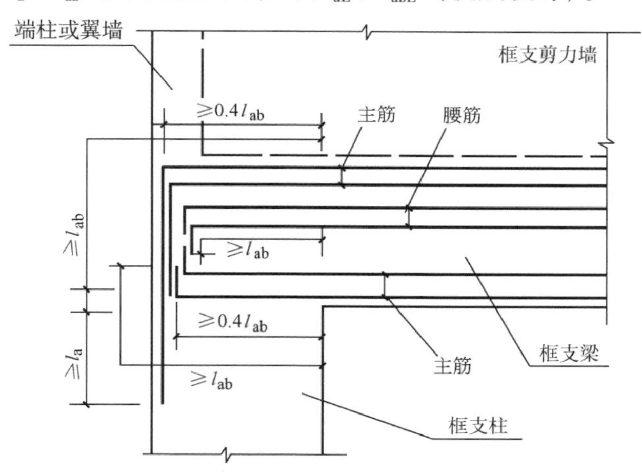

图11-4　框支梁上、下纵筋（主筋）和腰筋的锚固

注：抗震设计时图中 l_a、l_{ab} 分别取为 l_{aE}、l_{abE}。

7）梁上、下部纵筋的最小配筋率，非抗震设计时不应小于0.30%；抗震设计时，特一级、一级、二级分别不应小于0.60%、0.50%、0.40%。

8）偏心受拉的框支梁，其支座上部纵筋至少应有50%沿梁全长贯通，下部纵筋应全部直通到柱内；沿梁高应配置间距不大于200mm、直径不小于16mm的腰筋。

9）框支梁支座处（离柱边不小于1.5倍梁截面高度的范围内）箍筋应加密，加密区箍筋直径不应小于10mm，间距不应大于100mm；加密区箍筋最小面积含箍率，非抗震设计时不应小于$0.9f_t/f_{yv}$；抗震设计时，特一级、一级和二级分别不应小于$1.3f_t/f_{yv}$、$1.2f_t/f_{yv}$和$1.1f_t/f_{yv}$；托柱部位和框支墙门洞部位，梁的箍筋也应按上述要求加密，对称加密范围不宜小于门洞宽或柱宽加1.5倍框支梁高。

10）框支梁不宜开洞，若需开洞时，洞口位置宜远离框支柱边，其距离不宜小于框支梁截面高度以减小开洞部位上下弦杆的内力值；上下弦杆应加强抗剪配筋，也应配置加强纵向钢筋，或用型钢加强。被洞口削弱的截面应进行承载力计算。

（2）转换梁（托柱梁）的设计要求如下。

当上部结构为密柱框架、异形柱框架或短肢剪力墙时，承托上部结构柱子或短墙肢的框架梁称为转换梁（托柱梁），而与转换梁相连的柱子称为转换柱。

转换梁（托柱梁）宜参考框支梁的有关要求进行设计，特别是应符合《高层建筑规程》第10.2.7条关于纵向钢筋，腰筋和箍筋的构造要求，第10.2.8条关于截面尺寸、托柱处箍筋加密配置、开洞构造、钢筋的连接和锚固要求等。

（3）箱形梁的设计要求如下。

1）箱形梁作为转换层的转换结构构件，一般应满层满跨布置，并且沿建筑物周边设置腹板形成箱形梁的外箱壁，相邻层的楼板则成为箱形梁的上、下翼缘，在上、下翼缘板间根据结构布置情况应设置必要的双向内腹板，从而构成具有足够刚度和承载力的箱形梁结构。

2）箱形梁的上、下翼缘板（楼板）厚度不宜小于180mm；腹板的截面厚度应由剪压比通过计算确定，且不小于400mm，其剪压比限值与框支梁要求相同。

3）箱形梁的抗弯刚度应计入翼缘板（相连层楼板）作用，翼缘板的有效宽度为12倍翼缘板厚（中腹板梁）或6倍翼缘板厚（边腹板梁）。

4）箱形梁的配筋要求如下：

① 箱形梁纵向钢筋的配置要求可参考图11-5；箱形梁纵向钢筋在框支柱内的锚固详见图11-4。

② 箱形梁腹板开洞构造要求及纵筋、腰筋和箍筋的构造要求同框支梁。

③ 箱形梁上、下翼缘板（楼板）应双层双向配筋，每层每方向的配筋率不宜小于0.25%，且不应小于Φ12@200；同时，板在配筋时尚应考虑自身平面内的拉力和压力的影响。

④ 在箱形梁配筋示意图中，上、下翼缘板的$b_i' \times h_i'$和$b_i \times h_i$内宜配箍筋；箍筋直径、间距、加密区长度宜与相同抗震等级的框架梁要求相同；加密区箍筋

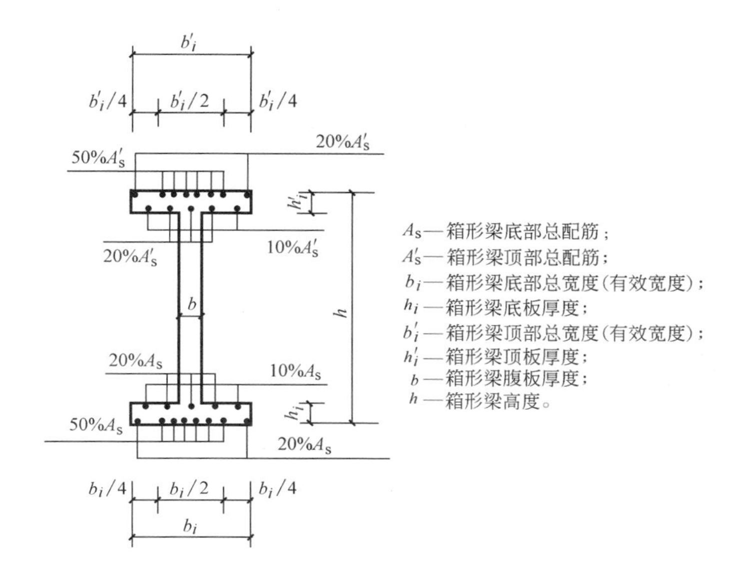

图 11-5　箱形梁配筋示意图

间距取 $h_i/2$ 和 100mm 的较小值。

（4）转换厚板的设计要求如下。

1）转换厚板的厚度可由厚板抗弯、抗剪、抗冲切计算确定。

2）转换厚板可局部做成薄板，薄板与厚板交界处可加腋；转换厚板并可做成夹芯板。

3）转换厚板宜按整体计算时所划分的主要交叉梁系的剪力和弯矩设计值进行截面设计并按有限元法分析结果进行配筋校核；受弯纵向钢筋可沿转换厚板上部和下部分别双向配置，上部和下部每一方向钢筋的总配筋率不宜小于 0.6%；转换厚板内暗梁抗剪箍筋的面积配箍率不宜小于 0.45%。

4）为防止转换厚板的板端沿厚度方向产生层状水平裂缝，应在厚板外周边配置钢筋骨架网进行加强，双向钢筋网中钢筋的直径不宜小于 16mm，间距不宜大于 200mm，宜采用 HRB400 级或 HRB500 级钢筋配筋。

5）转换厚板上、下部的剪力墙、柱的纵向钢筋均应在转换厚板内可靠锚固（上、下对齐的剪力墙和柱，纵向钢筋能通长设置的应通长设置）。

6）与转换厚板相邻的上、下层楼板的配筋应适当加强，楼板的厚度均不宜小于 150mm。

7）转换厚板上、下部配置的双向钢筋网片之间应设置拉结筋，拉结筋宜成梅花形布置，拉结筋的直径不宜小于 16mm，间距不宜大于 400mm，并钩住钢筋网片交叉点处的外层钢筋。

8）转换厚板在上部集中力或支座反力作用下，应按《混凝土规范》进行抗冲切验算并配置必要的抗冲切钢筋。

（5）空腹桁架转换层的设计要求如下。

采用空腹桁架作为转换结构时，空腹桁架宜满层满跨设置，应有足够的刚度保证其整体受力作用。空腹桁架上、下弦杆宜考虑楼板的作用，竖腹杆应按强剪弱弯进行配筋设计，加强箍筋的配置，并加强与上、下弦杆的连接构造。空腹桁架应加强上、下弦杆与框架柱的锚固连接构造。上部结构的竖向构件宜支承在桁架节点上。

151. 框支柱的设计有哪些要求？

支承转换结构构件的柱子分为支承框支梁的转换柱和支承托柱梁的转换柱；支承框支梁的转换柱，又特称为框支柱。本题主要讨论框支柱的设计要求。

带转换层的高层建筑结构，其框支柱承受的地震剪力标准值应按下列规定采用。

（1）每层框支柱的数目不多于 10 根，当框支层为 1 ~2 层时，每根框支柱所受的剪力应至少取基底剪力的 2%；当框支层为 3 层及 3 层以上时，每根框支柱所受的剪力应至少取基底剪力的 3%。

（2）每层框支柱的数目多于 10 根，当框支层为 1 ~2 层时，每层框支柱承受的剪力之和应至少取基底剪力的 20%；当框支层为 3 层及 3 层以上时，每层框支柱承受的剪力之和应至少取基底剪力的 30%。

（3）框支柱的剪力调整后，应相应调整框支柱的弯矩及柱端框架梁的剪力、弯矩，但框支梁的剪力、弯矩、框支柱的轴力可不调整。

（4）框支柱的设计应符合下列要求。

1）柱内全部纵向钢筋的配筋率，应符合本书第 6 章表 6-11 中框支柱的规定。特一级框支柱全部纵向钢筋最小构造配筋百分率取 1.6%。

2）抗震设计时，框支柱箍筋应采用复合螺旋箍或井字复合箍，箍筋的直径不应小于 10mm，箍筋间距不应大于 100mm 和 6 倍纵向钢筋直径的较小值，并应沿柱全高加密。

3）抗震设计时，一、二级抗震等级的框支柱箍筋的配箍特征值应比《高层建筑规程》表 6.4.7 的规定值增加 0.02，特一级抗震等级的框支柱箍筋配箍特征值应比《高层建筑规程》表 6.4.7 的规定值增加 0.03。一、二级抗震等级和特一级抗震等级的框支柱，其配箍特征值 λ_v 详见表 11-1。

表 11-1　框支柱箍筋最小配箍率特征值 λ_v

抗震等级	箍筋形式	轴压比				
		≤0.3	0.4	0.5	0.6	0.7
特一级	井字复合箍	0.13	0.14	0.16	0.18	—
	复合螺旋箍或连续复合矩形螺旋箍	0.11	0.12	0.14	0.16	—
一级	井字复合箍	0.12	0.13	0.15	0.17	—
	复合螺旋箍或连续复合矩形螺旋箍	0.10	0.11	0.13	0.15	—
二级	井字复合箍	0.10	0.11	0.13	0.15	0.17
	复合螺旋箍或连续复合矩形螺旋箍	0.08	0.09	0.11	0.13	0.15

注：一、二级抗震等级框支柱体积配箍率不应小于 1.5%；特一级抗震等级不应小于 1.6%。

（5）框支柱设计尚应符合下列要求。

1）框支柱截面的组合最大剪力设计值应符合下式要求

持久、短暂设计状况

$$V \leqslant 0.20\beta_c f_c b h_0 \tag{11-9}$$

地震设计状况

$$V \leqslant \frac{1}{\gamma_{RE}}(0.15\beta_c f_c b h_0) \tag{11-10}$$

2）柱截面宽度，非抗震设计时不宜小于 400mm，抗震设计时不应小于 450mm；柱截面高度，非抗震设计时不宜小于框支梁跨度的 1/15，抗震设计时不宜小于框支梁跨度的 1/12。

3）特一级、一级、二级抗震等级与转换构件相连的柱的上端和底层的柱下端截面的弯矩组合值应分别乘以增大系数 1.8、1.5、1.3；其他层框支柱柱端弯矩设计值应分别符合《高层建筑规程》第 3.10.4 条和第 6.2.1 条的规定。

4）特一级、一级、二级抗震等级柱端截面的剪力设计值，应分别符合《高层建筑规程》第 3.10.4 条和第 6.2.3 条的规定。

5）框支角柱的弯矩设计值和剪力设计值，应分别在上述第 3）、第 4）款基础上乘以增大系数 1.1。

6）特一级、一级、二级抗震等级的框支柱由地震作用产生的轴力应分别乘以增大系数 1.8、1.5、1.2，但计算柱轴压比时不宜考虑该增大系数；特一级、一级、二级抗震等级的框支柱，其轴压比限值分别为 0.50、0.60、0.70；当框支柱剪跨比不大于 2 但不小于 1.5 时，其轴压比限值分别为 0.45、0.55、0.65。

7）纵向钢筋的间距，抗震设计时不宜大于 200mm；非抗震设计时不宜大于 250mm，且均不应小于 80mm。抗震设计时柱内全部纵向钢筋的配筋率不宜大于 4.0%；非抗震设计时柱内全部纵向钢筋的配筋率不宜大于 5%。

8）框支柱在上部墙体范围内的纵向钢筋应伸入上部墙体内不少于一层，其余柱钢筋应锚入梁内或板内，锚入梁内、板内的钢筋长度，从柱边算起不应小于 l_{aE}（抗震设计）或 l_a（非抗震设计）。

9）非抗震设计时，框支柱宜采用复合螺旋箍或井字复合箍，箍筋的体积配箍率不宜小于0.8%，箍筋直径不宜小于10mm，箍筋间距不宜大于150mm。

10）框支短柱、特一级抗震等级的框支柱及高位转换时，框支柱宜采用型钢混凝土柱或钢管混凝土柱。

（6）支承托柱梁的转换柱，其设计要求宜参见框支柱。

152. 框支梁上部墙体设计有哪些要求?

（1）框支梁上部墙体的构造应满足下列要求：

1）框支梁上部的墙体不宜设置边门洞，当设有边门洞时，洞边墙体宜设置翼墙、端柱或加厚（图11-3），并按《高层建筑规程》第7.2.15条约束边缘构件的要求进行配筋设计。

2）框支梁上部墙体竖向钢筋在转换梁内的锚固长度，抗震设计时不应小于 l_{aE}，非抗震设计时不应小于 l_a。

3）框支梁上一层墙体的配筋宜按下列公式计算（图11-6）。

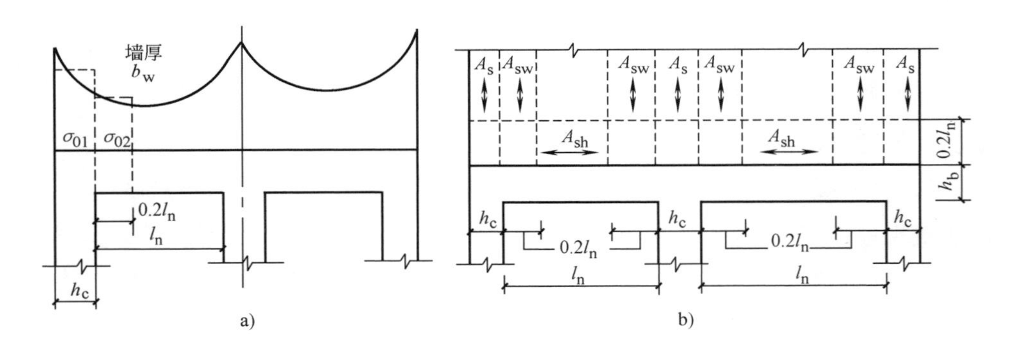

图11-6　框支梁上相邻剪力墙竖向压应力分布及配筋

a）框支梁上方竖向压应力分布　b）框支梁相邻上层剪力墙配筋

① 柱上墙体的端部竖向钢筋 A_s

$$A_s = h_c b_w(\sigma_{01} - f_c)/f_y \tag{11-11}$$

② 柱边 $0.2l_n$ 宽度范围内竖向分布钢筋 A_{sw}

$$A_{sw} = 0.2l_n b_w(\sigma_{02} - f_c)/f_{yw} \tag{11-12}$$

③ 框支梁上的 $0.2l_n$ 高度范围内水平分布筋 A_{sh}

$$A_{sh}=0.2l_nb_w\sigma_{xmax}/f_{yh} \tag{11-13}$$

式中　l_n——框支梁的净跨（mm）；

h_c——框支柱截面高度（mm）；

b_w——墙截面厚度（mm）；

σ_{01}——柱上墙体 h_c 范围内考虑风荷载、地震作用组合的平均压应力设计值（N/mm^2）；

σ_{02}——柱边墙体 $0.2l_n$ 范围内考虑风荷载、地震作用组合的平均压应力设计值（N/mm^2）；

σ_{xmax}——框支梁与墙体交接面上考虑风荷载、地震作用组合的水平拉应力设计值（N/mm^2）。

有地震作用组合时，式（11-11）、式（11-12）、式（11-13）中 σ_{01}、σ_{02}、σ_{xmax} 均应乘以 γ_{RE}，γ_{RE} 取 0.85。

（2）框支换梁与其上部墙体的水平施工缝处宜按下式验算抗滑移能力

$$V\leqslant(0.6f_yA_s+0.8N)/\gamma_{RE} \tag{11-14}$$

式中　V——水平施工缝处考虑地震作用组合的剪力设计值；

A_s——水平施工缝处剪力墙腹板内竖向分布钢筋、有足够锚固长度的竖向插筋和边缘构件（不包括两侧翼墙）纵向钢筋的总截面面积；

f_y——竖向钢筋抗拉强度设计值；

N——水平施工缝处考虑地震作用组合的轴向力设计值，压力取正值，拉力取负值；

γ_{RE}——承载力抗震调整系数，取 0.85。

153. 落地剪力墙（含钢筋混凝土筒体）设计有哪些要求？

（1）特一级、一级、二级、三级抗震等级落地剪力墙底部加强部位的弯矩设计值应按墙底截面有地震作用组合的弯矩值分别乘以增大系数 1.8、1.5、1.3、1.1 后采用；其截面组合的剪力设计值应按《高层建筑规程》第 3.10.5 条、第 7.2.6 条的规定进行强剪弱弯调整，特一级抗震等级乘以增大系数 1.9，一级抗震等级乘以增大系数 1.6，二级抗震等级乘以增大系数 1.4，三级抗震等级乘以增大系数 1.2。

落地剪力墙墙肢不宜出现偏心受拉。

（2）部分框支剪力墙结构，落地剪力墙底部加强部位墙体的水平和竖向分布钢筋的最小配筋率，抗震设计时，特一级抗震等级不应小于0.4%，一级至三级抗震等级不应小于0.3%，非抗震设计时，不应小于0.25%。非底部加强部位墙体的水平和竖向分布钢筋的最小配筋率，特一级抗震等级不应小于0.35%，一级至三级抗震等级不应小于0.25%，四级抗震等级及非抗震设计不应小于0.20%。

抗震设计时，分布钢筋的间距不应大于200mm，钢筋直径不应小于8mm。

（3）部分框支剪力墙结构，剪力墙底部加强部位，墙体两端宜设翼墙或端柱；抗震设计时尚应按《高层建筑规程》第7.2.15条的规定设置约束边缘构件。

（4）部分框支剪力墙结构，落地剪力墙基础应有良好的整体性和抵抗转动的能力。

（5）部分框支剪力墙结构的落地剪力墙，当抗震等级为特一级、一级和二级，且轴向平均压应力较小（不大于$0.2f_c$）而剪应力较大（大于$0.15f_c$）时，为防止剪切滑移发生，可在墙肢底部设置防滑移的交叉斜向钢筋，斜向钢筋宜设在剪力墙两层分布钢筋之间，宜采用根数不多的较粗钢筋；钢筋的一端锚入基础内，另一端锚入墙内，锚入长度均应为l_{aE}（图11-7）。

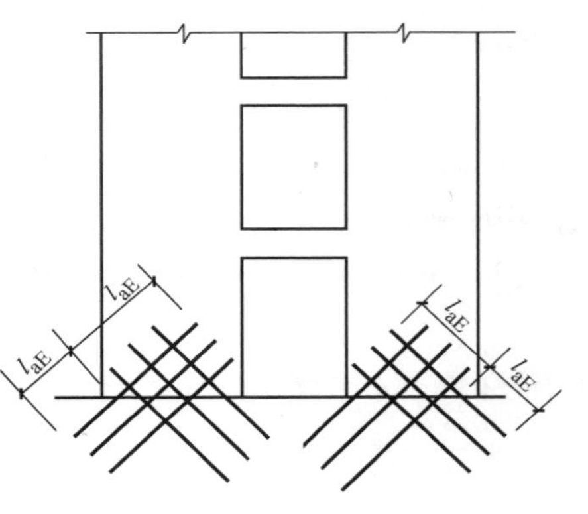

图11-7 落地剪力墙根部斜向钢筋

一般情况下，交叉斜向钢筋的截面面积，可按承担落地剪力墙底部剪力设计值的30%考虑。即

$$A_s \geqslant \frac{0.3V_w}{f_y \sin\alpha} \tag{11-15}$$

式中 V_w——落地剪力墙底部的剪力设计值；

A_s——墙肢底部交叉斜向钢筋的总截面面积；

f_y——交叉斜向钢筋的抗拉强度设计值；

α——交叉斜向钢筋与地面的夹角，通常采用45°。

154. 底部带转换层的高层建筑结构，底部加强部位结构的内力调整增大和结构抗震构造加强措施主要有哪些规定？

底部带转换层的高层建筑结构，在我国已大量建造，但至今未经受过大地震的考验。从多个振动台模型试验及一个拟动力试验可以看出，这种结构的落地剪力墙和框支柱的裂缝较多，特别是落地剪力墙出现裂缝后，框支柱承受的内力剧增；这种结构的转换下部楼层及上部邻近转换层的楼层容易发生严重破坏，甚至导致结构倒塌。

在1995年日本的阪神地震和1999年台湾的集集地震中，大量底部为空旷结构的房屋倒塌的经验教训，使我们对底部带转换层的建筑结构的抗震设计更加重视。

要使这种结构的框支柱和落地剪力墙在罕遇地震作用下不发生严重破坏，仅按多遇地震作用计算的内力进行设计和构造是难以实现的。对于这种复杂的结构的关键部位，也有人主张按罕遇地震作用对结构进行弹性内力分析，据此内力进行设计。《高层建筑规程》从安全和经济合理的原则进行综合考虑，采用了增大内力和加强结构抗震构造措施并重的方法来提高这种结构的抗震性能。《高层建筑规程》对框支柱的内力增大幅度比较高；转换层位置在地面以上3层及3层以上的结构，对抗震更为不利，其内力增大幅度也适当提高。

底部带转换层的高层建筑结构，底部加强部位结构的内力调整增大如表11-2所示；底部加强部位结构抗震构造加强措施如表11-3所示。

表11-2 底部加强部位结构内力调整增大

结构的部位	《高层建筑规程》(JGJ 3—2010) 的规定
剪力墙底部加强部位的范围（第10.2.2条）	框支层加上框支层以上两层的高度及墙肢总高度的1/10二者的较大值（底部加强部位从地下室顶板算起）
薄弱层的地震剪力增大（第3.5.8条）	转换层的地震剪力乘以1.25的增大系数
框支柱承受的地震剪力标准值增大（第10.2.17条）	每层框支柱的数目不多于10根，当框支层为1～2层时，每根柱所承受的剪力应至少取结构基底剪力的2%；当框支层为3层及3层以上时，每根柱所承受的剪力应至少取结构基底剪力的3%。
	每层框支柱的数目多于10根，当框支层为1～2层时，每层框支柱承受的剪力之和应至少取结构基底剪力的20%；当框支层为3层及3层以上时，每层框支柱承受的剪力之和应至少取结构基底剪力的30%
底部加强部位的抗震等级（第10.2.6条、第3.9.3条、第3.9.4条）	B级高度房屋的抗震等级，8度特一级；7度框支框架特一级，剪力墙一级；6度时剪力墙和框支框架一级
	转换层在3层及3层以上时，框支柱及剪力墙底部加强部位的抗震等级均比《高层建筑规程》表3.9.3和表3.9.4的规定提高一级，已为特一级的不再提高
	转换层转换结构构件上部二层剪力墙属底部加强部位，其抗震等级采用底部加强部位剪力墙的抗震等级
按“强柱弱梁”的设计概念，框支柱柱端弯矩设计值乘以增大系数（第10.2.11条、第3.10.4条）	底层柱下端弯矩以及与转换构件相连的柱上端弯矩 特一级 1.8（角柱1.98） 一级 1.5（角柱1.65） 二级 1.3（角柱1.43）

（续）

结构的部位	《高层建筑规程》（JGJ 3—2010）的规定
按“强柱弱梁”的设计概念，框支柱柱端弯矩设计值乘以增大系数（第10.2.11条、第3.10.4条）	其他层框支柱柱端弯矩 特一级 1.68（角柱1.85） 一级 1.4（角柱1.54） 二级 1.2（角柱1.32）
框支柱由地震产生的轴力乘以增大系数（第10.2.11条、第3.10.4条）	特一级 1.9 一级 1.6 二级 1.3
按“强剪弱弯”的设计概念，对框支柱的剪力设计值乘以增大系数（第10.2.11条、第3.10.4条） 剪力增大是在柱端弯矩增大基础上再增大，实际增大系数可取弯矩和剪力增大系数的乘积	底层柱以及与转换构件相连柱 特一级 1.8×1.68=3.02（角柱3.32） 一级 1.5×1.4=2.1（角柱2.31） 二级 1.30×1.2=1.56（角柱1.72）
	其他层柱 特一级 1.68×1.68=2.82（角柱3.10） 一级 1.4×1.4=1.96（角柱2.16） 二级 1.2×1.2=1.44（角柱1.58）
转换构件内力增大系数（第10.2.4条）	水平地震作用产生的计算内力 特一级 1.9 一级 1.6 二级 1.3
	8度抗震设计时重力荷载标准值作用下的内力乘以增大系数1.1
框支层一般梁的剪力增大系数（第3.10.3条、第6.2.5条）	特一级1.56 一级1.3 二级1.2
落地剪力墙底部加强部位弯矩调整（第10.2.18条）	取底部截面组合弯矩计算值乘以增大系数 特一级 1.8 一级 1.5 二级 1.3 三级 1.1
落地剪力墙其他部位弯矩调整（第7.2.5条、第3.10.5条）	按各截面组合弯矩计算值乘以增大系数 特一级 1.3 一级 1.2 二级 1.0 三级 1.0

（续）

结构的部位	《高层建筑规程》（JGJ 3—2010）的规定
落地剪力墙底部加强部位剪力调整（第 10.2.18 条、第 3.10.5 条、第 7.2.6 条）	按各截面的剪力计算值乘以增大系数 特一级　1.9 一级　1.6 二级　1.4 三级　1.2
落地剪力墙其他部位剪力调整（第 3.10.5 条、第 7.2.6 条）	按各截面的剪力计算值乘以增大系数 特一级　1.4 一级　1.0 二级　1.0

注：《高层建筑规程》第 10.2.11 条规定，框支角柱在一般框支柱弯矩和剪力增大的基础上再乘以 1.1 的增大系数；表中括号内的系数为框支角柱的增大系数。

表 11-3　底部加强部位结构抗震构造措施

结构的部位	《高层建筑规程》（JGJ 3—2010）的规定
框支柱（第 10.2.10 条～第 10.2.12 条、第 3.10.4 条）	截面的组合剪力设计值应符合： 无地震持久、短暂设计状况，$V \leqslant 0.2\beta_c f_c bh_0$ 地震设计状况，$V \leqslant \frac{1}{\gamma_{RE}}(0.15\beta_c f_c bh_0)$
	特一级：宜采用型钢混凝土或钢管混凝土柱；纵向钢筋最小配筋率 1.6% 箍筋最小体积配筋率 1.6%，箍筋应沿柱全高加密，直径不应小于 10mm，间距不应大于 100mm 和 6 倍纵向钢筋直径的较小值
	一级：纵向钢筋最小配筋率 1.2%（335MPa 级钢筋）；1.15（400MPa 级钢筋） 箍筋最小体积配箍率 1.5%，箍筋应沿柱全高加密，直径不应小于 10mm，间距不应大于 100mm 和 6 倍纵向钢筋直径的较小值 二级：纵向钢筋最小配筋率 1.0%（335MPa 级钢筋）；0.95（400MPa 级钢筋） 箍筋最小体积配箍率 1.5%，箍筋应沿柱全高加密，直径不应小于 10mm，间距不应大于 100mm 和 6 倍纵向钢筋直径的较小值
	框支柱纵向钢筋在上部墙体范围内应伸入上部墙体至少 1 层，其余部分应锚入转换层梁内或板内，并符合锚固长度 l_a（非抗震设计）或 l_{aE}（抗震设计）的要求
框支梁（第 10.2.7 条、第 10.2.8 条、第 3.10.3 条）	截面的组合剪力设计值应符合： 持久、短暂设计状况，$V \leqslant 0.2\beta_c f_c bh_0$ 地震设计状况，$V \leqslant 0.15\beta_c f_c bh_0/\gamma_{RE}$

（续）

结构的部位	《高层建筑规程》（JGJ 3—2010）的规定
框支梁（第10.2.7条、第10.2.8条、第3.10.3条）	特一级：上、下纵筋配筋率均不应小于0.6%，加密区箍筋最小面积含箍率$1.3f_t/f_{yv}$，直径不小于10mm，间距不大于100mm，腰筋直径不小于16mm，间距不大于200mm
	一级：上、下纵筋配筋率均不应小于0.5%，加密区箍筋最小面积含箍率$1.2f_t/f_{yv}$，直径不小于10mm，间距不大于100mm，腰筋直径不小于16mm，间距不大于200mm
	二级：上、下纵筋配筋率均不应小于0.4%，加密区箍筋最小面积含箍率$1.1f_t/f_{yv}$，直径不小于10mm，间距不大于100mm，腰筋直径不小于16mm，间距不大于200mm
底部加强部位剪力墙分布钢筋配筋率（第10.2.19条、第3.10.5条）	剪力墙底部加强部位墙体的水平和竖向分布钢筋最小配筋率： 非抗震设计　0.25% 一、二、三级抗震设计　0.30% 特一级抗震设计　0.40% 底部加强部位墙体包括落地剪力墙和转换构件上部2层剪力墙
转换层楼板（第3.2.2条、第10.2.23条、第10.2.24条、第10.2.25条）	混凝土强度等级不应低于C30，楼板厚度不宜小于180mm，应双层双向配筋，每层每方向配筋率不宜小于0.25%，楼板中上层和下层钢筋应锚固在边梁或墙体内l_{aE}
	抗震设计的长矩形平面建筑转换层楼板，必要时需验算其受弯承载力及抗剪能力

第十二章

板柱-剪力墙结构

155. 板柱-剪力墙结构适用于建造哪些类型的建筑？

板柱-剪力墙结构是指水平构件以板为主、无梁或仅有少量的梁，竖向构件为柱和必要的剪力墙组成的结构。这种类型的结构由于内部无楼层梁或少楼层梁，便于设备管道穿行，层高较低，在相同的房屋总高度条件下，可以建造较多的建筑层数，增加建筑使用面积，可以获得较好的经济效益。但由于这种类型的结构楼板对柱的约束较弱，抗震性能差，主要适用于非抗震设防地区建造多层建筑和层数不太多的高层建筑；在抗震设防烈度 8 度及 8 度以下的地区（9 度抗震设防地区不应采用板柱-剪力墙结构），仅适用于建造多层建筑和小高层建筑。

板柱-剪力墙结构适用的房屋建筑类型主要是商场、库房、仓储建筑、饭店、公寓、写字楼和综合楼等。

板柱-剪力墙结构房屋的最大适用高度和适用的最大高宽比详见本书第四章第 67 问表 4-6 和表 4-7。

156. 板柱-剪力墙结构的布置有哪些规定？

（1）板柱-剪力墙结构应设计成双向抗侧力体系。抗震设计时，结构的两个主轴方向均应布置剪力墙或筒体；剪力墙或筒体的平面和竖向布置原则与框架-剪力墙结构中剪力墙的布置原则相同，且宜在对应剪力墙或筒体墙的各楼层处设置暗梁。有关布置原则参见本书第八章 128 问。

（2）抗震设计时，房屋的周边柱间应设置框架梁，形成周边框架，框架梁的截面高度不应小于板厚的 2.5 倍，截面高宽比不宜大于 3；房屋的顶层及地下一层顶板宜采用梁板结构；在楼电梯间等楼板开洞较大处，洞口周围宜设置框架梁或边梁。

（3）无梁板可根据承载力和变形要求采用无柱帽板或有柱帽板。当采用柱托式柱帽时，柱托板的长度和厚度应按计算确定。柱托板每方向的长度不宜小于板跨的 1/6，其厚度不宜小于无梁板厚度的 1/4；抗震设计 7 度时宜采用有柱托板，8 度时应采用有柱托板，此时，柱托板每方向的长度尚不宜小于同方向柱截面宽度与 4 倍板厚度之和，柱托板处板的总厚度尚不宜小于 16 倍柱纵向钢筋的直径。当板的厚度不满足承载力要求且不允许设置柱帽（柱托）板时，可采用剪力架（型钢剪力架），此时板的厚度，非抗震设计时不应小于150mm，抗震设计时不应小于200mm。

（4）8度抗震设计时，应采用有柱托板或有柱帽的板柱节点，一般情况下，应优先采用平托板式板柱节点。托板的厚度及柱帽的高度由抗冲切计算确定，抗冲切计算除取柱边截面外，尚应验算平托板外边缘处的截面。

（5）无梁板采用平板时跨度不宜大于7m，有柱帽（柱托）板时跨度不宜大于9m，采用预应力时不宜大于12m；抗震设计时，无梁板的纵向受力钢筋应以非预应力钢筋为主，部分预应力钢筋主要用来提高板的刚度和加强板的抗裂性能。

无梁板除满足承载力和变形要求外，其厚度与长跨之比不宜小于表12-1的规定；而且，抗震设计时，无梁板的厚度尚不应小于200mm，非抗震设计时，尚不应小于150mm。

表12-1　双向无梁板厚度与长跨的最小比值

非预应力楼板		预应力楼板	
无柱托板	有柱托板	无柱托板	有柱托板
1/30	1/35	1/40	1/45

（6）为了减小边跨跨中弯矩和柱的不平衡弯矩，并增强边柱和角柱的抗冲切能力，在建筑平面布置允许的条件下，宜将无梁楼板周边伸出边柱外侧，伸出长度（从边柱中心至板边缘）不宜大于无梁楼板沿伸出方向邻跨跨度的0.4倍。抗震设计时，楼盖周边伸出外挑板后，仍应在房屋周边柱间设置框架梁。

（7）抗震设计时板柱-剪力墙结构不应有错层，也不应出现短柱。当楼梯间等处局部出现短柱时，应采取可靠的加强措施。

（8）剪力墙的间距宜满足表12-2的规定，当这些剪力墙之间的楼板开有较大洞口时，除应采取有效加强措施外，剪力墙的间距应适当减小；当剪力墙的间距不满足表12-2的要求，结构整体计算时，应考虑楼板平面内变形的影响。

表12-2　剪力墙间距　（单位：m）

楼盖形式	非抗震设计（取较小值）	抗震设防烈度	
		6度、7度（取较小值）	8度（取较小值）
现浇	3.0B，40	2.5B，30	2.0B，30

注：表中B为剪力墙之间楼盖宽度（m）。

（9）板柱-剪力墙结构的内力和配筋计算应按图12-1划分柱上板带、跨中板带。

（10）无梁楼板上开洞应符合以下要求（图12-2）。

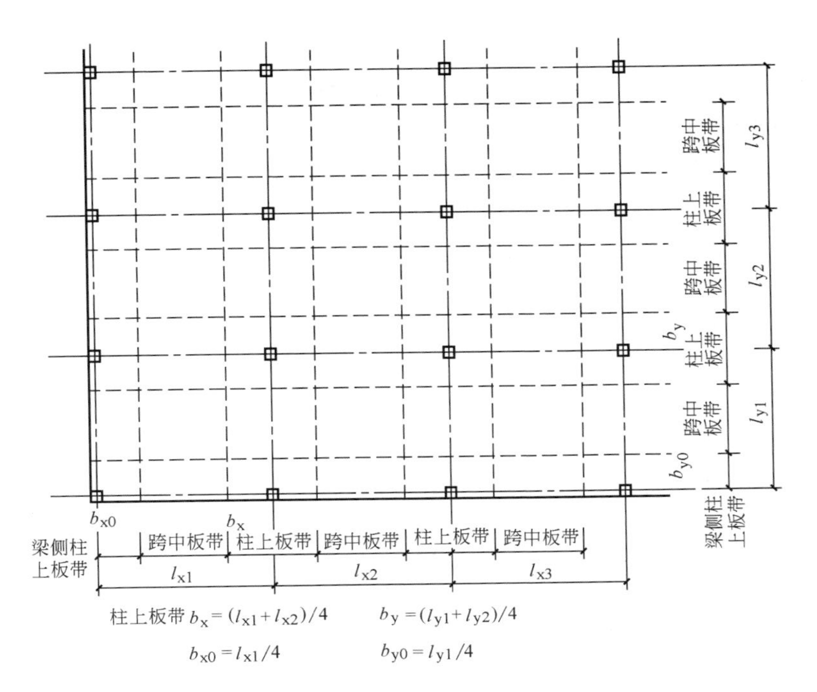

图 12-1　板带划分示意图

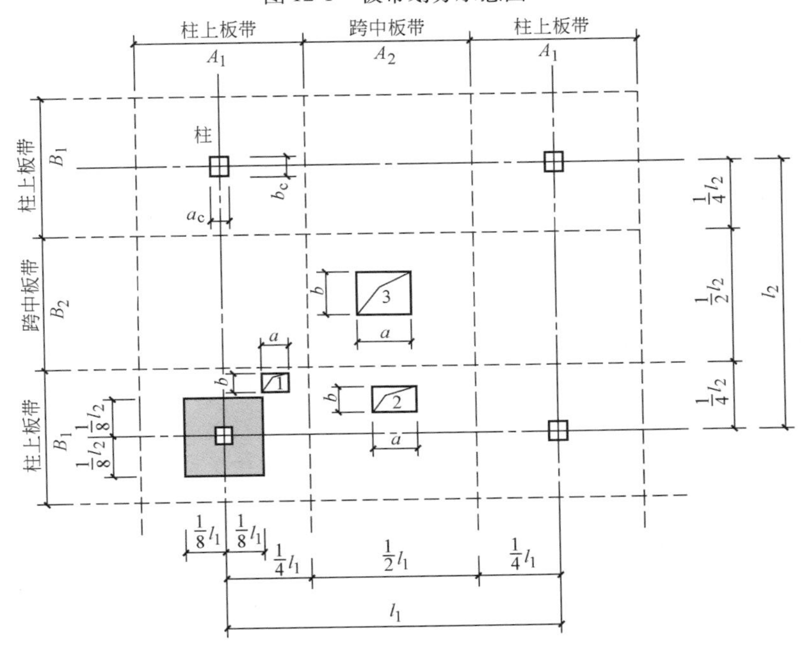

图 12-2　无梁板开洞要求

注：图中 $a \geqslant b$

1）无梁板上允许开设局部洞口，但应经验算并满足承载力及刚度的要求；无梁板上开洞时，所有洞口周边均应设置补强钢筋，必要时应设置暗梁。

2）在板柱结构中的无梁板，凡符合图 12-2 和表 12-3 要求的单个孔洞，一般可不作专门分析。若在同一部位开设多个洞口时，则在同一截面上各个洞宽之和不应大于该部位单个洞口的允许宽度。

表 12-3 无梁板上开洞限值

洞号	1	2	3
a	$\leqslant a_c/4$ 且 $\leqslant h/2$	$\leqslant A_2/4$	$\leqslant A_2/4$
b	$\leqslant b_c/4$ 且 $\leqslant h/2$	$\leqslant B_1/4$	$\leqslant B_2/4$

注：表中 h 为无梁板厚度。

3）无梁板的暗梁范围内不应开洞；在柱上板带相交的共有区域内，该区域内的 1/2×1/2 区格（即图中的阴影所示范围）应尽量不开洞，该区域的其余部分亦不宜开洞，如必须开洞，其尺寸应符合表 12-3 洞号 1 的要求。

4）在无梁板的一条柱上板带与一条跨中板带相交的共有区域内，不宜开设较大的洞口，当必须开洞时，其洞口尺寸不应大于相应板带宽度的 1/4。

5）无梁板上洞口边每侧的补强钢筋不应小于洞口宽度范围内被切断的受力钢筋截面面积的 1/2。

6）在无梁板上开洞时，应注意开洞对板受剪承载力的影响。

（11）板柱-剪力墙结构中，在剪力墙中心线与柱网轴线相交处均宜布置钢筋混凝土柱；一字形剪力墙的端部宜布置端柱或翼墙。

157. 板柱-剪力墙结构设计计算时有哪些规定?

（1）抗风设计时，板柱-剪力墙结构中各层筒体或剪力墙应能承担不小于 80% 相应方向该层承担的风载荷作用下的剪力；抗震设计时，板柱-剪力墙结构各层横向及纵向剪力墙或筒体应能承担相应方向该层的全部的地震剪力；各层板柱部分除应符合计算要求外，尚应能承担不少于相应方向该层承担的地震剪力的 20%。

（2）板柱-剪力墙结构在竖向荷载和水平荷载作用下的内力及位移计算，宜优先采用连续体有限元空间模型的计算软件，当为规则的板柱结构时，也可采用等代框架杆系结构有限元法或其他计算方法的软件。

（3）无梁板在竖向均布荷载作用下的内力，当符合下列条件时可采用经验系数法计算，各截面处的计算弯矩可取表 12-4 中的数值乘以总弯矩 M_x（M_y）。

1）每个方向至少有三个连续跨。

2）任一区格内的长边与短边之比不大于 2。

3）同一方向上的相邻跨度不相同时，大跨与小跨之比不大于1.2。

4）活荷载与恒荷载之比不应大于3。

采用经验系数法计算时，可按下列公式计算：

x 方向总弯矩设计值 $$M_x=\frac{1}{8}ql_y\left(l_x-\frac{2}{3}c\right)^2 \tag{12-1}$$

y 方向总弯矩设计值 $$M_y=\frac{1}{8}ql_x\left(l_y-\frac{2}{3}c\right)^2 \tag{12-2}$$

柱上板带的弯矩设计值 $$M_{柱上}=\beta_1 M_x\ (M_y) \tag{12-3}$$

跨中板带的弯矩设计值 $$M_{跨中}=\beta_2 M_x\ (M_y) \tag{12-4}$$

式中　l_x、l_y——x 方向和 y 方向的柱中心距；

q——板的竖向均布荷载设计值；

c——柱帽在计算弯矩方向的有效宽度（图12-3），无柱帽时，c 取柱宽度；

β_1、β_2——柱上板带和跨中板带弯矩分配系数，见表12-4。

表12-4　柱上板带和跨中板带弯矩分配系数

部　位	截面位置	柱上板带 β_1	跨中板带 β_2
端跨	边支座截面负弯矩	0.48	0.05
	跨中正弯矩	0.22	0.18
	第一个内支座截面负弯矩	0.50	0.17
内跨	支座截面负弯矩	0.50	0.17
	跨中正弯矩	0.18	0.15

注：1. 表中系数按 $l_x/l_y=1$ 确定，当 $l_y/l_x\leqslant 1.5$ 时也可近似采用本表。

2. 表中系数为无悬挑板时的经验值，当有较小悬挑板时仍可采用；如果悬挑板挑出较大且负弯矩大于边支座截面负弯矩时，应考虑悬臂弯矩对边支座及内跨弯矩的影响。

3. 在总弯矩量不变的条件下，允许将柱上板带负弯矩的10%分配给跨中板带负弯矩。

4. 计算柱上板带支座负弯矩时，其配筋计算的 h_0 应取有柱帽或有托板时的厚度，但应验算变截面处的承载力。

（4）按经验系数法计算时，板柱节点处上柱和下柱弯矩设计值之和 M_c 可采用以下公式计算：

中柱 $$M_c=0.25M_x(M_y) \tag{12-5}$$

边柱 $$M_c=0.40M_x(M_y) \tag{12-6}$$

式中　M_x（M_y）——按式（12-1）和式（12-2）计算的总弯矩设计值。

中柱或边柱的上柱和下柱的弯矩设计值可根据式（12-5）或式（12-6）的值按其线刚度分配。

按其他方法计算时，柱上端和柱下端的弯矩设计值取实际的计算结果。当有

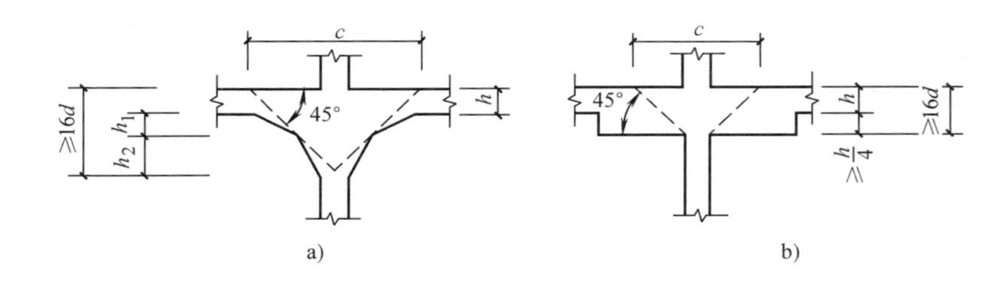

图 12-3 板柱节点

a）柱帽式板柱节点 b）托板式板柱节点

注：d 为柱最大纵筋直径；$h_1=2h_2/3$ 且$\geqslant h$。

柱帽时，柱上端的弯矩设计值取柱刚域边缘处的值。

（5）当无梁板不符合采用经验系数法计算的条件时，在竖向均布荷载作用下可采用等代框架法计算其内力。当 $l_y/l_x\leqslant 2$ 时，为了简化计算，其板的有效宽度（b_x 或 b_y）取板的全宽，见图 12-4a。但对于中间区格的长边与短边之比 >2 时，其短跨的有效宽度见图 12-4b。

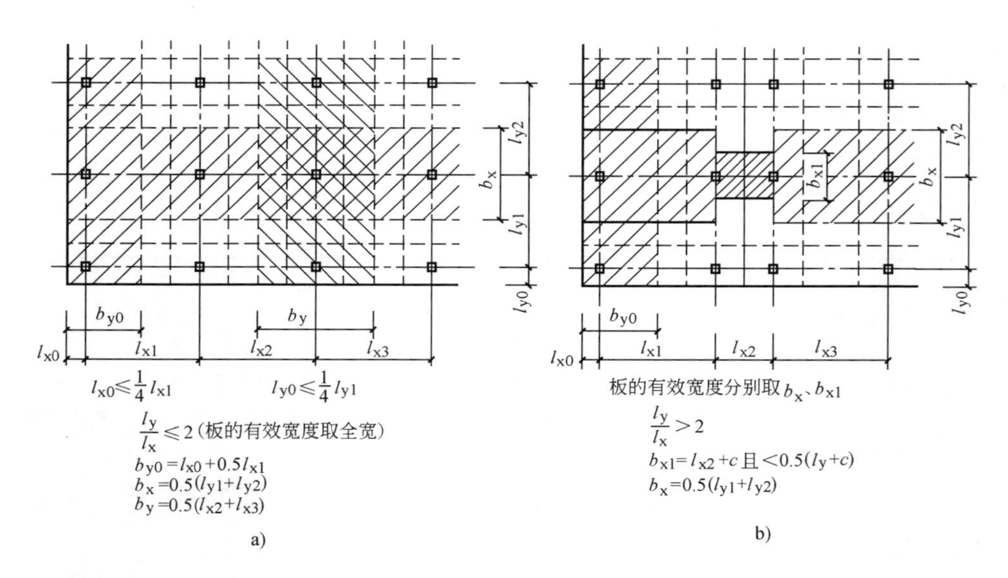

图 12-4

当任一区格的长边与短边之比为 1 ~2 时，按等代框架梁求得的板中弯矩还应按照表 12-5、表 12-6 之比例分配给柱上板带和跨中板带。

表 12-5　柱上板带和跨中板带弯矩分配比例（$l_x/l_y=1$）

位　置	弯　矩		柱上板带（%）	跨中板带（%）
内跨	支座截面	$-M$	75	25
	跨中截面	M	55	45
端跨	边支座截面	$-M$	90	10
	跨中截面	M	55	45
	第一内支座截面	$-M$	75	25

表 12-6　矩形板格柱上板带和跨中板带弯矩分配比例

$\frac{l_x}{l_y}$	$-M$		$+M$	
	柱上板带（%）	跨中板带（%）	柱上板带（%）	跨中板带（%）
0.50～0.60	55（60）	45（40）	50（45）	50（55）
0.60～0.75	65（70）	35（30）	55（50）	45（50）
0.75～1.33	70（75）	30（25）	60（55）	40（45）
1.33～1.67	80（85）	20（15）	75（70）	25（30）
1.67～2.00	85（90）	15（10）	85（80）	15（20）

注：1. 表 12-5、表 12-6 为板周边为连续边时的柱上板带和跨中板带弯矩分配比例。
2. 表 12-6 中括号内数值系用于有柱帽的无梁板。
3. 鉴于柱上板带弯矩分配较多，有时配筋过密不便于施工，在保证总弯矩不变的情况下，允许板带之间或支座与跨中之间各调 10%。

（6）无柱帽的板柱-剪力墙结构在竖向荷载和水平荷载共同作用下，宜采用空间结构有限元分析软件进行内力分析计算，也可采用等代框架法近似计算。

当采用等代框架-剪力墙结构有限元法计算时，其板柱部分可按板柱结构等代框架法确定等代框架梁的计算宽度及等代框架梁、柱的线刚度。

1）内跨双向均无梁或墙时（均为无梁板，见图 12-5）

① 无梁处等代框架梁的计算宽度可取式（12-7）和式（12-8）的较小值。

$$b_x=\frac{l_y}{2}\qquad b_x=\frac{3}{4}l_x \tag{12-7}$$

$$b_y=\frac{l_x}{2}\qquad b_y=\frac{3}{4}l_y \tag{12-8}$$

② 边梁截面按梁的实际截面取值，并可考虑部分翼缘的影响，可考虑的部分翼缘宽度建议参考图 12-6。板截面的抗弯刚度 $E_cI_s=E_c\times$（板宽 $\times h^3/12$），梁截面考虑部分翼缘宽度的影响后，其抗弯刚度 E_cI_b 与板抗弯刚度的比值不宜小于 0.8，即宜使 $\alpha=E_cI_b/E_cI_s\geqslant0.8$。

边梁的抗扭刚度计算时，也可考虑部分翼缘的有利影响。

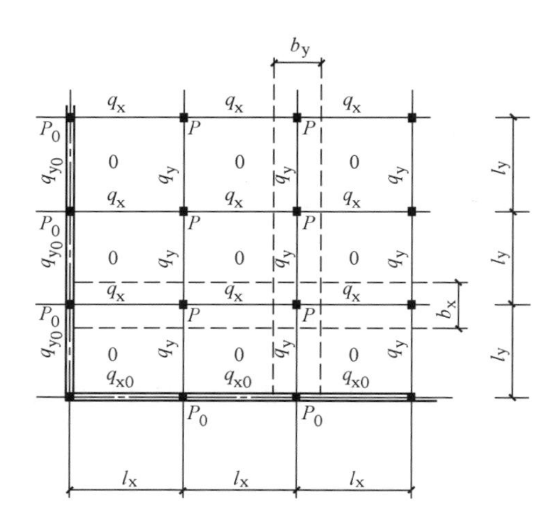

图 12-5 双向无梁板

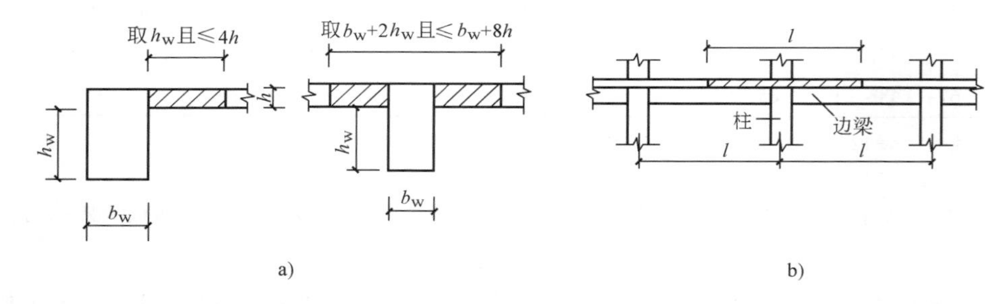

图 12-6 边梁翼缘及板宽取值

a）边梁翼缘宽度 b）板宽度

2）内跨一个方向有墙或梁，另一个方向为无梁板时（图 12-7）

① 无梁处等代框架梁的计算宽度可取式（12-7）和式（12-8）的较小值。

② 有梁处按梁的实际截面取值，并可考虑部分翼缘的影响，可考虑的部分翼缘宽度建议参考图 12-6。

3）板柱-剪力墙结构整体计算时，无梁板的板面荷载可以按照板面实际的荷载情况输入，也可以输入板面荷载为“0”荷载。图 12-5 和图 12-7 显示的是板柱-剪力墙结构整体计算时，无梁板板面荷载按“0”荷载输入的简图。当无梁板板面荷载输入为“0”荷载时，应通过计算求出作用在等代框架梁上的线荷载标准值和作用在柱上（内柱、边柱和角柱）的集中荷载标准值。在求算作用在等代框架梁上的线荷载标准值时，由于重复计入了板传给柱子的荷载，故作用在柱上的集中荷载标准值属于应扣除的荷载。

（7）有柱帽的板柱-剪力墙结构在竖向荷载和水平荷载共同作用下，等代框

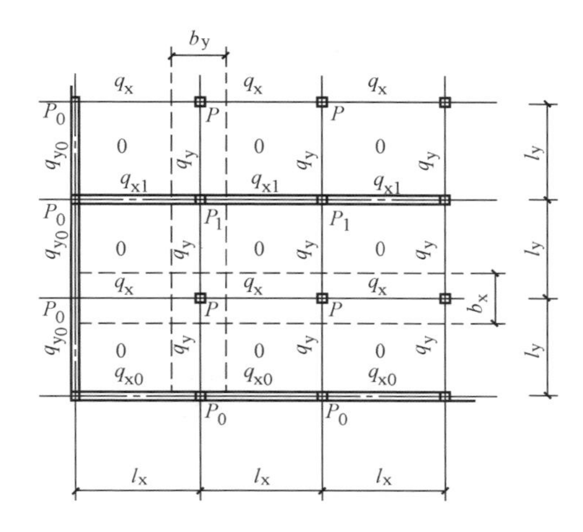

图 12-7　单向为无梁板

架梁的计算宽度可取式（12-9）和式（12-10）的较小值。

$$b_x = \frac{1}{2}(l_y + c) \qquad b_x = \frac{3}{4}l_x \tag{12-9}$$

$$b_y = \frac{1}{2}(l_x + c) \qquad b_y = \frac{3}{4}l_y \tag{12-10}$$

有柱帽的等代框架梁、柱的线刚度，可按现行国家标准《钢筋混凝土升板结构技术规范》的有关规定确定。

（8）当无梁板上的竖向均布活荷载较大时，宜考虑活荷载不利布置的影响。

（9）无梁板的板柱节点在竖向荷载和水平地震作用下的冲切计算应考虑由板柱节点冲切破坏面上的剪应力传递一部分不平衡弯矩。其受冲切承载力计算所用的等效集中反力设计值 $F_{l,eq}$，应按《混凝土规范》第 11. 9. 3 条及附录 F 的规定计算。

抗震设计的板柱-剪力墙结构，在计算 $F_{l,eq}$ 时，应注意乘以相应抗震等级的剪力增大系数，在相关的计算式中应考虑承载力抗震调整系数。

（10）当无梁板在柱附近有洞口，且洞口边至冲切临界截面边缘的距离不大于 $6h_0$ 时（h_0 为无梁板的有效厚度），受冲切承载力计算中取用的临界截面周长 u_m，应扣除集中反力作用面积中心至开洞外边画出的两条切线之间所包含的长度（图 12-8、图 12-9）。

等厚度板的受冲切承载力的验算位置，应取距离柱边 $h_0/2$ 处的冲切临界截面，冲切临界截面周长取距离柱边 $h_0/2$ 处板垂直截面的最不利周长，如图 12-10 所示。

常见复杂集中反力作用面的板冲切临界截面如图 12-11 所示。

板柱节点采用剪力架时，其计算冲切面的设计截面周长如图 12-12 所示。

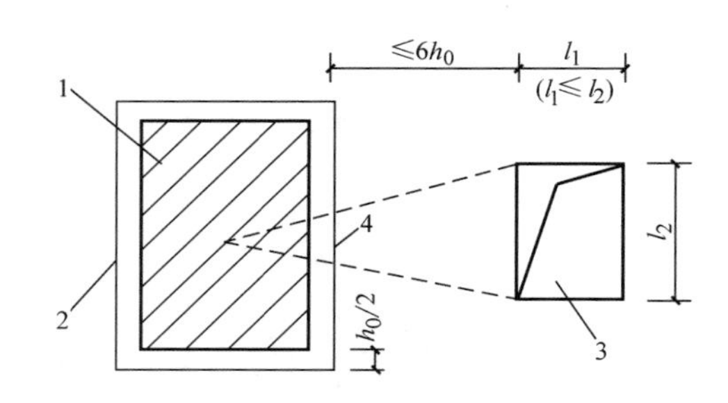

图 12-8 柱附近有孔洞时的临界截面周长

1—集中反力作用面 2—临界截面周长 3—孔洞 4—应扣除的长度

注：当图中 $l_1>l_2$ 时，孔洞边长 l_2 用 $\sqrt{l_1 l_2}$ 代替。

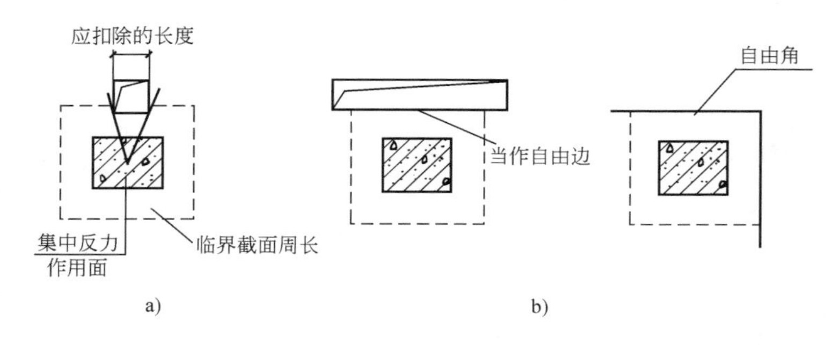

图 12-9 孔洞与自由边的影响

a）孔洞 b）自由边

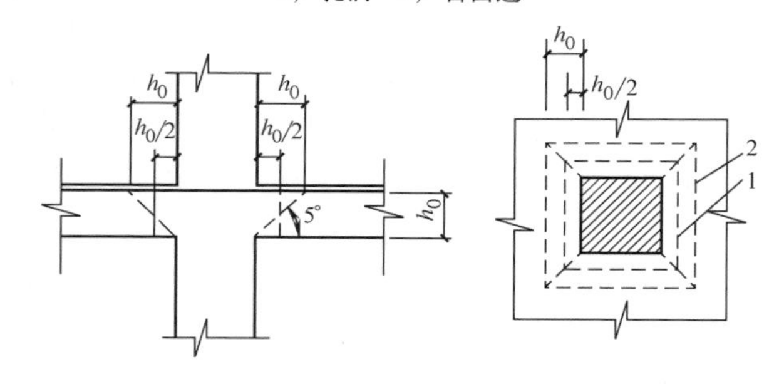

图 12-10 板的冲切临界截面

1—冲切临界截面的周长 2—冲切破坏锥体的底面线

（11）抗震设计时，板柱结构按等代框架法分析计算时，应遵守一般框架的抗震设计原则，等代梁作为框架梁，当柱的反弯点在层高范围内时，应按照《抗震规范》第 6.2.2 条的规定，将柱端弯矩设计值乘以强柱弱梁系数 η_c，以满足强柱弱梁的要求；当柱的反弯点不在柱的层高范围内时，柱端弯矩设计值可以直接乘以增大系数，增大系数的取值：一级抗震等级取 1.4，二级抗震等

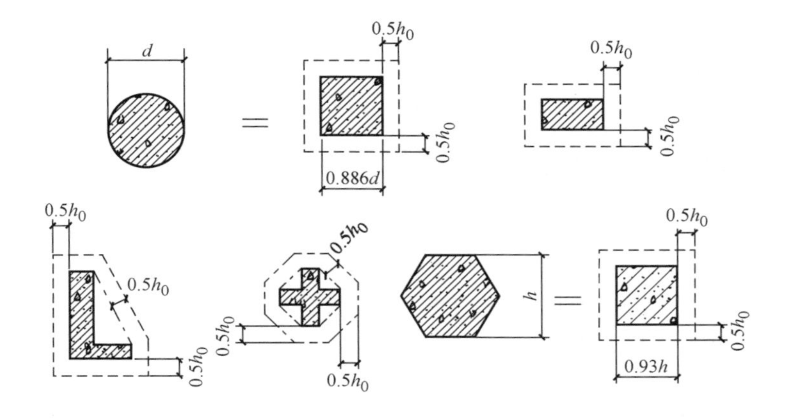

图 12-11　复杂集中反力作用面的板冲切临界截面示例

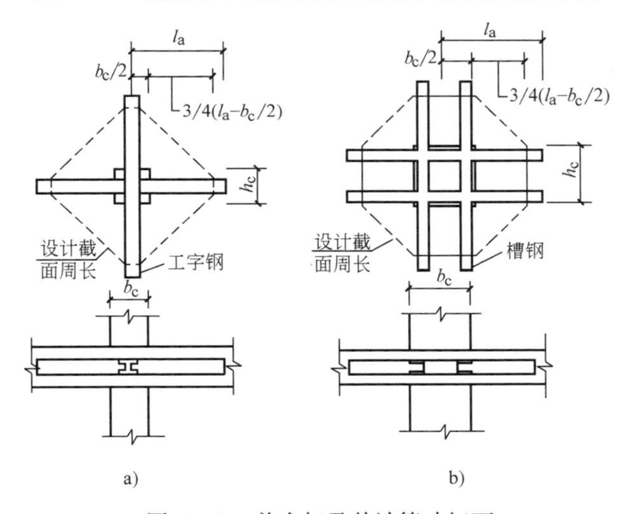

图 12-12　剪力架及其计算冲切面

a）工字钢焊接剪力架　b）槽钢焊接剪力架

级取 1.2，三级抗震等级取 1.1。

（12）板柱-剪力墙结构中的柱，应按双向偏心受力构件进行正截面承载力设计。

（13）房屋周边柱间的框架梁，应考虑垂直于梁的柱上板带在竖向荷载及地震作用下引起的扭矩，并按《混凝土规范》第 6 章第 6.4 节的规定进行扭曲截面及扭曲截面承载力计算。

（14）无梁板板面上有集中荷载作用时，其配筋应由计算确定。当板上某区格内的集中荷载设计值不大于该区格内均布活荷载设计值总量的 10% 时，可按荷载折算总量为 F_t 的折算均布活荷载设计值进行计算。

$$F_t = 1.1(F + F_q) \tag{12-11}$$

式中 F——某区格内的集中荷载设计值；

F_q——在 F 所在的区格内均布活荷载设计值总量。

158. 板柱-剪力墙结构构件的截面设计与构造有哪些要求?

（1）板柱-剪力墙结构的抗震等级应按照《抗震规范》表 6.1.2 确定。

（2）板柱结构、板柱-剪力墙结构的混凝土强度等级，对于板不应低于 C20，采用无黏结预应力混凝土时，不应低于 C30；对柱、梁、墙等构件，不宜低于 C30；纵向钢筋宜采用 HRB400 级和 HRB335 级钢筋，箍筋和构造钢筋可采用 HPB235 级钢筋或 HRB335 级钢筋。

（3）板柱-剪力墙结构的剪力墙，抗震设计时，一、二级抗震等级底部加加强部位的墙厚不应小于 200mm，且不应小于层高或剪力墙无支长度的 1/16，其他部位不应小于 160mm，且不应小于层高或剪力墙无支长度的 1/20；非抗震设计时，剪力墙的厚度不应小于 160mm，且不应小于层高或剪力墙无支长度的 1/25。

（4）板柱结构、板柱-剪力墙结构中的柱，其截面较小边长不得小于 350mm，柱的剪跨比应大于 2，柱截面高度与宽度之比值不宜大于 3。

（5）板柱-剪力墙结构中的剪力墙，底部加强部位及其相邻上一层应按《抗震规范》第 6.4.7 条设置约束边缘构件，其他部位应按《抗震规范》第 6.4.8 条设置构造边缘构件；框架梁柱的抗震构造措施应符合《抗震规范》第 6 章第 6.3 节对框架结构的有关规定。

（6）板柱-剪力墙结构中与剪力墙重合的框架梁可保留，亦可做成宽度与墙厚相同的暗梁，暗梁截面的高度可取墙厚的 2 倍或与该榀框架梁截面等高，暗梁的配筋可按构造配置且应符合一般框架梁相应抗震等级的最小配筋要求。

（7）剪力墙的边框柱截面宜与该榀框架其他柱的截面相同，边框柱应符合《抗震规范》第 6 章第 6.3 节有关框架柱的构造配筋规定；剪力墙底部加强部位边框柱的箍筋宜沿全高加密；当带边框剪力墙上的洞口紧邻边框柱时，边框柱的箍筋宜沿全高加密。

（8）在地震作用下，无梁板与柱的连接是板柱-剪力墙结构中最薄弱的部位，在地震的反复作用下梁柱交接处易出现裂缝，严重时会发展成通缝，使板失去支承而脱落。为了防止板的完全脱落，在板柱-剪力墙结构中，沿两个主轴方向均应布置通过柱截面的板底连续钢筋，且钢筋的总截面面积应符合下式要求。

$$A_s = N_G/f_y \tag{12-12}$$

式中 A_s——通过柱截面的板底连续钢筋的总截面面积；

N_G——在该层楼面重力荷载代表值作用下的柱轴向压力设计值；

f_y——通过柱截面的板底连续钢筋的抗拉强度设计值。

（9）无柱帽柱上板带的板底钢筋，宜在距柱面为2倍纵向钢筋锚固长度以外搭接，钢筋端部宜有垂直于板面的向上直钩，直钩长度可取板厚减2倍板的保护层厚度。

（10）板柱-剪力墙结构中，板的构造应符合下列规定。

1）抗震设计时，无柱帽的板柱-剪力墙结构应沿纵横柱轴线在板内设置暗梁，暗梁宽度可取柱宽及柱两侧各不大于1.5倍板厚之和（图12-13）。暗梁配筋应符合下列规定：

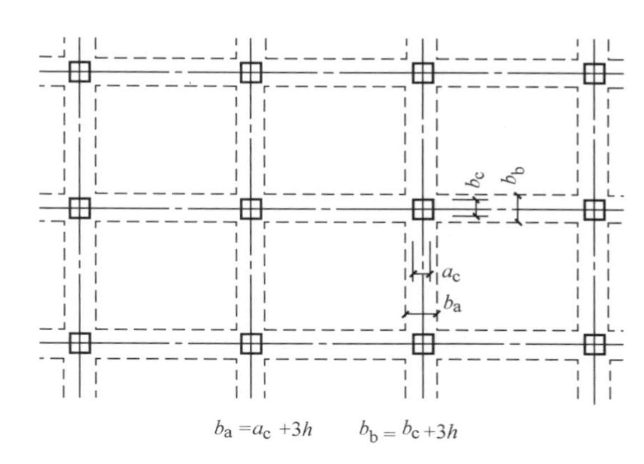

图12-13　暗梁示意图

① 暗梁上、下纵向钢筋应分别取柱上板带上、下钢筋总截面面积的50%，且下部纵向钢筋不宜小于上部纵向钢筋的1/2。纵向钢筋应全跨拉通，其直径宜大于暗梁以外板钢筋的直径，但不宜大于柱截面相应边长的1/20（图12-14）。

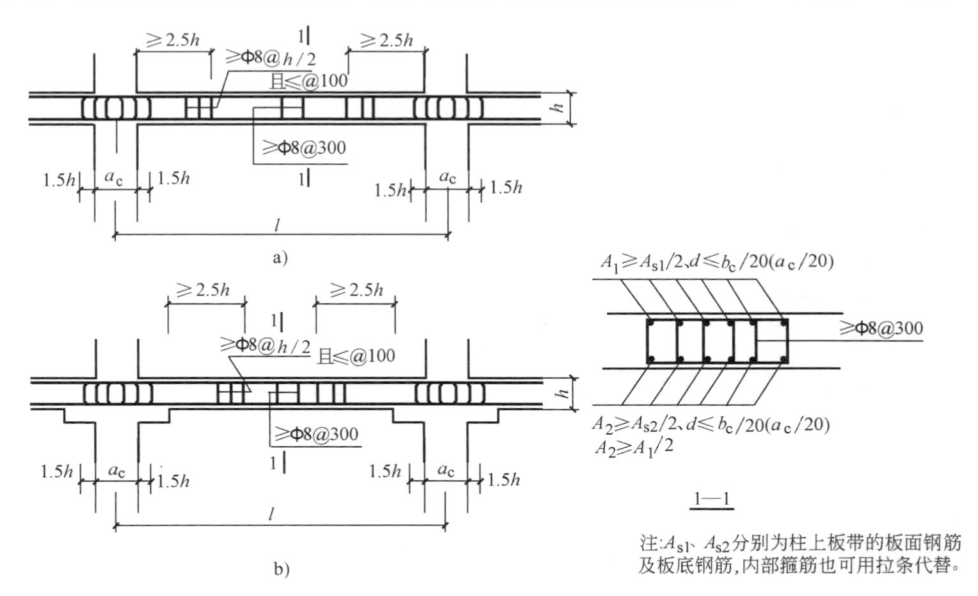

图12-14　板柱结构暗梁配筋构造

a）无柱帽　b）有柱帽

② 暗梁的箍筋，在构造上应至少配置 4 肢箍，箍筋直径不应小于 8mm，间距不宜大于 300mm；抗震设计时，在暗梁梁端 2.5h 范围内应设置箍筋加密区，加密区箍筋间距不应大于 $h/2$ 且不应大于 100mm（图 12-14）。

2）设置托板式柱帽时，非抗震设计的托板底部宜布置构造钢筋；抗震设计的托板底部钢筋应按计算确定，并应满足抗震锚固要求（图 12-15）。计算柱上板带的支座钢筋时，可考虑托板厚度的有利影响。

3）双向板带配筋时，应考虑两个方向板截面的实际有效高度。

4）板柱-剪力墙结构中平托板与斜柱帽配筋构造如图 12-15 所示。

（11）板柱-剪力墙结构设计时，除应满足本章的要求外，尚应符合《抗震规范》和《高层建筑规程》中有关框架结构、剪力墙结构和框架-剪力墙结构的规定和要求。

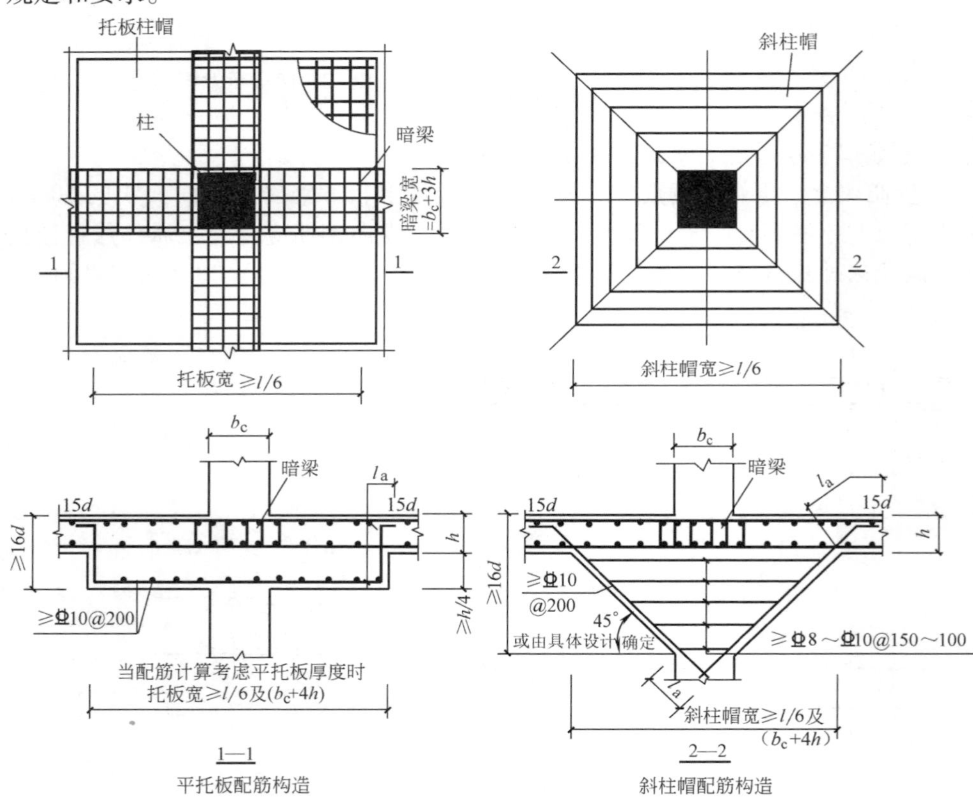

图 12-15　平托板与斜柱帽配筋构造

注：抗震设计时，图中的 l_a 应改取 l_{aE}。

第十三章

异形柱结构

159. 异形柱结构设计有哪些基本规定?

所谓异形柱是指截面形状为L形、T形和十字形等形状，且截面各肢的肢高与肢厚的比值不大于4的柱。异形柱结构则是指采用异形柱的框架结构和框架-剪力墙结构（不包括异形柱框架-核心筒结构）。

异形柱结构主要适用于多层及小高层住宅建筑。

（1）根据建筑布置及结构受力的需要，异形柱结构中的框架柱可以全部采用异形柱，也可以部分采用框架柱。

（2）当根据建筑功能要求设置底部大空间时，可通过框架底部抽柱并设置转换梁，形成底部抽柱带转换层的异形柱结构，其结构设计应符合《混凝土异形柱结构技术规程》JGJ 149—2006（以下简称《异形柱规程》）附录A的规定。

（3）异形柱结构适用的房屋最大高度和适用的最大高宽比应符合《异形柱规程》表3.1.2和表3.1.3的要求，详见本书第二章第34问表2-11和第35问表2-14。

1）当结构顶层采用坡屋顶时，异形柱结构房屋的总高度可按下列原则确定：

① 当檐口标高处不设水平楼板时，总高度可算至檐口标高处。

② 当檐口标高处设有水平楼板即为带阁楼的坡屋顶时，房屋的总高度应算至坡高的1/2高度处。

2）异形柱框架-剪力墙结构在基本振型地震作用下，框架部分承受的地震倾覆力矩若大于结构总地震倾覆力矩的50%，其最大适用高度不宜再按框架-剪力墙结构的要求执行，但可比框架结构的要求适当放松，放松的幅度可根据剪力墙的数量及剪力墙承担的地震倾覆力矩比确定。但当框架部分承担的地震倾覆力矩等于大于结构总地震倾覆力矩的70%时，这种只有少量剪力墙的框架-剪力墙结构，其最大适用高度应按框架结构的要求执行，不得放松要求。

3）平面和竖向均不规则的异形柱结构或Ⅳ类场地上的异形柱结构，适用的房屋最大高度应较《异形柱规程》表3.1.2的要求适当降低，一般可降低20%左右。

4）当异形柱结构中采用少量一般框架柱时，其适用的房屋最大高度仍按全部为异形柱的结构采用。

5）当异形柱结构房屋的高度超过异形柱结构适用的房屋最大高度时，结构设计应有可靠的依据，并采取有效的加强措施。

6）异形柱结构房屋适用的最大高宽比限值是对结构刚度、整体稳定、承载力和经济合理性的宏观控制。考虑到异形柱结构中框架柱截面的特殊性和受力的复杂性，《异形柱规程》不仅对异形柱结构房屋的最大适用高度有较严格的控制，对其适用的最大高宽比，也较《高层建筑规程》有所加严。《异形柱规程》表3.1.3的高宽比限值适用于10层及10层以上或高度超过28m的房屋建筑，当房屋的层数或高度低于表中数值时可以适当放松，但不宜超过《高层建筑规程》表4.2.3-1规定的高宽比限值。

（4）影响建筑结构安全的因素有三个层次，即结构方案、作用效应分析计算和截面设计。结构方案虽属于结构概念设计的范畴，但由此所决定的结构整体稳定性对结构安全的重要意义远超过其他因素。在异形柱结构设计中，应根据是否抗震设防、抗震设防烈度、场地类别、房屋的高度和高宽比、结构类型、施工技术条件等因素，通过安全、技术、经济和使用条件的综合分析比较，选择合理的结构体系，并宜通过增加结构体系的多余约束和超静定次数、考虑传力途径的多重性、避免采用脆性材料和加强结构的延性等措施来加强结构的整体稳定性，使结构在遭受自然灾害或人为破坏等意外作用而发生局部破坏时，不至引起连续的倒塌而导致严重的恶性后果。

异形柱结构除应符合国家现行标准对一般钢筋混凝土结构的有关要求外，还应符合下列要求：

1）异形柱结构中，不应采用部分由砌体墙承重的混合结构形式；因为框架结构与砌体结构在抗侧刚度、变形能力、抗震性能等方面有很大差异，将这两种不同的结构混合使用于同一结构中，会对结构的抗震性能产生不利的影响。

2）震害资料表明，多层及高层单跨框架结构震害严重，故抗震设计时，异形柱结构不应采用单跨框架结构；考虑到异形柱抗震性能差的特点，异形柱结构也不应采用多塔、连体和错层等复杂结构体系。

3）异形柱结构的楼梯间、电梯井，应根据建筑布置及结构抗侧力作用的需要，合理地布置剪力墙和一般框架柱；剪力墙平面布置不合理，将导致结构平面不规则，加重扭转效应，对抗震产生不利影响。

4）异形柱结构的柱、梁、剪力墙均应采用现浇结构；楼、屋面板亦宜采用现浇结构。

（5）异形柱结构的填充墙与隔墙应符合下列要求：

1）填充墙与隔墙应优先采用轻质墙体材料，根据不同条件选用非承重砌体或墙板。

2）墙体厚度应与异形柱柱肢厚度协调一致，墙身应满足保温、隔热、节能、隔声、防水和防火等要求。

3）填充墙和隔墙的布置、材料强度和连接构造应符合国家现行标准的有关规定。

160. 异形柱结构的布置有哪些要求?

合理的结构布置（包括平面布置及竖向布置）无论是在非抗震设计中还是在抗震设计中都具有非常重要的意义。结构的平面和竖向布置宜简单、规则、均匀、对称，这就要求结构工程师与建筑师密切协调配合，兼顾建筑功能与结构功能的合理性。

（1）异形柱结构宜采用规则的结构设计方案。抗震设计的异形柱结构应符合抗震概念设计的要求，不应采用特别不规则的结构设计方案。

所谓“规则的结构设计方案”是指体型（平面和立面形状）简单，抗侧力体系的刚度和承载力从下到上连续均匀变化，平面布置基本对称，即在平面、竖向的抗侧力体系或计算简图中没有明显的、实质性的不连续（突变）；“特别不规则的结构设计方案”是指多项不规则指标均超过国家现行标准的有关规定，或某一项指标超过规定指标较多，具有明显的抗震薄弱部位，将会导致结构产生不良后果者。

（2）抗震设计时，平面不规则的异形柱结构和竖向不规则的异形柱结构应分别根据《抗震规范》第3.4.3条表3.4.3-1和表3.4.3-2的规定来定义。不规则的异形柱结构的抗震设计要求应符合《抗震规范》第3.4.4条的规定。

（3）异形柱结构的平面布置除应符合国家现行标准的规定外，尚应符合下列要求：

1）异形柱结构的一个独立单元内，结构的平面形状宜简单、规则、对称，减少偏心，刚度和承载力分布宜均匀。

2）异形柱结构的框架纵、横柱网轴线宜分别对齐拉通；异形柱截面肢厚中心线宜与框架梁及剪力墙中心线对齐。

震害表明，若柱网轴线不对齐，形不成完整的框架，地震中因扭转效应和传力路线中断等原因可能造成结构的严重震害。

异形柱的肢厚较薄，其中心线与梁和剪力墙中心线对齐，有利于避免或减轻因其中心线偏移对受力带来的不利影响。

3）异形柱框架-剪力墙结构中剪力墙的最大间距不宜超过表13-1的限值（取表中两个数值的较小值），当剪力墙之间的楼盖、屋盖有较大洞口时，剪力墙的间距应比表中的限值适当减少。当剪力墙间距超过限值时，在结构整体计算中应计入楼盖、屋盖平面内变形的影响。

表 13-1　异形柱结构的剪力墙最大间距　（单位：m）

楼盖、屋盖类型	非抗震设计	抗震设计			
		6 度	7 度		8 度
		0.05g	0.10g	0.15g	0.20g
现　浇	4.5*B*，55	4.0*B*，50	3.5*B*，45	3.0*B*，40	2.5*B*，35
装配整体式	3.0*B*，45	2.7*B*，40	2.5*B*，35	2.2*B*，30	2.0*B*，25

注：1. 表中 *B* 为楼盖宽度（m）。
2. 现浇层厚度不小于 60mm 的叠合楼板可作为现浇板考虑。

（4）异形柱结构的竖向布置除应符合国家现行标准的规定外，尚应符合下列要求：

1）建筑的立面和竖向剖面宜规则、均匀，避免过大外挑和内收。

2）结构的侧向刚度沿竖向宜均匀变化，避免抗侧力结构的侧向刚度和承载力沿竖向的突变，竖向结构构件的截面尺寸和材料强度不宜在同一楼层内变化。

3）异形柱框架-剪力墙结构中的剪力墙应上下对齐连续贯通房屋全高。

（5）不规则的异形柱结构，其抗震设计尚应符合下列要求：

1）扭转不规则时，楼层竖向构件的最大水平位移和层间位移与该楼层两端弹性水平位移和层间位移平均值的比值不应大于 1.45（较《抗震规范》第 3.4.3 条第 1 款的 1.5 要严）。

2）楼层承载力突变时，其薄弱层地震剪力应乘以 1.20 的增大系数（较《抗震规则》3.4.3 条第 2 款的 1.15 要严）；楼层受剪承载力不应小于相邻上一楼层的 65%。

3）竖向抗侧力构件不连续（底部抽柱带转换层的异形柱结构）时，该构件传递给水平转换构件的地震内力应乘以 1.25 ~ 1.50 的增大系数；考虑到异形柱结构的特点，工程设计时建议取用该系数的较大值。

4）受力复杂部位的异形柱，宜采用一般框架柱。

所谓受力复杂部位的异形柱，通常是指结构平面柱网轴线斜交处的异形柱、角柱处的异形柱、平面凹进不规则等部位的异形柱。

161. 异形柱结构的抗震等级如何划分?

（1）抗震设计时，两类建筑的异形柱结构的抗震等级应根据结构体系、抗震设防烈度和房屋高度，按《异形柱规程》表 3.3.1 的规定采用（详见本书第二章第 38 问表 2-29），并应符合相应的计算和抗震构造措施的要求。

（2）异形柱框架-剪力墙结构，在基本振型地震作用下，当框架部分承受的地震倾覆力矩大于结构总地震倾覆力矩的50%时，其框架部分的抗震等级应按框架结构确定。

（3）当异形柱结构的地下室顶板作为上部结构的嵌固部位时，地下一层结构的抗震等级应按上部结构的相应抗震等级采用，地下一层以下结构的抗震等级可根据具体情况采用三级或四级。

162. 异形柱结构的地震作用计算应符合哪些规定?

（1）异形柱结构的抗震设防烈度和设计地震动参数应按《抗震规范》的有关规定确定；对已编制抗震设防区划的地区，可按批准的抗震设防烈度或设计地震动参数进行抗震设防。

（2）抗震设防烈度为6度、7度（0.10g、0.15g）及8度（0.20g）的异形柱结构应进行地震作用计算及结构抗震验算。

（3）异形柱结构的地震作用计算，应符合下列规定：

1）一般情况下，应允许在结构两个主轴方向分别计算水平地震作用并进行抗震验算，各方向的水平地震作用应由该方向的抗侧力构件承担，7度（0.15g）及8度（0.20g）时，尚应对与主轴成45°方向进行补充计算，以考虑水平地震作用的最不利方向对结构内力的影响。

2）在计算单向水平地震作用时应计入扭转影响（即应考虑偶然偏心的影响）；对扭转不规则的结构（即扭转位移比大于1.2的结构）水平地震作用计算应计入双向水平地震作用下的扭转影响。

（4）异形柱结构的地震作用计算宜采用振型分解反应谱法，不规则的异形柱结构的地震作用计算应采用扭转耦联振型分解反应谱法。

（5）异形柱结构应进行风荷载、地震作用下的水平位移验算。

（6）异形柱结构的构件截面设计应根据实际情况，按国家现行标准的有关规定进行竖向荷载、风荷载和地震作用效应的计算分析及作用效应的组合，并取最不利的作用效应组合作为设计依据。

163. 异形柱结构如何合理选择结构分析模型和计算参数?

（1）在竖向荷载、风荷载或多遇地震作用下，异形柱结构的内力和位移可按弹性方法计算。框架梁及连梁等构件可考虑在竖向荷载作用下梁端局部塑性变形引起的内力重分布。

（2）异形柱结构的分析模型应符合结构的实际受力情况，异形柱结构的内力分析和位移分析应采用空间分析模型，可选择空间杆系模型、空间杆-薄壁杆系模型、空间杆-墙板元模型或其他组合有限元等分析模型。

规则结构初步设计时，也可采用平面结构空间协同模型估算。

异形柱框架-剪力墙结构，不宜采用基于空间杆-薄壁杆系模型的有限元分析软件。因为，在实际工程中的许多剪力墙难以满足薄壁杆理论的基本假定，用薄壁杆单元模拟工程中的剪力墙出入较大，尤其是对于越来越复杂的现代多、高层建筑的剪力墙，出入更大，精度难以保证。

关于采用平面结构空间协同计算模型的问题，尽管采用这种计算模型使计算简便，但其缺点也是很明显的，如不能很好反映空间结构的整体受力性能等，在工程中已很少采用。

（3）异形柱结构按空间分析模型计算时，应考虑下列变形：

1）梁的弯曲、剪切、扭转变形，必要时考虑轴向变形。

2）柱的弯曲、剪切、轴向、扭曲变形。

3）剪力墙的弯曲、剪切、轴向、扭转变形，当采用薄壁杆系分析模型时，还应考虑翘曲变形。

（4）异形柱结构的内力和位移计算时，可假定楼板在其自身平面内为无限刚性，并应在设计中采取措施保证楼板平面内的整体刚度。绝大多数异形柱结构的楼板采用现浇钢筋混凝土楼板，能够满足楼板平面内无限刚性的要求，但在结构平面布置中应注意避免楼板局部削弱或不连续，当存在楼板有大洞口等的不规则类型时，计算中应考虑楼板平面内的变形，或对采用楼板平面内无限刚性假定的计算结果进行适当调整，并采取楼板局部加厚、设置边梁、加大楼板配筋等措施。

（5）异形柱结构内力与位移计算时，楼面梁刚度增大系数、梁端负弯矩和跨中正弯矩调幅系数、扭矩折减系数、连梁刚度折减系数的取值，以及框架-剪力墙结构中框架部分承担的地震剪力的调整要求，可根据国家现行标准按一般混凝土结构的有关规定采用。

（6）计算各振型地震影响系数所用的结构自振周期，应考虑非承重填充墙体对结构整体刚度的影响予以折减。框架结构中的非承重填充墙属于非结构构件，但框架结构中非承重填充墙的存在，会增大结构的整体刚度，减小结构的自振周期，从而增大结构地震作用的影响，对结构的计算自振周期进行折减，正是为了反映这种影响。

（7）异形柱结构的计算自振周期折减系数 ψ_T 可按下列规定取值：

1）框架结构可取 0.60～0.75。

2）框架-剪力墙结构可取 0.70～0.85。

当采用轻质墙体材料时，可取上述给定的系数值范围的较大值。

（8）设计中所采用的异形柱结构分析软件的技术条件，应符合《异形柱规程》的有关规定。软件应经考核验证和正式鉴定，对结构分析软件的计算结果应经分析判断，确定其合理有效后方可用于工程设计。

现有的一些结构设计分析软件，主要适用于一般钢筋混凝土结构，尚不能满足异形柱结构设计计算的需要。异形柱结构的分析软件，应从异形柱结构的内力和变形计算到异形柱的截面设计、构造措施，全面按照《异形柱规程》及国家现行有关标准的要求编制异形柱结构专用的设计软件，确保设计质量和结构安全。

164. 异形柱结构弹性层间位移角限值和弹塑性层间位移角限值与一般的框架柱结构有什么不同?

（1）在风荷载、多遇地震作用下，异形柱结构按弹性方法计算的楼层最大层间位移角应符合下式要求：

$$\Delta u_e \leqslant [\theta_e]h \tag{13-1}$$

式中　Δu_e——风荷载、多遇地震作用标准值引起的楼层最大弹性层间位移；

$[\theta_e]$——弹性层间位移角限值；按《异形柱规程》表 4. 4. 1 采用，详见本书第二章第 36 问表 2-18；

h——计算楼层高度。

（2）7 度抗震设计时，底部抽柱带转换层的异形柱结构，层数为 10 层及 10 层以上或高度超过 28m 的竖向不规则异形柱框架-剪力墙结构，宜进行罕遇地震作用下的弹塑性变形验算。弹塑性变形的计算方法，可采用静力弹塑性分析方法或弹塑性时程分析方法。

（3）在罕遇地震作用下，异形柱结构的弹塑性层间位移应符合下式要求：

$$\Delta u_p \leqslant [\theta_p]h \tag{13-2}$$

式中　Δu_p——罕遇地震作用标准值引起的弹塑性层间位移；

$[\theta_p]$——弹塑性层间位移角限值；按《异形柱结构》表 4. 4. 3 采用，详见本书第二章第 37 问表 2-23；

（4）对结构楼层层间位移实施控制，实际上是对结构构件截面尺寸大小、刚度大小的控制，从而达到保证主体结构基本上处于弹性受力状态，保证填充墙、隔墙完好，避免产生明显损伤。

非抗震设计时，风荷载作用下的异形柱结构处于正常使用状态，此时结构应避免产生过大的位移而影响结构的承载力、稳定性和使用要求。为此，应保证结构具有必要的侧向刚度。

抗震设计是根据抗震设防三个水准的要求，采用二阶段设计方法来实现的。抗震设计时，要求在多遇地震作用下主体结构不受损坏，填充墙及隔墙没有明显的破坏，保证建筑物的正常使用功能；在罕遇地震作用下，主体结构遭受破坏或严重破坏但不倒塌。

（5）从《异形柱规程》表4.4.1和表4.4.3可以看出，异形柱结构无论是弹性层间位移角限值还是弹塑性层间位移角限值，均比同类型的一般钢筋混凝土结构（框架结构和框架-剪力墙结构）要严，主要是根据异形柱结构的试验研究成果和工程设计中层间位移计算值的统计分析确定的，反映了异形柱结构中异形柱受力复杂的不利影响。

165. 底部抽柱带转换层的异形柱结构设计时有哪些要求?

（1）底部抽柱带转换层的异形柱结构，其转换结构构件宜采用梁。国内已有一些采用梁式转换的底部抽柱带转换层的异形柱结构试验研究成果和工程实例资料，且积累了一定的设计、施工实践经验，而采用其他形式的转换构件，尚缺乏理论及试验研究和工程实践经验。梁式转换的受力途径是柱→梁→柱→基础，具有传力直接、明确、简捷的优点。

（2）底部抽柱带转换层的异形柱结构，限于试验研究和工程实践经验，目前可用于非抗震设计和6度、7度（0.01g）抗震设计的房屋建筑。

（3）底部抽柱带转换层的异形柱结构在地面以上的大空间层数，非抗震设计不宜超过3层，抗震设计不宜超过2层。

高位转换对结构抗震不利，必须对地面以上的大空间层数加以限制。

（4）底部抽柱带转换层的异形柱结构适用的房屋最大高度应按《异形柱规程》表3.1.2规定的限值降低不少于10%，且框架结构不应超过6层；框架-剪力墙结构，非抗震设计不应超过12层，抗震设计不应超过10层。

底部抽柱带转换层的异形柱结构属于竖向不规则结构，故对其适用的最大高度作了严格的规定。

（5）底部抽柱带转换层的异形柱结构的结构布置除应符合《异形柱规程》第3章的规定外，尚应符合下列要求：

1）框架-剪力墙结构中的剪力墙应全部落地，并贯通建筑物全高。抗震设计时，在基本振型地震作用下，剪力墙部分承受的地震倾覆力矩应大于结构总地震倾覆力矩的50%。

2）矩形平面建筑中剪力墙的间距，非抗震设计时不宜大于3倍楼盖宽度，且不宜大于36m；抗震设计时不宜大于2倍楼盖宽度，且不宜大于24m。

3）框架结构的底部托柱框架不应采用单跨框架。

4）落地的框架柱应连续贯通房屋全高；不落地的框架柱应连续贯通转换层以上的所有楼层；底部抽柱数不宜超过转换层相邻上部楼层框架柱总数的30%。

5）转换层下部结构的框架柱不应采用异形柱，应优先采用矩形柱，也可采用圆形或六（八）边形截面柱。

6）不落地的框架柱应直接落在转换层主结构上；托柱梁应双向布置，可双向均为框架梁，或一方向为框架梁，另一方向为托柱次梁。

注：直接承托不落地柱的框架称为托柱框架，直接承托不落地柱的框架梁称为托柱框架梁，直接承托不落地柱的非框架梁称为托柱次梁。

振动台试验表明，异形柱结构在地震作用下的破坏呈现明显的梁铰机制，但由于平面布置不规则导致异形柱结构的扭转效应对异形柱更为不利，因此对底部大空间带转换层的异形柱结构的平面布置要求更严。

(6) 转换层上部结构与下部结构的侧向刚度比宜接近1；转换层上、下部结构的侧向刚度比可按现行国家标准《高层建筑规程》E.0.2条的规定计算。

底部抽柱带转换层的异形柱结构，当转换层上、下部结构侧向刚度相差较大时，在水平荷载和水平地震作用下，会导致转换层上、下部结构构件内力的突变，促使部分构件提前破坏；而转换层上、下部柱的截面几何形状不同，则会导致构件受力状况更加复杂，因此，《异形柱规程》对底部抽柱带转换层的异形柱结构的转换层上、下部结构的侧向刚度比作了更严格的规定。结构计算分析表明，当底部结构布置符合《异形柱规程》A.0.5条规定的要求并合理地控制底部抽柱数量，合理地选择转换层上、下部柱截面，一般情况下可以满足侧向刚度比接近1的要求。

《异形柱规程》规定底部抽柱带转换层的异形柱框架结构和框架-剪力墙结构，仅允许底部抽柱，且采用梁式转换，因此，计算转换层上、下部结构的刚度变化时，应考虑竖向抗侧力构件的布置和抗侧刚度中弯曲刚度的影响。《高层建筑规程》附录E第E.0.2条规定的计算方法，综合考虑了转换层上、下部结构竖向抗侧力构件的布置、抗剪刚度和抗弯刚度对层间位移值的影响。工程设计计算分析表明，该方法也可用于《异形柱规程》规定的底部大空间层数为1层的情况。

(7) 托柱框架梁的截面宽度，不应小于梁宽方向被托异形柱截面的肢高或一般框架柱的截面高度；不宜大于托柱框架柱相应方向的截面宽度；托柱框架梁的截面高度不宜小于托柱框架梁计算跨度的1/8；当双向均为托柱框架时，不宜小于短跨框架梁计算跨度的1/8。

托柱次梁应垂直于托柱框架梁方向布置，梁的宽度不应小于400mm，其中心线应与同方向被托异形柱截面肢厚或一般框架柱截面中心线重合。

底部抽柱带转换层的异形柱结构的托柱梁，是支托上部不落地柱的水平转换构件，托柱梁的设计应满足承载力和刚度要求。托柱梁截面高度除满足《异形柱规程》的规定外，尚应满足剪压比的要求。托柱梁截面组合的最大剪力设计值应满足《高层建筑规程》第10.2.8条的公式（10.2.8-1）和公式（10.2.8-2）的规定。

结构计算分析表明，托柱框架梁刚度大，其承受的内力就大。过大地增加托柱框架梁的刚度，不仅增加了结构高度，不经济，而且将较大的内力集中在托柱框架梁上，对抗震不利。合理地选择托柱框架梁的刚度，可以有效地达到托柱框架梁与上部结构共同工作、有利于抗震和优化设计的目的。

（8）转换层及其下部结构的混凝土强度等级不应低于C30。

（9）转换层楼板应采用现浇混凝土板，板的厚度不应小于150mm，且应双向双层配筋，每层每方向的配筋率不宜小于0.25%；楼板钢筋应锚固在边梁或墙体内l_a（非抗震设计）或l_{aE}（抗震设计）。

楼板与异形柱内拐角相交部位宜加设呈放射状或斜向平行布置的板面钢筋。

楼板边缘和较大洞口周边应设置边梁，其宽度不宜小于板厚的2倍，纵向钢筋的配筋率不应小于1.0%，钢筋连接接头宜采用焊接或机械连接。

转换层楼板是重要的受力和传力构件，底部抽柱带转换层的异形柱结构的振动台试验结果显示，转换层楼板角部裂缝严重，故应通过采取适当的构造措施，保证楼板面内有必要的刚度。

（10）转换层上部异形柱向底部框架柱转换时，下部框架柱截面的外轮廓尺寸不宜小于上部异形柱截面的外轮廓尺寸；转换层上部异形柱截面形心与下部框架柱截面形心宜重合，当不重合时，应考虑偏心的影响。

（11）底部大空间带转换层的异形柱结构的结构布置、计算分析、截面设计和构造要求，除应符合《异形柱规程》的规定外，尚应符合国家现行标准的有关规定。

166. 异形柱结构中异形柱的截面设计有什么特点？

（1）异形柱的截面设计应符合《混凝土规范》的有关规定。

（2）异形柱的正截面承载力计算具有以下特点。

1）异形柱的正截面应按双向偏心受压进行承载力计算。

2）异形柱双向偏心受压的正截面承载力可按下列方法计算：

① 将柱截面划分为有限个混凝土单元和钢筋单元（图13-1），近似取单元内的应变和应力均匀分布，合力点在单元形心处。

② 截面达到承载能力极限状态时，各单元的应变按截面应变保持平面的假定确定。

③ 混凝土单元的压应力和钢筋单元的应力应按《混凝土规范》第7.1.2条的基本假定确定。

④ 无地震作用组合时，异形柱双向偏心受压的正截面承载力应按《异形柱规程》公式（5.1.2-1）~公式（5.1.2-8）计算（图13-1、图13-2）。

⑤ 有地震作用组合时，异形柱双向偏心受压的正截面承载力应按《异形柱规程》公式（5.1.2-1）~公式（5.1.2-8）计算，但在公式的右边应除以相应

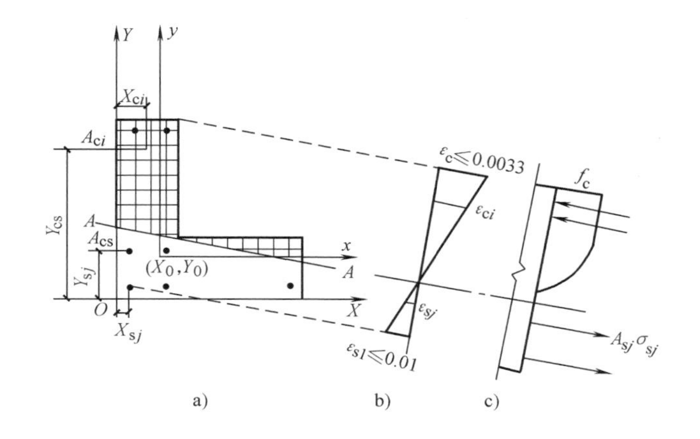

图 13-1 异形柱双向偏心受压正截面承载力计算

a) 截面配筋及单元划分 b) 应变分布 c) 应力分布

A-*A*—截面中和轴

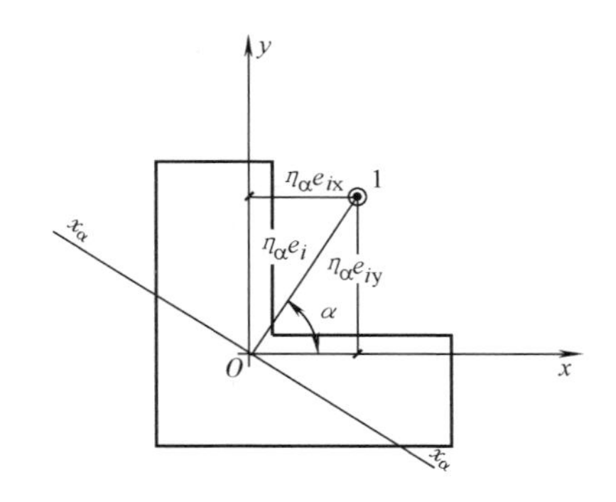

图 13-2 异形柱双向偏心截面

1—轴向力作用点 *O*—截面形心 *x*、*y*—截面形心轴

$x_\alpha - x_\alpha$—垂直于弯矩作用方向的截面形心轴

的承载力抗震调整系数 γ_{RE}。

3）异形柱双向偏心受拉正截面承载力应按《异形柱规程》公式（5.1.2-1）~公式（5.1.2-3）计算，但式中 $N\eta_\alpha e_{iy}$、$N\eta_\alpha e_{ix}$分别以 M_x、M_y 替代；轴向拉力设计值 N 应取负值。

4）异形柱双向偏心受压正截面承载力计算，应考虑结构侧移和构件挠曲引起的附加内力，此时可将轴向力对截面形心的初始偏心距 e_i 乘以偏心距增大系数 η_α，η_α 按《异形柱规程》公式（5.1.4-1）计算。

5）有地震作用组合的异形柱，其节点上、下柱端的截面内力设计值应按下列规定采用：

① 节点上、下柱端的弯矩设计值：

二级抗震等级 $$\sum M_c = 1.3\sum M_b \tag{13-3}$$

三级抗震等级 $$\sum M_c = 1.1\sum M_b \tag{13-4}$$

四级抗震等级，柱端弯矩设计值取地震作用组合下的弯矩设计值。

当反弯点不在柱的层高范围内时，二、三级抗震等级的异形柱端弯矩设计值应按有地震作用组合的弯矩设计值分别乘以系数1.3、1.1确定；框架顶层柱及轴压比小于0.15的柱，柱端弯矩设计值可取地震作用组合下的弯矩设计值。

② 节点上、下柱端的轴力设计值，应取地震作用组合下各自的轴向力设计值。

二级抗震等级的框架柱，节点上、下柱端的弯矩设计值，非异形截面框架柱的增大系数《抗震规范》规定为1.2，而异形截面框架柱的增大系数《异形柱规程》则调整为1.3，以提高异形柱框架强柱弱梁机制的程度。

6）有地震作用组合的框架结构底层柱下端截面的弯矩设计值，对二、三级抗震等级应按有地震作用组合的弯矩设计值分别乘以系数1.4和1.2确定。

二、三级抗震等级的框架结构底层柱下端截面的弯矩设计值，非异形截面框架柱《抗震规范》规定的增大系数分别为1.25和1.15，而异形截面框架柱，《异形柱规程》规定的增大系数则分别调整为1.4和1.2，以提高异形柱正截面的承载力，推迟异形柱框架结构底层柱下端截面塑性铰的出现。

7）考虑到异形柱框架结构的角柱为薄弱部位，且受力复杂，二、三级抗震等级的框架角柱，其弯矩设计值应按《异形柱规程》第5.1.5条和第5.1.6条（即以上第5）条和第6）条）调整后的弯矩设计值再乘以不小于1.1的增大系数，以增大其正截面承载力，推迟塑性铰的出现。

8）有地震作用组合的异形柱，正截面承载力抗震调整系数γ_{RE}应按下列规定采用：

① 轴压比小于0.15的偏心受压柱应取0.75。

② 轴压比不小于0.15的偏心受压柱应取0.80。

③ 偏心受拉柱应取0.85。

（3）异形柱的斜截面受剪承载力计算具有以下特点。

1）异形柱的受剪截面应符合下列条件：

① 无地震作用组合

$$V_c \leqslant 0.25 f_c b_c h_{c0} \tag{13-5}$$

② 有地震作用组合

剪跨比大于2的柱

$$V_c \leqslant (0.2 f_c b_c h_{c0})/\gamma_{RE} \tag{13-6}$$

剪跨比不大于 2 的柱

$$V_c \leqslant (0.15 f_c b_c h_{c0}) / \gamma_{RE} \tag{13-7}$$

式中　V_c——斜截面组合的剪力设计值；

γ_{RE}——受剪承载力抗震调整系数，取 0.85；

b_c——验算方向的柱肢截面厚度；

h_{c0}——验算方向的柱肢截面有效高度。

从式（13-5）~式（13-7）可以看出，异形柱受剪截面限制条件的计算公式与《混凝土规范》第 7.5.11 条和第 11.4.8 条规定的计算公式形式上完全相同。但《异形柱规程》的计算公式式（13-5）~式（13-7）偏于安全，不考虑另一正交方向柱肢的作用。

2）异形柱的斜截面受剪承载力应符合下列规定：

① 当柱承受压力时

无地震作用组合

$$V_c \leqslant \frac{1.75}{\lambda + 1.0} f_t b_c h_{c0} + f_{yv} \frac{A_{sv}}{s} h_{c0} + 0.07N \tag{13-8}$$

有地震作用组合

$$V_c \leqslant \frac{1}{\gamma_{RE}} \left(\frac{1.05}{\lambda + 1.0} f_t b_c h_{c0} + f_{yv} \frac{A_{sv}}{s} h_{c0} + 0.056N \right) \tag{13-9}$$

② 当柱承受拉力时

无地震作用组合

$$V_c \leqslant \frac{1.75}{\lambda + 1.0} f_t b_c h_{c0} + f_{yv} \frac{A_{sv}}{s} h_{c0} - 0.2N \tag{13-10}$$

有地震作用组合

$$V_c \leqslant \frac{1}{\gamma_{RE}} \left(\frac{1.05}{\lambda + 1.0} f_t b_c h_{c0} + f_{yv} \frac{A_{sv}}{s} h_{c0} - 0.2N \right) \tag{13-11}$$

式中　λ——剪跨比，见《异形柱规程》第 20 页；

N——轴向力设计值，见《异形柱规程》第 20 页；

A_{sv}——验算方向的柱肢截面厚度 b_c 范围内同一截面箍筋各肢总截面面积；$A_{sv} = nA_{sv1}$，此处，n 为 b_c 范围内同一截面内箍筋的肢数，A_{sv1} 为单肢箍筋的截面面积；

s——沿柱高度方向的箍筋间距。

从式（13-8）~式（13-11）可以看出，异形柱的斜截面受剪承载力计算公式与《混凝土规范》采用的计算公式完全相同，即按矩形截面柱计算而不考虑与验算方向正交的柱肢的作用，其目的是要使异形柱斜截面受剪承载力有较大的安全储备。

3）按式（13-5）、式（13-8）计算的结果与52个单调加载的L形、T形、十字形截面异形柱试件的试验结果比较，计算值与试验值之比的平均值为0.696，变异系数为0.148，基本吻合并有较大的安全储备。

按式（13-6）、式（13-9）计算的结果与11个低周反复荷载作用的L形和T形截面异形柱试件的试验结果比较，计算值与试验值之比的平均值为0.609，可见是足够安全的。

（4）异形柱框架梁柱节点核心区受剪承载力计算具有以下特点。

1）异形柱框架梁柱节点核心区的受剪承载力低于截面面积相同的矩形柱框架梁柱节点的受剪承载力，是异形柱框架的薄弱环节。为确保安全，对抗震等级为二、三、四级的梁柱节点核心区以及非抗震设计的梁柱节点核心区均应进行受剪承载力计算（《抗震规范》对一般柱框架梁柱节点核心区，当抗震等级为一、二级时才要求进行受剪承载力计算，三、四级抗震等级可不进行抗震验算，但应符合抗震构造措施的要求）。

在设计中，可采取各类有效措施，包括梁端增设支托或水平加腋等构造措施，以提高异形柱框架梁柱节点核心区的受剪性能。

对于纵横向框架共同交汇的节点，可以按各自方向分别进行节点核心区受剪承载力计算。

2）节点核心区受剪的水平截面应符合下列条件：

① 无地震作用组合

$$V_j \leqslant 0.24\,\zeta_f \zeta_h f_c b_j h_j \tag{13-12}$$

② 有地震作用组合

$$V_j \leqslant \frac{0.19}{\gamma_{RE}} \zeta_N \zeta_f \zeta_h f_c b_j h_j \tag{13-13}$$

式中 V_j——节点核心区组合的剪力设计值；

γ_{RE}——承载力抗震调整系数，取0.85；

b_j、h_j——节点核心区的截面有效验算厚度和截面高度，当梁截面宽度与柱肢截面厚度相同，或梁截面宽度每侧凸出柱边小于50mm时，可取$b_j=b_c$，$h_j=h_c$，此处，b_c、h_c分别为验算方向的柱肢截面厚度和高度（图13-3）；

ζ_N——轴压比影响系数，应按表13-2的规定采用；

ζ_h——截面高度影响系数，应按表13-3的规定采用；

ζ_f——翼缘影响系数，应按表13-4的规定采用。

式（13-12）和式（13-13）为规定的节点核心区截面限制条件，它是为了避免节点核心区截面太小，混凝土承受过大的斜压力，导致核心区混凝土首先被压碎破坏而制定的。

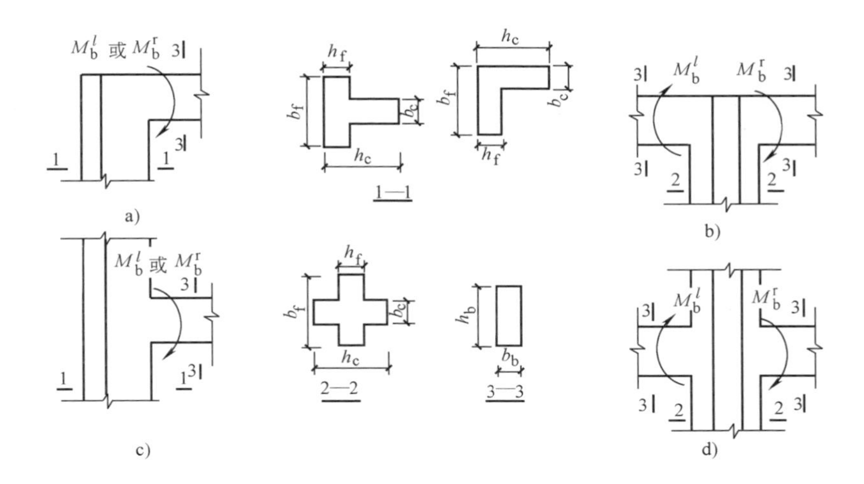

图 13-3　框架节点和梁柱截面

a）顶层端节点　b）顶层中间节点　c）中间层端节点　d）中间层中间节点

表 13-2　轴压比影响系数 ζ_N

轴压比	≤0.3	0.4	0.5	0.6	0.7	0.8	0.9
ζ_N	1.00	0.98	0.95	0.90	0.88	0.86	0.84

注：轴压比 $N/(f_cA)$ 指与节点剪力设计值对应的该节点上柱底部轴向压力设计值 N 与柱全截面面积 A 和混凝土轴心抗压强度设计值 f_c 乘积的比值。

表 13-3　截面高度影响系数 ζ_h

h_j/mm	≤600	700	800	900	1000
ζ_h	1	0.9	0.85	0.80	0.75

表 13-4　翼缘影响系数 ζ_f

(b_f-b_c)/mm		0	300	400	500	600	700
ζ_f	L 形	1	1.05	1.10	1.10	1.10	1.10
	T 形	1	1.25	1.30	1.35	1.40	1.40
	十字形	1	1.40	1.45	1.50	1.55	1.55

注：1. 表中 b_f 为垂直于验算方向的柱肢截面高度（图 13-3）。

2. 表中的十字形和 T 形截面是指翼缘为对称的截面。若不对称时，则翼缘的不对称部分不计算在 b_f 数值内。

3. 对 T 形截面，当验算方向为翼缘方向时，ζ_f 按 L 形截面取值。

3）节点核心区的受剪承载力应符合下列规定：

① 无地震作用组合

$$V_j \leqslant 1.38\left(1+\frac{0.3N}{f_c A}\right)\zeta_f\zeta_h f_t b_j h_j+\frac{f_{yv}A_{svj}}{S}(h_{b0}-a_s') \tag{13-14}$$

② 有地震作用组合

$$V_j \leqslant \frac{1}{\gamma_{RE}}\left[1.1\zeta_N\left(1+\frac{0.3N}{f_c A}\right)\zeta_f\zeta_h f_t b_j h_j+\frac{f_{yv}A_{svj}}{S}(h_{b0}-a_s')\right] \tag{13-15}$$

式中 N——与组合的节点剪力设计值对应的该节点上柱底部轴向力设计值，当 N 为压力时且 $N>0.3f_cA$ 时，取 $N=0.3f_cA$；当 N 为拉力时，取 $N=0$；

A_{svj}——节点核心区有效验算宽度范围内同一截面验算方向的箍筋各肢总截面面积；

h_{b0}——梁截面有效高度，当节点两侧梁截面有效高度不等时，取平均值；

a_s'——梁纵向受压钢筋合力点至截面近边的距离。

式（13-14）和式（13-15）是节点核心区受剪承载力设计计算公式，参照现行国家标准《混凝土规范》第 11.6.4 条，取受剪承载力为混凝土项和水平箍筋项之和，并根据试验谨慎地考虑了柱轴向压力的有利影响。

针对异形柱框架的特点，由于正交方向梁的截面宽度相对较小且偏置（对 T 形、L 形柱框架梁柱节点），正交梁对节点核心区混凝土的约束作用甚微，式（13-12）、式（13-13）和式（13-14）、式（13-15）均未考虑正交梁对节点核心区的约束影响系数。

4）翼缘对节点核心区受剪承载力提高作用的翼缘影响系数应按下列规定采用：

① 对柱肢截面高度和厚度相同的等肢异形柱节点，翼缘影响系数 ζ_f 应按表 13-4 取用。

② 对柱肢截面高度与厚度不相同的不等肢异形柱节点，根据柱肢截面高度与厚度不相同的情况，按表 13-5 可分为四类；在式（13-12）、式（13-13）和式（13-14）、式（13-15）中，ζ_f 均应以有效翼缘影响系数 $\zeta_{f,ef}$ 代替，$\zeta_{f,ef}$ 应按表13-5 的规定取用。

表 13-5 有效翼缘影响系数 $\zeta_{f,ef}$

截面类型	L 形、T 形和十字形截面			
	A 类	B 类	C 类	D 类
截面特征	$b_f \geqslant h_c$ 和 $h_f \geqslant b_c$	$b_f \geqslant h_c$ 和 $h_f < b_c$	$b_f < h_c$ 和 $h_f \geqslant b_c$	$b_f < h_c$ 和 $h_f < b_c$
$\zeta_{f,ef}$	ζ_f	$1+\frac{(\zeta_f-1)\ h_f}{b_c}$	$1+\frac{(\zeta_f-1)\ b_f}{h_c}$	$1+\frac{(\zeta_f-1)\ b_f h_f}{b_c h_c}$

注：1. 对 A 类节点，取 $\zeta_{f,ef}=\zeta_f$，ζ_f 值按表 13-4 取用，但表中（b_f-b_c）值应以（h_c-b_c）值代替。
2. 对 B 类、C 类和 D 类节点，确定 $\zeta_{f,ef}$ 值时，ζ_f 值按表 13-4 取用，但对 B 类和 D 类节点，表中（b_f-b_c）值应分别以（h_c-h_f）和（b_f-h_f）值代替。

试验研究表明，对于肢高与肢厚不相同的不等肢异形柱框架梁柱节点，表13-5 中 $\zeta_{f,ef}$的取值是基于对等肢异形柱节点的分析并且是偏于安全给出的。

试验还表明，十字形截面柱中间节点在轴压比为 0.3 时的节点核心区受剪承载力较轴压比为 0.1 时提高约 10% 左右，但在轴压比为 0.6 时其受剪承载力反而降低并接近轴压比为 0.1 时的数值。为此式（13-13）和式（13-15）引用轴压比影响系数 ζ_N 来反映轴压比对节点核心区受剪承载力的影响。

根据节点试件 h_j 为 480mm 和 550mm 的试验结果比较，以及 h_j = 480 ~ 1200mm 的有限元计算分析结果说明，节点核心区的受剪承载力并不随 h_j 呈线性增长。为保证计算公式应用的可靠性，式（13-12）~式（13-15）通过截面高度影响系数 ζ_h 予以调整。

对低周反复荷载作用的 31 个异形柱框架梁柱节点试件的试验结果分析证明，《异形柱规程》提出的考虑翼缘等因素的作用和影响的设计计算公式是可靠的。

5）框架梁柱节点（图 13-3）核心区组合的剪力设计值 V_j 应按《异形柱规程》公式（5.3.5-1）~公式（5.3.5-4）计算。

6）当框架梁截面宽度每侧凸出柱边不小于 50mm 但不大于 75mm，且梁上、下角部的纵向受力钢筋从本柱肢的纵向受力钢筋外侧锚入梁柱节点核心区内时，可忽略凸出柱边部分的作用，近似取节点核心区有效验算厚度为柱肢截面厚度（$b_j = b_c$），并应按《异形柱规程》第 5.3.2 条 ~ 第 5.3.4 条的规定验算节点核心区受剪承载力。也可根据梁纵向受力钢筋在柱肢截面厚度范围内、外的截面面积比例，对柱肢截面厚度以内和以外的范围分别验算其受剪承载力，此时，除应符合《异形柱规程》第 5.3.2 条 ~ 第 5.3.4 条的要求外，尚应符合下列规定：

① 按《异形柱规程》公式（5.3.2-1）和公式（5.3.2-2）验算节点核心区受剪截面时，核心区截面有效验算厚度可取梁宽和柱肢截面厚度的平均值。

② 验算节点核心区受剪承载力时，在柱肢截面厚度范围内的核心区，轴向力的取值应与《异形柱规程》第 5.3.3 条的规定相同；柱肢截面厚度范围外的核心区，可不考虑轴向压力对受剪承载力的有利作用。

167. 异形柱结构的构造有哪些规定?

（1）异形柱结构的梁、柱、剪力墙和节点构造除应符合《异形柱规程》的要求外，尚应符合国家现行有关标准的规定。

（2）异形柱、梁、剪力墙和节点的材料应符合下列要求：

1）混凝土的强度等级不应低于 C25，且不应高于 C50；过高强度等级的混凝土具有脆性性质，会影响异形柱结构的延性和抗震性能。

2）纵向受力钢筋宜采用 HRB400 级、HRB335 级钢筋；箍筋宜采用 HRB335

级、HRB400 级、HPB235 级钢筋。

（3）框架梁截面高度可按$\left(\frac{1}{10}\sim\frac{1}{15}\right)l_b$确定（$l_b$为框架梁的计算跨度），且非抗震设计时不宜小于 350mm，抗震设计时不宜小于 400mm。梁的净跨与截面高度之比值不宜小于 4。梁的截面宽度不宜小于截面高度的$\frac{1}{4}$和 200mm。

梁的截面高度太小会使柱纵向钢筋在节点核心区内的锚固长度不足，容易引起锚固失效，损害节点的受力性能，特别是地震作用下的受力性能。

（4）异形柱截面的肢厚不应小于 200mm 也不应大于 300mm，肢高不应小于 500mm。异形柱截面肢厚小于 200mm 时，会造成梁柱节点核心区的钢筋设置困难及钢筋与混凝土的黏结锚固强度不足，也影响混凝土的浇捣质量和结构安全。

抗震设计时宜采用等肢异形柱。当不得不采用不等肢异形柱时，两肢的肢高比不宜超过 1.6，且肢厚相差不宜大于 50mm。

（5）异形柱、梁的纵向受力钢筋的连接接头可采用焊接、机械连接或绑扎搭接。接头位置宜设在构件受力较小处。在层高范围内柱的每根纵向受力钢筋接头数不应超过一个。

柱的纵向受力钢筋在同一连接区段内的连接接头面积百分率不应大于 50%，连接区段的长度应按照现行国家标准《混凝土规范》的有关规定确定。

异形柱结构梁柱构件截面尺寸较小，在焊接连接的质量有保证的条件下宜优先采用焊接连接，以方便钢筋的布置和施工，并有利于混凝土的浇注。

（6）异形柱、梁纵向受力钢筋的混凝土保护层厚度应符合国家现行标准《混凝土规范》第 9.2.1 条的规定。

处于一类环境且混凝土强度等级不低于 C40 时，异形柱纵向受力钢筋的混凝土保护层厚度应允许减小 5mm。

（7）异形柱、梁纵向受拉钢筋的锚固长度l_a（非抗震设计）和l_{aE}（抗震设计）应符合现行国家标准《混凝土规范》的有关规定。

168. 异形柱有哪些构造要求？

（1）异形柱的剪跨比宜大于 2，抗震设计时不应小于 1.5。

试验研究表明，异形柱在单调荷载特别是在低周反复荷载作用下黏结破坏较矩形柱严重。对异形柱的剪跨比不应小于 1.5 的要求，是为了避免形成极短柱，减小地震作用下发生脆性的黏结破坏的危险性。为设计方便，当柱的反弯点位于层高范围内时，异形柱的“剪跨比宜大于 2，抗震设计时不应小于 1.5”可表述为“柱的净高与柱肢截面高度之比不宜小于 4，抗震设计时不应小于 3”。

（2）抗震设计时，异形柱的轴压比不宜大于表 13-6 规定的限值。

表 13-6　异形柱的轴压比限值

结构体系	截面形式	抗震等级		
		二级	三级	四级
框架结构	L 形	0.50	0.60	0.70
	T 形	0.55	0.65	0.75
	十字形	0.60	0.70	0.80
框架-剪力墙结构	L 形	0.55	0.65	0.75
	T 形	0.60	0.70	0.80
	十字形	0.65	0.75	0.85

注：1. 轴压比 $N/(f_cA)$ 指考虑地震作用组合的异形柱轴向压力设计值 N 与柱全截面面积 A 和混凝土轴心抗压强度设计值 f_c 乘积的比值。

2. 剪跨比不大于 2 的异形柱，轴压比限值应按表内相应数值减小 0.05。

3. 框架-剪力墙结构，在基本振型地震作用下，当框架部分承担的地震倾覆力矩大于结构总地震倾覆力矩的 50% 时，异形柱轴压比限值应按框架结构采用。

（3）异形柱的配筋应满足下列要求（图 13-4）：

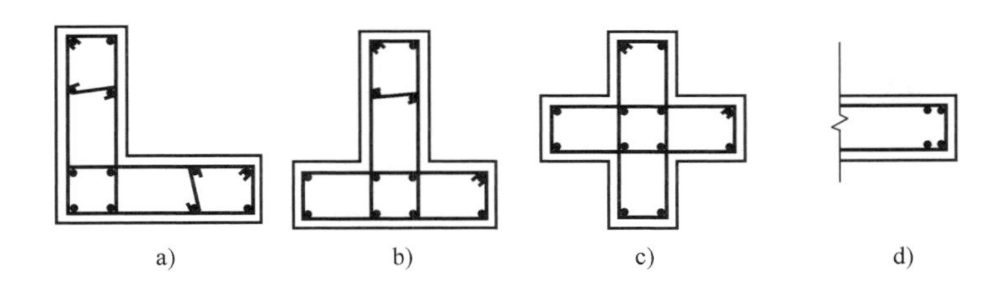

图 13-4　异形柱的配筋方式

a）L 形截面柱　b）T 形截面柱　c）十字形截面柱　d）受力纵筋分两排布置

1）在同一截面内，纵向受力钢筋宜采用相同直径，其直径不应小于 14mm，且不应大于 25mm。

2）内折角处应设置纵向钢筋。

3）纵向钢筋间距：二、三级抗震等级不宜大于 200mm，四级抗震等级不宜大于 250mm，非抗震设计不宜大于 300mm。当纵向受力钢筋的间距不满足上述要求时，应设置纵向构造钢筋，其直径不应小于 12mm，并应设置拉筋，拉筋间距应与箍筋间距相同。

对 L 形、T 形和十字形截面双向偏心受压柱截面上的应变及应力分析表明：在不同弯矩作用方向角 α 时，截面任一端部的钢筋均可能受力最大，为适应弯矩作用方向角的任意性，纵向受力钢筋宜采用相同直径；当轴压比较大，受压破坏时（承载力由 $\varepsilon_{cu}=0.0033$ 控制），在诸多弯矩作用方向角情况下，内折角处钢筋的压应变可达到甚至超过屈服压应变，受力也很大。同时还应考虑此处应力集中的不利影响，所以截面的内折角处也应设置相同直径的受力钢筋。

异形柱肢厚有限，当纵向受力钢筋直径太大（大于25mm）时，会造成黏结强度不足及节点核心区钢筋设置的困难。当纵向受力钢筋直径太小（小于14mm）时，在相同的箍筋间距条件下，由于s/d增大，使柱的延性下降，故也不应采用直径小于14mm的纵向受力钢筋。

（4）异形柱纵向受力钢筋之间的净距不应小于50mm。柱肢厚度为200～250mm时，纵向受力钢筋每排不应多于3根；根数较多时，可分二排设置（图13-4d）

（5）异形柱中全部纵向受力钢筋的配筋百分率不应小于表13-7规定的数值，且按柱全截面面积计算的柱肢各肢端纵向受力钢筋的配筋百分率不应小于0.2；建于Ⅳ类场地且高度大于28m的框架，全部纵向受力钢筋的最小配筋百分率应按表13-7的数值增加0.1采用。

表13-7 异形柱中全部纵向受力钢筋的最小配筋百分率（%）

柱类型	抗震等级			非抗震
	二级	三级	四级	
中柱、边柱	0.8	0.8	0.8	0.8
角柱	1.0	0.9	0.8	0.8

注：采用HRB400级钢筋时，全部纵向受力钢筋的最小配筋百分率应允许按表中数值减小0.1，但调整后的数值不应小于0.8。

（6）异形柱全部纵向受力钢筋的配筋率，非抗震设计时不应大于4%；抗震设计时不应大于3%。

异形柱肢厚有限，柱中纵向受力钢筋的黏结强度较低，因此，将纵向受力钢筋的总配筋率由对矩形柱的不大于5%降低为不应大于4%（非抗震设计）和3%（抗震设计），以减少钢筋黏结破坏和改善节点处钢筋设置的困难。

（7）异形柱应采用复合箍筋（图13-5），严禁采用有内折角的箍筋。箍筋应做面封闭式，其末端应做成135°的弯钩。

弯钩端头平直段长度，非抗震设计时不应小于$5d$（d为箍筋直径），当柱中全部纵向受力钢筋的配筋率大于3%时，不应小于$10d$；抗震设计时不应小于$10d$，且不应小于75mm。

当采用拉筋形成复合箍时，拉筋应紧靠纵向钢筋并钩住箍筋。

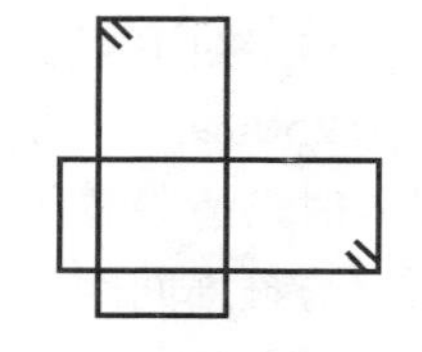
图13-5 复合箍筋形式

（8）非抗震设计时，异形柱的箍筋直径不应小于$\frac{1}{4}d$（d为纵向受力钢筋的最大直径），且不应小于6mm；箍筋间距不应大于250mm，且不应大于柱肢截面厚度和15d（d为纵向受力钢筋的最小直径）；当柱中全部纵向受力钢筋的配筋率大于3%时，箍筋直径不应小于8mm，间距不应大于200mm，且不应大于10d（d为纵向受力钢筋的最小直径）；箍筋肢距不宜大于300mm。

（9）抗震设计时，异形柱箍筋加密区的箍筋应符合下列要求。

1）加密区的体积配箍率应符合下列规定：

$$\rho_v \geq \lambda_v f_c / f_{yv} \tag{13-16}$$

式中　ρ_v——箍筋加密区的箍筋体积配箍率，计算复合箍筋的体积配箍率时，应扣除重叠部分的箍筋体积；

f_c——混凝土的轴心抗压强度设计值，强度等级低于C35时，应按C35计算；

f_{yv}——箍筋或拉筋的抗拉强度设计值，超过300N/mm^{2}时，应取300N/mm^{2}计算；

λ_v——最小配箍特征值，按表13-8的规定采用。

2）对抗震等级为二、三、四级的框架柱，箍筋加密区的箍筋体积配箍率分别不应小于0.8%、0.6%、0.5%。

3）当剪跨比$\lambda \leq 2$时，二、三级抗震等级的框架柱，箍筋加密区的箍筋体积配箍率不应小于1.2%。

表13-8　异形柱箍筋加密区的箍筋最小配箍特征值λ_v

抗震等级	截面形式	柱轴压比μ_N										
		≤0.30	0.40	0.45	0.50	0.55	0.60	0.65	0.70	0.75	0.80	0.85
二级	L形	0.10	0.13	0.15	0.18	0.20	—	—	—	—	—	—
三级		0.09	0.10	0.12	0.14	0.16	0.18	0.20	—	—	—	—
四级		0.08	0.09	0.10	0.11	0.12	0.14	0.16	0.18	0.20	—	—
二级	T形	0.09	0.12	0.14	0.17	0.19	0.21	—	—	—	—	—
三级		0.08	0.09	0.11	0.13	0.15	0.17	0.19	0.21	—	—	—
四级		0.07	0.08	0.09	0.10	0.11	0.13	0.15	0.17	0.19	0.21	—
二级	十字形	0.08	0.11	0.13	0.16	0.18	0.20	0.22	—	—	—	—
三级		0.07	0.08	0.10	0.12	0.14	0.16	0.18	0.20	0.22	—	—
四级		0.06	0.07	0.08	0.09	0.10	0.12	0.14	0.16	0.18	0.20	0.22

研究分析表明：对于L形、T形及十字形截面双向压弯柱，截面曲率延性比μ_ψ不仅与轴压比μ_N、配箍特征值λ_v有关，而且弯矩作用方向角α也有极重要的影响，因为在相同轴压比及配筋条件下，α角不同，混凝土受压区图形及高度差异很大，致使截面曲率延性相差甚多。据此提出异形柱在不同轴压比时柱端箍筋加密区对箍筋最小配箍特征值的要求，以保证异形柱在不利弯矩作用方向角区域时也具有足够的延性。异形柱柱端箍筋加密区的最小配箍特征值与矩形柱的最小

配箍特征值有较大的差异。

(10) 抗震设计时，异形柱箍筋加密区的箍筋最大间距和箍筋最小直径应符合表 13-9 的规定。

表 13-9 异形柱箍筋加密区箍筋的最大间距和最小直径

抗震等级	箍筋最大间距/mm	箍筋最小直径/mm
二级	纵向钢筋直径的 6 倍和 100 的较小值	8
三级	纵向钢筋直径的 7 倍和 120（柱根 100）的较小值	8
四级	纵向钢筋直径的 7 倍和 150（柱根 100）的较小值	6（柱根 8）

注：1. 底层柱的柱根系指地下室的顶面或无地下室情况的基础顶面。

2. 三、四级抗震等级的异形柱，当剪跨比 λ 不大于 2 时，箍筋间距不应大于 100mm，箍筋直径不应小于 8mm。

异形柱柱端箍筋加密区的箍筋应根据受剪承载力计算确定，同时满足体积配箍率条件的构造要求。

研究表明，应控制箍筋间距与纵向受力钢筋的直径之比 s/d 不要太大。s/d 加大，会加速纵向受压钢筋的压曲，反之，则可延缓纵向钢筋的压曲，从而提高异形柱的延性。

对箍筋合理配置的研究还发现，当体积配箍率相同时，采用较小的箍筋直径和较小的箍筋间距比采用较大的箍筋直径和较大的箍筋间距，异形柱的延性更好；只增大箍筋直径来提高箍筋的体积配箍率而不减小箍筋间距并不一定能提高异形柱的延性，只有在箍筋间距对受压纵向钢筋的支撑（约束）长度达到规定要求时，增大体积配箍率 ρ_v 才能达到提高异形柱延性的目的。

(11) 异形柱箍筋加密区箍筋的肢距，二、三级抗震等级不宜大于 200mm，四级抗震等级不宜大于 250mm，且每隔一根纵向钢筋宜在两个方向均有箍筋或拉筋约束。

(12) 异形柱的箍筋加密区范围应按下列规定采用：

1) 柱端取截面长边尺寸、柱净高的 1/6 和 500mm 三者中的最大值。

2) 底层柱柱根不小于柱净高的 1/3；当有刚性地坪时，除柱端外尚应取刚性地坪上、下各 500mm。

3) 剪跨比不大于 2 的柱以及因设置填充墙等形成的柱净高与柱肢截面高度之比不大于 4 的柱取全高。

4) 二、三级抗震等级的角柱取全高。

(13) 抗震设计时，异形柱非加密区箍筋的体积配箍率不宜小于箍筋加密区的 50%；箍筋间距不应大于柱肢截面厚度；二级抗震等级不应大于 $10d$（d 为纵向受力钢筋的直径）；三、四级抗震等级不应大于 $15d$ 和 250mm。

（14）当柱的纵向受力钢筋采用绑扎搭接接头时，搭接长度范围内箍筋直径不应小于搭接钢筋较大直径的 1/4，箍筋间距不应大于搭接钢筋较小直径的 5 倍，且不应大于 100mm。

169. 异形柱框架梁柱节点有哪些构造要求?

（1）异形框架柱纵向钢筋应贯穿中间层的中间节点和端节点，且接头位置不应设在节点核心区内。

（2）异形框架顶层柱的纵向受力钢筋应锚固在柱顶或梁、板内，锚固长度应从梁底算起。

顶层端节点处柱内侧的纵向钢筋和顶层中间节点处的柱纵向钢筋均应伸至柱顶（图 13-6），当采用直线段锚固方式时，锚固长度对非抗震设计不应小于 l_a，对抗震设计不应小于 l_{aE}。直线段锚固不足时，该纵向钢筋伸到柱顶后应分别向内、外弯折，弯弧内直径，对顶层端节点和顶层中间节点分别不宜小于 $5d$ 和 $6d$（d 为纵向钢筋的直径）。弯折前的锚固段竖向投影长度非抗震设计时不应小于 $0.5l_a$，抗震设计时不应小于 $0.5l_{aE}$，弯折后的水平段水平投影长度不应小于 $12d$。

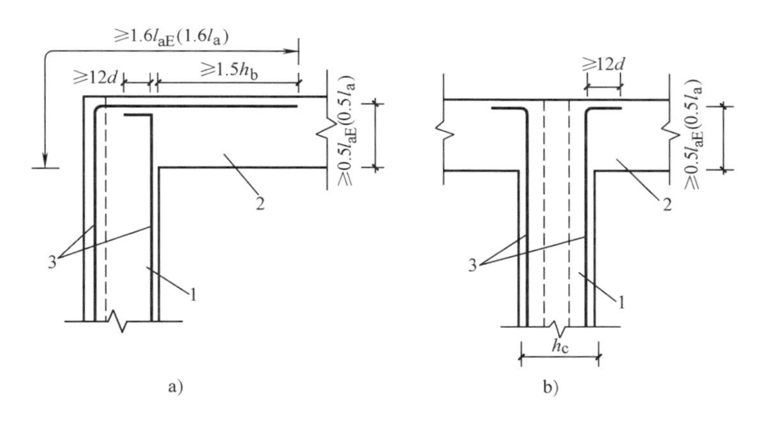

图 13-6 框架顶层柱纵向钢筋的锚固

a）顶层端节点 b）顶层中间节点

1—异形柱 2—框架梁 3—柱的纵向钢筋

注：括号内数值为相应的非抗震设计规定。

抗震设计时，贯穿顶层中间节点的梁上部纵向钢筋直径，对二、三级抗震级不宜大于该方向柱肢截面高度 h_c 的 1/30。

顶层端节点处柱外侧纵向钢筋可与梁上部纵向钢筋搭接（图 13-6a），搭接长度非抗震设计时不应小于 $1.6l_a$，抗震设计时不应小于 $1.6l_{aE}$，且伸入梁内的柱外侧纵向钢筋的截面面积不宜少于柱外侧全部纵向钢筋截面面积的 50%。在梁宽范围以外的柱外侧纵向钢筋可伸入现浇板内，伸入长度应与伸入梁内的相同。

（3）当框架梁的截面宽度与异形柱柱肢截面厚度相等或梁截面宽度每侧凸出柱边小于 50mm 时，在梁四角上的纵向受力钢筋应在离柱边不小于 800mm 且满足坡度不大于 1/25 的条件下，向本柱肢纵向受力钢筋的内侧弯折锚入梁柱节点核心区内。在梁筋弯折处应设置不少 2 根直径 8mm 的附加封闭箍筋（图 13-7a）。

对梁的纵筋弯折区段内过厚的混凝土保护层尚应采取有效的防裂构造措施。

当梁截面宽度的里侧凸出柱边不小于 50mm 时，该侧梁角部的纵向受力钢筋可从本柱肢纵向受力钢筋外侧锚入节点核心区内，但梁凸出柱边的尺寸不应大于 75mm（图 13-7b），且从柱肢纵向受力钢筋内侧锚入节点核心区内的梁上部、下部纵向受力钢筋，分别不宜少于梁上部、下部纵向受力钢筋截面面积的 70%。

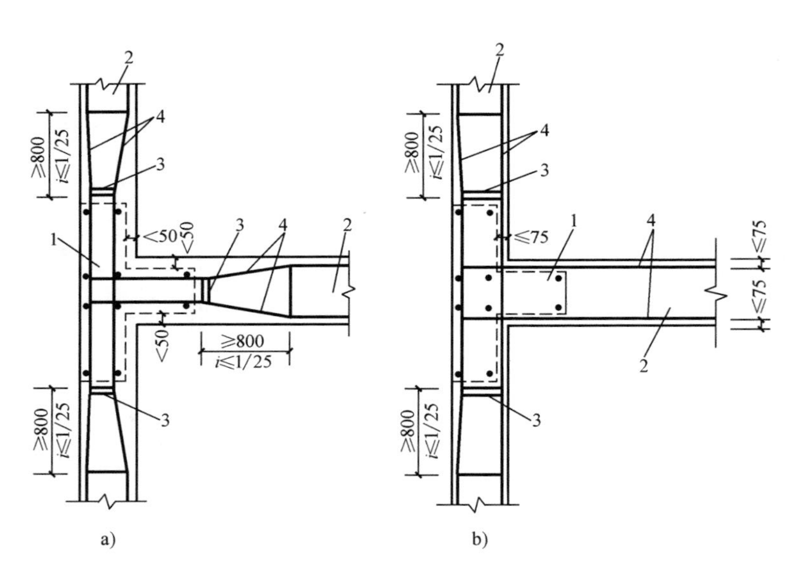

图 13-7　框架梁纵向钢筋锚入节点区的构造

a）弯折锚入　b）直线锚入

1—异形柱　2—框架梁　3—附加封闭箍筋　4—梁的纵向受力钢筋

当上部、下部梁角的纵向钢筋从本柱肢纵向受力钢筋的外侧锚入节点核心区内时，梁的箍筋配置范围应延伸到与另一方向框架相交处（图 13-8），且节点处一倍梁高范围内梁的侧面应设置纵向构造钢筋并伸至柱外侧，钢筋直径不应小于 8mm，间距不应大于 100mm。

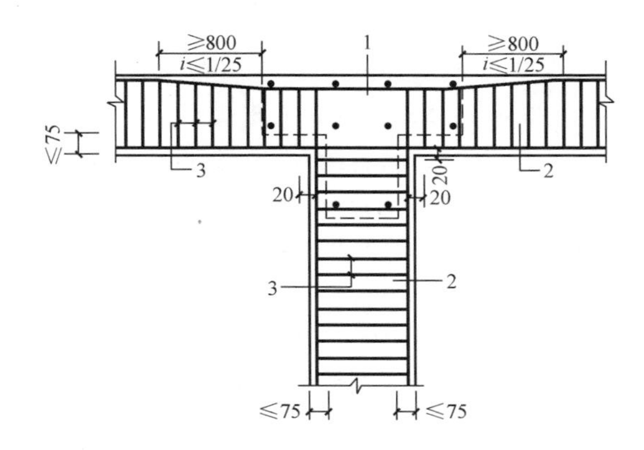

图 13-8　梁宽大于柱肢厚时的箍筋构造

1—异形柱　2—框架梁　3—梁箍筋

（4）框架中间层端节点（图 13-9a），框架梁上部和下部纵向钢筋可采用直线方式锚入端节点，锚固长度除非抗震设计不应小于 l_a，抗震设计不应小于 l_{aE} 外，尚应伸至柱外侧。当水平直线段的锚固长度不足时，梁上部和下部纵向钢筋应伸至柱外侧并分别向下和向上弯折，弯弧内半径不宜小于 5d（d 为纵向受力钢筋直径），弯折前的水平段水平投影长度非抗震设计时不应小于 0.4l_a，抗震设计时不应小于 0.4l_{aE}；对于框架梁纵向受力钢筋从柱筋外侧伸入节点内的情况，则分别不应小于 0.5l_a 和 0.5l_{aE}，弯折后的竖直段竖向投影长度取 15d。

框架顶层端节点（图 13-9b），梁上部纵向钢筋应伸至柱外侧并向下弯到梁底标高，梁下部纵向钢筋应伸至柱外侧并向上弯折，弯弧内直径不宜小于 6d。弯折前的水平段水平投影长度非抗震设计时不应小于 0.4l_a，抗震设计时不应小于 0.4l_{aE}，对于框架梁纵向钢筋从柱筋外侧伸入节点内的情况，则分别不应小于 0.5l_a 和 0.5l_{aE}。弯折后的竖直段竖向投影长度取 15d。

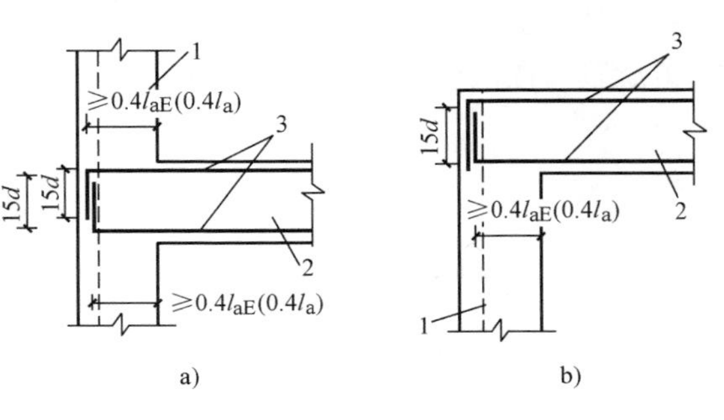

图 13-9　框架梁的纵向钢筋在端节点区的锚固

a）中间层端节点　b）顶层端节点

1—异形柱　2—框架梁　3—梁的纵向钢筋

注：括号内数值为相应的非抗震设计规定

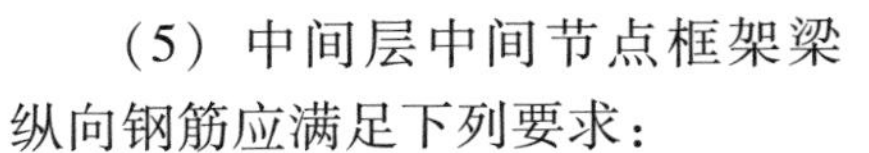

（5）中间层中间节点框架梁纵向钢筋应满足下列要求：

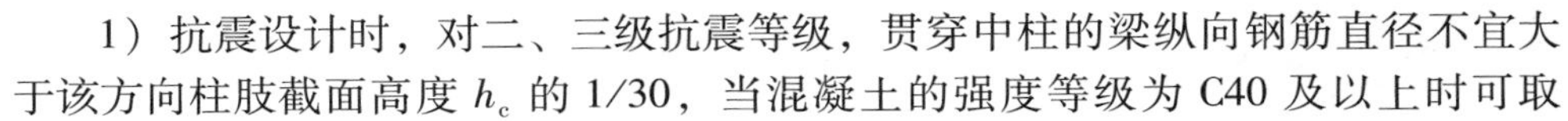

1）抗震设计时，对二、三级抗震等级，贯穿中柱的梁纵向钢筋直径不宜大于该方向柱肢截面高度 h_c 的 1/30，当混凝土的强度等级为 C40 及以上时可取

1/25，且纵向钢筋的直径不应大于25mm。

矩形柱框架的框架梁纵向钢筋伸入节点后，其相对保护层一般能满足 $c/d \geqslant 4.5$，而异形柱的 c/d 大部分仅为2.0左右，根据变形钢筋黏结锚固强度公式分析对比可知，后者的黏结能力约为前者的0.7。为此，规定抗震设计时，梁的纵向钢筋的直径不宜大于该方向柱截面高度的1/30；由于黏结锚固强度随混凝土强度等级的提高而提高，当采用C40及C40以上等级的混凝土时，可放宽到1/25。

2）两侧高度相等的梁（图13-10a）上部及下部纵向钢筋各排宜分别采用相同直径，并均应贯穿中间节点；若两侧梁的下部纵向钢筋根数不相同时，差额钢筋伸入中间节点的总长度，非抗震设计时不应小于 l_a，抗震设计时不应小于 l_{aE}，且伸过柱肢中心线不应小于 $5d$（d 为纵向受力钢筋的直径）。

考虑到异形柱的柱肢截面厚度较小，若中间柱两侧的梁高度相等时，梁的下部钢筋均在节点核心区内满足 l_{aE}（l_a）条件后切断的做法，会使节点核心区下部钢筋过于密集，造成施工困难并影响节点核心区的受力性能，故要求梁的上部和下部钢筋均应贯穿中间节点。

3）两侧高度不相等的梁（图13-10b），上部纵向钢筋应贯穿中间节点，下部纵向钢筋伸入中间节点总长度，非抗震设计时不应小于 l_a，抗震设计时不应小于 l_{aE}。下部纵向钢筋弯折时，弯弧内半径不宜小于 $5d$，弯折前水平段的水平投影长度非抗震设计时不应小于 $0.4l_a$，抗震设计时不应小于 $0.4l_{aE}$；对框架梁纵向钢筋从柱筋外侧伸入节点核心区内的情况，则分别不应小于 $0.5l_a$ 和 $0.5l_{aE}$，弯折后竖直段的竖向投影长度取 $15d$。

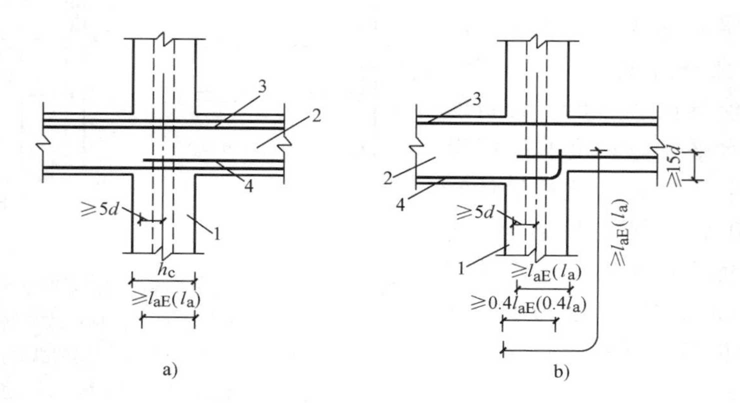

图13-10 框架梁的纵向钢筋在中间节点区的锚固

a）等高梁节点 b）不等高梁节点

1—异形柱 2—框架梁 3—梁上部的纵向钢筋 4—梁下部纵向钢筋

注：括号内数值为相应的非抗震设计规定

4）抗震设计时，对二、三级抗震等级的框架梁，梁端纵向受拉钢筋配筋百分率不宜大于表 13-10 的规定值。

表 13-10 梁端纵向受拉钢筋最大配筋百分率（%）

抗震等级	混凝土		C25	C30	C35	C40	C45	C50
二、三级	钢筋	HRB335	1.4	1.7	2.0	2.2	2.4	2.4
		HRB400	1.1	1.4	1.7	1.9	2.1	2.1

在地震作用组合内力作用下，框架梁支座处纵向钢筋有可能在节点一侧受拉，另一侧受压，对于异形柱框架梁柱节点易引起纵向钢筋在节点核心区锚固破坏，为保证梁的支座截面有足够的延性，对二、三级抗震等级，框架梁梁端的纵向受拉钢筋最大配筋率系根据单筋梁满足 $x \leqslant 0.35h_0$ 的条件给出的。

（6）节点核心区应设置水平箍筋，水平箍筋的配置应满足节点核心区受剪承载力的要求，并应符合下列规定：

1）非抗震设计时，节点核心区箍筋的最大间距和最小直径应符合《异形柱规程》第 6.2.8 条的规定。

2）抗震设计时，节点核心区箍筋的最大间距和最小直径宜按表 13-9 的规定采用。对二、三、四级抗震等级，节点核心区配箍特征值分别不宜小于 0.10、0.08 和 0.06，且体积配箍率分别不宜小于 0.8%、0.6% 和 0.5%。对二、三级抗震等级且剪跨比不大于 2 的框架柱，节点核心区配箍特征值分别不宜小于核心区上、下柱端配箍特征值的较大值。

3）当顶层端节点内设有梁上部纵向钢筋与柱外侧纵向钢筋的搭接接头时，节点核心区的箍筋尚应符合《异形柱规程》第 6.2.14 条的规定。

170. 异形柱结构施工应当注意什么问题?

（1）异形柱结构的施工应符合现行国家标准《混凝土结构工程施工质量验收规范》GB 50204（以下简称《混凝土施工规范》）的要求，并应与设计单位配合，针对异形柱结构的特点，制订专门的施工技术方案并严格执行。

（2）异形柱结构的模板及其支架应根据工程结构的形式、荷载大小、地基土类别、施工设备和材料供应等条件进行专门设计。模板及其支架应具有足够的承载力、刚度和稳定性，应能可靠地承受浇筑混凝土的重量、侧压力和施工荷载。

（3）异形柱结构的纵向受力钢筋，应符合国家标准《混凝土规范》第 4.2.2 条的要求，对二级抗震等级设计的框架结构，检验所得的强度实测值尚应符合下列要求：

1）钢筋的抗拉强度实测值与屈服强度实测值的比值不应小于 1.25。

2）钢筋的屈服强度实测值与标准值的比值不应大于1.3。

（4）当钢筋的品种、级别或规格需作变更时，应办理设计变更文件。

（5）异形柱框架的受力钢筋采用焊接或机械连接时，接头的类型及质量应符合设计要求及现行行业标准《钢筋焊接及验收规程》JGJ 18、《钢筋机械连接通用技术规程》JGJ 107的有关规定。施工单位应具有相应的资质，操作人员应通过考核并持有相应的操作证件。

（6）异形柱结构的混凝土粗集料宜采用碎石，最大粒径不宜大于31.5mm，并应符合现行行业标准《普通混凝土用碎石或卵石质量标准及检验方法》JGJ 53的有关规定。

（7）每楼层的异形柱混凝土应连续浇筑、分层振捣，且不得在柱净高范围内留置施工缝。框架节点核心区的混凝土应采用相交构件混凝土强度等级的最高值，并应振捣密实。

（8）冬期施工应符合现行行业标准《建筑工程冬期施工规程》JGJ 104和施工技术方案的规定。

考虑到异形柱结构截面尺寸较小，表面系数较大的特点，应强调冬期施工时应注意采取有效的防冻措施。

（9）异形柱结构施工的尺寸允许偏差应符合表13-11的规定，尺寸允许偏差的检验方法应按现行国家标准《混凝土施工规范》的规定执行。

由于异形柱结构截面尺寸较小，为保证结构的安全和钢筋的保护层厚度，要求截面尺寸不允许出现负偏差。

表13-11 异形柱结构施工的尺寸允许偏差

<table>
<tr><th>项次</th><th colspan="3">项目</th><th>允许偏差/mm</th></tr>
<tr><td rowspan="2">1</td><td rowspan="2">轴线位置</td><td colspan="2">梁、柱</td><td>6</td></tr>
<tr><td colspan="2">剪力墙</td><td>4</td></tr>
<tr><td rowspan="3">2</td><td rowspan="3">垂直度</td><td rowspan="2">层间</td><td>层高不大于5m</td><td>6</td></tr>
<tr><td>层高大于5m</td><td>8</td></tr>
<tr><td colspan="2">全高 H/mm</td><td>H/1000且≤30</td></tr>
<tr><td rowspan="2">3</td><td rowspan="2">标高</td><td colspan="2">层高</td><td>±10</td></tr>
<tr><td colspan="2">全高</td><td>±30</td></tr>
<tr><td>4</td><td colspan="3">截面尺寸</td><td>+8，0</td></tr>
<tr><td>5</td><td colspan="3">表面平整（在2m长范围内）</td><td>6</td></tr>
<tr><td rowspan="2">6</td><td rowspan="2">预埋设施中心线位置</td><td colspan="2">预埋件</td><td>8</td></tr>
<tr><td colspan="2">预埋螺栓、预埋管</td><td>4</td></tr>
<tr><td>7</td><td colspan="3">预留孔洞中心线位置</td><td>10</td></tr>
</table>

（10）当需要替换原设计的墙体材料时，应办理设计变更文件，且替换的墙体材料自重不得超过原设计要求。

（11）异形柱肢体及节点核心区内不得预留或埋设水、电、燃气管道和线缆；安装水、电、燃气管道和线缆时，不应削弱柱截面。

附　录

附录 A　实施工程建设强制性标准监督规定

第一条　为加强工程建设强制性标准实施的监督工作，保证建设工程质量，保障人民的生命、财产安全，维护社会公共利益，根据《中华人民共和国标准化法》、《中华人民共和国标准化法实施条例》和《建设工程质量管理条例》，制定本规定。

第二条　在中华人民共和国境内从事新建、扩建、改建等工程建设活动，必须执行工程建设强制性标准。

第三条　本规定所称工程建设强制性标准是指直接涉及工程质量、安全、卫生及环境保护等方面的工程建设标准强制性条文。

国家工程建设标准强制性条文由国务院建设行政主管部门会同国务院有关行政主管部门确定。

第四条　国务院建设行政主管部门负责全国实施工程建设强制性标准的监督管理工作。

国务院有关行政主管部门按照国务院的职能分工负责实施工程建设强制性标准的监督管理工作。

县级以上地方人民政府建设行政主管部门负责本行政区域内实施工程建设强制性标准的监督管理工作。

第五条　工程建设中拟采用的新技术、新工艺、新材料，不符合现行强制性标准规定的，应当由拟采用单位提请建设单位组织专题技术论证，报批准标准的建设行政主管部门或者国务院有关主管部门审定。

工程建设中采用国际标准或者国外标准，现行强制性标准未作规定的，建设单位应当向国务院建设行政主管部门或者国务院有关行政主管部门备案。

第六条　建设项目规划审查机构应当对工程建设规划阶段执行强制性标准的情况实施监督。

施工图设计文件审查单位应当对工程建设勘察、设计阶段执行强制性标准的情况实施监督。

建筑安全监督管理机构应当对工程建设施工阶段执行施工安全强制性标准的

情况实施监督。

工程质量监督机构应当对工程建设施工、监理、验收等阶段执行强制性标准的情况实施监督。

第七条　建设项目规划审查机关、施工图设计文件审查单位、建筑安全监督管理机构、工程质量监督机构的技术人员必须熟悉、掌握工程建设强制性标准。

第八条　工程建设标准批准部门应当定期对建设项目规划审查机关、施工图设计文件审查单位、建筑安全监督管理机构、工程质量监督机构实施强制性标准的监督进行检查，对监督不力的单位和个人，给予通报批评，建议有关部门处理。

第九条　工程建设标准批准部门应当对工程项目执行强制性标准情况进行监督检查。监督检查可以采取重点检查、抽查和专项检查的方式。

第十条　强制性标准监督检查的内容包括：

（一）有关工程技术人员是否熟悉、掌握强制性标准；

（二）工程项目的规划、勘察、设计、施工、验收等是否符合强制性标准的规定；

（三）工程项目采用的材料、设备是否符合强制性标准的规定；

（四）工程项目的安全、质量是否符合强制性标准的规定；

（五）工程中采用的导则、指南、手册、计算机软件的内容是否符合强制性标准的规定。

第十一条　工程建设标准批准部门应当将强制性标准监督检查结果在一定范围内公告。

第十二条　工程建设强制性标准的解释由工程建设标准批准部门负责。

有关标准具体技术内容的解释，工程建设标准批准部门可以委托该标准的编制管理单位负责。

第十三条　工程技术人员应当参加有关工程建设强制性标准的培训，并可以计入继续教育学时。

第十四条　建设行政主管部门或者有关行政主管部门在处理重大工程事故时，应当有工程建设标准方面的专家参加；工程事故报告应当包括是否符合工程建设强制性标准的意见。

第十五条　任何单位和个人对违反工程建设强制性标准的行为有权向建设行政主管部门或者有关部门检举、控告、投诉。

第十六条　建设单位有下列行为之一的，责令改正，并处以 20 万元以上 50 万元以下的罚款：

（一）明示或者暗示施工单位使用不合格的建筑材料、建筑构配件和设备的；

（二）明示或者暗示设计单位或者施工单位违反工程建设强制性标准，降低工程质量的。

第十七条 勘察、设计单位违反工程建设强制性标准进行勘察、设计的，责令改正，并处以10万元以上30万元以下的罚款。

有前款行为，造成工程质量事故的，责令停业整顿，降低资质等级；情节严重的，吊销资质证书；造成损失的，依法承担赔偿责任。

第十八条 施工单位违反工程建设强制性标准的，责令改正，处工程合同价款2%以上4%以下的罚款；造成建设工程质量不符合规定的质量标准的，负责返工、修理，并赔偿因此造成的损失；情节严重的，责令停业整顿，降低资质等级或者吊销资质证书。

第十九条 工程监理单位违反强制性标准规定，将不合格的建设工程以及建筑材料、建筑构配件和设备按照合格签字的，责令改正，处50万元以上100万元以下的罚款，降低资质等级或者吊销资质证书；有违法所得的，予以没收；造成损失的，承担连带赔偿责任。

第二十条 违反工程建设强制性标准造成工程质量、安全隐患或者工程事故的，按照《建设工程质量管理条例》有关规定，对事故责任单位和责任人进行处罚。

第二十一条 有关责令停业整顿、降低资质等级和吊销资质证书的行政处罚，由颁发资质证书的机关决定；其他行政处罚，由建设行政主管部门或者有关部门依照法定职权决定。

第二十二条 建设行政主管部门和有关行政主管部门工作人员，玩忽职守、滥用职权、徇私舞弊的，给予行政处分；构成犯罪的，依法追究刑事责任。

第二十三条 本规定由国务院建设行政主管部门负责解释。

第二十四条 本规定自发布之日起施行。

附录 B　房屋建筑和市政基础设施工程施工图设计文件审查管理办法

第一条　为了加强对房屋建筑工程、市政基础设施工程施工图设计文件审查的管理，提高工程勘察设计质量，根据《建设工程质量管理条例》《建设工程勘察设计管理条例》等行政法规，制定本办法。

第二条　在中华人民共和国境内从事房屋建筑工程、市政基础设施工程施工图设计文件审查和实施监督管理的，应当遵守本办法。

第三条　国家实施施工图设计文件（含勘察文件，以下简称施工图）审查制度。

本办法所称施工图审查，是指施工图审查机构（以下简称审查机构）按照有关法律、法规，对施工图涉及公共利益、公众安全和工程建设强制性标准的内容进行的审查。施工图审查应当坚持先勘察、后设计的原则。

施工图未经审查合格的，不得使用。从事房屋建筑工程、市政基础设施工程施工、监理等活动，以及实施对房屋建筑和市政基础设施工程质量安全监督管理，应当以审查合格的施工图为依据。

第四条　国务院住房城乡建设主管部门负责对全国的施工图审查工作实施指导、监督。

县级以上地方人民政府住房城乡建设主管部门负责对本行政区域内的施工图审查工作实施监督管理。

第五条　省、自治区、直辖市人民政府住房城乡建设主管部门应当按照本办法规定的审查机构条件，结合本行政区域内的建设规模，确定相应数量的审查机构。具体办法由国务院住房城乡建设主管部门另行规定。

审查机构是专门从事施工图审查业务，不以营利为目的的独立法人。

省、自治区、直辖市人民政府住房城乡建设主管部门应当将审查机构名录报国务院住房城乡建设主管部门备案，并向社会公布。

第六条　审查机构按承接业务范围分两类，一类机构承接房屋建筑、市政基础设施工程施工图审查业务范围不受限制；二类机构可以承接中型及以下房屋建筑、市政基础设施工程的施工图审查。

房屋建筑、市政基础设施工程的规模划分，按照国务院住房城乡建设主管部门的有关规定执行。

第七条　一类审查机构应当具备下列条件：

（一）有健全的技术管理和质量保证体系。

（二）审查人员应当有良好的职业道德；有15年以上所需专业勘察、设计工作经历；主持过不少于5项大型房屋建筑工程、市政基础设施工程相应专业的设计或者甲级工程勘察项目相应专业的勘察；已实行执业注册制度的专业，审查人员应当具有一级注册建筑师、一级注册结构工程师或者勘察设计注册工程师资格，并在本审查机构注册；未实行执业注册制度的专业，审查人员应当具有高级工程师职称；近5年内未因违反工程建设法律法规和强制性标准受到行政处罚。

（三）在本审查机构专职工作的审查人员数量：从事房屋建筑工程施工图审查的，结构专业审查人员不少于7人，建筑专业不少于3人，电气、暖通、给水排水、勘察等专业审查人员各不少于2人；从事市政基础设施工程施工图审查的，所需专业的审查人员不少于7人，其他必须配套的专业审查人员各不少于2人；专门从事勘察文件审查的，勘察专业审查人员不少于7人。

承担超限高层建筑工程施工图审查的，还应当具有主持过超限高层建筑工程或者100m以上建筑工程结构专业设计的审查人员不少于3人。

（四）60岁以上审查人员不超过该专业审查人员规定数的1/2。

（五）注册资金不少于300万元。

第八条 二类审查机构应当具备下列条件：

（一）有健全的技术管理和质量保证体系。

（二）审查人员应当有良好的职业道德；有10年以上所需专业勘察、设计工作经历；主持过不少于5项中型以上房屋建筑工程、市政基础设施工程相应专业的设计或者乙级以上工程勘察项目相应专业的勘察；已实行执业注册制度的专业，审查人员应当具有一级注册建筑师、一级注册结构工程师或者勘察设计注册工程师资格，并在本审查机构注册；未实行执业注册制度的专业，审查人员应当具有高级工程师职称；近5年内未因违反工程建设法律法规和强制性标准受到行政处罚。

（三）在本审查机构专职工作的审查人员数量：从事房屋建筑工程施工图审查的，结构专业审查人员不少于3人，建筑、电气、暖通、给水排水、勘察等专业审查人员各不少于2人；从事市政基础设施工程施工图审查的，所需专业的审查人员不少于4人，其他必须配套的专业审查人员各不少于2人；专门从事勘察文件审查的，勘察专业审查人员不少于4人。

（四）60岁以上审查人员不超过该专业审查人员规定数的1/2。

（五）注册资金不少于100万元。

第九条 建设单位应当将施工图送审查机构审查，但审查机构不得与所审查项目的建设单位、勘察设计企业有隶属关系或者其他利害关系。送审管理的具体办法由省、自治区、直辖市人民政府住房城乡建设主管部门按照“公开、公平、公正”的原则规定。

建设单位不得明示或者暗示审查机构违反法律法规和工程建设强制性标准进行施工图审查，不得压缩合理审查周期、压低合理审查费用。

第十条 建设单位应当向审查机构提供下列资料并对所提供资料的真实性负责：

（一）作为勘察、设计依据的政府有关部门的批准文件及附件；

（二）全套施工图；

（三）其他应当提交的材料。

第十一条 审查机构应当对施工图审查下列内容：

（一）是否符合工程建设强制性标准；

（二）地基基础和主体结构的安全性；

（三）是否符合民用建筑节能强制性标准，对执行绿色建筑标准的项目，还应当审查是否符合绿色建筑标准；

（四）勘察设计企业和注册执业人员以及相关人员是否按规定在施工图上加盖相应的图章和签字；

（五）法律、法规、规章规定必须审查的其他内容。

第十二条 施工图审查原则上不超过下列时限：

（一）大型房屋建筑工程、市政基础设施工程为15个工作日，中型及以下房屋建筑工程、市政基础设施工程为10个工作日。

（二）工程勘察文件，甲级项目为7个工作日，乙级及以下项目为5个工作日。

以上时限不包括施工图修改时间和审查机构的复审时间。

第十三条 审查机构对施工图进行审查后，应当根据下列情况分别作出处理：

（一）审查合格的，审查机构应当向建设单位出具审查合格书，并在全套施工图上加盖审查专用章。审查合格书应当有各专业的审查人员签字，经法定代表人签发，并加盖审查机构公章。审查机构应当在出具审查合格书后5个工作日内，将审查情况报工程所在地县级以上地方人民政府住房城乡建设主管部门备案。

（二）审查不合格的，审查机构应当将施工图退建设单位并出具审查意见告知书，说明不合格原因。同时，应当将审查意见告知书及审查中发现的建设单位、勘察设计企业和注册执业人员违反法律、法规和工程建设强制性标准的问题，报工程所在地县级以上地方人民政府住房城乡建设主管部门。

施工图退建设单位后，建设单位应当要求原勘察设计企业进行修改，并将修改后的施工图送原审查机构复审。

第十四条 任何单位或者个人不得擅自修改审查合格的施工图；确需修改的，凡涉及本办法第十一条规定内容的，建设单位应当将修改后的施工图送原审查机构审查。

第十五条 勘察设计企业应当依法进行建设工程勘察、设计，严格执行工程建设强制性标准，并对建设工程勘察、设计的质量负责。

审查机构对施工图审查工作负责，承担审查责任。施工图经审查合格后，仍有违反法律、法规和工程建设强制性标准的问题，给建设单位造成损失的，审查机构依法承担相应的赔偿责任。

第十六条 审查机构应当建立、健全内部管理制度。施工图审查应当有经各专业审查人员签字的审查记录。审查记录、审查合格书、审查意见告知书等有关资料应当归档保存。

第十七条 已实行执业注册制度的专业，审查人员应当按规定参加执业注册继续教育。

未实行执业注册制度的专业，审查人员应当参加省、自治区、直辖市人民政府住房城乡建设主管部门组织的有关法律、法规和技术标准的培训，每年培训时间不少于40学时。

第十八条 按规定应当进行审查的施工图，未经审查合格的，住房城乡建设主管部门不得颁发施工许可证。

第十九条 县级以上人民政府住房城乡建设主管部门应当加强对审查机构的监督检查，主要检查下列内容：

（一）是否符合规定的条件；

（二）是否超出范围从事施工图审查；

（三）是否使用不符合条件的审查人员；

（四）是否按规定的内容进行审查；

（五）是否按规定上报审查过程中发现的违法违规行为；

（六）是否按规定填写审查意见告知书；

（七）是否按规定在审查合格书和施工图上签字盖章；

（八）是否建立健全审查机构内部管理制度；

（九）审查人员是否按规定参加继续教育。

县级以上人民政府住房城乡建设主管部门实施监督检查时，有权要求被检查的审查机构提供有关施工图审查的文件和资料，并将监督检查结果向社会公布。

第二十条 审查机构应当向县级以上地方人民政府住房城乡建设主管部门报审查情况统计信息。

县级以上地方人民政府住房城乡建设主管部门应当定期对施工图审查情况进行统计，并将统计信息报上级住房城乡建设主管部门。

第二十一条　县级以上人民政府住房城乡建设主管部门应当及时受理对施工图审查工作中违法、违规行为的检举、控告和投诉。

第二十二条　县级以上人民政府住房城乡建设主管部门对审查机构报告的建设单位、勘察设计企业、注册执业人员的违法违规行为，应当依法进行查处。

第二十三条　审查机构列入名录后不再符合规定条件的，省、自治区、直辖市人民政府住房城乡建设主管部门应当责令其限期改正；逾期不改的，不再将其列入审查机构名录。

第二十四条　审查机构违反本办法规定，有下列行为之一的，由县级以上地方人民政府住房城乡建设主管部门责令改正，处3万元罚款，并记入信用档案；情节严重的，省、自治区、直辖市人民政府住房城乡建设主管部门不再将其列入审查机构名录：

（一）超出范围从事施工图审查的；

（二）使用不符合条件审查人员的；

（三）未按规定的内容进行审查的；

（四）未按规定上报审查过程中发现的违法违规行为的；

（五）未按规定填写审查意见告知书的；

（六）未按规定在审查合格书和施工图上签字盖章的；

（七）已出具审查合格书的施工图，仍有违反法律、法规和工程建设强制性标准的。

第二十五条　审查机构出具虚假审查合格书的，审查合格书无效，县级以上地方人民政府住房城乡建设主管部门处3万元罚款，省、自治区、直辖市人民政府住房城乡建设主管部门不再将其列入审查机构名录。

审查人员在虚假审查合格书上签字的，终身不得再担任审查人员；对于已实行执业注册制度的专业的审查人员，还应当依照《建设工程质量管理条例》第七十二条、《建设工程安全生产管理条例》第五十八条规定予以处罚。

第二十六条　建设单位违反本办法规定，有下列行为之一的，由县级以上地方人民政府住房城乡建设主管部门责令改正，处3万元罚款；情节严重的，予以通报：

（一）压缩合理审查周期的；

（二）提供不真实送审资料的；

（三）对审查机构提出不符合法律、法规和工程建设强制性标准要求的。

建设单位为房地产开发企业的，还应当依照《房地产开发企业资质管理规定》进行处理。

第二十七条　依照本办法规定，给予审查机构罚款处罚的，对机构的法定代表人和其他直接责任人员处机构罚款数额5%以上10%以下的罚款，并记入信用档案。

第二十八条 省、自治区、直辖市人民政府住房城乡建设主管部门未按照本办法规定确定审查机构的，国务院住房城乡建设主管部门责令改正。

第二十九条 国家机关工作人员在施工图审查监督管理工作中玩忽职守、滥用职权、徇私舞弊，构成犯罪的，依法追究刑事责任；尚不构成犯罪的，依法给予行政处分。

第三十条 省、自治区、直辖市人民政府住房城乡建设主管部门可以根据本办法，制定实施细则。

第三十一条 本办法自2013年8月1日起施行。原建设部2004年8月23日发布的《房屋建筑和市政基础设施工程施工图设计文件审查管理办法》（建设部令第134号）同时废止。

附录 C 超限高层建筑工程抗震设防管理规定

（中华人民共和国建设部令第 111 号）

第一条 为了加强超限高层建筑工程的抗震设防管理，提高超限高层建筑工程抗震设计的可靠性和安全性，保证超限高层建筑工程抗震设防的质量，根据《中华人民共和国建筑法》、《中华人民共和国防震减灾法》、《建设工程质量管理条例》、《建设工程勘察设计管理条例》等法律、法规，制定本规定。

第二条 本规定适用于抗震设防区内超限高层建筑工程的抗震设防管理。

本规定所称超限高层建筑工程，是指超出国家现行规范、规程所规定的适用高度和适用结构类型的高层建筑工程，体型特别不规则的高层建筑工程，以及有关规范、规程规定应当进行抗震专项审查的高层建筑工程。

第三条 国务院建设行政主管部门负责全国超限高层建筑工程抗震设防的管理工作。

省、自治区、直辖市人民政府建设行政主管部门负责本行政区内超限高层建筑工程抗震设防的管理工作。

第四条 超限高层建筑工程的抗震设防应当采取有效的抗震措施，确保超限高层建筑工程达到规范规定的抗震设防目标。

第五条 在抗震设防区内进行超限高层建筑工程的建设时，建设单位应当在初步设计阶段向工程所在地的省、自治区、直辖市人民政府建设行政主管部门提出专项报告。

第六条 超限高层建筑工程所在地的省、自治区、直辖市人民政府建设行政主管部门，负责组织省、自治区、直辖市超限高层建筑工程抗震设防专家委员会对超限高层建筑工程进行抗震设防专项审查。

审查难度大或审查意见难以统一的，工程所在地的省、自治区、直辖市人民政府建设行政主管部门可请全国超限高层建筑工程抗震设防专家委员会提出专项审查意见，并报国务院建设行政主管部门备案。

第七条 全国和省、自治区、直辖市的超限高层建筑工程抗震设防审查专家委员会委员分别由国务院建设行政主管部门和省、自治区、直辖市人民政府建设行政主管部门聘任。

超限高层建筑工程抗震设防专家委员会应当由长期从事并精通高层建筑工程抗震的勘察、设计、科研、教学和管理专家组成，并对抗震设防专项审查意见承担相应的审查责任。

第八条 超限高层建筑工程的抗震设防专项审查内容包括：建筑的抗震设防

分类、抗震设防烈度（或者设计地震动参数）、场地抗震性能评价、抗震概念设计、主要结构布置、建筑与结构的协调、使用的计算程序、结构计算结果、地基基础和上部结构抗震性能评估等。

第九条 建设单位申报超限高层建筑工程的抗震设防专项审查时，应当提供以下材料：

（一）超限高层建筑工程抗震设防专项审查表；

（二）设计的主要内容、技术依据、可行性论证及主要抗震措施；

（三）工程勘察报告；

（四）结构设计计算的主要结果；

（五）结构抗震薄弱部位的分析和相应措施；

（六）初步设计文件；

（七）设计时参照使用的国外有关抗震设计标准、工程和震害资料及计算机程序；

（八）对要求进行模型抗震性能试验研究的，应当提供抗震试验研究报告。

第十条 建设行政主管部门应当自接到抗震设防专项审查全部申报材料之日起25日内，组织专家委员会提出书面审查意见，并将审查结果通知建设单位。

第十一条 超限高层建筑工程抗震设防专项审查费用由建设单位承担。

第十二条 超限高层建筑工程的勘察、设计、施工、监理，应当由具备甲级（一级及以上）资质的勘察、设计、施工和工程监理单位承担，其中建筑设计和结构设计应当分别由具有高层建筑设计经验的一级注册建筑师和一级注册结构工程师承担。

第十三条 建设单位、勘察单位、设计单位应当严格按照抗震设防专项审查意见进行超限高层建筑工程的勘察、设计。

第十四条 未经超限高层建筑工程抗震设防专项审查，建设行政主管部门和其他有关部门不得对超限高层建筑工程施工图设计文件进行审查。

超限高层建筑工程的施工图设计文件审查应当由经国务院建设行政主管部门认定的具有超限高层建筑工程审查资格的施工图设计文件审查机构承担。

施工图设计文件审查时应当检查设计图纸是否执行了抗震设防专项审查意见；未执行专项审查意见的，施工图设计文件审查不能通过。

第十五条 建设单位、施工单位、工程监理单位应当严格按照经抗震设防专项审查和施工图设计文件审查的勘察设计文件进行超限高层建筑工程的抗震设防和采取抗震措施。

第十六条 对国家现行规范要求设置建筑结构地震反应观测系统的超限高层建筑工程，建设单位应当按照规范要求设置地震反应观测系统。

第十七条 建设单位违反本规定，施工图设计文件未经审查或者审查不合格，擅自施工的，责令改正，处以20万元以上50万元以下的罚款。

第十八条　勘察、设计单位违反本规定，未按照抗震设防专项审查意见进行超限高层建筑工程勘察、设计的，责令改正，处以1万元以上3万元以下的罚款；造成损失的，依法承担赔偿责任。

第十九条　国家机关工作人员在超限高层建筑工程抗震设防管理工作中玩忽职守，滥用职权，徇私舞弊，构成犯罪的，依法追究刑事责任；尚不构成犯罪的，依法给予行政处分。

第二十条　省、自治区、直辖市人民政府建设行政主管部门，可结合本地区的具体情况制定实施细则，并报国务院建设行政主管部门备案。

第二十一条　本规定自2002年9月1日起施行。1997年12月23日建设部颁布的《超限高层建筑工程抗震设防管理暂行规定》（建设部令第59号）同时废止。

附录 D 超限高层建筑工程抗震设防专项审查技术要点

第一章 总 则

第一条 为进一步做好超限高层建筑工程抗震设防专项审查工作，确保审查质量，根据《超限高层建筑工程抗震设防管理规定》（建设部令第 111 号），制定本技术要点。

第二条 本技术要点所指超限高层建筑工程包括：

（一）高度超限工程：指房屋高度超过规定，包括超过《建筑抗震设计规范》（以下简称《抗震规范》）第 6 章钢筋混凝土结构和第 8 章钢结构最大适用高度，超过《高层建筑混凝土结构技术规程》（以下简称《高层混凝土结构规程》）第 7 章中有较多短肢墙的剪力墙结构、第 10 章中错层结构和第 11 章混合结构最大适用高度的高层建筑工程。

（二）规则性超限工程：指房屋高度不超过规定，但建筑结构布置属于《抗震规范》、《高层混凝土结构规程》规定的特别不规则的高层建筑工程。

（三）屋盖超限工程：指屋盖的跨度、长度或结构形式超出《抗震规范》第 10 章及《空间网格结构技术规程》、《索结构技术规程》等空间结构规程规定的大型公共建筑工程（不含骨架支承式膜结构和空气支承膜结构）。

超限高层建筑工程具体范围详见附件 1。

第三条 本技术要点第二条规定的超限高层建筑工程，属于下列情况的，建议委托全国超限高层建筑工程抗震设防审查专家委员会进行抗震设防专项审查：

（一）高度超过《高层混凝土结构规程》B 级高度的混凝土结构，高度超过《高层混凝土结构规程》第 11 章最大适用高度的混合结构；

（二）高度超过规定的错层结构，塔体显著不同的连体结构，同时具有转换层、加强层、错层、连体四种类型中三种的复杂结构，高度超过《抗震规范》规定且转换层位置超过《高层混凝土结构规程》规定层数的混凝土结构，高度超过《抗震规范》规定且水平和竖向均特别不规则的建筑结构；

（三）超过《抗震规范》第 8 章适用范围的钢结构；

（四）跨度或长度超过《抗震规范》第 10 章适用范围的大跨屋盖结构；

（五）其他各地认为审查难度较大的超限高层建筑工程。

第四条 对主体结构总高度超过 350m 的超限高层建筑工程的抗震设防专项

审查，应满足以下要求：

（一）从严把握抗震设防的各项技术性指标；

（二）全国超限高层建筑工程抗震设防审查专家委员会进行的抗震设防专项审查，应会同工程所在地省级超限高层建筑工程抗震设防专家委员会共同开展，或在当地超限高层建筑工程抗震设防专家委员会工作的基础上开展。

第五条　建设单位申报抗震设防专项审查的申报材料应符合第二章的要求，专家组提出的专项审查意见应符合第六章的要求。

对于屋盖超限工程的抗震设防专项审查，除参照本技术要点第三章的相关内容外，按第五章执行。

审查结束后应及时将审查信息录入全国超限高层建筑数据库，审查信息包括超限高层建筑工程抗震设防专项审查申报表（附件2）、超限情况表（附件3）、超限高层建筑工程抗震设防专项审查情况表（附件4）和超限高层建筑工程结构设计质量控制信息表（附件5）。

第二章　申报材料的基本内容

第六条　建设单位申报抗震设防专项审查时，应提供以下资料：

（一）超限高层建筑工程抗震设防专项审查申报表和超限情况表（至少5份）；

（二）建筑结构工程超限设计的可行性论证报告（附件6，至少5份）；

（三）建设项目的岩土工程勘察报告；

（四）结构工程初步设计计算书（主要结果，至少5份）；

（五）初步设计文件（建筑和结构工程部分，至少5份）；

（六）当参考使用国外有关抗震设计标准、工程实例和震害资料及计算机程序时，应提供理由和相应的说明；

（七）进行模型抗震性能试验研究的结构工程，应提交抗震试验方案；

（八）进行风洞试验研究的结构工程，应提交风洞试验报告。

第七条　申报抗震设防专项审查时提供的资料，应符合下列具体要求：

（一）高层建筑工程超限设计可行性论证报告。应说明其超限的类型（对高度超限、规则性超限工程，如高度、转换层形式和位置、多塔、连体、错层、加强层、竖向不规则、平面不规则；对屋盖超限工程，如跨度、悬挑长度、结构单元总长度、屋盖结构形式与常用结构形式的不同、支座约束条件、下部支承结构的规则性等）和超限的程度，并提出有效控制安全的技术措施，包括抗震、抗风技术措施的适用性、可靠性，整体结构及其薄弱部位的加强措施，预期的性能目标，屋盖超限工程尚包括有效保证屋盖稳定性的技术措施。

（二）岩土工程勘察报告。应包括岩土特性参数、地基承载力、场地类别、液化评价、剪切波速测试成果及地基基础方案。当设计有要求时，应按规范规定提供结构工程时程分析所需的资料。

处于抗震不利地段时，应有相应的边坡稳定评价、断裂影响和地形影响等场地抗震性能评价内容。

（三）结构设计计算书。应包括软件名称和版本，力学模型，电算的原始参数（设防烈度和设计地震分组或基本加速度、所计入的单向或双向水平及竖向地震作用、周期折减系数、阻尼比、输入地震时程记录的时间、地震名、记录台站名称和加速度记录编号，风荷载、雪荷载和设计温差等），结构自振特性（周期，扭转周期比，对多塔、连体类和复杂屋盖含必要的振型），整体计算结果（对高度超限、规则性超限工程，含侧移、扭转位移比、楼层受剪承载力比、结构总重力荷载代表值和地震剪力系数、楼层刚度比、结构整体稳定、墙体（或筒体）和框架承担的地震作用分配等；对屋盖超限工程，含屋盖挠度和整体稳定、下部支承结构的水平位移和扭转位移比等），主要构件的轴压比、剪压比（钢结构构件、杆件为应力比）控制等。

对计算结果应进行分析。时程分析结果应与振型分解反应谱法计算结果进行比较。对多个软件的计算结果应加以比较，按规范的要求确认其合理、有效性。风控制时和屋盖超限工程应有风荷载效应与地震效应的比较。

（四）初步设计文件。设计深度应符合《建筑工程设计文件编制深度的规定》的要求，设计说明要有建筑安全等级、抗震设防分类、设防烈度、设计基本地震加速度、设计地震分组、结构的抗震等级等内容。

（五）提供抗震试验数据和研究成果。如有提供应有明确的适用范围和结论。

第三章　专项审查的控制条件

第八条　抗震设防专项审查的内容主要包括：

（一）建筑抗震设防依据；

（二）场地勘察成果及地基和基础的设计方案；

（三）建筑结构的抗震概念设计和性能目标；

（四）总体计算和关键部位计算的工程判断；

（五）结构薄弱部位的抗震措施；

（六）可能存在的影响结构安全的其他问题。

对于特殊体型（含屋盖）或风洞试验结果与荷载规范规定相差较大的风荷载取值，以及特殊超限高层建筑工程（规模大、高宽比大等）的隔震、减震设计，宜由相关专业的专家在抗震设防专项审查前进行专门论证。

第九条　抗震设防专项审查的重点是结构抗震安全性和预期的性能目标。为此，超限工程的抗震设计应符合下列最低要求：

（一）严格执行规范、规程的强制性条文，并注意系统掌握、全面理解其准确内涵和相关条文。

（二）对高度超限或规则性超限工程，不应同时具有转换层、加强层、错层、连体和多塔等五种类型中的四种及以上的复杂类型；当房屋高度在《高层混凝土结构规程》B级高度范围内时，比较规则的应按《高层混凝土结构规程》执行，其余应针对其不规则项的多少、程度和薄弱部位，明确提出为达到安全而比现行规范、规程的规定更严格的具体抗震措施或预期性能目标；当房屋高度超过《高层混凝土结构规程》的B级高度以及房屋高度、平面和竖向规则性等三方面均不满足规定时，应提供达到预期性能目标的充分依据，如试验研究成果、所采用的抗震新技术和新措施、以及不同结构体系的对比分析等的详细论证。

（三）对屋盖超限工程，应对关键杆件的长细比、应力比和整体稳定性控制等提出比现行规范、规程的规定更严格的、针对性的具体措施或预期性能目标；当屋盖形式特别复杂时，应提供达到预期性能目标的充分依据。

（四）在现有技术和经济条件下，当结构安全与建筑形体等方面出现矛盾时，应以安全为重；建筑方案（包括局部方案）设计应服从结构安全的需要。

第十条 对超高很多，以及结构体系特别复杂、结构类型（含屋盖形式）特殊的工程，当设计依据不足时，应选择整体结构模型、结构构件、部件或节点模型进行必要的抗震性能试验研究。

第四章 高度超限和规则性超限工程的专项审查内容

第十一条 关于建筑结构抗震概念设计：

（一）各种类型的结构应有其合适的使用高度、单位面积自重和墙体厚度。结构的总体刚度应适当（含两个主轴方向的刚度协调符合规范的要求），变形特征应合理；楼层最大层间位移和扭转位移比符合规范、规程的要求。

（二）应明确多道防线的要求。框架与墙体、筒体共同抗侧力的各类结构中，框架部分地震剪力的调整宜依据其超限程度比规范的规定适当增加；超高的框架-核心筒结构，其混凝土内筒和外框之间的刚度宜有一个合适的比例，框架部分计算分配的楼层地震剪力，除底部个别楼层、加强层及其相邻上下层外，多数不低于基底剪力的8%且最大值不宜低于10%，最小值不宜低于5%。主要抗侧力构件中沿全高不开洞的单肢墙，应针对其延性不足采取相应措施。

（三）超高时应从严掌握建筑结构规则性的要求，明确竖向不规则和水平向不规则的程度，应注意楼板局部开大洞导致较多数量的长短柱共用和细腰形平面可能造成的不利影响，避免过大的地震扭转效应。对不规则建筑的抗震设计要求，可依据抗震设防烈度和高度的不同有所区别。

主楼与裙房间设置防震缝时，缝宽应适当加大或采取其他措施。

（四）应避免软弱层和薄弱层出现在同一楼层。

（五）转换层应严格控制上下刚度比；墙体通过次梁转换和柱顶墙体开洞，应有针对性的加强措施。水平加强层的设置数量、位置、结构形式，应认真分析比较；伸臂的构件内力计算宜采用弹性膜楼板假定，上下弦杆应贯通核心筒的墙体，墙体在伸臂斜腹杆的节点处应采取措施避免应力集中导致破坏。

（六）多塔、连体、错层等复杂体型的结构，应尽量减少不规则的类型和不规则的程度；应注意分析局部区域或沿某个地震作用方向上可能存在的问题，分别采取相应加强措施。对复杂的连体结构，宜根据工程具体情况（包括施工），确定是否补充不同工况下各单塔结构的验算。

（七）当几部分结构的连接薄弱时，应考虑连接部位各构件的实际构造和连接的可靠程度，必要时可取结构整体模型和分开模型计算的不利情况，或要求某部分结构在设防烈度下保持弹性工作状态。

（八）注意加强楼板的整体性，避免楼板的削弱部位在大震下受剪破坏；当楼板开洞较大时，宜进行截面受剪承载力验算。

（九）出屋面结构和装饰构架自身较高或体型相对复杂时，应参与整体结构分析，材料不同时还需适当考虑阻尼比不同的影响，应特别加强其与主体结构的连接部位。

（十）高宽比较大时，应注意复核地震下地基基础的承载力和稳定。

（十一）应合理确定结构的嵌固部位。

第十二条 关于结构抗震性能目标：

（一）根据结构超限情况、震后损失、修复难易程度和大震不倒等确定抗震性能目标。即在预期水准（如中震、大震或某些重现期的地震）的地震作用下结构、部位或结构构件的承载力、变形、损坏程度及延性的要求。

（二）选择预期水准的地震作用设计参数时，中震和大震可按规范的设计参数采用，当安评的小震加速度峰值大于规范规定较多时，宜按小震加速度放大倍数进行调整。

（三）结构提高抗震承载力目标举例：水平转换构件在大震下受弯、受剪极限承载力复核。竖向构件和关键部位构件在中震下偏压、偏拉、受剪屈服承载力复核，同时受剪截面满足大震下的截面控制条件。竖向构件和关键部位构件中震下偏压、偏拉、受剪承载力设计值复核。

（四）确定所需的延性构造等级。中震时出现小偏心受拉的混凝土构件应采用《高层混凝土结构规程》中规定的特一级构造。中震时双向水平地震下墙肢全截面由轴向力产生的平均名义拉应力超过混凝土抗拉强度标准值时宜设置型钢承担拉力，且平均名义拉应力不宜超过两倍混凝土抗拉强度标准值（可按弹性模量换算考虑型钢和钢板的作用），全截面型钢和钢板的含钢率超过2.5%时可按比例适当放松。

（五）按抗震性能目标论证抗震措施（如内力增大系数、配筋率、配箍率和含钢率）的合理可行性。

第十三条　关于结构计算分析模型和计算结果：

（一）正确判断计算结果的合理性和可靠性，注意计算假定与实际受力的差异（包括刚性板、弹性膜、分块刚性板的区别），通过结构各部分受力分布的变化，以及最大层间位移的位置和分布特征，判断结构受力特征的不利情况。

（二）结构总地震剪力以及各层的地震剪力与其以上各层总重力荷载代表值的比值，应符合抗震规范的要求，Ⅲ、Ⅳ类场地时尚宜适当增加。当结构底部计算的总地震剪力偏小需调整时，其以上各层的剪力、位移也均应适当调整。

基本周期大于6s的结构，计算的底部剪力系数比规定值低20%以内，基本周期3.5~5s的结构比规定值低15%以内，即可采用规范关于剪力系数最小值的规定进行设计。基本周期在5~6s的结构可以插值采用。

6度（0.05g）设防且基本周期大于5s的结构，当计算的底部剪力系数比规定值低但按底部剪力系数0.8%换算的层间位移满足规范要求时，即可采用规范关于剪力系数最小值的规定进行抗震承载力验算。

（三）结构时程分析的嵌固端应与反应谱分析一致，所用的水平、竖向地震时程曲线应符合规范要求，持续时间一般不小于结构基本周期的5倍（即结构屋面对应于基本周期的位移反应不少于5次往复）；弹性时程分析的结果也应符合规范的要求，即采用三组时程时宜取包络值，采用七组时程时可取平均值。

（四）软弱层地震剪力和不落地构件传给水平转换构件的地震内力的调整系数取值，应依据超限的具体情况大于规范的规定值；楼层刚度比值的控制值仍需符合规范的要求。

（五）上部墙体开设边门洞等的水平转换构件，应根据具体情况加强；必要时，宜采用重力荷载下不考虑墙体共同工作的手算复核。

（六）跨度大于24m的连体计算竖向地震作用时，宜参照竖向时程分析结果确定。

（七）对于结构的弹塑性分析，高度超过200m或扭转效应明显的结构应采用动力弹塑性分析；高度超过300m应做两个独立的动力弹塑性分析。计算应以构件的实际承载力为基础，着重于发现薄弱部位和提出相应加强措施。

（八）必要时（如特别复杂的结构、高度超过200m的混合结构、静载下构件竖向压缩变形差异较大的结构等），应有重力荷载下的结构施工模拟分析，当施工方案与施工模拟计算分析不同时，应重新调整相应的计算。

（九）当计算结果有明显疑问时，应另行专项复核。

第十四条 关于结构抗震加强措施：

（一）对抗震等级、内力调整、轴压比、剪压比、钢材的材质选取等方面的加强，应根据烈度、超限程度和构件在结构中所处部位及其破坏影响的不同，区别对待、综合考虑。

（二）根据结构的实际情况，采用增设芯柱、约束边缘构件、型钢混凝土或钢管混凝土构件，以及减震耗能部件等提高延性的措施。

（三）抗震薄弱部位应在承载力和细部构造两方面有相应的综合措施。

第十五条 关于岩土工程勘察成果：

（一）波速测试孔数量和布置应符合规范要求；测量数据的数量应符合规定；波速测试孔深度应满足覆盖层厚度确定的要求。

（二）液化判别孔和砂土、粉土层的标准贯入锤击数据以及粘粒含量分析的数量应符合要求；液化判别水位的确定应合理。

（三）场地类别划分、液化判别和液化等级评定应准确、可靠；脉动测试结果仅作为参考。

（四）覆盖层厚度、波速的确定应可靠，当处于不同场地类别的分界附近时，应要求用内插法确定计算地震作用的特征周期。

第十六条 关于地基和基础的设计方案：

（一）地基基础类型合理，地基持力层选择可靠。

（二）主楼和裙房设置沉降缝的利弊分析正确。

（三）建筑物总沉降量和差异沉降量控制在允许的范围内。

第十七条 关于试验研究成果和工程实例、震害经验：

（一）对按规定需进行抗震试验研究的项目，要明确试验模型与实际结构工程相似的程度以及试验结果可利用的部分。

（二）借鉴国外经验时，应区分抗震设计和非抗震设计，了解是否经过地震考验，并判断是否与该工程项目的具体条件相似。

（三）对超高很多或结构体系特别复杂、结构类型特殊的工程，宜要求进行实际结构工程的动力特性测试。

第五章 屋盖超限工程的专项审查内容

第十八条 关于结构体系和布置：

（一）应明确所采用的结构形式、受力特征和传力特性、下部支承条件的特点，以及具体的结构安全控制荷载和控制目标。

（二）对非常用的屋盖结构形式，应给出所采用的结构形式与常用结构形式的主要不同。

（三）对下部支承结构，其支承约束条件应与屋盖结构受力性能的要求相符。

（四）对桁架、拱架，张弦结构，应明确给出提供平面外稳定的结构支撑布置和构造要求。

第十九条　关于性能目标：

（一）应明确屋盖结构的关键杆件、关键节点和薄弱部位，提出保证结构承载力和稳定的具体措施，并详细论证其技术可行性。

（二）对关键节点、关键杆件及其支承部位（含相关的下部支承结构构件），应提出明确的性能目标。选择预期水准的地震作用设计参数时，中震和大震可仍按规范的设计参数采用。

（三）性能目标举例：关键杆件在大震下拉压极限承载力复核。关键杆件中震下拉压承载力设计值复核。支座环梁中震承载力设计值复核。下部支承部位的竖向构件在中震下屈服承载力复核，同时满足大震截面控制条件。连接和支座满足强连接弱构件的要求。

（四）应按抗震性能目标论证抗震措施（如杆件截面形式、壁厚、节点等）的合理可行性。

第二十条　关于结构计算分析：

（一）作用和作用效应组合：

设防烈度为 7 度（0.15g）及以上时，屋盖的竖向地震作用应参照整体结构时程分析结果确定。

屋盖结构的基本风压和基本雪压应按重现期 100 年采用；索结构、膜结构、长悬挑结构、跨度大于 120m 的空间网格结构及屋盖体型复杂时，风载体型系数和风振系数、屋面积雪（含融雪过程中的变化）分布系数，应比规范要求适当增大或通过风洞模型试验或数值模拟研究确定；屋盖坡度较大时尚宜考虑积雪融化可能产生的滑落冲击荷载。尚可依据当地气象资料考虑可能超出荷载规范的风荷载。天沟和内排水屋盖尚应考虑排水不畅引起的附加荷载。

温度作用应按合理的温差值确定。应分别考虑施工、合拢和使用三个不同时期各自的不利温差。

（二）计算模型和设计参数

采用新型构件或新型结构时，计算软件应准确反映构件受力和结构传力特征。计算模型应计入屋盖结构与下部支承结构的协同作用。屋盖结构与下部支承结构的主要连接部位的约束条件、构造应与计算模型相符。

整体结构计算分析时，应考虑下部支承结构与屋盖结构不同阻尼比的影响。若各支承结构单元动力特性不同且彼此连接薄弱，应采用整体模型与分开单独模型进行静载、地震、风荷载和温度作用下各部位相互影响的计算分析的比较，合理取值。

必要时应进行施工安装过程分析。地震作用及使用阶段的结构内力组合，应以施工全过程完成后的静载内力为初始状态。

超长结构（如结构总长度大于300m）应按《抗震规范》的要求考虑行波效应的多点地震输入的分析比较。

对超大跨度（如跨度大于150m）或特别复杂的结构，应进行罕遇地震下考虑几何和材料非线性的弹塑性分析。

（三）应力和变形

对索结构、整体张拉式膜结构、悬挑结构、跨度大于120m的空间网格结构、跨度大于60m的钢筋混凝土薄壳结构、应严格控制屋盖在静载和风、雪荷载共同作用下的应力和变形。

（四）稳定性分析

对单层网壳、厚度小于跨度1/50的双层网壳、拱（实腹式或格构式）、钢筋混凝土薄壳，应进行整体稳定验算；应合理选取结构的初始几何缺陷，并按几何非线性或同时考虑几何和材料非线性进行全过程整体稳定分析。钢筋混凝土薄壳尚应同时考虑混凝土的收缩、徐变对稳定性的影响。

第二十一条 关于屋盖结构构件的抗震措施：

（一）明确主要传力结构杆件，采取加强措施，并检查其刚度的连续性和均匀性。

（二）从严控制关键杆件应力比及稳定要求。在重力和中震组合下以及重力与风荷载、温度作用组合下，关键杆件的应力比控制应比规范的规定适当加严或达到预期性能目标。

（三）特殊连接构造应在罕遇地震下安全可靠，复杂节点应进行详细的有限元分析，必要时应进行试验验证。

（四）对某些复杂结构形式，应考虑个别关键构件失效导致屋盖整体连续倒塌的可能。

第二十二条 关于屋盖的支座、下部支承结构和地基基础：

（一）应严格控制屋盖结构支座由于地基不均匀沉降和下部支承结构变形（含竖向、水平和收缩徐变等）导致的差异沉降。

（二）应确保下部支承结构关键构件的抗震安全，不应先于屋盖破坏；当其不规则性属于超限专项审查范围时，应符合本技术要点的有关要求。

（三）应采取措施使屋盖支座的承载力和构造在罕遇地震下安全可靠，确保屋盖结构的地震作用直接、可靠传递到下部支承结构。当采用叠层橡胶隔震垫作为支座时，应考虑支座的实际刚度与阻尼比，并且应保证支座本身与连接在大震的承载力与位移条件。

（四）场地勘察和地基基础设计应符合本技术要点第十五条和第十六条的要求，对支座水平作用力较大的结构，应注意抗水平力基础的设计。

第六章　专项审查意见

第二十三条　抗震设防专项审查意见主要包括下列三方面内容：

（一）总评。对抗震设防标准、建筑体型规则性、结构体系、场地评价、构造措施、计算结果等做简要评定。

（二）问题。对影响结构抗震安全的问题，应进行讨论、研究，主要安全问题应写入书面审查意见中，并提出便于施工图设计文件审查机构审查的主要控制指标（含性能目标）。

（三）结论。分为“通过”、“修改”、“复审”三种。

审查结论“通过”，指抗震设防标准正确，抗震措施和性能设计目标基本符合要求；对专项审查所列举的问题和修改意见，勘察设计单位明确其落实方法。依法办理行政许可手续后，在施工图审查时由施工图审查机构检查落实情况。

审查结论“修改”，指抗震设防标准正确，建筑和结构的布置、计算和构造不尽合理、存在明显缺陷；对专项审查所列举的问题和修改意见，勘察设计单位落实后所能达到的具体指标尚需经原专项审查专家组再次检查。因此，补充修改后提出的书面报告需经原专项审查专家组确认已达到“通过”的要求，依法办理行政许可手续后，方可进行施工图设计并由施工图审查机构检查落实。

审查结论“复审”，指存在明显的抗震安全问题、不符合抗震设防要求、建筑和结构的工程方案均需大调整。修改后提出修改内容的详细报告，由建设单位按申报程序重新申报审查。

审查结论“通过”的工程，当工程项目有重大修改时，应按申报程序重新申报审查。

第二十四条　专项审查结束后，专家组应对质量控制情况和经济合理性进行评价，填写超限高层建筑工程结构设计质量控制信息表。

第七章　附　　则

第二十五条　本技术要点由全国超限高层建筑工程抗震设防审查专家委员会办公室负责解释。

附录 E 超限高层建筑工程主要范围的参照简表

表 1 房屋高度（m）超过下列规定的高层建筑工程

结构类型		6 度	7 度 (0.1g)	7 度 (0.15g)	8 度 (0.20g)	8 度 (0.30g)	9 度
混凝土结构	框架	60	50	50	40	35	24
	框架-抗震墙	130	120	120	100	80	50
	抗震墙	140	120	120	100	80	60
	部分框支抗震墙	120	100	100	80	50	不应采用
	框架-核心筒	150	130	130	100	90	70
	筒中筒	180	150	150	120	100	80
	板柱-抗震墙	80	70	70	55	40	不应采用
	较多短肢墙	140	100	100	80	60	不应采用
	错层的抗震墙	140	80	80	60	60	不应采用
	错层的框架-抗震墙	130	80	80	60	60	不应采用
混合结构	钢框架-钢筋混凝土筒	200	160	160	120	100	70
	型钢（钢管）混凝土框架-钢筋混凝土筒	220	190	190	150	130	70
	钢外筒-钢筋混凝土内筒	260	210	210	160	140	80
	型钢（钢管）混凝土外筒-钢筋混凝内筒	280	230	230	170	150	90
钢结构	框架	110	110	110	90	70	50
	框架-中心支撑	220	220	200	180	150	120
	框架-偏心支撑（延性墙板）	240	240	220	200	180	160
	各类筒体和巨型结构	300	300	280	260	240	180

注：平面和竖向均不规则（部分框支结构指框支层以上的楼层不规则），其高度应比表内数值降低至少 10%。

表 2 同时具有下列三项及三项以上不规则的高层建筑工程（不论高度是否大于表 1）

序	不规则类型	简要涵义	备 注
1a	扭转不规则	考虑偶然偏心的扭转位移比大于 1.2	参见 GB 50011-3.4.3

（续）

序	不规则类型	简要涵义	备 注
1b	偏心布置	偏心率大于0.15或相邻层质心相差大于相应边长15%	参见JGJ 99-3.2.2
2a	凹凸不规则	平面凹凸尺寸大于相应边长30%等	参见GB 50011-3.4.3
2b	组合平面	细腰形或角部重叠形	参见JGJ 3-3.4.3
3	楼板不连续	有效宽度小于50%，开洞面积大于30%，错层大于梁高	参见GB 50011-3.4.3
4a	刚度突变	相邻层刚度变化大于70%（按高规考虑层高修正时，数值相应调整）或连续三层变化大于80%	参见GB50011-3.4.3，JGJ 3-3.5.2
4b	尺寸突变	竖向构件收进位置高于结构高度20%且收进大于25%，或外挑大于10%和4m，多塔	参见JGJ 3-3.5.5
5	构件间断	上下墙、柱、支撑不连续，含加强层、连体类	参见GB 50011-3.4.3
6	承载力突变	相邻层受剪承载力变化大于80%	参见GB 50011-3.4.3
7	局部不规则	如局部的穿层柱、斜柱、夹层、个别构件错层或转换，或个别楼层扭转位移比略大于1.2等	已计入1~6项者除外

注：深凹进平面在凹口设置连梁，当连梁刚度较小不足以协调两侧的变形时，仍视为凹凸不规则，不按楼板不连续的开洞对待；序号a、b不重复计算不规则项；局部的不规则，视其位置、数量等对整个结构影响的大小判断是否计入不规则的一项。

表3 具有下列2项或同时具有下表和表2中某项不规则的高层建筑工程（不论高度是否大于表1）

序	不规则类型	简要涵义	备 注
1	扭转偏大	裙房以上的较多楼层考虑偶然偏心的扭转位移比大于1.4	表2之1a项不重复计算
2	抗扭刚度弱	扭转周期比大于0.9，超过A级高度的结构扭转周期比大于0.85	
3	层刚度偏小	本层侧向刚度小于相邻上层的50%	表2之4a项不重复计算
4	塔楼偏置	单塔或多塔与大底盘的质心偏心距大于底盘相应边长20%	表2之4b项不重复计算

表4 具有下列某一项不规则的高层建筑工程（不论高度是否大于表1）

序	不规则类型	简要涵义
1	高位转换	框支墙体的转换构件位置：7度超过5层，8度超过3层

（续）

序	不规则类型	简要涵义
2	厚板转换	7～9度设防的厚板转换结构
3	复杂连接	各部分层数、刚度、布置不同的错层 连体两端塔楼高度、体型或沿大底盘某个主轴方向的振动周期显著不同的结构
4	多重复杂	结构同时具有转换层、加强层、错层、连体和多塔等复杂类型的3种

注：仅前后错层或左右错层属于表2中的一项不规则，多数楼层同时前后、左右错层属于本表的复杂连接。

表5 其他高层建筑工程

序	简称	简要涵义
1	特殊类型高层建筑	抗震规范、高层混凝土结构规程和高层钢结构规程暂未列入的其他高层建筑结构，特殊形式的大型公共建筑及超长悬挑结构，特大跨度的连体结构等
2	大跨屋盖建筑	空间网格结构或索结构的跨度大于120m或悬挑长度大于40m，钢筋混凝土薄壳跨度大于60m，整体张拉式膜结构跨度大于60m，屋盖结构单元的长度大于300m，屋盖结构形式为常用空间结构形式的多重组合、杂交组合以及屋盖形体特别复杂的大型公共建筑

注：表中大型公共建筑的范围，可参见《建筑工程抗震设防分类标准》GB 50223。

说明：具体工程的界定遇到问题时，可从严考虑或向全国超限高层建筑工程审查专家委员会、工程所在地省超限高层建筑工程审查专家委员会咨询。

参考文献

［1］中华人民共和国住房和城乡建设部．GB 50009—2012 建筑结构荷载规范［S］．北京：中国建筑工业出版社，2012.

［2］中华人民共和国住房和城乡建设部．GB 50010—2010 混凝土结构设计规范［S］．北京：中国建筑工业出版社，2011.

［3］中华人民共和国住房和城乡建设部．GB 50011—2010 建筑抗震设计规范［S］．北京：中国建筑工业出版社，2010.

［4］中华人民共和国住房和城乡建设部．JGJ 3—2010 高层建筑混凝土结构技术规程［S］．北京：中国建筑工业出版社，2011.

［5］中华人民共和国住房和城乡建设部．GB 50007—2011 建筑地基基础设计规范［S］．北京：中国建筑工业出版社，2012.

［6］中华人民共和国住房和城乡建设部．JGJ 140—2004 预应力混凝土结构抗震设计规程［S］．北京：中国建筑工业出版社，2004.

［7］中华人民共和国住房和城乡建设部．JGJ 149—2006 混凝土异形柱结构技术规程［S］．北京：中国建筑工业出版社，2006.

［8］陈基发，等．建筑结构荷载设计手册［M］．2 版．北京：中国建筑工业出版社，2004.

［9］龚思礼，等．建筑抗震设计手册［M］．2 版．北京：中国建筑工业出版社，2002.

［10］王文栋，等．混凝土结构构造手册［M］．4 版．北京：中国建筑工业出版社，2012.

［11］徐友邻，等．混凝土结构设计规范理解与应用［M］．北京：中国建筑工业出版社，2002.

［12］国家标准建筑抗震设计规范管理组．建筑抗震设计规范 GB 50011—2010 统一培训教材［M］．北京：中国建筑工业出版社，2010.

［13］易方民，等．建筑抗震设计规范理解与应用［M］．2 版．北京：中国建筑工业出版社，2011.

［14］徐培福，等．高层建筑混凝土结构技术规范理解与应用［M］．北京：中国建筑工业出版社，2003.

［15］腾延京，等．建筑地基基础设计规范理解与应用［M］．2 版．北京：中国建筑工业出版社，2012.

［16］中国建筑标准设计研究所．全国民用建筑工程设计技术措施（2009 年版） 结构（混凝土结构）［M］．北京：中国计划出版社，2012.

［17］北京市建筑设计研究院．建筑设计技术细则 结构专业［M］．北京：经济科学出版社，2004.

［18］北京市建筑设计研究院．建筑结构专业技术措施［M］．北京：中国建筑工业出版社，2007.

［19］中国建筑科学研究院．混凝土结构设计［M］．北京：中国建筑工业出版社，2003.

［20］高立人，等．高层建筑结构概念设计［M］．北京：中国计划出版社，2004.

[21] 王亚勇，等. 建筑抗震设计规范疑问解答 [M]. 北京：中国建筑工业出版社，2006.
[22] 李明顺，等. 混凝土结构设计规范算例 [M]. 北京：中国建筑工业出版社，2003.
[23] 王亚勇，等. 建筑抗震设计规范算例 [M]. 北京：中国建筑工业出版社，2006.
[24] 李国胜，等. 多高层钢筋混凝土结构设计中疑难问题的处理及算例 [M]. 北京：中国建筑工业出版社，2004.
[25] 王振东. 钢筋混凝土结构构件协调扭转的零刚度设计方法 [J]. 建筑结构，2004 (8).